电脑办公(Windows 10+Office 2016)从入门到精通

鼎翰文化 ⊕ 策划
董莎莎 ⊕ 主编

人民邮电出版社
北京

图书在版编目（CIP）数据

电脑办公（Windows 10+Office 2016）从入门到精通/
董莎莎主编. -- 北京 : 人民邮电出版社, 2018.12
ISBN 978-7-115-45140-8

Ⅰ. ①电… Ⅱ. ①董… Ⅲ. ①Windows操作系统②办
公自动化—应用软件 Ⅳ. ①TP316.7②TP317.1

中国版本图书馆CIP数据核字(2018)第244920号

内容提要

本书通过精选案例组织知识点，系统地介绍了Windows 10和Office 2016的相关知识和应用技巧。

全书分为7篇，共19章。第一篇【入门篇】主要介绍电脑办公知识的学习方法，并帮助读者熟悉电脑办公环境；第二篇【Windows 10篇】主要介绍如何打造个性化的电脑办公环境、电脑打字以及文件与文件夹的管理等内容；第三篇【Word文档篇】主要介绍Word基础文档的制作方法、如何使文档图文并茂以及长文档的排版和打印方法等内容；第四篇【Excel表格篇】主要介绍Excel基础表格的制作方法、公式、函数以及如何通过图表分析数据等内容；第五篇【PowerPoint演示文稿篇】主要介绍PowerPoint基础演示文稿的制作方法、多媒体、动画、幻灯片的交互设置以及演示文稿的放映方法等内容；第六篇【网络办公篇】主要介绍如何在Windows10中设置网络以及如何进行网络办公和移动办公等内容；第七篇【高手秘技篇】主要介绍如何保护Windows 10的系统安全、Office各组件间的协同应用以及办公设备的使用方法和技巧等。

本书配备视频教程，读者扫描书中的二维码即可随时进行学习。此外，本书还赠送了大量扩展学习视频教程及电子书等，帮助读者更好地学习。

本书不仅适合电脑办公的初、中级读者学习使用，也可以作为各类电脑培训班的教材或辅导用书。

◆ 策　　划　鼎翰文化
　主　　编　董莎莎
　责任编辑　张　翼
　责任印制　马振武

◆ 人民邮电出版社出版发行　　北京市丰台区成寿寺路11号
　邮编　100164　　电子邮件　315@ptpress.com.cn
　网址　http://www.ptpress.com.cn
　固安县铭成印刷有限公司印刷

◆ 开本：787×1092　1/16
　印张：25.75
　字数：700千字　　　　2018年12月第1版
　印数：1－2 500册　　　2018年12月河北第1次印刷

定价：59.80元

读者服务热线：(010)81055410　印装质量热线：(010)81055316
反盗版热线：(010)81055315
广告经营许可证：京东工商广登字20170147号

Preface

前言

在信息科技飞速发展的今天，电脑已经走入了人们工作、学习和日常生活的各个领域，而电脑的操作水平也成为衡量一个人综合素质的重要标准之一。为满足广大读者的学习需求，我们针对当前电脑办公的特点，组织经验丰富的电脑教育专家，精心编写了本书。

本书特色

◇ 从零开始，快速上手

无论读者是否接触过 Windows 10 和 Office 2016，都能从本书获益，快速掌握相关知识和应用技巧。

◇ 面向实际，精选案例

全部内容均以真实案例为主线，在此基础上适当扩展知识点，真正实现学以致用。

◇ 图文并茂，重点突出

本书案例的每一步操作，均配有对应的插图和注释，以便读者在学习过程中能够直观、清晰地看到操作过程和效果，提高学习效率。

◇ 单双混排，超大容量

本书采用单、双栏混排的形式，大大扩充了信息容量，在有限的篇幅中为读者奉送了更多的知识和实战案例。

◇ 高手支招，举一反三

“高手支招”和“举一反三”栏目提炼了各种高级操作技巧，帮助读者扩展应用思路。

◇ 视频教程，互动教学

本书配套的视频教程与书中知识紧密结合并互相补充，帮助读者更加高效、全面地理解知识点的运用方法。

视频教程学习方法

为了方便读者学习，本书以二维码的方式提供了大量视频教程。读者打开手机上的微信、QQ 等软件，使用其“扫一扫”功能扫描二维码，即可随时通过手机观看视频教程。

扩展学习资源下载方法

除视频教程外，本书还额外赠送了扩展学习资源。读者使用微信“扫一扫”功能扫描封底二维码，关注“职场研究社”公众号，回复“45140”，根据提示进行操作，不仅可以获得海量学习资源，还可以利用“云课”进行系统学习。

本书赠送的海量学习资源如下。

配套素材库

- 配套素材文件
- 配套结果文件

视频教程库

- Windows 10 操作系统安装视频教程
- Office 2016 软件安装视频教程
- 15 小时系统安装、重装、备份与还原视频教程
- 12 小时电脑选购、组装、维护与故障处理视频教程
- 7 小时 Photoshop CC 视频教程

办公模板库

- 2000 个 Word 精选文档模板
- 1800 个 Excel 典型表格模板
- 1500 个 PPT 精美演示模板

扩展学习库

- 《电脑技巧查询手册》电子书
- 《常用汉字五笔编码查询手册》电子书
- 《网络搜索与下载技巧手册》电子书
- 《移动办公技巧手册》电子书
- 《Office 2016 快捷键查询手册》电子书
- 《Word/Excel/PPT 2016 技巧手册》电子书
- 《Excel 函数查询手册》电子书
- 《电脑维护与故障处理技巧查询手册》电子书

《办公文档应用范例大全》电子书获取方法

读者通过微信搜索并关注“乐瑞传播”公众号，根据提示进行操作，即可获得《办公文档应用范例大全》电子书。

创作团队

本书由鼎翰文化策划，董莎莎任主编。鉴于编者水平有限，书中纰漏和考虑不周之处在所难免，欢迎读者批评、指正，以便我们日后能为您编写更好的图书。读者在学习过程中有任何疑问或建议，可以发送电子邮件至 zhangyi@ptpress.com.cn。

编者

2018 年 10 月

Contents

目录

第一篇 入门篇

第二篇 Windows 10 篇

Chapter 04

办公必会——电脑打字

本章视频教学时间：10 分钟

Chapter 05

井然有序——管理文件与文件夹

本章视频教学时间：12 分钟

第三篇 Word 文档篇

Chapter 06 新手入门——熟练制作 Word 基础文档

本章视频教学时间：36 分钟

Chapter 07

提升审美——让 Word 文档图文并茂

本章视频教学时间：46 分钟

Chapter 08

高级应用——编排和打印长文档

本章视频教学时间：31 分钟

第四篇 Excel 表格篇

Chapter 09 新手入门——制作 Excel 基础表格

本章视频教学时间：24 分钟

Chapter 10 数据处理——使用公式和函数制作表格

本章视频教学时间：20 分钟

Chapter 11

高级应用——通过图表分析数据

本章视频教学时间：18 分钟

第五篇 PowerPoint 演示文稿篇

Chapter 12

快速上手——制作简单的演示文稿

本章视频教学时间：29 分钟

第六篇 网络办公篇

Chapter 15

网海无边——设置 Windows 10 网络

本章视频教学时间：11 分钟

Chapter 16

同舟共济——移动办公

本章视频教学时间：12 分钟

第七篇 高手秘技篇

Chapter 17

保护 Windows 的安全

本章视频教学时间：10 分钟

Chapter 18

Office 组件间的协作办公

本章视频教学时间：13 分钟

Chapter 19

办公设备的使用技巧

本章视频教学时间：13 分钟

赠送资源

配套素材库

- 配套素材文件
- 配套结果文件

视频教程库

- Windows 10 操作系统安装视频教程
- Office 2016 软件安装视频教程
- 15 小时系统安装、重装、备份与还原视频教程
- 12 小时电脑选购、组装、维护与故障处理视频教程
- 7 小时 Photoshop CC 视频教程

办公模板库

- 2000 个 Word 精选文档模板
- 1800 个 Excel 典型表格模板
- 1500 个 PPT 精美演示模板

扩展学习库

- 《电脑技巧查询手册》电子书
- 《常用汉字五笔编码查询手册》电子书
- 《网络搜索与下载技巧手册》电子书
- 《移动办公技巧手册》电子书
- 《Office 2016 快捷键查询手册》电子书
- 《Word/Excel/PPT 2016 技巧手册》电子书
- 《Excel 函数查询手册》电子书
- 《电脑维护与故障处理技巧查询手册》电子书

第一篇

入门篇

Chapter

01 电脑办公的学习方法

➲ 技术分析

在现代科技社会，电脑已进入人们生活和工作的方方面面。掌握电脑办公的相关知识几乎是现代人必备的技能。电脑不仅可以拓展工作的深度和广度，还能提高工作效率，进而更好地为个人和企业服务。

本章将讲解电脑办公的学习方法，并帮助读者了解电脑的硬件和软件。

➲ 思维导图

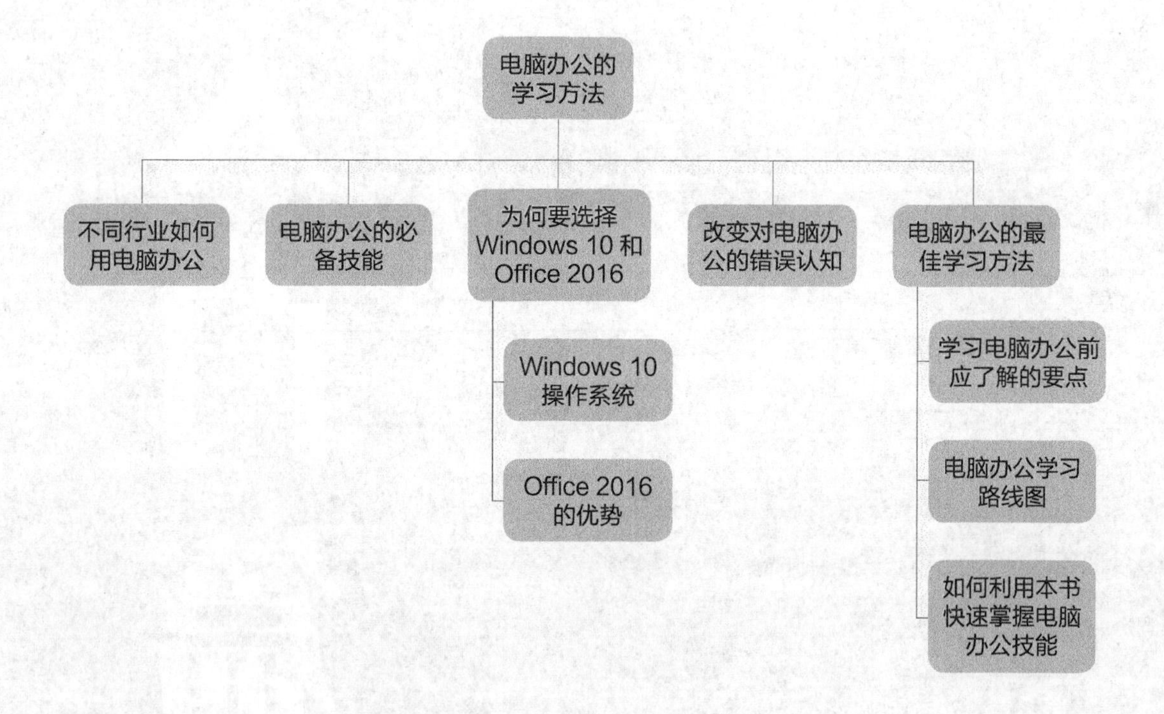

1.1 不同行业如何用电脑办公

电脑已成为人们日常生活、学习、娱乐和工作必不可少的设备之一。用户通过电脑中的各种软件不仅可以处理日常工作，还能从互联网中获取知识、扩展学习，更可以看新闻、听音乐、看电影、玩游戏、购物等。

而不同的行业对电脑的应用要求和应用领域也不相同，大致可分为以下几类。

- 科学计算：即数值计算，是电脑应用的一个重要领域，也是电脑最早的应用领域，主要是指利用电脑来完成科学研究和工程技术中提出的数值计算问题。电脑的发明和发展首先是为了完成科学研究和工程设计中大量复杂的数学计算。
- 信息管理：信息管理是以数据库管理系统为基础，辅助管理者提高决策水平，改善运营策略的电脑技术。信息是各类数据的总称，而数据是用于表示信息的数字，是字母、符号的有序组合，可以通过声、光、电、磁、纸张等各种物理介质进行传送和存储。信息管理已被广泛应用于办公自动化、企事业电脑辅助管理与决策、情报检索、图书馆、电影电视动画设计、会计电算化等多个领域。
- 电脑辅助工程：电脑辅助工程包括电脑辅助设计（Computer Aided Design，CAD）、电脑辅助制造（Computer Aided Manufacture，CAM）、电脑辅助教学（Computer Assisted Instruction，CAI）等多个方面。CAD 主要应用于船舶设计、飞机设计、汽车设计、建筑设计、电子设计和各种机械行业的设计。CAM 则用于使用电脑进行生产设备的管理和生产过程的控制。CAI 是利用电脑系统进行课堂教学，不仅能减轻教师的负担，还能让教学内容更加生动、逼真，提高教学质量。
- 办公自动化（Office Automation，OA）：指用电脑帮助办公室人员处理日常工作，如利用电脑进行文字处理、文档管理、资料 / 图像 / 声音处理和网络通信等。它既属于信息处理的范围，又是目前电脑应用的一个较独立的领域。
- 数据通信：主要是利用通信卫星群和光导纤维构成的电脑应用网络，实现信息双向交流，同时利用多媒体技术扩大电脑的应用范围。通信卫星的覆盖面广，光导纤维传输的信息量大且保密性好，二者结合起来可在全球范围内双向传送包括电视图像在内的各种信号，把整个地球连接起来，使人们在家里就可以收看世界上任何一家电视台的节目，也可通过屏幕与远在千里之外的友人面对面地通话。
- 智能应用：语言翻译、模式识别等工作，既不同于单纯的科学计算，又不同于一般的数据处理，它不但要求很高的运算速度，还要求电脑具备对已有的数据（经验、原则等）进行逻辑推理和总结的功能（即对知识的学习和积累功能），通常称为人工智能。人工智能是新一代电脑的标志之一。
- 多媒体应用：随着电子技术特别是通信和电脑技术的发展，人们已经有能力把文本、音频、视频、动画、图形和图像等各种媒体综合起来，构成一种全新的“多媒体”概念（Multimedia），广泛用于医疗、教育、商业、银行、保险、行政管理、军事、工业、广播、交流和出版等领域。
- 电脑网络：电脑在网络方面的应用使人们的交流跨越了时间和空间障碍，也使我们的工作和生活更加方便、快捷。在 Internet 上，我们可以检索信息、收发电子邮件、阅读书报、玩网络游戏、选购商品、参与众多问题的讨论并实现远程医疗服务等。

1.2 电脑办公的必备技能

在使用电脑办公前，不仅要了解电脑的基础知识（如硬件知识和软件知识），更要有一个明确的目标和思路，这样才能在短时间内快速掌握相关技能。

零基础读者一开始便学习电脑操作，通常会产生诸多疑惑，如内存与硬盘的区别、内存与闪存条的区别等就不是初学者所能理解的。因此在学习如何操作电脑之前，应当首先对电脑的硬件知识有一个大概的了解，因为许多应用系统的操作与电脑硬件有关，掌握了相关的硬件知识才能更好地使用软件进行学习。

除了硬件知识外，还要掌握软件知识。电脑软件分为系统软件和应用软件。系统软件是搭载应用软件的平台，如 Windows、Linux、DOS 等就属于操作系统软件。应用软件是用户用于解决问题而使用的软件，分为很多类，如 MySQL 为数据库管理系统，Office 组件中的 Word、Excel、PowerPoint 为办公常用软件，而 Photoshop、Lightroom 为图像处理软件，QQ、微信则为通信软件。在电脑上要先搭载了系统软件，才能安装其他应用软件。可以说系统软件实现了对硬件和应用软件的管理。

学习电脑的操作，实际上就是明白不同的软件能为我们实现什么操作，能为我们的生活和办公做什么贡献。

1.3 为何要选择 Windows 10 和 Office 2016

在学习电脑办公之前，首先需要选择电脑的操作系统和相关软件。本书主要以 Windows 10 操作系统和 Office 2016 办公软件为基础进行介绍。

1.3.1 Windows 10 的优势

操作系统种类很多，常见的有 Windows 7、Windows 10、UNIX 和 Linux 等。与其他系统相比，Windows 10 操作系统具有以下优势。

- 全新的“开始”菜单：Windows10 融合了 Windows 7 和 Windows 8 的菜单功能，整合了 Windows7 传统开始菜单和 Windows 8/8.1 的 Modern 应用动态磁贴开始屏幕。

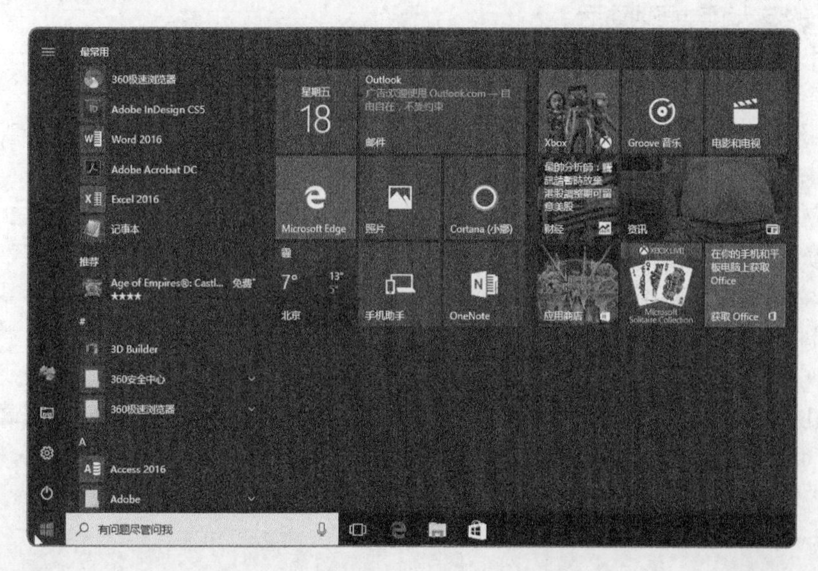

- Cortana（小娜）语音助手：新增的语音助手，可让电脑用起来更方便，更快捷，更得心应手。
- Microsoft Edge 浏览器：Microsoft Edge 是 Windows 10 的默认浏览器，允许用户在网页上手写和做标记，并且可将这些内容分享给朋友，如图所示。网页手写标记和 Cortana 数字助理等是 Microsoft Edge 浏览器的专属功能。

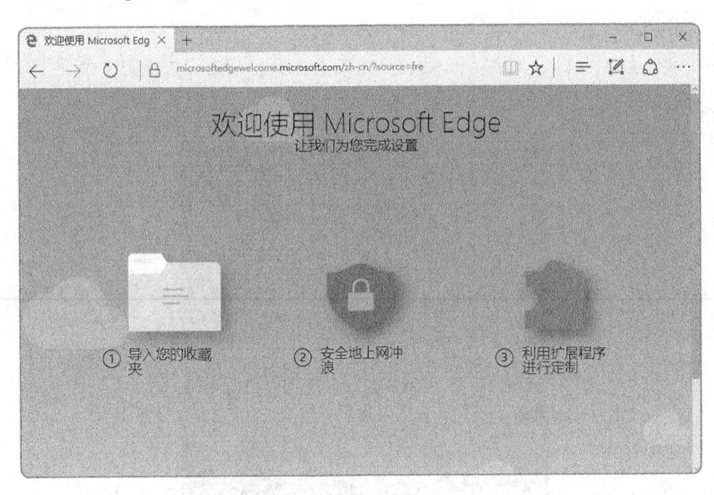

- 多任务管理：Windows 10 强大的多任务管理能力可以让用户有条不紊地应对多重任务的复杂局面，对不同任务进行合理归类，优化窗口布局，轻松找到目标应用。
- 四大安全机制：系统安全一直是用户最关心的问题之一。Windows 10 包括 Windows Hello、Windows 10 内置的免费安全软件 Windows Defender、Windows 自动更新、Microsoft Edge 浏览器的 SmartScreen 筛选器等 4 项主要安全机制，其中 Windows Hello 是 Windows 10 全新的安全验证机制。
- Continuum 连续模式：Continuum 模式是 Windows 10 的主要新功能之一，可以让平板电脑、二合一设备和变形本等设备用户更加方便地在平板模式和传统 PC 桌面模式下无缝切换。Windows10 会自动感知设备运行模式的改变，并自动调整到最适合的模式，用户只需确认是否要改变模式即可。
- Windows10 商店：商店中不仅有传统项目应用和游戏，还有电影、电视等，用户可以在这里选购到更合适的内容。

1.3.2 Office 2016 的优势

Office 2016 具有节省时间的功能、全新的现代外观和内置协作工具，可以更快地创建和整理文档。此外，还可以将文档保存在 OneDrive 中，以便在任何地方都能访问这些文档。下面具体介绍 Office 2016 的特色优势。

- 第三方应用支持：通过全新的 Office Graph 社交功能，开发者可以将自己的应用直接与 Office 数据建立连接。如此一来，Office 套件将可通过插件接入第三方数据。例如，用户可以通过 Outlook 日历使用 Uber 叫车等。
- 跨平台的通用应用：无论使用的是 Android 手机 / 平板、iPad、iPhone 还是 Windows 笔记本 / 台式机，在新版 Outlook、Word、Excel、PowerPoint 和 OneNote 中，都可在不同平台和设备之间获得相似的体验。
- Tell Me 助手：Tell Me 是全新的 Office 助手，可在用户使用 Office 的过程当中提供帮助，例如可以将图片添加至文档，或是解决其他故障问题等。

1.4 改变对电脑办公的错误认知

对电脑认知的最大误区莫过于，许多人认为电脑会导致失业。实际上，虽然电脑替代人们完成了一些烦琐工作，但从事这部分工作的人却获得了更多重新培训和学习的机会，并改变了工作岗位。这样，电脑反而创造了就业机会。

此外，在利用电脑进行工作的时候，要善于使用帮助文档。若遇到不能解决的问题，可以通过询问 Cortana 来寻求帮助。

若文档中没有解决方法，还可在网络中搜索。只要输入问题的关键词，通常都可以搜出解决方法。

随着电脑功能的日益增多，故障出现的概率也逐渐增大。每每遇到系统出问题或者软件卡死、自动退出的情况，有的用户就觉得无法解决，生怕将电脑弄坏。事实上，系统崩溃并不是什么大不了的事情，很多时候只要重新启动，便能解决大部分问题。

在大部分情况下，放开手脚使用电脑都能帮助我们解决问题。当然，电脑也并不是灵丹妙药，并不是所有问题都能解决。电脑中的系统和软件能满足大多数人的日常和工作需求，而要进行一些专业计算，还需要借助专业的软件。

1.5 电脑办公的最佳学习方法

在学习使用电脑前，一定要有明确的思路，这样才能快速实现自己的目标。

1.5.1 电脑办公的学习要点

在学习电脑办公之前，需要对以下几点有一定的了解。

- 硬件知识：首先，需要了解一点硬件和操作系统知识，对硬件知识的掌握通常能够推动应用软件的学习。
- 软件知识：应用软件是为某种特定的用途而被开发出来的，可以是一个特定的程序，如一个图像浏览器；也可以是一组功能联系紧密、互相协作的程序的集合，如微软的 Office 软件。
- 明确学习目的：电脑的操作和技巧比较繁杂，短时间内无法完全掌握。因此，需要读者根据自身需要而有针对性地学习。
- 理论和实践结合：学习过程一定不能离开电脑，必须注重实际操作，这样才能快速提高应用水平。

1.5.2 电脑办公学习路线图

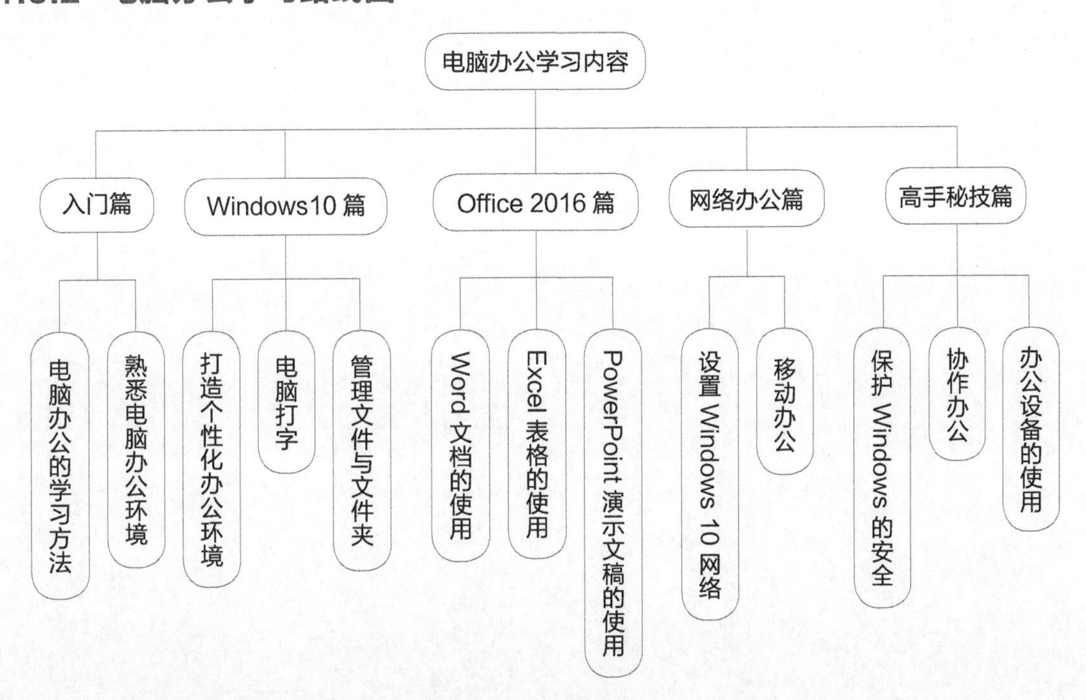

1.5.3 如何利用本书快速掌握电脑办公技能

在开始使用本书学习之前，首先要了解本书的架构和写作思路。本书从最基础的设置电脑办公环境讲起，然后讲解如何设置输入法，再讲解电脑中文件和文件夹的操作。接着开始讲解

Office 三大办公组件即 Word、Excel 和 PowerPoint 的使用。最后讲解移动办公、电脑的优化以及电脑和设备的维护等知识。

若读者对电脑不了解，可按照本书结构，先了解电脑组成，再了解基础的设置办公自动化环境的操作，以及输入法和文件等的基础操作，再进行办公自动化软件的学习。跟着书中的案例进行演练，在实际操作过程中慢慢理解电脑的应用。

若读者对电脑的基础知识有一定的了解，则可根据自身情况，选择需要的部分进行学习，以尽快掌握好这些知识，从而成为一名电脑办公高手。

熟悉电脑办公环境

本章视频教学时间 / 8 分钟

➲ 技术分析

电脑的发展已将人们的工作带入了一个全新的领域，不仅实现了办公的无纸化，而且能通过不同的办公设备，随时随地远程办公，节约能源并提高工作效率。

在电脑办公过程中，往往需要一个符合用户使用习惯的办公环境。本章中，我们先来了解电脑的硬件设施、不同操作系统的特点、常用软件的类型等知识。然后，再进一步根据需要设置自己的电脑办公环境。

➲ 思维导图

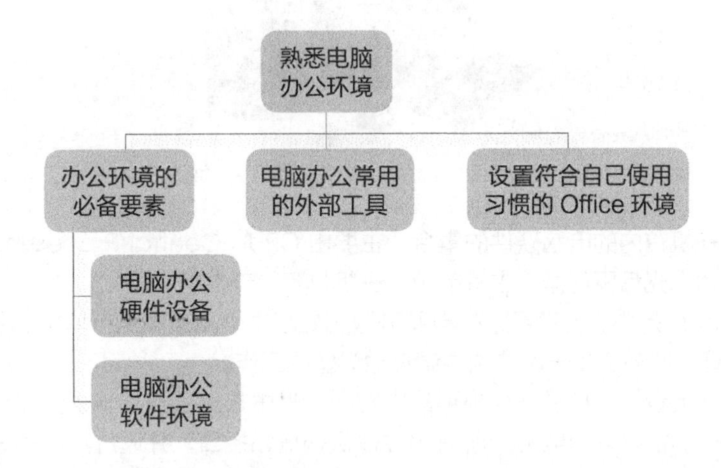

2.1 电脑办公环境的必备要素

硬件与软件是电脑办公环境的必备要素，下面分别进行讲解。

2.1.1 电脑办公的硬件设备

办公电脑通常分为台式电脑和笔记本电脑。

1. 台式电脑

台式电脑的优点是耐用、价格实惠。和笔记本电脑相比，相同价格前提下台式电脑配置较高，散热性较好，更换损坏配件的价格也相对便宜。但缺点是笨重且耗电量大。台式电脑硬件主要包括主机、显示器、鼠标和键盘等，具体介绍如下。

（1）主机

主机是安装在机箱内的电脑硬件的集合，主要由 CPU（Central Processing Unit）、主板、内存、显卡、硬盘、光盘驱动器、主机电源、主机机箱等部件组成。

- CPU：CPU 也就是中央处理器，是电脑的数据处理中心和最高执行单位。它负责电脑内数据的运算和处理，并与主板一起控制协调其他设备的工作。
- 主板：从外观上看，主板是一块矩形的电路板，其中布满了各种电子元器件、插座、插槽和各种外部接口。它可以为电脑的所有部件提供插槽和接口，并通过其中的线路统一协调所有部件的工作。

- 内存：内存是电脑的内部存储器，也叫主存储器，是电脑用来临时存放数据的地方，也是 CPU 处理数据的中转站。内存的容量和存取速度直接影响 CPU 处理数据的速度。

● 显卡：显卡又称为显示适配器或图形加速卡，其功能主要是将电脑中的数字信号转换成显示器能够识别的信号（模拟信号或数字信号），并将其处理和输出，可分担 CPU 的图形处理工作。

● 硬盘：它是电脑中最大的存储设备，通常用于存放永久性的数据和程序。

● 光盘驱动器：简称光驱，是电脑应用最普遍的外部存储设备。光盘驱动器存储数据的介质为光盘，其特点是容量大、成本低、保存时间长。

- 主机电源：也称为电源供应器，电源能够通过不同的接口为主板、硬盘、光驱等电脑部件的正常运行提供所需动力。

- 机箱：是安装和放置各种电脑部件的装置，可以将主机部件整合在一起，并起到防止部件损坏的作用。

（2）显示器

显示器是电脑的主要输出设备。它的作用是将显卡输出的信号以肉眼可见的形式展现出来。目前常用的是液晶显示器。

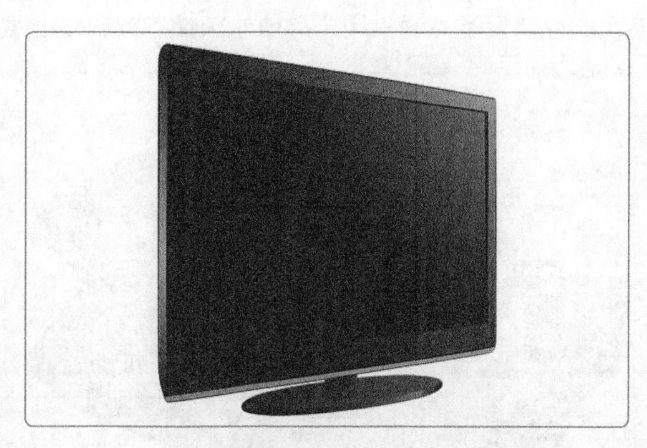

（3）鼠标和键盘

鼠标是电脑的主要输入设备之一，随着图形操作界面的出现而产生，因为外形与老鼠类似，所以被称为鼠标。

键盘是电脑的另一主要输入设备，是和电脑进行交流的工具。通过键盘可直接向电脑输入各种字符和命令，简化电脑的操作。即使在没有鼠标的情况下，使用键盘也能完成电脑的基本操作。

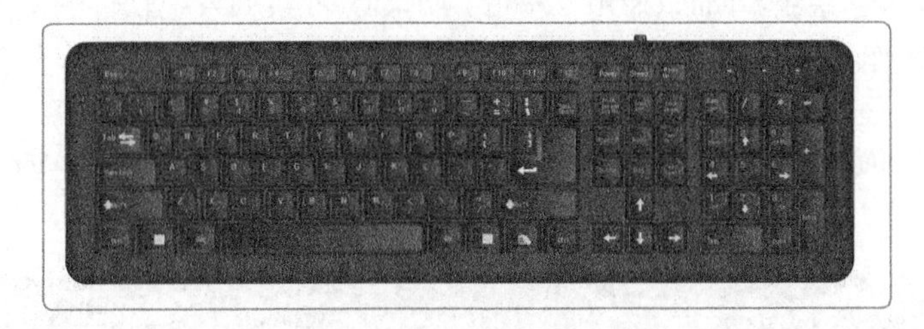

2. 笔记本电脑

英文名称为 NoteBook，也称手提电脑或膝上型电脑，其体积小且便于携带，通常重1~3kg。其功能与台式电脑一样，但体积轻便且能随身携带，是很多办公人员的首选。

3. 一体机

一体机基本上是由一台显示器、一个键盘、一个鼠标组成的电脑，其芯片和主板等集成在显示器后面，因此只要将键盘和鼠标连接到显示器上便能正常使用。

2.1.2 电脑办公的软件环境

电脑办公所需的软件分为系统软件、驱动软件和应用软件三大类。下面对这三大类软件进行介绍。

1. 系统软件

系统软件包括汇编程序、编译程序、操作系统、数据库管理软件等。通常所说的系统软件就是指操作系统，是管理电脑和软件资源的程序。操作系统的功能是管理电脑的全部硬件和软件，方便用户对电脑的操作。常见的操作系统分为Windows 系列操作系统、Linux 操作系统，以及Mac OS 操作系统。

- Windows 系列操作系统。Microsoft 公司的 Windows 系列系统软件的使用范围非常广泛。它采用图形化操作界面，支持网络连接和多媒体播放，支持多用户和多任务操作，兼容多种硬件设备和应用程序，可满足用户在多方面的需求。自 Windows 系统问世以来，经过了无数次的迭代，从 Windows XP 到 Windows 2000，再到 Windows 7、Windows 8 和现在的Windows10，其功能越来越强大，操作系统的界面也越来越人性化。

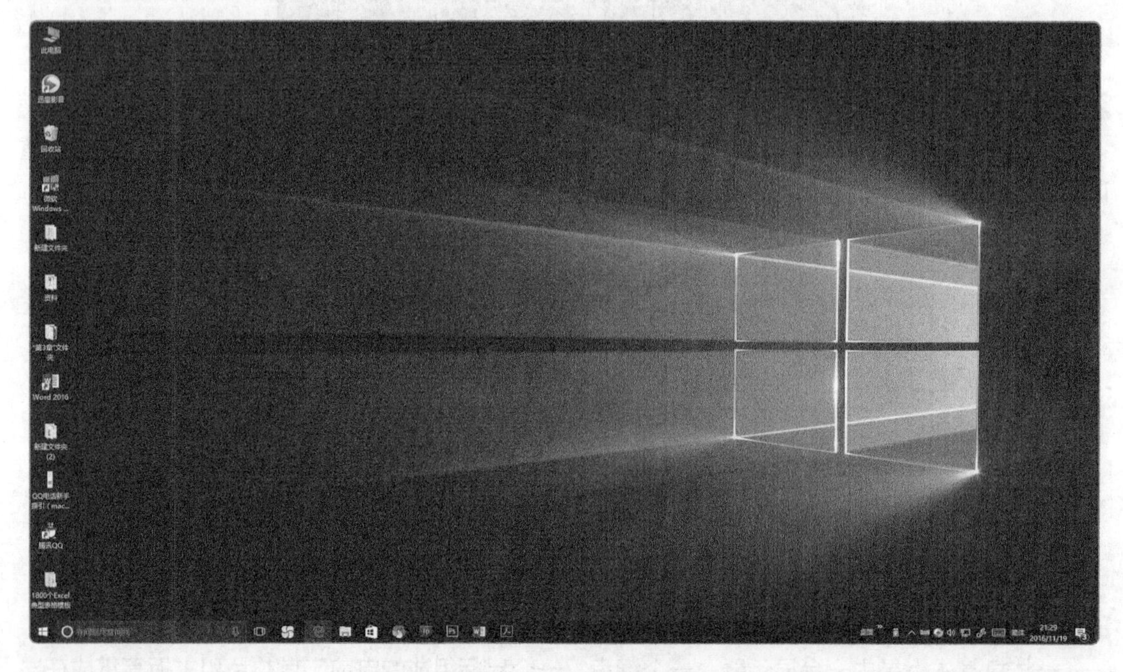

- Linux 操作系统。Linux 是基于 POSIX 和 UNIX 的多用户、多任务，并支持多线程和多 CPU 的操作系统。它能运行主要的 UNIX 工具软件、应用程序和网络协议。它支持 32 位和 64 位硬件，可安装在多种硬件设备中，如手机、平板电脑、路由器、视频游戏控制台、台式电脑等。Linux 是一款免费的操作系统，用户可以通过网络或其他途径免费获得，并可以任意修改其源代码，因此来自全世界的无数程序员参与了 Linux 的编写工作。程序员可以根据自己的兴趣和灵感对其进行改写，这让 Linux 吸收了无数程序员的精华，不断壮大。
- Mac OS。Mac OS 是一套运行于苹果 Macintosh 系列电脑上的操作系统，也是首个在商用领域成功的图形用户界面操作系统。Mac 系统基于 UNIX 内核，一般情况下在普通电脑上无法安装。Mac 系统非常可靠，在支持大型软件运作时不轻易崩溃。此外，其设计巧妙的界面，也吸引了很多人使用，下图所示即为 Mac OS 操作系统界面。

2. 驱动软件

驱动软件也叫驱动程序，全称为“设备驱动程序”，是一种可以使电脑和设备通信的特殊程序，相当于硬件的接口。如在电脑上接入其他设备时，就首先需要安装驱动程序，以在电脑系统和设备之间搭建一个通信桥梁。只有通过驱动程序，电脑才能控制设备的工作。如在电脑中安装了独立显卡，就需要安装一个相应的驱动程序，否则显示器中显示的界面则会出现模糊不清、画面比例失调等问题。

获取驱动程序的方法有很多，一般在购买设备时，就会附有一张驱动程序光盘。在安装好设备后，将光盘插入电脑的光驱中，运行光盘中的驱动程序进行连接即可。

若没有光盘，则可通过该设备官方网站下载相应的驱动程序进行安装。若不知道对应的驱动程序是什么，还可下载安装鲁大师、驱动精灵等软件。运行这些软件时，这些软件会自动排查需要安装的驱动程序，并提示用户安装，只要点击确认安装，并保持联网状态，即可完成驱动安装。

3. 应用软件

应用软件通常指具有特定功能的软件，如压缩软件 WinRAR、图像处理软件 Photoshop、下载软件迅雷等。这些软件能够帮助用户完成特定的任务。通常可以把应用软件分为以下几种类型，每个大类下面还可分为很多小类别，装机时用户可以根据需要进行选择。

- 网络工具软件：网络工具软件包含浏览工具、浏览辅助、网络优化、邮件处理、网页制作、下载及搜索工具等。
- 系统工具软件：系统工具软件包含系统优化、备份、美化增强、开关定时、硬件工具、卸载清理及驱动等。
- 应用工具软件：应用工具软件包含压缩解压、文件处理、时钟日历、键鼠工具、输入法、光盘工具、翻译工具、信息管理、办公应用等，下图所示的即为办公软件 Word 的界面。

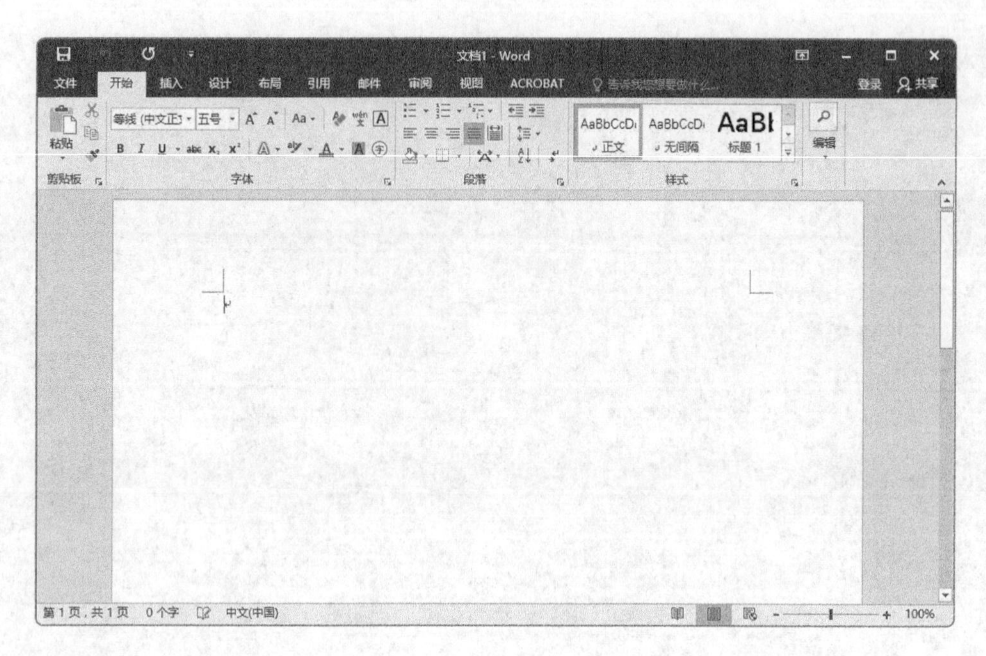

● 网络聊天软件：网络聊天软件包含聊天工具和实时联络软件等，下图所示即为 QQ 网络聊天软件的聊天界面。

● 游戏娱乐软件：游戏娱乐软件包含游戏工具、模拟器、棋牌、单机游戏、网络游戏等。

● 编程开发软件：编程开发软件包含编程工具、数据库、调试工具、开发控件等。

● 安全软件：安全软件包含密码工具、网络安全、系统监控、安全辅助、杀毒软件等。

● 图形图像软件：图形图像软件包含图形处理、图形捕捉、图像浏览、图像管理、3D（3Dimensions，三维）制作等，下图所示为图形处理软件 Photoshop 的界面。

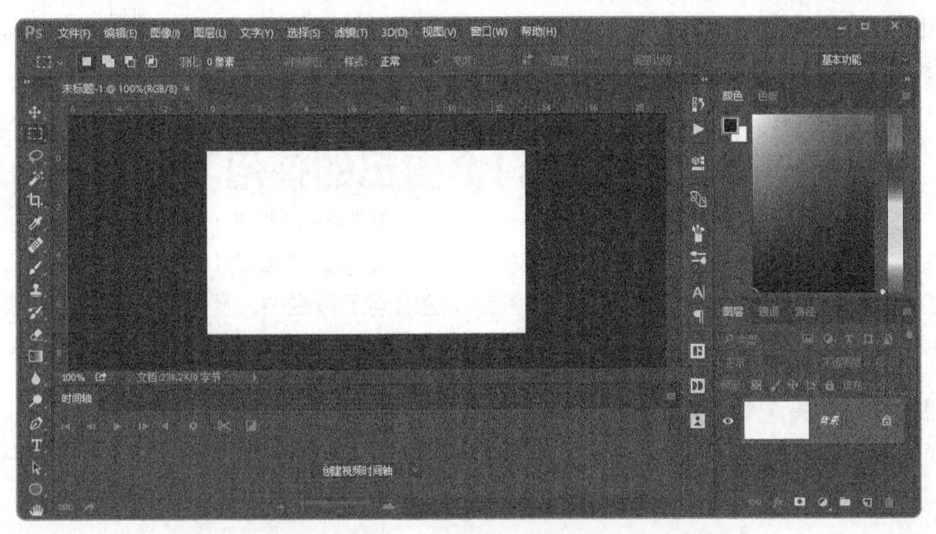

● 多媒体软件：多媒体软件包含视频播放、音频处理、视频处理、音频转换、视频转换、媒体管理、音频播放、电子阅读、解码器等，下图所示即为迅雷影音视频播放软件。

2.2 电脑办公的其他常用工具

在电脑上制作的文件，经常需要转化为实体资料，如 Word 文件和 Excel 表格等，因此还需要借助其他工具将这些文件“制造”出来，如打印机等。而打印机又分为针式打印机、喷墨打印机、3D 打印机、激光打印机等。根据打印的内容对象的不同，需要选择不同的打印机进行使用。下图所示即为打印机。

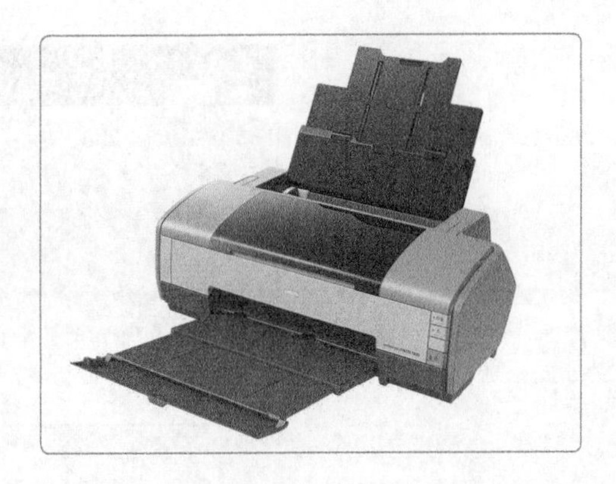

除此之外，还有扫描仪、传真机、复印机、投影仪、刻录机等。不同的工作内容，需要使用不同的设备。因此办公室人员有必要掌握这些设备的使用方法。

2.3 案例——让 Office 符合自己的使用习惯

本节视频教学时间 / 4 分钟

在安装 Office 软件时，可以只选择需要的组件进行安装。安装成功后，可以通过设置使这些组件符合用户的使用习惯，如将常用工具调整到快速访问工具栏中，及设置功能区和选项卡中的命令内容等。

1. 添加命令到快速访问工具栏

下面讲解在 Word 2016 中如何设置快速访问工具栏，Excel 和 PowerPoint 的设置也与此类似。具体操作步骤如下。

第 1 步 新建文档

双击安装好的 Word 2016 程序图标，启动该程序，单击右侧的“空白文档”选项，新建一个空白文档，进入主界面。

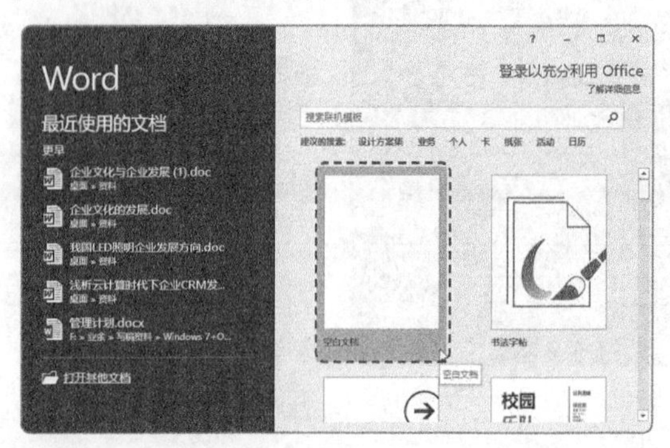

第 2 步 选择命令

❶ 单击界面左上角的倒三角下拉按钮，打开快速访问工具栏命令列表；❷ 在弹出的列表中选择“其他命令”。

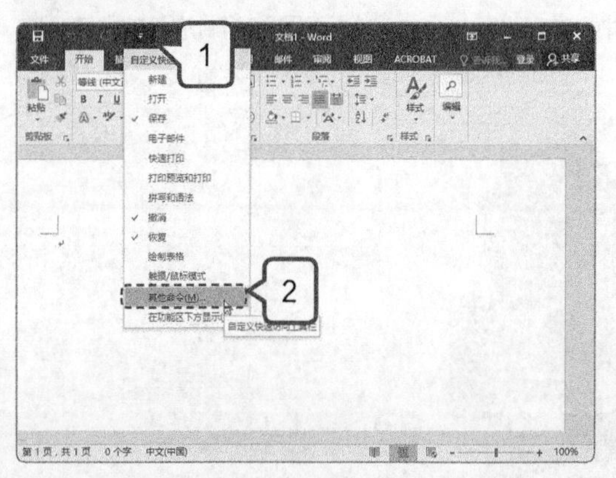

第 3 步 单击按钮

❶ 打开“Word 选项”窗口，在左侧的命令列表中选择需要添加的命令，这里选择“插入批注”；❷ 单击中间的“添加”按钮；❸ 单击下方的“确定”按钮。

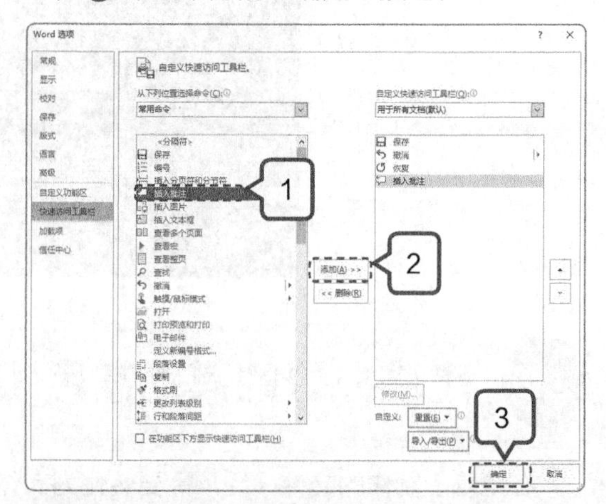

第 4 步 查看快速访问工具栏

返回 Word 2016 主界面，即可查看添加的命令。

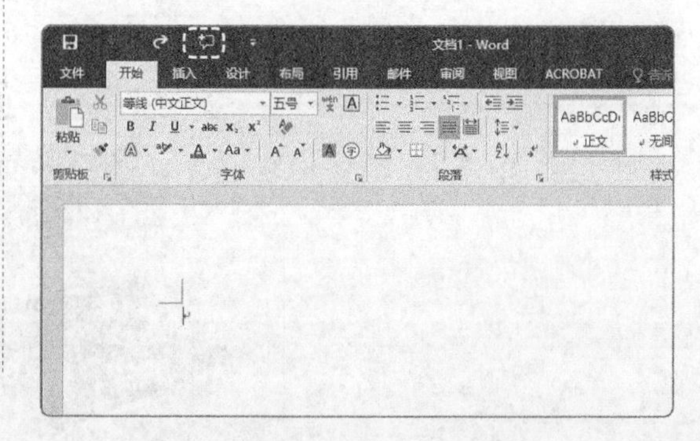

提示 若要删除快速访问工具栏中添加的命令，只需在该命令上单击鼠标右键，在弹出的快捷菜单中选择“从快速访问工具栏中删除”命令即可。

2. 添加命令到功能区

在 Word 2016 中，有些命令没有显示在选项卡中。若经常使用这些命令，可将这些命令添加到功能区中，其具体操作步骤如下。

第 1 步 选择“文件”

在 Word 2016 工作界面中选择“文件”。

第 2 步 选择“选项”命令

在打开的界面中，单击左侧列表中的“选项”命令。

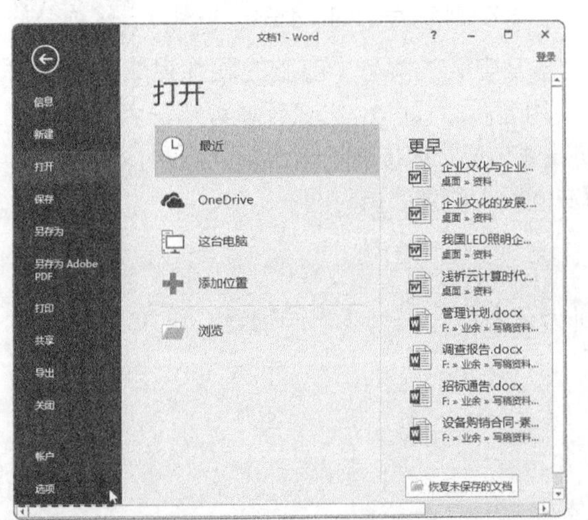

第 3 步 选择命令

❶ 在打开的“Word 选项”窗口的左侧单击“自定义功能区”选项；❷ 在“从下列位置选择命令”下拉列表框中选择“不在功能区中的命令”选项；❸ 在下面的列表中找到并选择“插入分节符”命令。

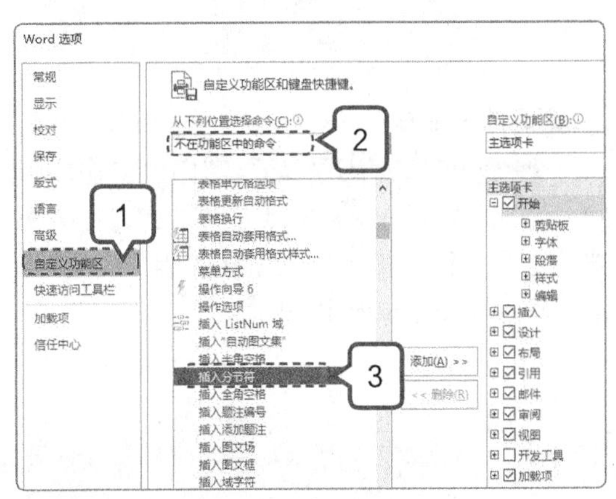

第 4 步 新建组

❶ 在右侧的列表中选择“开始”选项卡；❷ 单击下方的“新建组”按钮，新建一个组。

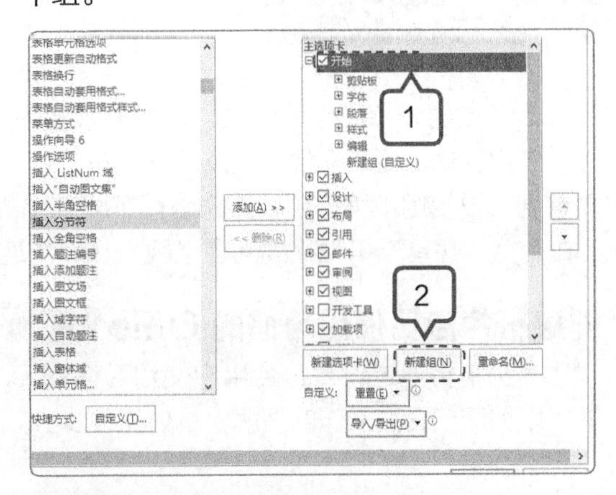

第 5 步 更改新建组的名称

❶ 选中新建的组；❷ 单击下方的“重命名”按钮；❸ 在打开的对话框中输入组名称；❹ 单击“确定”按钮。

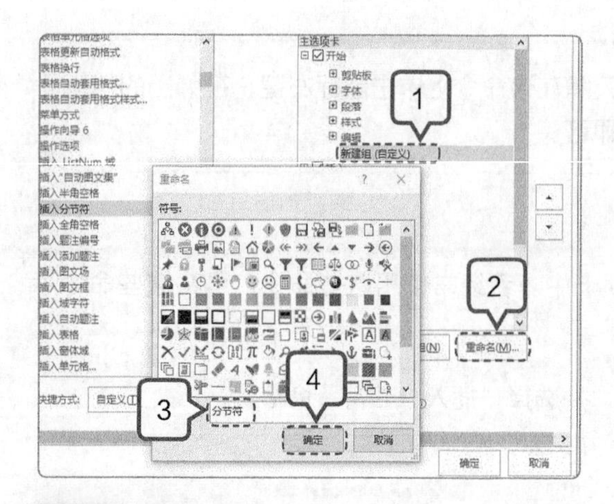

第 6 步 添加命令

❶ 返回“Word 选项”窗口，单击中间的“添加”按钮；❷ 左侧被选中的“插入分节符”命令即可被添加到新建的组下；❸ 单击“确定”按钮，退出窗口。

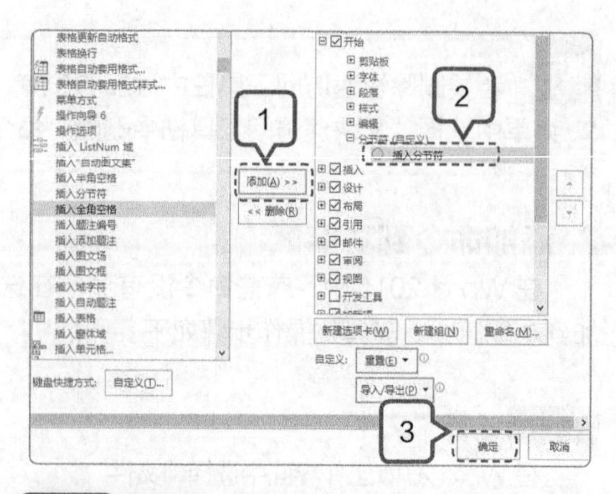

第 7 步 查看插入的命令

返回 Word 2016 工作界面，在“开始”选项卡中即可查看到新建的“分节符”组和“插入分节符”命令，单击即可调用。

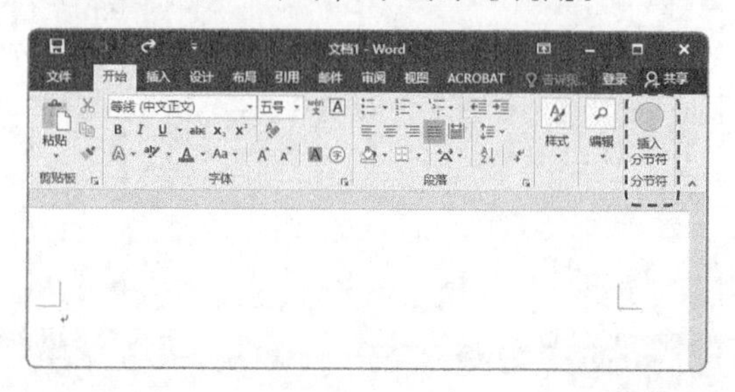

举一反三

本节视频教学时间 / 4 分钟

本章主要介绍了电脑的硬件环境和软件环境，涉及电脑的类型、电脑的硬件组成、系统软件、应用软件、驱动软件，以及怎样设置符合用户使用习惯的 Office 办公环境等知识点。我们可以看到，要使用电脑办公，首先必须了解电脑的软硬件知识，这样在处理电脑问题时，既能做到心中有数，也能准确地找到问题原因，从而快速解决问题，避免浪费时间。

创建符合自己使用习惯的 Office 环境

本例中将通过设置符合用户使用习惯的 Excel 办公界面，进一步巩固创建 Office 环境的知识，以加深读者对操作的理解，具体操作步骤如下。

第 1 步 新建表

❶ 启动 Excel 2016 程序，进入主界面；❷ 单击右侧的“空白工作簿”选项，创建一个新的 Excel 工作簿。

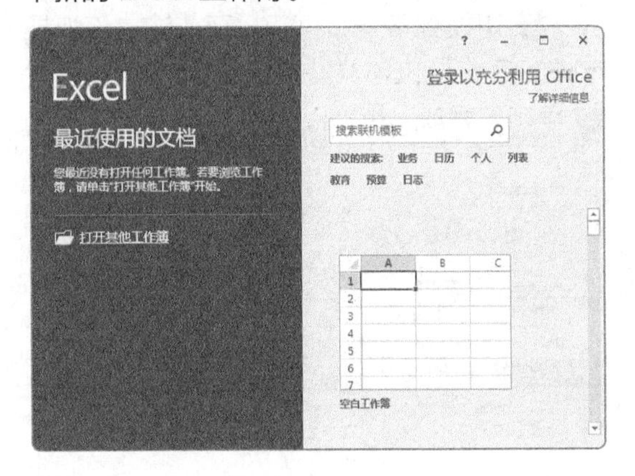

第 2 步 新建组

❶ 进入 Excel 2016 工作界面，单击左上角的倒三角按钮，在弹出的列表中选择“其他命令”；❷ 打开“Excel 选项”窗口，在其中设置添加快速访问工具栏和选项卡中的命令即可。

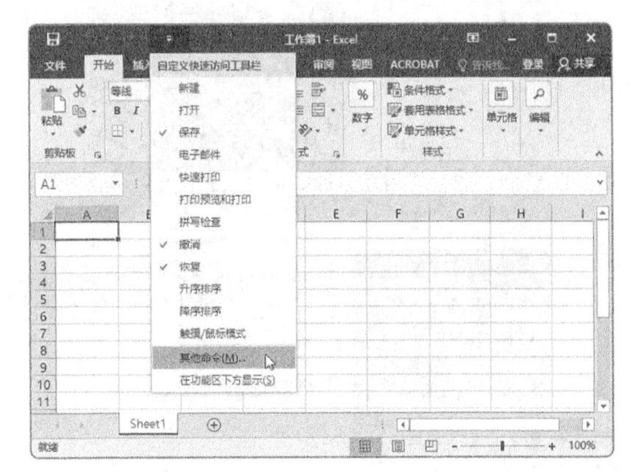

高手支招

1. 在电脑上安装更多字体

电脑里一般有自带的几种字体，若要使用其他字体，则需要自行安装。下面讲解如何在电脑中安装字体，具体操作如下。

第 1 步 选择命令

在网上下载字体后，选中需要安装的字体，然后单击鼠标右键，在弹出的快捷菜单中选择“安装”命令。

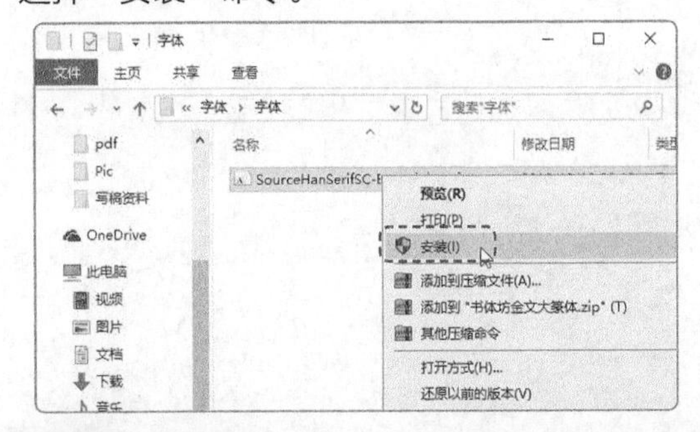

第 2 步 安装字体

系统开始安装字体，并弹出“正在安装字体”对话框。

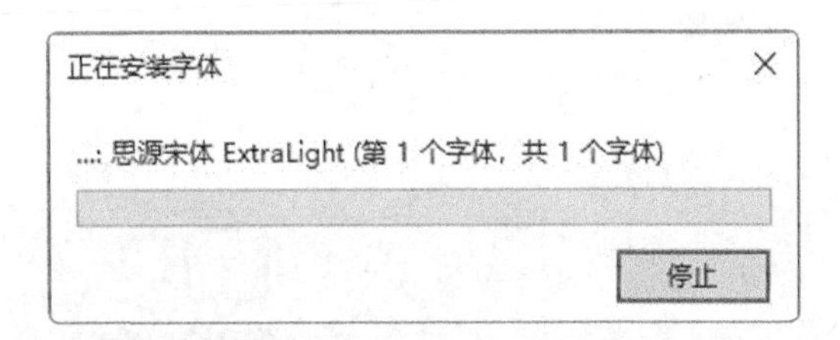

第 3 步 查看安装的字体

字体安装完成后，打开 Word 2016，在“开始”菜单的“字体”组中，即可查看安装的字体。

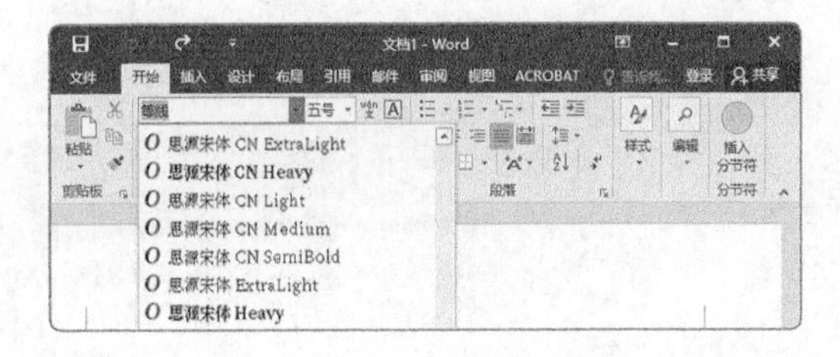

2. 创建关机的快捷方式

如果不想通过电脑的“开始”菜单关闭电脑，可以创建关机的快捷方式，具体操作如下。

第 1 步 选择“快捷方式”命令

在桌面空白处单击鼠标右键，在弹出的快捷菜单中选择“新建→快捷方式”命令。

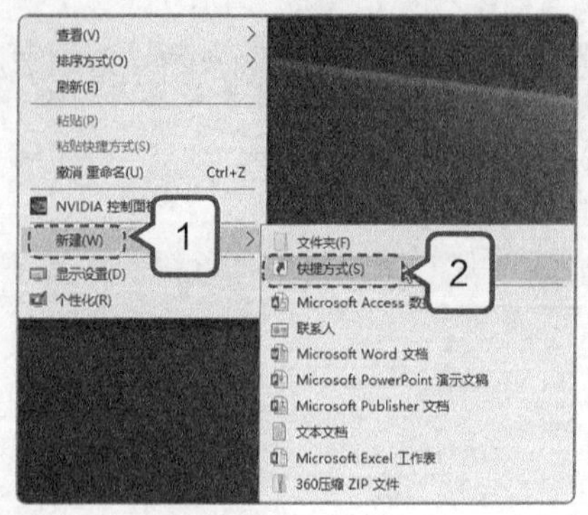

第 2 步 输入对象位置

❶ 打开“创建快捷方式”对话框，在“请键入对象的位置”文本框中输入“C:\Windows\System32\SlideToShutDown.exe”；❷ 单击“下一步”按钮。

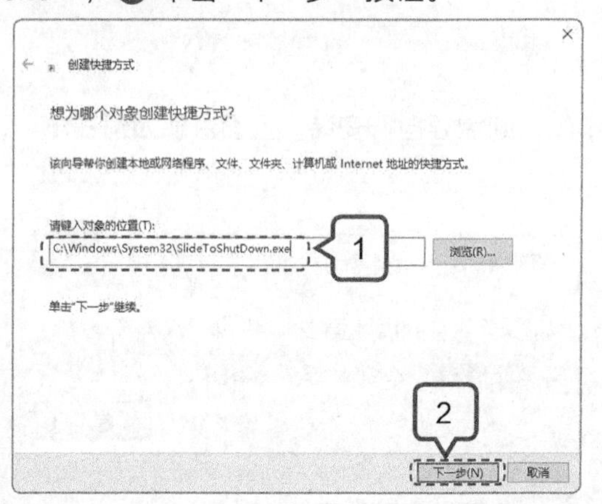

第 3 步 输入快捷方式名称

❶ 切换到下一个窗口，在“输入该快捷方式的名称”文本框中输入“快速关机”；❷ 单击“完成”按钮。

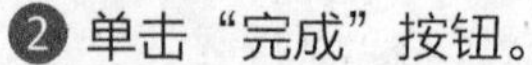

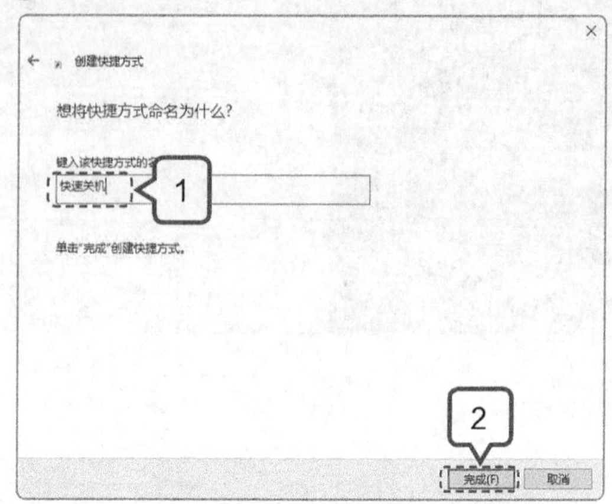

第 4 步 创建关机快捷方式图标

此时在电脑桌面上会自动生成名为“快速关机”的图标，双击该图标即可执行关机操作。

第二篇

Windows 10篇

Chapter

03 快速入门——打造个性化的电脑办公环境

本章视频教学时间 / 10 分钟

技术分析

Windows 10 是微软公司开发的跨平台操作系统。与早期版本相比，Windows 10 进行了重大变革，延续了之前版本的优点，并带来了更多新的体验。Microsoft 账户是用于登录 Windows 系统、Hotmail、SkyDrive 等服务的电子邮件地址和密码的组合，使用该账户可全面管理 Windows 系统等服务。

下面将介绍 Microsoft 账户的设置与应用，以及 Windows 10 桌面外观的设置。

思维导图

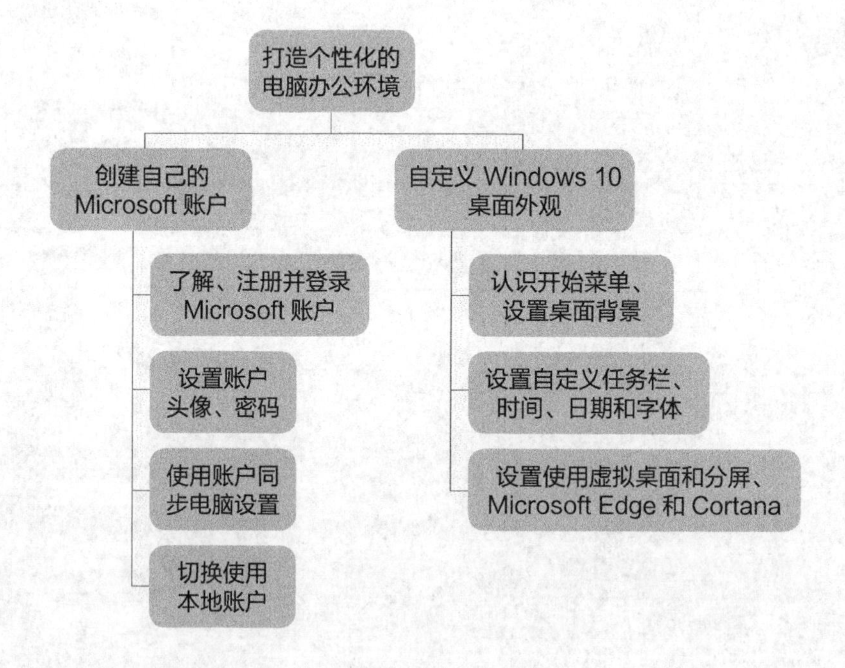

3.1 案例——创建属于自己的 Microsoft 账户

本节视频教学时间 / 3 分钟

/ 案例操作思路

本案例创建的一个 Microsoft 账户，用于登录 Windows 操作系统，并使用 Windows 提供的一系列功能，如 OneDrive、Skype 等。

使用 Microsoft 账户登录 Windows 的效果如图所示。

/ 技术要点

（1）了解什么是 Microsoft 账户。

（2）创建一个 Microsoft 账户，并使用该账户登录 Windows 系统。

（3）为自己的账户设置一个头像，然后再设置一个密码。

（4）利用 Microsoft 账户，同步电脑设置。

（5）在本地账户和 Microsoft 账户间自由切换。

3.1.1 什么是 Microsoft 账户

Microsoft 账户是一种可免费注册、易于管理且方便办公的系统账户，通常是邮件地址，与密码同时使用可登录任何 Microsoft 程序或服务，如 Outlook、Hotmail、Messenger、SkyDrive、Xbox Live 或 Office Live 等。

当用户使用 Microsoft 账户登录电脑或其他设备时，可从 Windows 应用商店中获取应用，或使用相关的云存储服务来免费备份重要数据和文件，也可以在云存储上同步自己的照片、好友、设置和音乐等。

3.1.2 注册和登录 Microsoft 账户

注册并登录 Microsoft 账户的具体操作如下。

第 1 步 更改账户设置

❶ 单击“开始”按钮；❷ 在弹出的菜单中单击“登录用户”按钮；❸ 再在弹出的列表中选择“更改账户设置”选项。

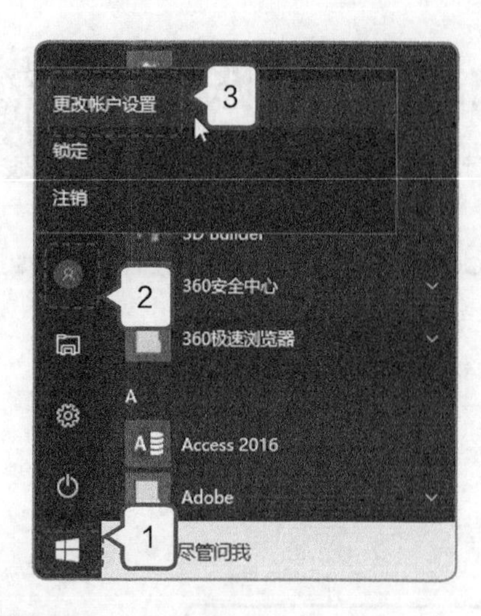

第 2 步 选择邮件和账户

打开“设置”窗口，选择“电子邮件和应用账户”选项。

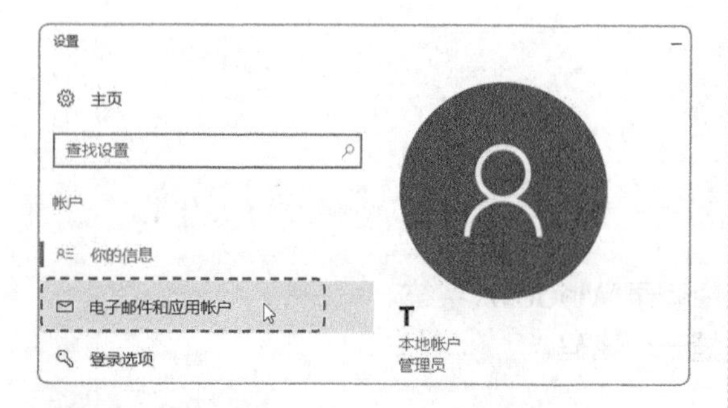

第 3 步 添加账户

在右侧单击“添加账户”选项。

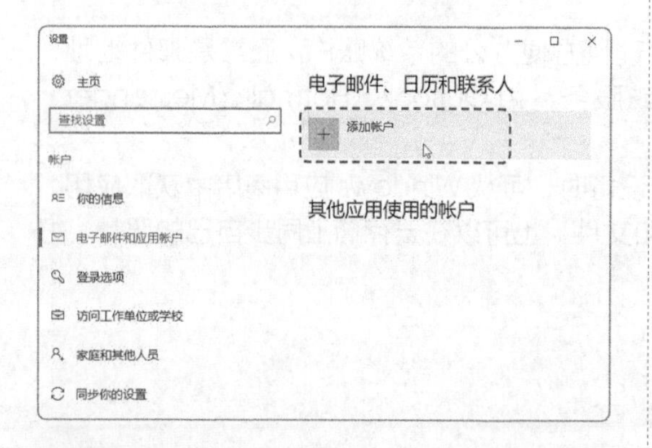

第 4 步 选择 Outlook.com

打开“选择账户”对话框，在其中选择“Outlook.com”选项。

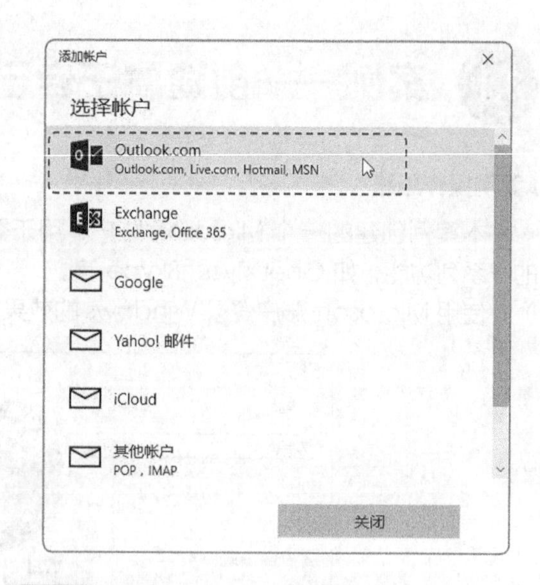

第 5 步 创建 Microsoft 账户

在打开的界面中单击“创建一个！”超链接。

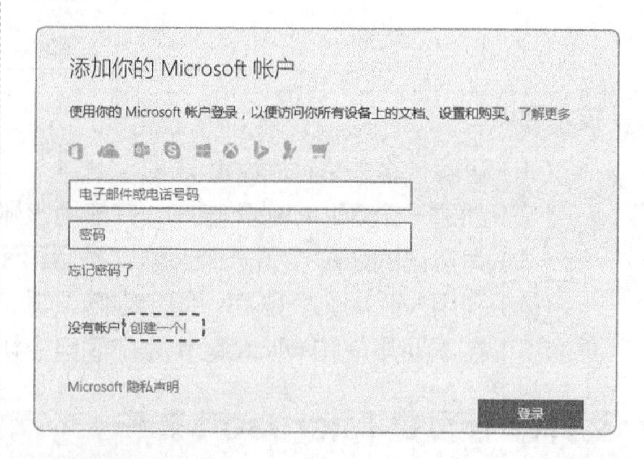

第 6 步 输入账户信息

❶ 打开“让我们来创建你的账户”对话框，在其中输入账户信息；❷ 单击“下一步”按钮。

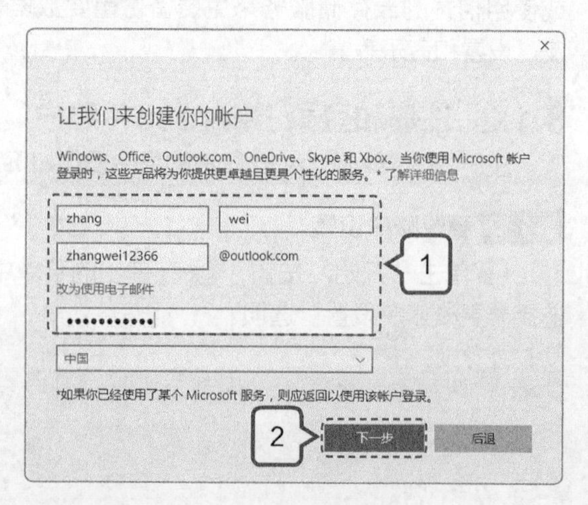

第 7 步 添加安全信息

❶ 打开“添加安全信息”对话框，输入手机号；❷ 单击“下一步”按钮。

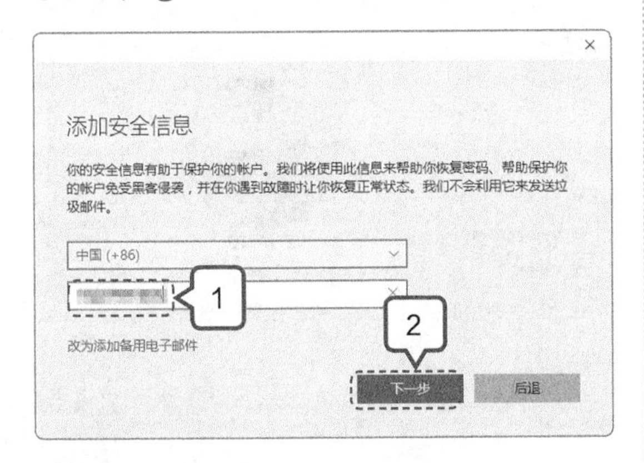

第 8 步 继续执行下一步

在打开的对话框中查看相关信息，继续单击“下一步”按钮。

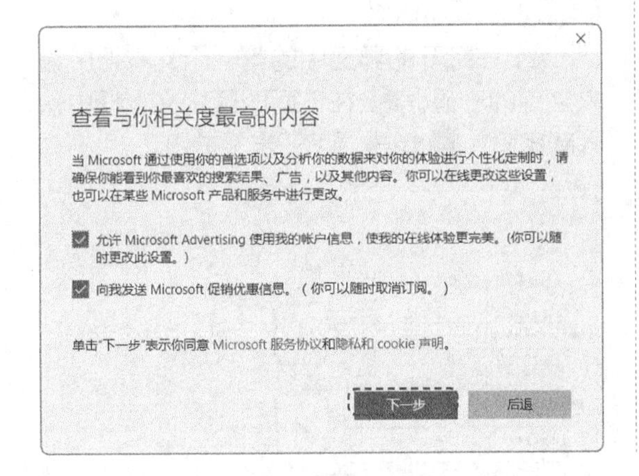

第 9 步 输入 Windows 登录密码

❶ 打开“是否使用 Microsoft 账户登录此设备？”对话框，在下面的文本框中输入 Windows 登录密码；❷ 单击“下一步”按钮。

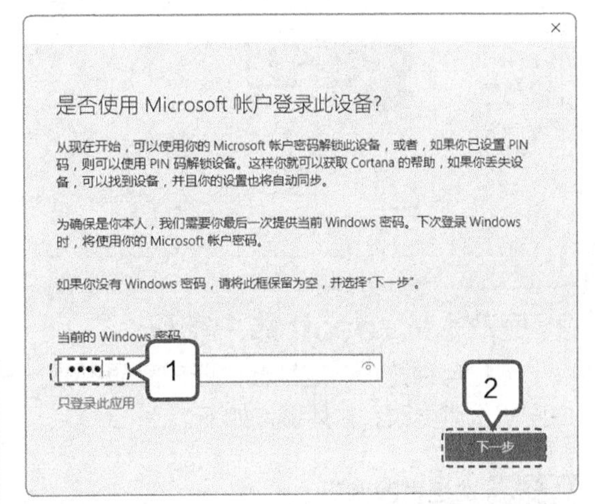

第 10 步 创建成功

稍等片刻，提示账户已存在，表明账户已创建成功，并已自动登录，单击“关闭”按钮。

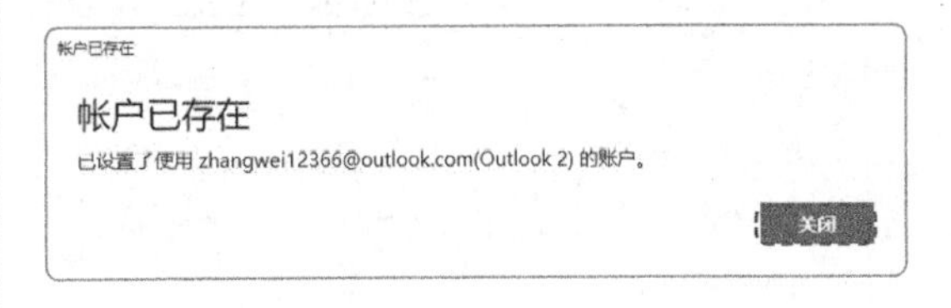

3.1.3 设置头像和修改密码

Microsoft 账户创建成功后，即可对其头像和密码进行设置。

1. 设置 Microsoft 账户头像

给自己的 Microsoft 账户设置一个头像，可以让账户更加个性化，其具体操作如下。

第 1 步 选择选项

返回“设置”窗口，在“你的信息”选项中的“创建你的头像”栏下，选择“通过浏览方式查找一个”选项。

第2步 选择图片

❶ 此时将打开“打开”对话框，在其中选择想要的图片；❷ 单击“选择图片”按钮。

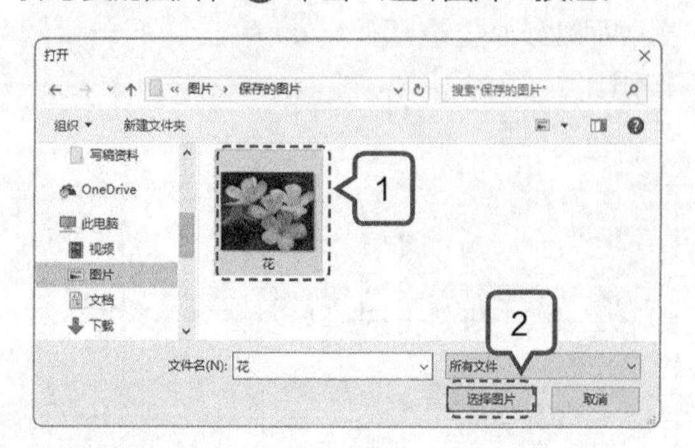

第3步 查看效果

返回“设置”窗口，即可查看设置的头像，如图所示。

2. 更改 Microsoft 账户密码

无论何种账户，定期修改账户密码都是一种保护账户不被窃取的有效手段，Microsoft 的账户密码也可更改，具体操作如下。

第1步 选择更改密码

❶ 在“设置”窗口左侧选择“登录选项”选项；❷ 在右侧面板中单击“更改你的账户密码”下方的“更改”按钮。

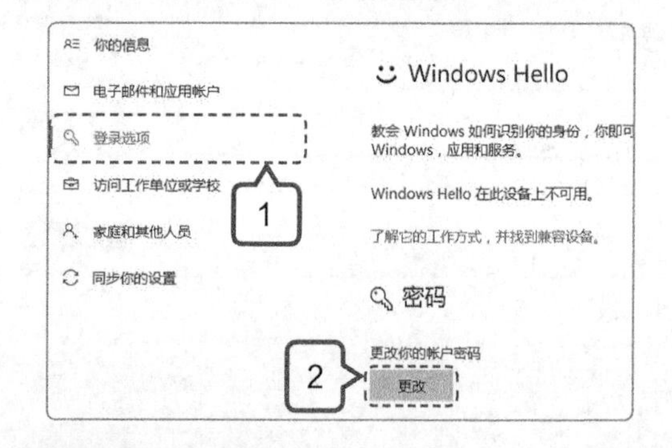

第2步 输入密码

❶ 在打开的窗口中输入之前的密码；❷ 单击“登录”按钮。

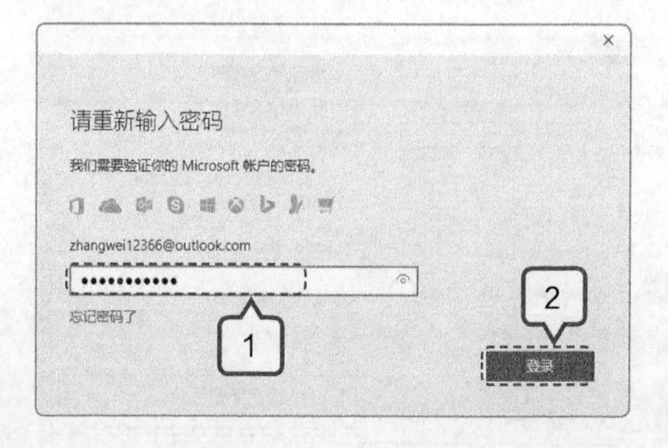

第3步 设置新密码

❶ 在打开的界面中的第一个文本框中输入之前的密码；❷ 在下面的两个文本框中输入新密码；❸ 单击“下一步”按钮。

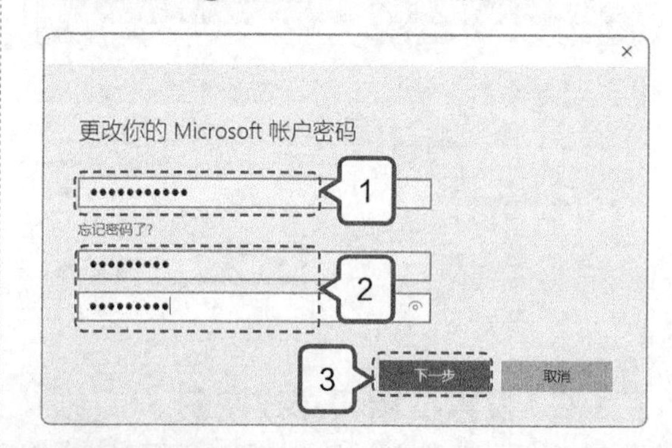

第4步 设置完成

在打开的窗口中提示已设置完成，单击“完成”按钮。

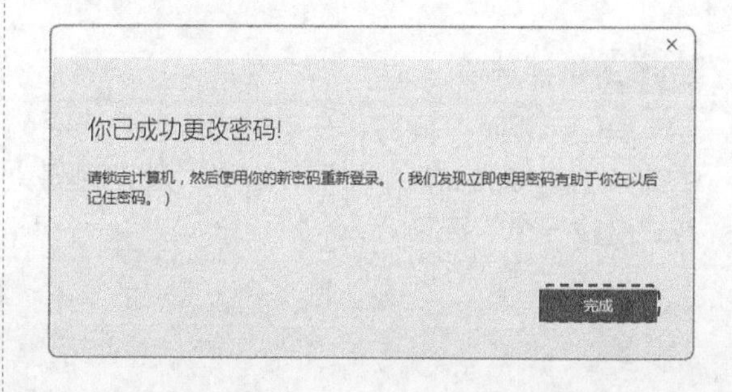

3.1.4 使用 Microsoft 账户同步电脑设置

使用 Microsoft 账户同步电脑设置后，就可以在不同的 Windows 10 设备上实现共享。这种共享既包括浏览器、密码和颜色主题等内容，也包括一些设备信息，如打印机、鼠标、文件资源管理器等。

设置同步的方法很简单，在“设置”窗口的左侧选择“同步你的设置”选项，在右侧的面板中将需要设置同步的内容设置为“开”状态即可。

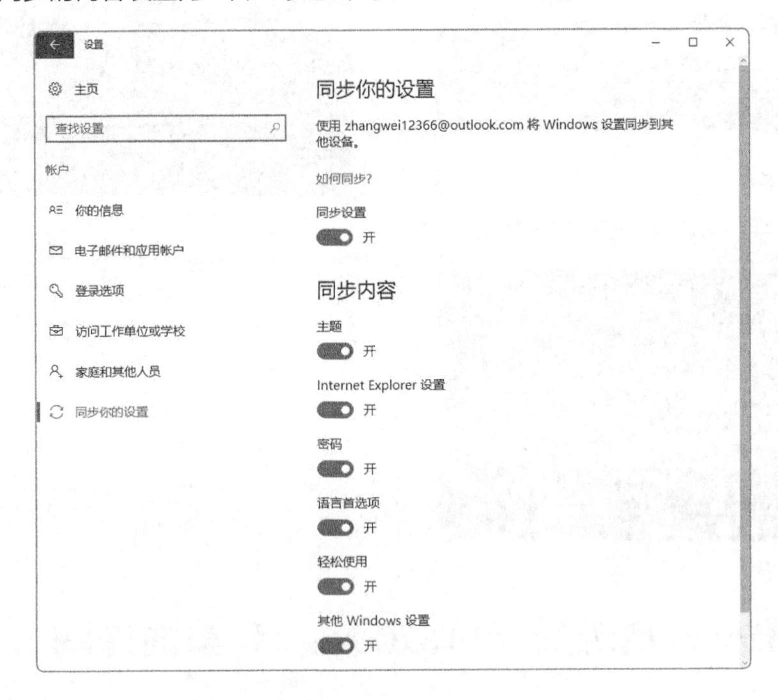

3.1.5 本地账户和 Microsoft 账户的切换

本地账户是电脑启动时登录的一种账户，只用于登录电脑。本地账户可与 Microsoft 账户相互切换，具体操作如下。

第1步 选择本地账户登录

❶ 在“设置”窗口的左侧选择“你的信息”选项；❷ 在右侧选择“改用本地账户登录”选项。

第2步 输入 Microsoft 账户密码

❶ 在打开的窗口中输入 Microsoft 账户的密码；❷ 单击“下一步”按钮。

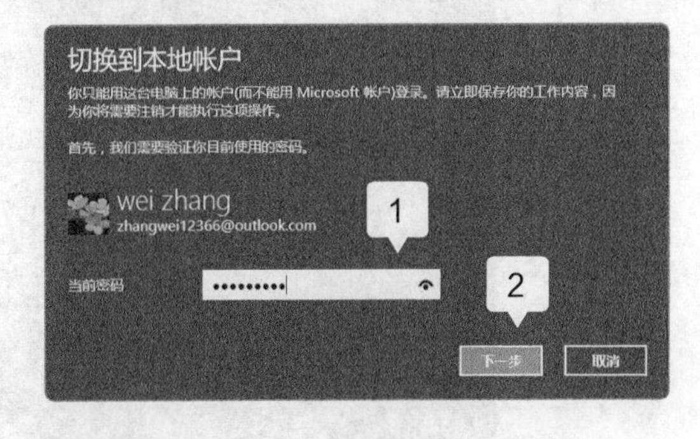

第3步 输入本地账户密码

❶ 打开“添加安全信息”对话框，输入本地账户密码；❷ 单击“下一步”按钮。

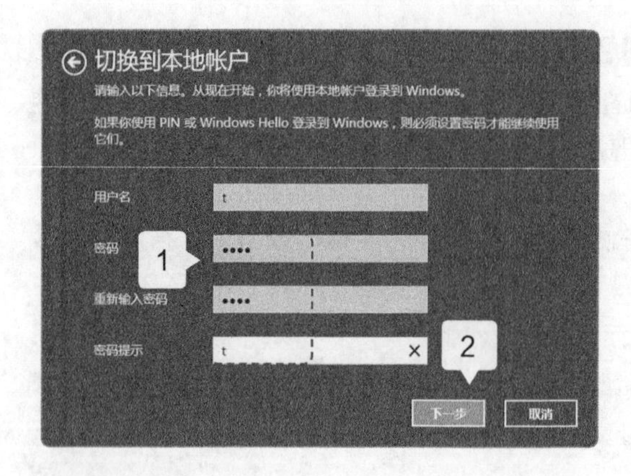

第 4 步 **切换账户**

提示保存工作，单击“注销并完成”按钮。

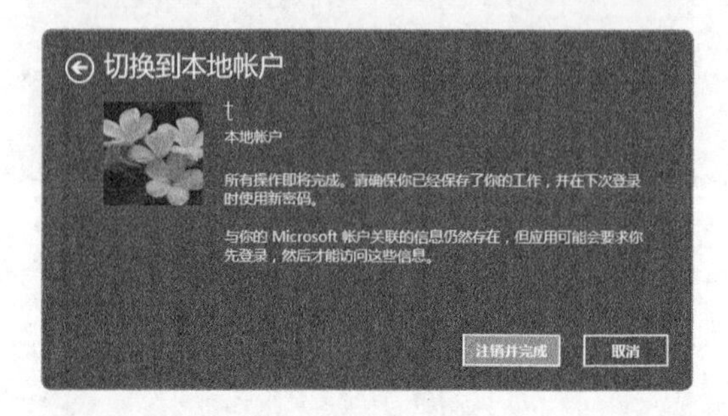

第 5 步 **确认切换账户**

在切换到的窗口中继续单击“注销并完成”按钮，系统即可开始注销并切换到本地账户登录。

3.2 案例——自定义 Windows 10 桌面外观

本节视频教学时间 / 5 分钟

/ 案例操作思路

本案例对 Windows 10 操作系统的桌面外观进行设置。主要将桌面背景和颜色设置得简洁大气，并将常用任务设置到任务栏中，同时设置分屏显示和虚拟桌面，最后使用 Microsoft Edge 浏览器查询资料等。在操作过程中，通过求助“小娜”解决一些操作难题。

自定义 Windows 10 桌面外观的效果如下。

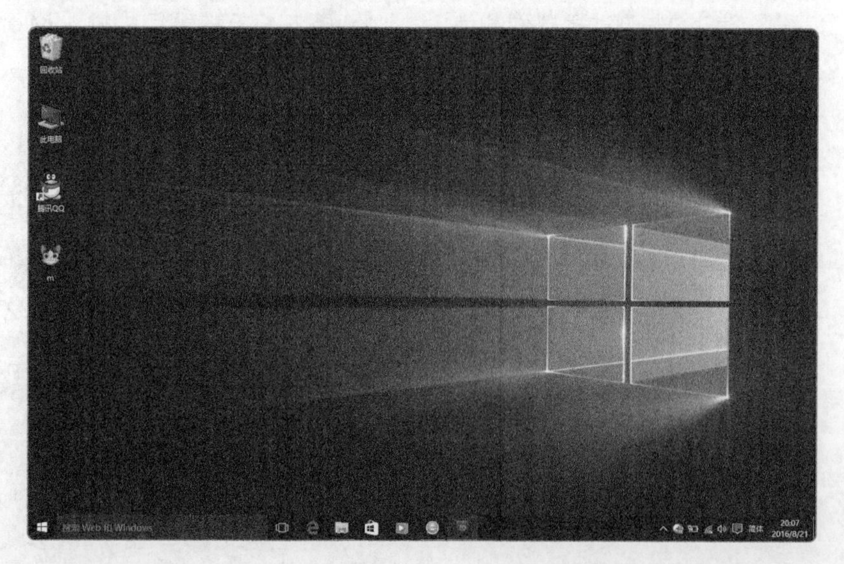

/ 技术要点

（1）认识“开始”菜单，设置桌面背景图案和颜色。

（2）自定义任务栏上的程序、时间和日期。

（3）自定义显示的字体。

（4）设置虚拟桌面和分屏显示。

（5）使用 Microsoft Edge 浏览网页，并通过私人助理“Cortana”获得帮助。

3.2.1 认识回归的经典菜单

作为新一代的操作系统，Windows 10 在显示外观上作了重大变革，既延续了 Windows 的优点，还带来了许多新体验。

单击桌面左下角的“开始”按钮，即可弹出“开始”菜单。Windows 10 的“开始”菜单已更新为一个工作界面，包括“固定列表”“常用程序列表”和“动态磁贴”等面板。

- 固定列表：包含了“电源”按钮、“设置”按钮、“文件资源管理”按钮，以及表示用户管理员的按钮。通过“文件资源管理器”按钮，可打开“文件资源管理器”窗口，在其中可查看本台电脑的所有文件资源。通过“设置”按钮，可打开“设置”窗口，在其中可选择相关功能对系统进行设置。
- 常用程序列表：在该列表中可以查看系统中安装的所有程序，单击相应的图标即可启动该程序。
- 动态磁贴：里面放置了动态的图片和文字，应用程序需要更新时，可通过这些磁贴直接反映出来。

3.2.2 设置桌面背景和主题色

用户可随时更换 Windows 10 的桌面背景和主题色。

1. 设置桌面背景

桌面背景可选择 Windows 提供的图片、纯色或带有颜色的框架图片，以及类似幻灯片的照片集，也可选择自己收集的图片。设置桌面背景的具体操作如下。

第 1 步 **选择命令**

在桌面空白处单击鼠标右键，在弹出的快捷菜单中选择“个性化”命令。

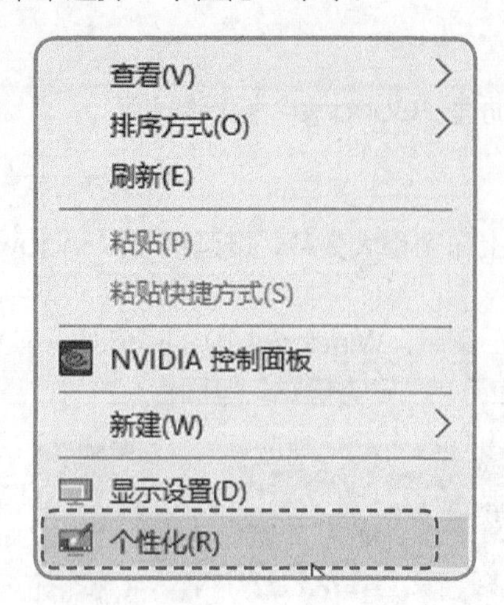

第 2 步 **选择图片**

❶ 打开“设置”对话框，在“背景”下拉列表中选择“图片”选项；❷ 在下方的“选择图片”栏中选择一张图片，此时可在上方的“预览”栏中查看已设置的效果。

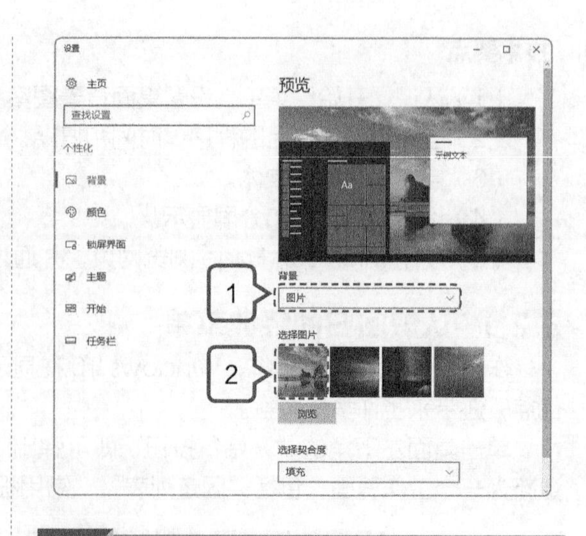

提示

在“背景”下拉列表中，还可选择“纯色”和“幻灯片”选项，设置纯色背景，或以幻灯片的形式设置变化的背景图片。单击“选择图片”下方的“浏览”按钮，可在打开的对话框中选择自己存储的图片作为桌面背景，并可通过下方的“选择契合度”对图片进行拉伸或平铺等操作。

2. 设置桌面主题色

Windows 10 默认的主题色为黑色，用户可根据需要对其进行修改，具体操作如下。

第 1 步 **打开“开始”菜单**

❶ 单击“开始”按钮；❷ 在弹出的菜单中单击“设置”按钮。

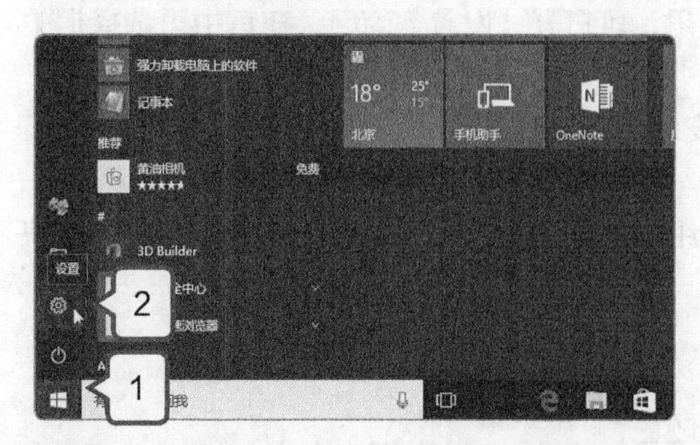

第 2 步 **选择“个性化”**

打开“设置”窗口，在其中选择“个性化”图标。

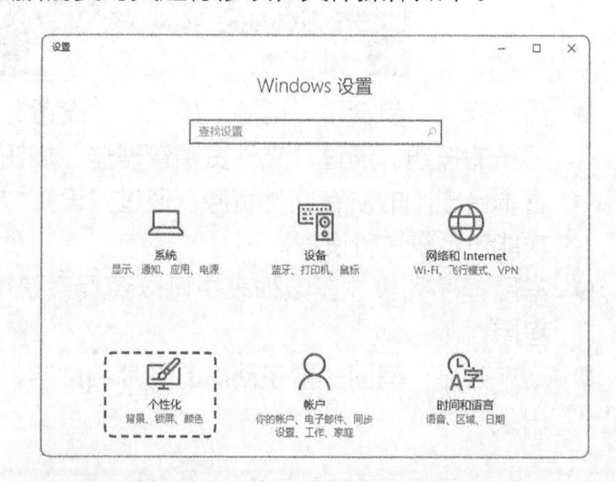

第 3 步 **设置主题色**

❶ 在左侧的列表中选择“颜色”选项；❷ 在右侧的面板中选择一种主题色；❸ 将下方的显示颜色均设置为“开”即可。

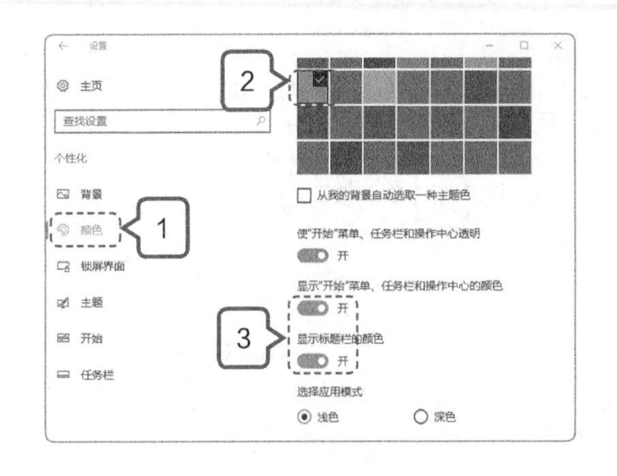

第4步 查看效果

返回系统中，完成主题色的设置。

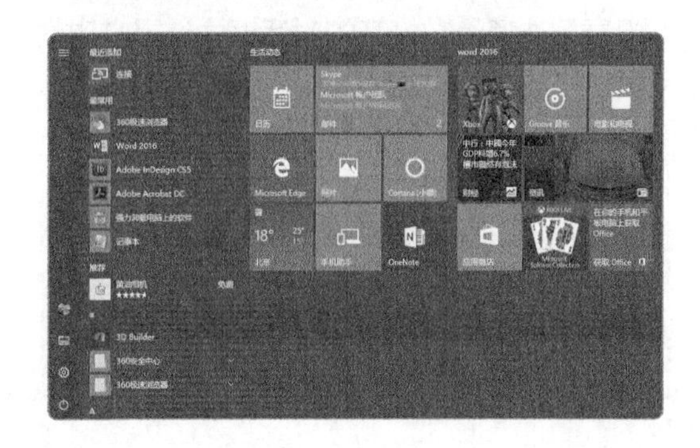

3.2.3 自定义任务栏

"任务栏"是位于桌面最底部的长条，由程序区、通知区和显示桌面按钮组成。Windows 10 取消了快速启动工具栏，若要快速打开程序，可将程序锁定到任务栏。具体操作步骤如下。

第1步 选择命令

❶ 单击"开始"按钮；❷ 在常用程序列表中找到需要固定到任务栏的程序，单击鼠标右键，在弹出的快捷菜单中选择"更多"选项；❸ 在子列表中选择"固定到任务栏"命令。

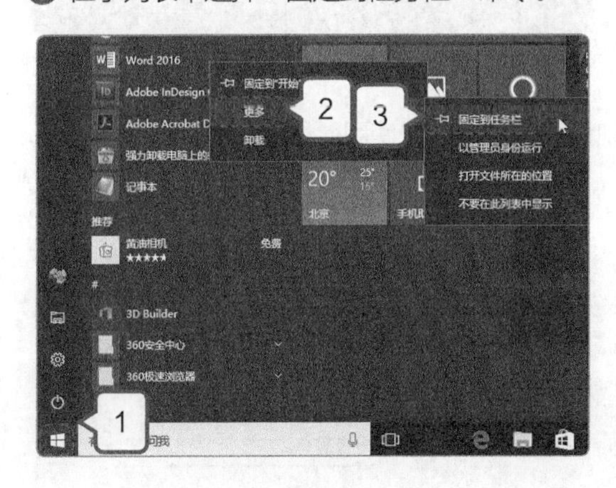

第2步 查看固定项

此时在任务栏中即可看到程序被固定到了任务栏中。

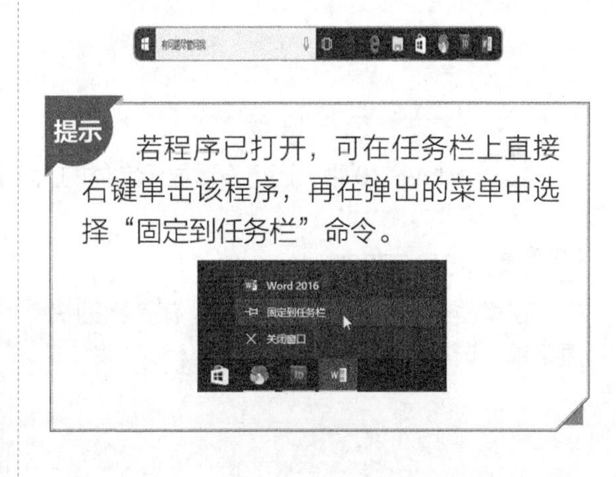

提示 若程序已打开，可在任务栏上直接右键单击该程序，再在弹出的菜单中选择"固定到任务栏"命令。

3.2.4 设置日期和时间

在任务栏右侧会显示日期和时间，用户可根据对其进行调整，具体操作如下。

第1步 打开“开始”菜单

单击“开始”按钮，在弹出的菜单中单击“设置”选项，在打开的对话框中选择“时间和语言”选项。

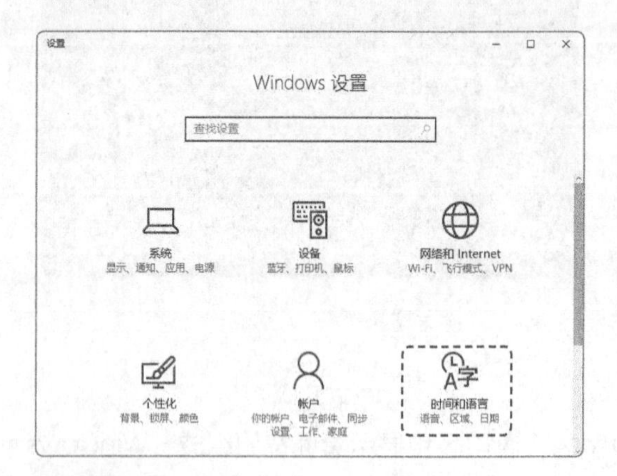

第2步 选择更改

❶ 在打开的面板左侧选择“日期和时间”选项；❷ 将右侧的“自动设置时间”设置为“关”；❸ 单击下方的“更改”按钮。

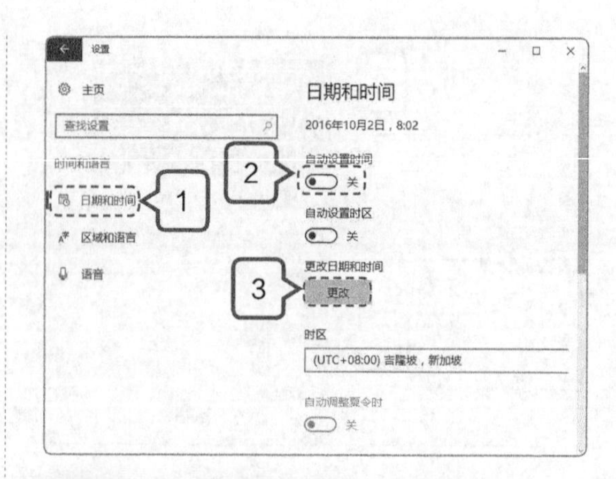

第3步 设置日期和时间

打开“更改日期和时间”对话框，在其中单击对应日期和时间右侧的下拉按钮，在弹出的菜单中选择需要设置的日期和时间，最后单击“更改”按钮即可。

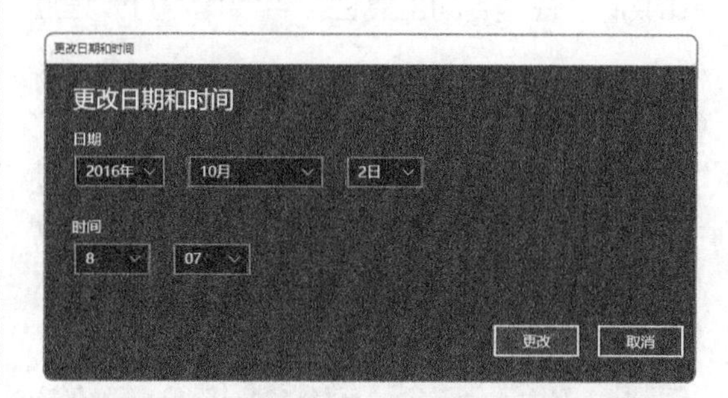

3.2.5 自定义显示字体

在 Windows 10 中，还可设置显示字体的大小和粗细，方便用户使用。具体操作步骤如下。

第1步 选择显示设置

在桌面空白处单击鼠标右键，在弹出的快捷菜单中选择“显示设置”。

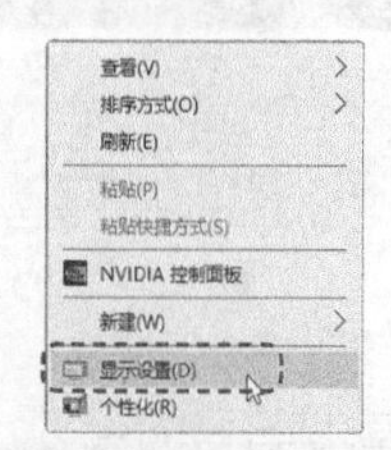

第2步 选择高级显示设置

在打开的对话框的右侧面板中选择“高级显示设置”选项。

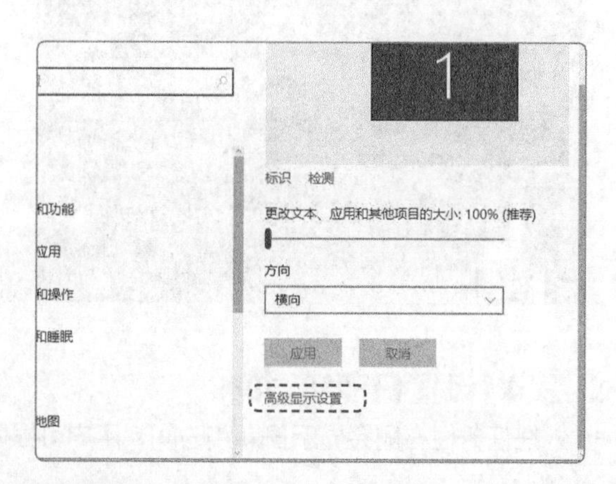

第3步 选择选项

在打开的对话框中选择下方的“文本和其他项目大小调整的高级选项”选项。

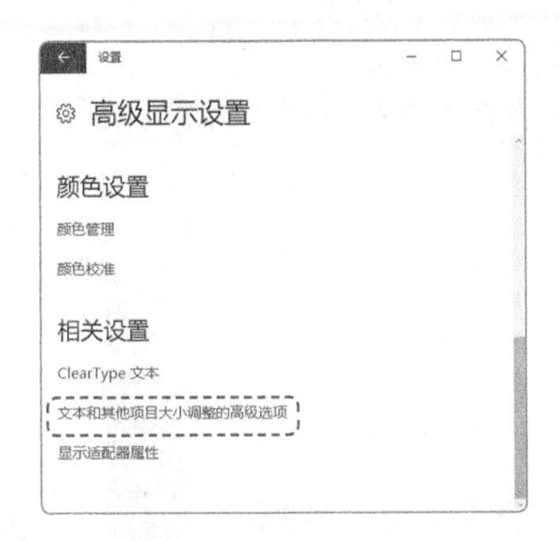

第 4 步 选择更改

❶ 在打开的对话框的“仅更改文本大小”栏下方，设置字号为“10”，单击选中“粗体”复选框；❷ 单击“应用”按钮。

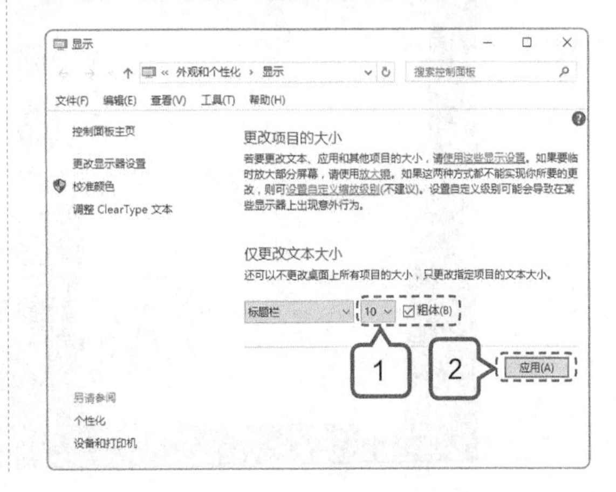

3.2.6 设置虚拟桌面

Task View（任务视图）是 Windows 10 增加的虚拟桌面软件，单击任务栏上的 Task View 按钮▣，即可查看当前运行的多项任务，在多窗口模式下切换会有更好的体验。用户可根据使用习惯，指定不同的桌面，这对于一些经常使用多媒体软件的用户来说，非常实用。下图所示为切换到 Task View 的视图界面。

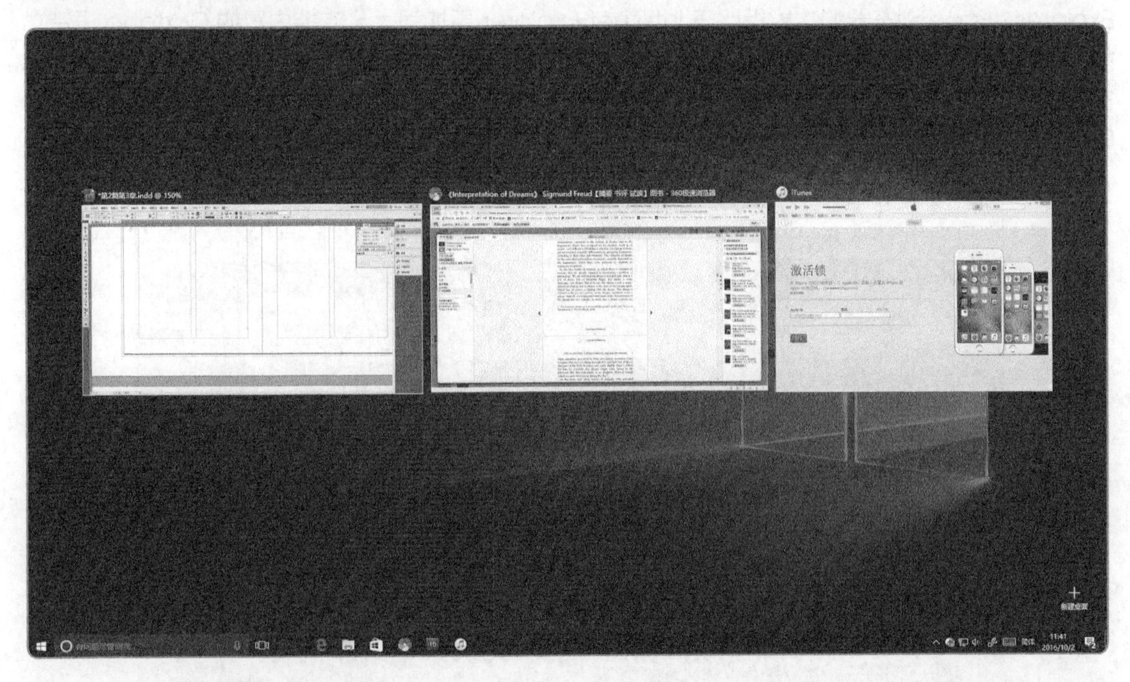

3.2.7 使多窗口分屏显示

分屏功能可将多个不同桌面的应用窗口展示在一个屏幕中，并能和其他应用自由组合成多个任务模式。使用左键单击桌面上的应用程序窗口，并按住不放，然后将程序向四周拖动，直至屏幕出现灰色透明的分屏提示框，松开鼠标即可实现分屏显示。

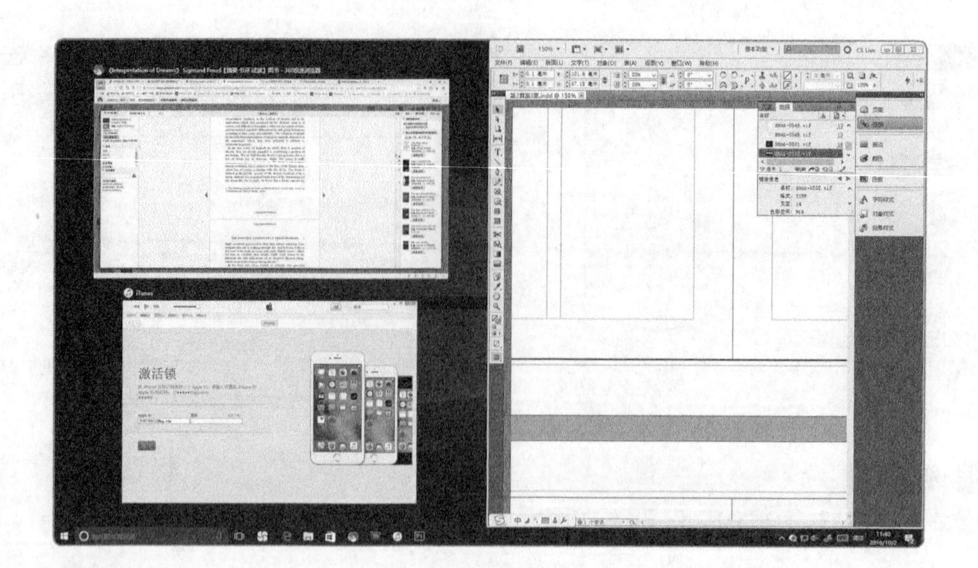

按【Alt+Tab】组合键，可在不同的窗口之间进行切换。

3.2.8 体验 Microsoft Edge 浏览器

Microsoft Edge 浏览器是 Windows 10 操作系统的内置浏览器，相当于以前的 Internet Explorer。Edge 浏览器的功能相比于 Internet Explorer 更加强大，支持内置的 Cortana 语音功能，还内置了阅读器、笔记和分享功能，其设计也是现在流行的扁平、极简设计。在任务栏上单击 Microsoft Edge 浏览器按钮，即可启动该浏览器，其用法与其他浏览器相同，下图所示为 Edge 浏览器界面。

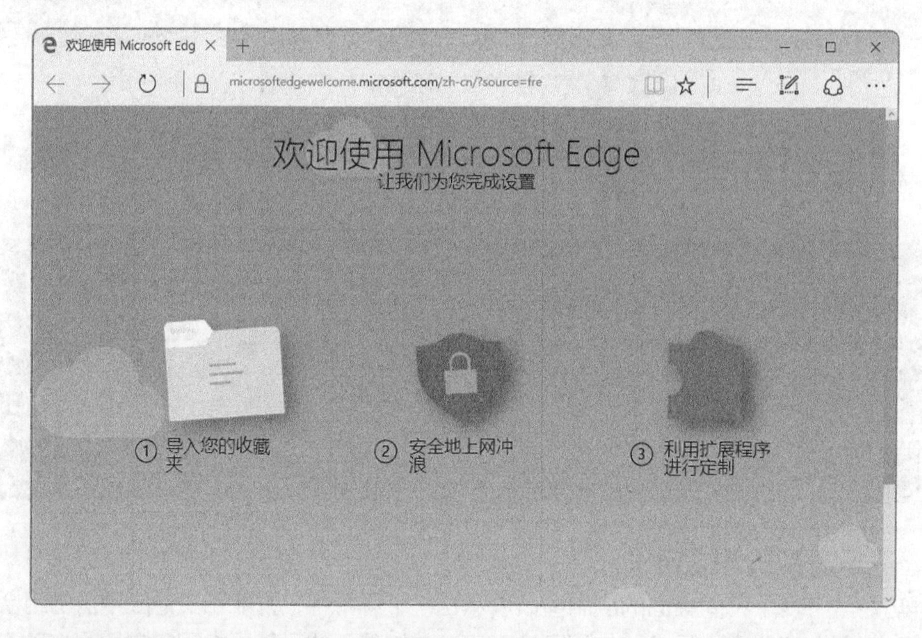

3.2.9 私人助理——小娜（Cortana）

微软系统自带有一个 Cortana 功能，中文名为小娜。它是微软发布的全球第一款个人智能私人助理。

根据微软介绍，Cortana“能够了解用户的喜好和习惯”“帮助用户进行日程安排、回答问题等”。在任务栏的“有问题尽管问我”处单击鼠标左键，即可开始使用 Cortana 的相关功能。

Cortana 可以帮助用户实现以下功能。

- 提醒功能，用户记录下提醒日期和内容后，将在该日期提醒用户所要做的事。
- 单击右侧的语音按钮，可通过语音为 Cortana 布置任务，还可以跟 Cortana 聊天。
- 帮助用户通过 Microsoft Edge 查找设备或搜索内容等。
- 为用户提供快递和航班状态跟踪服务。
- 提供符合用户使用习惯的个性化服务，如新闻、事件、交通、天气等。

本节视频教学时间 / 5 分钟

本章所选择的案例均为典型的基础操作实例，涉及注册 Microsoft 账户、设置 Microsoft 账户头像、更改 Windows 10 桌面外观等知识点。

1. 为电脑添加其他用户

在 Windows 10 系统中，除了可用管理员账户登录，还可添加家庭成员或其他用户，并且这些账户互不干扰。因此，父母可以为孩子添加一个专门的账户，并这个账户的权限进行设置，保证孩子上网安全。

第 1 步 打开“家庭和其他用户”对话框

❶ 在“开始”菜单中选择“设置”选项，在打开的窗口中选择“账户”选项，再在打开的窗口的左侧选择“家庭和其他人员”选项；❷ 在右侧选择“将其他人添加到这台电脑”选项。

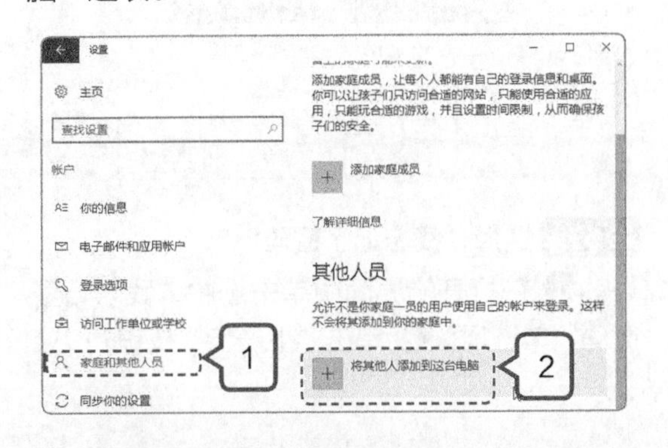

第 2 步 登录账户

若已存在其他账户，则直接输入电子邮件地址，若没有则需要创建一个，其操作方法与创建 Microsoft 账户相同。根据提示添加账户即可。

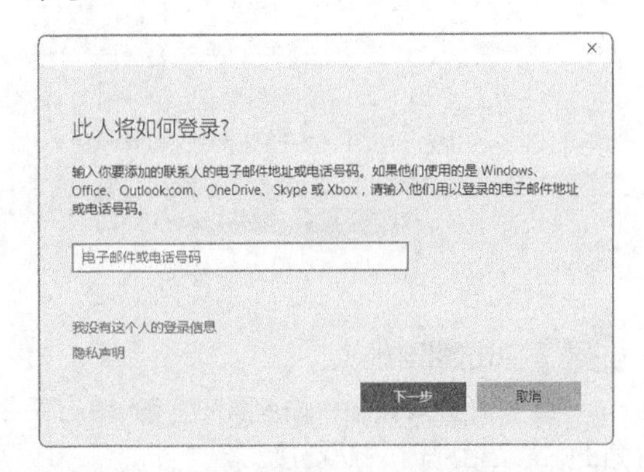

2. 使用多个虚拟桌面

Task View 对于办公室人员来说，非常实用。用户可将不同的程序放在不同的桌面，从而让工作更加有条理。下面创建一个办公桌面和一个娱乐桌面。

第 1 步 添加虚拟桌面

在任务栏中单击“Task View”按钮，进入虚拟桌面，单击右下角的“新建桌面”按钮，即可新建一个桌面，系统自动命名为“桌面 2”。

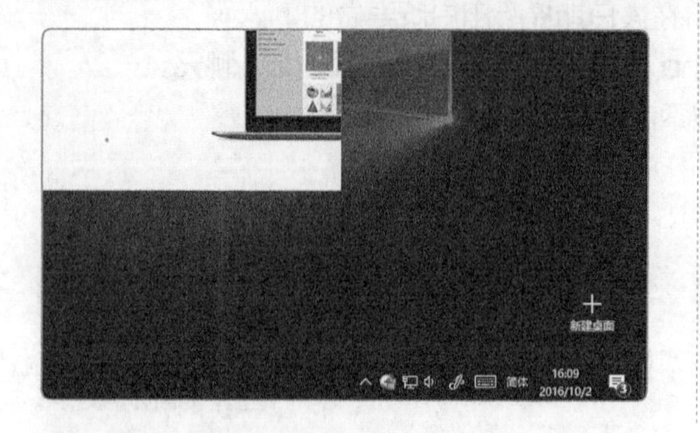

第 2 步 将程序移动到“桌面 2”

在“桌面 1”操作界面中，使用右键任意单击一个窗口图标，在弹出的快捷菜单中选择“移动至→桌面 2”命令，即可将该程序移至“桌面 2”中。

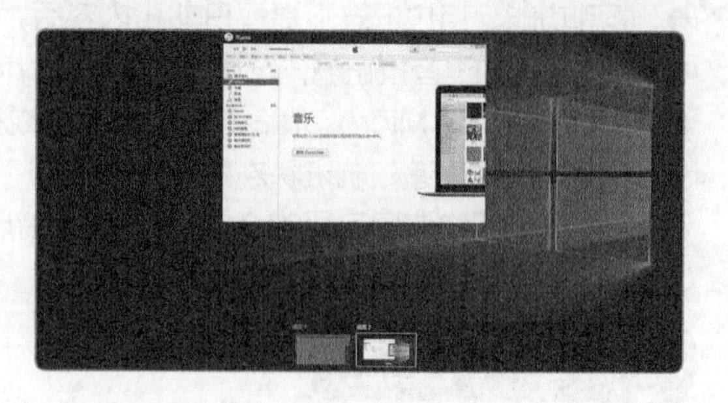

高手支招

1. 解决遗忘 Windows 登录密码的问题

若遗忘了 Windows 的登录密码，可以登录微软找回密码的网站重置密码。

第 1 步 登录网站

找到一台能上网的电脑，通过 Microsoft Edge 进入找回密码的网站。在首页单击“登录”按钮。

第 2 步 单击超链接

❶ 打开登录页面，输入账户；❷ 单击下方的“忘记密码了”超链接。

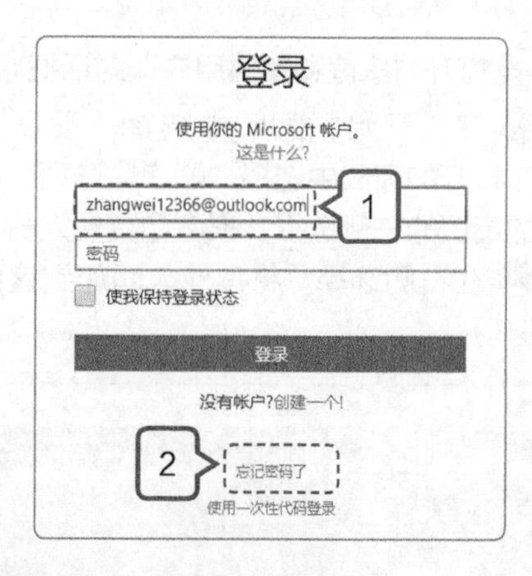

第 3 步 选择“我忘记了密码”

❶ 在打开的界面中单击选中“我忘记了密码”单选项；❷ 单击“下一步”按钮。

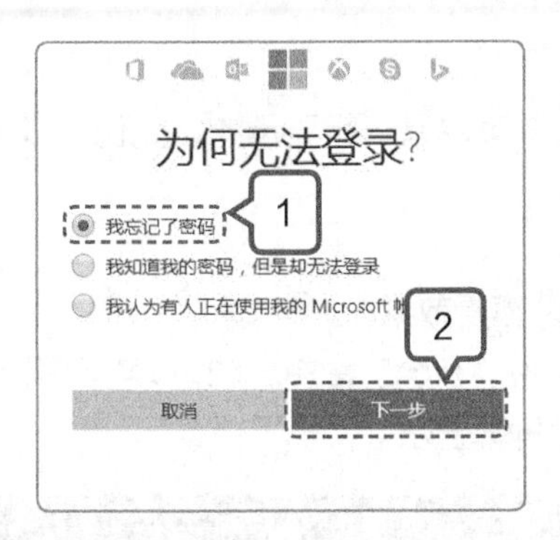

第 4 步 恢复你的账户

在打开的窗口中输入注册时的电话号码，根据提示一步一步获得短信代码用以验证，最后重新设置密码即可。

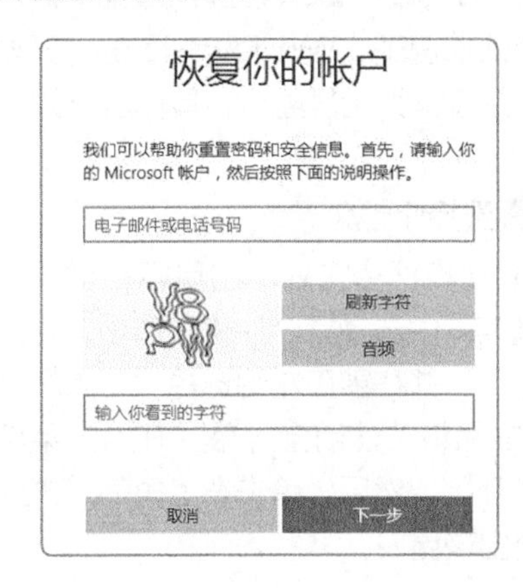

2. 自动登录操作系统

在安装 Windows 10 操作系统时，通常已创建好登录账户和密码。但通过设置，用户无需输入密码也能登录操作系统。

第 1 步 打开“运行”窗口

❶ 单击“开始”按钮；❷ 在“开始”屏幕的程序列表中选择“Windows 系统→运行”命令。

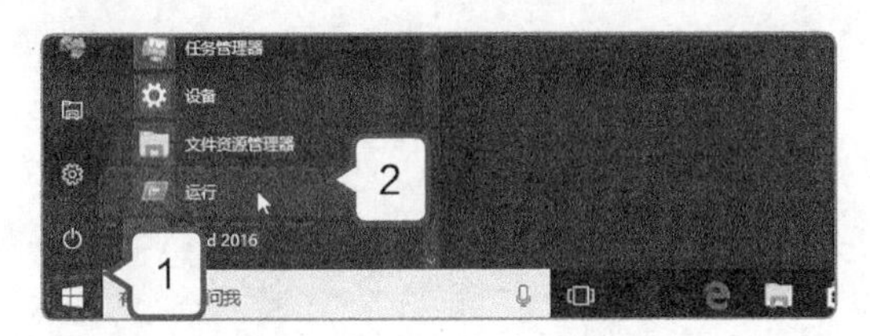

第 2 步 输入命令

❶ 打开“运行”对话框，在“打开”文本框中输入“control userpasswords2”命令；❷ 单击“确定”按钮。

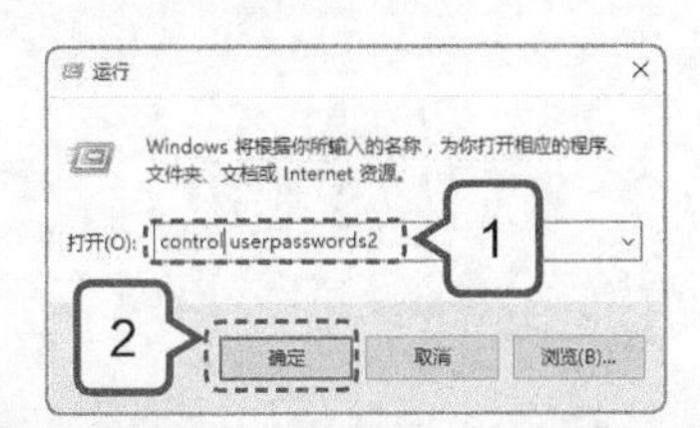

第 3 步 取消选中

❶ 打开“用户账户”对话框，取消选中“要使用本电脑，用户必须输入用户名和密码”复选框；❷ 单击“确定”按钮。

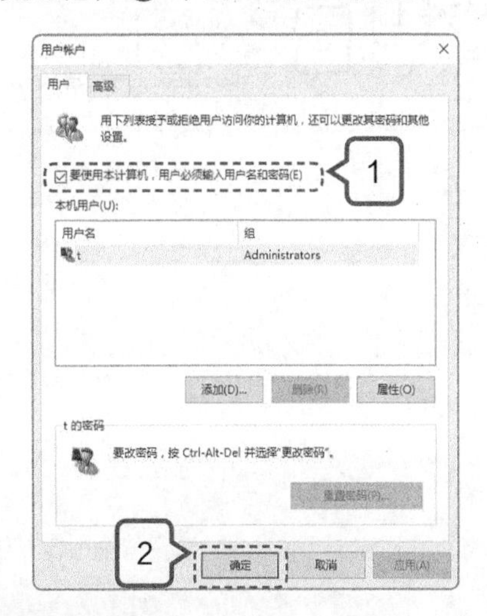

第 4 步 输入信息

❶ 打开“自动登录”对话框，在其中输入用户名和密码；❷ 单击“确定”按钮即可。

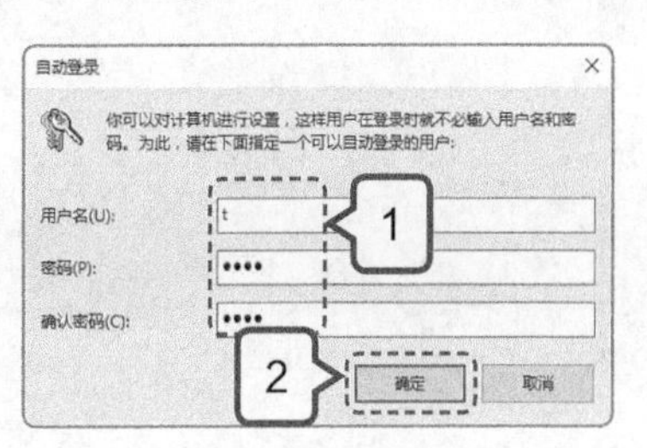

3. 将“开始”菜单显示为全屏

默认情况下，Windows 10 的“开始”屏幕和“开始”菜单是一起显示的。我们可以将“开始”菜单设置为全屏显示，具体操作如下。

第1步 选择个性化

❶ 在桌面空白处单击鼠标右键，在弹出的快捷菜单中选择“个性化”选项，打开“设置”窗口，并在窗口左侧选择“开始”选项；❷ 在右侧将“使用全屏幕‘开始’菜单”设置为“开”。然后，单击右上角的“关闭”按钮，退出该窗口。

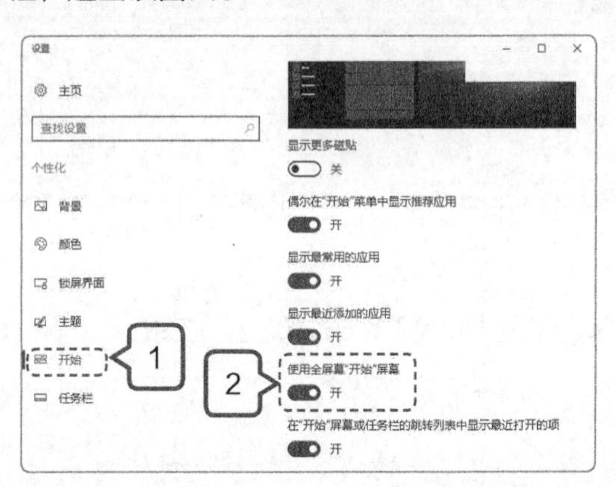

第2步 查看效果

单击“开始”按钮，即可看到“开始”菜单呈全屏幕显示。

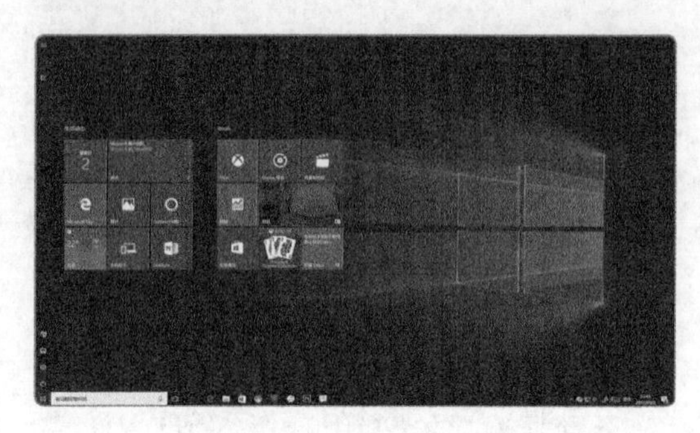

办公必会——电脑打字

本章视频教学时间 / 10 分钟

技术分析

输入文字是使用电脑办公的重要一步。英文只需按键盘上的按键即可。而汉字则需要使用输入法，按照编码规则将之输出。本章主要介绍输入法的管理方法以及拼音和五笔打字的方法等。

思维导图

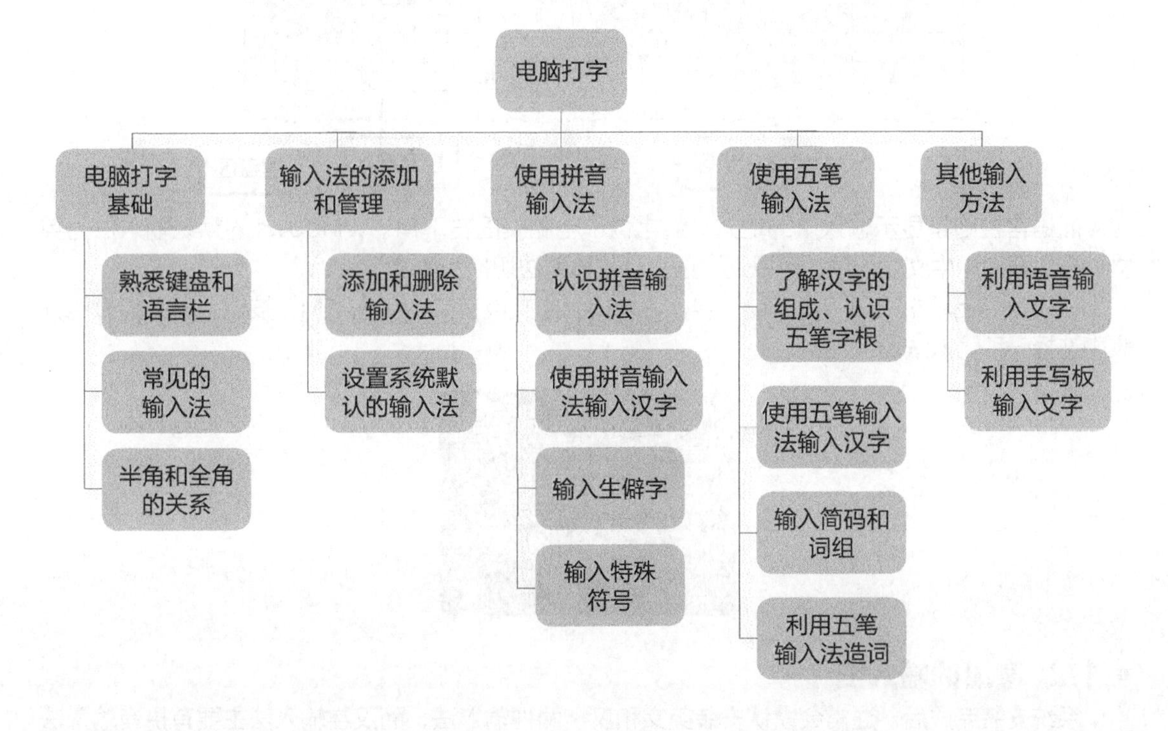

4.1 电脑打字基础

要使用电脑打字，首先应该熟悉键盘和输入文字的语言栏。除此之外，还应对输入法以及相关输入操作等有所了解。

4.1.1 熟悉键盘和语言栏

键盘是电脑的主要输入工具之一，可以输入文字、数据和特殊字符等。

用户使用的键盘都大同小异，按照各键功能的不同，可以将键盘大致分为主键盘区、功能键区、控制键区、小键盘区及指示灯区等 5 个键位区。

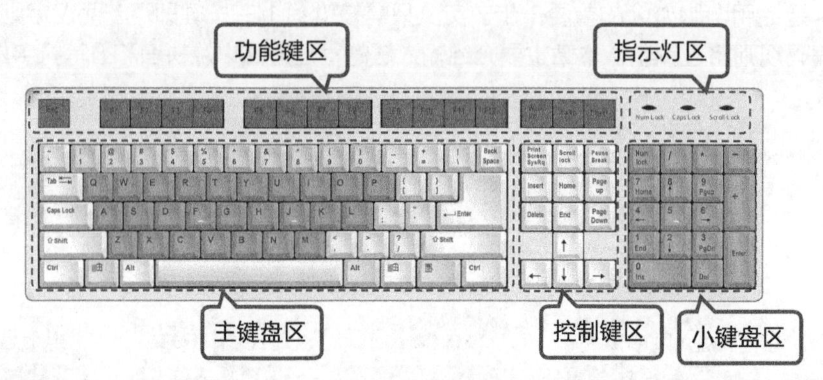

而语言栏则是显示输入法的地方，通常位于电脑桌面右下角。Windows 的默认输入法为英文，若需要使用中文输入法，可以通过语言栏将输入法切换为中文。

在语言栏上单击“中”或“英”字，可切换到中文或英文。单击“M”按钮，可在打开的列表中选择一种输入法。

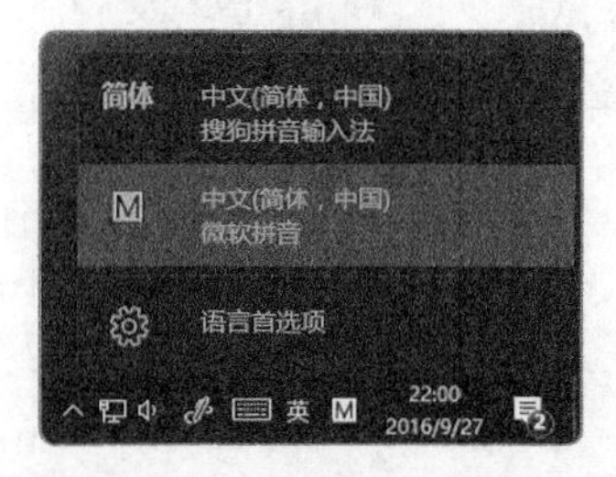

4.1.2 常见的输入法

系统安装完成后，通常会默认安装英文和汉字两种输入法，而汉字输入法主要有拼音输入法和字型输入法两种类型。

1. 拼音输入法

拼音输入法根据 26 个拼音字母和汉语拼音方案输入汉字。常见的拼音输入法包括搜狗拼音输入法、微软拼音输入法、智能 ABC 输入法等。

在任务栏中单击“输入法”按钮，在打开的列表中选择输入法命令，即可切换到对应的输入法，且在电脑桌面上会显示该输入法的状态条。如图所示为搜狗拼音输入法的状态条。

2. 字型输入法

字型输入法指根据汉字的笔画、结构和书写规则，通过笔画在键盘中的对应按键进行汉字输入的方法。常见的字型输入法包括王码五笔字型输入法、极品五笔字型输入法等。

3. 在哪里打字

打字与写字一样，键盘就相当于笔，承载文字的各类书写排版软件，则充当了笔记本的角色。

在 Windows 系统中，常用的文字编排软件也有很多，如 Windows 系统自带的可记录简单文字的记事本，或者为办公而创造的 Office 办公软件中的专业文字处理软件——Word 等，皆可用于进行打字练习。

其中，Word 作为一款功能强大的文字处理软件，有直观的操作界面，支持多媒体混排，具有强大的制表功能，是比较常用的办公软件。

4.1.3 半角和全角的关系

半角和全角主要针对标点符号，半角标点符号占一个字节，全角标点符号占两个字节。在输入法的状态条中单击“全角 / 半角”按钮，或者按【Shift+Space】组合键，即可在全角与半角之间进行切换。

输入法的添加和管理

本节视频教学时间 / 3 分钟

在安装系统时，Windows 会自动安装微软拼音输入法。用户也可根据使用习惯，自行安装其他输入法。下面讲解输入法的添加、删除、切换，以及设置系统默认输入法的方法。

4.2.1 添加和删除输入法

用户可以将系统自带的输入法添加到语言栏中，也可自行安装其他输入法，还可将不需要的输入法删除。

1. 添加输入法

在 Windows 中添加输入法的方法非常简单，具体操作步骤如下。

第 1 步 选择“语言首选项”

❶ 在任务栏右下角单击“输入法”按钮；❷ 在弹出的列表中选择“语言首选项”。

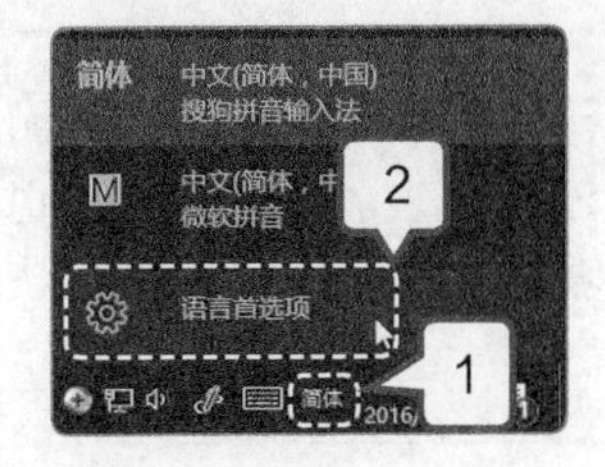

第 2 步 单击“选项”按钮

打开“设置”窗口，右侧默认选择了“区域和语言”，在右侧单击“中文（中华人民共和国）”选项，在展开的按钮中单击“选项”按钮。

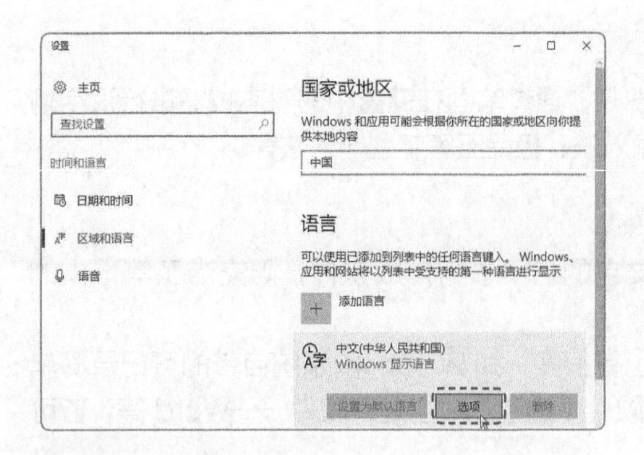

第 3 步 添加五笔输入法

❶ 打开“中文（中华人民共和国）”窗口，单击“添加键盘”选项；❷ 在打开的列表中选择“微软五笔”选项，即可添加该输入法。

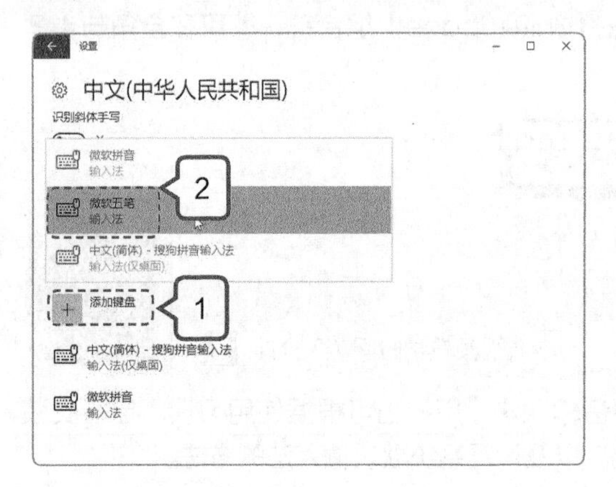

第 4 步 查看输入法

此时在该窗口的“键盘”栏下，即可查看已添加的输入法。在任务栏单击输入法按钮，在弹出的列表中也可查看添加的输入法。

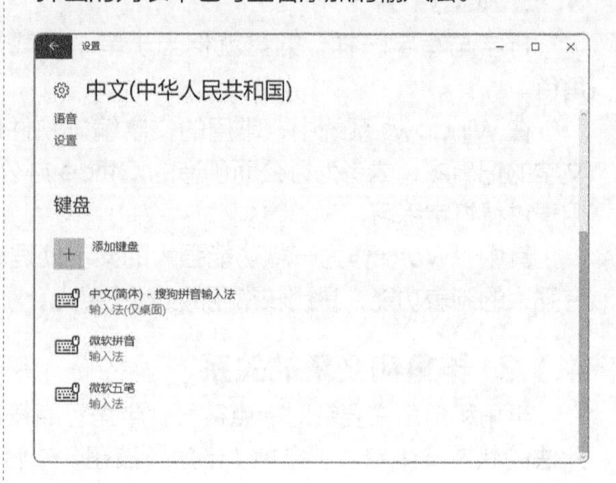

2. 删除输入法

若系统中已安装的输入法不常用，则可将其删去，具体操作步骤如下。

第 1 步 单击“删除”按钮

❶ 继续在打开的“中文（中华人民共和国）”窗口中，单击“微软拼音”选项；❷ 在展开的按钮中单击“删除”按钮。

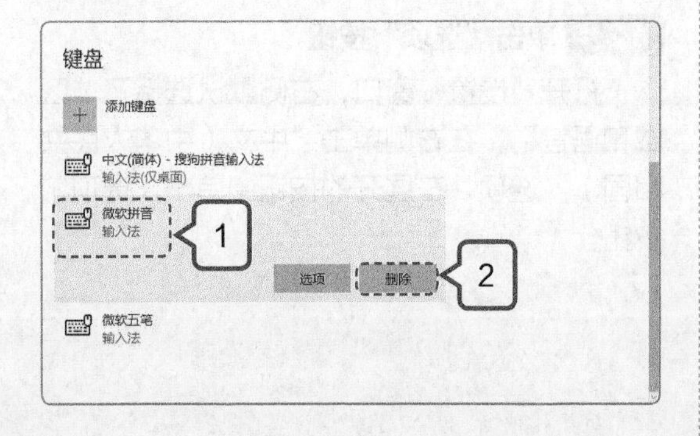

第 2 步 删除输入法

此时“微软拼音”输入法即可被删除。

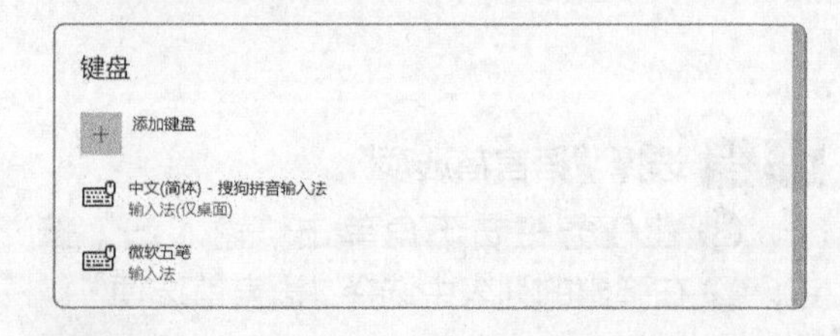

提示

用户可在网络中下载其他输入法的安装包进行安装。按【Ctrl+Shift】组合键，能够快速在已安装的输入法之间进行切换。

4.2.2 设置系统默认的输入法

Windows 10 默认的输入法为微软输入法，也可将其他输入法设置为默认输入法，具体操作如下。

第 1 步 单击选项

❶ 单击“中文（中华人民共和国）”窗口左上角的“后退”按钮；❷ 退到“设置”窗口中，单击右侧面板下方的“其他日期、时间和区域设置”选项。

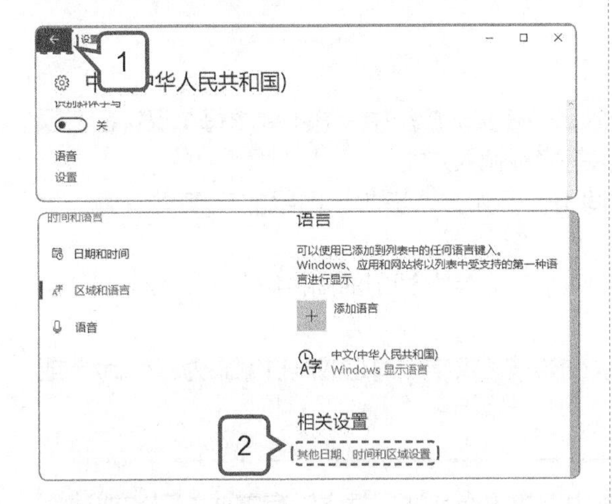

第 2 步 单击超链接

在“时钟、区域和语言”窗口中，单击右侧的“更换输入法”超链接。

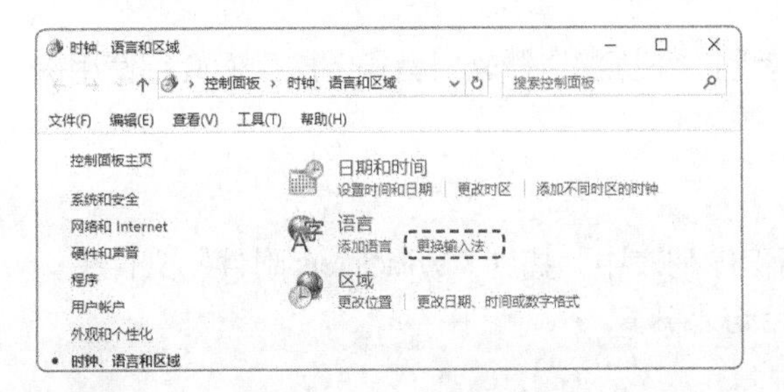

第 3 步 单击超链接

打开“语言”窗口，在左侧单击“高级设置”超链接。

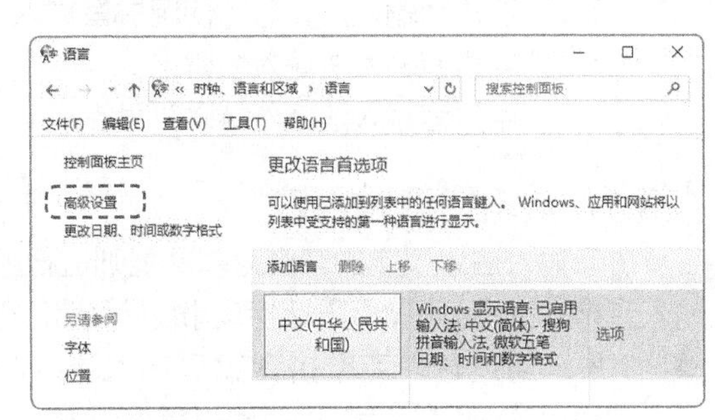

第 4 步 设置默认输入法

❶ 打开“高级设置”对话框，在“替代默认输入法”下拉列表中选择默认的输入法，这里选择“搜狗拼音输入法”；❷ 单击“保存”按钮。

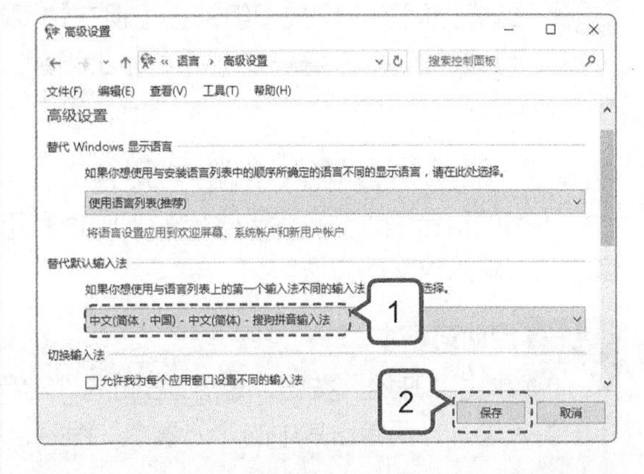

4.3 案例——使用拼音输入法

本节视频教学时间 / 3 分钟

/ 案例操作思路

本案例使用拼音输入法输入文字，包括全拼、简拼、双拼等多种方式。

输入的文字效果如图所示。

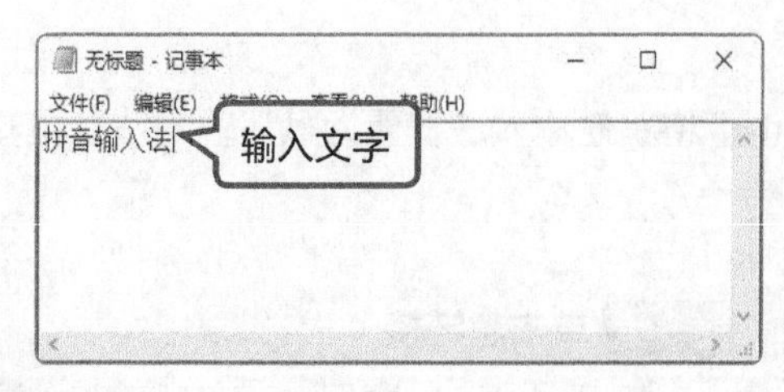

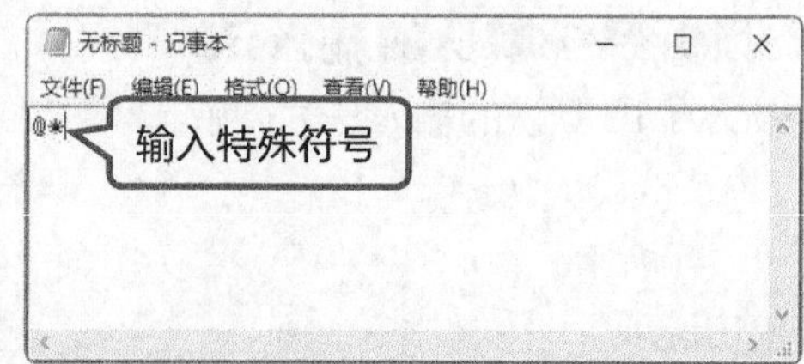

/ 技术要点

（1）认识拼音输入法，然后使用拼音输入法输入汉字。

（2）使用拼音输入法输入生僻字。

（3）使用拼音输入法输入特殊符号。

4.3.1 认识拼音输入法

拼音输入法以汉字的读音为基准规则进行输入。但在实际应用中，并不要求每个汉字都必须输入完整的拼音编码，可以利用全拼、简拼和混拼等多种输入方式。

- 全拼：通过输入完整拼音编码输入汉字和词组。例如，“汉字”词组的完整拼音编码为“hanzi”，“拼音”的完整拼音编码为“pinyin”等。
- 简拼：通过每个字的声母输入汉字或词组。例如，“汉字”词组的简拼编码为“hz”，“超链接”的简拼编码为“clj”等。
- 混拼：编码中一部分为全拼，一部分为简拼。例如，“汉字”词组的混拼编码为“hanz”或“hzi”等。

> **提示**
> 编码相同的汉字或词组都会出现在选词框中，如果当前选词框中没有需要的汉字或词组，可通过按【+】符号或【-】符号上下翻页，查找并选词。

4.3.2 使用拼音输入法输入汉字

不同的拼音输入法，输入汉字的规则也有所差别。下面将以微软拼音输入法为例介绍使用拼音输入法输入汉字的方法。

第 1 步 启动记事本

❶ 单击“开始”按钮；❷ 在右侧的“常用程序列表中”找到“Windows 附件”文件夹，单击将其展开，再单击其中的“记事本”程序，启动记事本。

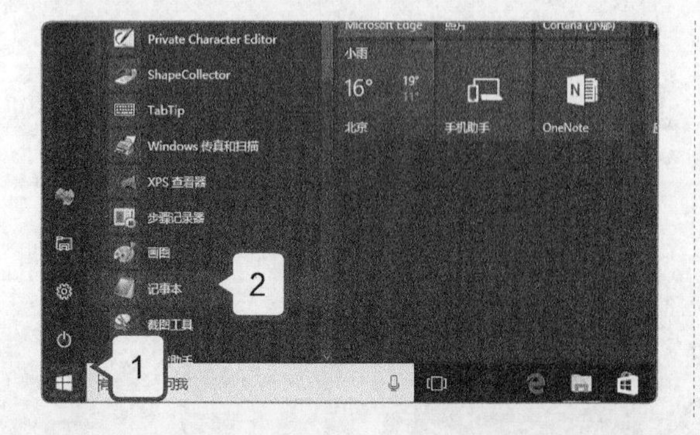

第 2 步 输入文本

❶ 在“无标题 - 记事本”中定位光标插入点；❷ 输入编码“pinyinshurf”，打开输入法选词框，按空格键即可输入汉字“拼音输入法”。

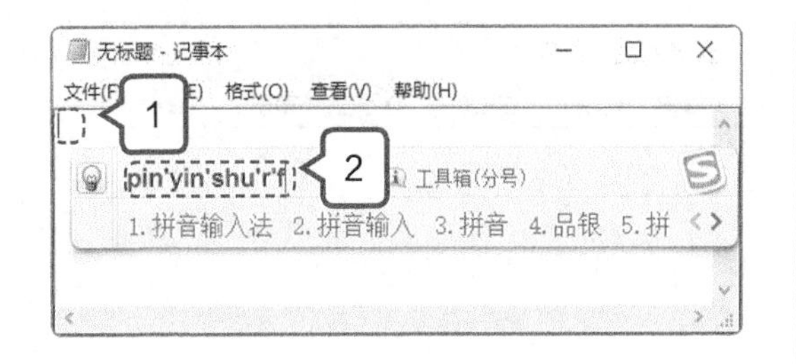

> **提示** 按空格键可直接输入第一位的文字或词组。若要输入的文字或词组不在第一位，可通过选择对应的数字来输入，此外还可通过键盘上的【Page Up】键和【Page Down】键，切换到上一页或下一页。

4.3.3 输入生僻字

对于不知拼音、只知字形的生僻字，可通过“U”模式进行输入。下面讲解如何使用搜狗输入法输入生僻字“犇”和“堃”。

第1步 输入文字

“犇”字可被拆分为3个“牛”字，在搜狗输入法下输入“uniuniuniu”，即可显示“犇”字的汉字及其拼音，按空格键即可输入。

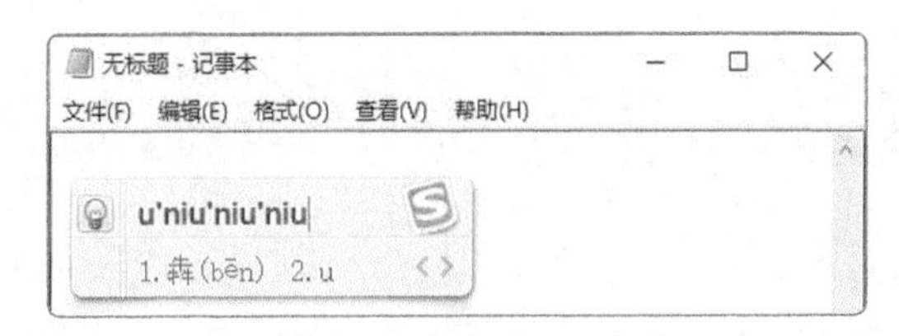

第2步 输入文字

“堃”字可被拆分为2个“方”和1个“土”，在搜狗输入法下输入“ufangfangtu”，即可显示“堃”字的汉字及拼音，按空格键即可输入。

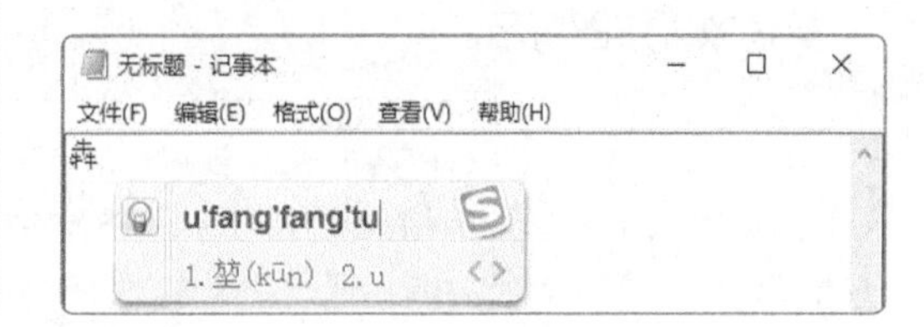

4.3.4 输入特殊符号

特殊符号既可通过键盘输入，也可通过输入法的状态条输入，具体操作如下。

第1步 用键盘输入“@”

按【Backspace】键删掉之前输入的文字，按住【Shift】键不放，再按键盘字母区上方的数字键“2”，此时将输入该键上的另一个符号“@”。

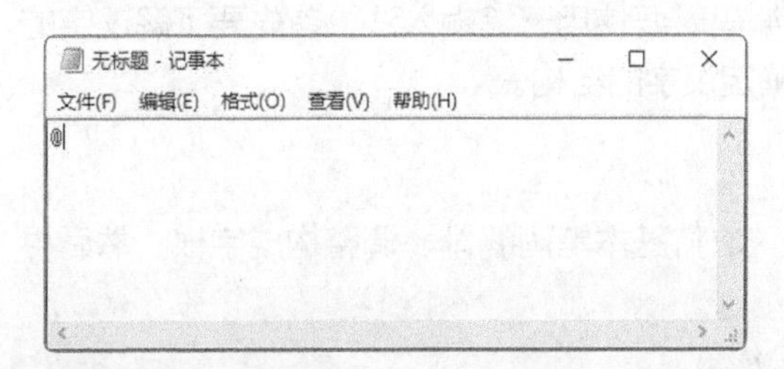

第2步 用输入法输入其他特殊字符

在搜狗输入法的状态条上单击鼠标右键，在弹出的菜单中选择“表情&符号→特殊符号”命令。

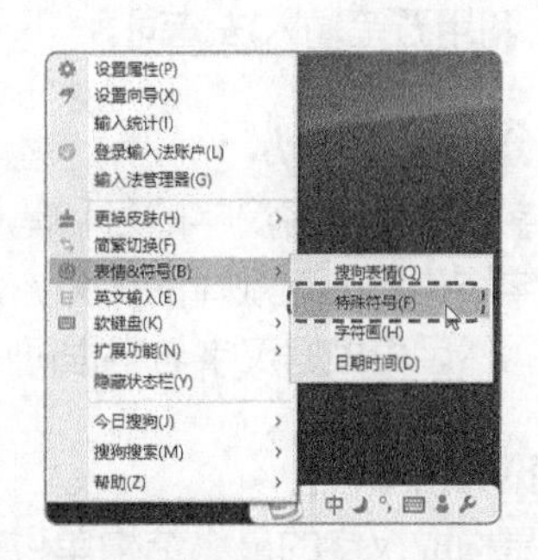

第3步 选择特殊符号

❶ 打开“搜狗拼音输入法快捷输入”对话框，单击“特殊符号”按钮；❷ 选择一种特殊符号。

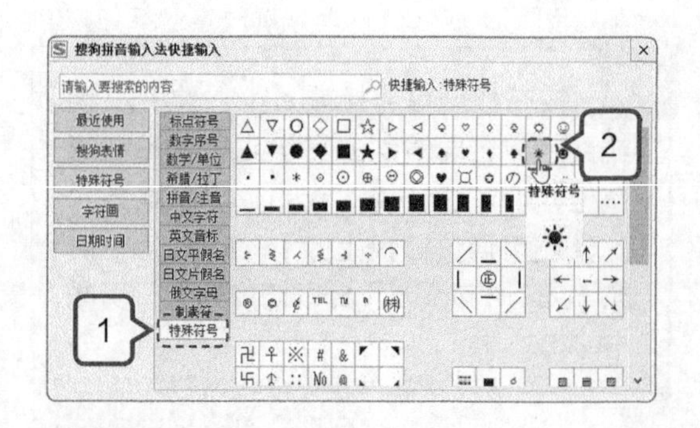

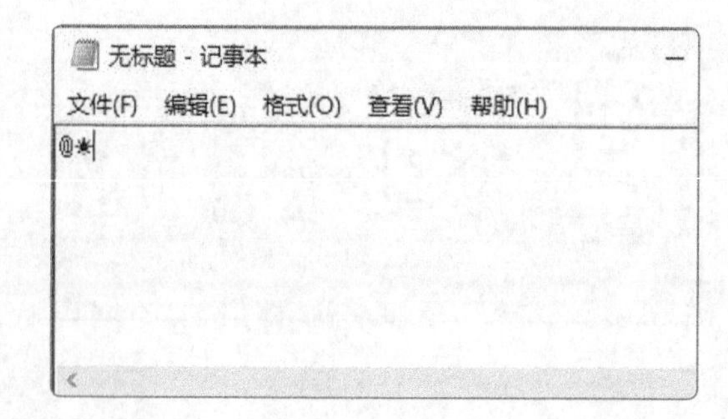

第 4 步 输入特殊符号

输入特殊符号，如图所示。

4.4 案例——五笔输入法的使用

本节视频教学时间 / 2 分钟

/ 案例操作思路

本案例使用五笔输入法输入文字。熟练使用五笔输入法，不仅可以快速输入文字，还可以快速输入生僻字。

具体效果如图所示。

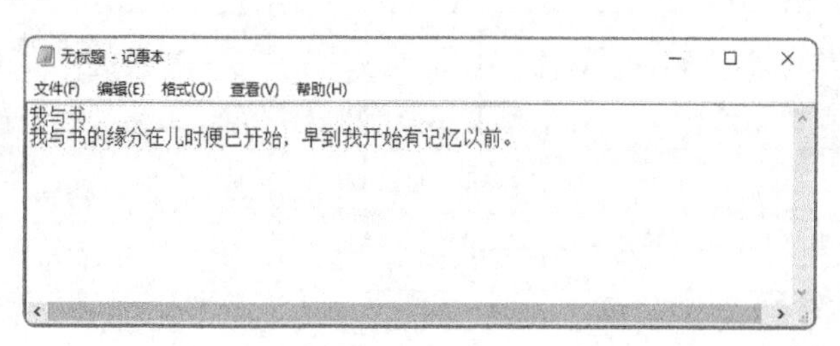

/ 技术要点

（1）认识汉字的组成结构，以及五笔输入法的字根。

（2）通过五笔输入法输入简码和词组。

（3）利用五笔输入法造词。

4.4.1 汉字的组成

五笔字型输入法将汉字的各种笔画进行拆分，将基础笔画分布在主键盘区的各字母键位上，并利用汉字结构和一定规律的拆分方法对汉字进行编码。要使用五笔输入法，首先要了解汉字的基本组成，然后再根据汉字与字根间的位置关系来确定汉字的结构。

1. 汉字的层次

笔画是构成汉字的最小结构单位，五笔字型输入法将基本笔画编排、调整构成字根，然后再将笔画、字根组成汉字。

- 笔画：是指书写汉字时不间断地一次写成的一个线段。
- 字根：是由两个以上单笔画以散、连、交方式构成的笔画结构或汉字，它是五笔输入法的编码依据。
- 汉字：将字根按一定的位置组合起来就组成了汉字。

2. 汉字的笔画

在使用五笔字型输入法时，可将汉字的诸多笔画归结为横（一）、竖（丨）、撇（丿）、捺（丶）及折（乙）等5种。每一种笔画分别以1、2、3、4、5作为代码，按汉字书写顺序输入对应的数字，即可打出相应的汉字。

4.4.2 认识五笔字根

字根是指由若干笔画交叉连接而形成的相对不变的结构。它是构成汉字的基本单位，也是学习五笔输入法的基础。

五笔字型自1983年诞生以来，最著名的有86五笔、98五笔和新世纪五笔。五笔输入法将构成汉字的130多个基本字根合理地分布在键盘的25个键位上。分布规则是，以字根的首笔画代码属于哪一区为依据。例如，"禾"字根的首笔画是"丿"，就归为撇区，即第三区；"城"的首笔画是"一"，就归为横区，即第一区。下图所示为86版五笔字根的键盘分布图。

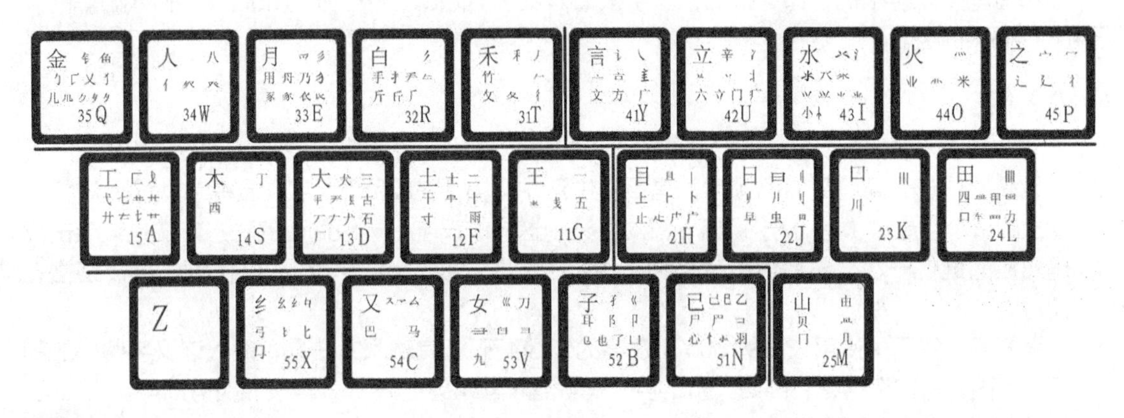

> **提示** 在键盘上，除【Z】键外的25个字母键都有唯一的编号。【Z】键可作为万能键使用，若忘记某个字根所在的键，则可按【Z】键代替。在输入法中就会出现备选字根和相应的按键，按下对应的数字即可输入该字。

4.4.3 使用五笔输入法输入汉字

使用五笔输入法输入汉字的操作很简单，只要记住了五笔字根对应的按键，即可快速输入汉字。具体操作如下。

第1步 输入"我"

打开"记事本"程序，按【Ctrl+Shift】组合键切换到微软五笔输入法，在"无标题-记事本"中定位光标插入点，输入编码"q"，此时选词框的第一位出现汉字"我"，按空格键输入。

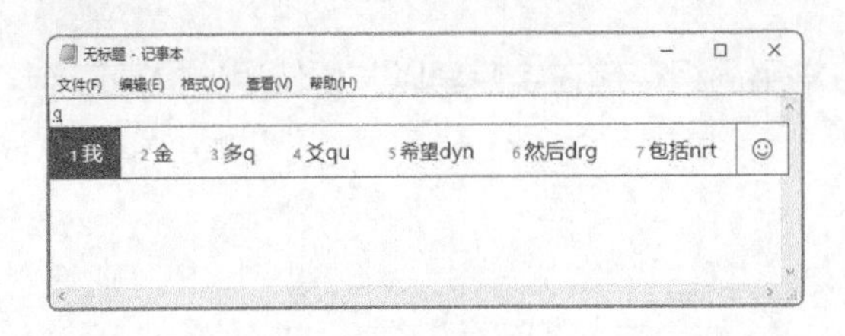

第2步 输入"与"

输入编码"gng"，选词框第一位为"与"字，按【1】键输入。

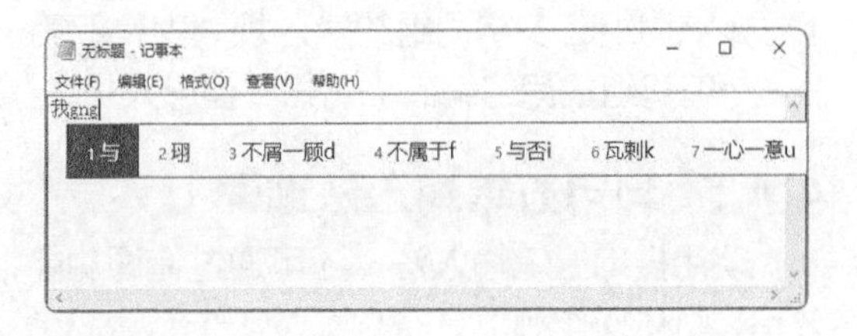

第3步 输入"书"

输入编码"nnhy"，选词框第一位为

“书”，按空格键输入。

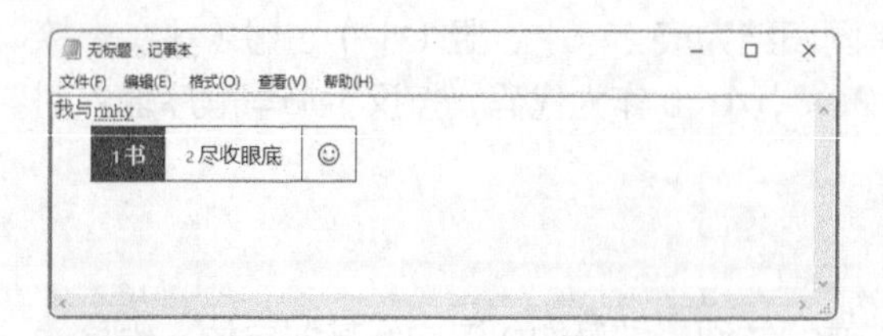

第4步 输入全文

使用五笔字型输入法的拆字和字根编码方法输入短文的其他内容。

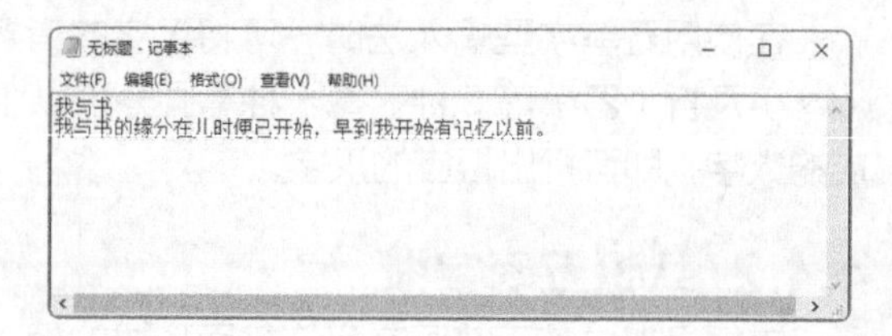

4.4.4 输入简码和词组

了解五笔字型字根后，即可根据字型字根输入汉字。除此之外，还可根据汉字输入频率的高低输入简码和词组。

1. 输入简码

五笔字型输入法根据汉字使用频率的高低，将汉字分为一级简码、二级简码和三级简码。

- 一级简码：一级简码又叫高频字，是日常生活中最常用的 25 个汉字。五笔字型输入法将键盘上的每个字母键（除【Z】键外）都对应一个这样的汉字。一级简码的输入方法是，敲击简码对应的键位一次，然后再按空格键。例如，输入“要”字，只需按【S】键，再按空格键即可。
- 二级简码：生活中使用较多的 600 个汉字为二级简码。其输入方法是，键入该汉字编码的前两个编码，再按空格键。例如“如”字，只需键入其编码“VK”，再按空格键即可。
- 三级简码：三级简码大约有 4000 个，涉及日常生活中的大多数汉字，其输入方法是，输入汉字的前 3 个编码，然后按空格键。例如“蓉”字，只需键入其编码“APW”，再按空格键即可。

2. 输入词组

词组主要包括二字词组、三字词组、四字词组和多字词组等 4 种。

- 二字词组：指包含两个汉字的词组。二字词组的取码规则为，分别取第一个字和第二个字的前两个编码。例如“吸取”，只需键入编码“KEBC”即可输入。
- 三字词组：指包含三个汉字的词组。三字词组的输入规则为，分别取前两个字的第一个编码，然后再取第三字的前两个编码，共四个编码组成词组编码。如“计算机”，只需键入编码“YTSM”即可输入。
- 四字词组：四字词组的输入规则为，分别取四个字的第一个编码，共四个编码组成词组编码。例如“青山绿水”，只需键入其编码“GMXI”即可输入。
- 多字词组：多字词组的输入规则为，取第一、第二、第三及最末一个字的第一个编码，共四个编码组成词组编码。例如“但愿人长久”，只需键入编码“WDWQ”即可输入。

4.4.5 利用五笔输入法造词

使用搜狗五笔输入法，还可通过造词功能，将常用词组存储在字库里以方便使用，提高工作效率，具体操作如下。

第 1 步 选择命令

❶ 按【Ctrl+Shift】组合键，切换到搜狗五笔输入法；❷ 在状态条上单击鼠标右键，在弹出的快捷菜单中选择“常用工具→五笔造新词”命令。

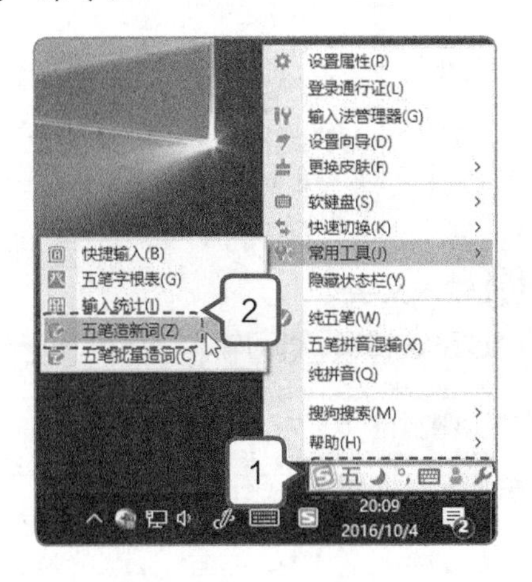

第 2 步 设置词组

❶ 打开“造新词”对话框，在“新词”文本框中输入词组；❷“新词编码”自动匹配了相应的编码，单击“确定”按钮即可。

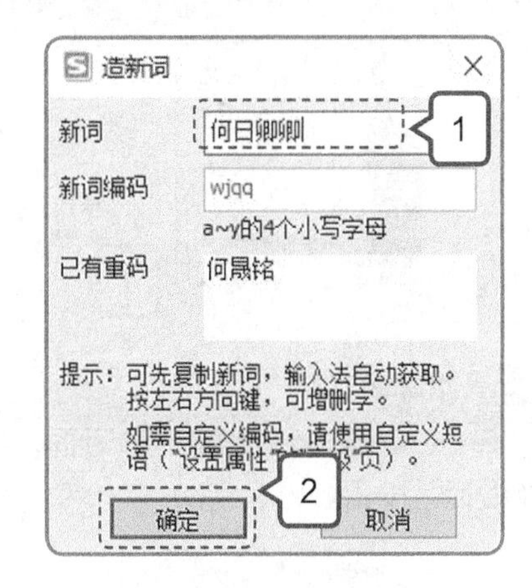

4.5 案例——其他输入方法

本节视频教学时间 / 2 分钟

/ 案例操作思路

本案例利用语音和手写板输入文字。这两种输入方法在一些特殊情况下非常实用，例如语音输入法可帮助用户在不方便打字的情况下快速输入文字。

具体效果如图所示。

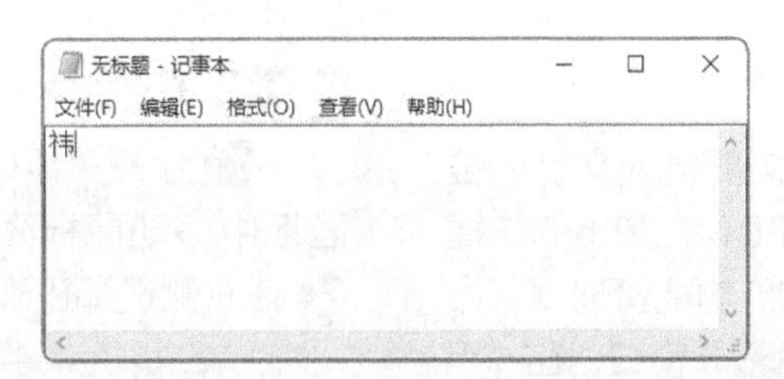

/ 技术要点

（1）通过 QQ 云语音输入文字。

（2）通过手写板输入文字。

4.5.1 利用语音输入文字

在一些不方便打字的特殊情况下，可通过语音输入文字。下面介绍如何通过 QQ 语音输入文字。具体操作如下。

第1步 启动语音输入

❶ 启动记事本，将鼠标光标定位到记事本中，在 QQ 输入法的状态条上单击“工具”按钮；❷ 在展开的界面中选择“语音”选项。

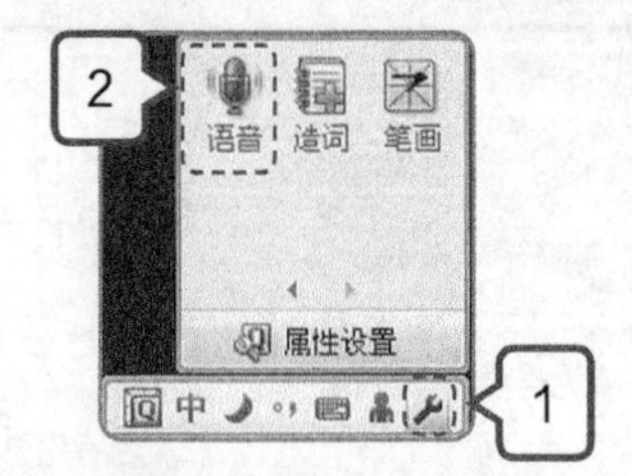

第2步 开始说话

打开“QQ 云语音面板”对话框，单击“开始说话”按钮。

第3步 停止说话

打开“QQ 云语音面板”对话框，单击“停止说话”按钮。

第4步 输入文字

经过系统转换，即可输入文字。

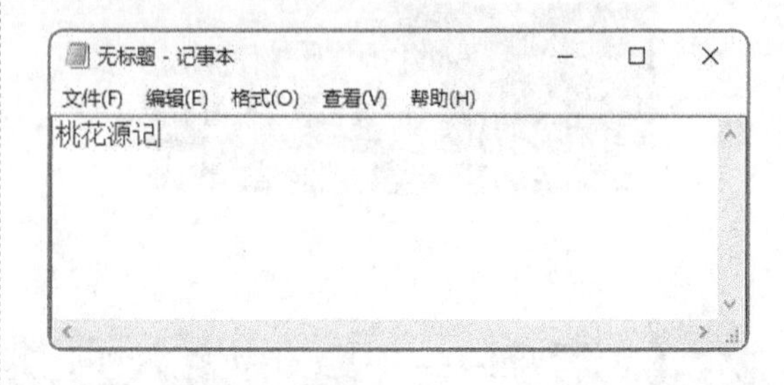

4.5.2 利用手写板输入文字

若一个文字既不知道拼音，也不知道如何分解并利用“U”模式输入。此时，可利用拼音输入法里的手写板，通过鼠标手写输入文字，具体操作如下。

第1步 启用手写板

❶ 将鼠标光标定位到需要输入文字的位置，在状态条上单击鼠标右键，在弹出的快捷菜单中选择“扩展功能→扩展功能管理器”命令；❷ 打开“扩展功能管理器”窗口，在“手写输入”栏下单击“使用”按钮。

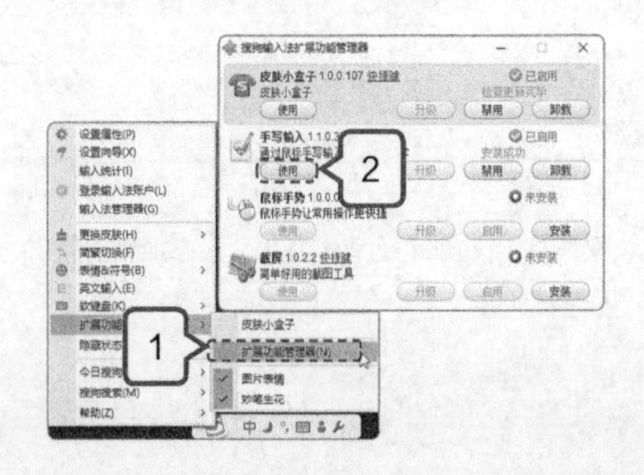

第2步 手写文字

❶ 打开“手写输入”窗口，在左侧的面板中移动鼠标光标书写需要输入的文字；❷ 在右侧选择正确的那个字即可输入。

举一反三

本章所选择的案例均为典型的输入文字的基础知识和操作，包括键盘、输入法的添加和管理、使用拼音输入法、使用五笔输入法等知识点。

在金山打字通中练习打字

本例要求在金山打字通中使用拼音输入法输入文章。通过学习本例的操作，可以熟练掌握拼音输入法中全拼、简拼和混拼等多种输入方式的使用，以及金山打字通的使用。

第1步 单击按钮

安装好金山打字通后，在桌面上双击其图标，启动该软件，进入其首页面。在其中单击“打字测试”按钮。

第2步 设置打字

❶ 进入测试界面，在右上角的“课程选择”下拉列表中选择一篇文章；❷ 单击选中“限时”复选框，在其后的文本框中输入限制的时间；❸ 选中“拼音测试”单选项，切换输入法，开始输入文字进行测试。

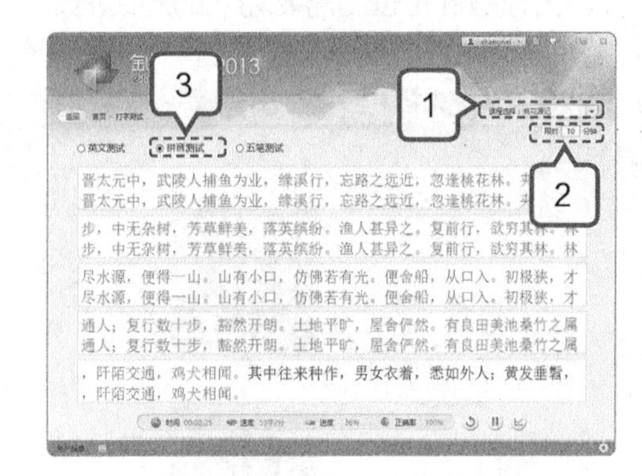

高手支招

1. 通过拼音输入法添加颜文字表情

与造词的方法类似，在拼音输入法中还可以自定义颜文字表情，具体操作如下。

第1步 选择自定义短语

❶ 在输入法状态条上单击鼠标右键，在弹出的快捷菜单中选择“设置属性”命令，打开“搜狗拼音输入法设置”对话框，在左侧的列表中选择“高级”选项；❷ 在右侧的“高级模式”栏中单击“自定义短语设置”按钮。

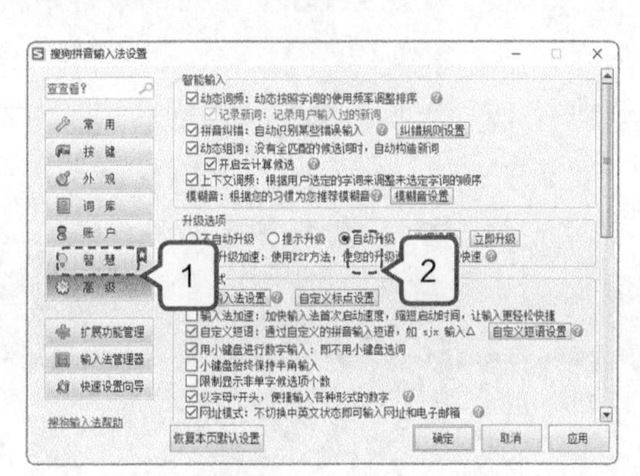

第 2 步 添加颜文字

❶ 打开“搜狗拼音输入法 - 自定义短语设置”窗口，单击“添加新定义”按钮；❷ 在打的对话框中设置好相关文字、出现的位置和颜文字；❸ 单击“确定添加”按钮。这时，返回之前的窗口，单击“保存”按钮，再返回之前的窗口，单击“应用”按钮即可。此后，在输入“fighting”时，文字框的第二位即可出现颜文字。

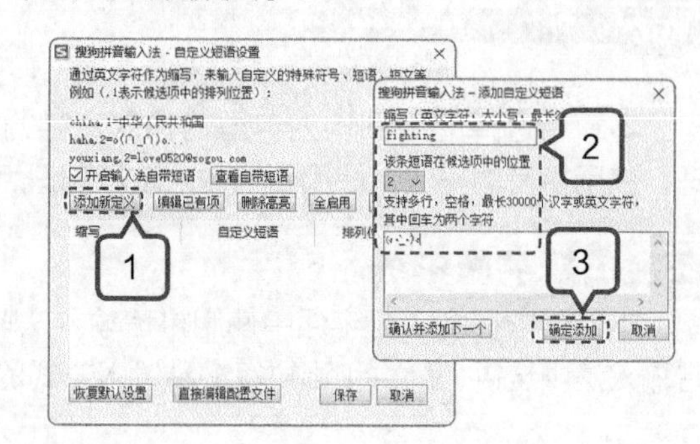

2. 快速输入字符画

使用搜狗输入法还可快速输入表情和其他特殊符号。搜狗的字库里存储了许多表情符号，用户可根据需要自行选择。

第 1 步 选择命令

将鼠标指针定位到需要输入的对话框或文件中，在搜狗状态条上单击“工具”按钮，在弹出的菜单中选择“表情 & 符号→字符画”命令。

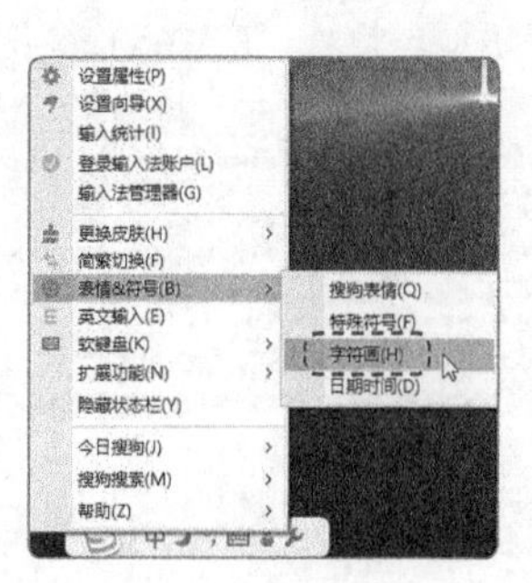

第 2 步 选择字符画

打开“搜狗拼音输入法快捷输入”窗口对应的“字符画”栏，在右侧选择要添加的字符画即可。

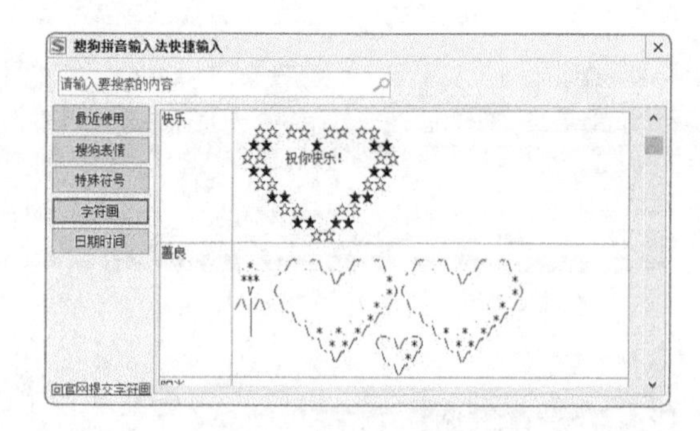

Chapter 05

井然有序——管理文件与文件夹

本章视频教学时间 / 12 分钟

技术分析

文件系统是 Windows 10 系统的重要组成部分，只有管理好电脑中的文件资源，才能充分利用 Windows 10 操作系统完成学习和工作任务。本章主要介绍管理文件和文件夹的方法，具体包括文件和文件夹的基础知识，以及新建、重命名、复制、删除、搜索文件和文件夹等的操作方法。

思维导图

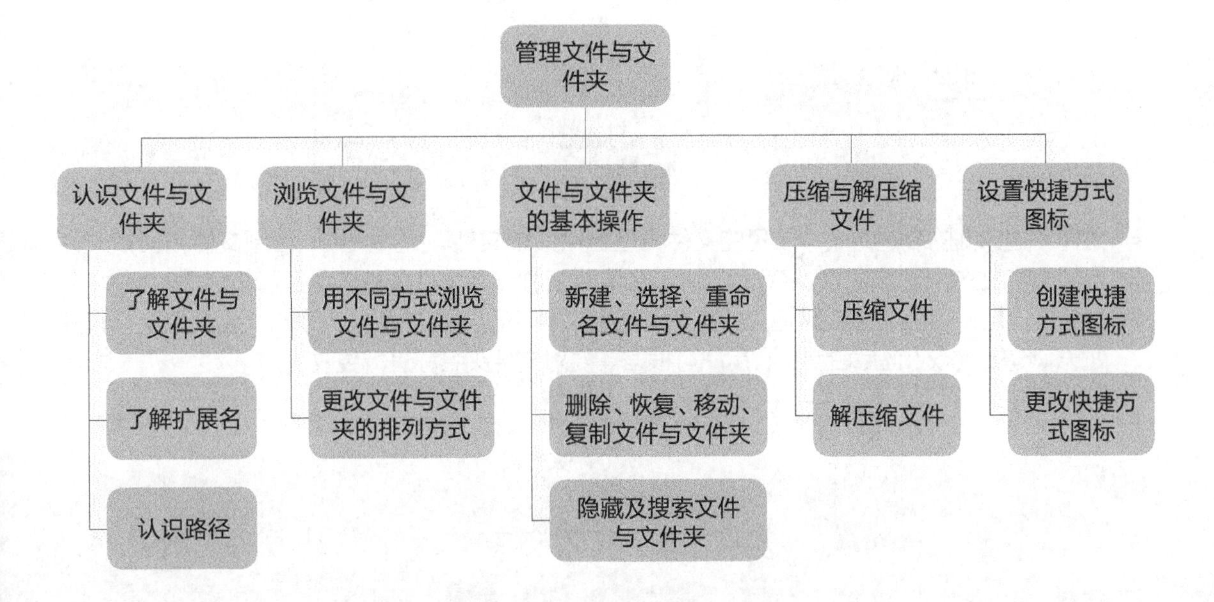

5.1 认识文件与文件夹

电脑资源一般指的是各种信息和数据，通常以文件的形式存放于电脑的磁盘中。而各种文件则可以归类存放在不同的文件夹内，便于对资源进行管理。下面将介绍文件与文件夹的相关知识。

5.1.1 什么是文件，什么是文件夹

双击桌面上的“此电脑”图标打开窗口，如图所示，“设备和驱动器”栏中显示的“本地磁盘”对象就称为磁盘；双击某一磁盘，进入对应的窗口中，在窗口工作区中存放了大量的文件和文件夹；双击某一文件夹，便可打开对应的文件夹窗口，在窗口工作区中同样可存放大量的文件和文件夹。所以磁盘、文件夹和文件之间是包含与被包含的关系。

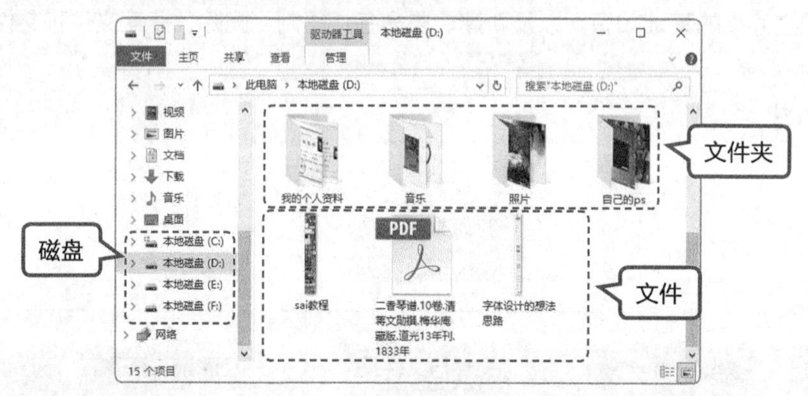

- 文件：是数据的表达方式，常见的文件类型包括文本文件、图片文件、音频文件和视频文件等。文件由文件图标和文件名称组成，其中文件名称分为文件名和扩展名两部分。
- 文件夹：用于存放文件或其他文件夹。创建新文件夹时，文件名默认为“新建文件夹”，并处于可编辑状态（蓝底白字），用户可根据需要对文件夹名称进行更改。

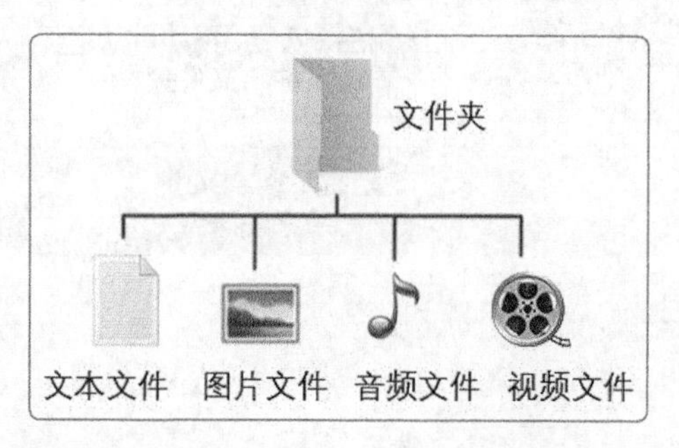

5.1.2 文件名与扩展名的区别

文件名与文件夹名称不同，文件夹名只有一个单独的名字，而文件名包含两部分，即文件名和扩展名。文件名即用于识别该文件的名称，扩展名则用于表明该文件的类型，不同类型的文件，其扩展名也不同。

5.1.3 认识文件和文件夹的路径

路径是指文件或文件夹保存的具体位置。打开任意文件夹，存放在该文件夹内的所有文件和文件夹的路径将显示在窗口的地址栏中。如图所示，该文件夹中所有文件和文件夹的路径都为“E:\ 平面设计与创意”。

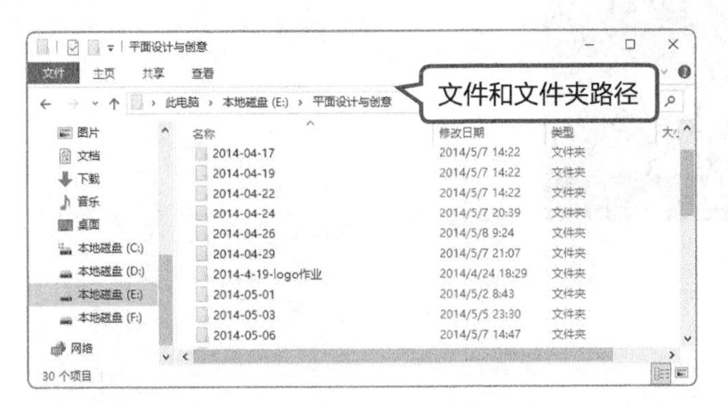

5.2 案例——在电脑中浏览文件与文件夹

本节视频教学时间 / 3 分钟

/ 案例操作思路

本案例通过练习浏览、查看、排列文件与文件夹等操作，帮助读者打牢电脑使用基础。具体效果如图所示。

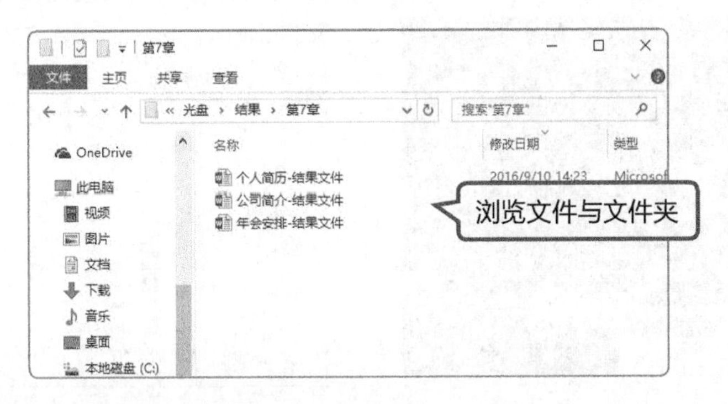

/ 技术要点

（1）通过“此电脑”和“文件资源管理器”浏览文件和文件夹。

（2）了解 Windows 10 中文件的查看操作。

（3）更改文件和文件夹的排列方式，方便查看。

5.2.1 文件与文件夹的不同浏览方式

要得心应手地使用电脑中的文件或文件夹，首先要能够找到文件和文件夹。下面首先讲解怎样浏览文件和文件夹。

1. 通过“此电脑”浏览文件或文件夹

通过“此电脑”浏览文件或文件夹的方法很简单，具体操作如下。

第1步 双击图标

在桌面上双击“此电脑”图标。

第2步 查看文件或文件夹

此时打开“此电脑”窗口，在左侧可选择对应的磁盘，在右侧即可浏览文件或文件夹。

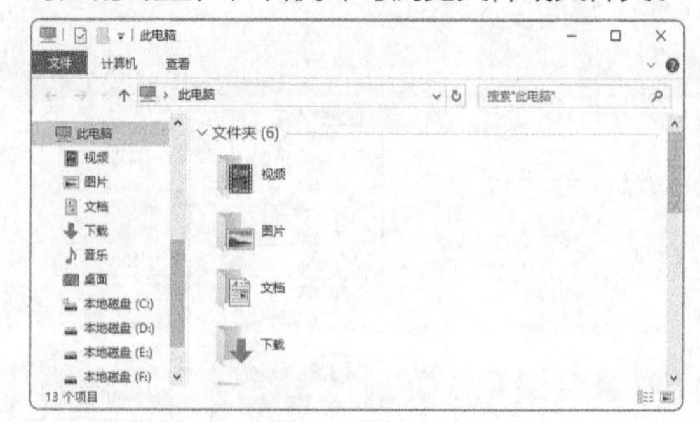

2. 通过“文件资源管理器”浏览文件或文件夹

通过“菜单”面板中的“文件资源管理器”可快速访问最近使用过的文件，具体操作如下。

第1步 通过“开始”菜单查看

❶ 单击“开始”按钮；❷ 在“开始”面板中单击“文件资源管理器”按钮，即可打开文件资源管理器。

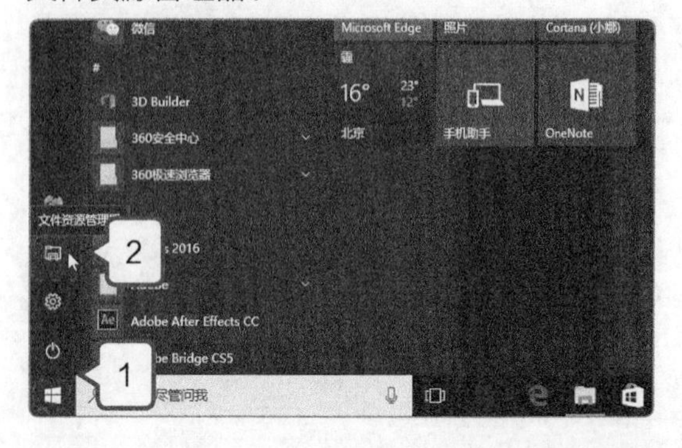

第2步 打开“快速访问”

打开“文件资源管理”窗口，在左侧的列表中可选择要浏览的位置，默认打开时为“快速访问”，右侧窗口中即为最近使用过的文件。

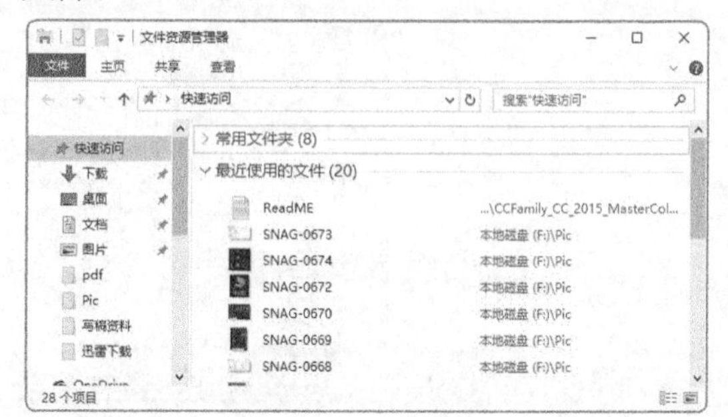

5.2.2 更好地“查看”文件或文件夹

用户也可通过“查看”右键菜单或“查看”选项卡两种方式查看文件或文件夹，其具体操作如下。

第1步 更改图标大小

打开文件窗口，在空白处单击鼠标右键，在弹出的快捷菜单中选择“查看→大图标”命令，即可将窗口中的文件显示方式改为以大图标显示。

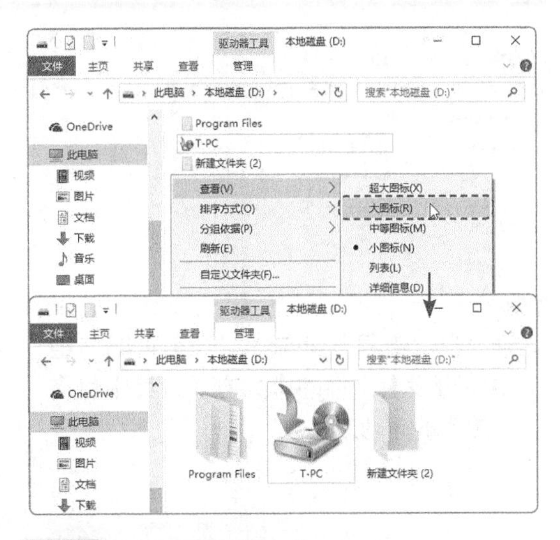

第2步 打开"预览窗格"

❶ 选中要预览的文件；❷ 单击窗口上方的"查看"菜单；❸ 在打开的"窗格"组中单击"预览窗格"按钮。在窗口右侧打开的预览窗格中即可查看文件内容。

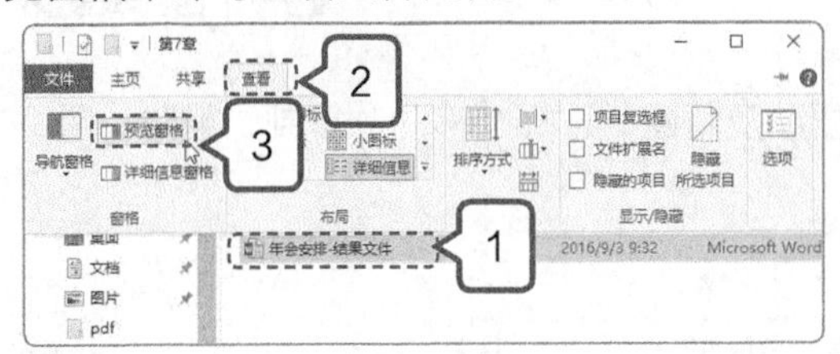

> **提示** 在"查看"菜单中还可进行其他操作，如更改布局内容及控制是否显示扩展名等。

第3步 预览文件

在窗口右侧打开的预览窗格中即可查看文件内容。

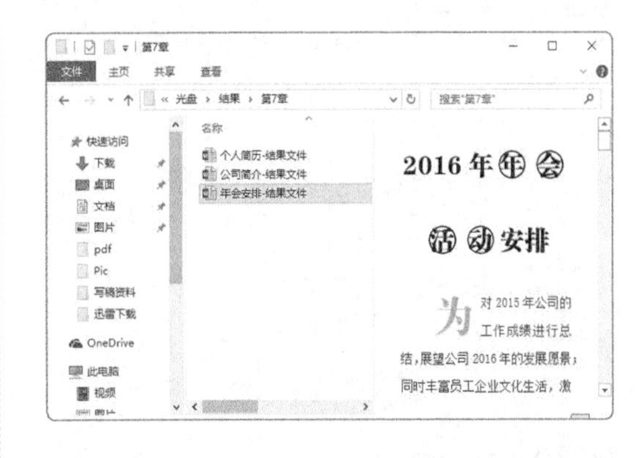

第4步 打开"详细信息窗格"

❶ 选中要预览的文件；❷ 单击窗口上方的"查看"菜单；❸ 在打开的"窗格"组中单击"详细信息窗格"按钮。在窗口右侧打开的预览窗格中即可查看文件的详细信息。

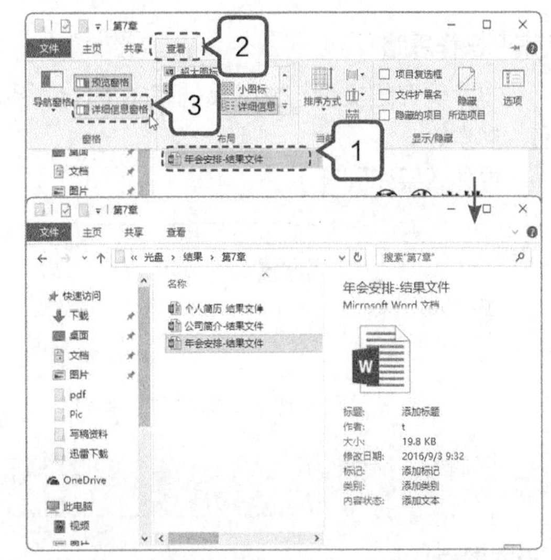

5.2.3 更改文件或文件夹的排列方式

在 Windows 10 中还可通过更改文件的排列方式，来快速查找文件或文件夹。例如，将文件按时间排列，可以快速找到创建日期最早的文件。具体操作如下。

第1步 选择命令

在窗口的空白处单击鼠标右键，在弹出的快捷菜单中选择"排列方式→修改日期"命令。

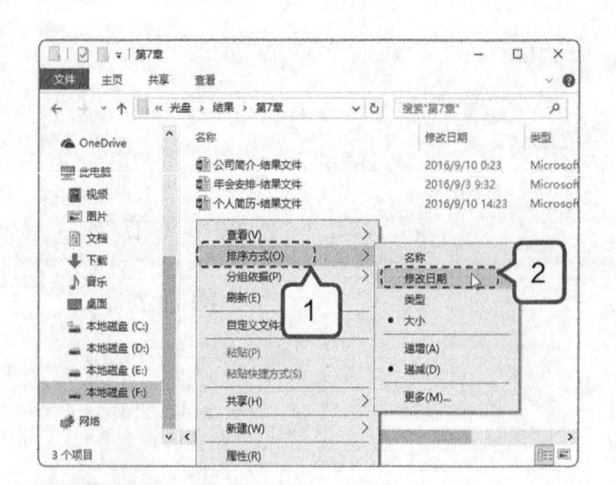

第 2 步 排列结果

此时文件即可按照修改日期进行排列。

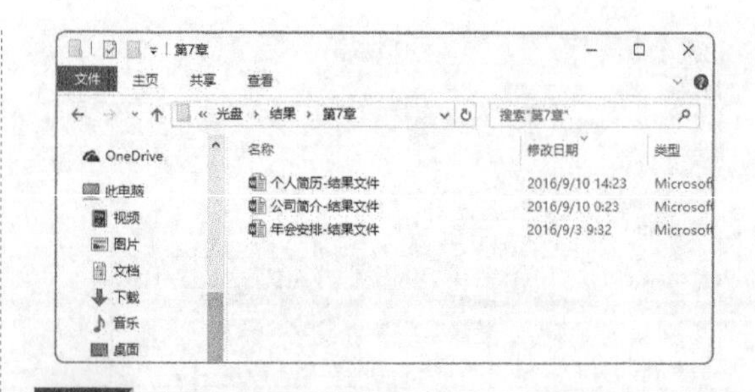

提示 在“查看”菜单的“当前视图”组中也可设置文件的排列方式，其中包含了更多的排列方式。

5.3 案例——练习文件与文件夹的基本操作

本节视频教学时间 / 5 分钟

/ 案例操作思路

本案例介绍文件与文件夹的基本操作介绍，主要涉及新建、选择、移动、复制、删除、重命名、搜索等。

具体效果如图所示。

/ 技术要点

（1）了解并掌握文件和文件夹的新建、选择、重命名操作。

（2）了解并掌握文件和文件夹的删除、恢复、移动、复制和粘贴操作。

（3）通过“隐藏”保护文件和文件夹，通过“搜索”快速找到文件和文件夹。

5.3.1 文件和文件夹的“新建”“选择”“重命名”

要对文件和文件夹进行操作，首先要新建文件和文件夹，了解如何选择文件，并熟悉为文件命名的方法。

1. 新建文件夹和文件

要将文件放入文件夹中，必须先新建一个文件夹，用户还可根据需要在该文件夹中新建子文件夹和文件，具体操作如下。

第 1 步 新建文件夹

❶ 单击窗口上方的“主页”菜单；❷ 在“新建”组中单击“新建文件夹”按钮。

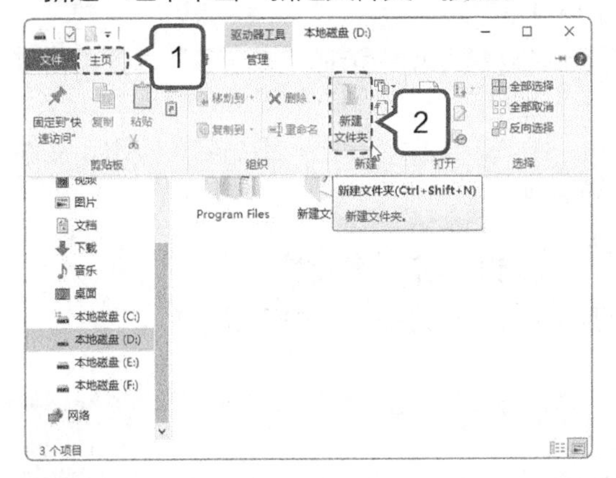

第 2 步 命名文件夹

❶ 新建的文件夹以蓝底白字显示“新建文件夹”几个字，表示可直接输入名称；❷ 这里输入“我的文档”，按【Enter】键确定。

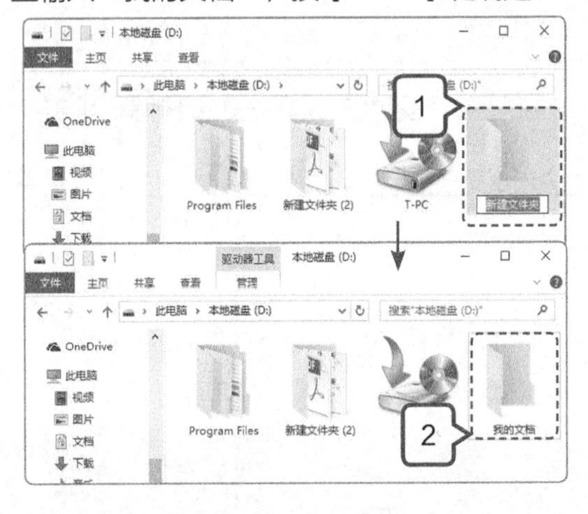

第 3 步 新建文件

双击新建的“我的文档”文件夹，进入该文件，在窗口空白位置单击鼠标右键，在弹出的快捷菜单中选择“新建→文本文档”命令。

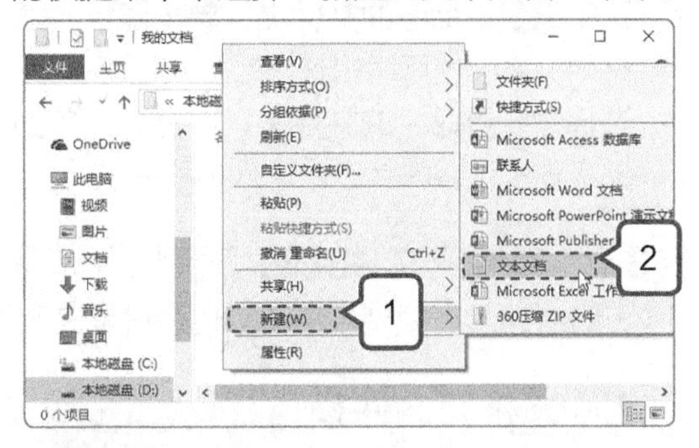

第 4 步 命名文件

新建的文件以蓝底白字显示“新建文本文档”几个字，表示可直接输入名称。这里输入“我的文件”，按【Enter】键确定。

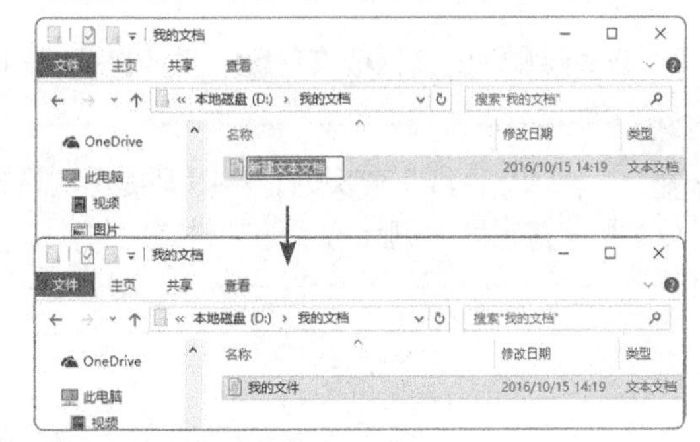

2. 选择文件和文件夹

无论对文件或文件夹进行什么操作，首先都应该进行选择。一般情况下直接单击即可选择文件或文件夹，但无法选择多个文件或文件夹，下面介绍选择多个文件和文件夹的方法。

- 选择某一区域的文件：将鼠标指针移至区域的左上角，按住鼠标左键不放开始拖曳，此时将出现一个半透明的蓝色矩形框，处于该框范围内的文件和文件夹都将被选中。
- 连续的文件：首先选择一个文件或文件夹，然后按住【Shift】键不放，同时选择另一个文件或文件夹，此时这两个文件或文件夹之间的所有文件和文件夹都将被选中。
- 不连续的文件：首先选择一个文件或文件夹，然后按住【Ctrl】键不放，依次选择其他所需的文件或文件夹，此方法可选择窗口中任意连续或不连续的文件和文件夹。
- 全部文件：在窗口菜单的“主页→选择”组中选择“全部选择”命令，或按【Ctrl+A】组合键，可选择当前窗口中所有的文件和文件夹。

3. 重命名文件和文件夹

重命名文件和文件夹的方法类似，下面只对重命名文件夹的方法做简单介绍。

- 在需要重命名的文件夹上单击，选择该文件夹后，再在该文件夹的名称上单击一次鼠标左键，文件夹名称呈可编辑状态，输入新名称后按【Enter】键。
- 选择需要重命名的文件夹，单击鼠标右键，在弹出的快捷菜单中选择“重命名”命令，此时文件夹名称呈可编辑状态，输入名称并按【Enter】键即可。
- 选择需要重命名的文件夹，在窗口菜单的“主页→组织”组中，单击“重命名”按钮，文件夹名称呈可编辑状态，输入名称并按【Enter】键即可。

5.3.2 文件或文件夹的“删除”“恢复”“复制”和“移动”

删除、恢复、复制和移动等也是日常应用中需要频繁对文件或文件夹执行的操作。

1. 删除文件或文件夹

删除文件或文件夹的方法包括以下几种。

- 在需要删除的文件或文件夹上单击鼠标右键，在弹出的快捷菜单中选择“删除”命令。
- 选择要删除的文件或文件夹，单击菜单栏中的按钮，在弹出的下拉菜单中选择“删除”命令。
- 选择需删除的文件或文件夹，按住鼠标左键不放并将其拖曳到桌面的“回收站”图标上，再释放鼠标。
- 选择要删除的文件或文件键，按【Delete】键。

提示

删除文件或文件夹时，将打开提示对话框，如图所示，提示用户是否确定要删除，单击“是”按钮即可删除选择的文件或文件夹。

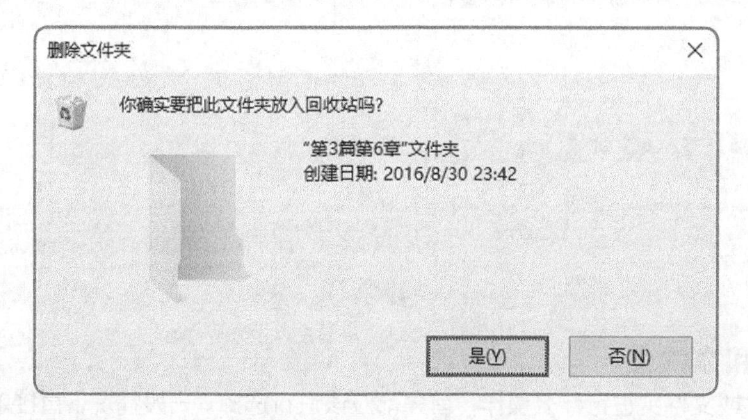

2. 恢复文件或文件夹

如果误删了文件或文件夹，可通过恢复操作将其恢复至原位置，具体操作如下。

第1步 选择“撤消 删除”命令

在刚删除文件时便发现误删文件，可在空白处单击鼠标右键，在弹出的快捷菜单中选择“撤消删除”命令。

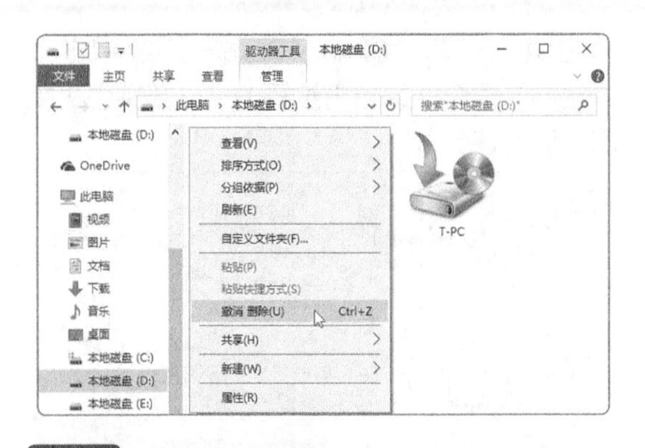

第 2 步 通过回收站找回

若删除文件后关闭了窗口，则可在桌面双击“回收站”图标，打开“回收站工具”窗口，在需要恢复的文件上单击鼠标右键，在弹出的快捷菜单中选择“还原”命令。

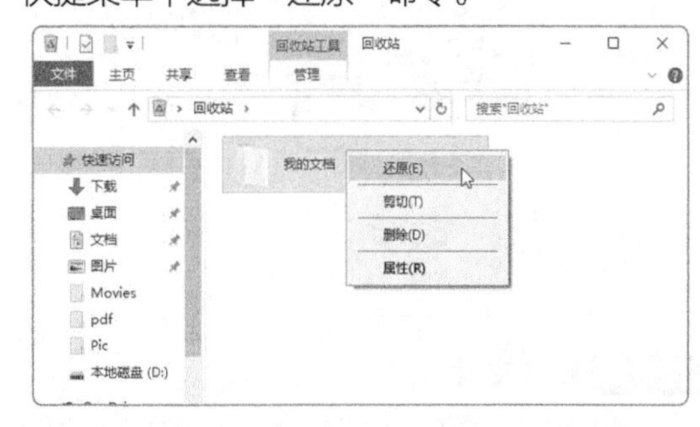

3. 复制文件或文件夹

将文件复制到不同的位置，或发送给其他人，可以达到文件备份和传输的目的，具体操作如下。

第 1 步 选择“复制”

❶ 选择要复制的文件或文件夹；❷ 然后单击窗口的“主页”菜单；❸ 在“剪贴板”组中选择“复制”。

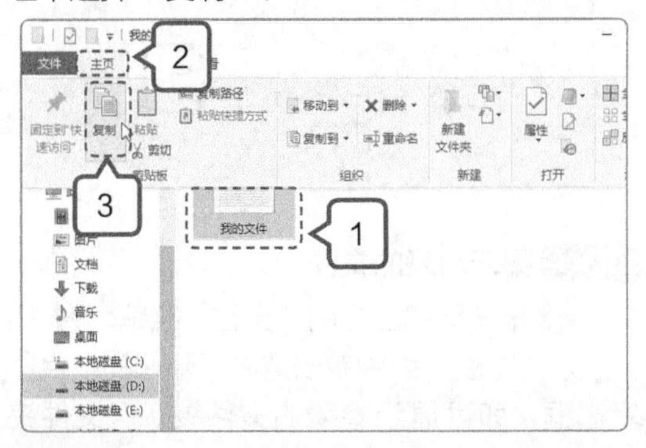

第 2 步 粘贴文件

❶ 切换到目标位置，然后单击窗口的“主页”菜单；❷ 在“剪贴板”组中选择“粘贴”命令，即可将选择的文件或文件夹复制到该位置。

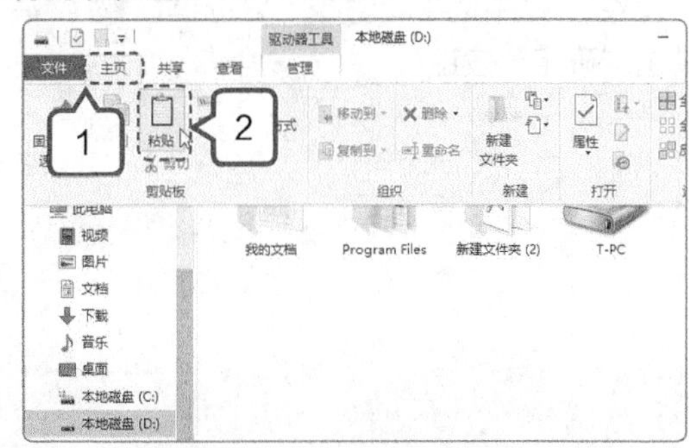

提示

选择要复制的文件或文件夹，按【Ctrl+C】组合键执行复制操作，切换到目标位置后，按【Ctrl+V】组合键执行粘贴操作，可快速复制粘贴文件或文件夹。

4. 移动文件或文件夹

在工作中，经常需要将文件从一个文件夹移动到另一个文件夹中，具体操作如下。

第 1 步 剪切文件

❶ 选择要移动的文件或文件夹；❷ 然后单击窗口的“主页”菜单；❸ 在“剪贴板”组中选择“剪切”。

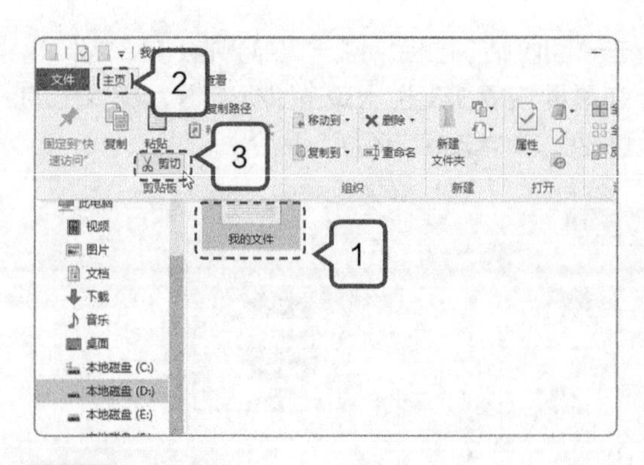

第2步 粘贴文件

❶ 切换到目标位置，然后单击窗口的“主页”菜单；❷ 在“剪贴板”组中选择“粘贴”命令，即可将选择的文件或文件夹复制到该位置。

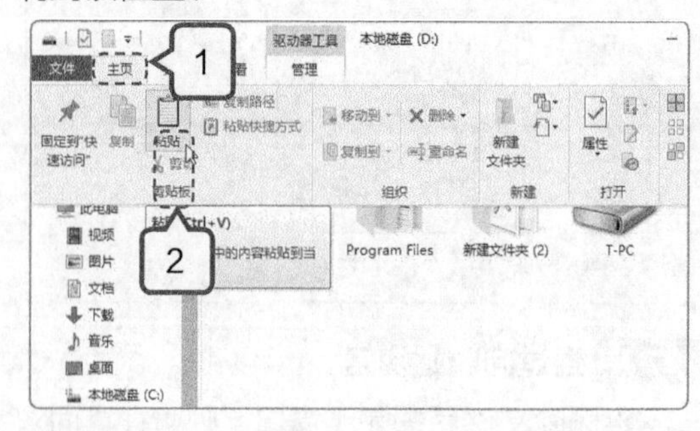

5.3.3 通过“隐藏”来保护文件和文件夹

某些公共电脑可能会有很多人使用，这时可以将重要的文件和文件夹隐藏起来，以便保护数据，当需要使用时再将其重新显示，具体操作如下。

第1步 选择“属性”命令

❶ 在要隐藏的文件夹上单击鼠标右键，在弹出的快捷菜单中选择“属性”命令，打开对应的属性对话框。在“常规”选项卡的“属性”栏中选中“隐藏”复选框；❷ 然后单击“确定”按钮。

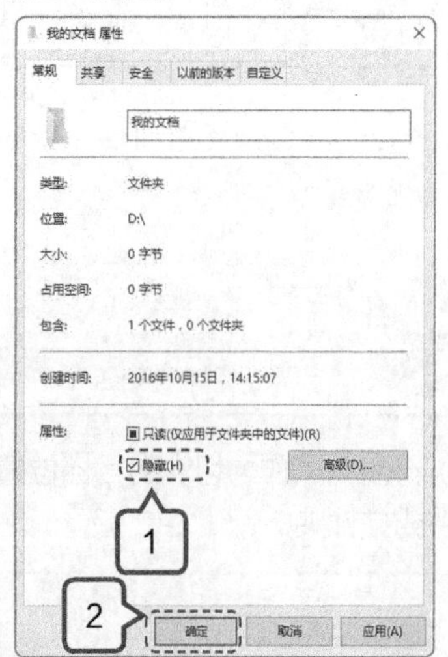

第2步 确认隐藏

❶ 打开“确认属性更改”对话框，根据需要选择选项，这里保持默认设置；❷ 然后单击“确定”按钮。

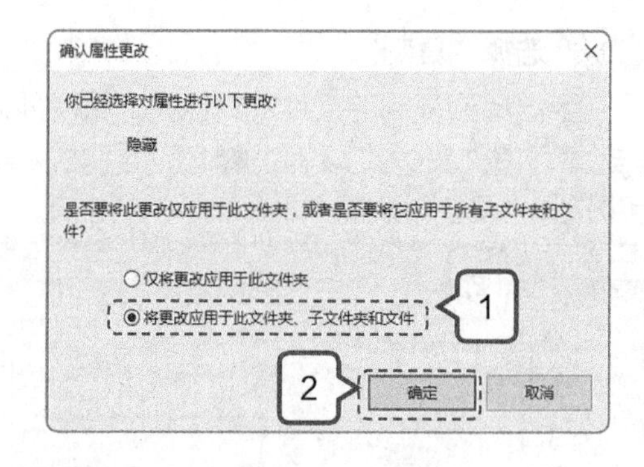

第3步 显示隐藏的文件

❶ 单击窗口上方的“查看”菜单；❷ 在“显示/隐藏”组中单击选中“隐藏的项目”复选框，即可显示隐藏的文件夹，但文件夹呈半透明状。再次通过“属性”对话框，取消“隐藏”复选框的选中状态即可重新显示文件。

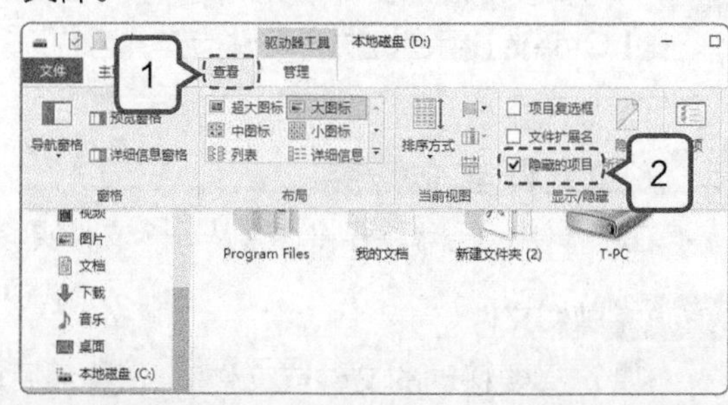

5.3.4 通过“搜索”快速找到文件和文件夹

如果文件太多，或存放时间太长，用户可能会忘记文件或文件夹所在的路径。这时可以通过搜索功能来查找文件，具体操作如下。

第 1 步 进行搜索

打开“此电脑”窗口，在搜索文本框中输入关键字“照片”，系统自动对关键字进行搜索，并在地址栏中显示搜索进度。

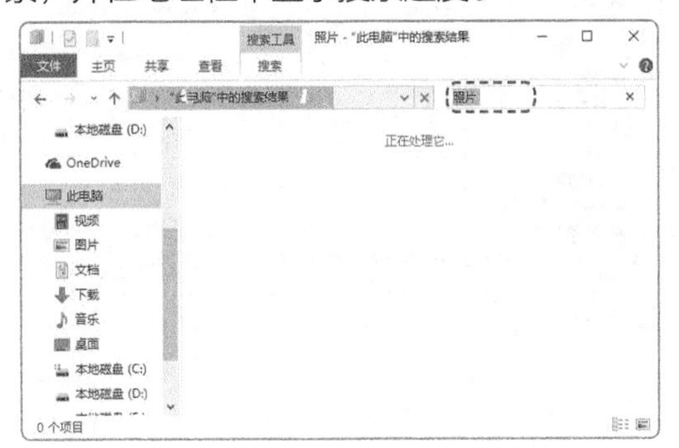

第 2 步 结果显示

完成后，搜索结果将显示在窗口中。

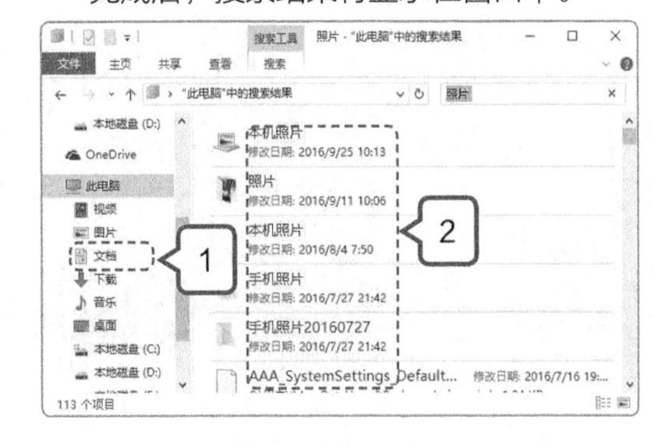

5.4 案例——熟练掌握压缩与解压缩文件的方法

本节视频教学时间 / 2 分钟

/ 案例操作思路

本案例使用压缩软件对文件进行压缩与解压缩，该操作在日常生活和工作中有着重要的作用。

具体效果如图所示。

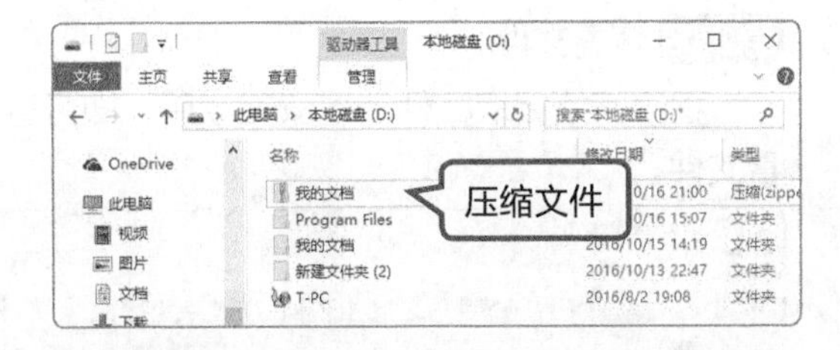

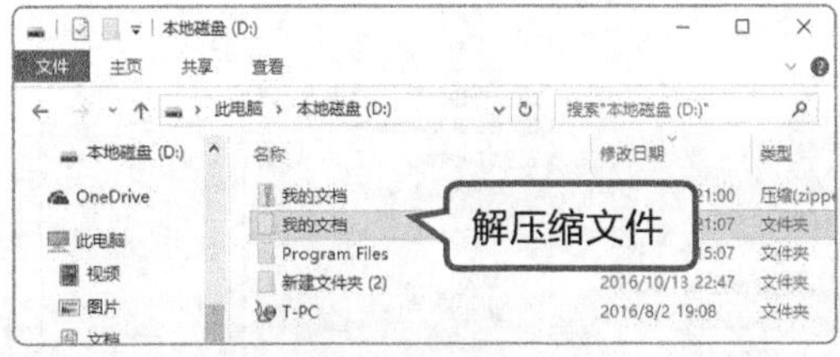

/ 技术要点

（1）使用 Windows 10 自带压缩功能快速压缩文件。

（2）使用 Windows 10 自带解压缩功能解压缩文件。

5.4.1 压缩文件以便快速传输

对于一些特别大的文件，用户可以对其进行压缩，将文件体积缩小，以便节省磁盘空间，具体操作如下。

第 1 步 选择压缩命令

❶ 选择需要压缩的文件或文件夹；❷ 在其上单击鼠标右键，在弹出的快捷菜单中选择“发送到→压缩（zipped）文件夹”命令。

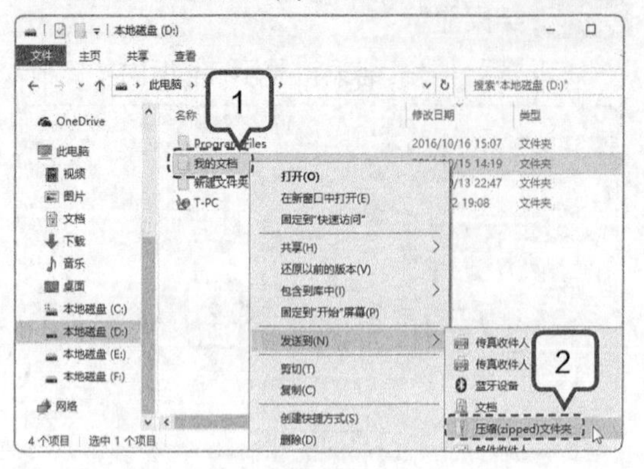

第 2 步 压缩文件

弹出“正在压缩……”对话框，并显示压缩进度，完成压缩后系统自动关闭该对话框，在文件所在窗口中即可查看压缩文件。

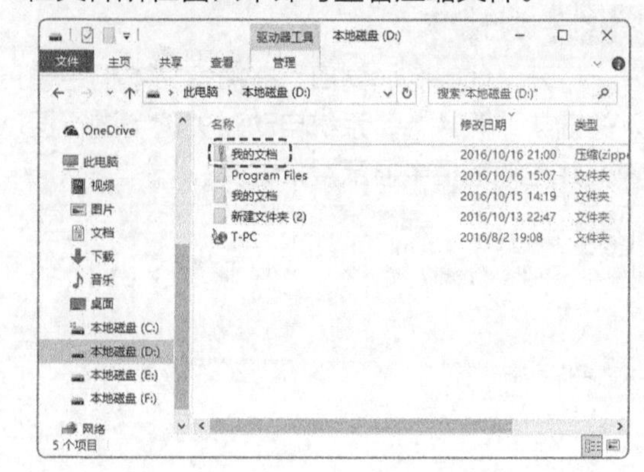

5.4.2 解压后继续查看文件

压缩文件或文件夹之后，若需要查看文件，则需要先解压缩文件，其具体操作如下。

第 1 步 选择命令

选中需要解压缩的文件或文件夹，单击鼠标右键，在弹出的快捷菜单中选择“全部解压缩”命令。

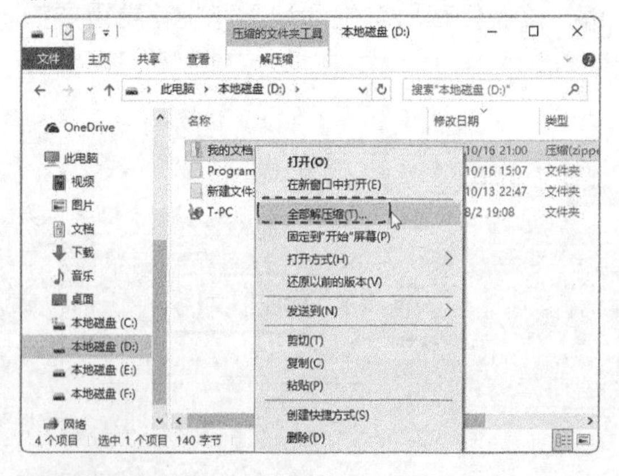

第 2 步 提取压缩文件夹

❶ 弹出“提取压缩（Zipped）文件夹”对话框，通过“浏览”按钮，设置保存位置，这里保持默认；❷ 单击“提取”按钮。

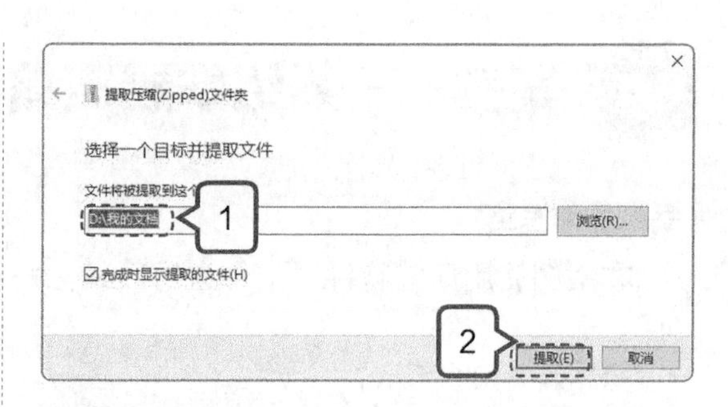

第 3 步 查看文件

程序开始提取文件，提取完成后，即可查看文件。

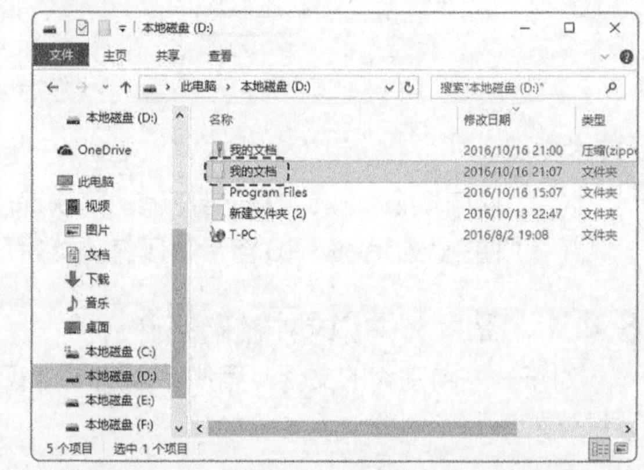

5.5 案例——设置快捷方式图标

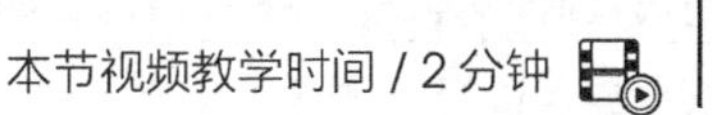

本节视频教学时间 / 2 分钟

/ 案例操作思路

本案例介绍如何将经常使用的程序快捷方式图标放置在桌面上，以便快速启动程序，高效完成工作。此外，还可以设置与众不同的图标图案，从而在一众图标中快速找到要使用的图标。

具体效果如图所示。

/ 技术要点

（1）为程序图标创建快捷方式。

（2）用其他的图案替换程序图标图案。

5.5.1 创建快捷方式，快速打开文件

将常用的图标放到桌面，有利于用户快速找到程序，节省查找程序的时间，提高工作效率，其具体操作如下。

第 1 步 选择命令

❶ 单击“开始”按钮，在程序列表中找到需要设置快捷方式的程序；❷ 单击鼠标右键，在弹出的快捷菜单中选择“更多→打开文件所在的位置”命令。

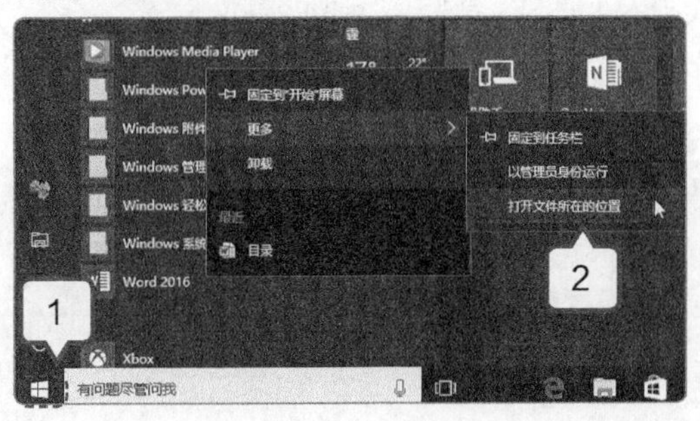

第 2 步 创建快捷方式

在打开的窗口中对应的程序图标上单击鼠标右键，在弹出的快捷菜单中选择“发送到→桌面快捷方式”命令即可。

5.5.2 更改快捷方式图标，让文件更醒目

更改快捷方式图标的具体操作如下。

第1步 选择命令

选择要更改图标的程序，单击鼠标右键，在弹出的快捷菜单中选择“属性”命令。

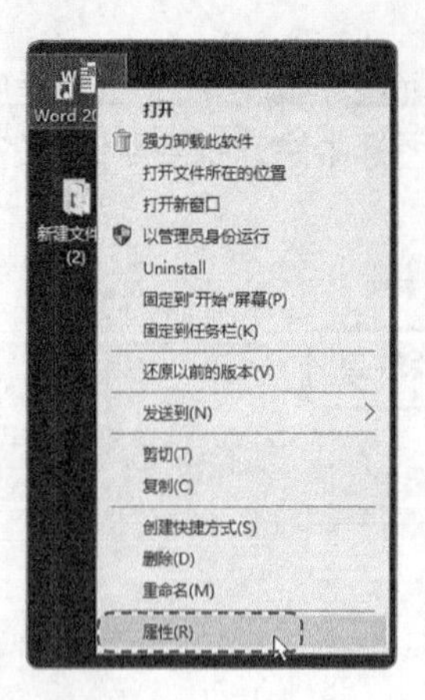

第2步 单击按钮

打开相关的“属性”对话框，在其中单击“更改图标”按钮。

第3步 选择图标

❶ 打开“更改图标”对话框，在列表框中选择一个图标；❷ 单击“确定”按钮。

第4步 查看更改图标

返回属性窗口，单击“应用”按钮，并关闭窗口。此时，桌面上的图标已被更改。

> **提示**
>
> 在“更改图标”对话框中，可单击“浏览”按钮，在打开的对话框中，可以选择图片或自己绘制的图标。

举一反三

本章所选择的案例均为典型的 Windows 10 中的基础操作，主要包括文件和文件夹的使用，涉及文件和文件夹的新建、选择、重命名、删除、恢复、移动和复制等知识点。

让电脑的各个数据盘井然有序

让电脑的各个数据盘井然有序，即在电脑中创建一个办公文件系统的具体操作如下。

第1步 选择命令

❶ 打开“本地磁盘 (D:)”窗口，新建“办公文件”文件夹；❷ 进入“办公文件”文件夹，在其中创建多个子文件夹，并分类命名。

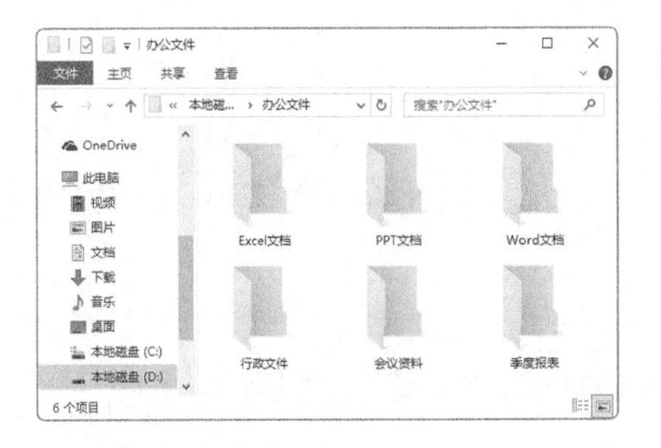

第2步 选择命令

❶ 将其他位置的文件进行分类，并移动和复制到“办公文件”文件夹中的子文件夹中；❷ 检查移动和复制的文件，对某些命名不准确的文件进行重命名。

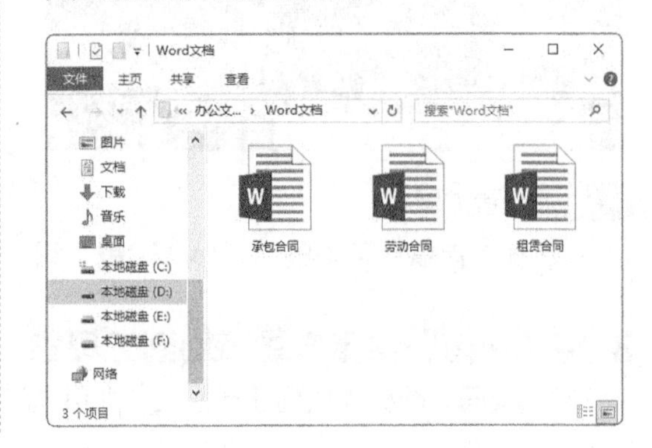

高手支招

1. 复制文件时遇到同名文件的解决方法

复制一个文件并将其粘贴到目标位置时，若目标位置有同名文件，则会弹出“替换或跳过文件”提示信息框。若选择“替换目标中的文件”，则粘贴的文件会替换掉目标位置上原有的文件；若选择“跳过该文件”，则会放弃此次的粘贴操作；若选择“比较两个文件的信息”，则会打开“1 个文件冲突”对话框，其中显示了两个文件的信息，选择要保留的文件则可保留相应的文件，若同时选中了两个文件前的复选框并单击“继续”按钮，则复制的文件的名称后将自动增加一个编号。

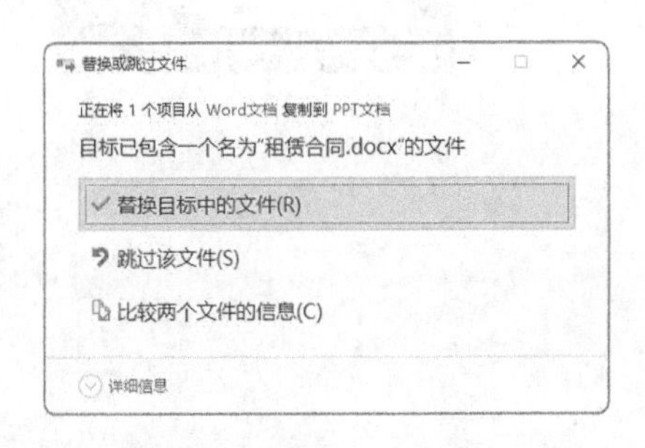

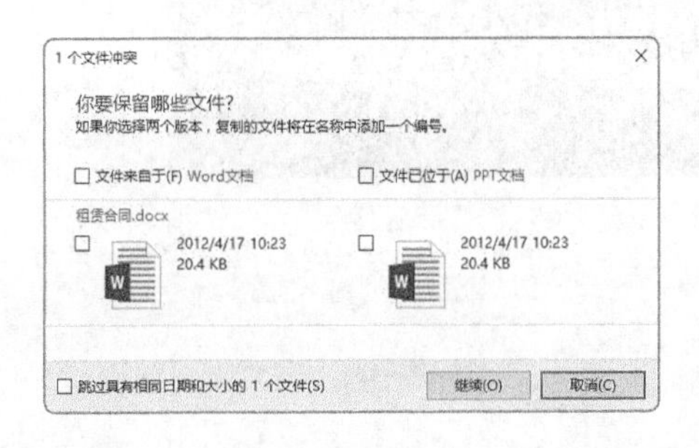

2. 显示文件的扩展名

Windows 10 系统默认不显示文件扩展名，但可通过以下操作将其显示出来，具体操作如下。

第1步 打开窗口

❶ 单击“开始”按钮；❷ 在弹出的开始屏幕中单击“文件资源管理器”按钮，打开“文件资源管理器”窗口。

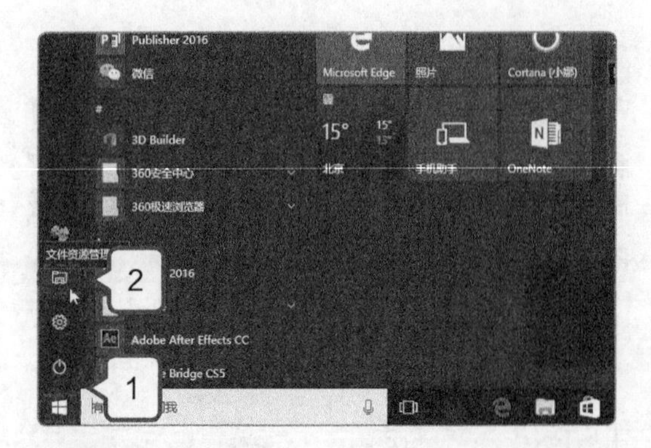

第2步 查看扩展名

❶ 在“查看”菜单的“显示 / 隐藏”组中单击选中“文件扩展名”复选框；❷ 此时即可查看文件的扩展名。

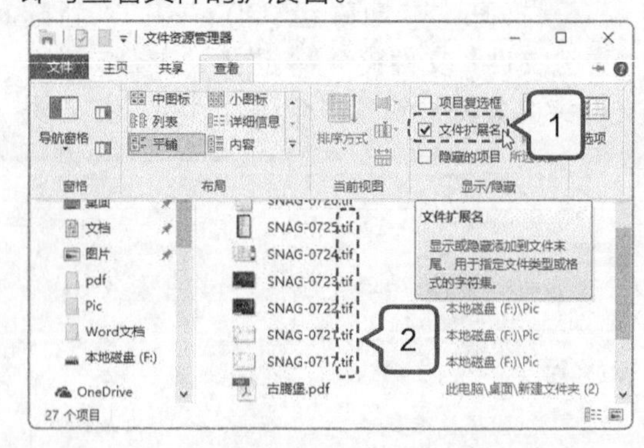

3. 将“桌面”快捷方式添加到工具栏

将“桌面”图标添加到任务栏上，即可通过该图标快速打开桌面上的应用程序，其具体操作如下。

第1步 选择命令

在工具栏上的空白位置单击鼠标右键，在弹出的快捷菜单中选择“工具栏→桌面”命令。

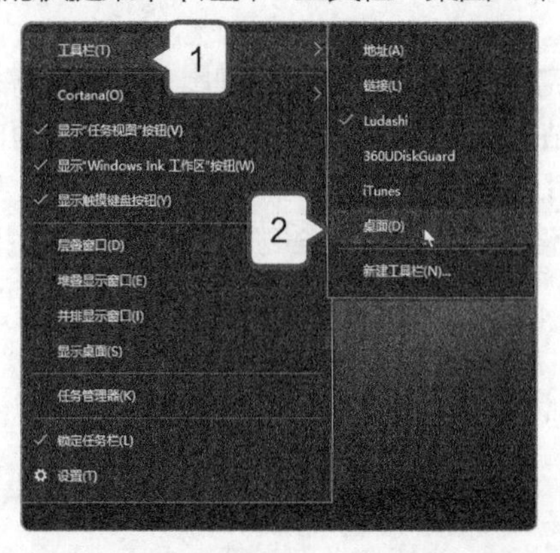

第2步 快速打开相关功能

此时“桌面”图标已在工具栏右下角，单击其右侧的箭头按钮，在弹出的列表中即可选择桌面上的功能。

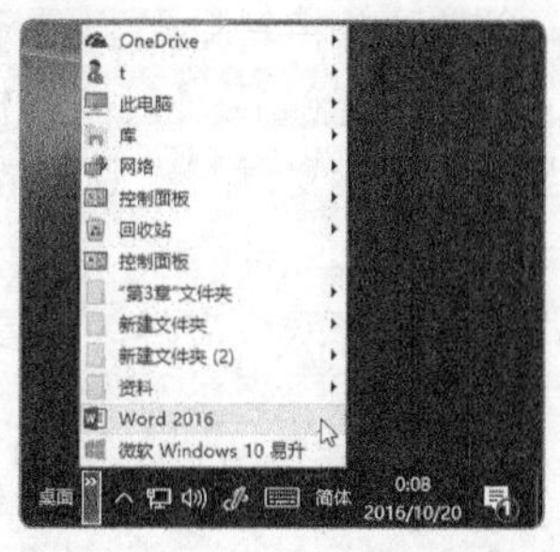

第三篇

Word 文档篇

新手入门——熟练制作Word基础文档

本章视频教学时间 / 36 分钟

技术分析

Word 的主要作用是处理文字，并制作简单表格与图形。一般来说，制作基础文档主要涉及以下知识点。

（1）文档的基本操作。

（2）文本的录入技巧。

（3）设置文本的字体格式、段落格式等。

我们工作和生活中常见的 Word 文档有公司通知、公司合同、个人工作总结、房屋租赁协议等。本章通过《国庆放假通知》和《公司规章制度》两个典型案例，系统介绍制作 Word 基础文档时需要掌握的具体操作。

思维导图

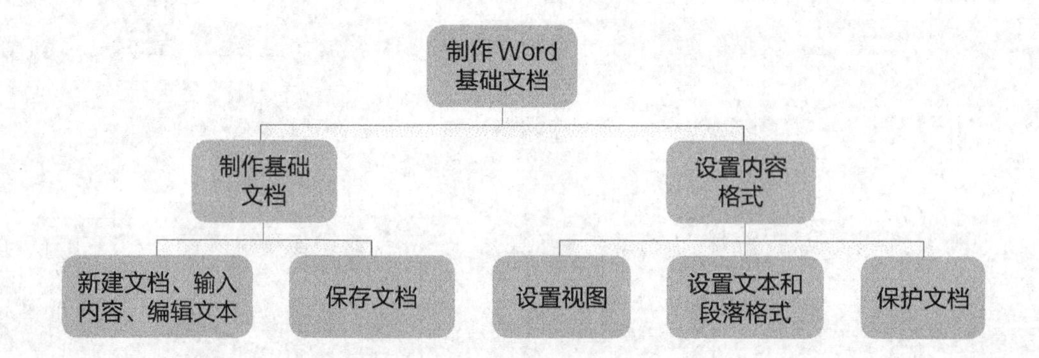

6.1 案例——制作《国庆放假通知》文档

本节视频教学时间 / 14 分钟

案例名称	国庆放假通知
素材文件	无
结果文件	结果 \ 第 6 章 \ 国庆放假通知 _ 结果文件 .docx
扩展模板	扩展模板 \ 第 6 章

/ 案例操作思路

本案例需要制作一份国庆期间放假安排的通知文档。此类通知往往言简意赅，说明具体的时间范围和相关要求即可。

通知类文档根据适用范围的不同，可以分为六大类。

（1）发布性通知：用于发布公司的行政规章制度等。

（2）批转性通知：用于上级批转下级的文档，以便周知或执行。

（3）转发性通知：用于转发上级和不相隶属的下级的文档给所属人员，以便周知或执行。

（4）指示性通知：用于上级指示下级如何开展工作。

（5）任免性通知：用于任免相关岗位人员。

（6）事务性通知：用于处理日常事务性工作，常把有关信息或要求用通知的形式传达给有关员工或客户。

具体效果如图所示。

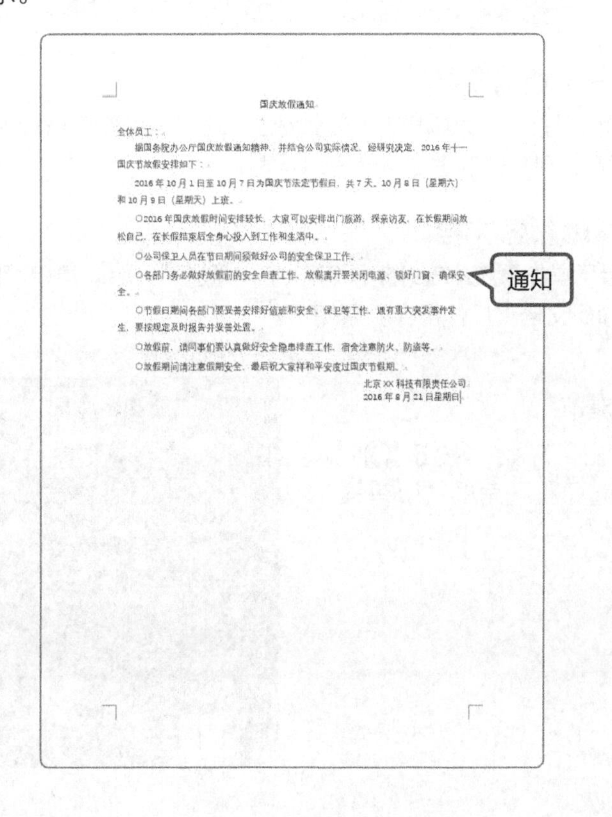
国庆放假通知

全体员工：

据国务院办公厅国庆放假通知精神，并结合公司实际情况，经研究决定，2016 年十一国庆节放假安排如下：

2016 年 10 月 1 日至 10 月 7 日为国庆节法定节假日，共 7 天。10 月 8 日（星期六）和 10 月 9 日（星期天）上班。

○2016 年国庆放假时间安排较长，大家可以安排出门旅游、探亲访友，在长假期间放松自己，在长假结束后全身心投入到工作和生活中。

○公司保卫人员在节日期间须做好公司的安全保卫工作。

○各部门务必做好放假前的安全自查工作，放假离开要关闭电源、锁好门窗，确保安全。

○节假日期间各部门要妥善安排好值班和安全、保卫等工作，遇有重大突发事件发生，要按规定及时报告并妥善处置。

○放假前，请同事们要认真做好安全隐患排查工作，宿舍注意防火、防盗等。

○放假期间请注意假期安全，最后祝大家祥和平安度过国庆节假期。

北京 XX 科技有限责任公司

2016 年 8 月 21 日星期日

/ 通知的组成要素

名称	是否必备	要求
标题	必备	通知标题一般采用公文标题的常规写法，包括发文机关、事由、文种。若有转发内容，也要出现在标题中
受文单位	必备	即通知的发文对象，种类较多，要注意受文单位的规范性，一般是单位，但也可以是个人
正文	必备	包括通知的缘由、事项和执行要求。缘由表述有关背景、根据、目的等；事项是通知的主体，提出方法、措施等；在结尾处一般要提出贯彻执行的有关要求
落款	必备	包括发布单位及日期

/ 技术要点

（1）通过“开始”菜单或右键快捷菜单新建文档。

（2）输入基本字符。

（3）输入特殊字符。

（4）输入落款、日期、时间。

（5）文本的移动与复制、查找与替换、删除与改写等基本操作。

（6）保存和关闭文档。

/ 操作流程

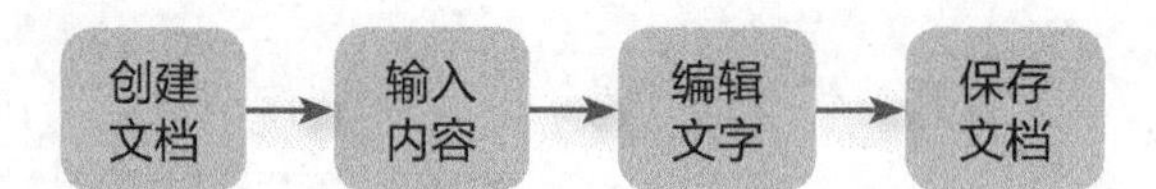

6.1.1 “创建”一个新的文档

Word 2016 不仅可以输入、编辑和排版文字内容，还可以制作出各种图文并茂的办公和商业文档。使用 Word 2016 新建文档的主要方式有以下两种。

1. 通过“开始”菜单新建文档

“开始”菜单集合了操作系统中安装的所有程序，通过“开始”菜单可以启动 Word 2016，并新建一篇空白的 Word 文档，具体操作步骤如下。

第 1 步 打开“开始”菜单

❶ 在桌面上单击“开始”按钮 ；❷ 在展开的菜单中选择左下角的“所有程序”命令。

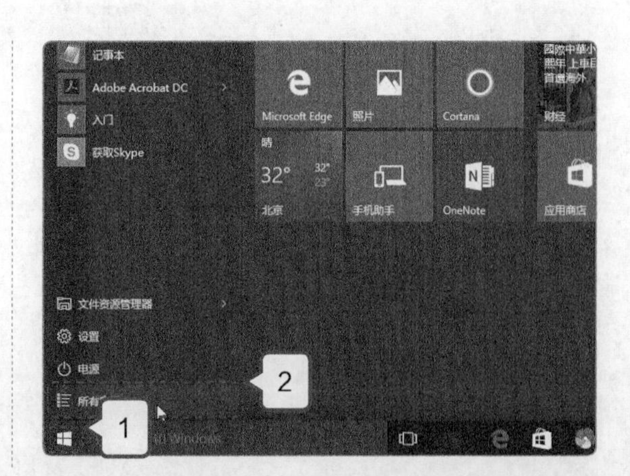

第 2 步 启动 Word 2016

❶ 在列表中拖曳右侧的下拉滑块至首字母为 W 的程序处；❷ 选择“Word 2016”。

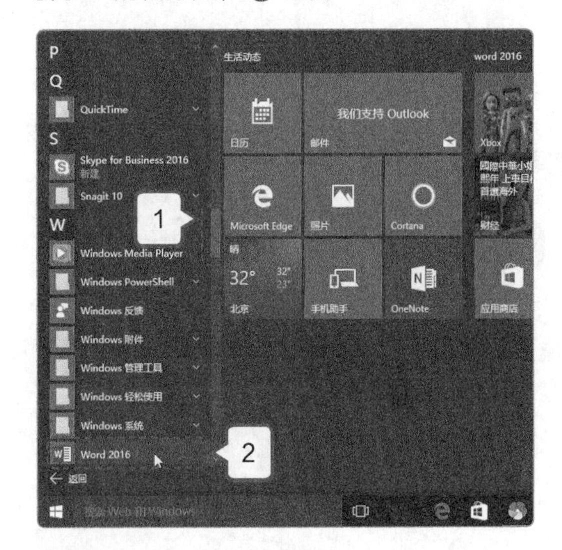

第 3 步 选择新建文档样式

系统启动 Word 2016，打开其登录界面，在右侧的任务窗格中选择“空白文档”样式。

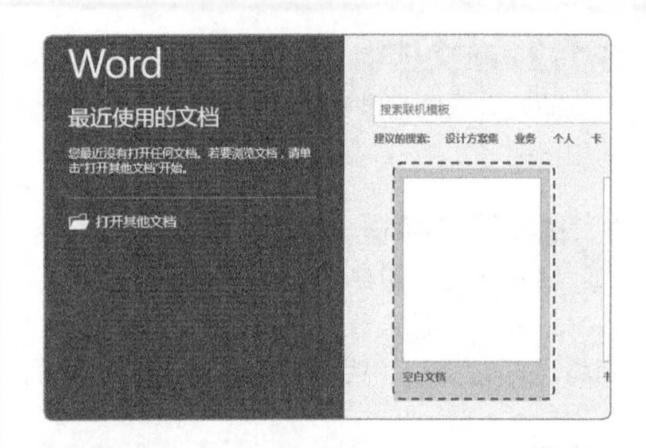

第 4 步 新建 Word 文档

进入 Word 2016 的操作界面，可以看到文档的标题为“文档 1”。该文档即为新建的 Word 文档。

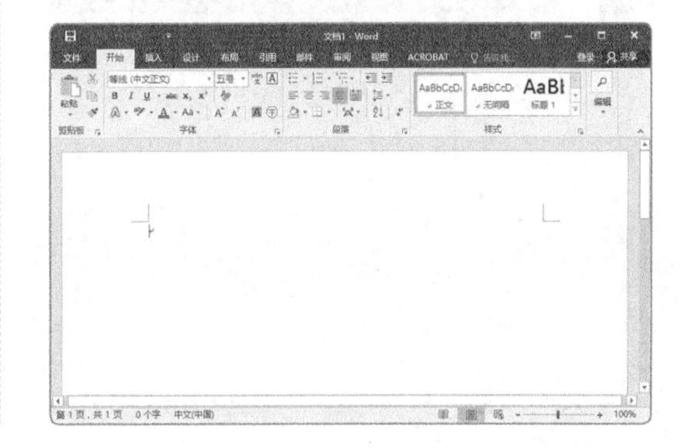

2. 利用右键快捷菜单创建文档

单击鼠标右键，在弹出的快捷菜单中也能快捷地创建 Word 文档，其具体操作步骤如下。

第 1 步 选择菜单命令

❶ 在桌面上单击鼠标右键，在弹出的快捷菜单中选择“新建”命令；❷ 在展开的菜单中选择“Microsoft Word 文档”命令。

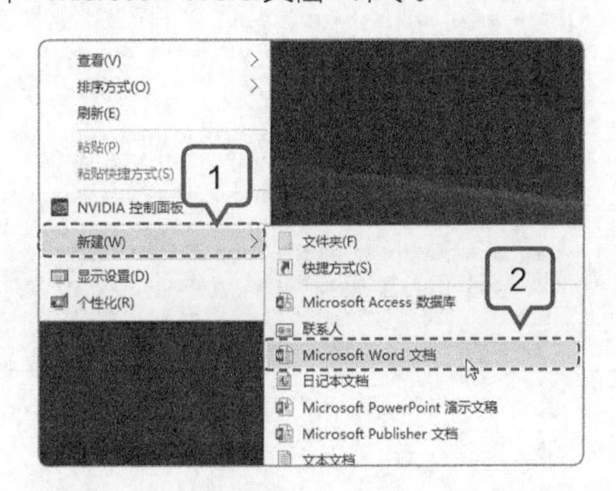

第 2 步 创建新文档

此时在桌面上将新建一个 Word 文档，文档的名称呈“蓝底白字”状态，切换到中文输入法，可直接输入文档的名称。双击该文档，即可将其打开。

6.1.2 在文档中“输入”具体内容

输入文本内容是 Word 中最常见的操作。常见的文本内容包括中英文、数字、特殊符号、时间和日期等。

1. 输入基本字符

基本字符一般是指通过键盘可以直接输入的汉字、英文、标点符号和阿拉伯数字等。在 Word 2016 中输入普通文本的方法比较简单，只需将鼠标光标定位到需要输入文本的位置，切换到需要的输入法，然后通过键盘直接输入即可，其具体操作步骤如下。

第 1 步 输入汉字

切换到中文输入法，在新建的 Word 文档中输入标题“国庆放假通知”，并将其居中。

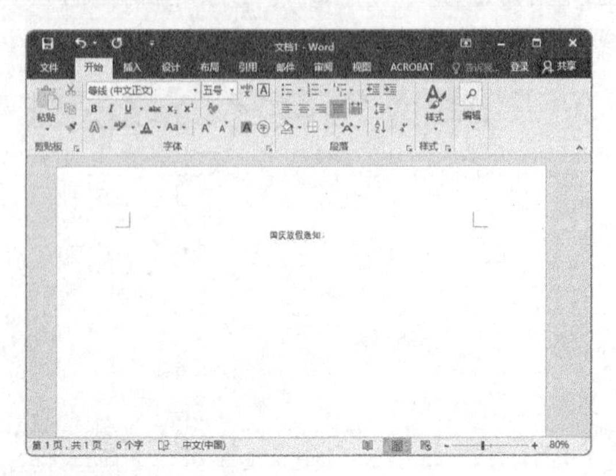

第 2 步 输入主体对象

❶ 将鼠标光标定位到标题最后，按两次【Enter】键将鼠标光标定位到第 3 行，按【Backspace】键将鼠标光标定位到第 3 行的开始位置；❷ 输入“全体员工”。

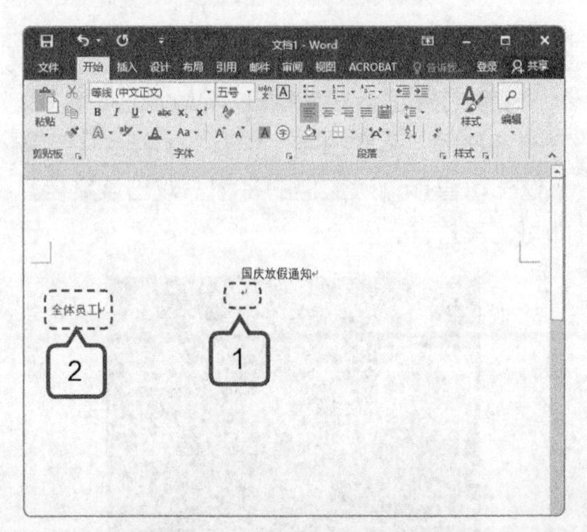

第 3 步 输入标点符号

按【Shift+；】组合键，输入冒号“：”。

第 4 步 输入放假内容

按【Enter】键切换到下一行，继续输入放假通知的其他内容。

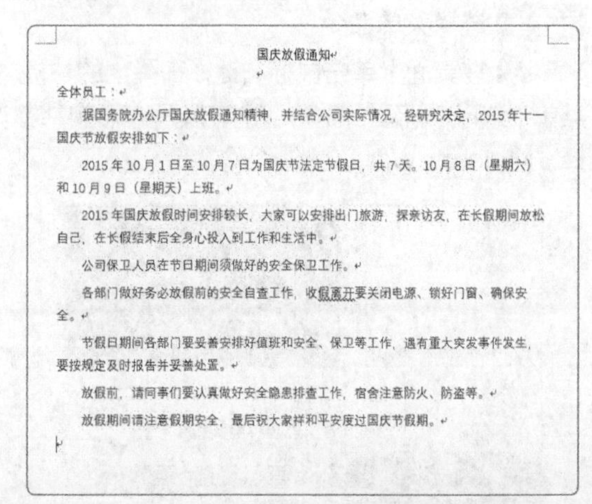

2. 输入特殊符号

在制作 Word 文档的过程中，有时需要输入一些特殊符号来使文档更具条理。一般的符号可通过键盘输入，但一些特殊的、图形化的符号却不能直接输入，如☆和◆等。这些符号可通过“符号”对话框输入，具体操作步骤如下。

第 1 步 打开“符号”对话框

❶ 在“国庆放假通知”文档中，将鼠标光标定位到正文第 3 段文本的开始，在“插入→符号”组中单击“符号”按钮；❷ 在打开的列表中选择“其他符号”选项。

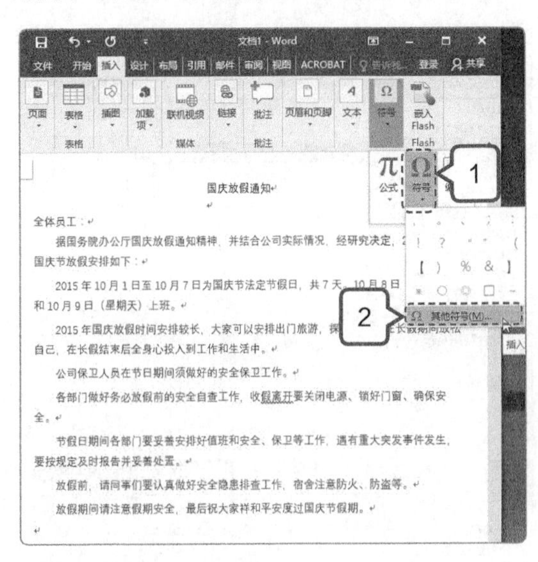

第 2 步 选择字符样式

❶ 打开“符号”对话框，在“子集”下拉列表框中选择“几何图形符”选项；❷ 在下面的列表框中选择需要插入的字符“○”；❸ 单击 插入(I) 按钮。

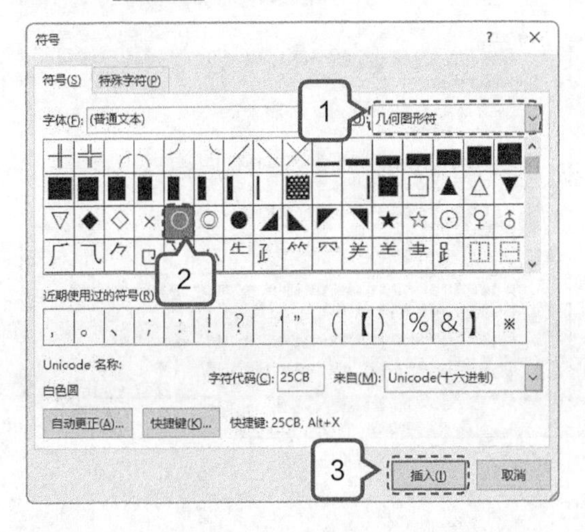

第 3 步 完成特殊字符输入

❶ 将鼠标光标定位到正文第 4 段的开始处，继续单击 插入(I) 按钮；❷ 将再次插入“○”字符，如图所示。

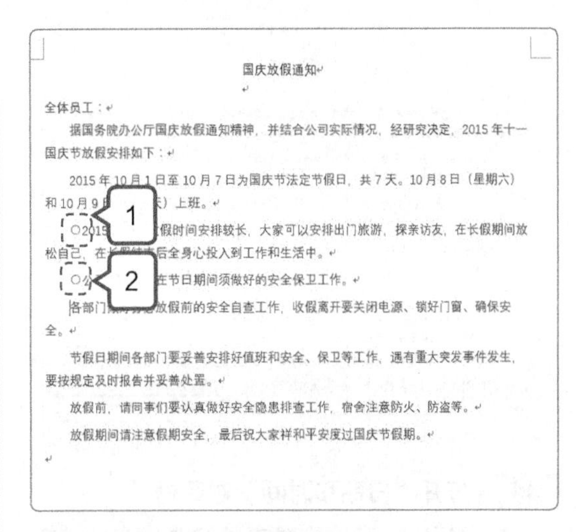

第 4 步 完成特殊字符输入

使用同样的方法，继续在剩余的段落前添加字符“○”，完成该字符的所有插入操作后，单击 关闭 按钮，关闭“符号”对话框，效果如图所示。

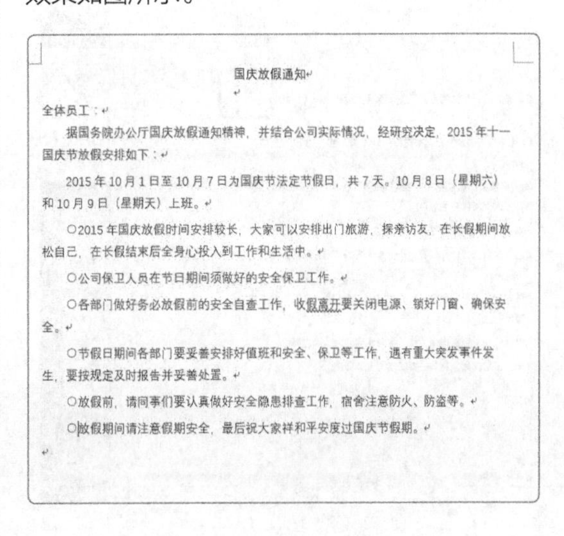

3. 输入日期和时间

在 Word 2016 中可以通过中文和数字的结合直接输入日期和时间，也可以通过 Word 2016 的日期和时间插入功能，快速输入当前的日期和时间。下面就在“国庆放假通知”文档中输入当前的日期和时间，具体操作步骤如下。

第 1 步 输入发文单位

在“国庆放假通知”文档中将鼠标光标定位到最后一行文本的右侧，按【Enter】键换行，输入发文单位名称，并将其右对齐。

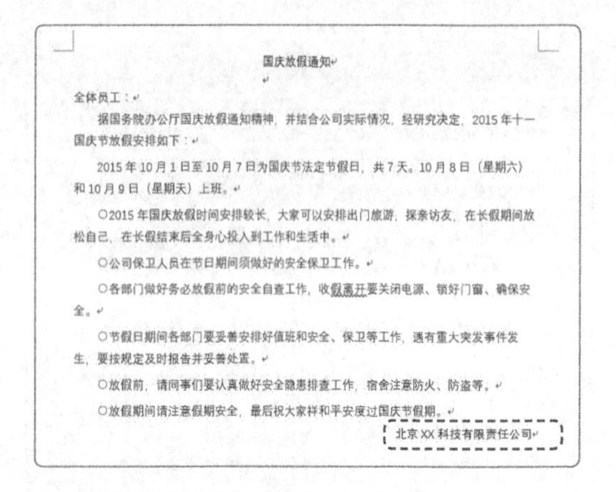

第 2 步 打开“日期和时间”对话框

将鼠标光标定位到发文单位文本右侧，按【Enter】键换行，在“插入→文本”组中单击【日期和时间】按钮。

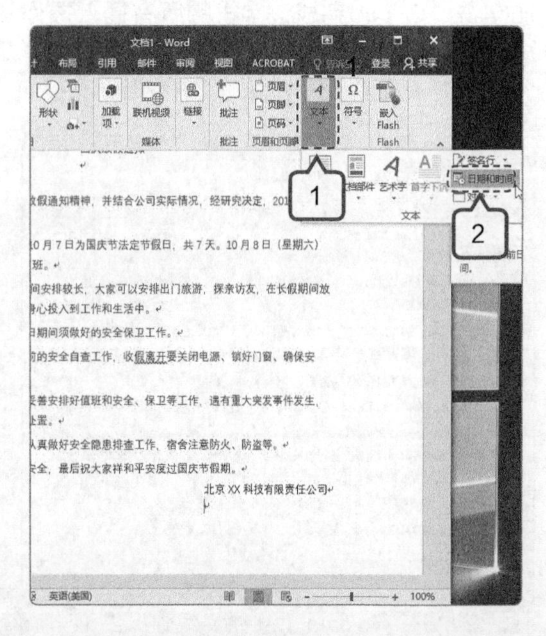

第 3 步 选择日期和时间样式

❶ 打开“日期和时间”对话框，在“语言（国家 / 地区）”下拉列表中选择“中文（中国）”；❷ 在“可用格式”列表框中选择一种日期和时间的格式；❸ 单击 确定 按钮。

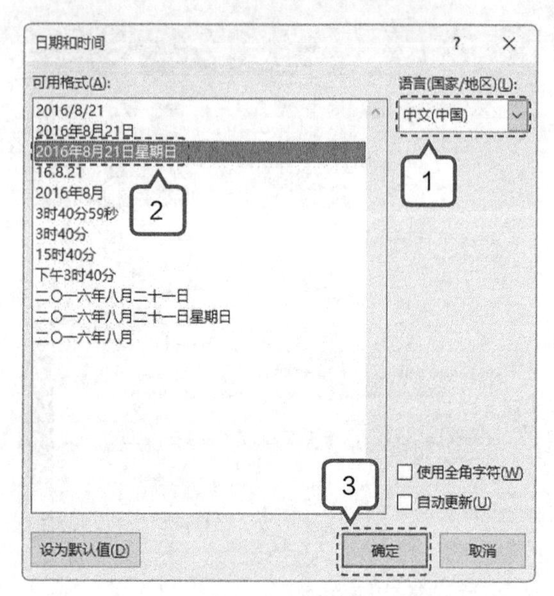

第 4 步 完成日期和时间输入

返回 Word 文档，即可看到输入当前日期和时间的效果。

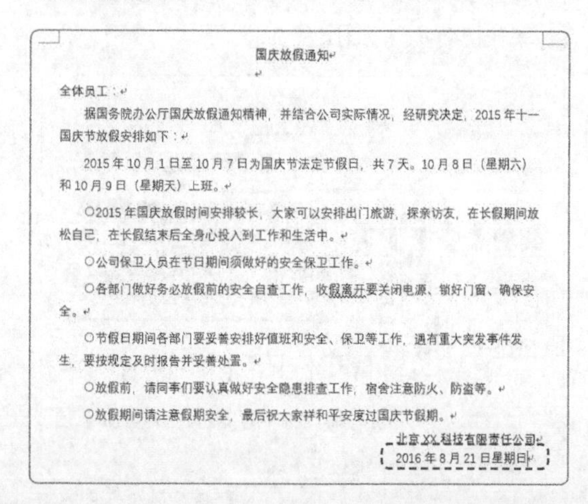

6.1.3 编辑文本

制作 Word 文档时，难免会需要对字符、词组或段落进行修改，这时就需要在 Word 2016 中进行各种基本的编辑操作。文本的基本操作主要包括移动与复制文本、查找与替换文本、删除与改写文本、撤销与恢复文本等。

1. 移动与复制文本

移动文本是将文本内容从一个位置移动到另一个位置，而原位置的文本将不存在；复制文本则通常用于将现有文本复制到文档的其他位置或复制到其他文档中去，但不改变原有文本。下面在"国庆放假通知"文档中移动和复制文本，其具体操作步骤如下。

第 1 步 复制文本

❶ 将鼠标光标定位到文档第 10 行的"公司"文本的左侧，按住鼠标左键不放，向右拖曳鼠标光标直到文本的右侧，释放鼠标选择"公司"文本；❷ 然后在文本上单击鼠标右键，在弹出的快捷菜单中选择"复制"命令。

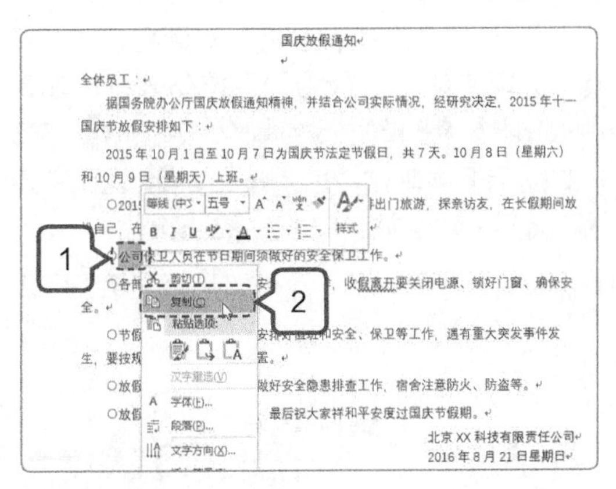

第 2 步 粘贴文本

❶ 将鼠标光标定位到该行文本"做好"右侧；❷ 单击鼠标右键，在弹出的快捷菜单的"粘贴选项"栏中单击"保留源格式"按钮，将"公司"文本复制到该处。

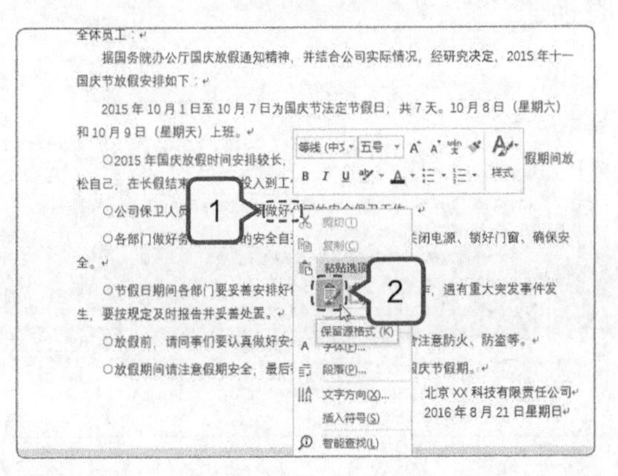

第 3 步 移动文本

❶ 选择文档第 11 行的文本"务必"，在文本上单击鼠标右键；❷ 在弹出的快捷菜单中选择"剪切"命令。

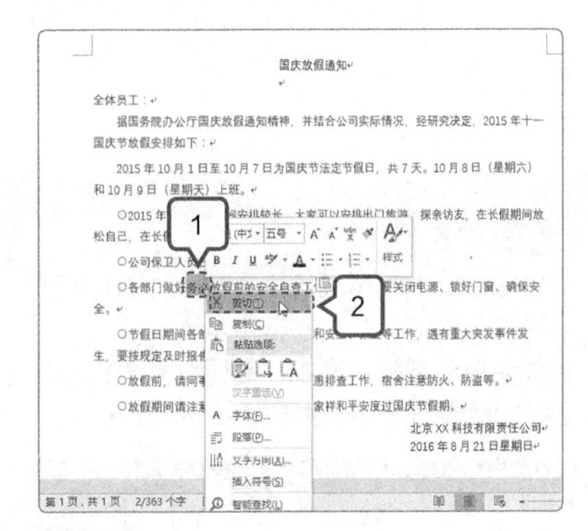

第 4 步 粘贴文本

将该文本粘贴到该行的"做好"文本左侧，完成移动文本的操作。

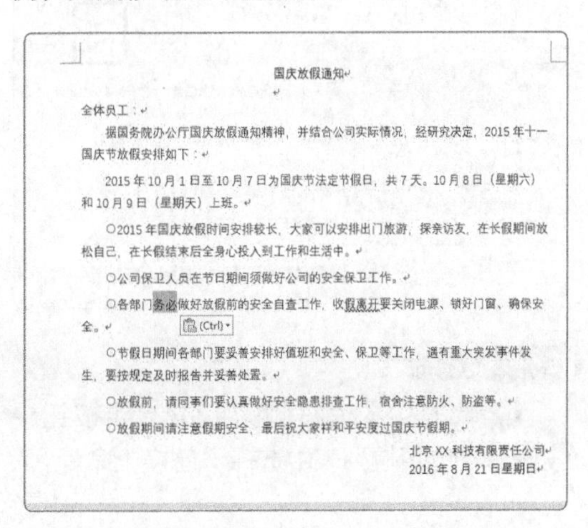

2. 查找与替换文本

在使用 Word 2016 编辑文档时，经常可能出现词语或者字符输入错误的情况，逐个修改会花费大量的时间，利用查找与替换功能则可以快速地改正文档中的错误，提高工作效率。下面在“国庆放假通知”文档中查找“2015”文本，并将其替换为“2016”，具体操作步骤如下。

第 1 步 选择操作

在“开始→编辑”组中单击“查找”按钮。

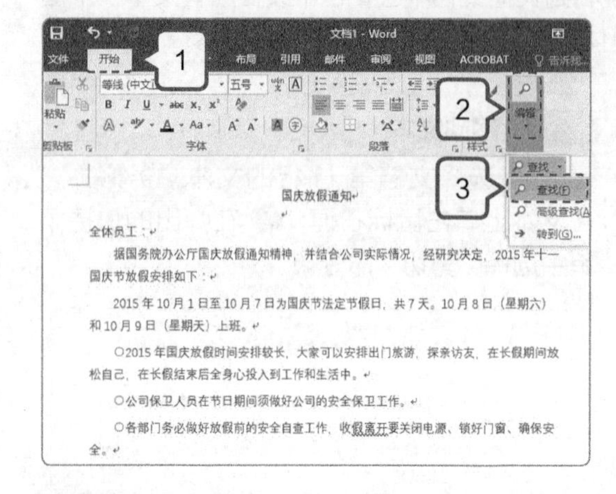

第 2 步 搜索文本

❶Word 2016 将在工作界面的左侧打开“导航”窗格，在文本框中输入“2015”，系统会自动查找该文本，并显示搜索结果；❷ 查找到的文本会以黄色底纹显示出来。

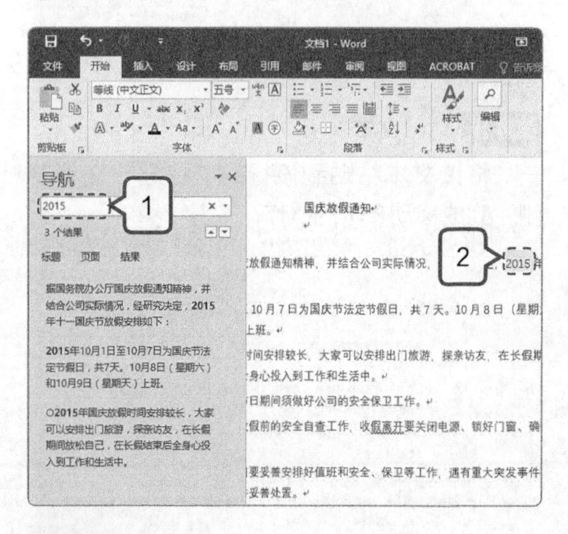

第 3 步 选择命令

❶ 单击文本框右侧的下拉箭头按钮；❷ 在弹出的下拉列表中选择“替换”命令。

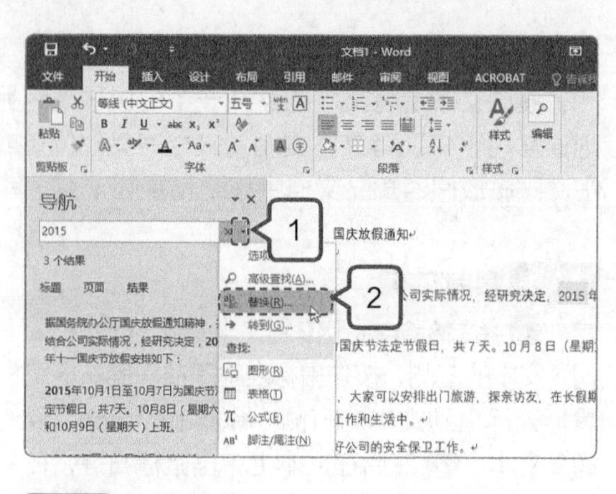

第 4 步 替换文本

❶ 打开“查找和替换”对话框，在“替换”选项卡的“替换为”下拉列表框中输入“2016”；❷ 单击 全部替换(A) 按钮；❸ 在打开的提示框中单击 确定 按钮；❹ 返回“查找和替换”对话框，单击 取消 按钮。

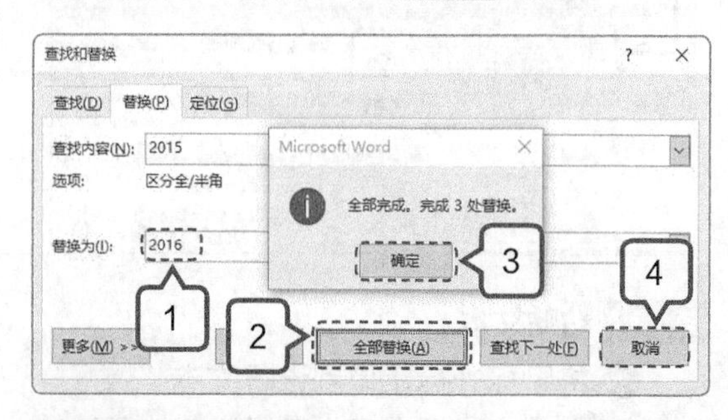

第 5 步 完成替换操作

返回 Word 文档，可以看到文本已经被替换。

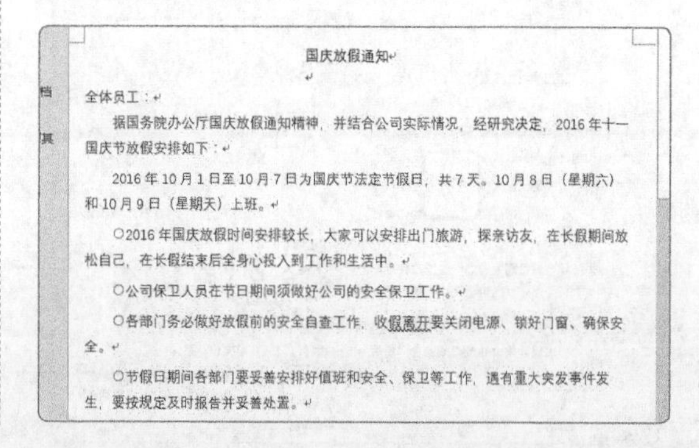

3. 删除与改写文本

删除与改写文本的目的是修改文档中的错误、多余或重复的文本，以提高文档的准确性。下面在文档中删除和改写文本，具体操作步骤如下。

第 1 步 删除文本

在文档中倒数第 4 行选择“要”文本，按【Delete】键或【Backspace】键，即可删除该文本。

国庆节放假安排如下：
2016 年 10 月 1 日至 10 月 7 日为国庆节法定节假日，共 7 天。10 月 8 日（星期六）和 10 月 9 日（星期天）上班。
○2016 年国庆放假时间安排较长，大家可以安排出门旅游，探亲访友，在长假期间放松自己，在长假结束后全身心投入到工作和生活中。
○公司保卫人员在节日期间须做好公司的安全保卫工作。
○各部门务必做好放假前的安全自查工作，收假离开要关闭电源、锁好门窗、确保安全。
○节假日期间各部门要妥善安排好值班和安全、保卫等工作，遇有重大突发事件发生，要按规定及时报告并妥善处置。
○放假前，请同事们要认真做好安全隐患排查工作，宿舍注意防火、防盗等。
○放假期间请注意假期安全，最后祝大家祥和平安度过国庆节假期。
北京 XX 科技有限责任公司
2016 年 8 月 21 日星期日

第 2 步 改写文本

将鼠标光标定位到第 11 行文本“收假”左侧，按【Insert】键，输入“放假”，就会发现新的文本直接替代了旧的文本。

国庆放假通知
全体员工：
据国务院办公厅国庆放假通知精神，并结合公司实际情况，经研究决定，2016 年十一国庆节放假安排如下：
2016 年 10 月 1 日至 10 月 7 日为国庆节法定节假日，共 7 天。10 月 8 日（星期六）和 10 月 9 日（星期天）上班。
○2016 年国庆放假时间安排较长，大家可以安排出门旅游，探亲访友，在长假期间放松自己，在长假结束后全身心投入到工作和生活中。
○公司保卫人员在节日期间须做好公司的安全保卫工作。
○各部门务必做好放假前的安全自查工作，放假离开要关闭电源、锁好门窗、确保安全。
○节假日期间各部门要妥善安排好值班和安全、保卫等工作，遇有重大突发事件发

4. 撤销与恢复文本

编辑文本时系统会自动记录执行过的所有操作，通过“撤销”功能可将错误操作撤销；如果误撤销了某些操作，还可将其恢复。具体操作步骤如下。

第 1 步 删除文本

在文档中选择第 10 行文本，按【Delete】键将其删除。

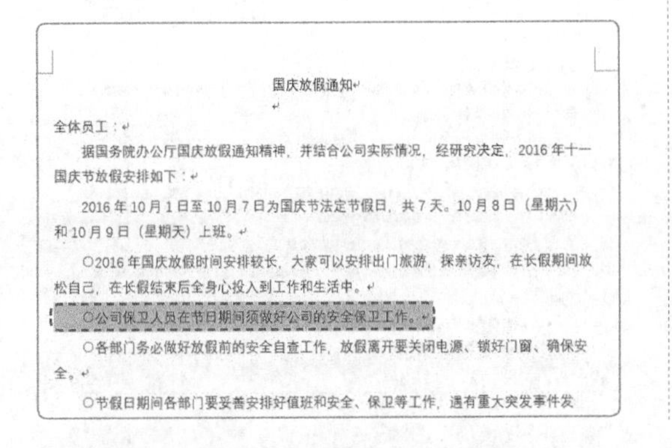

国庆放假通知
全体员工：
据国务院办公厅国庆放假通知精神，并结合公司实际情况，经研究决定，2016 年十一国庆节放假安排如下：
2016 年 10 月 1 日至 10 月 7 日为国庆节法定节假日，共 7 天。10 月 8 日（星期六）和 10 月 9 日（星期天）上班。
○2016 年国庆放假时间安排较长，大家可以安排出门旅游，探亲访友，在长假期间放松自己，在长假结束后全身心投入到工作和生活中。
○公司保卫人员在节日期间须做好公司的安全保卫工作。
○各部门务必做好放假前的安全自查工作，放假离开要关闭电源、锁好门窗、确保安全。
○节假日期间各部门要妥善安排好值班和安全、保卫等工作，遇有重大突发事件发

第 2 步 撤销操作

单击 Word 2016 工作界面左上角快速访问工具栏中的“撤销”按钮，撤销删除文本的操作，恢复删除的文本。

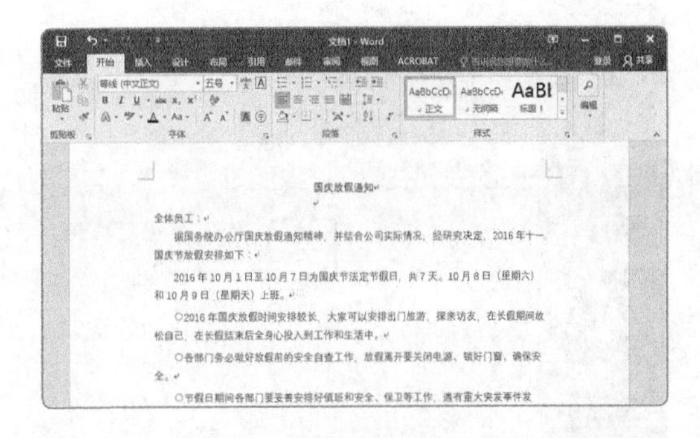

6.1.4 把文档“保存”下来

编辑好的文档需要及时进行保存和关闭操作。这样不仅可以避免电脑死机、断电等突发状况导致文档丢失，还可以及时释放内存资源，提高电脑的运行速度。下面讲解保存和关闭文档的方法。

1. 保存文档

通常，在 Word 2016 中新建文档之后，都需要对其进行保存操作，主要涉及设置文档的名称和保存的位置。下面将前面制作好的国庆放假通知文档进行保存，其具体操作步骤如下。

第 1 步 选择保存

单击 Word 2016 工作界面左上角快速访问工具栏中的“保存”按钮。

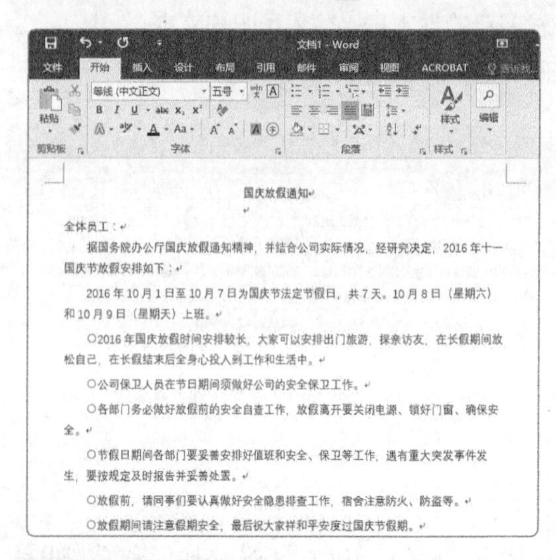

第 2 步 选择保存位置

❶ 在打开的界面选择“另存为”选项；❷ 在右侧的面板中选择“浏览”选项。

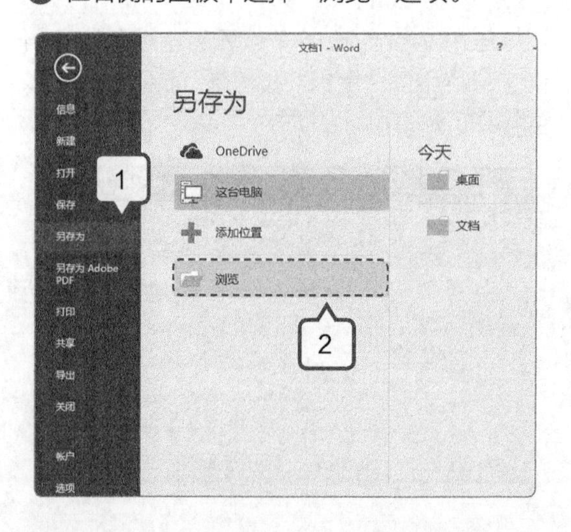

第 3 步 设置保存

❶ 打开“另存为”对话框，首先选择文档在电脑中的保存位置；❷ 在“文件名”文本框中输入“国庆放假通知”；❸ 单击 保存(S) 按钮。

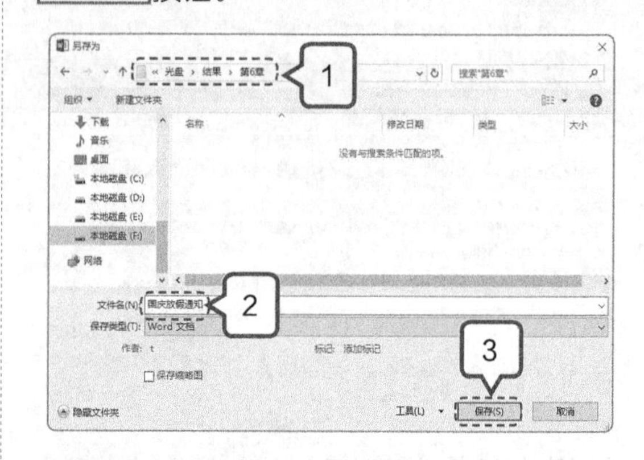

第 4 步 完成保存操作

完成保存操作后，可以看到该文档的名称已经变成了“国庆放假通知”。

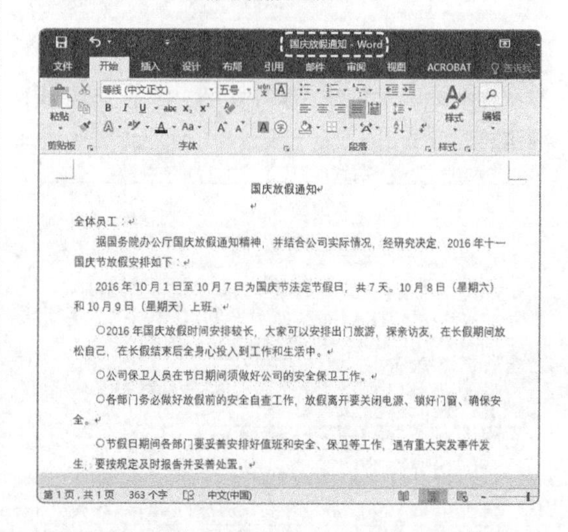

2. 设置自动保存

Word 2016 拥有自动保存功能，只要设置好保存的间隔时间，Word 2016 会自动保存编辑的文档。但自动保存功能只有在已经保存过文档后才能启动。下面将为前面保存好的“国庆放假通知”文档设置自动保存，具体操作步骤如下。

第 1 步 选择“文件”

在 Word 2016 工作界面中选择“文件”。

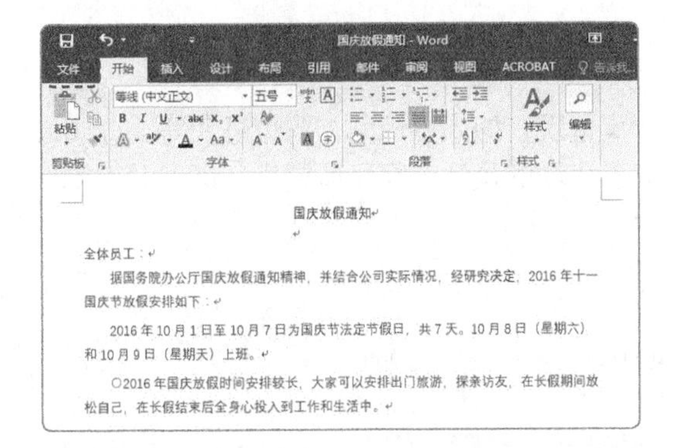

第 2 步 打开“Word 选项”对话框

在打开的界面的左侧列表中选择“选项”。

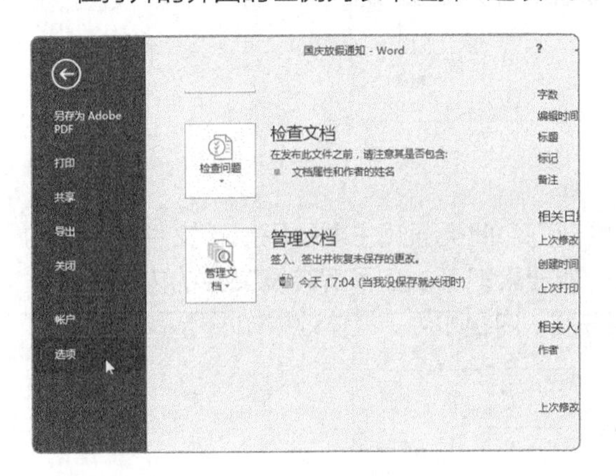

第 3 步 选择“保存”选项

打开“Word 选项”对话框，在左侧的任务窗格中单击“保存”。

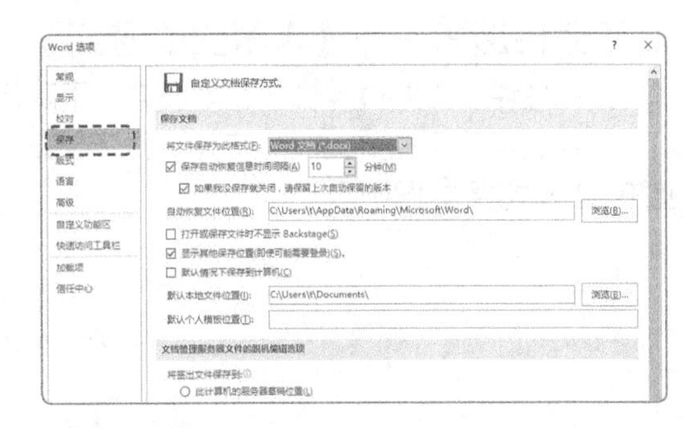

第 4 步 设置自动保存

❶ 在选中的“保存自动恢复信息时间间隔”复选框右侧的数值框中输入时间“5”，保持选中“如果我没保存就关闭，请保留上次自动保留的版本”复选框；❷ 单击 确定 按钮，完成自动保存的设置。

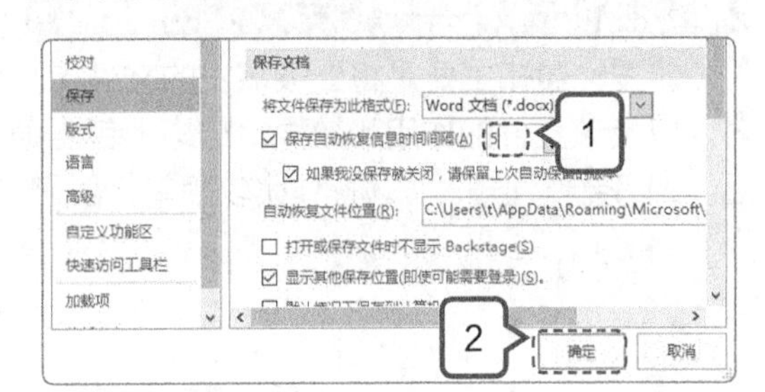

3. 关闭文档

关闭文档的同时，系统也会退出 Word 2016。关闭“国庆放假通知”文档的具体操作步骤如下。

第 1 步 选择“文件”

在 Word 2016 工作界面中选择“文件”。

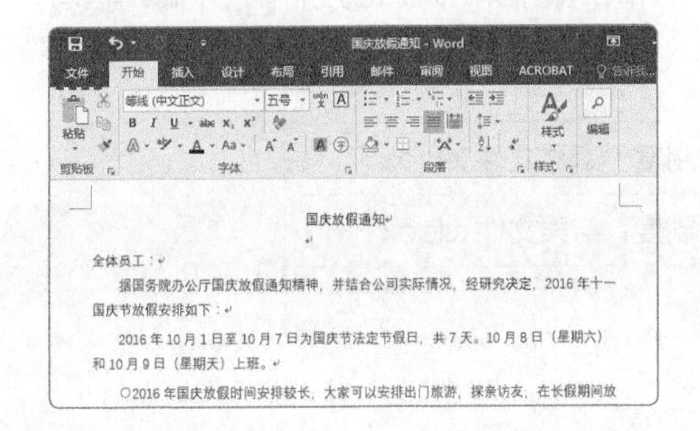

第 2 步 关闭文档

在弹出的界面的左侧列表中选择“关闭”选项，即可关闭 Word 文档。

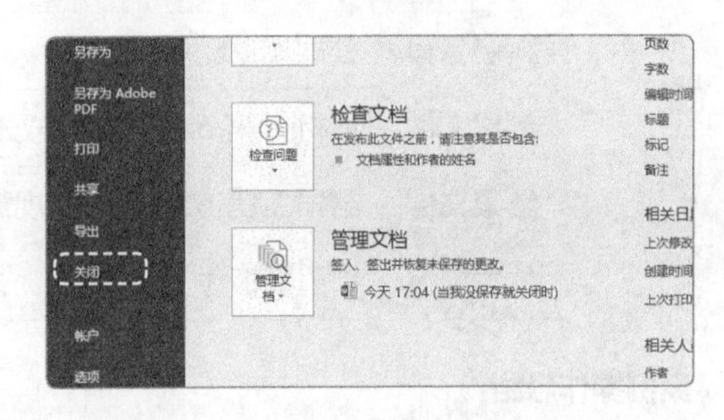

6.1.5 其他通知

除了本节介绍的发布性通知外，平时常见的还有很多种不同类型的通知。读者可以根据以下思路，结合自身需要进行制作。

1. 任免性通知——《人事变动通知》

任免性通知主要通报机关、单位等员工队伍的改变情况，如人事任免，职位任免等。此类通知的内容通常简明扼要，但结构并不复杂。在了解人事变动的具体方案和调整后，即可开始制作通知。具体效果如图所示。

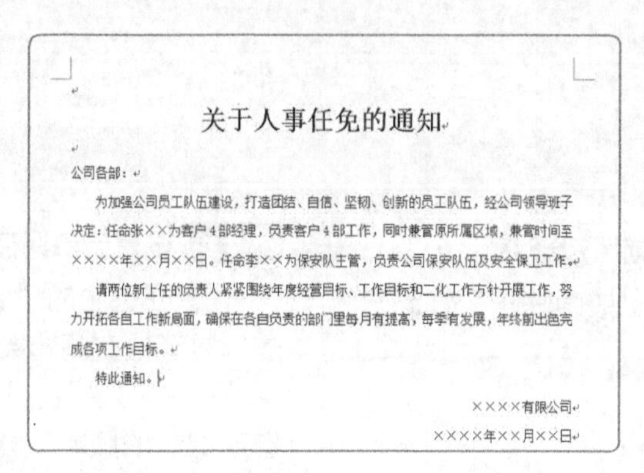

关于人事任免的通知

公司各部：

为加强公司员工队伍建设，打造团结、自信、坚韧、创新的员工队伍，经公司领导班子决定：任命张××为客户4部经理，负责客户4部工作，同时兼管原所属区域，兼管时间至××××年××月××日。任命李××为保安队主管，负责公司保安队伍及安全保卫工作。

请两位新上任的负责人紧紧围绕年度经营目标、工作目标和二化工作方针开展工作，努力开拓各自工作新局面，确保在各自负责的部门里每月有提高，每季有发展，年终前出色完成各项工作目标。

特此通知。

××××有限公司

××××年××月××日

2. 转发性通知——转发文件的《通知》

转发性通知主要是将上级下发的文件传播给各部门。此类通知主要需写明该文件的大体内容，以及该文件的作用和效果，结构上包含通知的四要素即可。在了解转发文件的内容和性质后，即可制作通知。具体操作比较简单，创建文档并键入内容即可。具体效果如图所示。

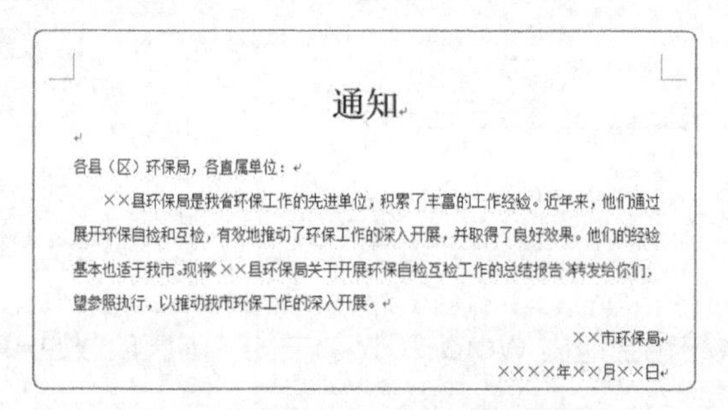

通知

各县（区）环保局，各直属单位：

××县环保局是我省环保工作的先进单位，积累了丰富的工作经验。近年来，他们通过展开环保自检和互检，有效地推动了环保工作的深入开展，并取得了良好效果。他们的经验基本也适于我市。现将《××县环保局关于开展环保自检互检工作的总结报告》转发给你们，望参照执行，以推动我市环保工作的深入开展。

××市环保局

××××年××月××日

6.2 案例——制作《公司规章制度》

本节视频教学时间 / 16 分钟

案例名称	公司规章制度
素材文件	素材 \ 第 6 章 \ 公司规章制度 _ 素材文件 .docx
结果文件	结果 \ 第 6 章 \ 公司规章制度 _ 结果文件 .docx
扩展模板	扩展模板 \ 第 6 章

/ 案例操作思路

本案例要制作公司的规章制度。通常每个公司都会有整体的规章制度，而各个部门也可能会有各自的制度细则，用以规范员工工作，提高工作效率。

企业的种类繁多，规章制度也不尽相同，但从规章制度的管理对象上可将其分为四大类。

（1）人事管理规章制度：人事管理规章制度涉及员工的利益，包括员工的录用、晋级、奖惩和培训等方面，其目的是规范员工工作，最大限度地调动员工的积极性、创造性，为公司创造更大的效益。

（2）行政事务规章制度：行政事务规章制度包括公司的办公制度、行文制度和后勤制度等，是保证公司正常运作的必备规章制度。

（3）生产经营规章制度：生产经营规章制度属于技术性规章制度，用于保证产品质量，确保市场营销活动顺利进行，是企业实现经济效益的保证。

（4）财务管理规章制度：财务管理规章制度是企业必备的规章制度，目的是加强对财务工作的制度化管理，降低成本，提高效率。

具体效果如图所示。

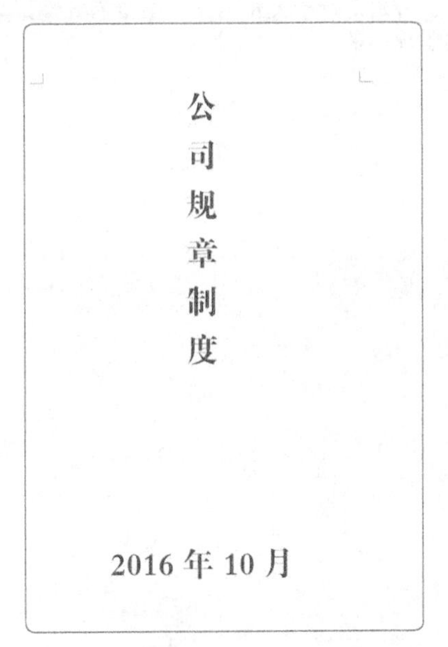

公司规章制度

2016 年 10 月

一、公司基本制度

为提高公司经济效益，促进公司发展壮大，需要加强公司的相关管理，使管理规范化，并完善各部门工作制度，现根据有关法律法规制订本公司的管理制度。

1、员工必须严格遵守公司的各项规章制度。

2、任何部门或个人不得做有损公司利益、形象、声誉的事情。

3、员工应该主动挖掘自己的积极性和创造性，并配合公司的培训，提高自身的技术、管理等各方面的水平，帮助公司完善管理和经营体系，不断壮大公司的实力，努力提高公司的经济效益。

4、员工需严格执行考勤制度，外出需要做好登记。

5、若有特殊情况需要请假的，需上级领导审批，若是病假，则需要医院证明。

6、员工不得对外泄露公司的工作动向和内容，如有违反，除立即辞退处理外，还应承担相应的法律责任。

7、爱护公司财物和环境卫生，不得在办公区域内吸烟。

8、员工应积极参与到项目的决策中来，多提意见，公司也鼓励员工提出合理化建议。

9、不同岗位的员工有不同的薪资待遇，并且，随着经济效益的提高，公司也会逐步提高员工各方面待遇。

10、公司为员工提供了平等的竞争环境和晋升机会。

11、公司推行考勤、考核制度，即岗位责任制，对有贡献者予以奖励，当然，对犯错误者也会惩罚。

12、公司提倡节约，倡导员工互帮互助，要有集体精神，有增强团队凝聚力，工作需要求真务实。

13、本规则在劳动合同中也有所体现，是劳动合同中的一部分，聘用员工违反本规章制度视为违反劳动合同。

二、员工守则

- *遵纪守法，忠于职守。*
- *爱岗敬业，团结互助。*
- *爱护公物，勤俭节约。*
- *不断学习，精通业务。*
- *积极进取，勇于开拓。*
- *团结友善，求实创新。*

三、各部门职责

1、策划部

(1)、负责组织公司各大广告项目的策划会议，即“脑暴会”。

(2)、不断学习，掌握广告制作、广告媒介等与广告相关的材料、技术的最新资讯。

(3)、负责公司各项营销业务的前期调研分析，制订广告相关制作的策略，并撰写受市场认可的广告文案，制订一系列与品牌相关的推广方案；

(4)、了解及掌握广告、品牌、营销管理新思想，更新相关知识储备，并具有创新性和创造性，把新的、对营销有利的观点带入策划。

(5)、与客户部协同处理好客户服务工作，协助客户部提供前期策划思想，协助文案、美术完成相关项目的《创意策略书》，并且管理好本部门中的相关资料，杜绝泄密。

(6)、完成本公司形象体系的策划，并根据市场不断调整，使公司的品牌形象符合时代，并引领时代，以期发展长盛不衰。

(7)、在公司利益前提下进行相关业务的策划，不得损害公司利益；

2、设计部

(1)、制作办公场所以及公司旗下门店中的相关平面设计工作。

(2)、负责公司相关公关活动舞台背景、以及相关物料，包括海报、画册等宣传资料的设计。

(3)、分析策划需求，理解策划与客户意图，从而制作出令客户满意的设计作品。

(4)、负责与印制对接，并与印厂接洽，严格把控印刷物料的质量。

(5)、与策划部门协同制作宣传资料的设计方案。

(6)、总结每次活动的数据，分析设计对营销的影响，以及相关设计的优缺点，制作分析报告并存档。

3、AE 客服部

(1)、收集客户资料，对潜在客户进行电话回访，关注客户动态，争取达成合作。

(2)、了解公司产品的架构、品种，在必要时为客户答疑，为客户提供必要的服务。

(3)、根据客服主管的安排，将资料归纳整理，分门别类，及时更新，避免疏漏。

(4)、做好工作跟踪，受理客户的投诉，并协同其他部门解决客户投诉的问题，令客户满意，提高企业信誉。

(5)、由于客服部员工直接面向客户，因此，客服部相关工作人员，需定期培训，加强服务态度和对接技巧，以及其他礼仪相关方面的工作。

(6)、对客服工作内容做到熟稔于心，练习说话技巧，提高情商，为客户提供便捷的沟通渠道。

(7)、做好与公司策划部、设计部、执行部等关联部门的沟通与协调工作，保证部门工作的正常开展。

4、执行部

1. 按客户要求撰写相关活动的策划案。
2. 根据策划案，实施相关策划活动。
3. 将各种活动的相关资料整理分类并存档。
4. 维护客户，与客户进行良好沟通，并深度开发。
5. 摄影、摄像等相关操作。

5、人事部

(1)、负责公司各部门人力资源工作的规划，做好相关的人事章程、制定好公司的规章制度。

(2)、管理好员工考勤、调整员工的考核与晋升、计算员工的工资、制定好员工的薪资标准参照表，以及奖金的发放等工作。

(3)、制定好公司相关的管理制度，以及员工工作的奖惩制度，做到公平公正、有章可循。

(4)、安排好新入职员工的培训工作，以及老员工的定期培训工作，做好重要的会议记录。

(5)、根据公司的发展战略和需要，安排好各部门员工的任职数，收集相关人才信息，安排招聘工作。

(6)、引导员工办理入职和离职手续，安排好公司食宿的相关工作。

(7)、办理好员工的社保相关工作，以及相关银行卡、证件的存档工作。

(8)、处理好各种突发事件，如员工离职、旷工、工伤事故等。

/ 规章制度的几大特性

名称	要求
条款明确	条款内容必须明确
合法合理	要符合《合同法》相关规定，这是企业规章制度被法律认可的前提
可操作	如果一个企业的规章制度不具备可操作性，那么设立制度就毫无意义。因此，规章制度条款的可操作性对企业来说十分重要
完备性	尽量考虑在生产经营和员工管理中可能发生的状况，并为这些可能的状况制订相应的应对措施，避免状况发生后“无法可依”
逻辑性	逻辑性在奖惩制度中用处最大，特别是对于大错不犯、小错不断的员工，采用逻辑递进的惩罚模式，更能达到管理效果

/ 技术要点

（1）设置文档的视图模式。
（2）调整文档的视图比例。
（3）设置字体和颜色。
（4）为文字添加加粗、下划线等效果。
（5）设置段落对齐方式和段落缩进。
（6）设置行距、段距和项目符号。
（7）设置文档为只读。
（8）加密文档。

/ 操作流程

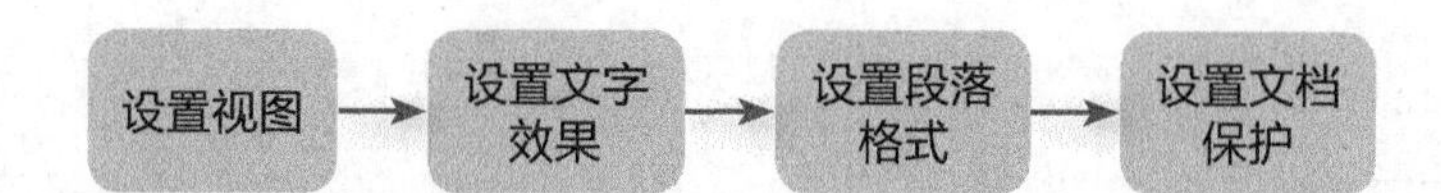

6.2.1 让文档“视图”一目了然

在对 Word 文档进行编辑之前，通常需要调整 Word 文档的视图模式和比例，从而使文档更加容易被编辑，进而提高编辑的效率。下面通过设置文档的视图模式、调整视图比例和设置全屏显示来介绍在 Word 2016 中设置文档视图的方法。

1. 设置视图模式

Word 2016 中有 5 种视图模式，默认使用“页面视图”模式。现在需要将其设置为“大纲视图”，以便设置文档结构，具体操作步骤如下。

第 1 步 打开文档

启动 Word 2016，在界面中单击左下角的“打开其他文档”超链接。

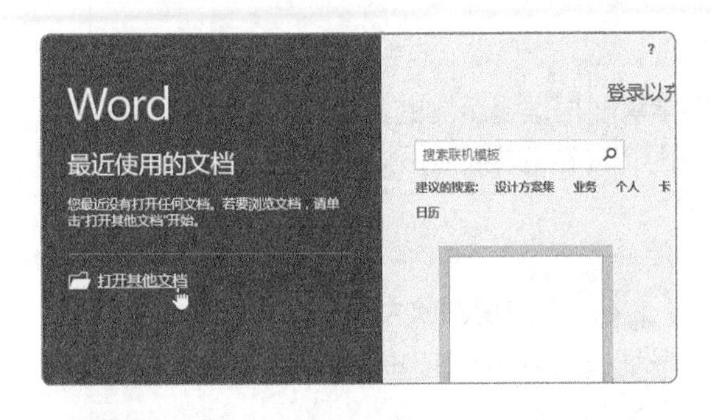

第 2 步 选择打开文档的位置

❶ 进入文件界面，在“打开”栏中选择“计算机”选项；❷ 在右侧的“计算机”栏中单击“浏览”按钮。

第 3 步 选择文档

❶ 打开“打开”对话框，找到文档在电脑中的保存位置，选择需要打开的文档；❷ 单击 打开(O) 按钮。

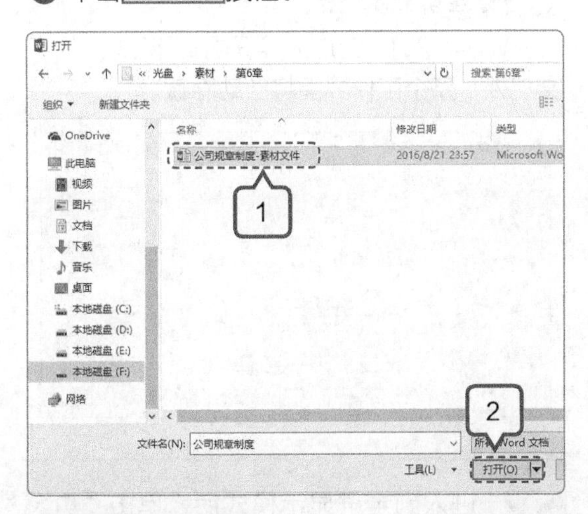

第 4 步 选择视图模式

打开选择的文档，在工作界面的视图”组中单击“大纲视图”按钮。

> **提示**
>
> “Web 版式视图”模式以网页的形式显示文档，适用于发送电子邮件和创建网页。

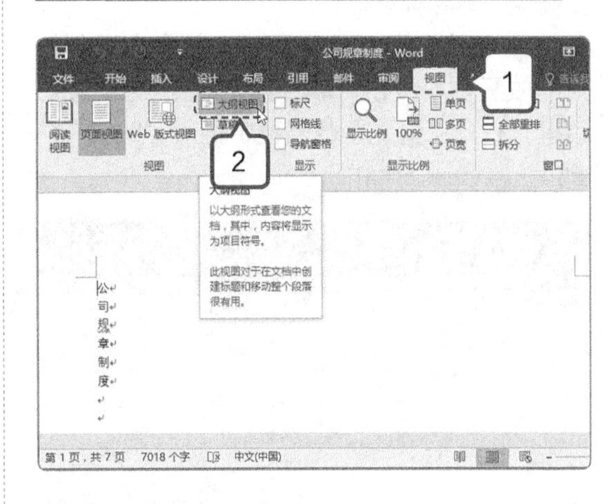

第 5 步 退出视图模式

进入“大纲视图”模式，在其中可以迅速了解文档的结构和内容梗概，在“关闭”组中单击“关闭大纲视图”按钮，即可退出“大纲视图”模式，返回到“页面视图”模式。

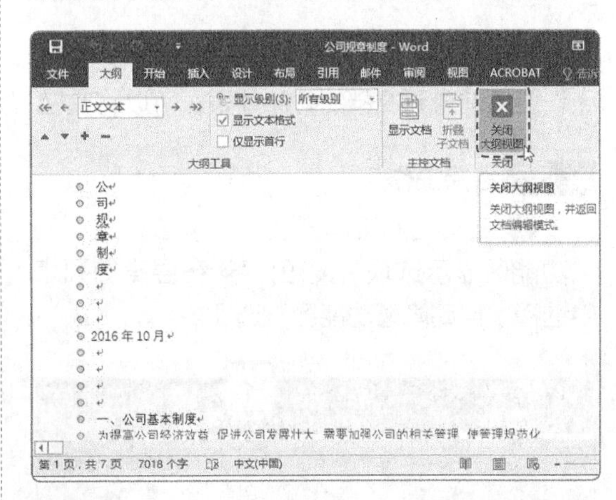

> **提示**
>
> “草稿”模式仅显示文档的标题和正文，是最节省电脑资源的视图方式。“阅读视图”模式以图书的分栏样式显示文档。

2. 调整视图比例

调整视图的比例就是调整文档的显示比例。通常需要根据显示器的大小和分辨率来设置文档的显示比例，才能保证文档有较好的显示效果。下面将文档的视图比例调整为“80%”，具体操作步骤如下。

第1步 调整视图比例

❶ 在文档的工作界面中，单击右下角的“缩放级别”按钮；❷ 打开“显示比例”对话框，在“百分比”数值框中输入“80%”；❸ 单击 确定 按钮。

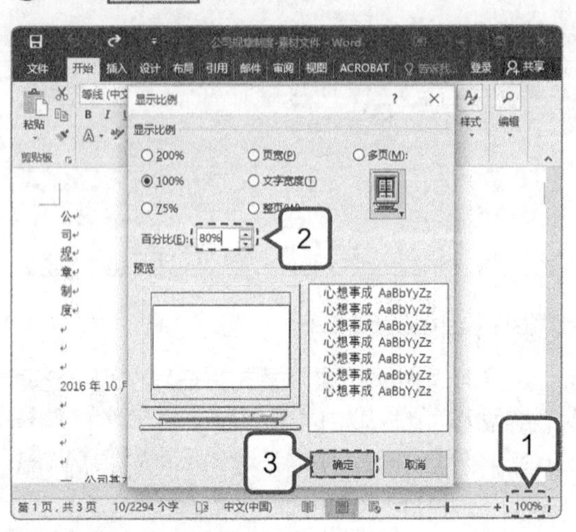

第2步 完成视图放大设置

返回 Word 工作界面，即可看到视图比例调整为 80%。

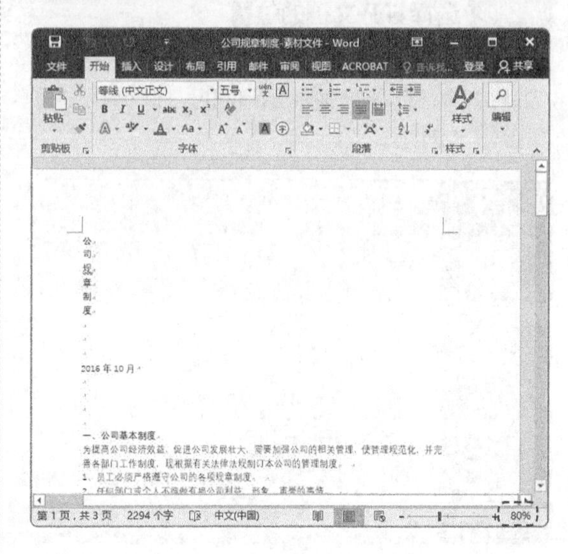

3. 设置全屏显示

要提前查看文档的打印效果，可以将文档设置为全屏显示，具体操作步骤如下。

第1步 选择操作

❶ 在文档的工作界面中，单击右上角的“功能区显示选项”按钮；❷ 在展开的列表中选择“自动隐藏功能区”选项。

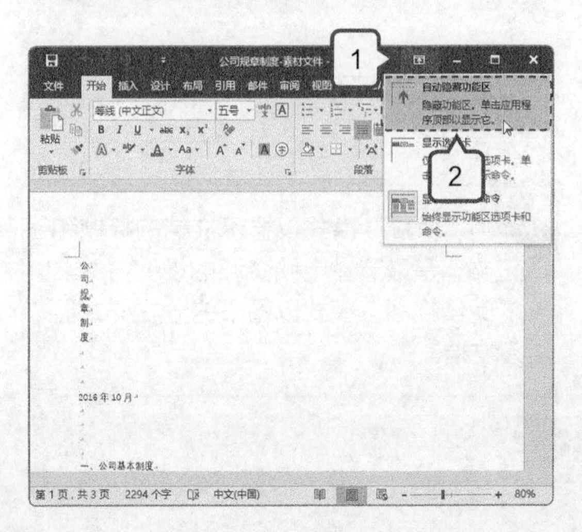

第2步 全屏显示文档

Word 2016 会进入全屏显示模式，除了文档外，整个工作界面将自动隐藏。

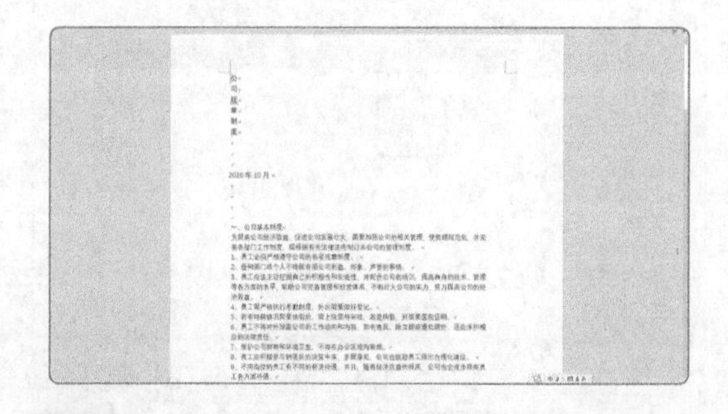

> **提示** 进入到全屏显示模式后，单击“功能区显示选项”按钮左侧的“…”按钮，将重新显示 Word 2016 工作界面。单击右上角的“向下还原”按钮，即可退出全屏显示模式。

6.2.2 突出文档中的重要“文字”内容

商务办公文档中的文字通常需要进行一定的设计，例如字体、字号、颜色等，既可以使文档条理分明、主次清晰，也能让文档显得更专业。在 Word 2016 中，主要通过“字体”组设置文字的格式。

1. 设置字形和颜色

字形主要涉及字体和字号。下面在文档中设置字形和文字颜色，具体操作步骤如下。

第 1 步 选择字体样式

❶ 选择标题和日期文本；❷ 在“开始→字体”组中单击“字体”下拉列表框右侧的下拉按钮；❸ 在打开的下拉列表中选择“方正大标宋简体”选项。

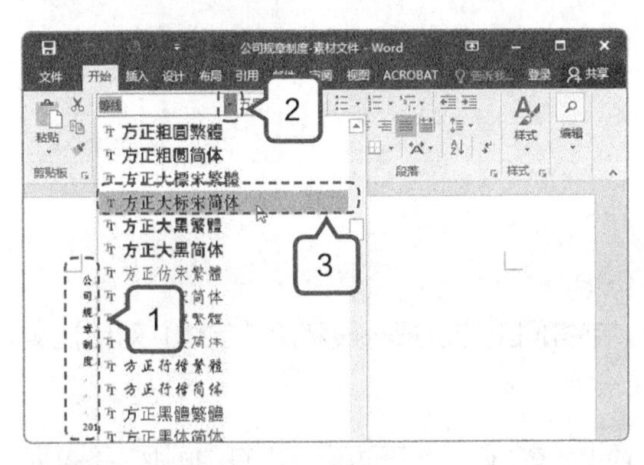

第 2 步 选择字号

❶ 在“字体”组中单击“字号”下拉列表框右侧的下拉按钮；❷ 在打开的下拉列表中选择“初号”选项。

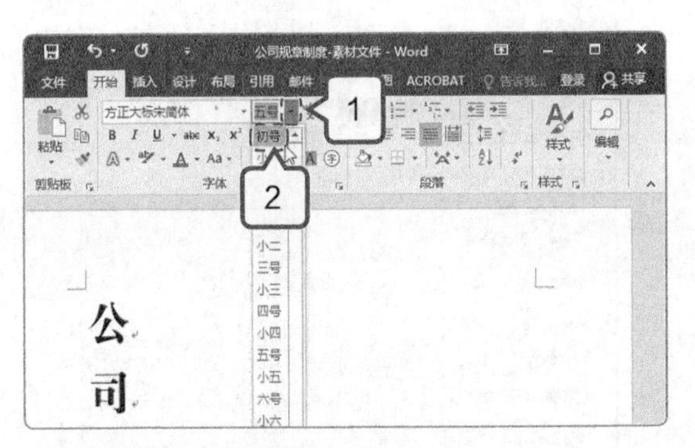

第 3 步 设置字体颜色

❶ 在“字体”组中单击“字体颜色”按钮右侧的下拉按钮；❷ 在打开的下拉列表的“标准色”栏中选择“蓝色”选项。

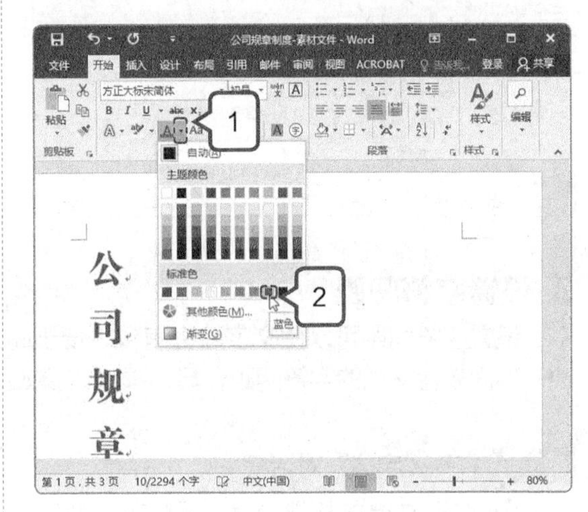

2. 为字符添加其他效果

Word 中常用的字符效果包括加粗、倾斜、下划线等。下面在文档中设置这些字符特效，具体操作步骤如下。

第1步 加粗字符

❶ 选择正文第一段“一、公司基本制度”，按住【Ctrl】键不放，选择同级的“二、员工守则”和“三、各部门职责”文本；❷ 在“开始→字体”组中单击“加粗”按钮 B 。

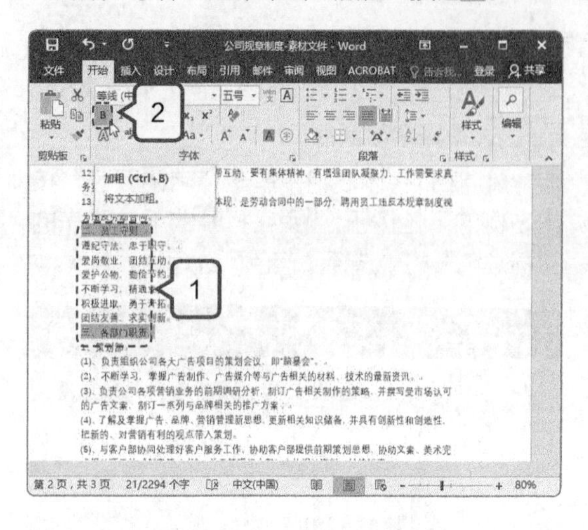

第2步 倾斜字符并添加下划线

❶ 选择“员工守则”下方的内容；❷ 在“字体”组中单击“倾斜”按钮 I ；❸ 单击“下划线”按钮 U 。

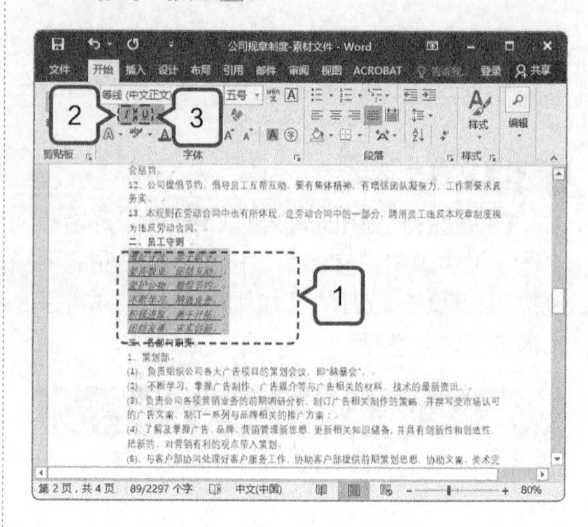

3. 设置字符间距

设置字符间距可以使文字疏密有致，便于阅读。字符间距的设置一般利用“字体”对话框实现。下面设置文档的字符间距，具体操作步骤如下。

第1步 打开“字体”对话框

❶ 选择文档的标题文本；❷ 在“开始→字体”组中单击右下角的“对话框启动器”按钮 。

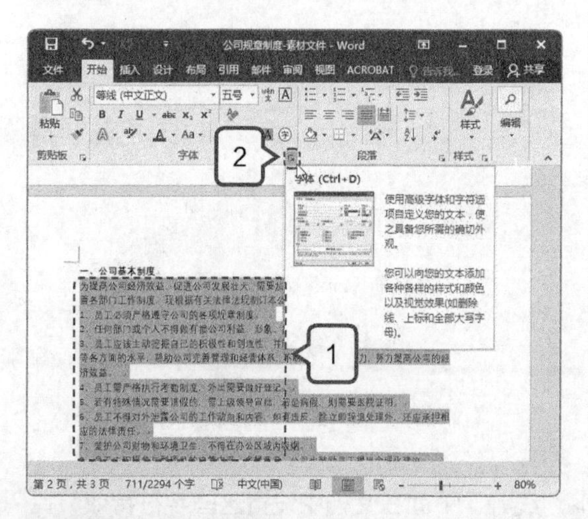

第2步 设置字符间距

❶ 打开“字体”对话框，单击“高级”选项卡；❷ 在“字符间距”栏的“间距”下拉列表中选择“加宽”选项；❸ 单击 确定 按钮。

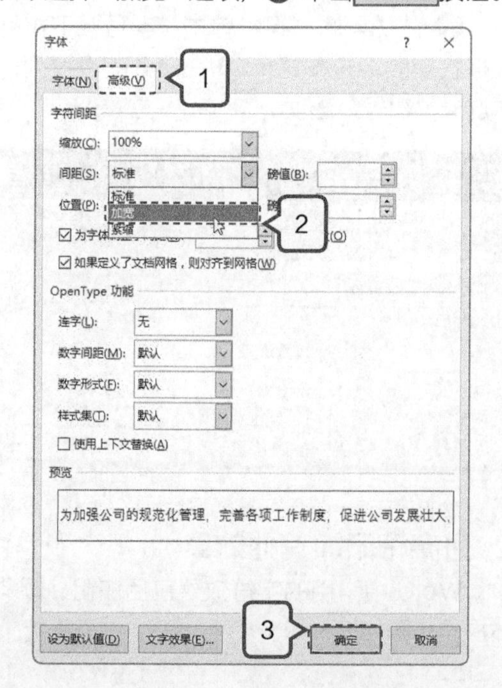

提示 在“开始→字体”组中，单击右下角的“对话框启动器”按钮，打开“字体”对话框，在其中的“字体”选项卡中还可以设置其他文字格式。

6.2.3 设置“段落”格式让文档疏密有致

除了文字格式外，办公中还经常需要对文档中的段落进行格式设置，如设置对齐方式、段落缩进、行距、段间距，以及添加项目符号和编号等。对段落格式的设置，可以让文档的版式更加清晰且便于阅读。

1. 设置对齐方式

在文档中可以为不同的段落设置相应的对齐方式，从而增强文档的层次感，具体操作步骤如下。

第1步 设置“居中对齐”

❶ 选择文档的标题和时间文本；❷ 在“开始→段落”组中单击“居中”按钮。

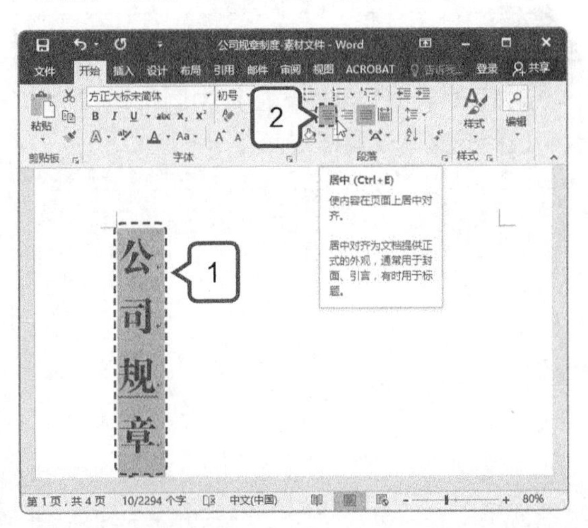

第2步 设置“右对齐”

❶ 选择最后两行文本；❷ 在“开始→段落”组中单击“右对齐”按钮。

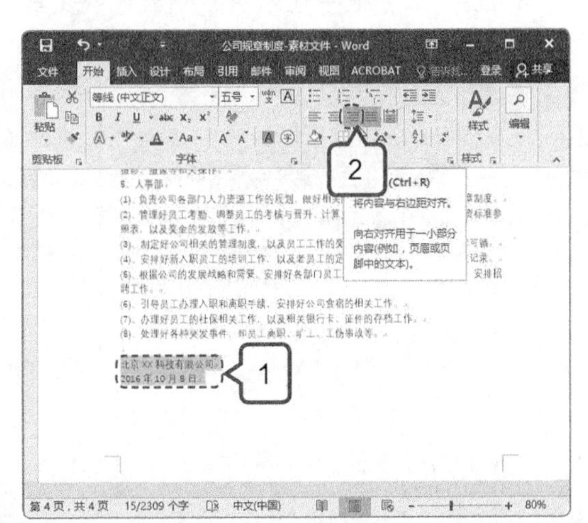

2. 设置段落缩进

段落缩进可使文本变得工整，从而清晰地表现文本层次。下面在文档中设置段落缩进，具体操作步骤如下。

第1步 打开“段落”对话框

❶ 将鼠标光标定位到公司基本制度的第一段文本中；❷ 在“开始→段落”组中单击右下角的“对话框启动器”按钮。

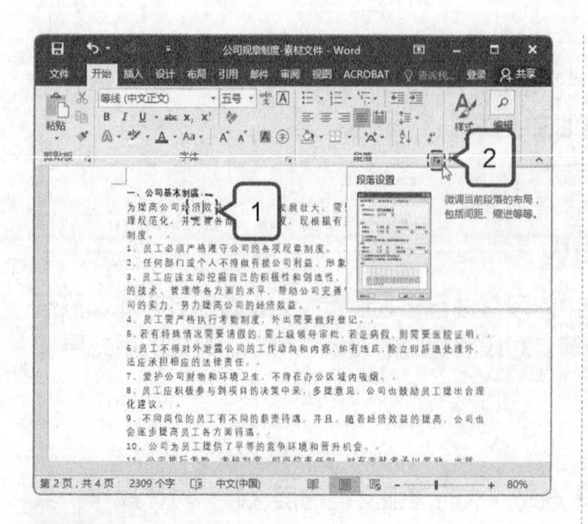

第 2 步　设置段落缩进

❶ 打开“段落”对话框的“缩进和间距”选项卡，在“缩进”栏的“特殊格式”下拉列表框中选择“自行缩进”选项；❷ 在“缩进值”数值框中输入“2 字符”；❸ 单击 确定 按钮。

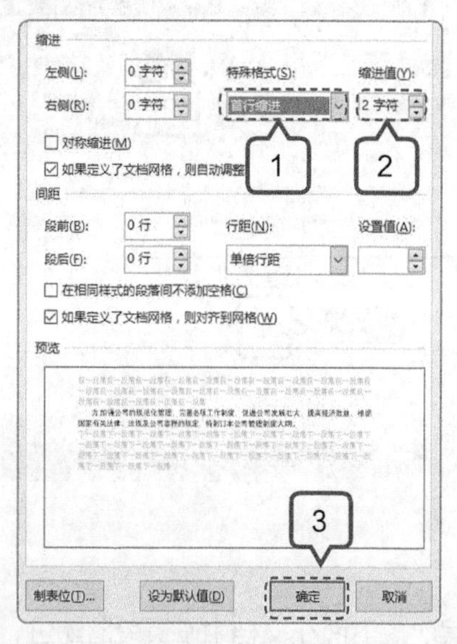

第 3 步　设置其他段落缩进

选择除“员工守则”以外的其他正文文本，用同样的方法设置段落缩进。

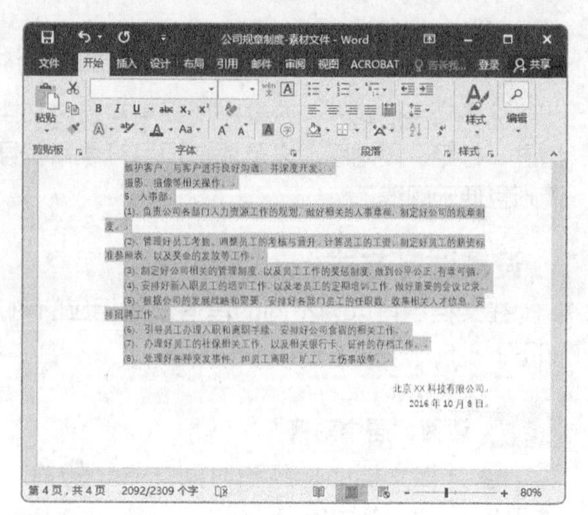

提示

在 Word 文档中选择文本后，将自动打开浮动工具栏，在其中同样可以为选择的文本设置格式。

3. 设置行距和段间距

合适的间距可使文档看上去有张有弛，设置文档间距的操作主要包括设置行间距和段间距等。下面在文档中设置行距和段间距，具体操作步骤如下。

第 1 步 设置行距

❶ 按【Ctrl+A】组合键，选择整个文档的所有文本，在“开始→段落”组中单击“行和段落间距”按钮；❷ 在打开的下拉列表中选择“1.5”选项。

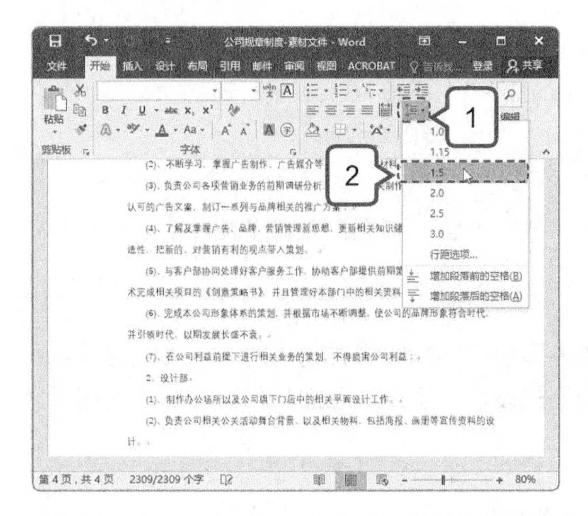

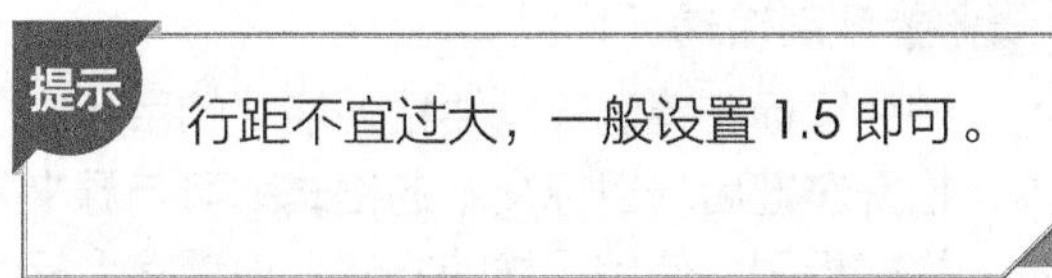

提示　行距不宜过大，一般设置 1.5 即可。

第 2 步 设置段间距

❶ 选择文档的标题文本，在“段落”组中单击“对话框启动器”按钮，打开“段落”对话框的“缩进和间距”选项卡，在“间距”栏的“段后”数值框中输入“0.5 行”；❷ 单击 确定 按钮。

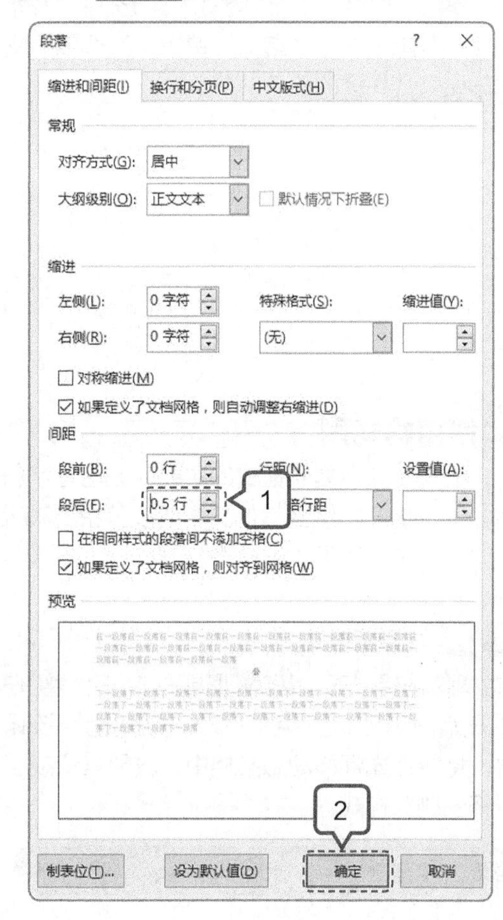

4. 设置项目符号和编号

在制作文档时，常常会为文本段落添加项目符号或编号，使相同级别的文本更加条理清晰。下面在文档中添加项目符号和编号，具体操作步骤如下。

第 1 步 添加项目符号

❶ 选择员工守则的内容文本；❷ 在“开始→段落”组中单击“项目符号”按钮右侧的下拉按钮；❸ 在打开的下拉列表的“项目符号库”栏中选择“正方形”。

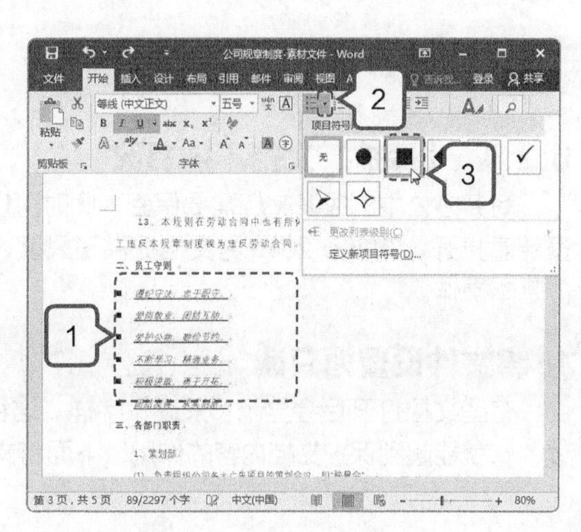

第 2 步 添加编号

❶ 选择执行部的内容文本；❷ 在“开始→段落”组中单击“编号”按钮，为选择的文本添加默认样式的编号。

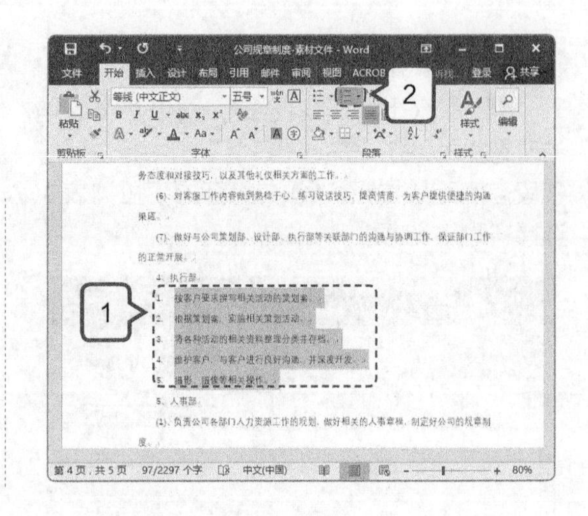

5. 使用格式刷

格式刷拥有复制格式的功能，无论是字符格式还是段落格式，格式刷都能够将所选文本或段落的所有格式复制到其他文本或段落中，减轻文档格式设置的工作。下面利用格式刷复制格式，具体操作步骤如下。

第 1 步 选择源格式

❶ 选择“三、各部门职责”文本；❷ 在“开始→剪贴板”组中单击“格式刷”按钮，将鼠标光标移动到文档中，发现其变成了“格式刷”样式。

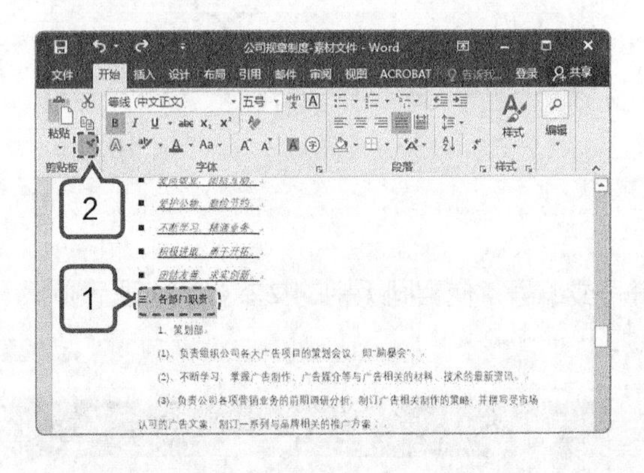

第 2 步 复制格式

按住鼠标左键选择需要粘贴格式的目标文本，松开左键后，目标文本的格式即可与源文本的格式相同。使用同样的方法，设置其余标题的格式。

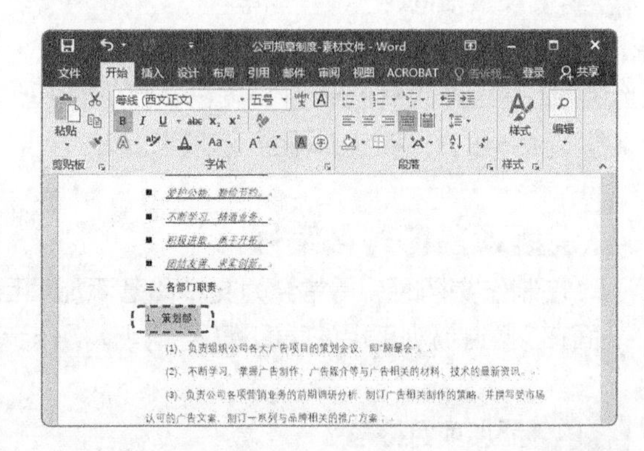

6.2.4 “保护”文档不被篡改

商务办公中的很多文档需要保密，此时可以使用 Word 的保护功能，以防止无操作权限的人员随意打开。Office 2016 为文档提供了只读、加密等保护功能。下面将介绍实现这些保护功能的基本操作。

1. 将文件设置为只读

有些文档打开后会显示“只读”字样。这种文档只能阅读，无法被修改。将文档设置为“只读”，就能起到保护文档内容的作用。下面将文档设置为只读文档，具体操作步骤如下。

第 1 步 **打开“另存为”对话框**

❶ 按【F12】键打开“另存为”对话框，选择保存位置；❷ 设置保存名称；❸ 单击“工具”按钮；❹ 在打开的下拉列表中选择“常规选项”选项。

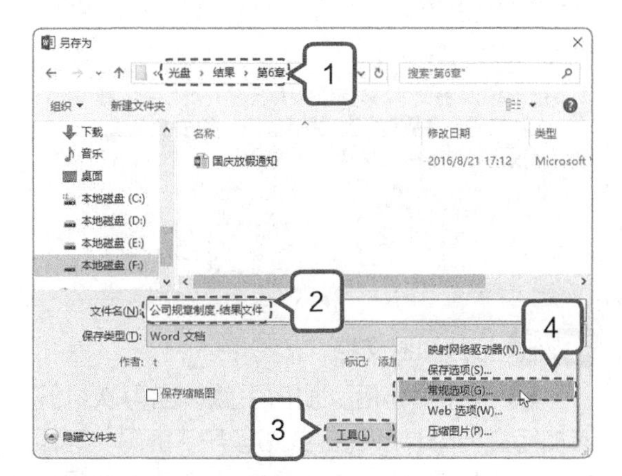

第 2 步 **设置常规选项**

❶ 打开“常规选项”对话框，单击选中“建议以只读方式打开文档”复选框；❷ 单击 确定 按钮。

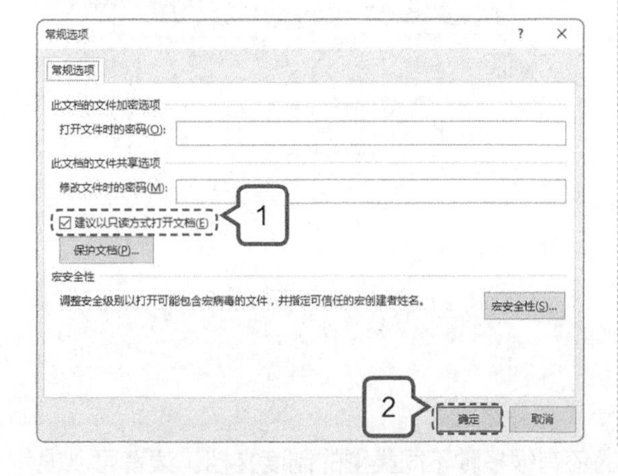

第 3 步 **选择打开方式**

返回“另存为”对话框，单击 保存(S) 按钮即可保存该设置。当需要打开该文档时，Word 将先打开下图所示的提示框，单击 是(Y) 按钮。

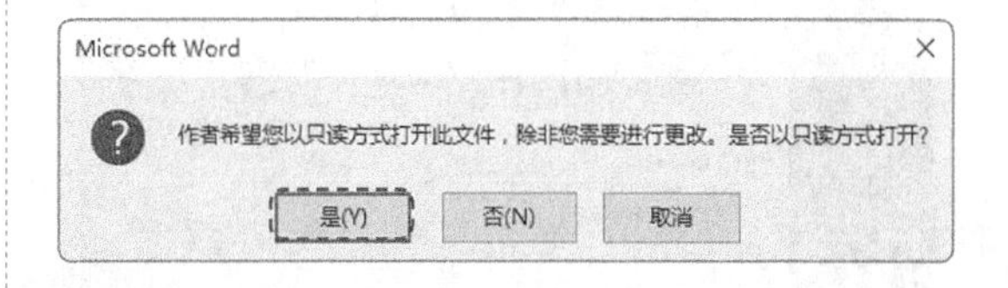

第 4 步 **打开只读文档**

Word 将以只读方式打开保存的文档。

> **提示**
>
> 以这种方式打开只读文档时，只需要在上图所示的提示框中单击“否”按钮，即可以正常方式打开保存的只读文档。

2. 设置文档加密

若文档中的数据或信息非常重要，且禁止传阅或更改，则可以通过设置密码的方式进行保护。下面为文档设置密码，具体操作步骤如下。

第 1 步 **选择加密选项**

❶ 重新打开已保存的文档，在 Word 2016 工作界面选择“文件”，在打开的界面左侧选择“信息”选项，在中间的“信息”栏中单击“保护文档”按钮；❷ 在打开的下拉列表中选择“用密码进行加密”选项。

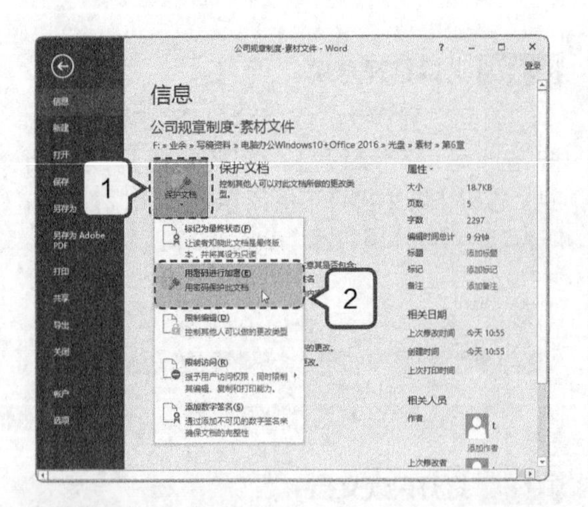

第 2 步 输入密码

❶ 打开“加密文档”对话框，在“密码”文本框中输入“123456”；❷ 单击 确定 按钮。

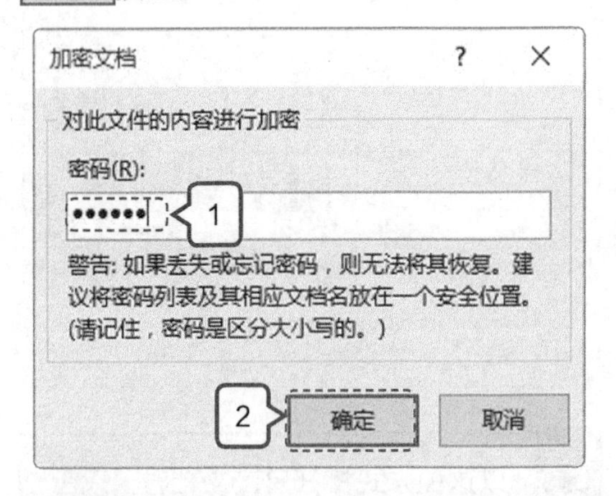

第 3 步 确认密码

❶ 打开“确认密码”对话框，在“重新输入密码”文本框中输入“123456”；❷ 单击 确定 按钮。

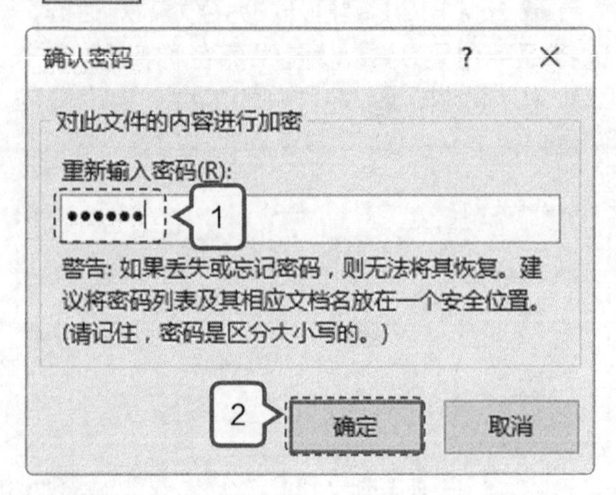

第 4 步 打开加密文档

❶ 保存文档后，加密生效。当再次打开该加密文档时，系统将首先打开“密码”对话框，需要在其中的文本框中输入正确的密码；❷ 单击 确定 按钮，打开文档。

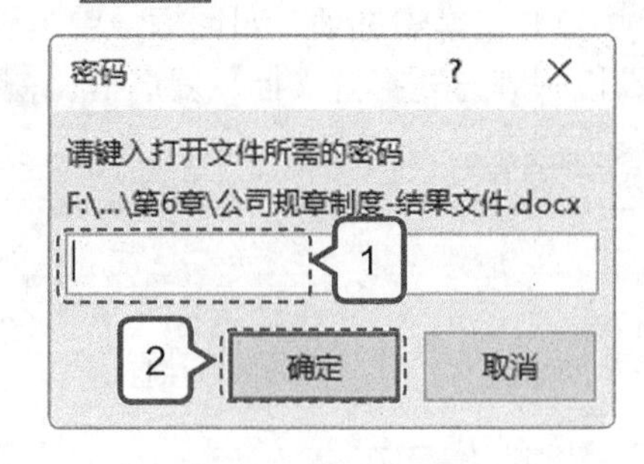

6.2.5 其他规章制度

除了本节介绍的公司规章制度外，平时常见的还有很多种不同类型的制度文档。读者可以根据以下思路，结合需要进行制作。

1. 安全规章制度——《企业安全生产规章制度》

安全规章制度主要包括企业的安全准则、注意事项以及责任归属等。此类规章制度的内容通常要细化到具体的工作环节，但各单位往往不同。在了解企业的安全要求和责任后，即可开始制作文档。具体效果如图所示。

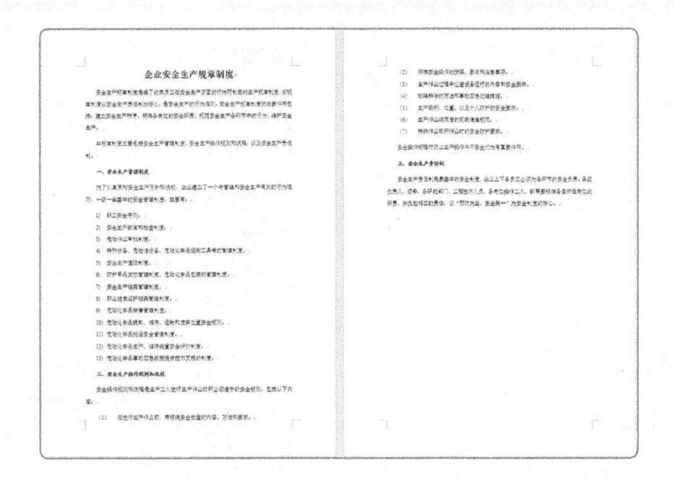
企业安全生产规章制度

2. 考试规章制度——《考试规章制度》

考试规章制度通常是为各种考试而制定的明文性规定，包含考试应该遵守的纪律和违纪处理办法等。根据考试内容的不同，可制定不同的考试规章制度。具体效果如图所示。

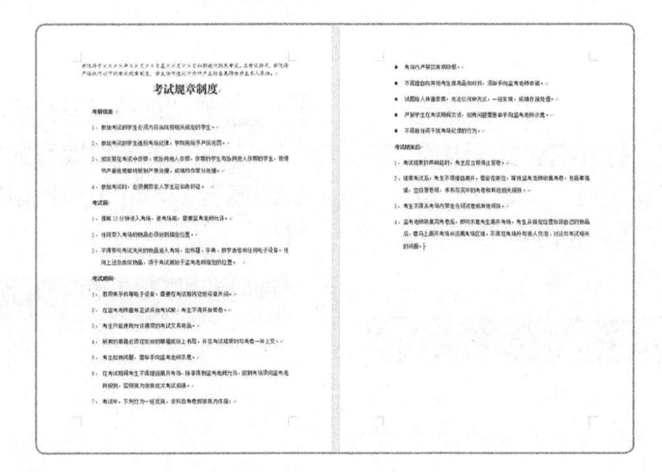
考试规章制度

本节视频教学时间 / 6 分钟

本章所选择的案例均为典型的 Word 文档的基础操作，主要利用 Word 进行创建、设置字符和段落的基础操作，涉及文档的新建、文本内容的输入和编辑、字符和段落格式的设置、文档的保存和文档加密等知识点。以下列举两个典型基础文档的制作思路。

1. 主旨明确的《新设备使用报告》

《新设备试用报告》类基础文档，会涉及文本的输入和编辑等基础操作，需要特别注重细节，制作报告可以按照以下思路进行。

第 1 步 输入并设置文本

新建一个 Word 空白文档，并在文档中输入内容，设置文档中字符和段落的格式。

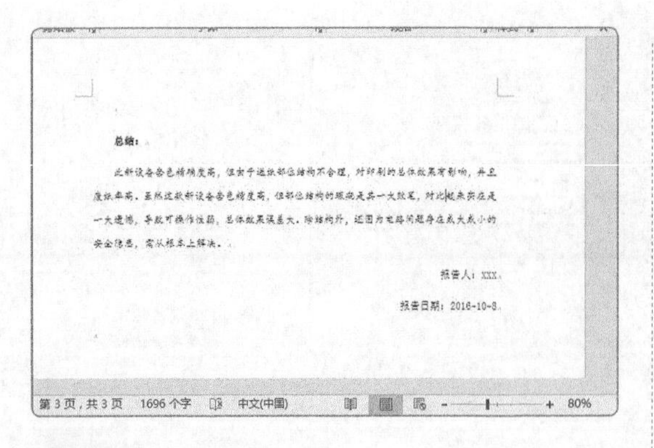

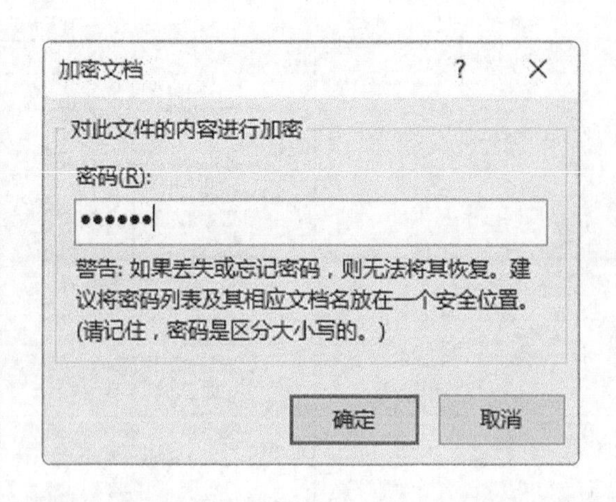

第 2 步 设置密码并保存

设置密码并保存文档。

2.《产品企划书》要突出重点

产品企划书类长文档，会涉及很多图、表甚至公式等，需要特别注重细节。制作报告可以按照以下思路进行。

第 1 步 打开文件

用“打开”功能，打开配套资源中的“扩展模板 / 第 6 章 / 产品企划书 .docx”文件，并设置标题文本的字体、字号和对齐方式。然后在其中设置行距和段距。

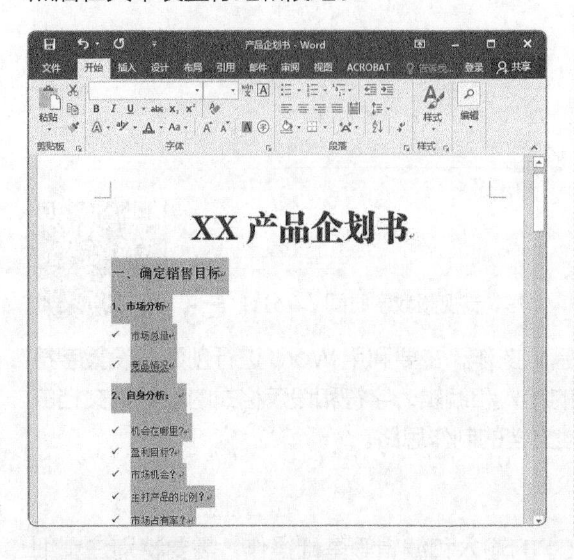

第 2 步 添加项目符号和编号

选择需要添加编号的文本，为其添加相应的编号。为文档设置限制编辑，然后保存文档。

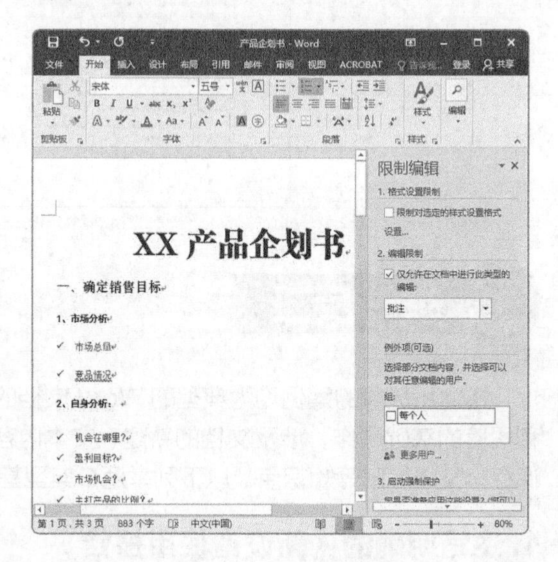

高手支招

1. 在 Word 中设置编辑权限

在 Word 中，如果需要防止文档被自己或他人误编辑，可以通过设置限制编辑的方式来保护文档。具体操作步骤如下。

第 1 步 选择操作

❶ 在 Word 2016 工作界面选择“文件”，在打开的界面左侧选择“信息”选项，在中间的“信息”栏中单击“保护文档”按钮；❷ 在打开的下拉列表中选择“限制编辑”选项。

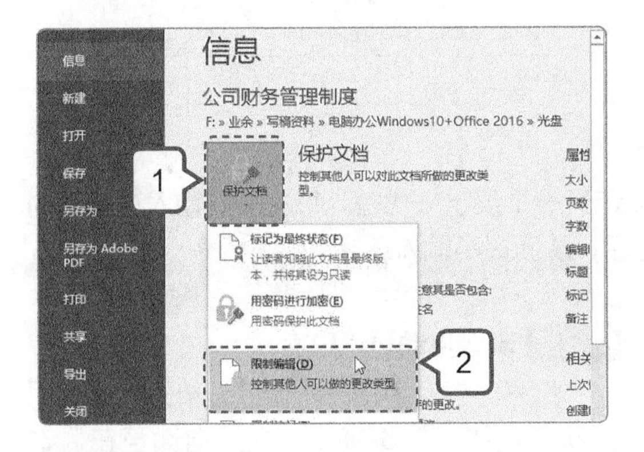

第 2 步 设置选项

❶ 在文档工作界面右侧打开“限制编辑”任务窗格，在“2. 编辑限制”栏中单击选中“仅允许在文档中进行此类型的编辑”复选框；❷ 在下面的下拉列表框中选择“不允许任何更改（只读）”选项。

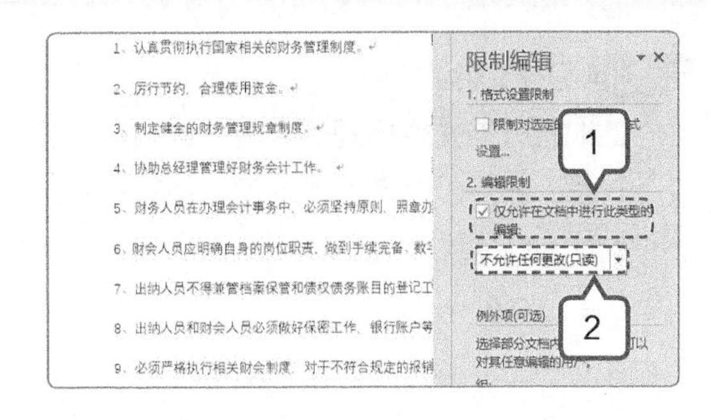

第 3 步 启动强制保护

❶ 在“限制编辑”任务窗格的“3. 启动强制保护”栏中单击“是，启动强制保护”按钮；❷ 打开“启动强制保护”对话框，单击选中“密码”单选项，在“新密码”文本框中输入“123456”，在“确认新密码”文本框中输入“123456”；❸ 单击 确定 按钮。

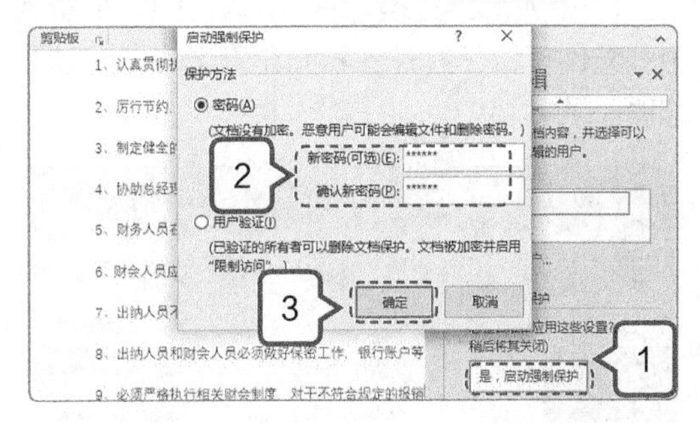

2. 手动恢复文档

在编辑 Word 文档的过程中，如果因电脑死机或突然断电导致文档非正常关闭，就可能会造成内容丢失。常规情况下，Word 会在下次启动时显示未保存的文档，提示用户保存。如果 Word 未出现保存提示，则可用手动恢复的方法找回丢失的文档。

第 1 步 复制路径

任意打开一个文档，选择“文件→选项”命令，打开“Word 选项”对话框。单击“保存”选项卡，在“保存文档”栏的“自动恢复文件位置”文本框中，按【Ctrl+C】组合键复制路径，单击 确定 按钮关闭对话框。

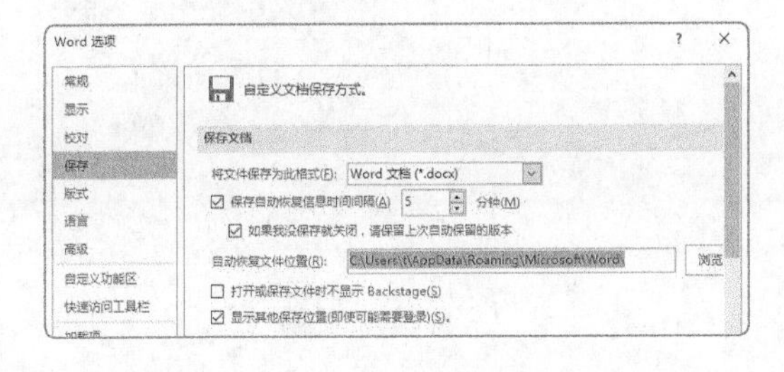

第 2 步 找到自动保存文件

打开“计算机”窗口，将光标插入点定位到地址栏，按【Ctrl+V】组合键粘贴路径，找到保存文档的位置，找到对应文件的缓存文件夹，在其中找到后缀名为“.asd”且保存时间最近的缓存文件，双击将其打开。

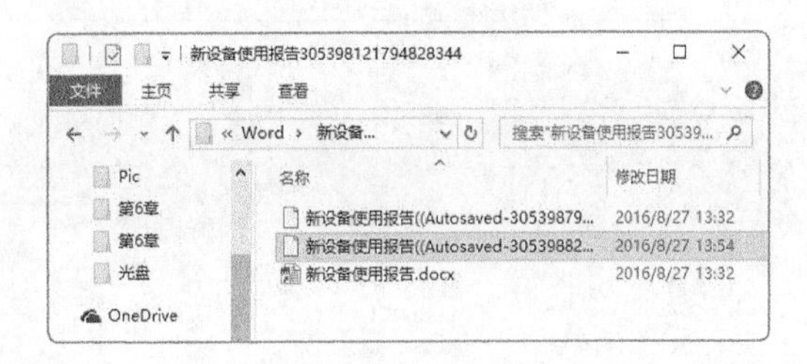

第3步 另存文件

此时打开的文件标题后会有“自动保存版本”字样，选择“文件→另存为”命令，另存文件即可。

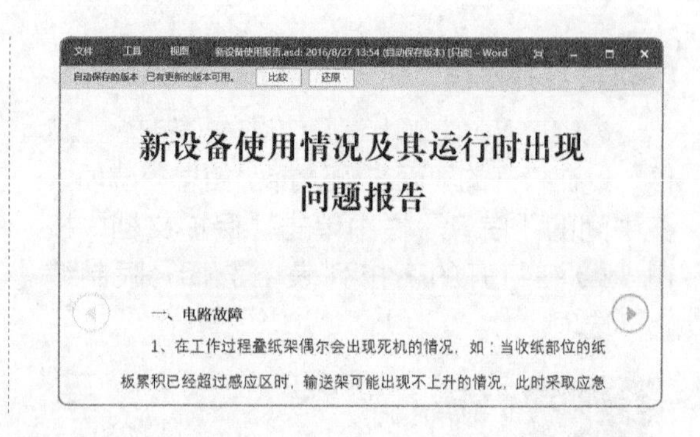

3. 使用“自动更正”输入常用词语

如果用户需要经常输入同样的一句话，则可以定义一个汉字来代替，每次需要输入这句话时直接输入这个汉字，即可转换为想要输入的那一句话，从而提高输入速度。

第1步 打开“选项”对话框

打开Word文档，在Word工作界面选中“文件”，在打开的界面左侧选择“选项”选项。

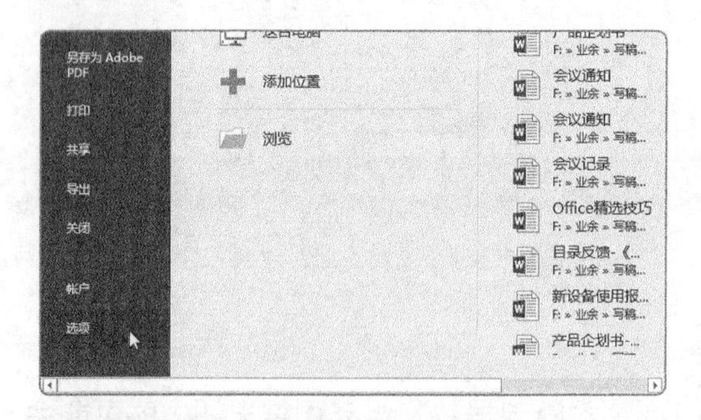

第2步 打开“自动更正”对话框

❶打开“Word选项”对话框，单击左侧的“校对”选项卡；❷在右侧的“自动更正选项”栏中单击“自动更正选项”按钮。

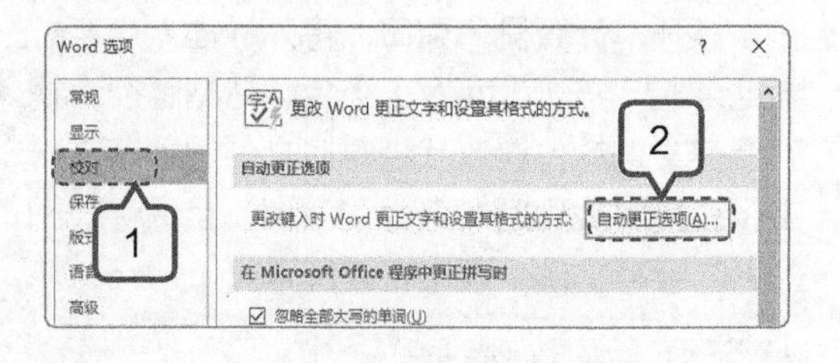

第3步 输入自动更正内容

打开“自动更正”对话框，单击“键入时自动套用格式”选项卡，在“自动更正”选项卡的“键入时自动替换”栏中，分别输入“XX”和“XX设备科技有限公司”，依次单击 确定 按钮返回文档。此后在文档中每次输入“XX”时，按【Enter】键即可自动替换为“XX设备科技有限公司”。

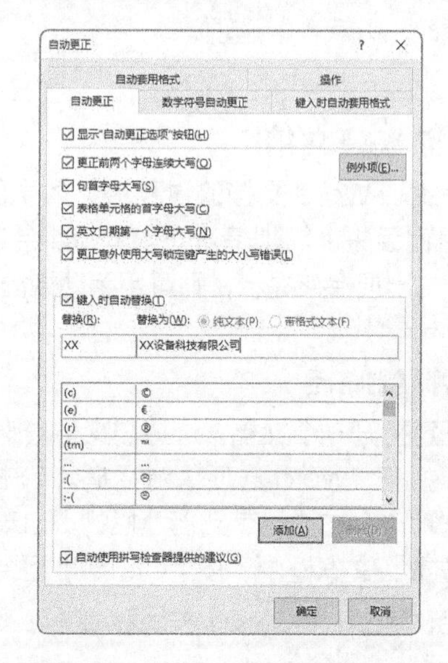

Chapter 07

提升审美——让Word文档图文并茂

本章视频教学时间 / 46分钟

技术分析

在Word文档中，经常需要添加图片、图表、表格和图形来说明相应的内容。制作图文并茂的文档一般涉及以下知识点。

（1）设置版式、边框和底纹。

（2）使用图片、艺术字、形状和SmartArt图形。

（3）创建并设置表格。

文档的美化十分重要，版面整洁、排列有序的文档才能让人有看下去的欲望。我们工作和生活中常见的会议文档、招标文档、简历等，均属于需要进行美化的文档。本章通过《年会安排》《公司简介》和《个人简历》三个典型案例，系统介绍美化文档需要掌握的具体操作。

思维导图

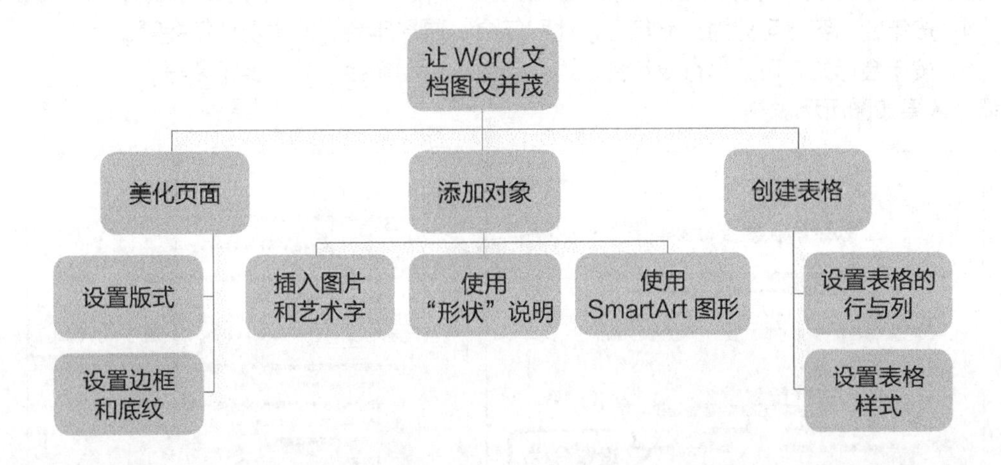

7.1 案例——制作《年会活动安排》文档

本节视频教学时间 / 9 分钟

案例名称	年会活动安排
素材文件	素材 \ 第 7 章 \ 年会活动安排 _ 素材文件 .docx
结果文件	结果 \ 第 7 章 \ 年会活动安排 _ 结果文件 .docx
扩展模板	扩展模板 \ 第 7 章

/ 案例操作思路

本案例主要制作 XX 公司的年会活动安排文档。很多企业在年底会举办年会，通常会安排游戏和抽奖环节，吸引员工广泛参与。为便于提前准备，年会的具体安排会提前制订并分发给各部门。

按照类型，一般可以将年会分为以下几类。

（1）按对象类型，可分为企业员工年会、企业客户年会、企业经销商年会、企业联合年会、企业销售员年会等。

（2）按年会主题，可分为旅游年会、运动会年会、篝火年会、长征年会、电影年会、辩论年会、微电影年会等。

（3）按年会地点，可分为酒店年会、旅游景点年会、农家年会、海岛年会、游艇年会等。

（4）按年会内容，可分为战略年会、述职年会、愿景年会、销售规划年会等。

（5）按年会形式，可分为行政年会、酒会年会、活动年会、竞技赛年会等。

具体效果如图所示。

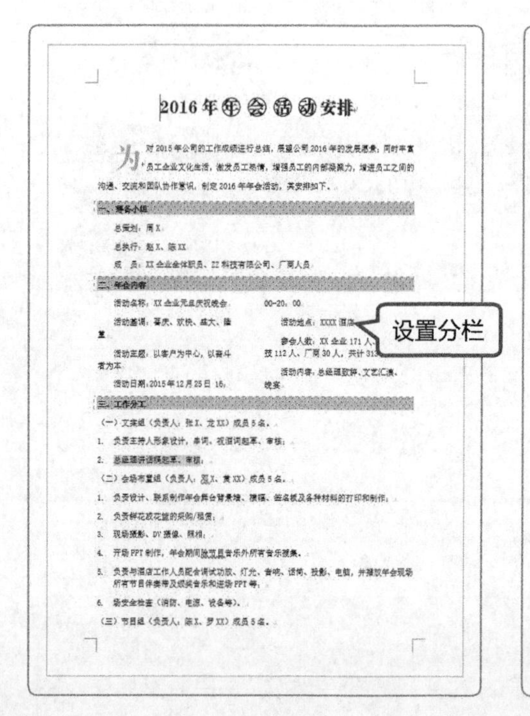

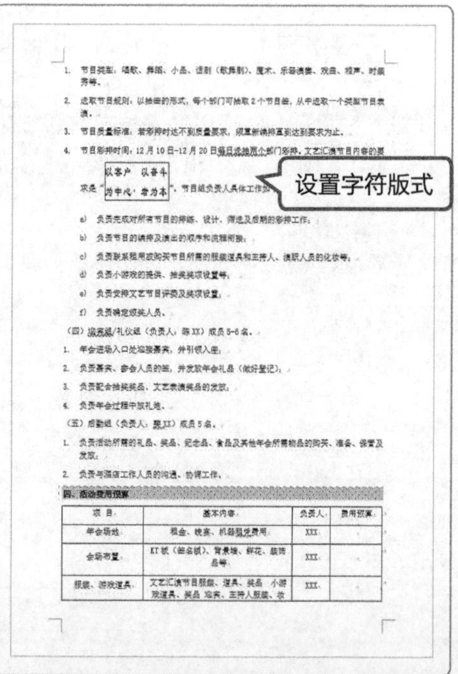

/ 活动安排文档的组成要素

名称	是否必备	要求
筹备小组	必备	负责年会活动的具体人员，需要制订年会的时间、地点以及内容等
活动内容	必备	包括活动主题、基调、活动目的，以及时间、地点、人数和具体的内容（如总经理致辞、文艺会演、晚宴）等
具体分工	必备	通常分为文案、会场布置、节目、礼仪和后勤五类，不同的人负责不同的工作
活动预算	必备	租用年会场地、布置会场，以及购买服装、游戏道具、年会礼品等的费用都要从活动预算里支出

/ 技术要点

（1）打开文档，选择文字设置首字下沉、带圈字符。
（2）通过双行合一、分栏设置版式。
（3）合并字符。
（4）为字符、段落和页面设置边框。
（5）为字符和段落设置底纹。

/ 操作流程

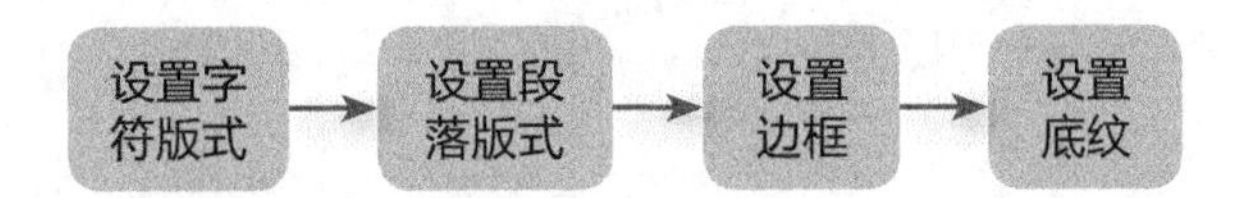

7.1.1 “版式”的设置很重要

有些文档需要对文字进行特殊排版，如设置带圈字符、合并字符、双行合一、首字下沉、文档分栏等。这些排版方式并不是只有专业的排版软件才能实现，用户通过 Word 2016 同样能实现这些效果。

1. 设置首字下沉

使用首字下沉的排版方式，可将段落第一个字放大排列，使段落更加醒目，以便吸引读者的目光。下面在文档中设置首字下沉，具体操作步骤如下。

第 1 步 选择操作

❶ 打开文档，选择“为”文本；❷ 在“插入→文本”组中单击“首字下沉”按钮；❸ 在打开的下拉列表中选择“首字下沉选项”选项。

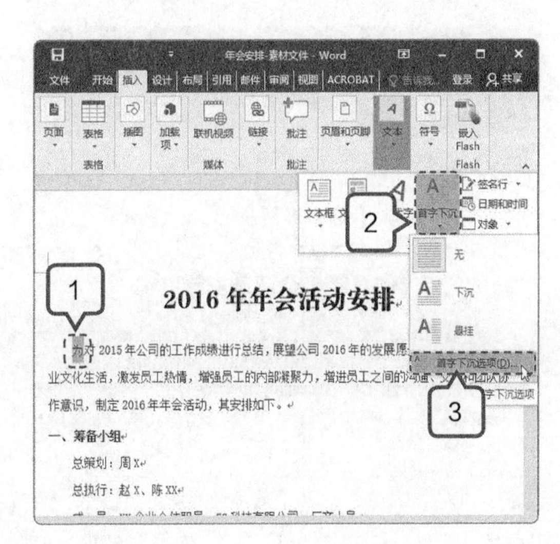

第 2 步 设置首字下沉

❶ 打开“首字下沉”对话框，在“位置”栏中选择“下沉”选项；❷ 在“选项”栏的“字体”下拉列表框中选择“方正大标宋简体”选项，在“下沉行数”数值框中输入“2”，在“距正文”数值框中输入“0.2 厘米”；❸ 单击 确定 按钮。

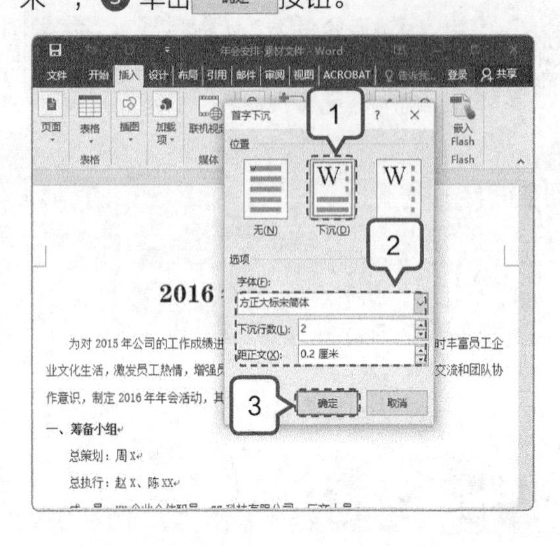

第 3 步 设置字体颜色

❶ 选中下沉的字符，在显示出的浮动工具栏中，单击字体颜色右侧的下拉按钮；❷ 在弹出的列表中选择“浅绿”色。

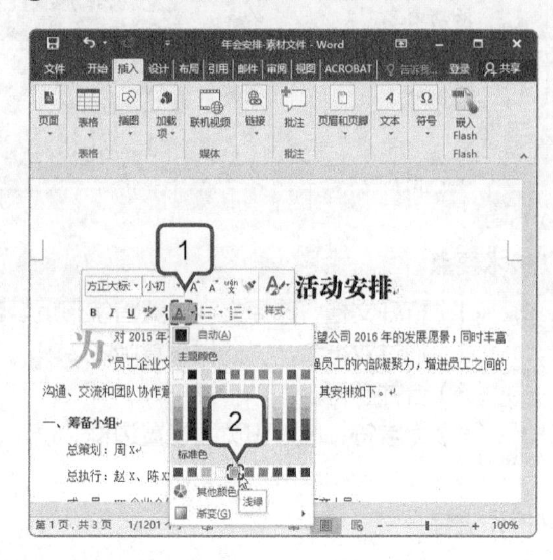

2. 设置带圈字符

有时需要在文档中设置带圈字符，以强调某些文本。下面为文档标题中的“年会活动”文本设置带圈字符，具体操作步骤如下。

第 1 步 选择文本

❶ 选择文档标题中的“年会活动”中的“年”文本；❷ 在“开始→字体”组中单击“带圈字符”按钮㊫。

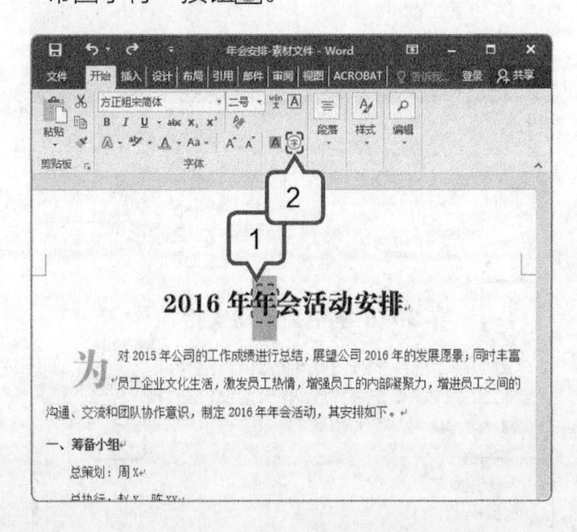

第 2 步 设置带圈字符

❶ 打开“带圈字符”对话框，在“样式”栏中选择“增大圈号”选项；❷ 在“圈号”栏的“圈号”列表框中选择“圆形”选项；❸ 单击 确定 按钮，即可设置带圈字符。

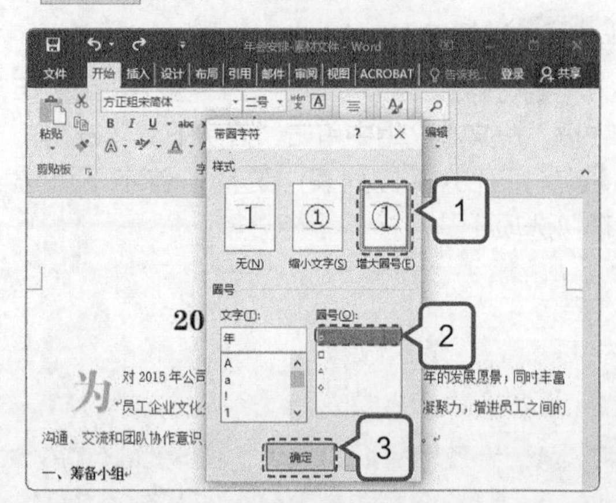

第 3 步 设置其他带圈字符

用同样的方法为“会活动”设置带圈字符，效果如图所示。

2016 年㊎会活动安排

为对 2015 年公司的工作成绩进行总结，展望公司 2016 年的发展愿景；同时丰富员工企业文化生活，激发员工热情，增强员工的内部凝聚力，增进员工之间的沟通、交流和团队协作意识，制定 2016 年年会活动，其安排如下。

3. 输入双行合一

双行合一能使所选的一行或两行文本合并到一行，并且改变字号大小，使得合并的文本只占一行，可以起到美化文本的作用。下面在“活动安排”文档中设置双行合一，具体操作步骤如下。

第 1 步 选择“双行合一”

❶ 选择文档最后的日期文本；❷ 在“开始→段落”组中单击“中文版式”按钮；❸ 在展开的列表中选择“双行合一”。

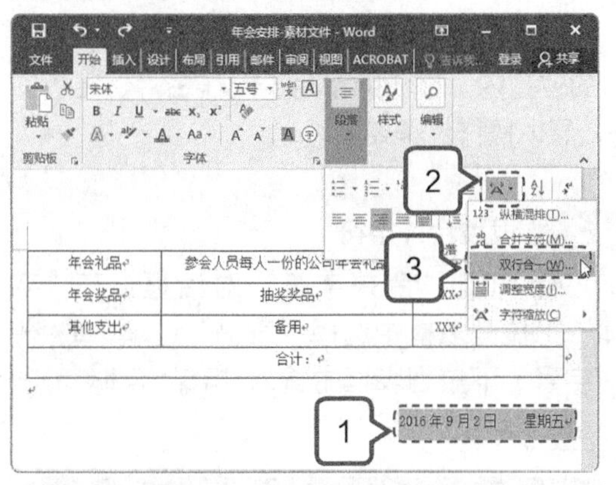

第 2 步 设置双行合一

❶ 打开“双行合一”对话框，单击选中“带括号”复选框；❷ 在“括号样式”下拉列表框中选择“()”选项，在“文字”文本框中通过【Space】键，调整文本内容的排列情况；❸ 单击 确定 按钮。

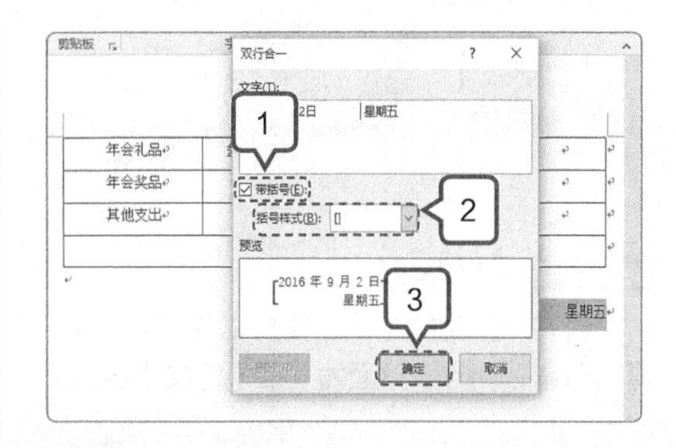

第 3 步 调整字号

❶ 选择设置了双行合一的文本；❷ 在“开始→字体”组的“字号”下拉列表框中选择“三号”。

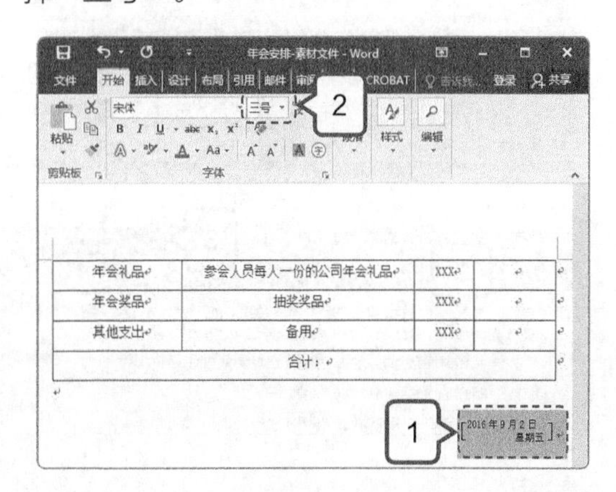

4. 设置分栏

报纸、杂志中经常会使用分栏排版，即将文本分成若干个块，从而美化版面，使阅读更加方便。一般情况下，分栏不仅可将文档页面或页面中的某一部分分成多个栏目，还可根据需要调整这些栏目的宽度。下面为文档设置分栏，具体操作步骤如下。

第 1 步 设置分栏

❶ 选择“年会内容”下的文本；❷ 在“布局→页面设置”组中单击“分栏”按钮；❸ 在打开的列表中选择“两栏”选项。

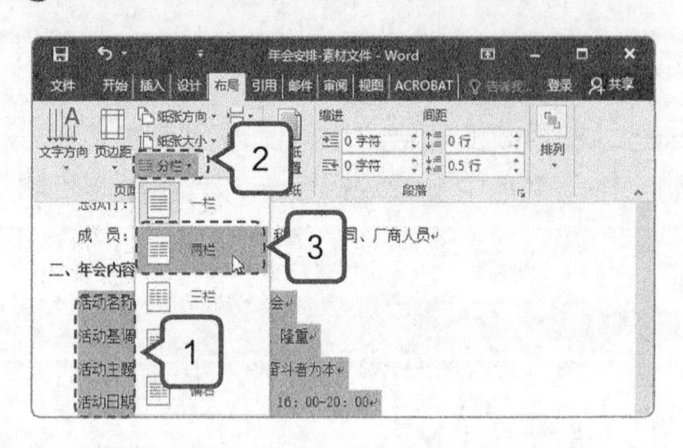

第 2 步 调整分栏

❶ 选择已分栏的文本；❷ 在“布局→段落”组中设置“右缩进”的值为“2 字符”。

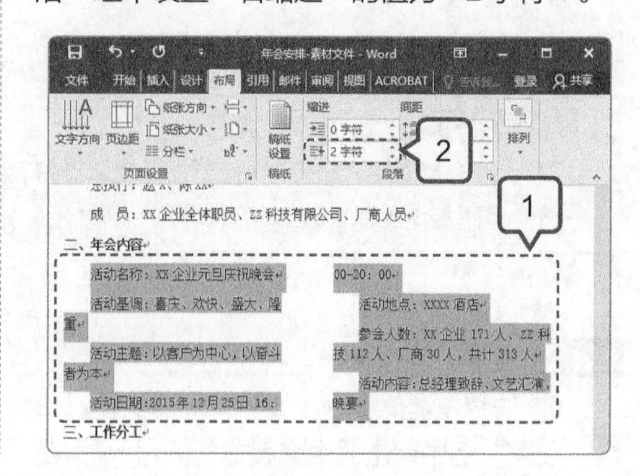

5. 设置合并字符

合并字符功能是将一段文本合并到一个字符所占的位置内。该功能常用于制作名片、出版书籍或日常报刊等。下面为文档中的文本设置合并字符，具体操作步骤如下。

第 1 步 选择“合并字符”

❶ 选择“以客户为中心，”文本；❷ 在“开始→段落”组中单击“中文版式”按钮；❸ 在打开的列表中选择“合并字符”。

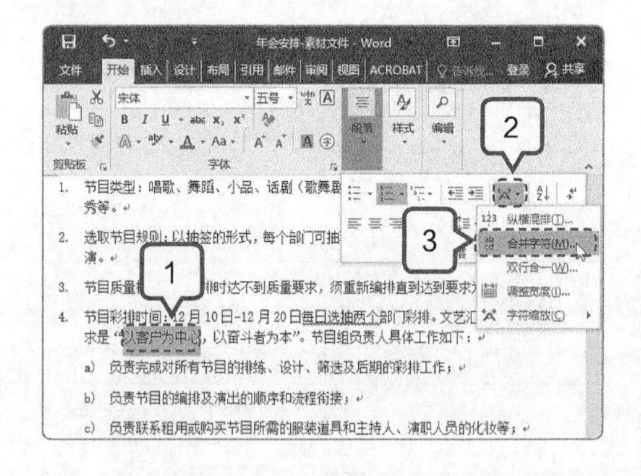

第 2 步 设置合并字符

❶ 打开“合并字符”对话框，在“字体”下拉列表框中选择“隶书”选项；❷ 在“字号”下拉列表框中输入“18”；❸ 单击 确定 按钮。

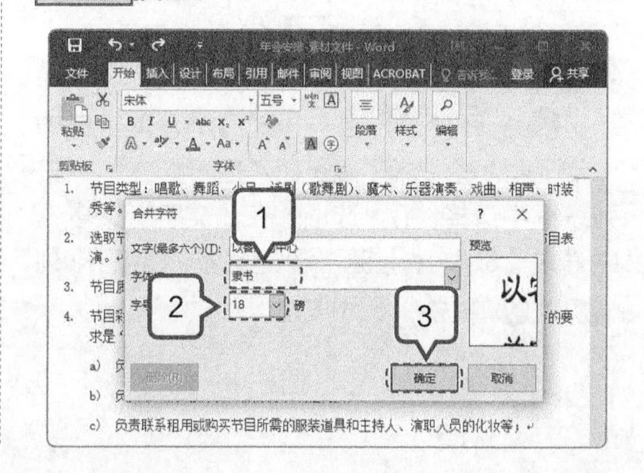

7.1.2 添加“边框”和“底纹”使文档更出彩

在 Word 文档的编辑过程中，可通过设置边框和底纹，使文本重点突出。边框和底纹的设置通常用于海报、邀请函及备忘录等特殊文档中。在 Word 2016 中，为文档设置边框和底纹主要包括两种类型：一种是为文本设置边框和底纹；另一种是为整个页面设置边框和底纹。下面介绍操作方法。

1. 设置字符边框

字符边框就是为选择的字符添加一个黑色的单直线边框，以突出某些字符。下面在文档中设置字符边框，具体操作步骤如下。

第 1 步 选择字符

❶ 选择需要设置边框的字符；❷ 在"开始→字体"组中单击"字符边框"按钮。

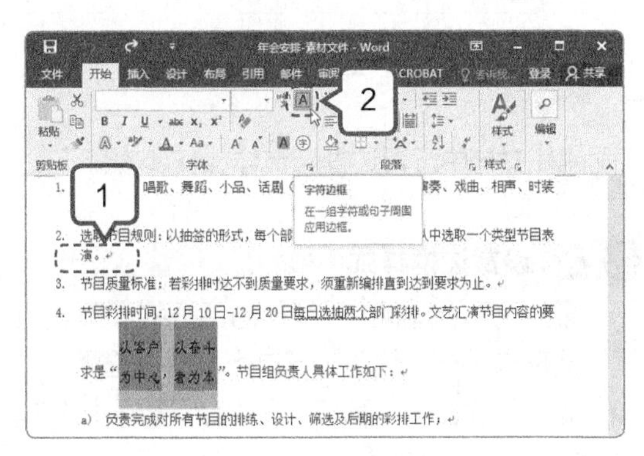

第 2 步 添加边框

Word 2016 将自动为选择的字符添加一个默认的黑色单直线边框。

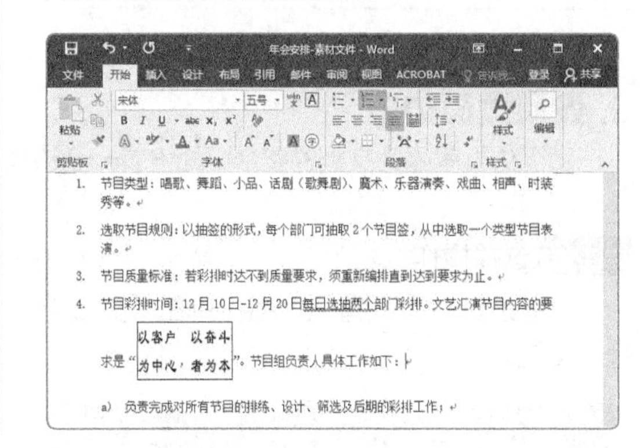

2. 设置段落边框

段落边框就是为选择的文本段落设置具有一定效果的边框，不同的线条样式、颜色和粗细等。下面就在文档中设置段落边框，具体操作步骤如下。

第 1 步 选择文本内容

❶ 选择第二段文本；❷ 在"开始→段落"组中，单击"边框"按钮右侧的下拉按钮；❸ 在展开的列表中选择"边框和底纹"选项。

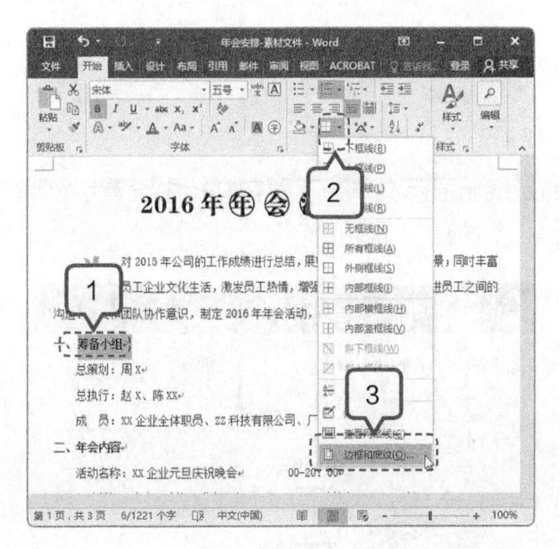

第 2 步 设置边框样式

❶ 打开"边框和底纹"对话框的"边框"选项卡，在"样式"列表框中选择第 4 种虚线；❷ 在"颜色"下拉列表框中选择"绿色"选项；❸ 在"预览"栏中单击"下边框线"按钮；❹ 单击"右边框线"按钮，取消边框设置；❺ 单击 确定 按钮。

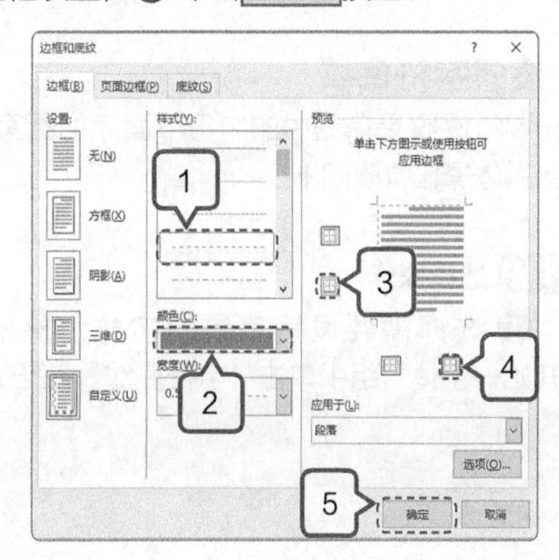

第 3 步 完成段落边框的设置

用同样的方法为其他段落设置边框。

> **提示**
> 单击“预览”栏中的各种边框线按钮，可以达到显示或隐藏该边框线的目的。

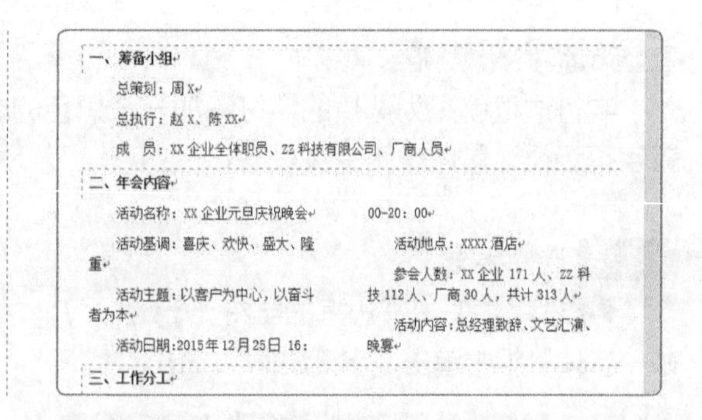

3. 设置页面边框

页面边框就是为文档的整个页面设置一个边框。下面就在文档中设置边框，具体操作步骤如下。

第 1 步 选择操作

在“设计→页面背景”组中单击“页面边框”按钮。

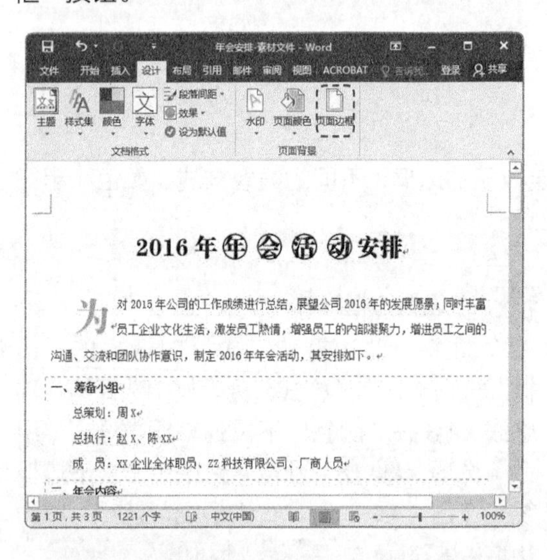

第 2 步 设置边框样式

❶ 打开“边框和底纹”对话框的“页面边框”选项卡，在“颜色”下拉列表框中选择“浅绿”选项；❷ 在“宽度”下拉列表框中选择“1.5 磅”；❸ 单击 确定 按钮。

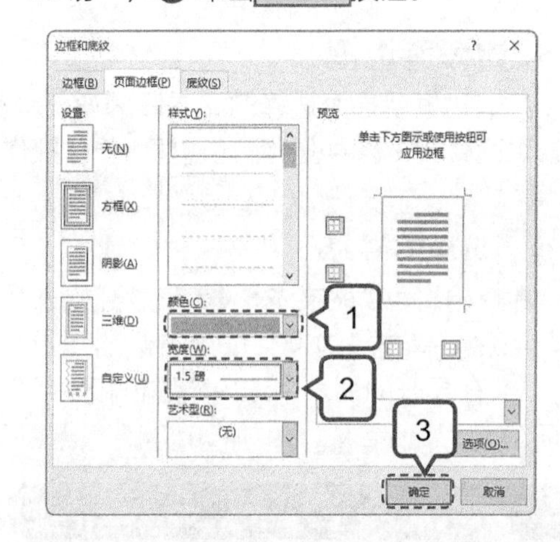

4. 设置字符底纹

字符底纹是在选中的字符下面添加图案，目的是突出显示文本。下面在文档中设置字符底纹，具体操作步骤如下。

第 1 步 选择操作

❶ 选择需要设置底纹的字符；❷ 在“开始→字体”组中单击“字符底纹”按钮。

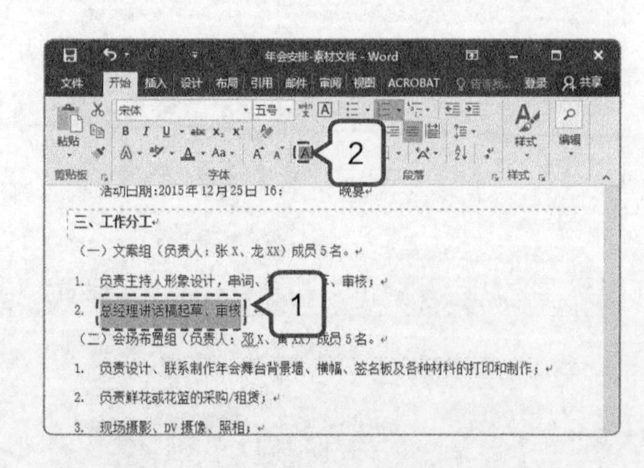

第 2 步 添加底纹

Word 2016 将自动为选择的字符添加一个默认的灰色无边框矩形。

> **提示** 在“开始→字体”组中有一个“以不同颜色突出显示文本”按钮，通过该按钮，可以为选择的文本设置不同颜色的底纹。

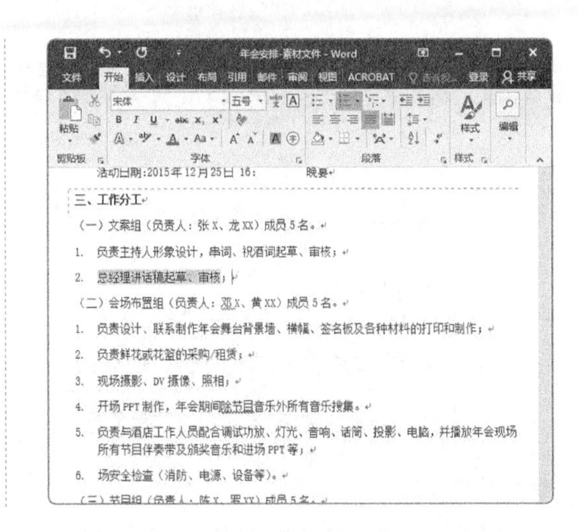

5. 设置段落底纹

设置段落底纹即为选择的整个文本段落设置具有一定效果的底纹，包括不同的底纹样式和颜色等。下面在文档中设置段落底纹，具体操作步骤如下。

第 1 步 选择文本内容

❶ 选择第二段文本；❷ 在“开始→段落”组中单击“边框”按钮右侧的下拉按钮；❸ 在展开的列表中选择“边框和底纹”选项。

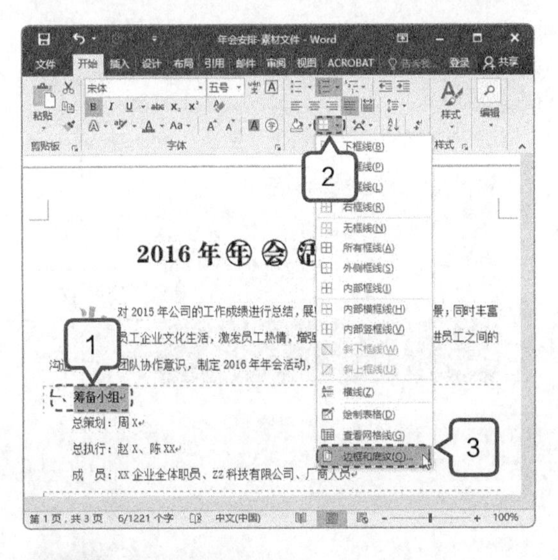

第 2 步 设置底纹样式

❶ 打开“边框和底纹”对话框，单击“底纹”选项卡；❷ 在“填充”下拉列表框中选择“橙色”选项；❸ 在“图案”栏的“样式”下拉列表框中选择“5%”选项；❹ 单击 确定 按钮。

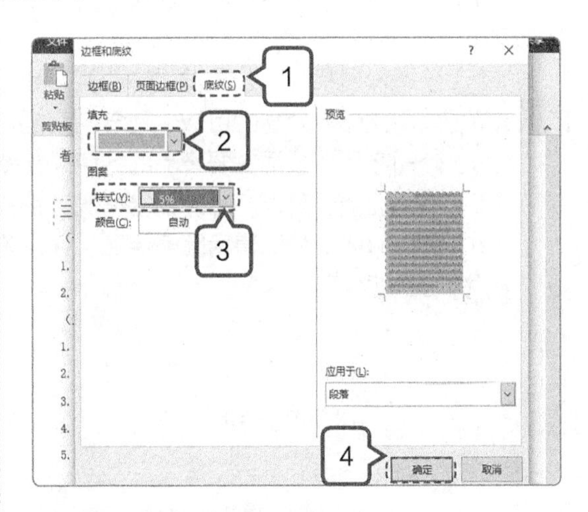

第 3 步 完成段落底纹设置

用同样的方法为其他段落设置底纹，最终效果如下图所示。

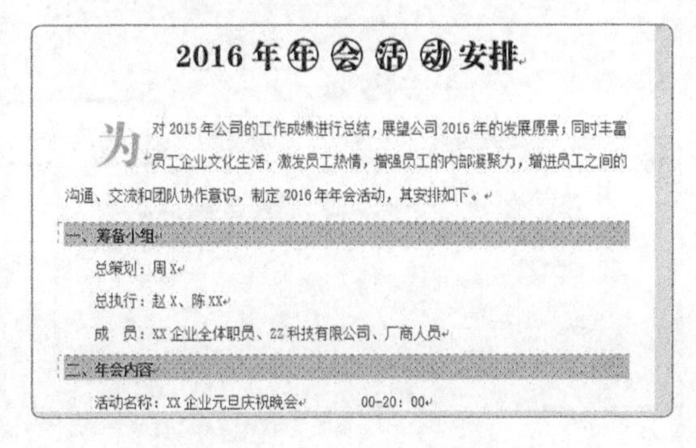

7.2 案例——制作《公司简介》文档

本节视频教学时间 / 17 分钟

案例名称	公司简介
素材文件	素材 \ 第 7 章 \ 公司简介 _ 素材文件 .docx、公司 Logo.png
结果文件	结果 \ 第 7 章 \ 公司简介 _ 结果文件 .docx
扩展模板	扩展模板 \ 第 7 章

/ 案例操作思路

本案例是制作 XX 科技有限公司的简介文档。每个公司都需要一个相应的简介，将公司的营业性质和营业内容简单介绍给客户和受众，让对方初步了解公司的基本情况。

公司简介一般包括以下几个方面。

（1）公司概况：包括公司的注册时间、注册资本、公司性质、技术力量、公司规模以及员工人数等。

（2）公司发展状况：公司发展的速度、成绩、荣誉等。

（3）公司文化：公司的目标、理念、宗旨、使命等。

（4）公司产品：公司主要产品的特色、创新。

（5）销售业绩：公司产品的销售情况、销售点、地面和网络销售渠道等。

（6）售后服务：公司售后服务保障、评价等。

具体效果如图所示。

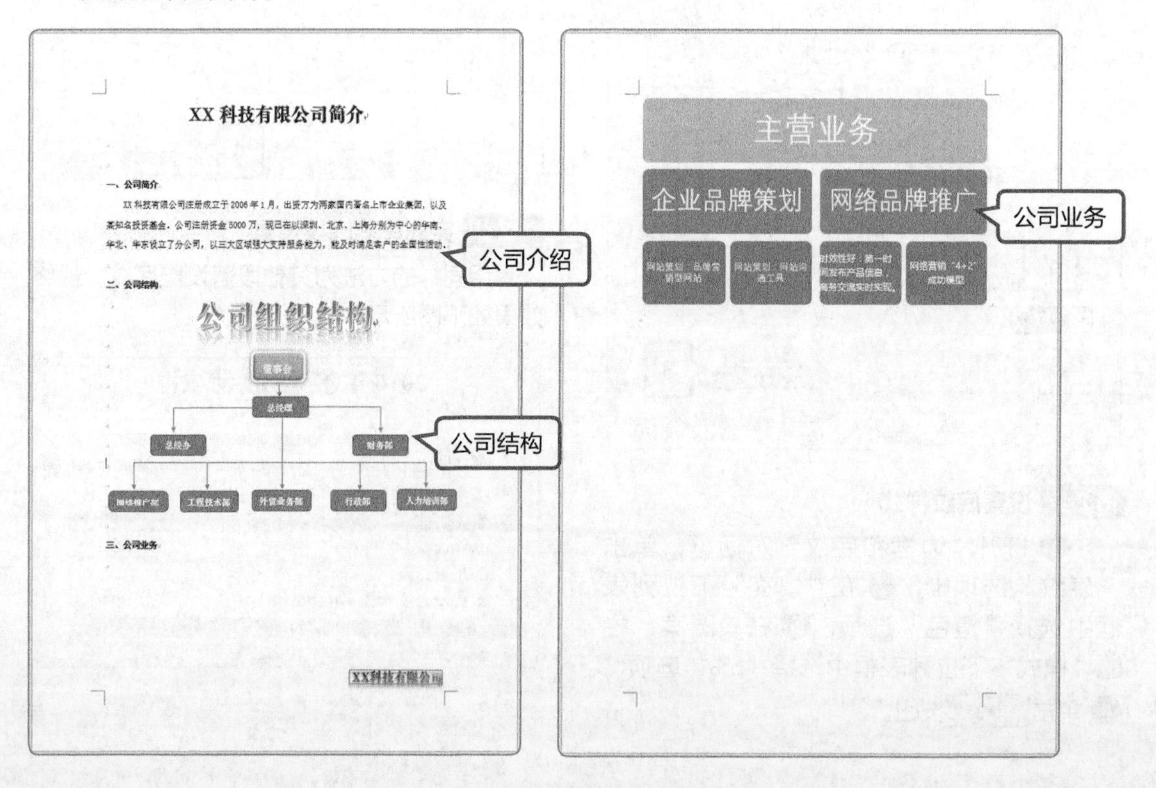

/ 公司简介的组成要素

名称	是否必备	要求
注册名称、时间，地点	必备	一个正规的公司或者企业，必定有这 3 方面基本信息，让客户了解公司的成立背景
主营业务	必备	即公司的主要营业方向，客户可通过了解业务，从侧面了解公司的实力
公司实力、团队优势	必备	也是非常必要的内容，客户可通过了解公司实力和团队优势，选择更加符合自身性质的公司进行合作
发展方向及远景	必备	既是对公司的规划，也是给客户的强心剂，还可以让员工对公司和自身的发展有一个清楚的认识

/ 技术要点

（1）插入图片。

（2）更改图片大小、环绕方式和样式。

（3）插入并编辑艺术字。

（4）绘制形状，并编辑形状样式，然后在形状中输入文字。

（5）插入 SmartArt 图形，并更改形状级别和数量，然后输入文字。

（6）更改 SmartArt 图形的样式和布局。

/ 操作流程

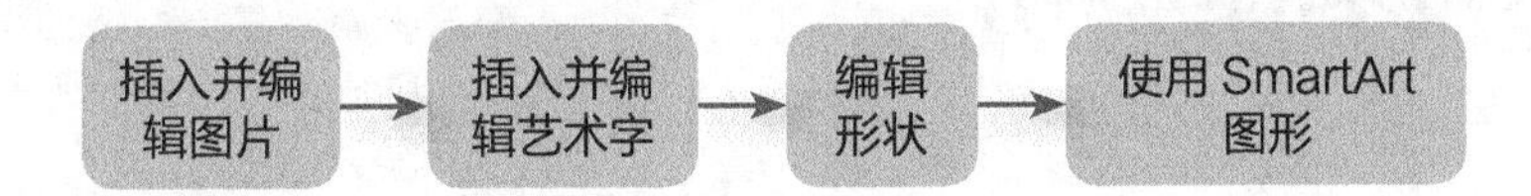

7.2.1 使用“图片”和“艺术字”美化文档

在文档中插入图片，既可以美化文档页面，又可以使读者通过图片充分了解作者要表达的意图。使用艺术字，不仅可以美化文档，还能使艺术字表达的信息得到充分的传递。下面将详细介绍在 Word 2016 中插入与编辑图片的方法。

1. 插入电脑中的图片

“电脑中的图片”是指用户从网上下载，或通过其他途径获取，然后保存在电脑中的图片。下面为文档插入公司的 Logo 图片，具体操作步骤如下。

第 1 步 选择操作

❶ 将光标定位到第 2 个空行；❷ 在“插入→插图”组中单击“图片”按钮。

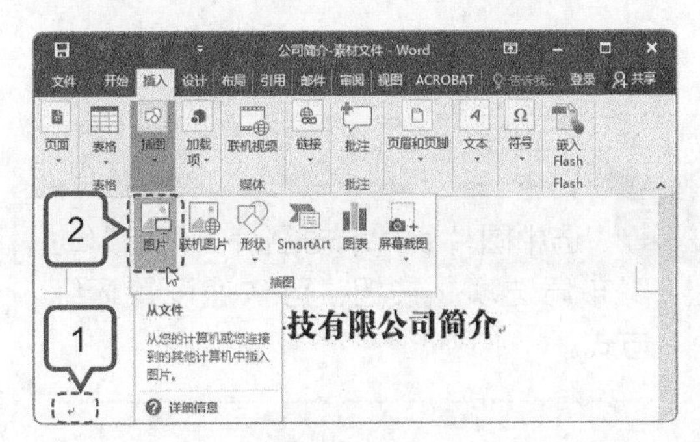

第 2 步 选择图片

❶ 打开“插入图片”对话框，选择素材图片“公司 logo.png”；❷ 单击 插入(S) 按钮。

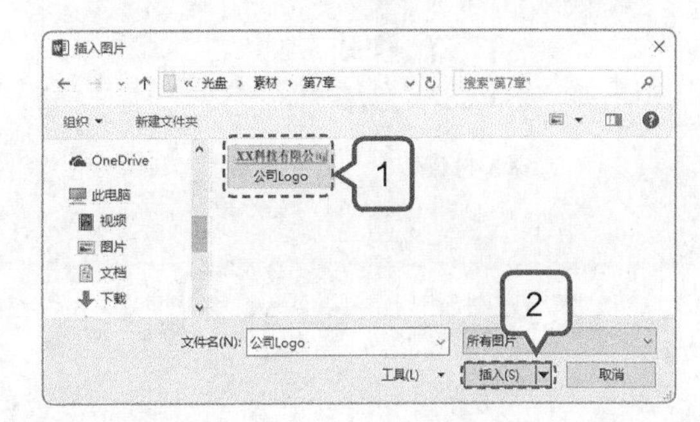

2. 调整图片大小

当用户在文档中插入图片后，可以根据需要改变图片的大小。下面在文档中设置插入图片的大小，具体操作步骤如下。

第1步 通过鼠标拖动调整图片大小

❶ 单击刚才插入的图片，其四周将显示8个控制点；❷ 将鼠标光标移动到右下角的控制点上，鼠标光标变成双箭头形状；❸ 按住鼠标左键不放并向左上方拖动，到合适位置释放鼠标，即可将图片缩小。

第2步 通过【大小】组调整图片大小

❶ 继续选中图片；❷ 在“图片工具→格式→大小”组的“形状高度”数值框中输入“4 厘米”，按【Enter】键，Word 将自动按比例调整图片大小。

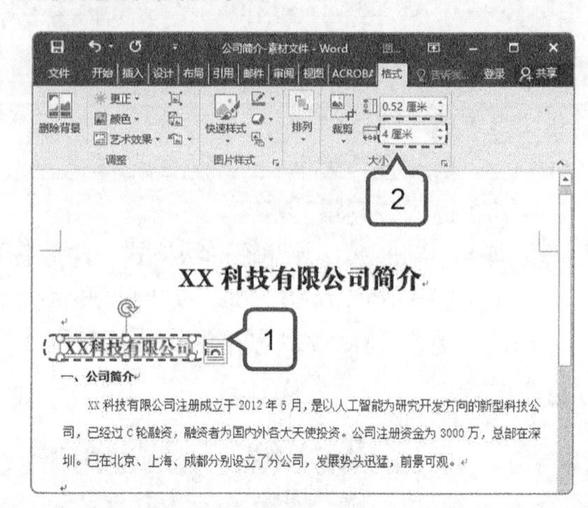

3. 设置图片的环绕方式

要调整图片的位置，通常应先设置图片的文字环绕方式。下面为文档中的图片设置环绕方式，具体操作步骤如下。

第1步 通过快捷按钮设置

❶ 单击选择图片，在“图片工具→格式→排列”组中单击“位置”按钮；❷ 在打开的列表的“文字环绕”栏中选择“底端居右，四周型文字环绕”选项。

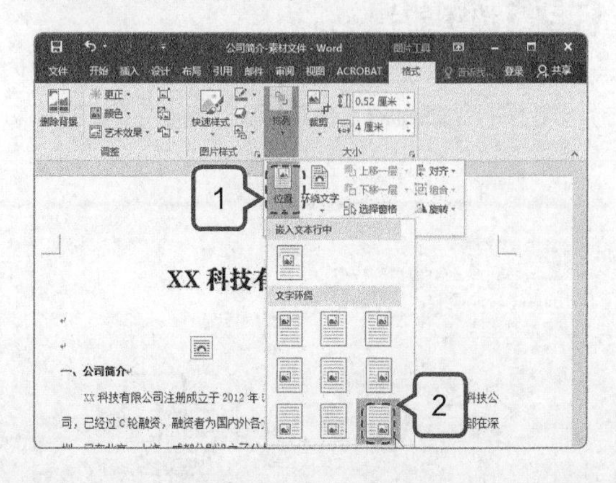

第2步 调整图片位置

调整完成后，图片的位置如图所示。

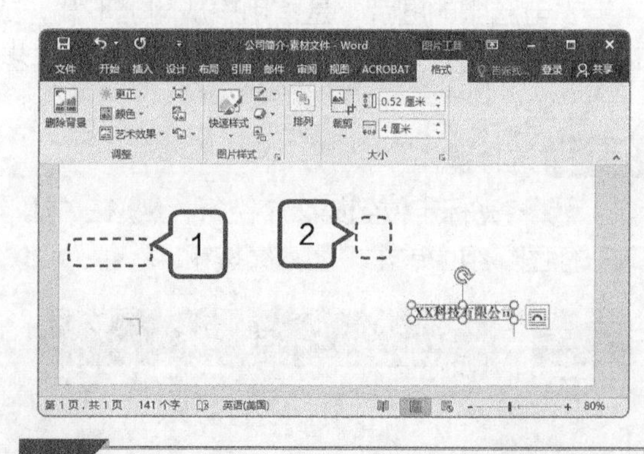

> **提示**
> 选中图片后，单击图片右侧的浮动“布局选项”按钮，可快速设置环绕方式。

4. 设置图片样式

图片的样式是指图片的形状、边框、阴影和柔化边缘等效果。可以直接使用程序中预设的图片样式，也可以对图片样式进行自定义设置。下面为文档中的图片设置样式，具体操作步骤如下。

第 1 步 设置图片边框

❶ 单击选择图片；❷ 在“图片样式”组中单击“图片边框”按钮；❸ 在打开的列表中选择“浅蓝”选项。

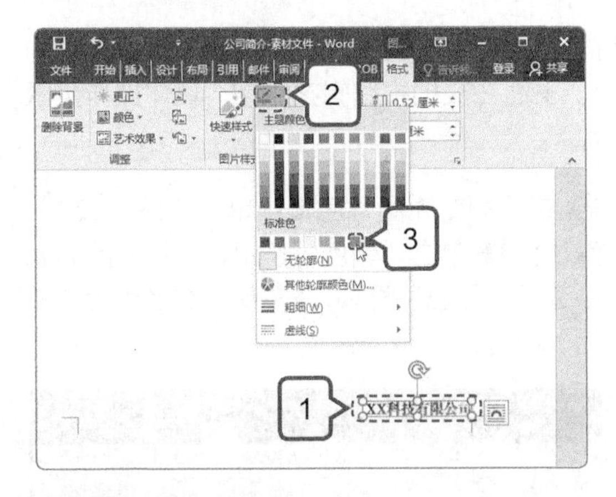

第 2 步 设置图片效果

❶ 继续在该组中单击“图片效果”按钮；❷ 在展开的列表中选择“阴影”选项；❸ 在展开的列表的“外部”栏中，选择“向下偏移”选项。

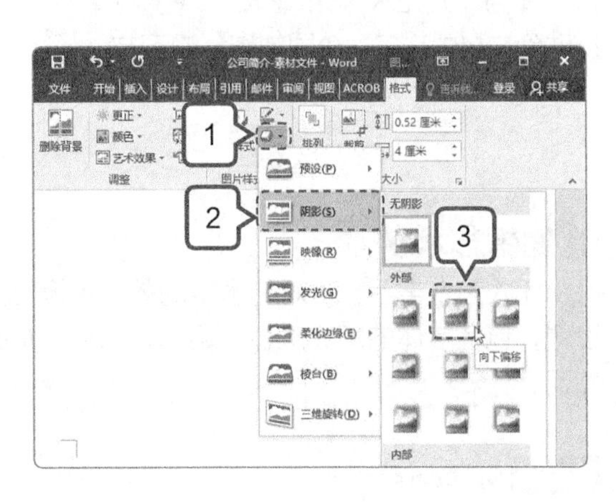

第 3 步 完成效果

设置完成后的效果如图所示。

> **提示** 读者还可通过“图片工具→格式→图片样式”中的“快速样式”选项，快速设置图片样式。

5. 插入艺术字

Word 2016 中提供了 15 种艺术字样式，用户可以根据实际情况选择合适的样式来美化文档。下面在文档中插入艺术字，具体操作步骤如下。

第 1 步 选择艺术字样式

❶ 在“插入→文本”组中单击“艺术字”按钮；❷ 在打开的列表中选择“填充 - 蓝色，着色 1，轮廓 - 背景 1，清晰阴影，着色 1”选项。

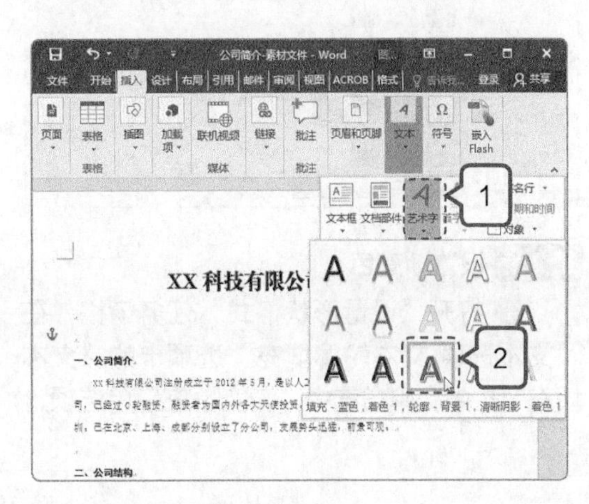

第 2 步 输入艺术字

❶Word 2016 将自动在文档中插入一个文本框，直接输入“公司组织结构”；❷ 设置字体为“方正大标宋简体”；❸ 将文本框拖动到文档中“二、公司结构”的下方。

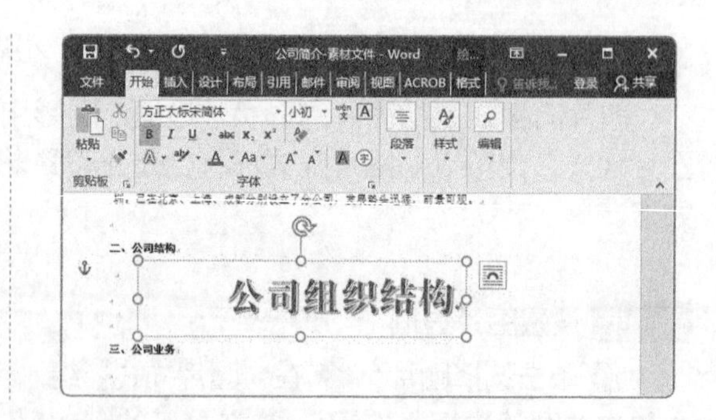

6. 编辑艺术字

插入艺术字后，若对艺术字的效果不满意，可重新对艺术字的样式和效果等进行更详细的设置，包括字体的填充颜色、阴影、映像、放光等。下面在文档中编辑艺术字，具体操作步骤如下。

第 1 步 选择操作

❶ 选择艺术字，在“绘图工具→格式→艺术字样式”组中单击“文本填充”按钮右侧的下拉按钮；❷ 在展开的列表中选择“渐变”选项；❸ 在打开的列表中选择“其他渐变”选项。

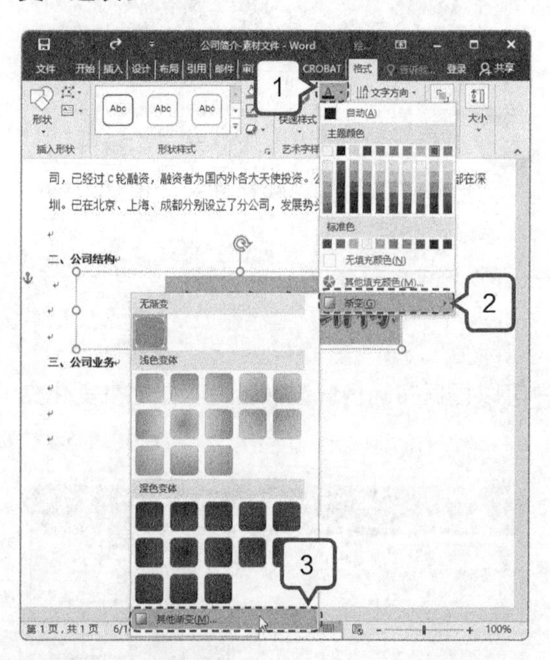

第 2 步 设置渐变色

❶ 打开“设置形状格式”任务窗格，在“文本选项 文本轮廓填充”选项卡的“文本填充”栏中，单击选中“渐变填充”单选项；❷ 在“渐变光圈”色带中单击“停止点 1”滑块；❸ 单击“颜色”按钮，在打开的列表中选择“红色”选项；❹ 单击右上角的“关闭”按钮。

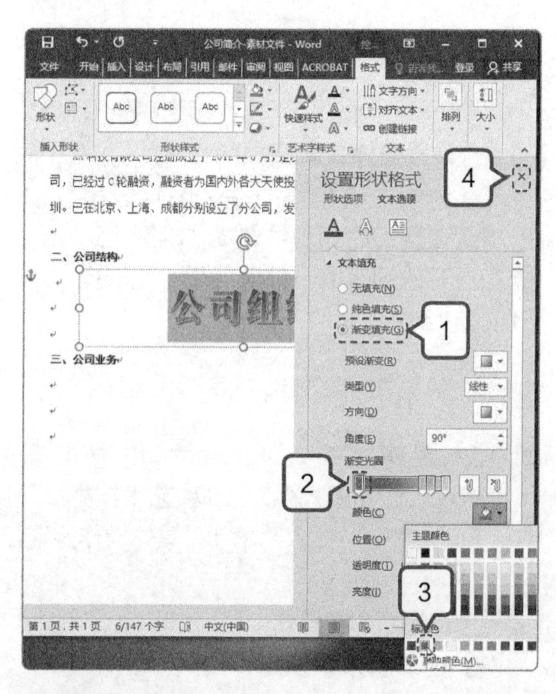

第 3 步 设置艺术字映像

❶ 在“艺术字样式”组中单击“文字效果”按钮；❷ 在打开的列表中选择“映像”选项；❸ 在打开的子列表的“映像变体”栏中选择“半映像，接触”选项。

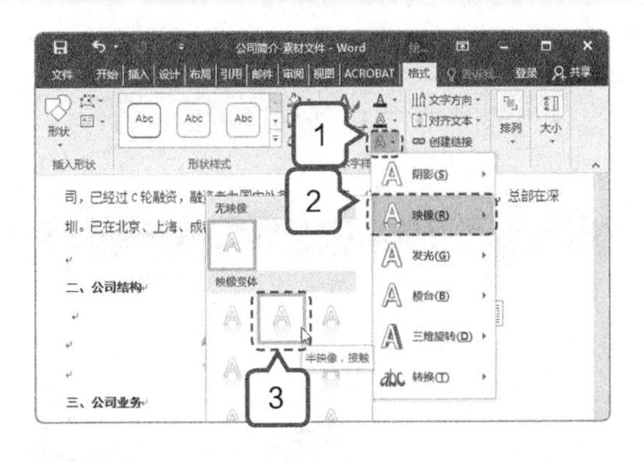

第 4 步 设置艺术字发光

❶ 继续单击“文字效果”按钮；❷ 在打开的列表中选择“发光”选项；❸ 在打开的列表中选择“蓝色，18pt 发光，个性色 1”选项。

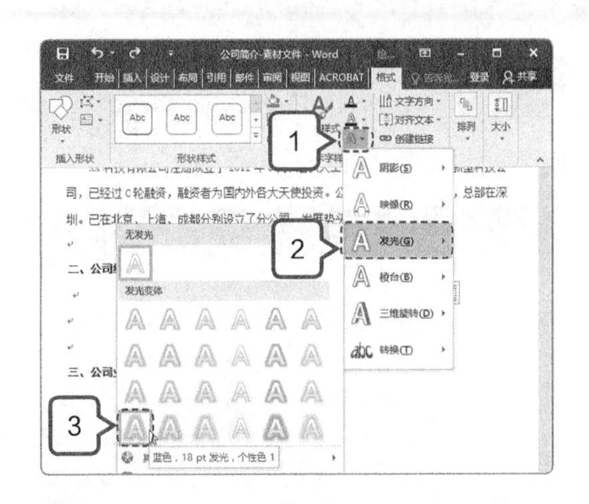

提示 读者还可根据相应选项，如“发光选项”，打开对应的任务窗格，并在其中自定义设置艺术字。

7.2.2 使用“形状”进行说明

在 Word 2016 中，通过形状绘制工具可绘制正方形、椭圆、箭头、流程图等图形。使用这些图形，可以制作一些组织架构和操作流程说明，并表示彼此之间的关系。下面介绍插入与编辑形状的相关操作。

1. 绘制形状

在纯文本中间适当地插入一些形状，既能使内容简洁明了，又能使文档更形象具体。下面在文档中创建组织结构说明，具体操作步骤如下。

第 1 步 选择形状

❶ 将鼠标光标定位到“公司业务”的上一段，按 10 次【Enter】键空格，在“插入→插图”组中单击“形状”按钮；❷ 在打开的列表的“矩形”栏中选择“圆角矩形”。

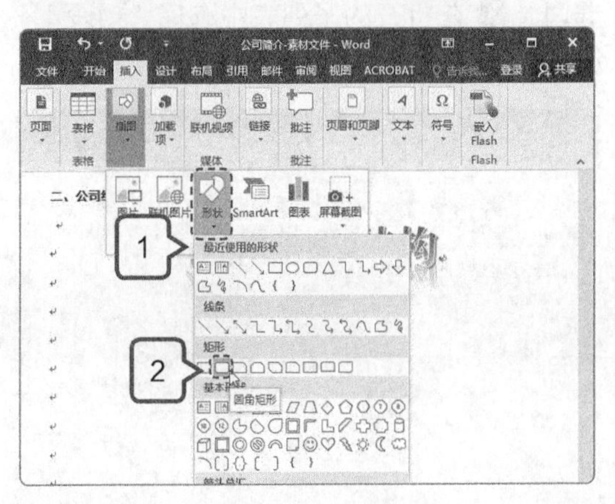

第 2 步 绘制圆角矩形

将鼠标光标移到文档中，按住鼠标左键不放，同时向右下角拖动，至合适位置后释放鼠标，即可绘制圆角矩形。

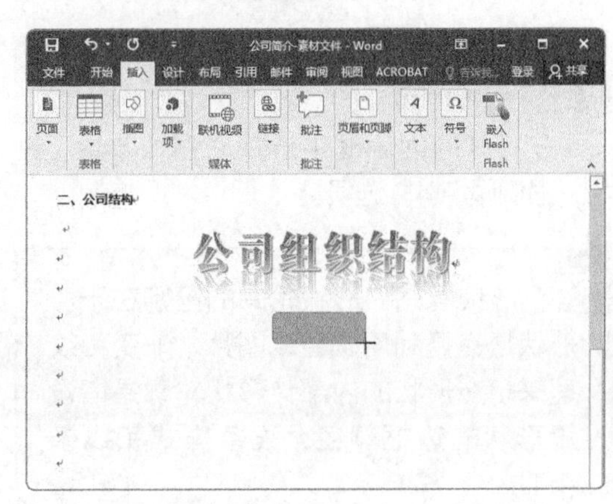

第 3 步 复制形状

选中绘制的形状，按住【Ctrl】键不放并向下拖动，即可复制一个形状。

第 4 步 制作结构大纲

使用同样的方法，复制下图所示的组织结构大纲。

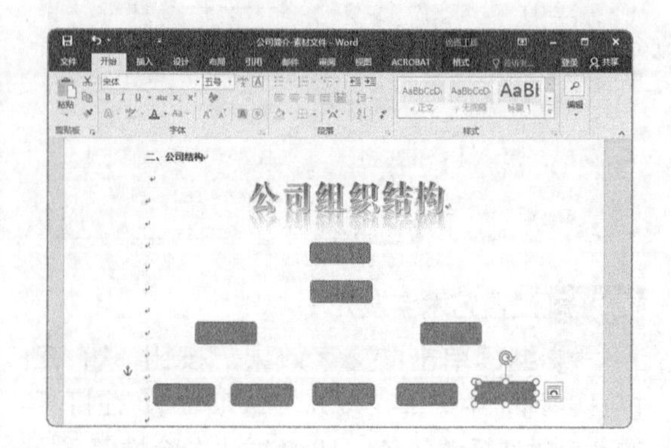

2. 设置形状样式

插入形状图形后，如果觉得其颜色、效果和样式等比较单调，则可对其颜色、轮廓、填充效果等进行自定义编辑。下面在文档中编辑形状的样式，具体操作步骤如下。

第 1 步 选择操作

❶ 选择需要编辑的形状；❷ 在“绘图工具→格式→形状样式”组中单击列表框右下角的“其他”按钮。

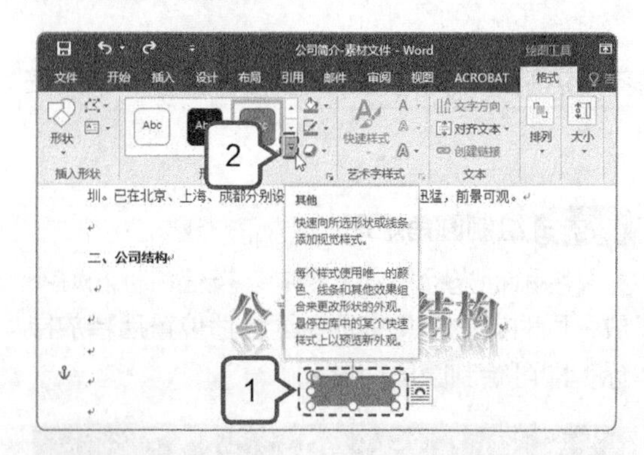

第 2 步 应用样式

在打开的列表框中选择“强烈效果 - 金色，强调颜色 4”选项。

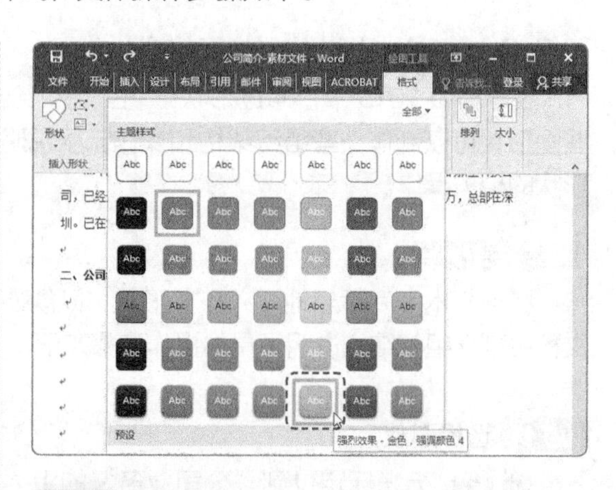

第 3 步 设置形状效果

❶ 在“形状样式”组中单击“形状效果”按钮；❷ 在打开的列表中选择“预设”选项；❸ 在打开的子列表中选择“预设 1”选项。

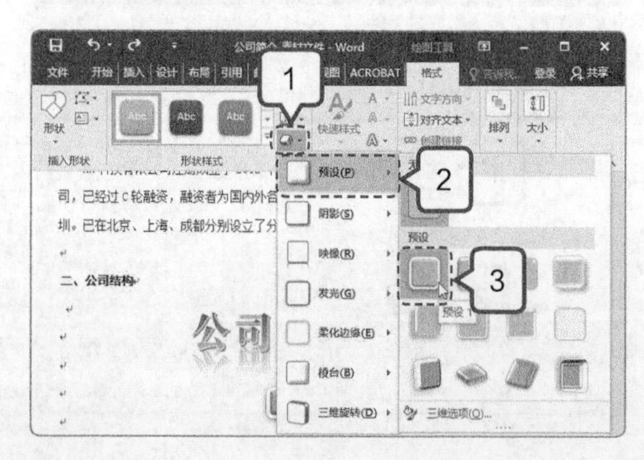

> **提示**
>
> 形状填充和形状轮廓的区别在于：形状填充是利用颜色、图片、渐变和纹理来填充形状的内部；形状轮廓是指设置形状的边框颜色、线条样式和线条粗细。

3. 对齐形状并输入文本

对形状的编辑操作还有很多，例如按要求对齐或者在形状中输入文本内容等。下面在文档中对齐形状并输入文本，具体操作步骤如下。

第 1 步 对齐形状

❶ 按住【Shift】键选择两个形状；❷ 在“绘图工具→格式→排列”组中单击“对齐”按钮；❸ 在打开的列表中选择“垂直居中”选项。

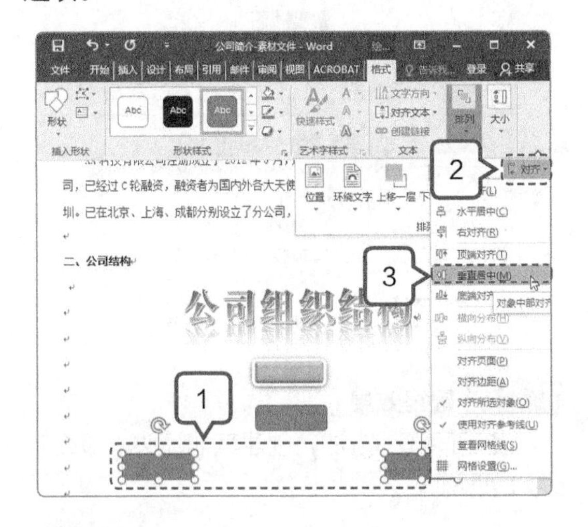

第 2 步 添加文本

在橙色形状上单击鼠标右键，在弹出的快捷菜单中选择“添加文字”命令。

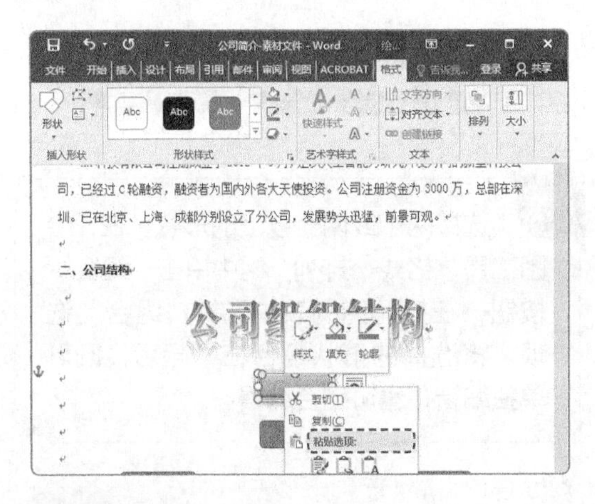

第 3 步 设置文本格式

❶ 输入“董事会”，并选择该文本；❷ 在“开始→字体”组的“字体”下拉列表框中选择“方正大标宋简体”选项；❸ 在“字号”下拉列表框中选择“小四”。

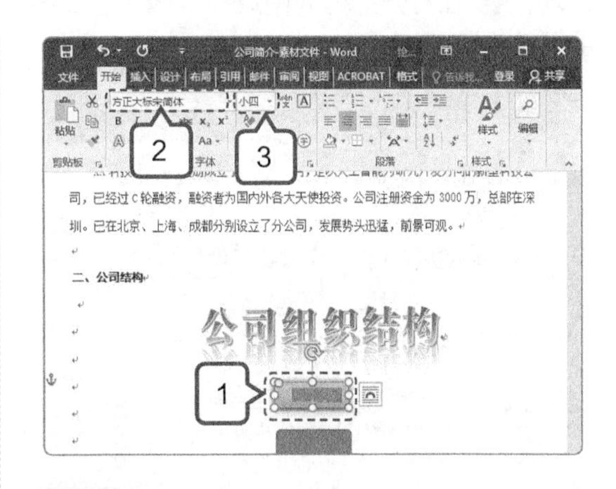

第 4 步 查看效果

将鼠标指针移至已输入文字的形状右上角的控制点上，当鼠标指针变为斜向的双箭头时，单击鼠标左键不放并拖动，调整形状大小，效果如图所示。

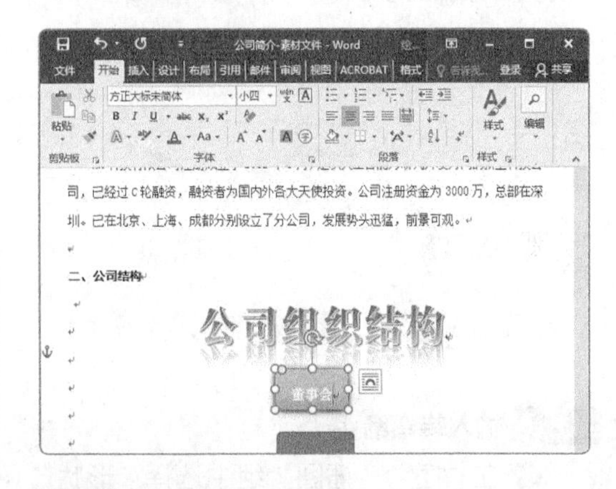

第 5 步 继续输入文字

使用同样的方法输入文字并设置文本格式，效果如图所示。

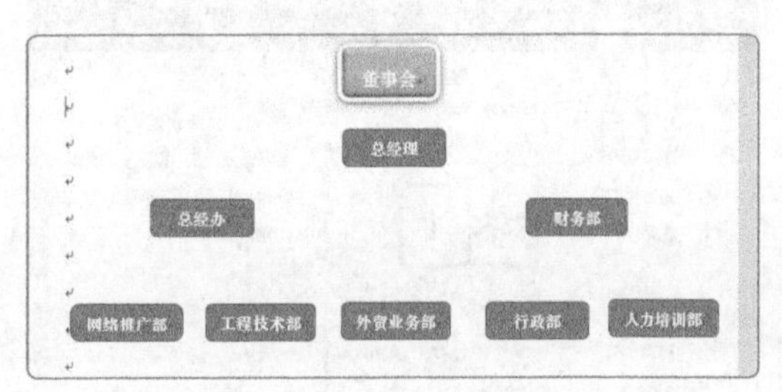

第 6 步 选择箭头

❶ 在“插入→插图”组中选择“形状”选项；❷ 在打开的列表中选择“线条”栏中的“箭头”。

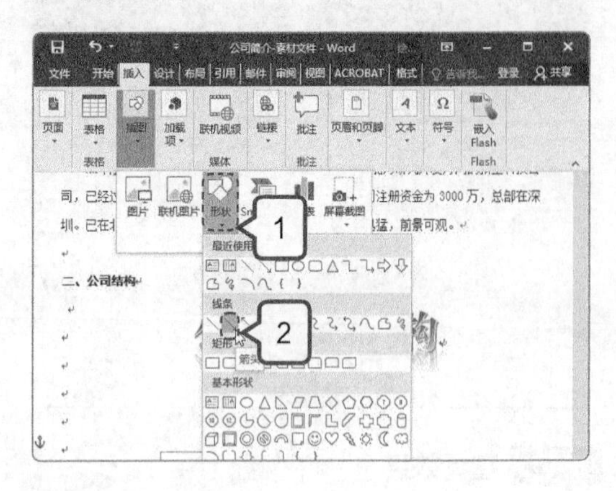

第 7 步 绘制箭头图形

在第 1 个形状下方单击鼠标左键不放并向下拖动，至第 2 个形状上方释放鼠标，绘制一个箭头，如图所示。

第 8 步 输入转弯箭头

❶ 在“插入→插图”组中选择“形状”选项；❷ 在打开的列表中选择“线条”栏中的“肘形箭头连接符”。

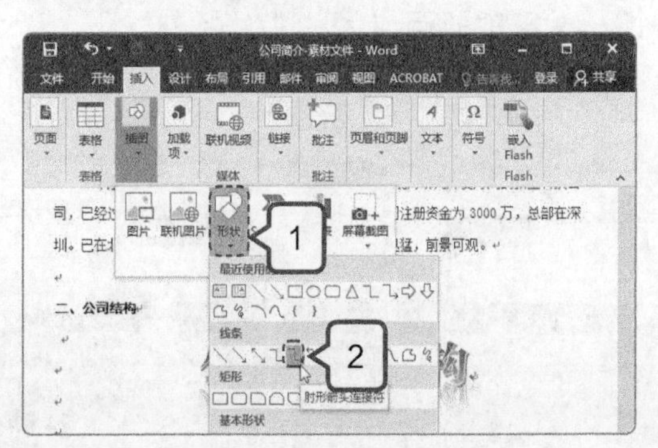

第 9 步 绘制肘形箭头

在“总经理”形状左侧单击鼠标左键不放并向左下侧的形状上方拖动，绘制肘形箭头，然后单击绘制好的肘形箭头上的黄色小圆不放并向左拖动，调整箭头的路径方向。

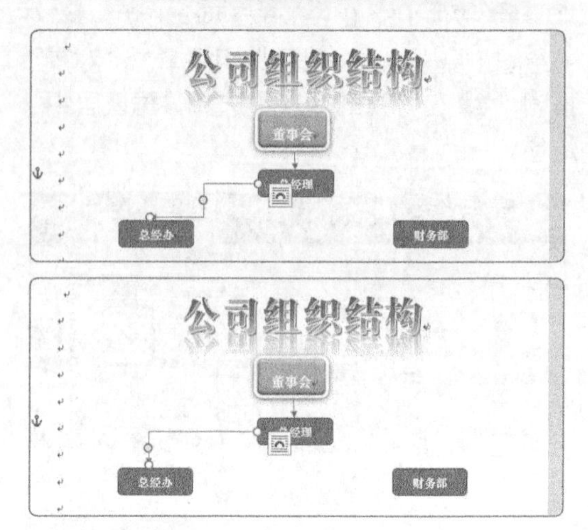

第 10 步 最终效果

使用同样的方法，创建其他箭头，最终效果如图所示。

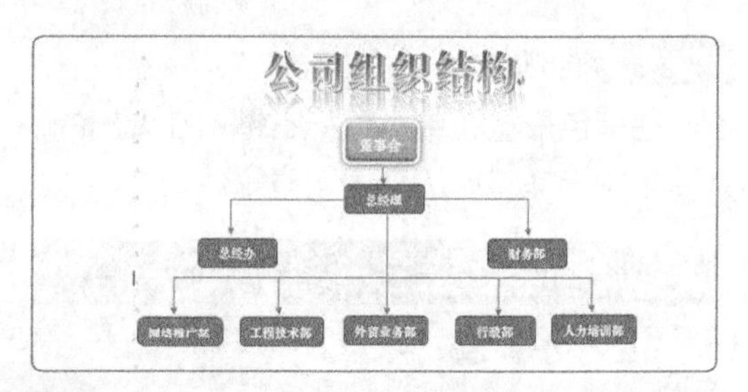

提示

选择两个或两个以上的形状，在“绘图工具→格式→排列”组中单击“组合”按钮，在打开的列表中选择“组合”选项，将选择的形状组合在一起后，既可单独编辑，也可组合编辑。

7.2.3 使用 SmartArt 图形

要通过插入普通形状来表现文本之间的关系，其操作会比较复杂。这时，通过 Word 2016 中提供的 SmartArt 图形，可方便地插入表示流程、层次结构、循环和列表等关系的图形。下面介绍插入与编辑 SmartArt 图形的相关操作。

1. 插入 SmartArt 图形

Word 2016 中提供了多种类型的 SmartArt 图形，如流程、层次结构和关系等。不同类型体现的信息重点不同，用户可根据需要进行选择。下面在文档中插入 SmartArt 图形，具体操作步骤如下。

第 1 步 插入 SmartArt 图形

❶ 将鼠标光标定位到文档中；❷ 在“插入→插图”组中单击“SmartArt”按钮。

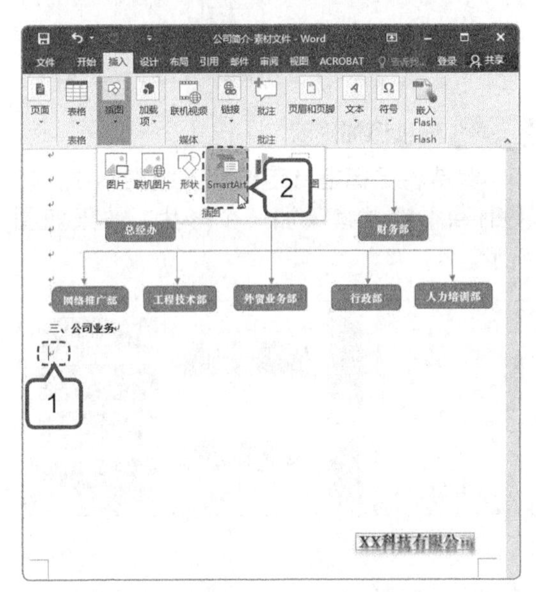

第 2 步 选择 SmartArt 图形样式

❶ 打开“选择 SmartArt 图形”对话框，在左侧的列表中选择“层次结构”选项；❷ 在中间的列表框中选择“水平多层层次结构”选项；❸ 单击“确定”按钮。

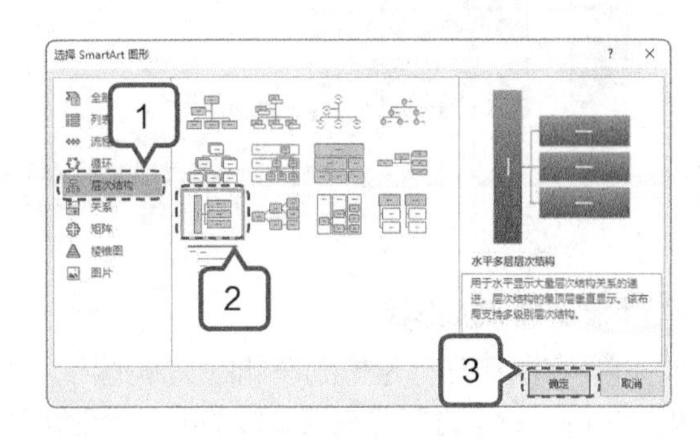

第 3 步 插入后的效果

插入后的效果如图所示。

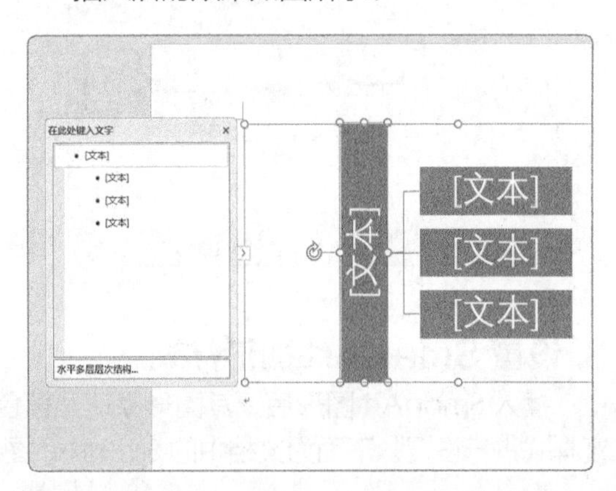

2. 添加和降级形状

SmartArt 图形通常只显示了基本的结构，编辑时需要为图形添加一些形状。下面在文档中添加形状，具体操作步骤如下。

第 1 步 在下方添加形状

❶ 单击选中第 2 级的第 1 个形状，单击鼠标右键；❷ 在打开的快捷菜单中选择“添加形状→在下方添加形状”命令。

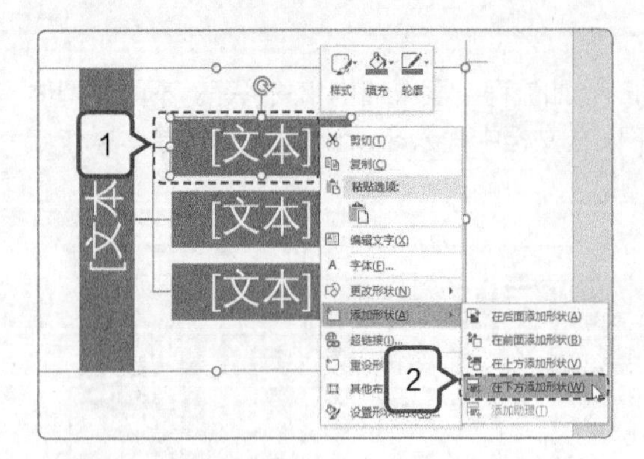

第 2 步 继续添加形状

❶ 将鼠标光标定位到左侧的文本框内；❷ 按【Enter】键即可在第 2 级的第 1 个形状下，继续添加一个形状。

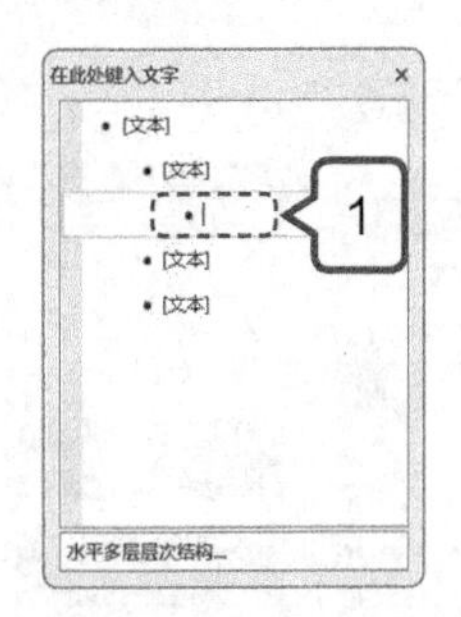
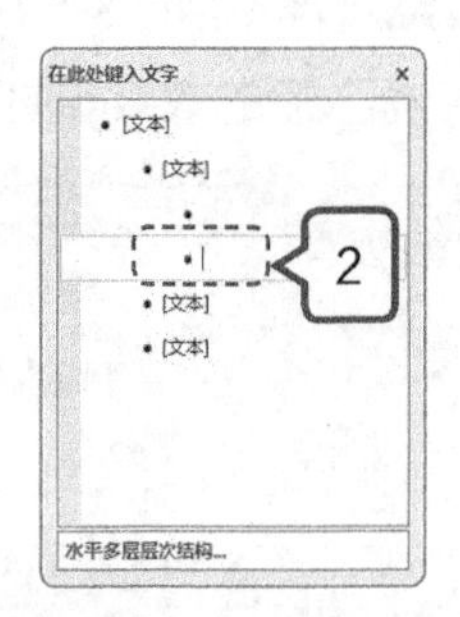

第 3 步 降级形状

❶ 将鼠标指针定位到文本框最后的文本中；❷ 单击鼠标右键，在打开的快捷菜单中选择“降级”命令，该形状将自动降为上一级形状的下级形状。

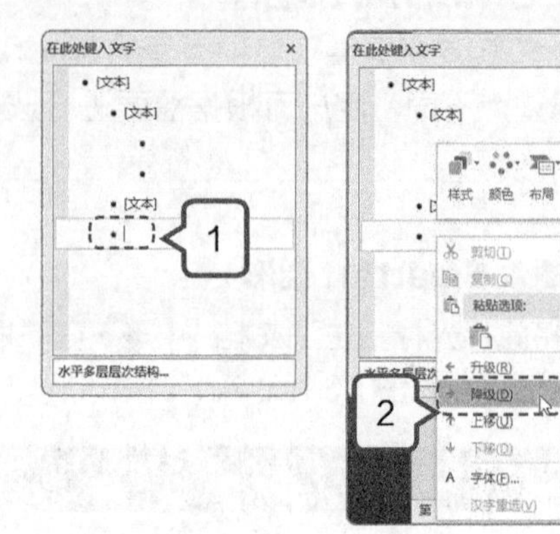

第 4 步 继续添加形状

保持将鼠标指针定位到该级文本中，按【Enter】键继续添加一个形状，效果如图所示。

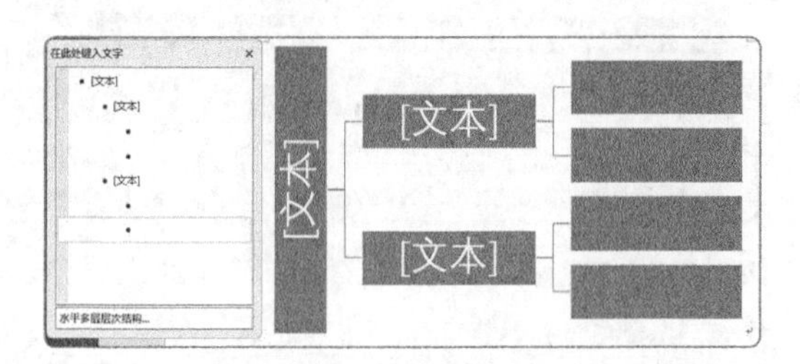

3. 设置 SmartArt 图形样式

插入 SmartArt 图形后，其图形默认呈蓝色。为了满足具体工作的需要，通常要对颜色和外观样式进行设置。下面为文档中的 SmartArt 图形设置样式，具体操作步骤如下。

第 1 步 在形状中输入文本

在最左侧的形状中定位鼠标指针，输入“主营业务”。

> **提示** SmartArt 图形中的形状也分级，不同样式的图形主要依靠连接线来分辨形状的上下级，但形状的添加、减少和升降级的方法大同小异。

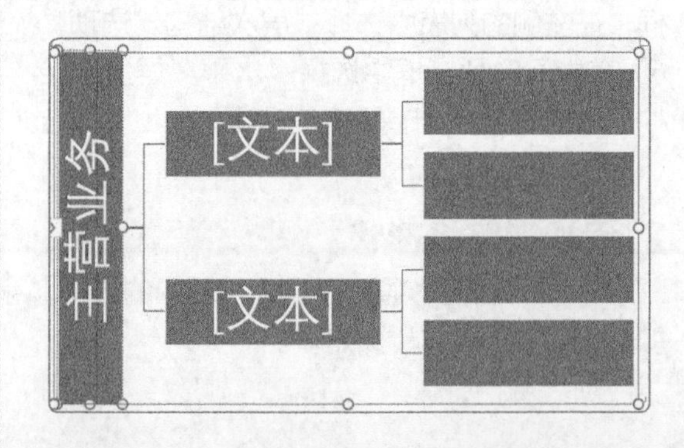

第 2 步 通过结构窗格输入文本

❶ 将鼠标指针定位到结构窗格中；❷ 依次输入下图所示的文字。

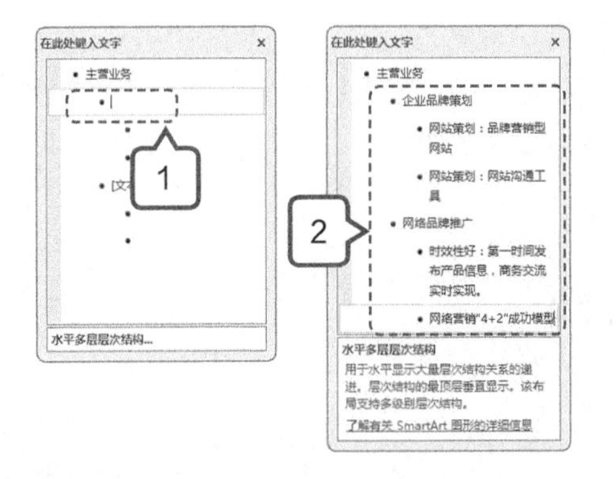

第 3 步 更改颜色

❶ 单击选择整个 SmartArt 图形，在“SmartArt 工具→设计→ SmartArt 样式”组中单击“更改颜色”按钮；❷ 在打开的列表框中选择“彩色范围 - 个性色 5 至 6”选项。

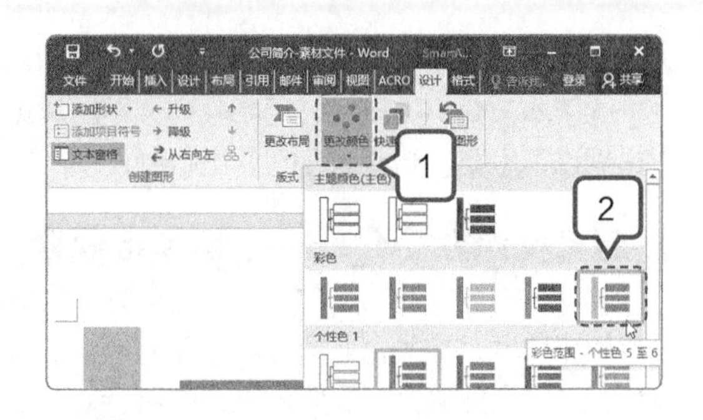

第 4 步 选择 SmartArt 图形样式

❶ 在“SmartArt 样式”组中单击“快速样式”按钮；❷ 在打开的列表框中选择“强烈效果”选项。

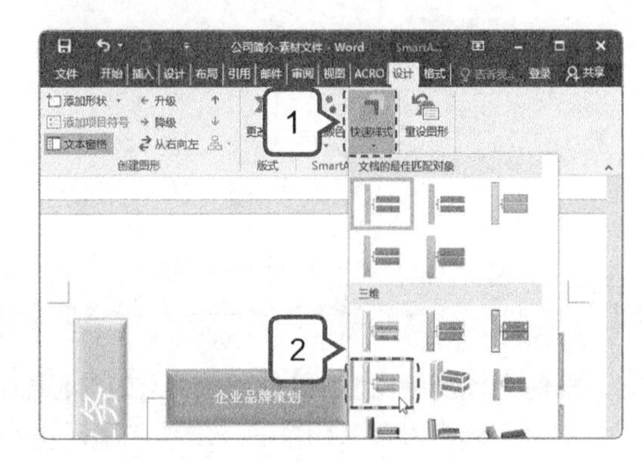

4. 更改 SmartArt 图形布局

更改 SmartArt 图形的布局，主要是对整个形状的结构和各个分支的结构进行调整。下面在文档中更改 SmartArt 图形的布局，具体操作步骤如下。

第 1 步 更改布局

❶ 选择 SmartArt 图形，在“SmartArt 工具→设计→布局”组中单击“更改布局”按钮；❷ 在打开的列表中选择“表层次结构”选项。

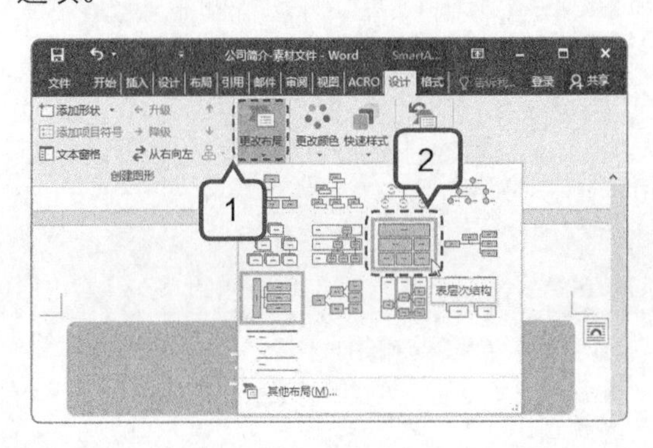

第 2 步 查看更改后的效果

返回工作界面，即可看到更改 SmartArt 图形布局后的效果。

7.2.4 其他介绍类文档

除了本节介绍的一般公司简介外，平时常见的还有很多种不同类型的介绍类文档。读者可以根据以下思路，结合自身需要进行制作。

1. 服务类企业简介——《租车行简介》

除第一产业农业和第二产业工业以外的行业都属于服务行业。服务行业主要为人们的衣食住行带来方便，相关企业简介着重于对社会的服务贡献。在了解服务行业的性质后，即可开始制作相关的企业简介。具体效果如图所示。

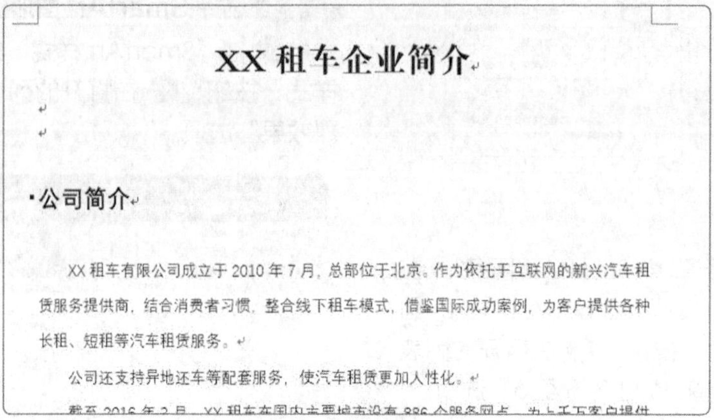

XX 租车企业简介

·公司简介

XX 租车有限公司成立于 2010 年 7 月，总部位于北京。作为依托于互联网的新兴汽车租赁服务提供商，结合消费者习惯，整合线下租车模式，借鉴国际成功案例，为客户提供各种长租、短租等汽车租赁服务。

公司还支持异地还车等配套服务，使汽车租赁更加人性化。

截至 2016 年 2 月，XX 租车在国内主要城市设有 886 个服务网点，为上千万客户提供

2. 基础建设类企业简介——《建设集团简介》

基础设施建设是一切企业、单位和居民生产经营工作和生活的共同的物质基础，可保证城市主体设施正常运行，包括交通、运输、建筑等行业。了解了相关企业的建设范围后，即可开始制作该企业的简介文档。具体效果如图所示。

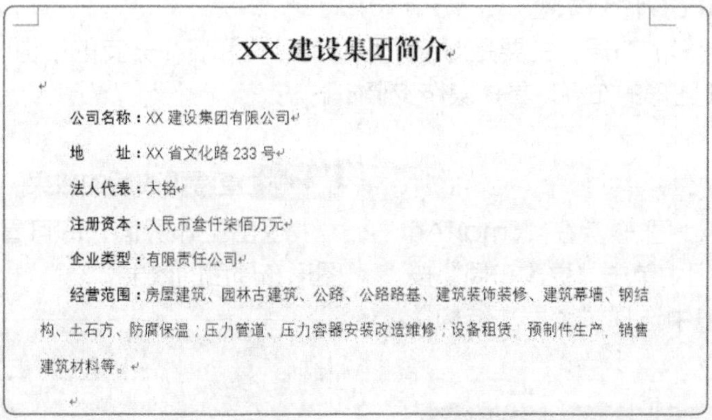

XX 建设集团简介

公司名称：XX 建设集团有限公司

地　　址：XX 省文化路 233 号

法人代表：大铭

注册资本：人民币叁仟柒佰万元

企业类型：有限责任公司

经营范围：房屋建筑、园林古建筑、公路、公路路基、建筑装饰装修、建筑幕墙、钢结构、土石方、防腐保温；压力管道、压力容器安装改造维修；设备租赁，预制件生产，销售建筑材料等。

7.3 案例——制作《个人简历》文档

本节视频教学时间 / 11 分钟

案例名称	个人简历
素材文件	素材 \ 第 7 章 \ 无
结果文件	结果 \ 第 7 章 \ 个人简历 _ 结果文件 .docx
扩展模板	扩展模板 \ 第 7 章

/ 案例操作思路

本案例主要制作个人简历。在求职过程中，一份漂亮的个人简历，可以帮助求职者脱颖而出。

简历一般包括以下几个方面的内容。

（1）个人信息：包括个人姓名、性别、出生年月、籍贯、家庭住址、政治面貌、婚姻状况、身体状况，以及兴趣、爱好、联系方式、求职意向等内容。

（2）个人经历：包括求学和工作经历。

（3）学业信息：包括就读学校、毕业时间、所学专业、学位、外语和计算机能力等。

（4）所获荣誉：包括自己获得的相关荣誉。

（5）个人技能：包括专业技能、IT 技能等。

（6）个人特长：如计算机、外语、驾驶等，主要展现自己在专业之外的能力。

（7）他人推荐：第三方推荐信一般附在简历背后，可以为自己增添筹码，也有利于用人单位判断自己的能力并考虑适合的岗位等。

（8）简历封面：可有可无，如果使用则应慎重考虑，不能过于花哨，在凸显个性和风格的同时，要尽可能符合应聘公司的文化和背景。

具体效果如图所示。

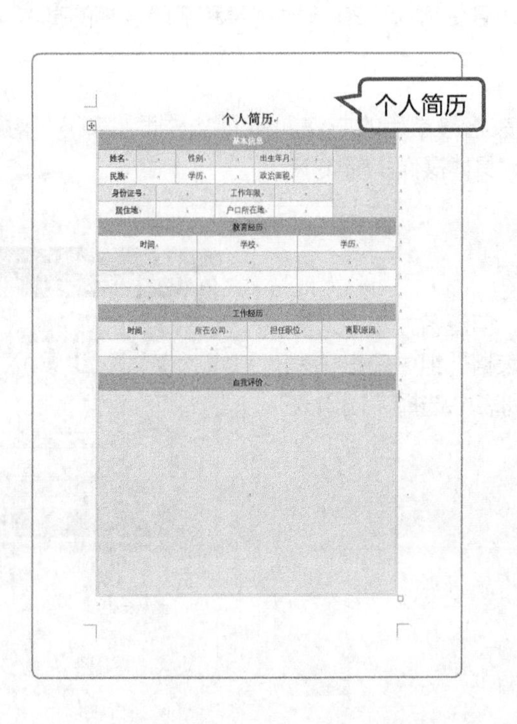

/ 简历的“特点”

名称	要求
准确	简历上精准的信息要起着定位和阅读引导的功能
包装适当	简历是给予他人的第一印象。它的包装要十分讲究，但不能过于花哨，以免给人喧宾夺主的感觉
写作风格职业化	简历多用于求职，为了给用人单位留下好印象，简历要干净、整齐，写作风格具有一定职业化
突出个性	简历的另一特点就是有自己的个性。千篇一律的简历不能吸引人、不可能给用人单位留下好印象，因此，要突出自己的个性和特点，才能脱颖而出

/ 技术要点

（1）通过“开始”菜单或右键快捷菜单新建文档。

（2）输入基本字符。

（3）输入特殊字符。

（4）输入落款、日期和时间。

（5）文本的移动与复制、查找与替换、删除与改写等基本操作。

（6）保存和关闭文档。

/ 操作流程

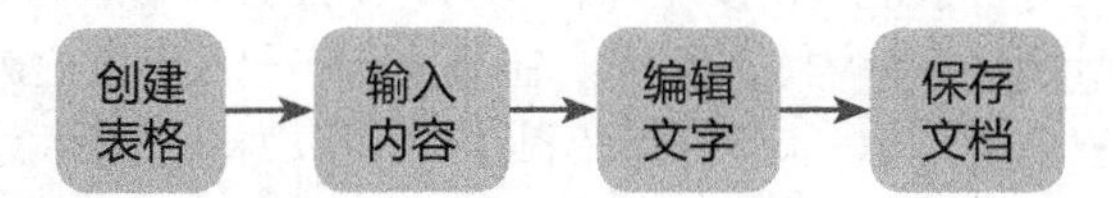

7.3.1 在文档中“创建”表格

在 Word 2016 中可以快速制作简单的表格。插入表格后，还可对其进行编辑，以便更好地容纳和展示数据。下面将介绍在 Word 2016 中创建和删除表格的基本操作。

1. 插入表格

在 Word 文档中插入表格最常用的方法，即通过“插入表格”对话框插入指定行和列的表格。下面为文档插入表格，具体操作步骤如下。

第 1 步 选择命令

❶ 启动 Word 2016，创建名为“个人简历”的文档，在“插入→表格”组中单击“表格”按钮；❷ 在打开的列表中选择“插入表格”选项。

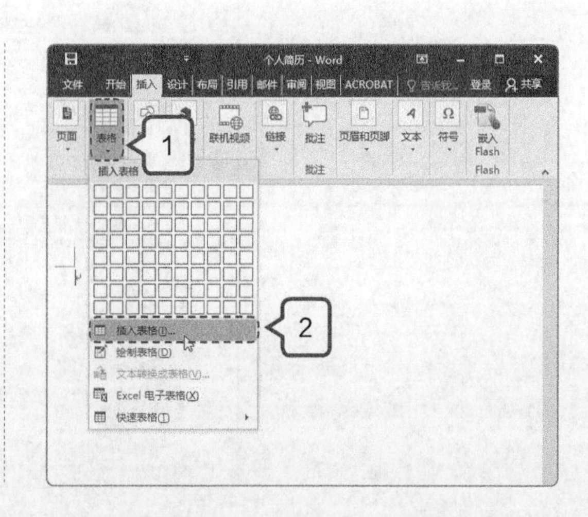

第 2 步 设置表格尺寸

❶ 打开“插入表格”对话框，在“表格尺寸”栏的“列数”数值框中输入“2”；❷ 在“行数”数值框中输入“2”；❸ 单击“确定”按钮。

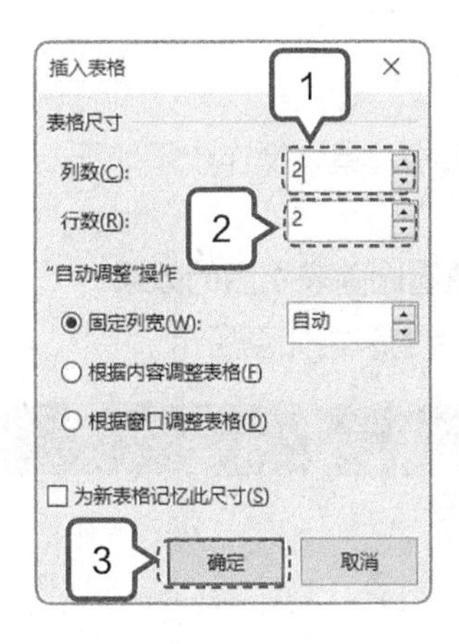

第 3 步 查看效果

在 Word 文档中即可插入一个“2 行、2 列”的表格，如图所示。

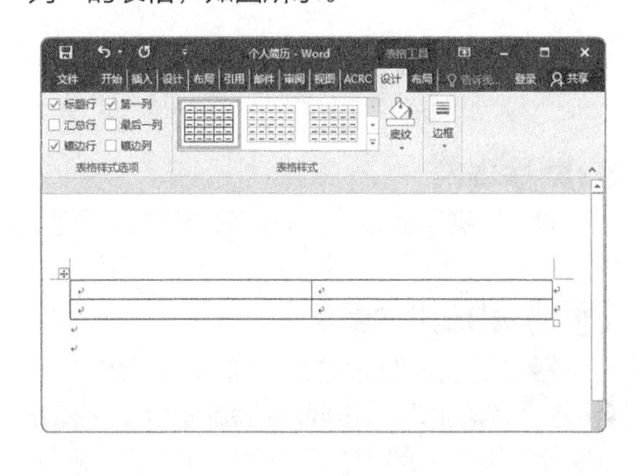

2. 绘制表格

在 Word 2016 中，用户还可以根据需要手动绘制表格。下面在文档中手动绘制表格，具体操作步骤如下。

第 1 步 选择操作

❶ 在“插入→表格”组中，单击“表格”按钮；❷ 在打开的列表中选择“绘制表格”选项。

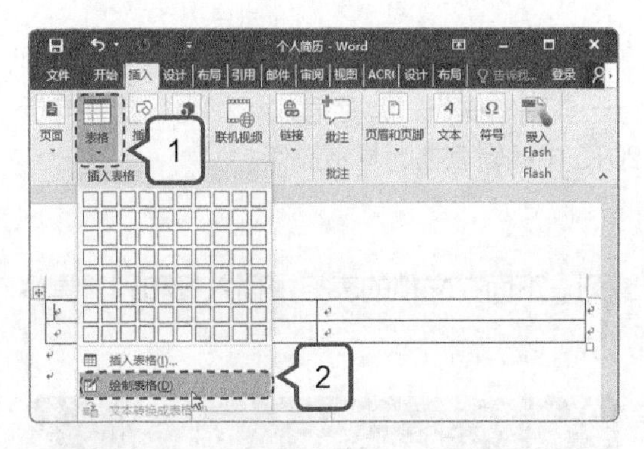

第 2 步 绘制表格边框

鼠标光标变成一个笔的形状，按住鼠标左键从左上向右下拖动，释放鼠标即可绘制一个表格框。

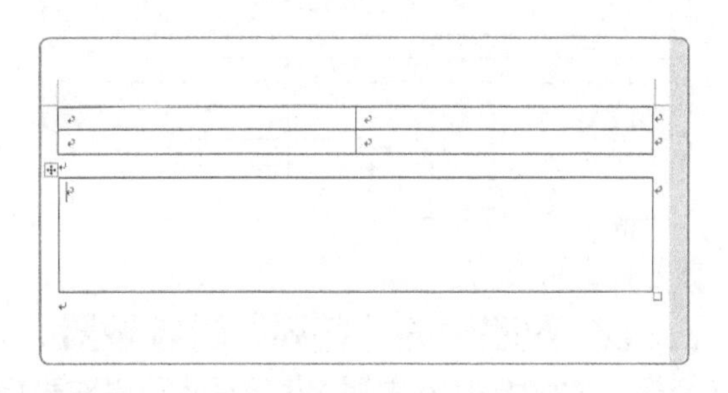

第 3 步 绘制表格内框线

将鼠标光标移动到表格边框内，按住左键从左向右绘制一条虚线。

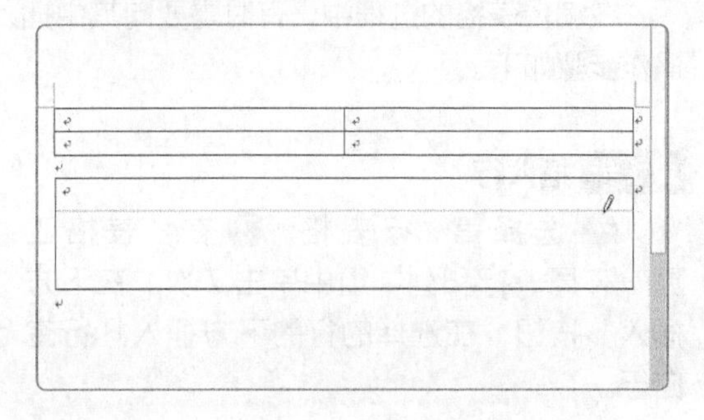

第 4 步 完成表格绘制

释放鼠标即可绘制出表格的行，用同样的方法绘制表格的列，完成表格绘制。

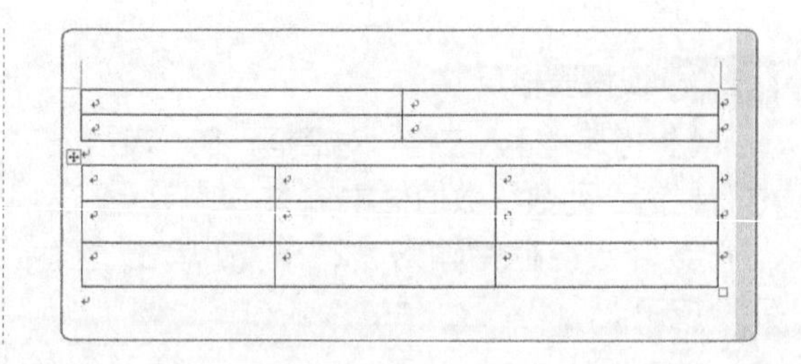

3. 删除表格

对于不需要的表格，可以直接删除。下面在文档中删除表格，具体操作步骤如下。

第 1 步 选择删除的表格

❶ 将鼠标光标定位到需要删除的表格中；❷ 在“表格工具→布局→行和列”组中单击“删除”按钮；❸ 在打开的列表中选择“删除表格”选项，删除选择的表格。

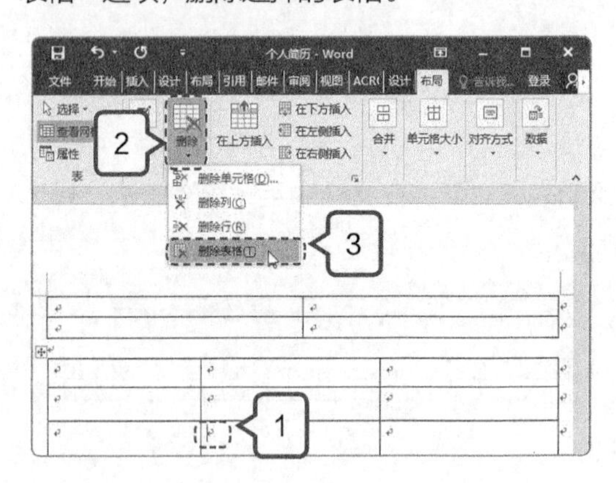

第 2 步 查看删除表格后的效果

删除后的表格如图所示。

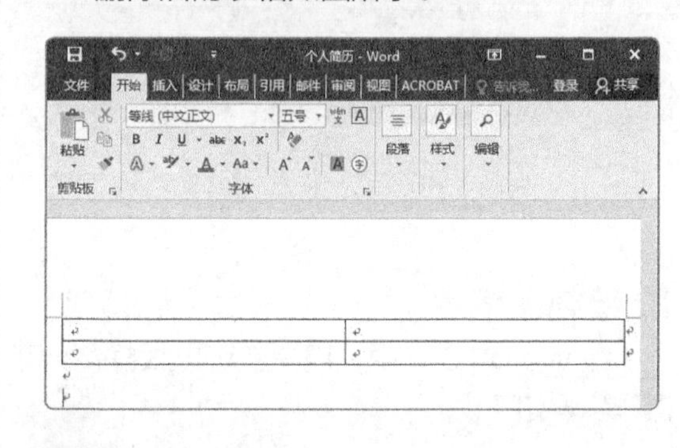

> **提示**
> 绘制表格时，可以在表格中绘制斜线。绘制完表格后，在文档空白处单击鼠标，即可退出绘制表格状态。

7.3.2 对表格的“行列”进行设置

在 Word 2016 中插入表格后，可以对表格进行一些基本操作，包括插入行和列、合并与拆分单元格、调整行高和列宽等。下面介绍在 Word 2016 中编辑表格的基本操作。

1. 插入行和列

在编辑表格的过程中，有时需要向其中插入行或列。下面在文档的表格中插入行和列，具体操作步骤如下。

第 1 步 插入行

❶ 选择第 2 行表格；❷ 在“表格工具→布局→行和列”组中单击 7 次“在下方插入”按钮，在选择的行的下方插入几行空白行。

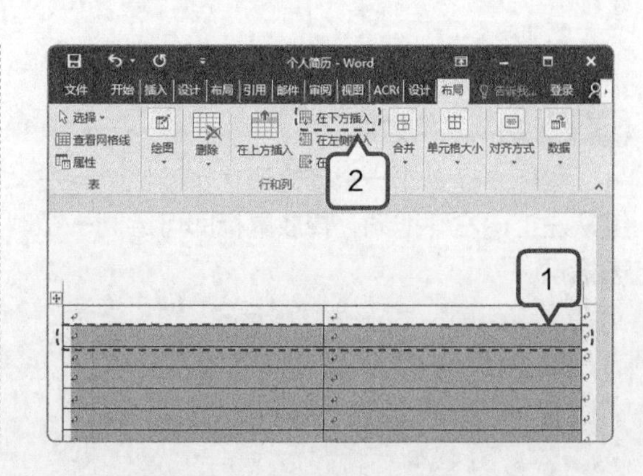

第 2 步 插入列

❶ 选择第 2 列表格；❷ 在“表格工具→布局→行和列”组中，单击“在右侧插入”按钮，在选择的列的右侧插入一列空白列。

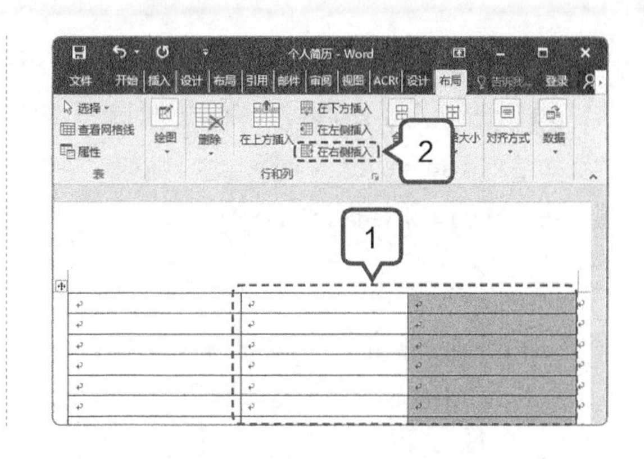

2. 合并和拆分单元格

在编辑表格的过程中，经常需要将多个单元格合并成一个单元格，或者将一个单元格拆分为多个单元格，此时就要用到合并和拆分功能。下面在文档中合并和拆分单元格，具体操作步骤如下。

第 1 步 合并单元格

❶ 选择表格中第一行的所有单元格；❷ 在“表格工具→布局→合并”组中单击“合并单元格”按钮。

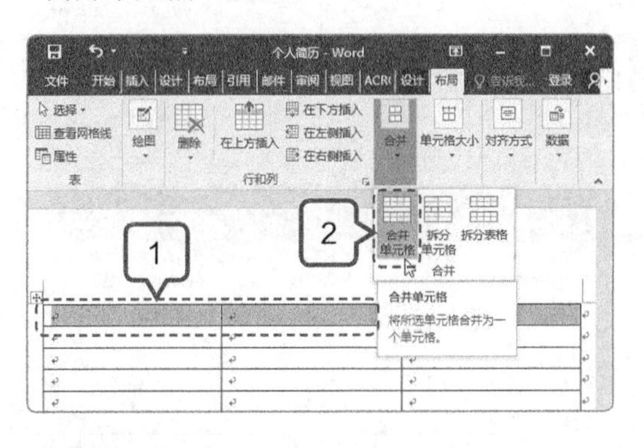

第 2 步 输入文本

❶ 在合并的单元格中输入“基本信息”；❷ 在“开始→段落”组中单击“居中”按钮。

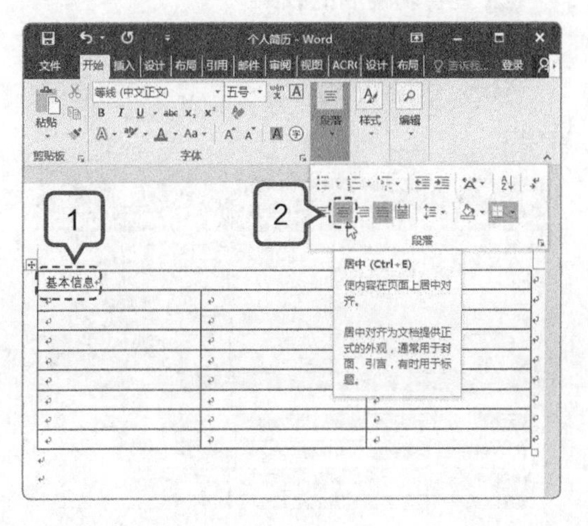

第 3 步 查看合并单元格效果

用同样的方法继续插入行，合并单元格并输入文本。

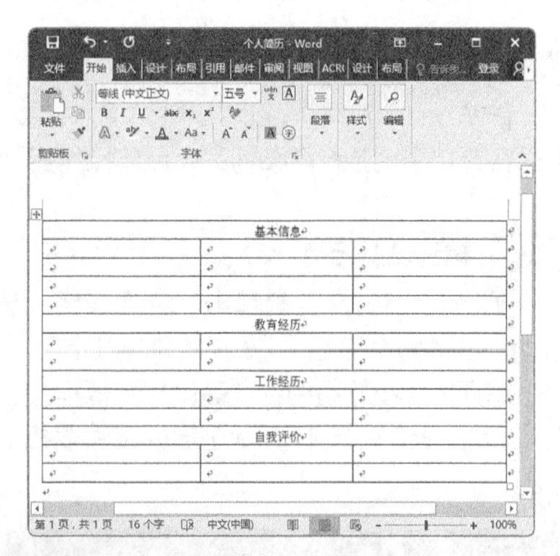

第 4 步 拆分单元格

❶ 选择表格中第 2 行和第 3 行的第 1 列单元格；❷ 在“表格工具→布局→合并”组中单击“拆分单元格”按钮。

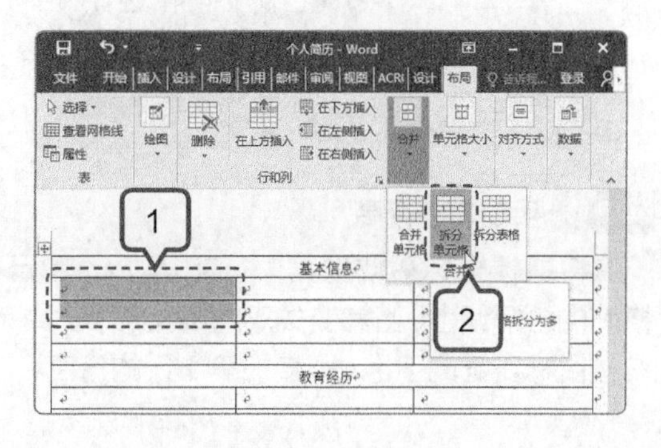

第 5 步 设置拆分

❶ 打开“拆分单元格”对话框，在“列数”数值框中输入“3”；❷ 单击“确定”按钮，将选择的单元格拆分为 3 列。

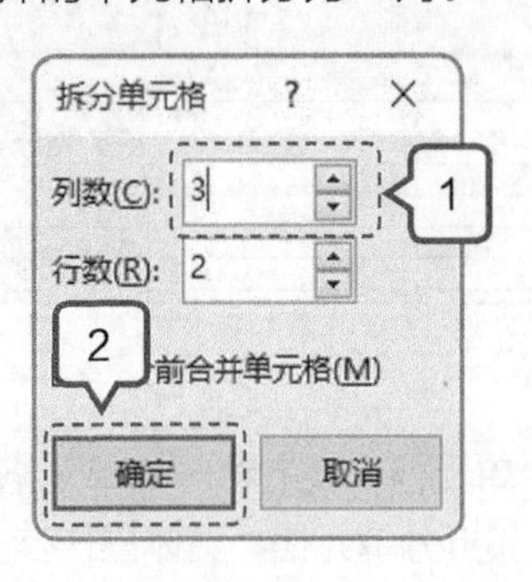

第 6 步 完成合并和拆分单元格

继续在插入的表格中合并和拆分单元格，并在其中输入文本，效果如图所示。

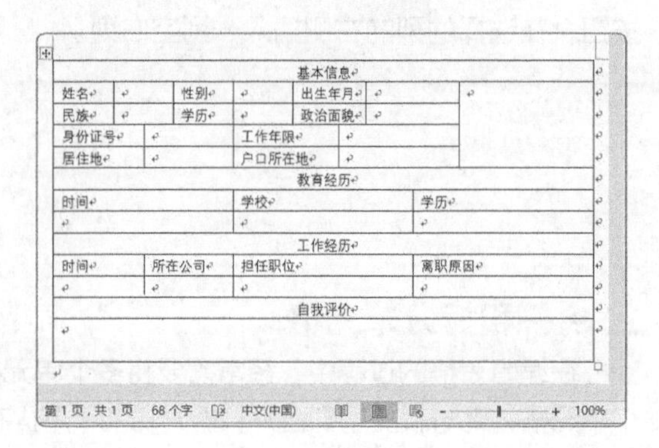

> **提示**
>
> 合并单元格是将选中的所有单元格进行合并；拆分单元格则只能对当前编辑的单元格进行拆分。

3. 调整行高和列宽

在 Word 2016 中，既可以精确输入行高和列宽值，也可以通过拖动鼠标来调整行高和列宽。下面在文档中调整行高和列宽，具体操作步骤如下。

第 1 步 精确设置行高

❶ 在表格的左上角单击“选择表格”按钮⊞，选择整个表格；❷ 在“表格工具→布局→单元格大小”组中的“高度”数值框中输入“0.8 厘米”，按【Enter】键，设置表格的行高。

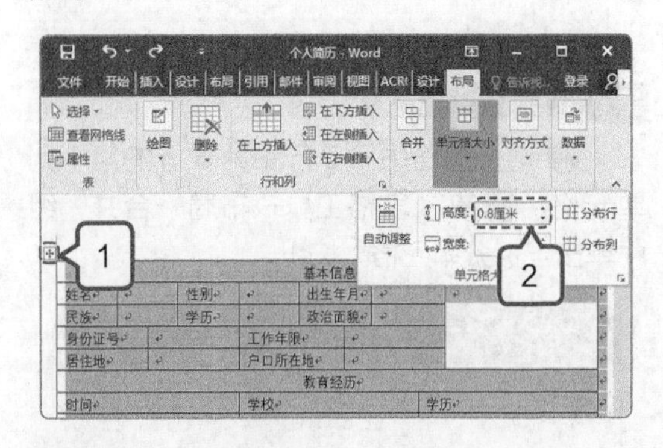

第 2 步 手动调整行高

将鼠标光标移动到第 1 行和第 2 行单元格间的分隔线上，当其变成双向箭头形状时，按住鼠标左键向下拖动，增加第 1 行的行高。

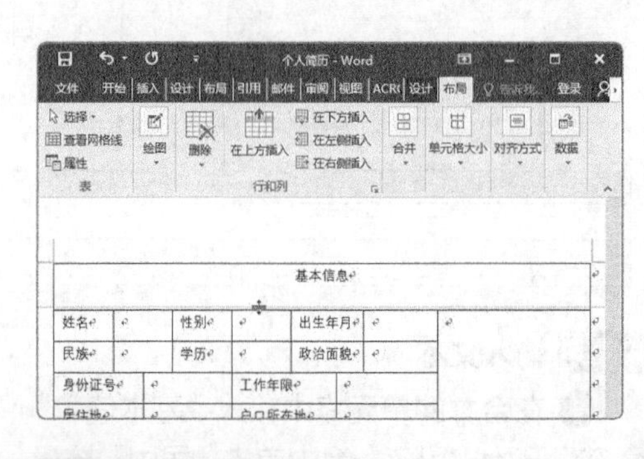

第 3 步 查看调整后的效果

❶ 再次选中整个表格；❷ 在“表格工具→布局→对齐方式”组中单击“水平居中”按钮。

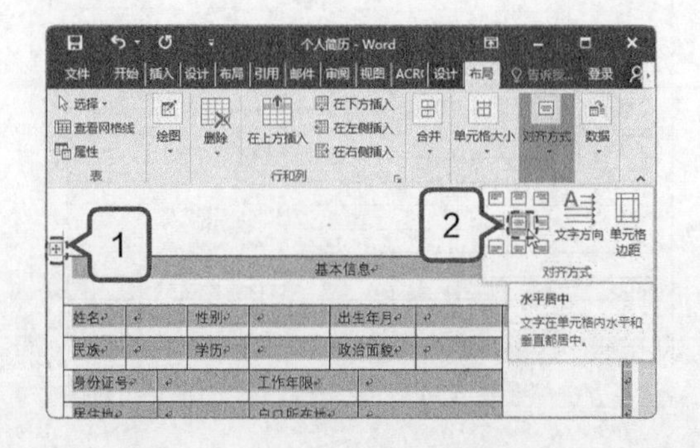

7.3.3 直接应用"表格样式"一劳永逸

在 Word 2016 中插入表格后，可以对表格的对齐方式、边框和底纹进行设置，也可以直接套用内置的表格样式，来增强表格的外观效果。下面将介绍在 Word 2016 中美化表格的基本操作。

1. 应用表格样式

Word 2016 中自带了一些表格的样式，用户可以根据需要直接应用。下面在文档中应用表格样式，具体操作步骤如下。

第 1 步 设置表格样式

❶ 在表格的左上角单击"选择表格"按钮，选择整个表格；❷ 在"表格工具→设计→表格样式"组中单击"其他"按钮。

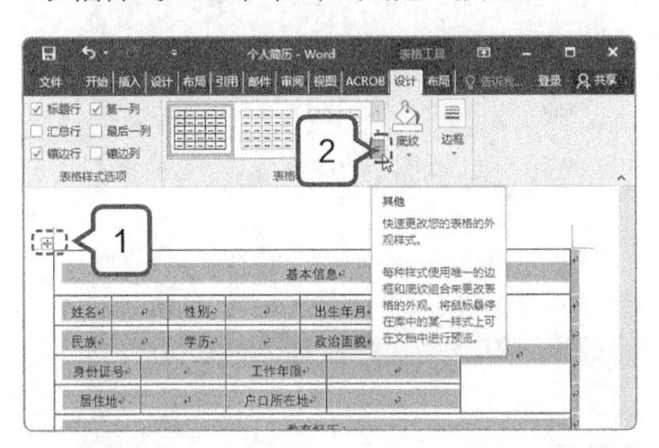

第 2 步 选择样式

在打开的列表框的"网格表"栏中选择"网格表 4- 着色 6"选项。

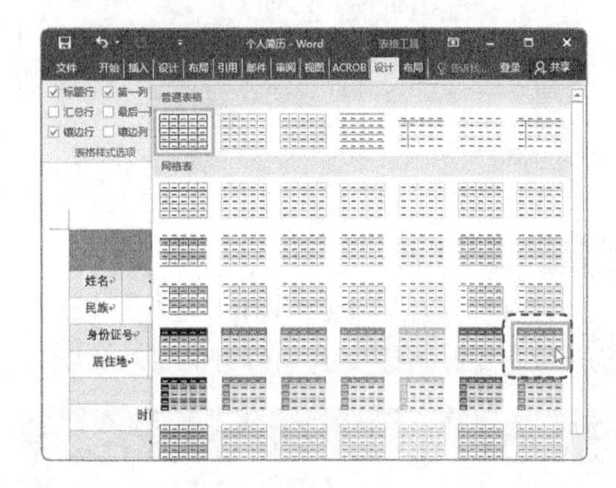

2. 设置对齐方式

除了文本对齐外，表格中还可以设置列和行的均匀分布。下面在文档中设置对齐方式，具体操作步骤如下。

第 1 步 分布列

❶ 选择表格的前两行；❷ 在"表格工具→布局→单元格大小"组中单击"分布列"按钮。

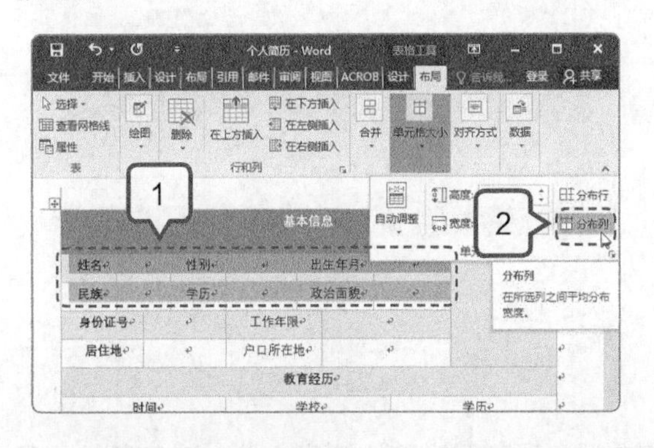

第 2 步 查看平均分布列效果

该行的列将平均分布列宽。用同样的方法为表格的其他列设置相同的列宽，效果如下图所示。

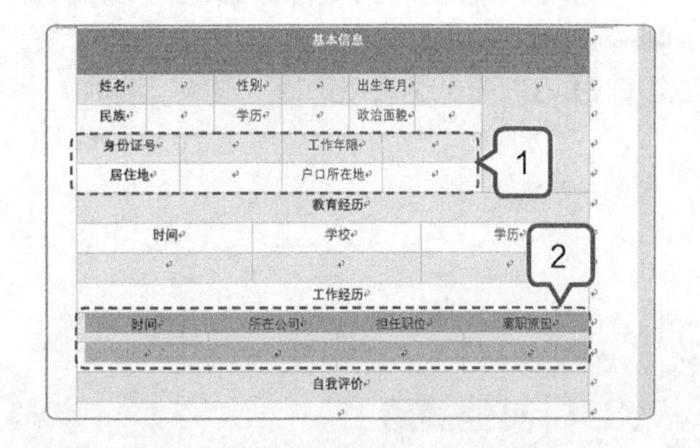

3. 设置边框和底纹

用户不但可以为表格设置边框和底纹，还可以为表格中的特定单元格设置边框和底纹。下面为文档的表格设置边框和底纹，具体操作步骤如下。

第 1 步 选择边框样式

❶ 在表格的左上角单击“选择表格”按钮，选择整个表格；❷ 在“表格工具→设计→边框”组中单击“边框样式”按钮；❸ 在打开的列表的“主题边框”栏中选择“双实线，1/2 pt 着色 4”选项。

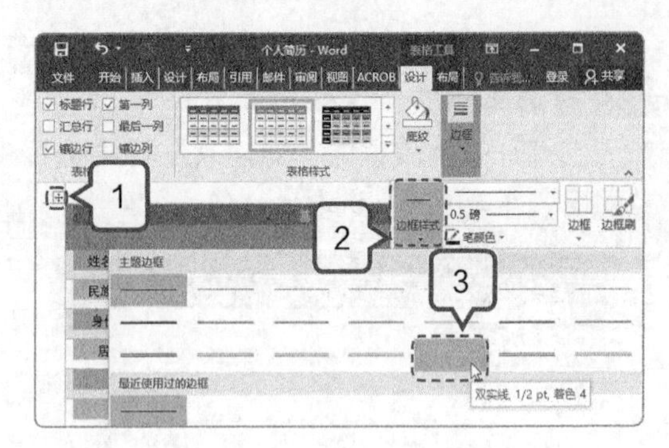

第 2 步 选择边框

❶ 在“边框”组中单击“边框”按钮；❷ 在打开的列表中选择“外侧框线”选项。

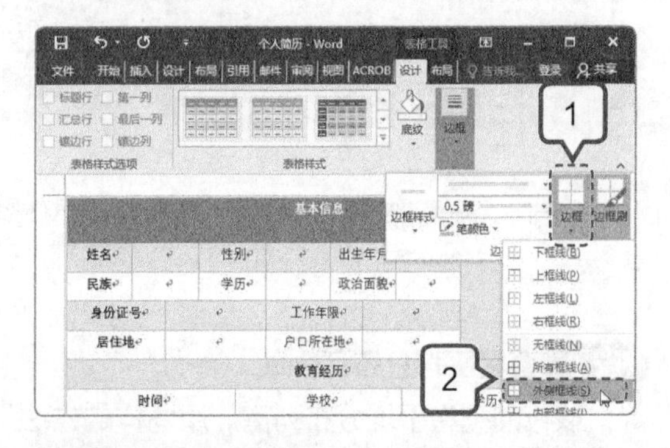

第 3 步 选择底纹颜色

❶ 选择表格的第 1 行；❷ 在“表格工具→设计→表格样式”组中单击“底纹”按钮；❸ 在打开的列表中选择“浅绿”选项。

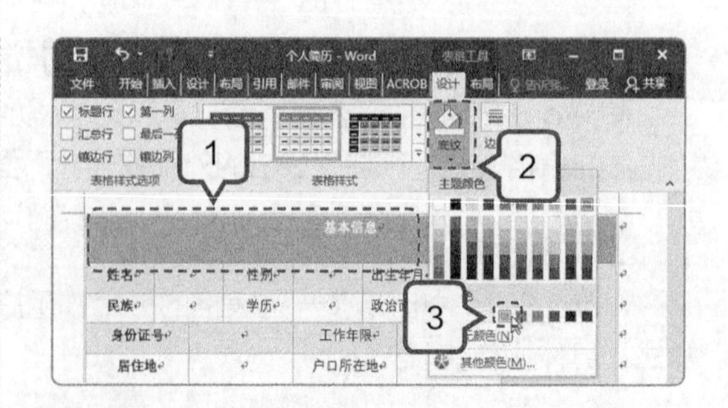

第 4 步 设置单元格底纹

用同样的方法为表格的倒数第 2 行、第 5 行和第 8 行单元格设置同样的底纹。

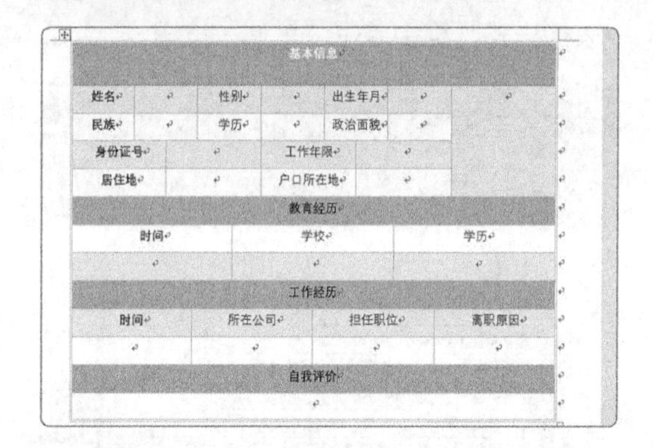

第 5 步 输入标题并调整行高

在文档中输入标题，适当插入行，并设置文本的格式，调整行高。

7.3.4 其他简历

除了本节介绍的表格式简历外，平时常见的还有很多种不同类型的简历文档。读者可以根据以下思路，结合自身需要进行制作。

1. 一般式简历——《一般式简历》

一般式简历主要通过文本的形式将个人的经历和成绩列举出来，其格式类似于书信，常见于党政机关。具体效果如图所示。

简历

尊敬的主管领导：

您好！

感谢您百忙之中查阅我的个人资料，在此我谨以一个应届毕业生真实的一面接受您的挑选。我现在就读于 XX 大学，主修 XX 专业，是第 XX 届毕业生。

当您翻开这一页的时候，您已经为我打开了通往机遇与成功的第一扇大门，再次感谢您阅读我的材料，希望它不同于您手中若干份雷同的求职材料，并且能够有助您在激烈的市场竞争与知识经济的大潮中录求到您所需的人才。

2. 分段式简历——《个人简历 2.0》

分段式个人简历将个人的经历一一列举出来，在视觉上能引导人按照顺序阅读，有利于让 HR（Human Resource，人力资源）快速了解简历内容。具体效果如图所示。

张伟

[四川省/成都市/金牛区/XX 路] | zhangwei12366@Outlook.com | 182********

目标 | 半年内了解所在岗位工作内容，一年熟练本职工作。拓展知识层面，增加自我价值。

技能 | 熟练使用 Adobe 公司的图形图像软件，如 Photoshop、Illustrator、InDesign。

以及一些视频软件如 Adobe aftereffect，和 3D 建模软件 3DsMax 等。

经验 | XX 文化有限公司

2011 年 6 月-2013 年 6 月

负责公司图片的处理和后期工作，以及一些稿件的排版工作。

XX 设计有限公司

2013 年 10 月-2016 年 12 月

Logo 的设计和制作，图书封面设计，以及一些动效的制作。

本节视频教学时间 / 9 分钟

本章所选择的案例均为典型的图文文档，主要利用 Word 2016 进行排版，涉及文字和段落的设置、图片、形状、SamrtArt 图形，以及表格等知识点。以下列举三个典型长文档的制作思路。

1. 错落有致的企业组织结构

企业组织结构形象地反映了组织内各机构、岗位之间的关系，是公司组织结构最直观的反映，也是对组织功能的一种侧面诠释。制作组织结构图可按照以下思路进行。

第 1 步 插入并调整组织结构

创建文档，插入组织结构图，并设置好各级结构。

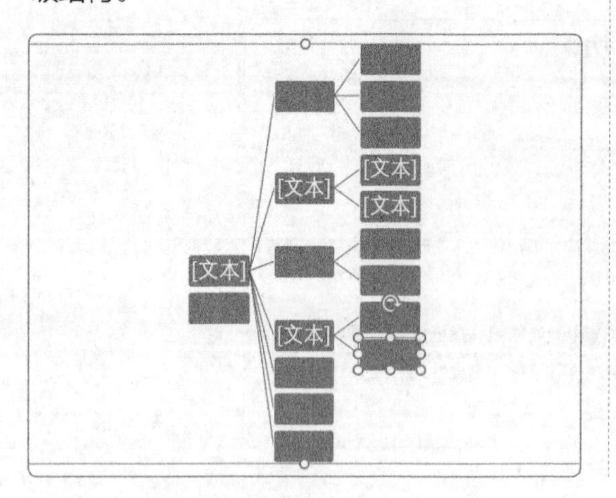

第 2 步 输入文字并设置格式

在形状中输入各级文字，并设置文字和形状的格式。

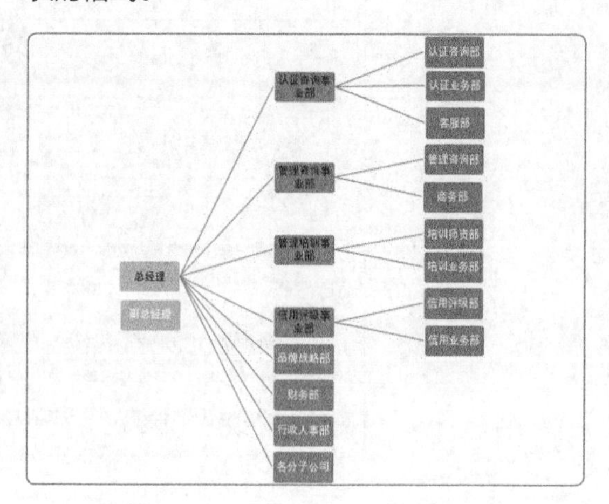

2. 员工档案要明晰

员工档案是企业在招用、考核等工作中形成的有关员工个人经历、业务技术水平及工作变动等情况的文件材料。制作员工档案要让人一目了然，可按照以下思路进行。

第 1 步 插入并设置表格

启动 Word，输入标题名称，插入表格，输入文字，并调整表格行列高宽。

第 2 步 设置表格格式

在“表格工具→设计→布局”选项卡中选择命令设置表格格式。

3. 注意《产品使用说明》的表达方式

产品使用说明主要以文字和图片为主，对某产品进行详细介绍。制作产品使用说明可按照以下思路进行。

第 1 步 输入文字并插入图片

创建说明文档，输入说明内容，并插入说明图片。

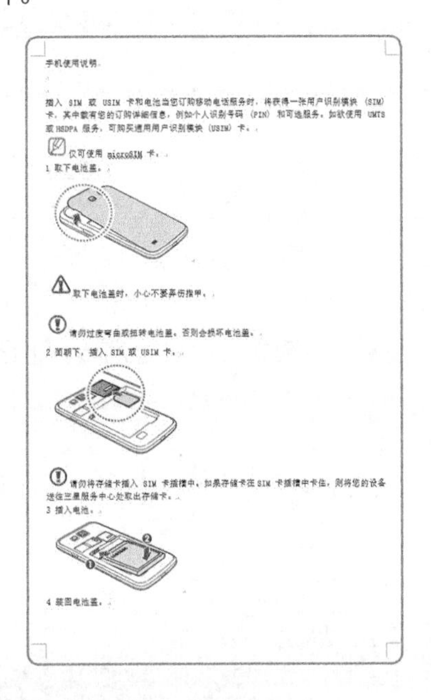

第 2 步 设置文字和图片格式

设置文字和段落格式，使用艺术字，添加底纹，最后设置图片环绕方式。

高手支招

1. 查找替换功能的高级用法

在编辑文档时，会经常使用“替换与查找”功能来查找、替换文档中相同的文字内容。需要注意的是，“替换与查找”功能也可以用于替换同一文档中的某些格式。下面以“通配符”为例，讲解如何查找并替换相似内容及格式。

第 1 步 输入查找内容

在“开始→编辑”组中选择“替换”选项，打开“查找和替换”对话框，在“查找内容”文本框中输入需要替换的格式，如“[一二三四五六七]@、”，将光标定位在“替换为”文本框中，单击 更多(M) >> 按钮，选中“使用通配符”复选框。单击 格式(O)▾ 按钮，在弹出的下拉列表中选择“样式”选项。

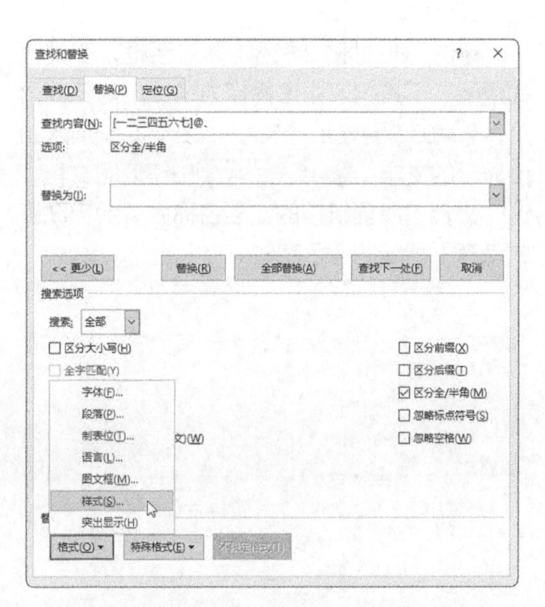

第 2 步 替换样式

打开“查找样式”对话框，在“查找样式”列表框中选择需要设置的样式。单击 确定 按钮返回“查找和替换”对话框，“替换为”文本框下会显示所选样式名称。单击 全部替换(A) 按钮对全文进行替换。

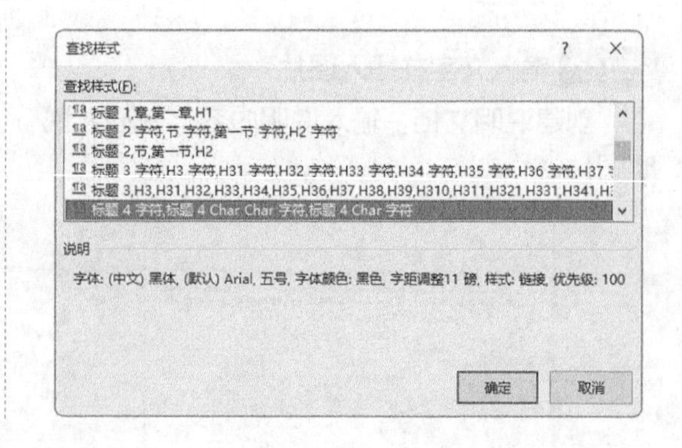

2. 文档中超链接的添加和取消

在编辑文摘时，常常需要在文档内部创建超级链接，以便在阅读中实现快捷跳转。下面讲解超链接的添加和取消方法。

第 1 步 选择对象

❶ 打开文档，选中某段文本，单击鼠标右键；❷ 在弹出的快捷菜单中选择“超链接”命令。

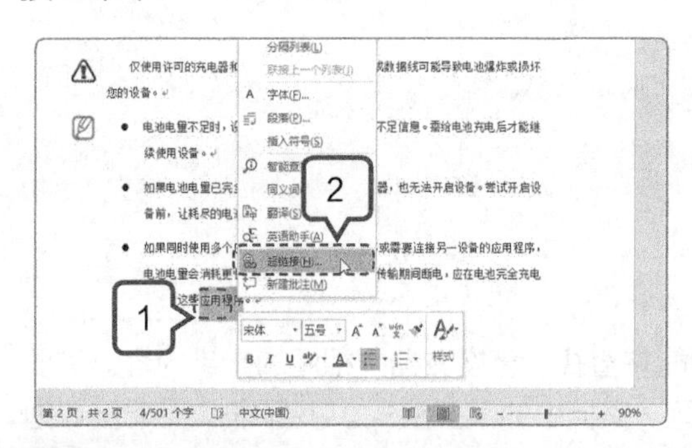

第 2 步 设置超链接

❶ 打开“插入超链接”对话框，在“查找范围”下拉列表中选择作为链接的对象或网页；❷ 在“要显示的文字”文本框中输入链接显示的文字；❸ 单击 确定 按钮返回文档，这时文档中所要链接的文档名称内容会自动变成带有下划线的蓝色字体。

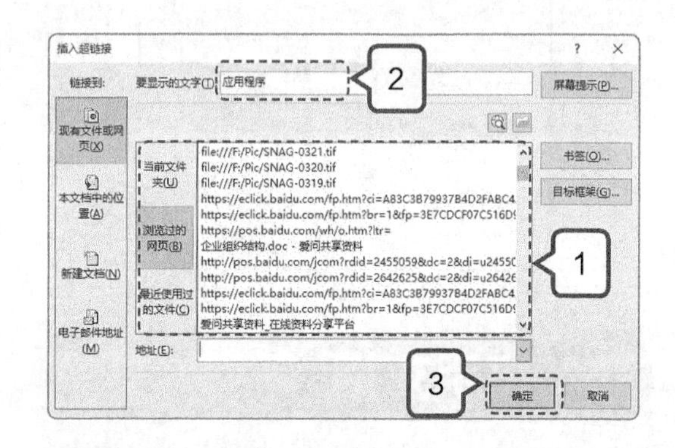

第 3 步 查看并取消超链接

此时选中的文本已添加超链接，默认蓝字 + 下划线，如图所示。若要取消超链接，只需选中已添加链接的文本，单击鼠标右键，在弹出的快捷菜单中选择“取消超链接”命令即可。

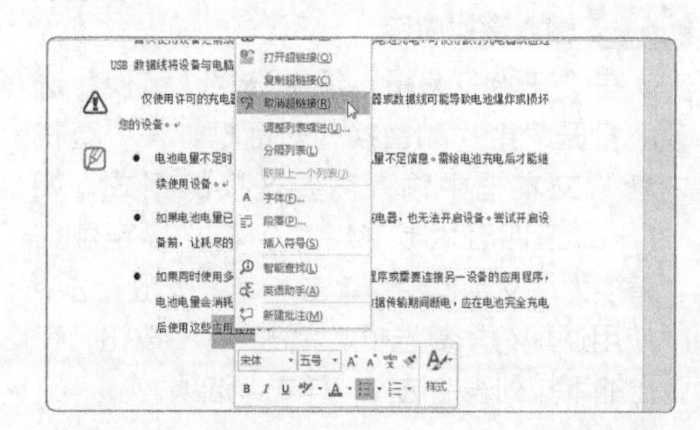

Chapter 08

高级应用——编排和打印长文档

本章视频教学时间 / 31 分钟

技术分析

通常所说的“长文档”，一般具有以下特点。

- 篇幅较大，且结构复杂。
- 通常有一定的格式要求。
- 一般需要完整的封面、目录、正文，甚至摘要、序、索引、附录、后记等。
- 内容上既有文字，又有图片和表格，组成元素复杂。

此类长文档如果排版不当，就会产生条理不清、阅读不便、搜寻困难等一系列问题。我们工作和生活中常见的毕业论文、培训资料、合同、协议书、工作手册等，均属于长文档。本章通过《设备购销合同》《企业文化建设分析》和《市场调查报告》三个典型案例，系统介绍进行长文档排版需要掌握的具体操作。

思维导图

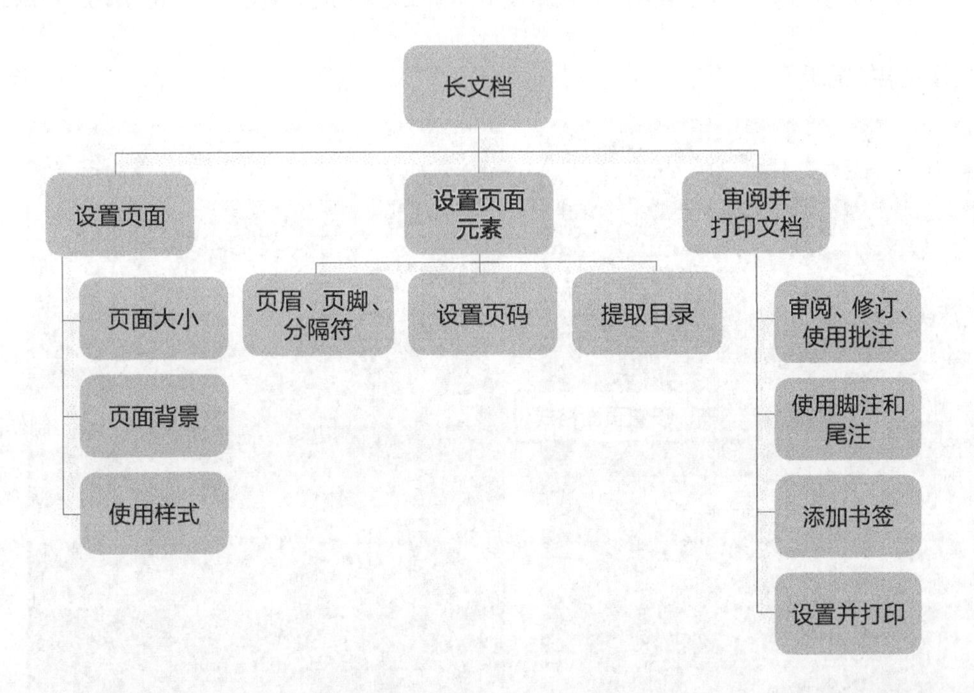

8.1 案例——制作《设备购销合同》文档

本节视频教学时间 / 10 分钟

案例名称	设备购销合同
素材文件	素材 \ 第 8 章 \ 设备购销合同 _ 素材文件 .docx
结果文件	结果 \ 第 8 章 \ 设备购销合同 _ 结果文件 .docx
扩展模板	扩展模板 \ 第 8 章

本案例是制作公司的设备购销合同。合同是当事双方之间设立、变更、终止民事关系并确定权利、义务关系的协议，受法律保护。

合同种类繁多，按内容不同，可分为聘用合同、借调合同、停薪留职合同、技术转让合同、技术开发合同等多种。

（1）聘用合同：是确立聘用单位与应聘者之间权利义务关系的协议。

（2）借调合同：是借调单位、被借调单位与借调职工之间，为借调职工从事某种工作，明确相互权利义务关系的协议。

（3）停薪留职合同：是指职工为了在一定期限内脱离原岗位而与用人单位签订的合同。

（4）技术转让合同：指当事人之间就专利申请权转让、专利实施许可、技术秘密转让所订立的合同。

（5）技术开发合同：指当事人之间就新技术、新工艺和新材料及其系统的研究开发所订立的合同。

具体效果如图所示。

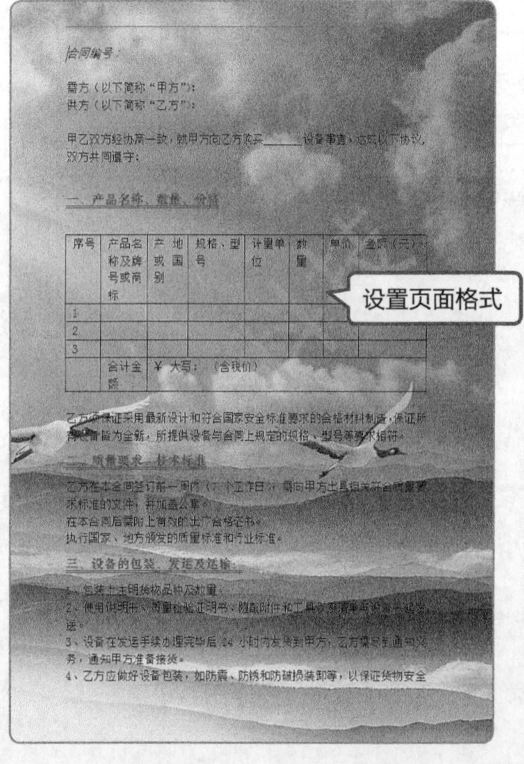

合同编号：

需方（以下简称“甲方”）：
供方（以下简称“乙方”）：

甲乙双方经协商一致，就甲方向乙方购买______设备事宜，达成以下协议，双方共同遵守：

一、产品名称、数量、价格

序号	产品名称及牌号或商标	产地或国别	规格、型号	计量单位	数量	单价	金额（元）
1							
2							
3							
	合计金额	¥ 大写：（含税价）					

乙方应保证采用最新设计和符合国家安全标准要求的合格材料制造，保证所有设备均为全新，所提供设备与合同上规定的规格、型号等要求相符。

二、质量要求、技术标准

乙方在本合同签订前一周内（[illegible]个工作日），需向甲方出具相关符合质量要求标准的文件，并加盖公章。
在本合同后需附上有效的出厂合格证书。
执行国家、地方颁发的质量标准和行业标准。

三、设备的包装、发运及运输：

1、包装上注明货物品种及数量。
2、使用说明书、质量检验证明书、随配附件和工具以及清单由设备一起发运。
3、设备在发运手续办理完毕后 24 小时内发货到甲方，乙方需尽到通知义务，通知甲方准备接货。
4、乙方应做好设备包装，如防震、防锈和防破损装卸等，以保证货物安全

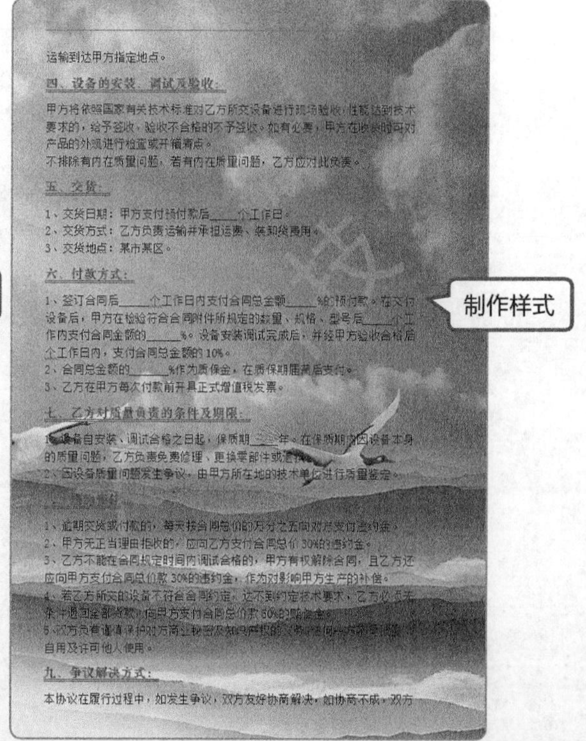

运输到达甲方指定地点。

四、设备的安装、调试及验收：

甲方将依照国家有关技术标准对乙方所交设备进行现场验收，性能达到技术要求的，给予签收，验收不合格的不予签收。如有必要，甲方在收货时可对产品的外观进行检查或开箱清点。
不排除有内在质量问题，若有内在质量问题，乙方应对此负责。

五、交货：

1、交货日期：甲方支付预付款后____个工作日。
2、交货方式：乙方负责运输并承担运费、装卸货费用。
3、交货地点：某市某区。

六、付款方式：

1、签订合同后____个工作日内支付合同总金额____%的预付款。在交付设备后，甲方在检验符合合同附件所规定的数量、规格、型号后____个工作内支付合同金额的____%。设备安装调试完成后，并经甲方验收合格后个工作日内，支付合同总金额的 10%。
2、合同总金额的____%作为质保金，在质保期届满后支付。
3、乙方在甲方每次付款前开具正式增值税发票。

七、乙方对质量负责的条件及期限：

1、设备自安装、调试合格之日起，保质期____年。在保质期内因设备本身的质量问题，乙方负责免费修理、更换零部件或退换。
2、因设备质量问题发生争议，由甲方所在地的技术单位进行质量鉴定。

八、违约责任

1、逾期交货或付款的，每天按合同总价的万分之五向对方支付违约金。
2、甲方无正当理由拒收的，应向乙方支付合同总价 30%的违约金。
3、乙方不能在合同规定时间内调试合格的，甲方有权解除合同，且乙方还应向甲方支付合同总价款 30%的违约金，作为对影响甲方生产的补偿。
4、若乙方所交的设备不符合合同约定，达不到约定技术要求，乙方必须无条件退回全部货款，向甲方支付合同总价款 50%的赔偿金。
5、双方负有谨慎保护对方商业秘密及知识产权的义务，[illegible]
自用及许可他人使用。

九、争议解决方式：

本协议在履行过程中，如发生争议，双方友好协商解决，如协商不成，双方

/ 合同的组成要素

名称	是否必备	要求
标题	必备	合同的标题多由适用对象和文种两部分组成
正文	必备	合同的正文一般采用分条式的写法，对合同双方涉及的权利和义务有明确的规定，内容比较全面、详细，语言比较严谨
签订合同各方的签名、日期、合同有效期等	必备	合同中都包含签订合同各方的签名、日期、合同有效期等内容，一般位于合同尾部
附件	可选	附件部分可有可无，一般是对正式合同的补充说明和阐述

/ 技术要点

（1）设置页面大小和方向。

（2）设置页面边距。

（3）设置图片填充和水印。

（4）应用内置样式。

（5）创建、修改并保存样式。

/ 操作流程

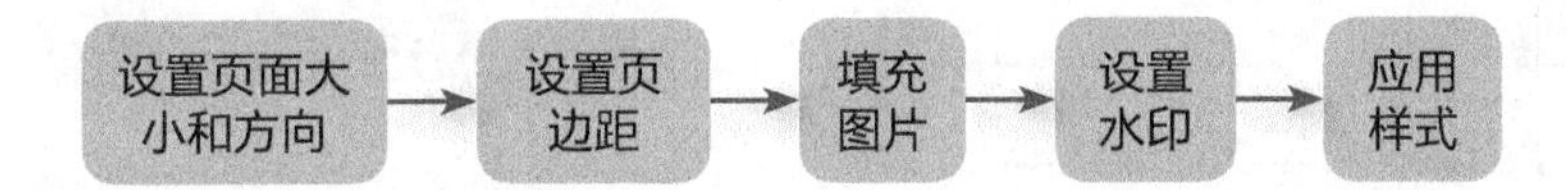

8.1.1 “设置”文档里的页面

设置文档页面是指对文档页面的大小、方向和页边距等进行设置。不同的文档对页面的要求通常不同，所以在制作文档时，通常需要先调整页面，下面进行具体介绍。

1. 设置页面大小

常用的纸张大小为 A4、16 开、32 开等。为了便于打印，用户可以根据需要自定义设置纸张大小。下面打开文档，将其页面设置为“A4”，具体操作步骤如下。

第 1 步 选择页面大小

❶ 打开“设备购销合同 - 素材文件 .docx”文档，在“布局→页面设置”组中单击“纸张大小”按钮；❷ 在打开的列表框中选择“A4”选项。

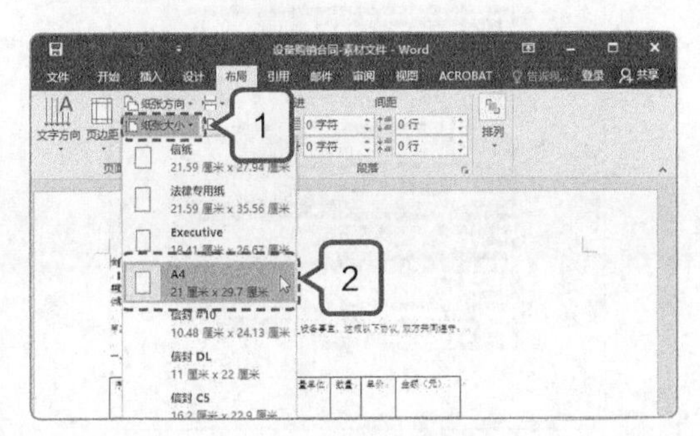

第 2 步 查看效果

此时文档页面尺寸发生了改变，如图所示。

2. 设置页面方向

对于某些特殊文件来说，有时还需要对页面方向进行设置。在本例中，需要将文档的页面和文字方向设置为“纵向”，具体操作步骤如下。

第1步 设置纸张方向

❶ 在“布局→页面设置”组中单击“纸张方向”按钮；❷ 在打开的列表框中选择“纵向”选项。

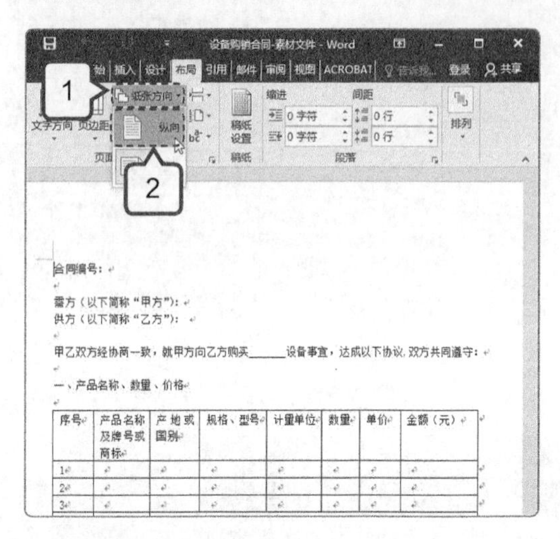

第2步 查看页面效果

返回 Word 2016 工作界面，即可看到文档的纸张由横向变成了纵向。

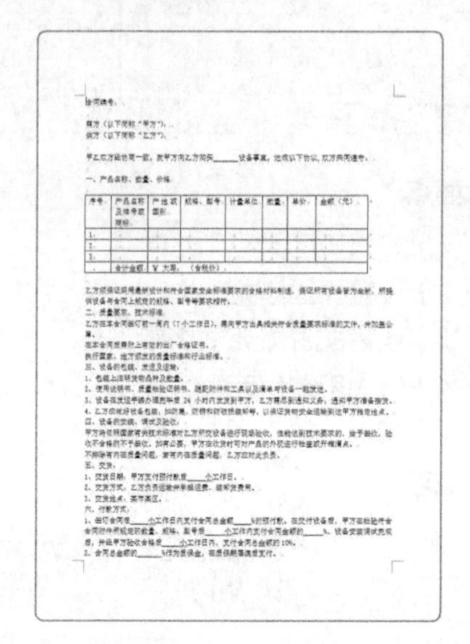

3. 设置页边距

页边距是指页面四周的空白区域，也就是页面边线到文字的距离，Word 2016 允许用户自己定义页边距。下面为文档设置页边距，具体操作步骤如下。

第1步 设置页边距

❶ 在“布局→页面设置”组中单击“页边距”按钮；❷ 在打开的列表框中选择“普通”选项。

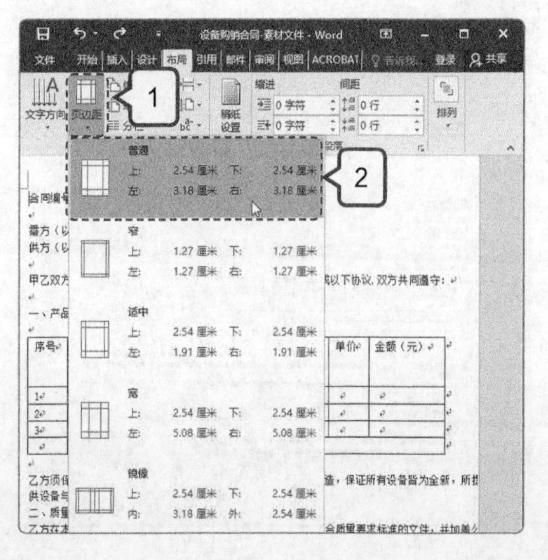

第2步 查看效果

返回 Word 2016 工作界面，即可看到文档的页边距已设置为普通页边距的效果。

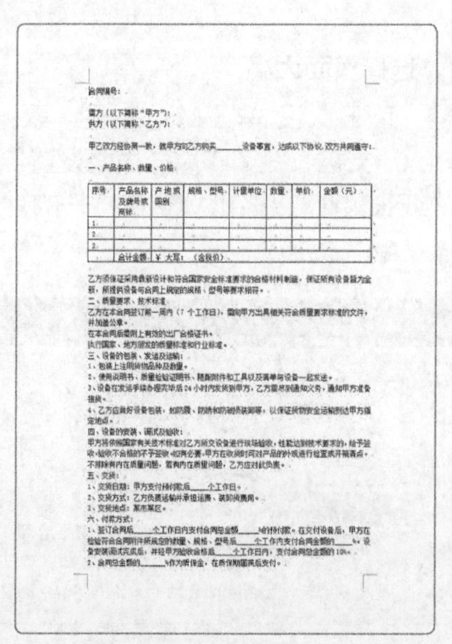

8.1.2 为页面“锦上添花”

颜色或图案可以用来吸引观众注意，通常最常用的办法就是为页面设置背景，如设置页面的颜色、填充效果和水印等。下面介绍在 Word 文档中设置页面背景的相关操作。

1. 设置背景颜色

在 Word 2016 文档中，用户可以根据需要设置页面的颜色。下面为文档设置背景颜色，具体操作步骤如下。

第 1 步 设置简单颜色

❶ 在“设计→页面背景”组中单击“页面颜色”按钮；❷ 在打开的列表的“标准色”栏中选择“绿色，个性色 6，淡色 80%”选项。

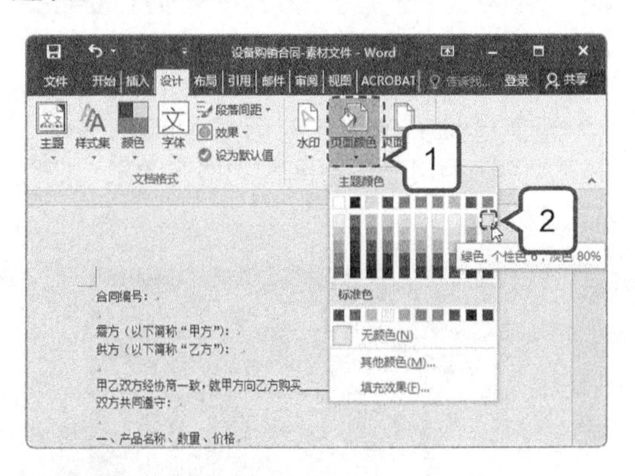

第 2 步 自定义颜色

❶ 在“设计→页面背景”组中单击“页面颜色”按钮；❷ 在打开的列表中选择“其他颜色”选项。

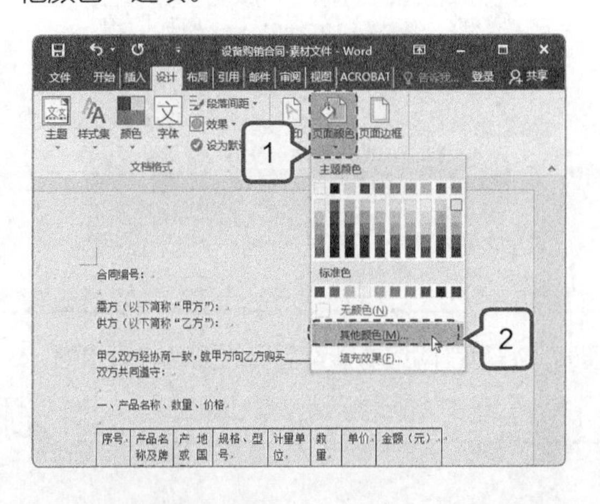

第 3 步 设置颜色

❶ 打开“颜色”对话框的“自定义”选项卡，在“颜色”区域中单击选择颜色，或者在下面的“颜色模式”下拉列表框中选择颜色模式，然后在下面的数值框中输入颜色对应的数值；❷ 单击 确定 按钮即可自定义背景颜色。

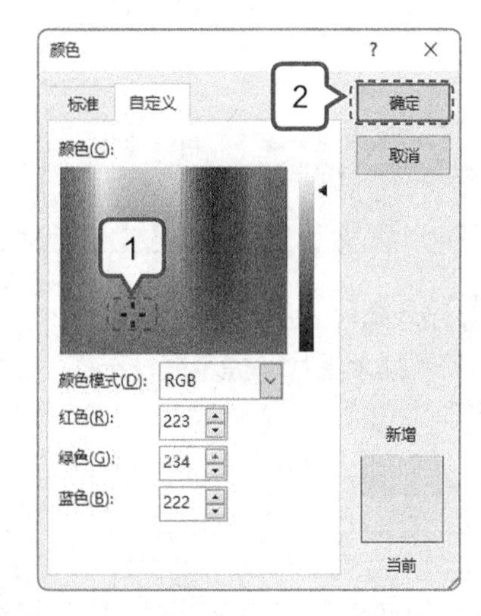

提示

在“设计→页面背景”组中单击“页面颜色”按钮，在打开的列表中选择“填充效果”选项，可在打开的对话框中为页面设置渐变填充、纹理填充、图案填充、图片填充这 4 种背景填充方式。

2. 设置图片填充

对于企业文档来说，一般还可在文档背景内容上添加代表性的图片。下面在文档中设置图片填充，具体操作步骤如下。

第 1 步 选择图片填充

❶ 在“设计→页面背景”组中单击“页面颜色”按钮，在打开的列表中选择“填充效果”选项，在打开的“填充效果”对话框中单击“图片”选项卡；❷ 单击 选择图片(L)... 按钮。

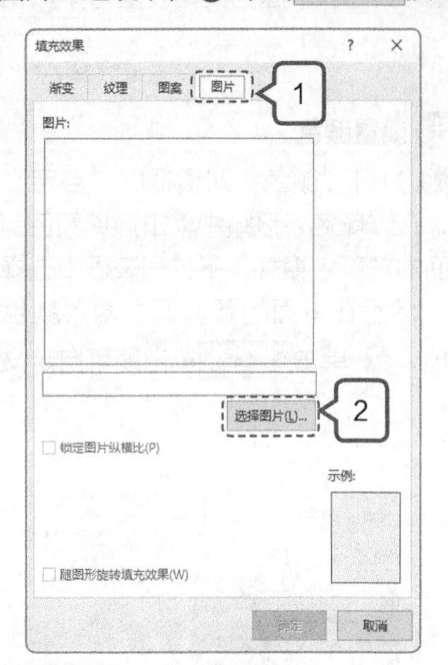

第 2 步 插入图片

打开“插入图片”提示框，选择“来自文件”选项。

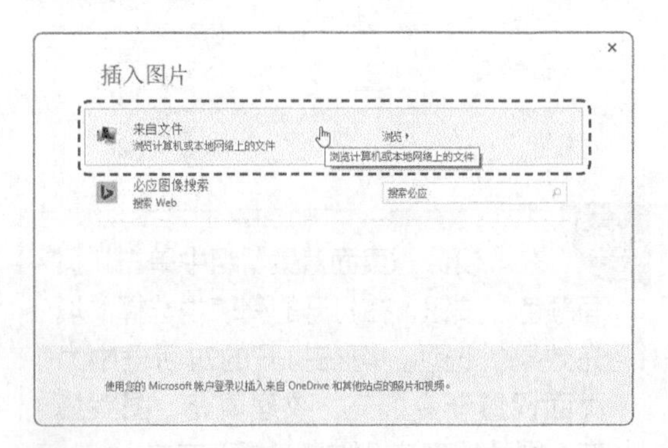

第 3 步 选择图片

❶ 打开“选择图片”对话框，选择图片；❷ 单击“插入”按钮。

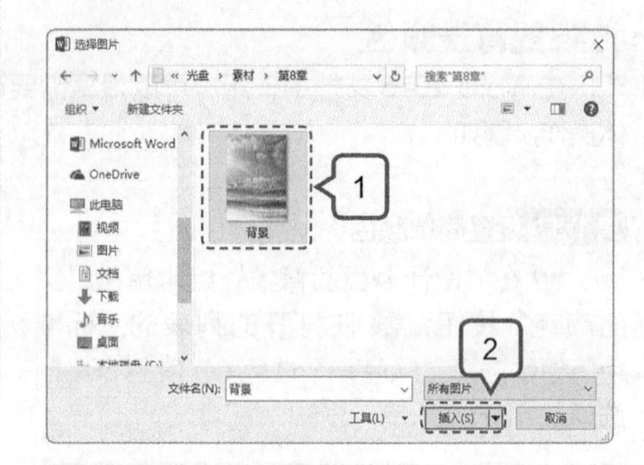

第 4 步 查看图片背景效果

返回“填充效果”对话框，单击 确定 按钮，即可为页面设置图片的填充效果，如图所示。

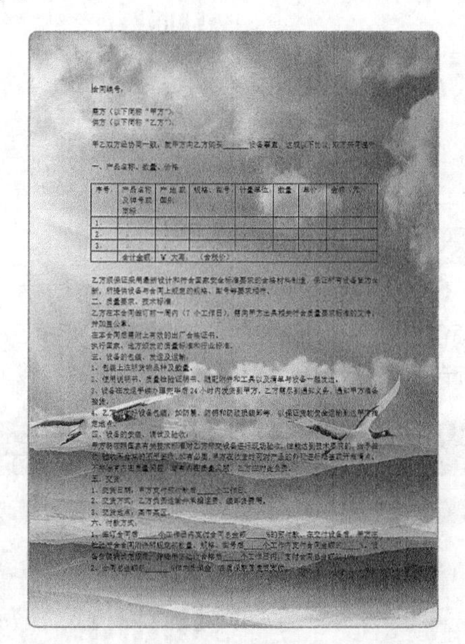

> **提示** 在“插入图片”对话框中选择“必应图片搜索”，可在网络中搜索需要的图片并直接插入文档中。

3. 自定义水印

在文档中插入水印是一种用来标注文档和防止盗版的有效方法，一般是插入公司的标志、图片或是某种特殊文字。通过为 Word 文档添加水印，可以增强文档的可识别性。下面为文档设置内置的样本水印，具体操作步骤如下。

第 1 步 选择操作

❶ 单击“水印”按钮；❷ 在打开的下拉列表框中选择“自定义水印”选项。

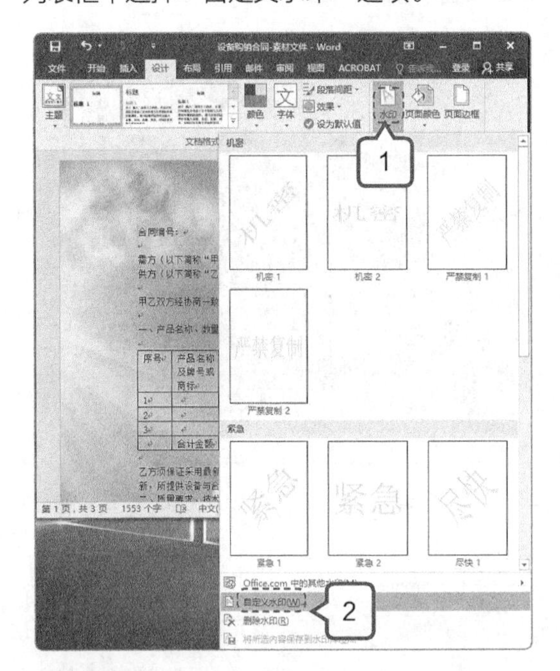

第 2 步 设置水印

❶ 打开“水印”对话框，单击选中“文字水印”单选项；❷ 在“文字”下拉列表框中输入“XX 科技”；❸ 在“字体”下拉列表框中选择“黑体”选项；❹ 在“颜色”下拉列表框中选择“绿色”选项；❺ 单击 确定 按钮。

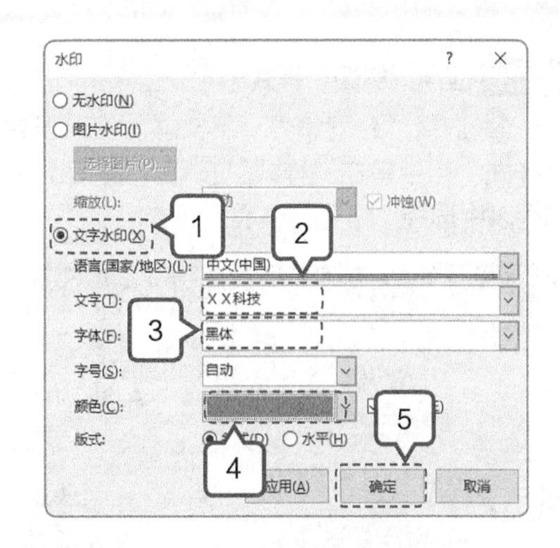

第 3 步 查看自定义文本水印效果

返回 Word 2016 工作界面，即可看到自定义的文本水印效果。

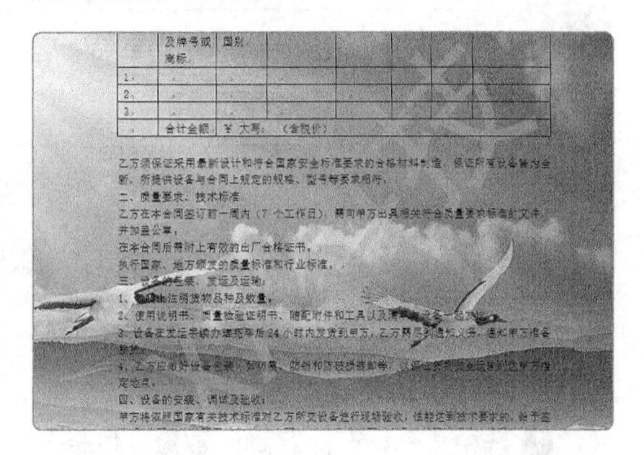

> **提示**
>
> 单击“水印”按钮，在打开的列表中也可直接选择一种默认的水印样式。除了文字水印外，还可添加图片水印。在打开的“水印”对话框中，单击选中“图片水印”单选项，单击 选择图片(P)... 按钮，在打开的对话框中选择图片即可。

8.1.3 通过“样式”快速设置格式

样式是多种格式的集合，对于一些反复使用的格式，可将其创建为样式，直接进行套用。Word 2016 提供了许多内置样式，可以直接使用，也可手动创建新样式，或对样式进行修改和删除。

1. 套用内置样式

内置样式是指 Word 2016 中自带的样式，包括“标题”“要点”等多种样式效果。下面为文档应用内置的样式，具体操作步骤如下。

第1步 应用“标题”样式

❶ 选择“合同编号：”文本，在“开始→样式”组中单击“样式”按钮；❷ 在打开的列表中选择“强调”选项。

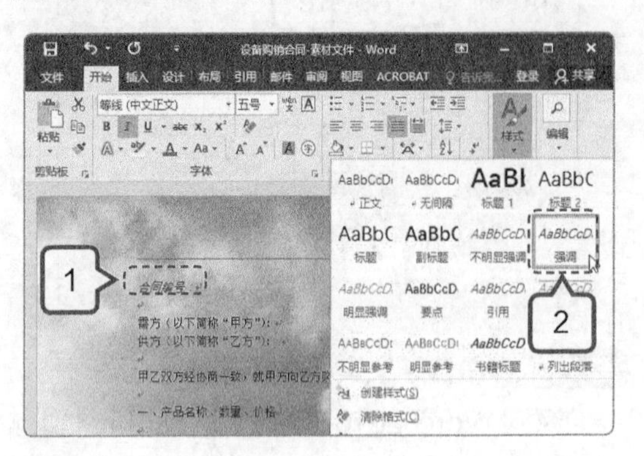

第2步 样式设置结果

此时被选中的文本被赋予了选择的样式，效果如图所示。

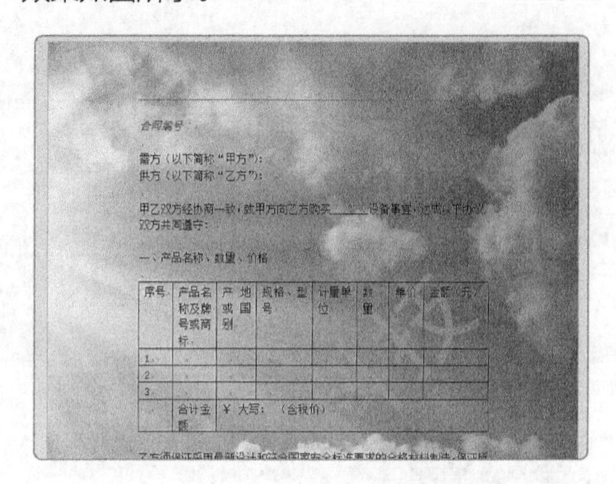

> **提示**
>
> 选择设置了样式的文本，在“样式”组中单击“样式”按钮，在打开的列表中选择“清除格式”选项，可清除设置的样式。

2. 创建样式

在 Word 2016 中还可以创建新的样式，以满足不同的需要。下面在文档中创建新的样式，具体操作步骤如下。

第1步 选择操作

❶ 选中“一、产品名称、数量、价格”文本；❷ 在“样式”窗格中单击“新建样式”按钮。

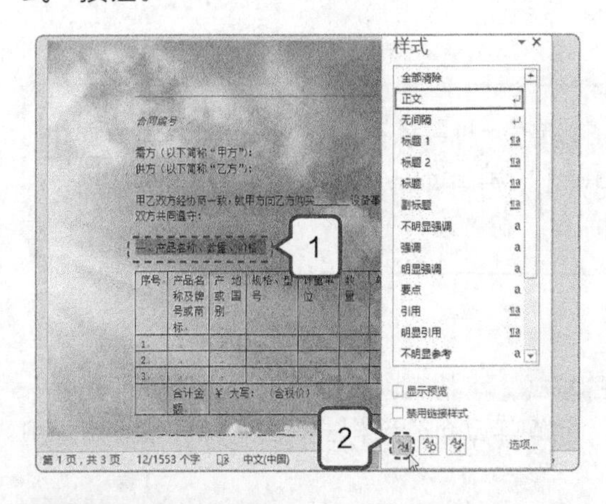

第2步 设置样式格式

❶ 打开“根据格式设置创建新样式”对话框，在“属性”栏的“名称”文本框中输入“样式 1”；❷ 在“格式”栏的“字体”下拉列表框中选择“方正大标宋简体”选项；❸ 在“字号”下拉列表框中选择“小四”选项；❹ 单击 格式(O)▾ 按钮；❺ 在打开的列表中选择“字体”选项。

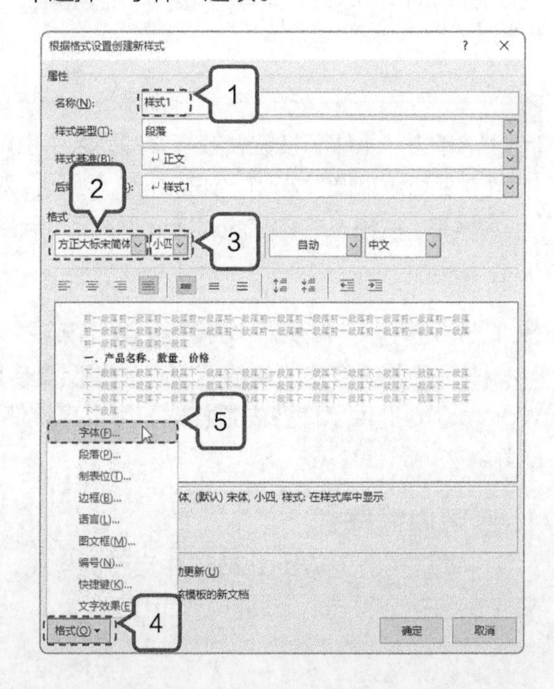

第3步 设置字体颜色

❶ 打开"字体"对话框的"字体"选项卡，在"所有文字"栏的"字体颜色"下拉列表框中选择"紫色"选项；❷ 在"下划线线型"栏中选择双行线；❸ 单击 确定 按钮。

第4步 完成创建样式

返回"修改样式"对话框，单击 确定 按钮，即可完成样式的创建，并将该样式应用到其他标题上，效果如图所示。

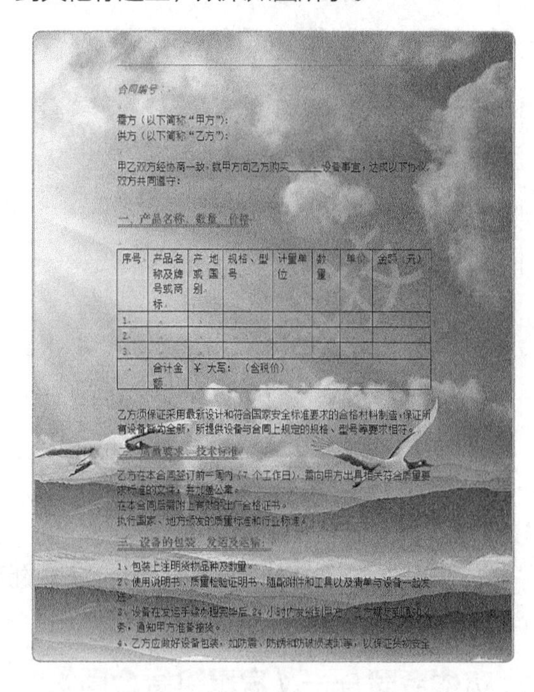

3. 保存样式集

Word 2016 中的样式集是众多样式的集合，可以将诸如论文格式中所需要的众多样式存储为一个样式集，以便之后多次使用。下面将前面设置了样式的"员工手册.docx"文档保存为样式集，具体操作步骤如下。

第1步 设计其他文档格式

❶ 在"设计→文档格式"组中单击"样式集"按钮；❷ 在打开的列表中选择"另存为新样式集"选项。

> **提示** 在"样式"窗格中选中样式，单击右侧的下拉按钮▾，在弹出的列表中选择"修改"命令，可在打开的"修改样式"对话框中对样式的格式进行修改。

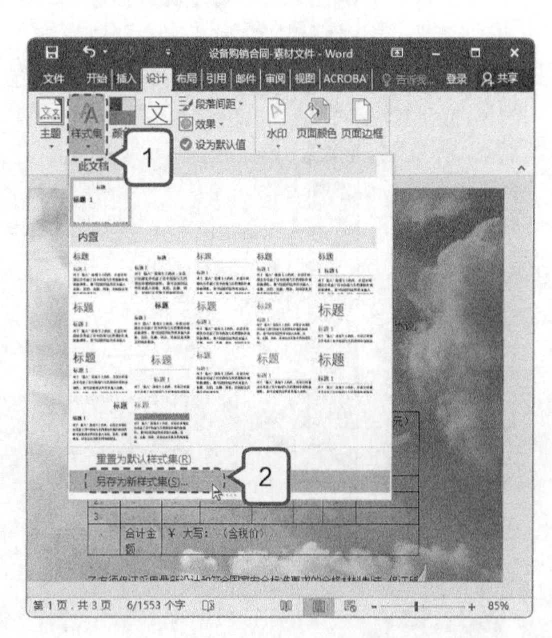

第 2 步 **设置保存**

❶ 打开“另存为新样式集”对话框，在“文件名”下拉列表框中输入“新建样式集”；❷ 单击 保存(S) 按钮。

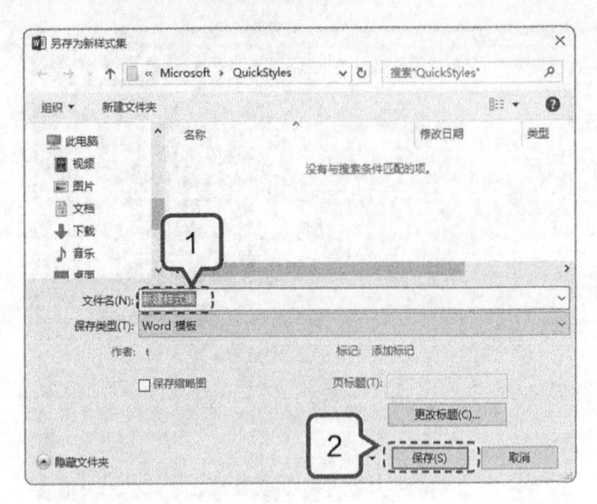

第 3 步 **完成新样式集的创建**

在“文档格式”组中单击“样式集”按钮，在打开的列表的“自定义”栏中，即可看到创建的新的“新建样式集”样式集。

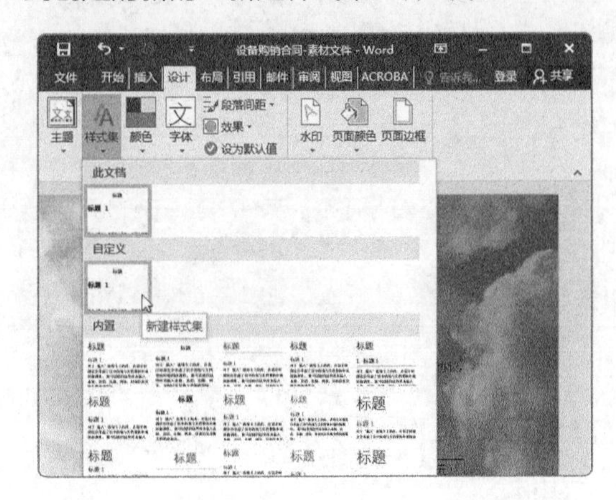

8.1.4 其他合同

除了本节介绍的购销合同外，平时常见的还有很多种不同类型的合同。读者可以根据以下思路，结合自身需要进行制作。

1. 有偿合同——《房屋租赁合同》

有偿合同主要发生在有金钱交易的时候，不只是商品的交易，如房屋租赁、商品出租等都需签订此类合同。此类合同内容通常直截了当，将双方责任划分得十分清楚。在了解房屋租赁合同的相关要求后，即可开始制作合同。具体效果如图所示。

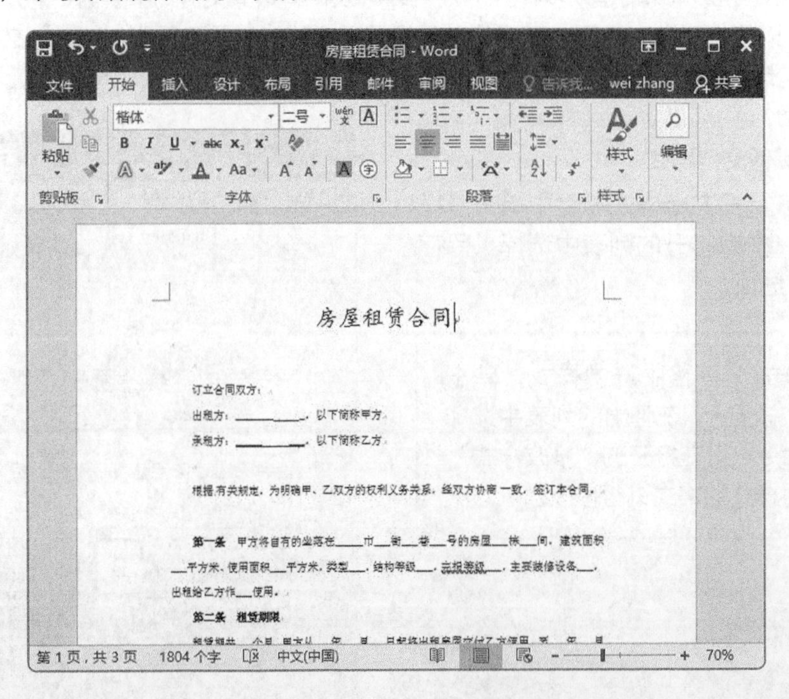

2. 要式合同——《借款合同》

要式合同是指法律、行政法规规定，或者当事人约定应当采用书面形式的合同。要式合同双方必须就合同的内容达成合意，并且合同一方要履行其主要义务，合同另一方需接受履行。了解要式合同内容后，即可开始制作合同。具体效果如图所示。

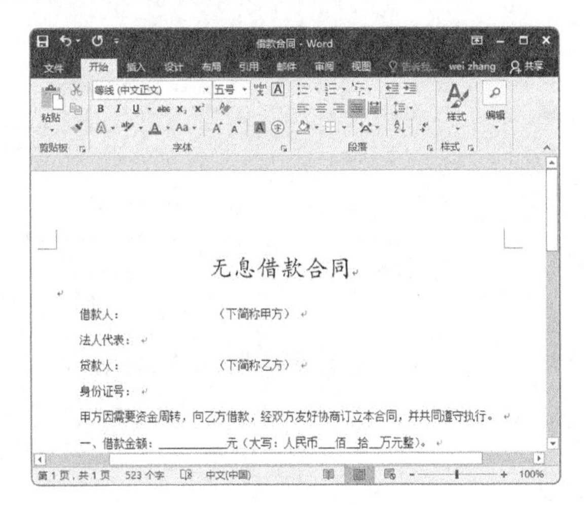

8.2 案例——制作《企业文化建设分析》文档

本节视频教学时间 / 11 分钟

案例名称	企业文化建设分析
素材文件	素材 \ 第 8 章 \ 企业文化建设分析 _ 素材文件 .docx、Logo.png
结果文件	结果 \ 第 8 章 \ 企业文化建设分析 _ 结果文件 .docx
扩展模板	扩展模板 \ 第 8 章

本案例要求制作企业文化建设分析文档。企业文化是企业在经营管理过程中创造的具有本企业特色的精神财富的总和，能最大限度地统一员工意志，规范员工行为，凝聚员工力量，为企业总目标服务。

企业文化的建设应符合以下几个原则。

（1）以人为中心。企业文化中的人，不仅指企业家、管理者，还应该包括全体职工。企业文化建设中要关心人、尊重人。企业团体意识是企业全体成员共同的价值观念，有一致的奋斗目标。

（2）切忌形式主义。企业文化是一种意识形态，通过企业或职工的行为表现出来。建设企业文化必须首先从职工的思想观念入手，树立正确的价值观念，在此基础上形成企业精神和企业形象，防止形式主义。

（3）注重个性。文化随着企业发展而形成，每个企业都有自己的历史传统和经营特点。企业文化建设要充分利用这一点，建设具有自己特色的文化。有了自己的特色，企业才有竞争的优势。

具体效果如图所示。

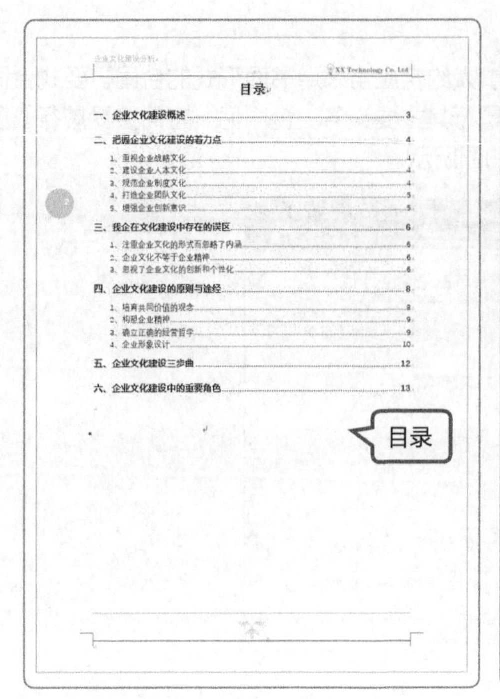

XX Technology Co. Ltd

目录

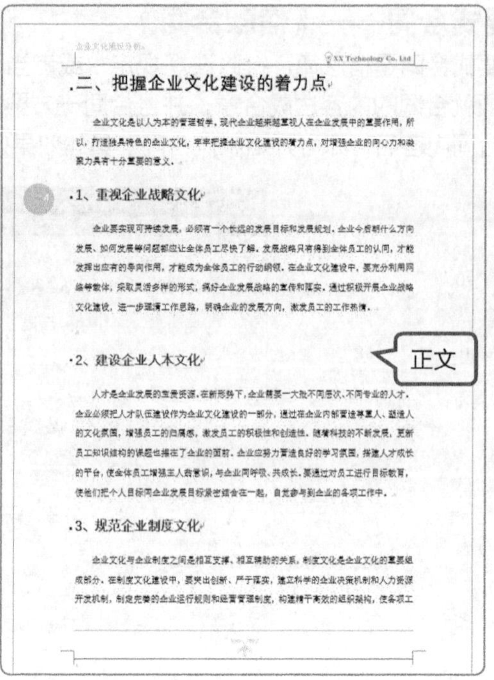

XX Technology Co. Ltd

二、把握企业文化建设的着力点

企业文化是以人为本的管理哲学，现代企业越来越重视人在企业发展中的重要作用，所以，打造独具特色的企业文化，牢牢把握企业文化建设的着力点，对增强企业的向心力和凝聚力具有十分重要的意义。

1、重视企业战略文化

企业要实现可持续发展，必须有一个长远的发展目标和发展规划，企业今后朝什么方向发展、如何发展等问题都应让全体员工尽快了解。发展战略只有得到全体员工的认同，才能发挥出应有的导向作用，才能成为全体员工的行动纲领。在企业文化建设中，要充分利用网络等载体，采取灵活多样的形式，搞好企业发展战略的宣传和落实。通过积极开展企业战略文化建设，进一步理清工作思路，明确企业的发展方向，激发员工的工作热情。

2、建设企业人本文化

人才是企业发展的宝贵资源。在新形势下，企业需要一大批不同层次、不同专业的人才。企业必须把人才队伍建设作为企业文化建设的一部分，通过在企业内部营造尊重人、塑造人的文化氛围，增强员工的归属感，激发员工的积极性和创造性。随着科技的不断发展，更新员工知识结构的课题也摆在了企业的面前。企业应努力营造良好的学习氛围，搭建人才成长的平台，使全体员工增强主人翁意识，与企业同呼吸、共成长。要通过对员工进行目标教育，使他们把个人目标同企业发展目标紧密结合在一起，自觉参与到企业的各项工作中。

3、规范企业制度文化

企业文化与企业制度之间是相互支撑、相互辅助的关系，制度文化是企业文化的重要组成部分。在制度文化建设中，要突出创新、严于落实，建立科学的企业决策机制和人力资源开发机制，制定完善的企业运行规则和经营管理制度，构建精干高效的组织架构，使各项工

/ 企业文化的特点

名称	要求
独特性	每个企业都有独特的文化氛围、企业精神、经营理念，也有自己企业里形成的价值观，因此形成的企业文化也各不相同的，有其独特的特点
难传递	企业文化是企业内部成员认同的一套价值体系，包括价值观、职业道德、行为规范和准则等。这套价值体系能极大地促进企业的发展，已经发展至适合这个企业的体系，虽然能被其他企业认可，但并不一定适用于其他企业
难模仿	技术创新可以模仿，但企业文化无法模仿。企业文化的独特性，使其成为了一套复杂的体系，也是企业核心，是企业可持续发展的基本驱动力。就算同一类型的企业，其文化也不会相同。任何企业都是有文化的

/ 技术要点

（1）插入分节符、分页符。

（2）插入并设置页眉和页脚。

（3）插入并设置页码。

（4）提取目录。

（5）修改目录样式并更新目录。

/ 操作流程

8.2.1 设置文档页面的“边角”

在文档中，可在页面中插入分隔符，以区分不同的内容；也可在页面的顶部或底部区域，插入公司标志、文件名或日期等内容制作页眉和页脚，最后还可提取目录，让文档的结构大纲最先展示出来。

1. 插入分隔符

分隔符包括分页符和分节符。为文档某些页或某些段落单独进行设置时，可能会自动插入分隔符。下面在文档中插入分隔符，具体操作步骤如下。

第 1 步 插入分页符

❶ 打开素材文档，将鼠标光标定位到“目录”文本左侧；❷ 在“插入→页面”组中单击“分页”按钮，即可将光标后面的文本移动到下一页中。

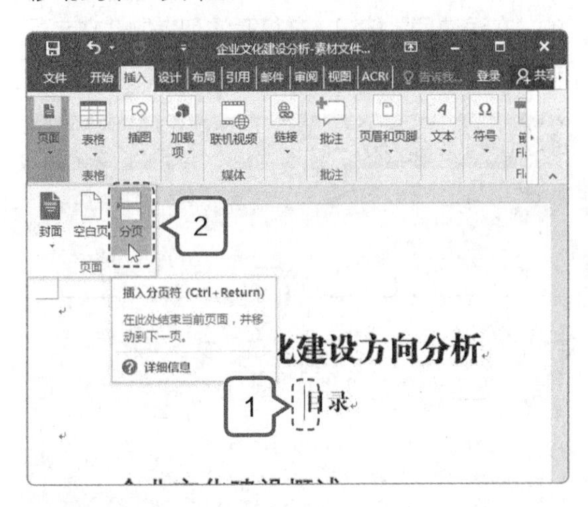

第 2 步 继续插入分页符

❶ 将鼠标光标定位到“一、企业文化建设概述”文本左侧，在“布局→页面设置”组中，单击“分隔符”按钮；❷ 在打开的列表的“分页符”栏中，选择“分页符”选项。

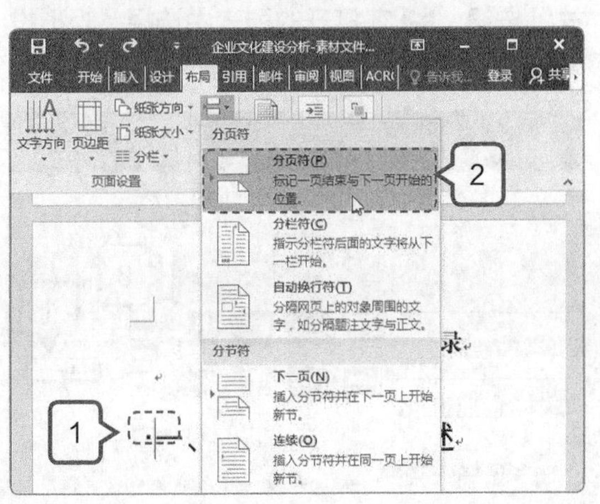

第 3 步 插入分节符

❶ 将鼠标光标定位到“二、把握企业文化建设的着力点”文本左侧，在“布局→页面设置”组中单击“分隔符”按钮；❷ 在打开的列表的“分节符”栏中，选择“下一页”选项。

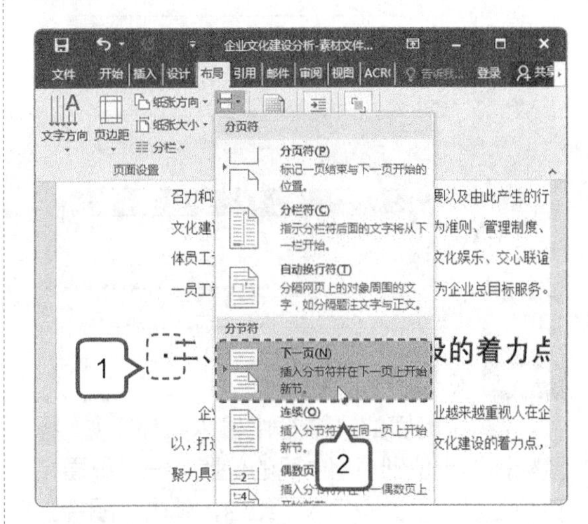

第 4 步 继续插入分节符

用相同的方法，在后面的一级标题文本左侧插入分节符。

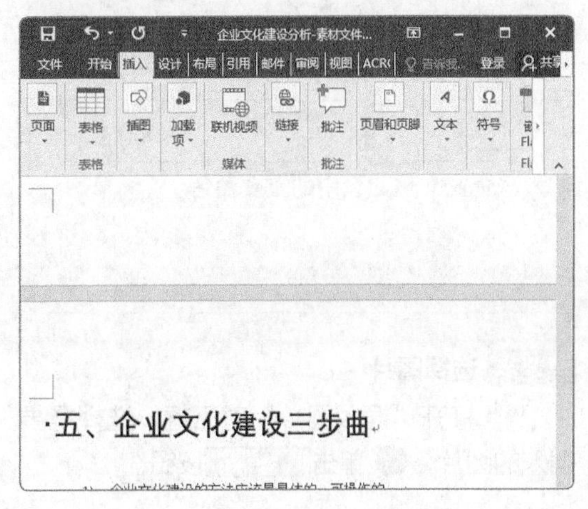

2. 插入页眉和页脚

为文档插入页眉和页脚可使文档的格式更整齐和统一。下面为文档插入页眉和页脚，其具体操作步骤如下。

第1步 插入页眉

❶ 在“插入→页眉和页脚”组中，单击“页眉”按钮；❷ 在展开列表的“内置”列表框中，选择“奥斯汀”选项。

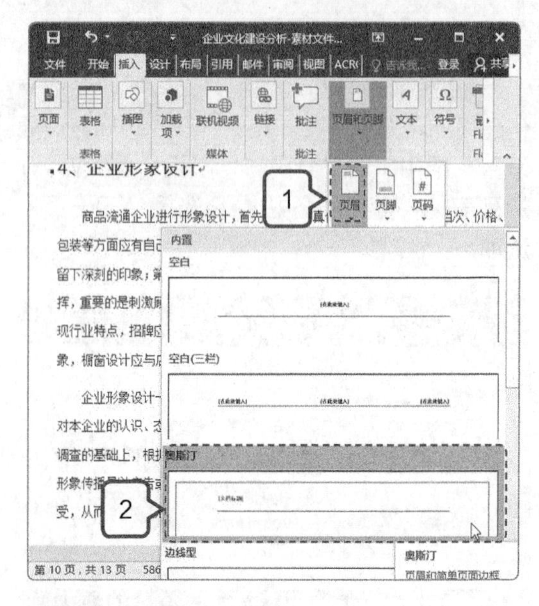

第2步 输入页眉文本

❶ 在页眉的文本框中输入文本；❷ 将鼠标指针定位到页眉中间的位置，在“页眉和页脚工具→设计→插入”组中，单击“图片”按钮。

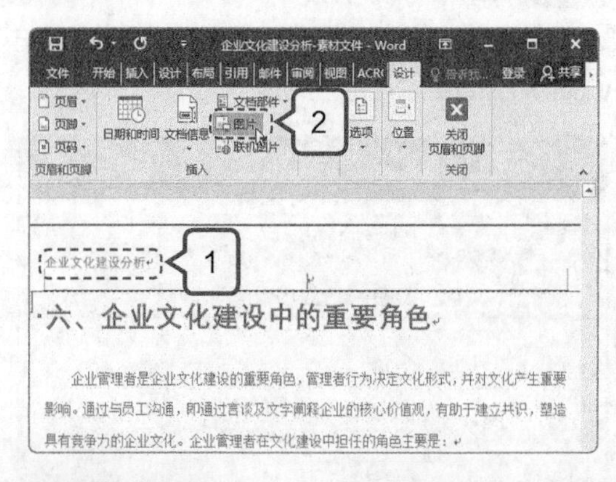

第3步 选择图片

❶ 打开“插入图片”对话框，选择需要插入的图片；❷ 单击 插入(S) 按钮。

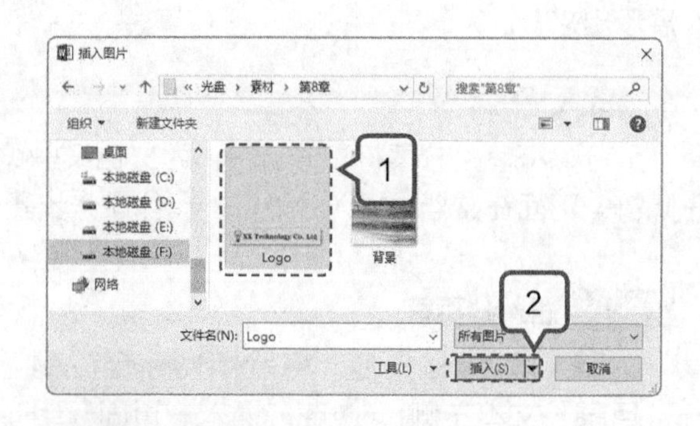

第4步 设置图片布局

❶ 将插入的图片缩小；❷ 单击图片右侧的“布局选项”按钮；在打开的列表的“文字环绕”栏中选择“浮于文字上方”选项。

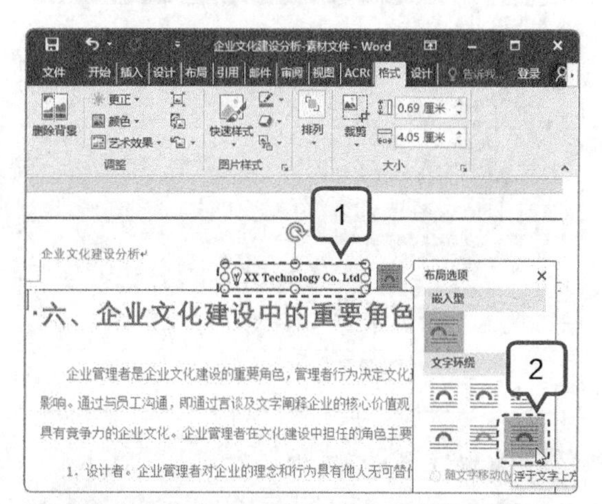

第5步 设置图片样式

❶ 将图片移动到页眉右侧；❷ 在“图片工具→格式→图片样式”栏中单击“快速样式”按钮；❸ 在打开的列表中选择“矩形投影”选项。

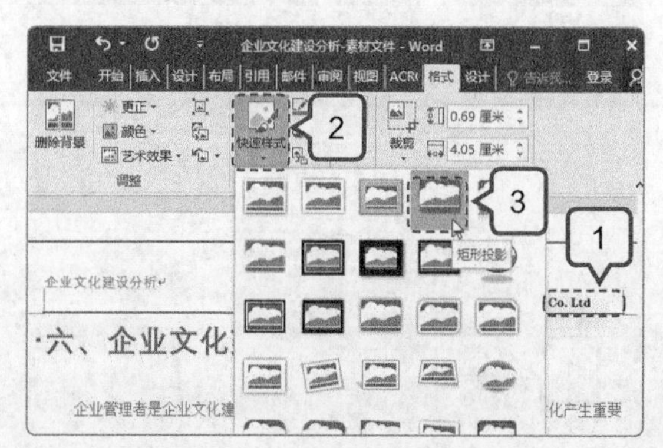

第 6 步 设置页脚

❶ 在“页眉和页脚工具→设计→页眉和页脚”组中单击“页脚”按钮；❷ 在打开的列表框的“内置”栏中选择“花丝”选项。

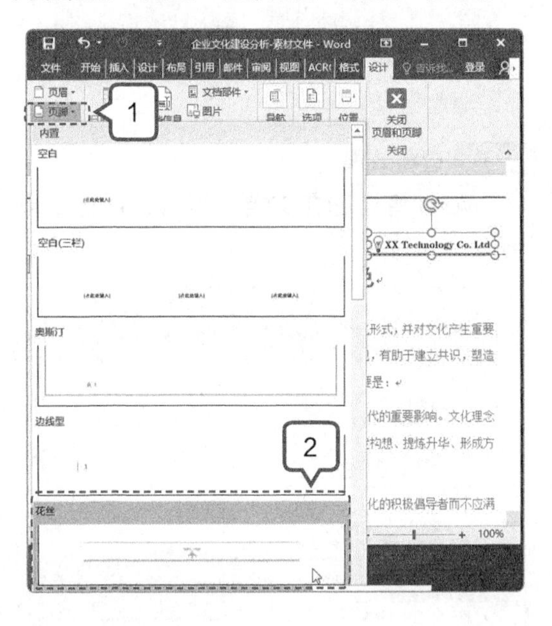

第 7 步 退出页眉和页脚编辑状态

在添加了内置的页脚后，在“关闭”组中单击“关闭页眉和页脚”按钮退出页眉页脚编辑状态 。

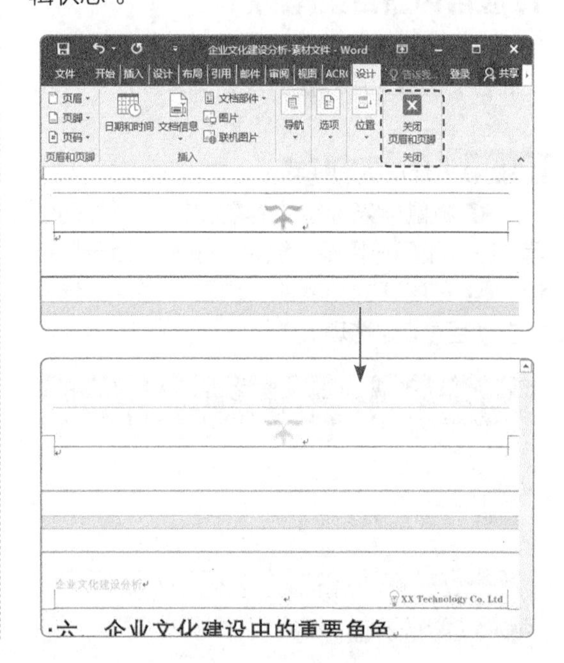

3. 设置页码

页码用于显示文档的页数，通常在页面底端的页脚区域插入页码。下面在文档中设置页码，具体操作步骤如下。

第 1 步 选择页码样式

❶ 在“插入→页眉和页脚”组中单击“页码”按钮；❷ 在打开的列表中选择“页边距”选项；❸ 在打开的子列表的“带有多种形状”栏中选择“圆（左侧）”选项。

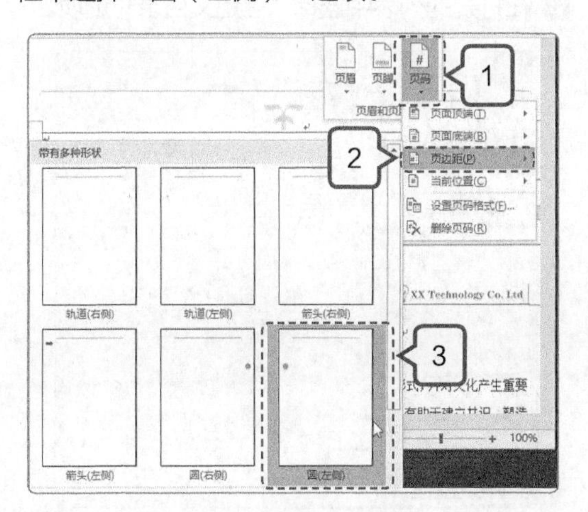

第 2 步 插入页码

Word 自动在文档左侧插入所选格式的页码，在“关闭”组中单击“关闭页眉和页脚”按钮，完成页码的插入操作。

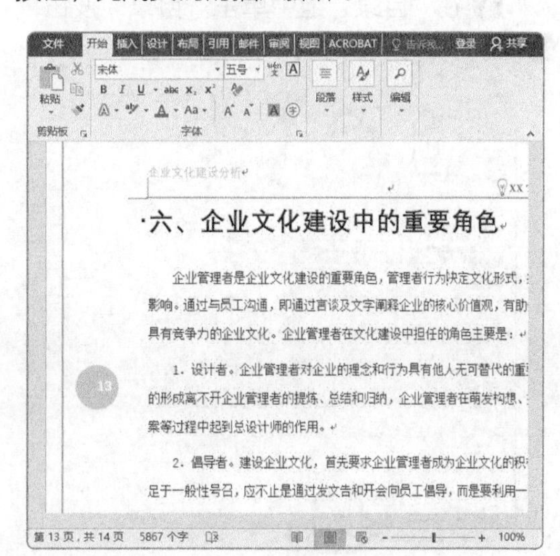

8.2.2 设置目录

在制作内容较多、篇幅较长的文档时，通常需要为文档创建目录。在 Word 2016 中，目录可以直接应用内置的样式，也可以自定义目录。下面将分别进行介绍。

1. 应用内置目录样式

在为 Word 文档创建目录时，可使用 Word 2016 自带的创建目录功能快速地完成创建工作。下面在文档中应用内置目录，具体操作步骤如下。

第 1 步 选择目录的样式

❶ 将鼠标光标定位到需要插入目录的位置，在“引用→目录”组中，单击“目录”按钮；❷ 在展开的列表的“内置”栏中，选择“自动目录 1”选项。

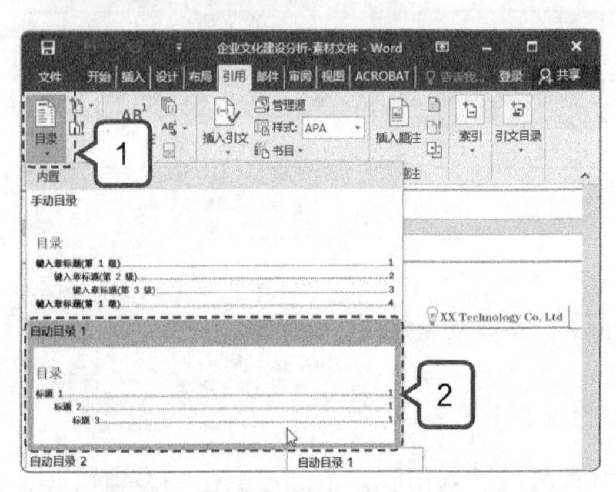

第 2 步 查看效果

Word 将自动在文档中插入选择的目录样式。

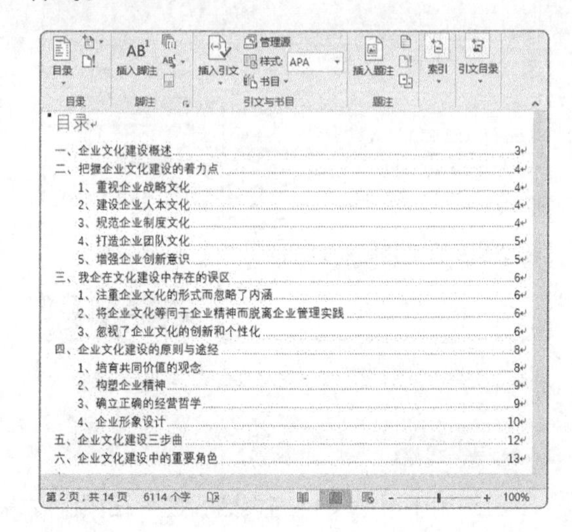

2. 自定义目录

如果用户对应用的内置目录不满意，可以根据需要对其进行修改，制作自定义目录。下面就在文档中自定义目录，并设置目录的样式，具体操作步骤如下。

第 1 步 删除目录

❶ 在“目录”组中单击“目录”按钮；❷ 在打开的列表中选择“删除目录”选项。

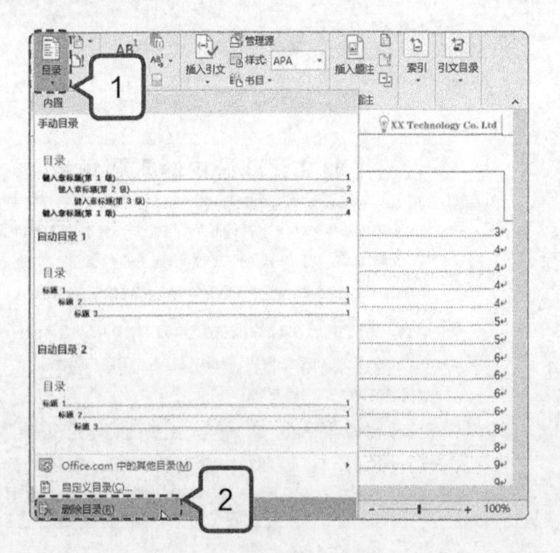

第 2 步 自定义目录

❶ 在“目录”组中单击“目录”按钮；❷ 在打开的列表中选择“自定义目录”选项。

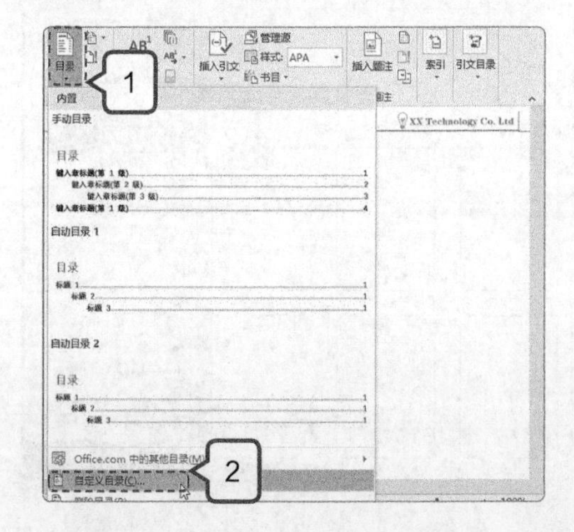

第 3 步 设置目录选项

❶ 打开“目录”列表框的“目录”选项卡，在“常规”栏的“显示级别”数值框中输入“2”；❷ 单击选中“显示页码”复选框和“页码右对齐”复选框；❸ 单击 修改(M)... 按钮。

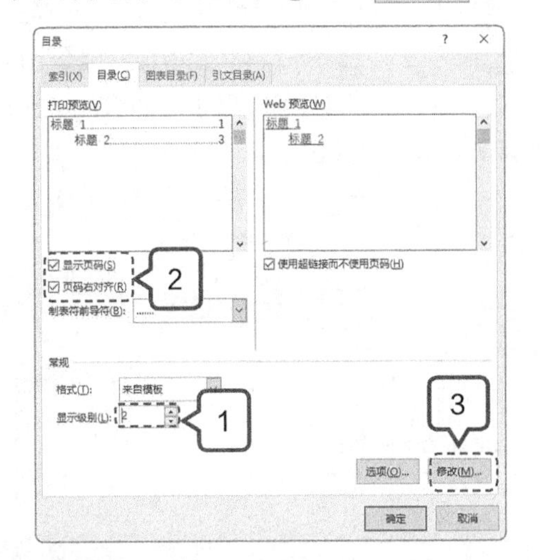

第 4 步 选择设置样式的目录

❶ 打开“样式”对话框，在“样式”列表框中选择“目录 1”选项；❷ 单击 修改(M)... 按钮。

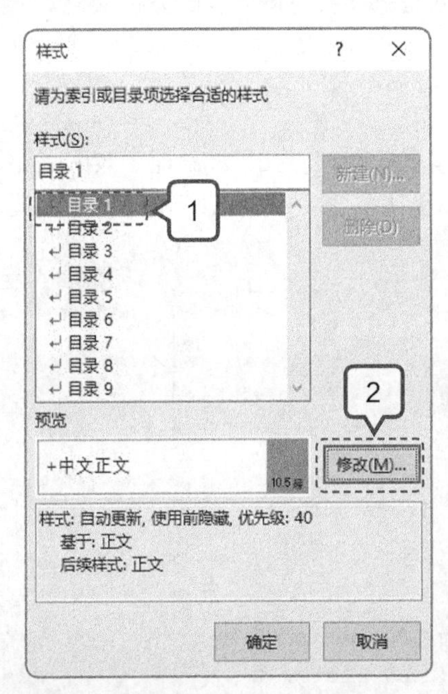

第 5 步 修改目录样式

❶ 打开“修改样式”对话框，在“格式”栏的“字体”下拉列表框中选择“微软雅黑”选项，在“字号”下拉列表框中选择“12”选项，单击“加粗”按钮；❷ 单击 确定 按钮。

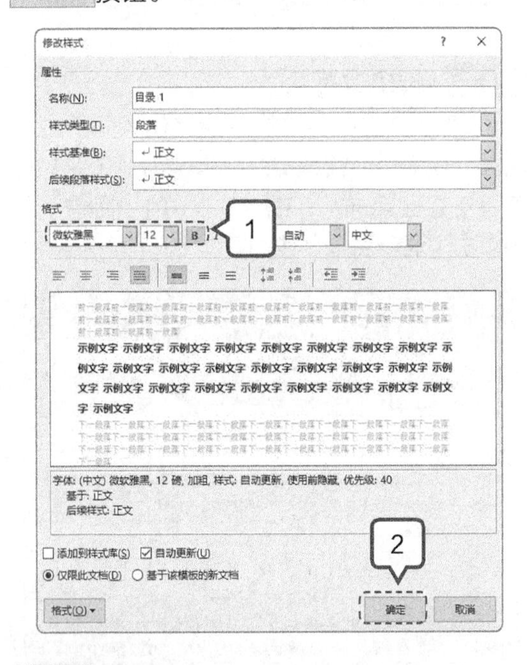

第 6 步 查看效果

返回“样式”对话框，单击 确定 按钮，返回“目录”对话框，单击 确定 按钮，在文档中将插入自定义样式目录。

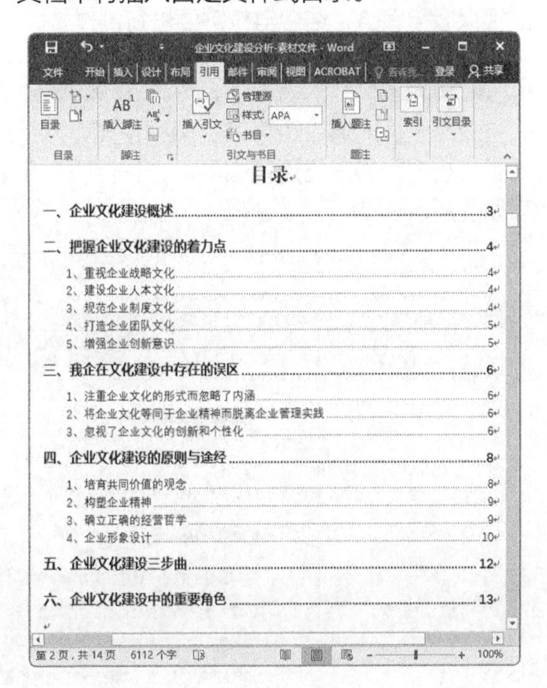

3. 更新目录

在 Word 2016 中使用“更新目录”功能可快速地更正目录，使目录和文档内容保持一致。下面在文档中更新目录，其具体操作步骤如下。

第 1 步 修改正文标题

❶ 在文档中将“将企业文化等同于企业精神而脱离企业管理实践”修改为“企业文化不等于企业精神”；❷ 在“引用→目录”组中单击“更新目录”按钮。

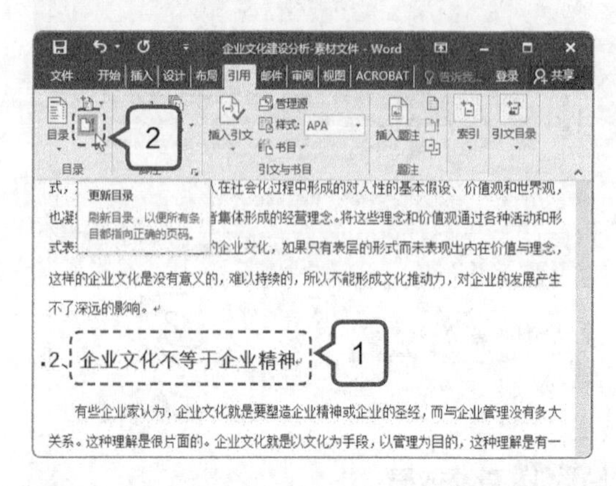

第 2 步 更新目录

❶ 打开“更新目录”对话框，在其中单击选中“更新整个目录”单选项；❷ 单击“确定”按钮，即可看到目录中对应的标题已经被 Word 自动更新了。

8.2.3 其他分析类文档

除了本节介绍的企业文化建设分析外，平时常见的还有很多种不同类型的分析文档。读者可以根据以下思路，结合自身需要进行制作。

1. 战略分析——《企业并购战略分析》

战略分析即通过资料的收集和整理，分析企业的科学竞争战略，如并购战略、收购战略等。此类分析内容通常需要直指要害。在掌握并了解收集的资料后，即可开始制作战略分析。具体效果如图所示。

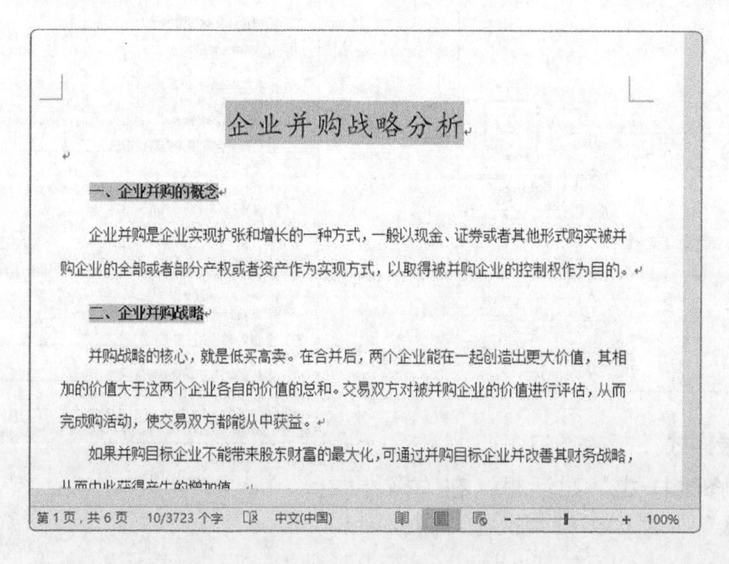

企业并购战略分析

一、企业并购的概念

企业并购是企业实现扩张和增长的一种方式，一般以现金、证券或者其他形式购买被并购企业的全部或者部分产权或者资产作为实现方式，以取得被并购企业的控制权作为目的。

二、企业并购战略

并购战略的核心，就是低买高卖。在合并后，两个企业能在一起创造出更大价值，其相加的价值大于这两个企业各自的价值的总和。交易双方对被并购企业的价值进行评估，从而完成购活动，使交易双方都能从中获益。

如果并购目标企业不能带来股东财富的最大化，可通过并购目标企业并改善其财务战略，

第 1 页，共 6 页　10/3723 个字　中文(中国)　100%

2. 财务分析——《企业财务分析报告》

财务分析是企业依据会计报表及经营情况和财务活动等提供的重要信息，运用科学的分析方法，对企业经营特征、利润及其分配等情况作出的客观、全面系统的分析和评价，如专题财务分析、综合财务分析等。在掌握财务活动反馈情况后，即可制作分析报告。具体效果如图所示。

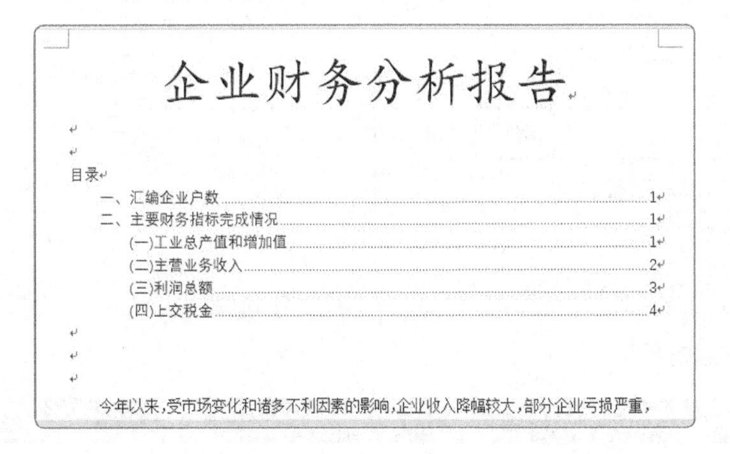
企业财务分析报告

目录

一、汇编企业户数........1
二、主要财务指标完成情况........1
(一)工业总产值和增加值........1
(二)主营业务收入........2
(三)利润总额........3
(四)上交税金........4

今年以来，受市场变化和诸多不利因素的影响，企业收入降幅较大，部分企业亏损严重，

8.3 案例——审阅并打印《市场调查报告》文档

本节视频教学时间 / 7 分钟

案例名称	市场调查报告
素材文件	素材 \ 第 8 章 \ 市场调查报告 _ 素材文件 .docx
结果文件	结果 \ 第 8 章 \ 市场调查报告 _ 结果文件 .docx
扩展模板	扩展模板 \ 第 8 章

/ 案例操作思路

本案例审阅并打印市场调查报告。市场调查报告是市场调查人员以书面形式反映市场调查内容及工作过程，并提供结论和建议的报告，是市场调查研究成果的集中体现。

市场调查报告可从不同角度进行分类。

（1）按照涉及内容的性质，可分为综合性市场调查报告和专题性市场调查报告。

（2）按调查对象的不同，可分为关于市场供求情况的市场调查报告、关于产品情况的市场调查报告、关于消费者情况的市场调查报告、关于销售情况的市场调查报告，以及关于市场竞争情况的市场调查报告等。

（3）按照不同表述方式，可分为陈述型市场调查报告和分析型市场调查报告。

具体效果如图所示。

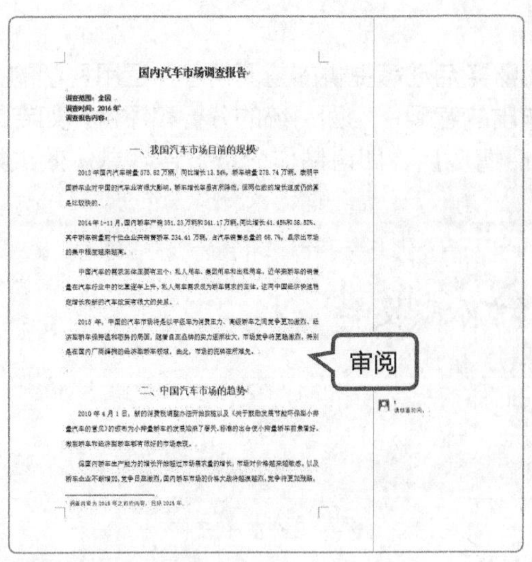

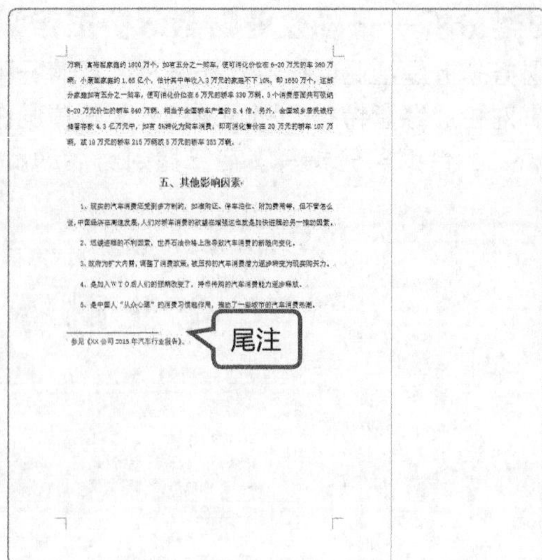

/ 市场调查报告的组成要素

名称	是否必备	要求
标题	必备	标题必须准确地体现调查报告的主题思想，高度概括报告内容，通俗易懂、符合内容，同时还应做到简洁明了，具有吸引力
导言	可选	导言通常用于说明市场调查的目的和意义，介绍市场调查工作的基本情况
主体部分	必备	这一部分是主要内容，可直接反映市场调查报告质量的高低，必须客观、全面地阐述市场调查过程中获得的材料和数据，并科学地运用这些材料和数据来说明问题
结尾	必备	这部分阐述市场调查的结论，提出相应对策，为决策者提供参考
附录	可选	附录通常包括相关的调查统计图表、材料出处以及参考文献等

/ 技术要点

（1）检查拼写和语法等内容。

（2）插入批注并修订文档。

（3）插入尾注、脚注和书签。

（4）设置打印参数进行打印。

/ 操作流程

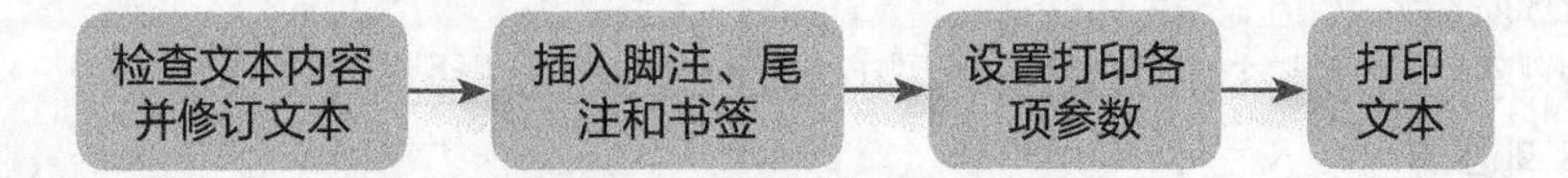

8.3.1 请相关人员“审阅”文档

在 Word 2016 中，审阅功能可帮助审阅人员将修改操作记录下来，再发给相关人员进行修改。下面具体介绍检查拼写和语法、插入批注、修订文档、插入脚注、插入尾注、使用书签等相关操作。

1. 检查拼写和语法

检查拼写和语法在一定程度上可以避免用户键入文字时的失误，如标点符号错误、文字输入错误等。下面在文档中检查拼写和语法，具体操作步骤如下。

第1步 校对拼写和语法

打开文档，在“审阅→校对”组中，单击“拼写和语法”按钮。

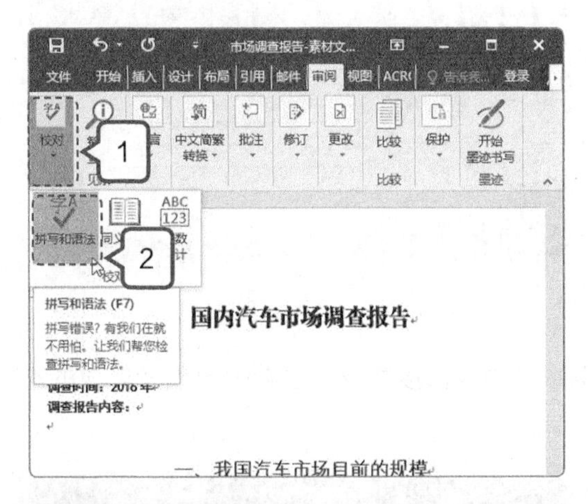

第2步 查找并显示错误

❶ 在文档中检查出的错误会以灰色底纹样式显示文本所在段落；❷ 在工作界面右侧显示“语法”任务窗格，在其中的列表框中显示错误的信息。

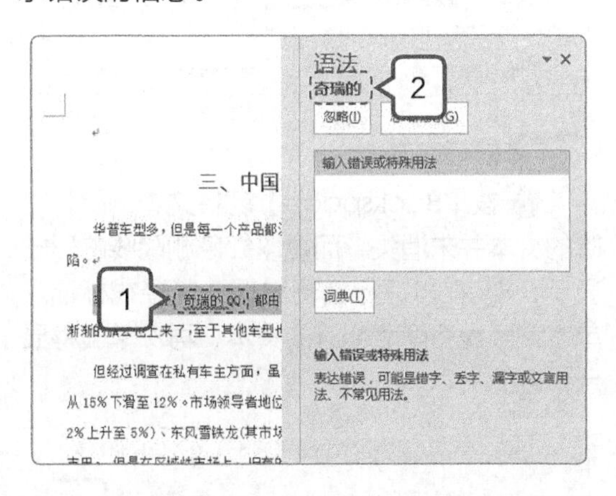

第3步 修改错误

❶ 删除多余的“的”字；❷ 在“校对”组中继续单击“拼写和语法”按钮，继续自动检查错误，若确认该错误并不成立，在“语法”任务窗格中单击 忽略(I) 按钮。

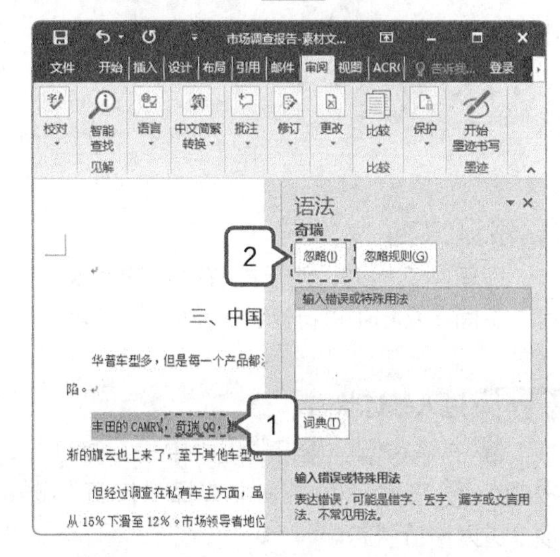

第4步 完成检查

继续检查文档并修改。文档检查完后，会自动打开提示框，单击 确定 按钮，完成拼写和语法的检查操作。

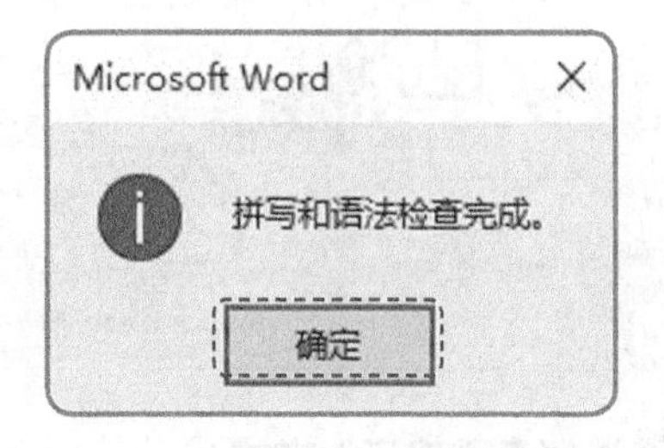

2. 插入批注

在审阅文档的过程中，若针对某些文本需要提出意见和建议，可在文档中添加批注。下面将在文档中添加批注，具体操作步骤如下。

第1步 插入批注

❶ 在文档中选择“2010年4月1日”文本；❷ 在“审阅→批注”组中单击“新建批注”按钮。

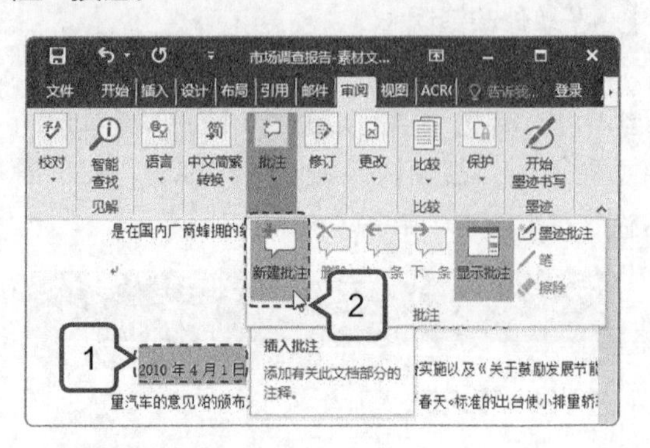

第2步 输入批注内容

在文档页面右侧插入一个红色边框的批注框，在其中输入批注内容。

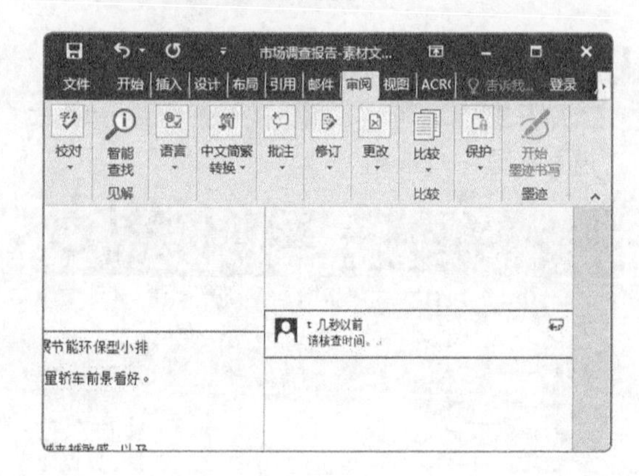

3. 修订文档

在审阅文档时，对于能够确定的错误，可使用修订功能直接修改，以减少原作者修改的难度。下面在文档中进行修订，具体操作步骤如下。

第1步 进入修订状态

❶ 在“审阅→修订”组中单击“修订”按钮；❷ 在打开的列表中选择“修订”选项，进入修订状态。

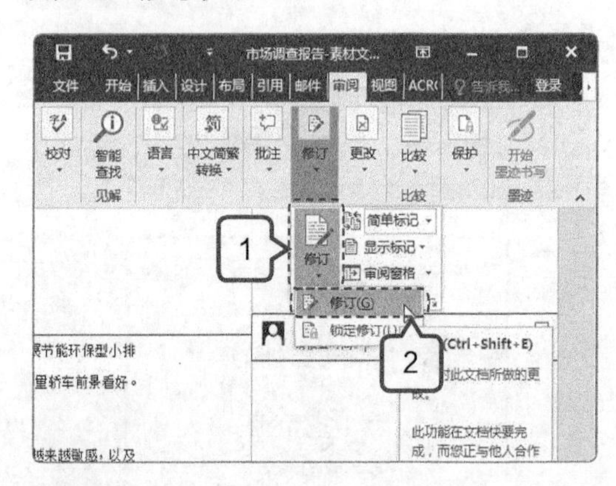

第2步 选择查看修订的方式

❶ 将鼠标光标定位到需要修订的文本处；❷ 在“修改”组的“显示以供审阅”下拉列表中选择“所有标记”选项。

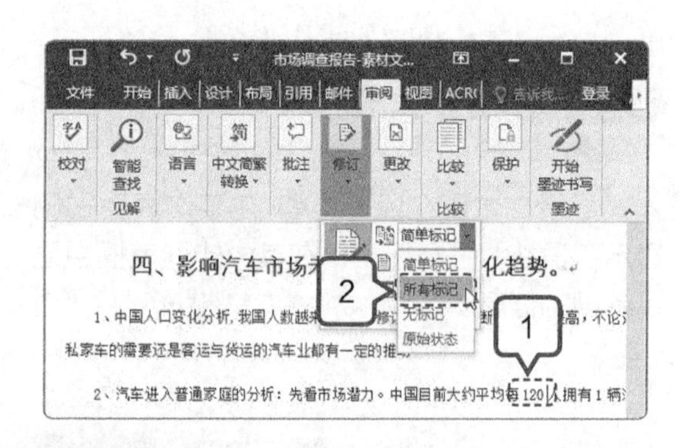

第3步 修订文本

❶ 按【Backspace】键将文本删除，删除的文本并未消失，而是以红色删除线的形式显示；❷ 在修订行左侧出现一条竖线标记，单击该竖线将隐藏修订的文本，再次单击将显示修订的文本。

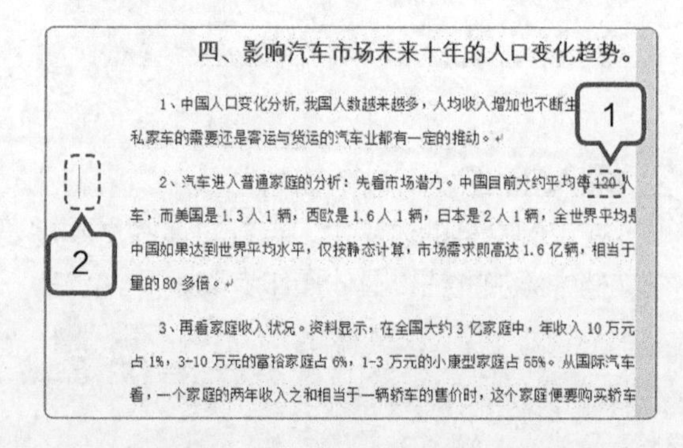

第 4 步 退出修订

❶ 输入正确的文本（以红色下划线形式显示）；❷ 单击“修订”按钮，在打开的列表中选择“修订”选项，即可退出修订状态。

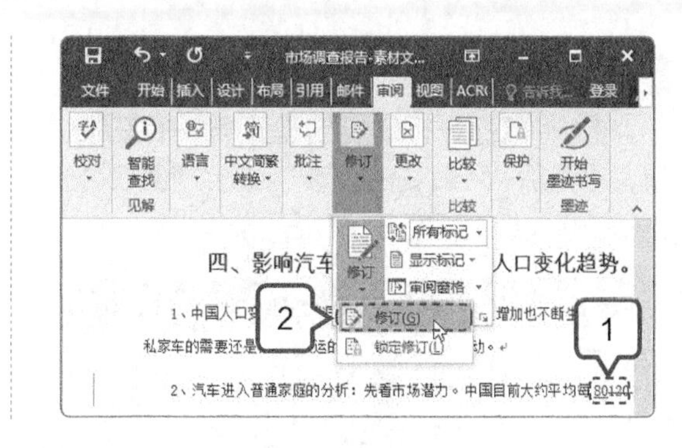

4. 插入脚注和尾注

脚注通常附在文章页面的最底端，可以作为文档某处内容的注释。尾注一般位于文档的末尾，列出引文的出处等，是一种对文本的补充说明。下面在文档中插入脚注和尾注，具体操作步骤如下。

第 1 步 插入脚注

❶ 将鼠标指针定位到“调查时间：2016年”之后；❷ 在“引用→脚注”组中单击“插入脚注”按钮。

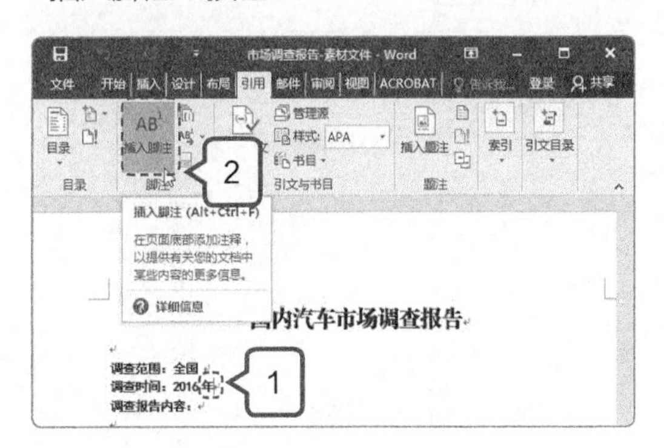

第 2 步 输入脚注的内容

在页面的脚注区域输入脚注的内容。

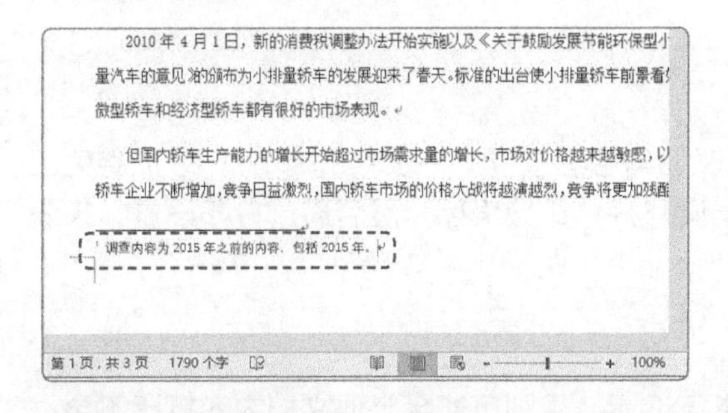

第 3 步 插入尾注

❶ 将鼠标光标定位到文档中需要说明的文字后；❷ 在“脚注”组中单击“插入尾注”按钮。

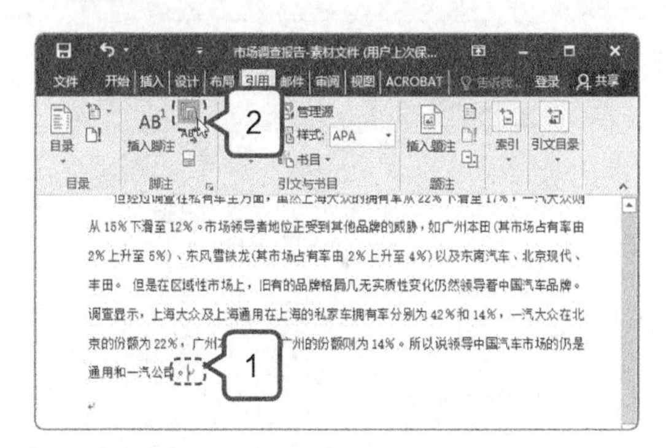

第 4 步 输入尾注的内容

在文档的最后出现尾注输入区域，在其中输入尾注的内容即可。

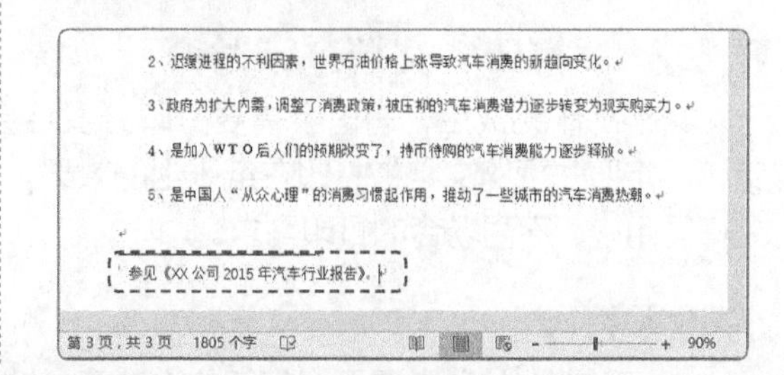

5. 利用书签定位

书签是指 Word 文档中的标签，可以用来快速定位用户上次阅读的位置。下面在文档中插入书签并利用书签定位，具体操作步骤如下。

第1步 插入书签

❶ 将鼠标光标定位到需要插入书签的位置，这里是“人口变化趋势”右侧；❷ 在“插入→链接”组中，单击“书签”按钮。

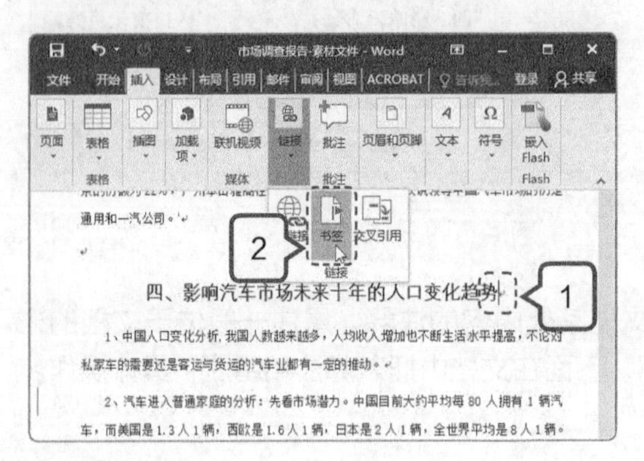

第2步 设置书签

❶ 打开“书签”对话框，在“书签名”文本框中输入“人口变化趋势”；❷ 单击 添加(A) 按钮。

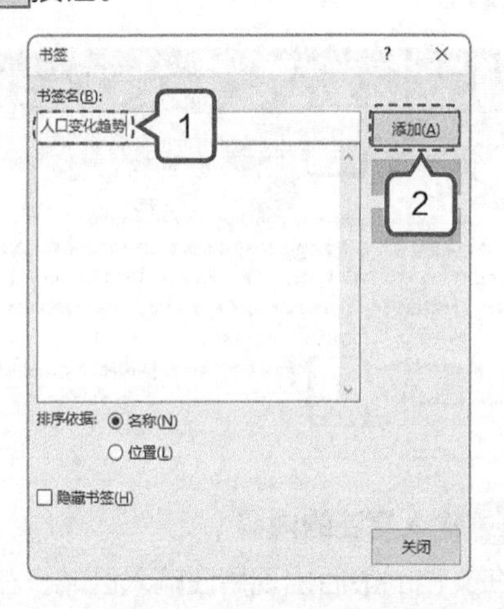

第3步 打开书签

❶ 将鼠标光标定位到文档的其他位置；❷ 在“链接”组中单击“书签”按钮。

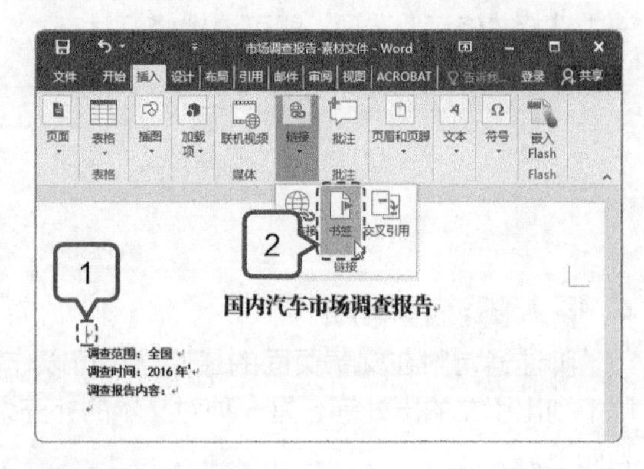

第4步 定位书签

❶ 打开“书签”对话框，在中间的列表框中选择书签名称；❷ 单击 定位(G) 按钮，Word 将自动定位到文档中的该书签处；❸ 单击 关闭 按钮，关闭“书签”对话框。

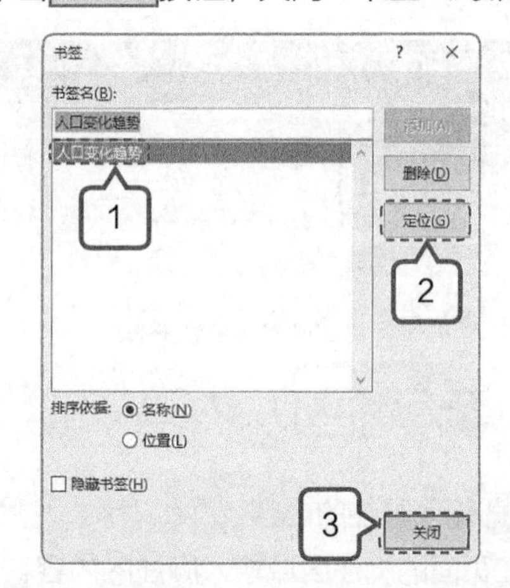

8.3.2 “打印”文档进行讨论

文档制作完成后，有时会需要打印分发给会议的与会者查看。在文档打印前，为了避免出错，一定要先预览文档被打印在纸张上的效果。当调整好打印效果后，最后通过打印设置，来满足不同用户、不同场合的打印需求。

1. 设置打印

在打印文档前通常需要对打印的份数等参数进行设置，否则可能会出现文档内容打印不全、文档内容位置不对等问题。打印前应设置页面参数，页面参数设置通常包括打印份数、打印方向和打印机等。下面为文档设置打印页面，具体操作步骤如下。

第1步 选择操作

在 Word 2016 工作界面中选择“文件”，在打开的列表中选择“打印”选项。

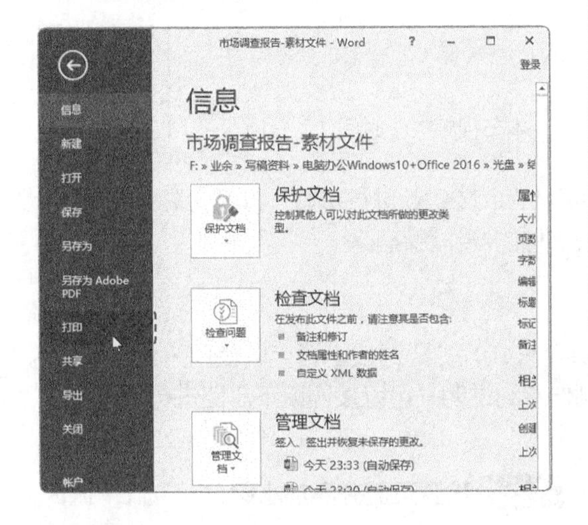

第2步 设置打印份数和页面

❶ 在“打印”任务窗格的“份数”数值框中输入“10”；❷ 在“设置”栏的第一个下拉列表中选择“打印所有页”选项。

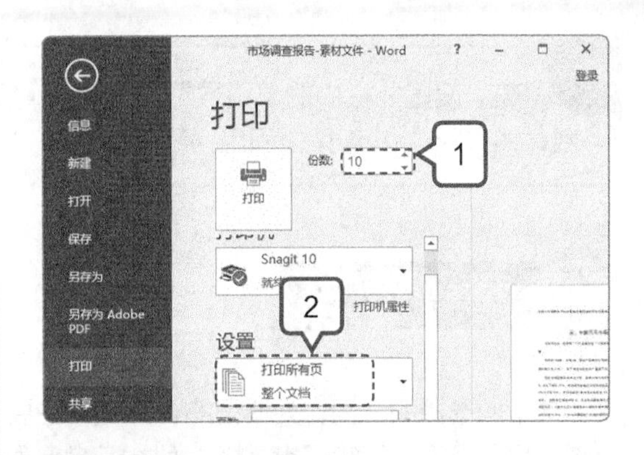

第3步 设置其他选项

在“设置”栏的其他下拉列表中可设置打印的方式、顺序、页面和方向等。这里保持默认设置。

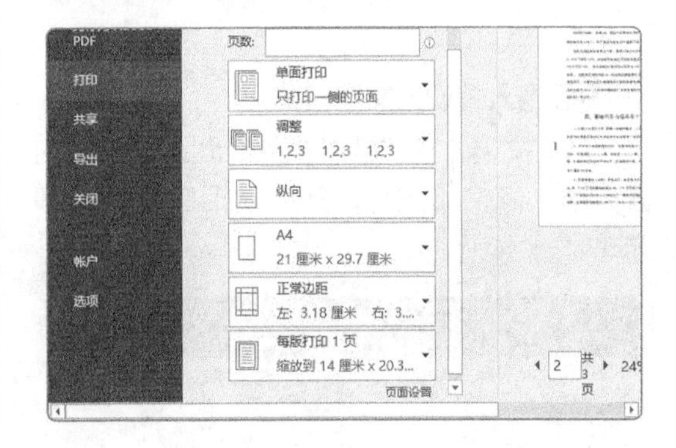

2. 预览打印

设置完成后，即可选择进行打印的打印机，然后预览并打印文档。下面打印文档，具体操作步骤如下。

第1步 选择打印机

在“打印”任务窗格的“打印机”下拉列表中选择进行打印的打印机。

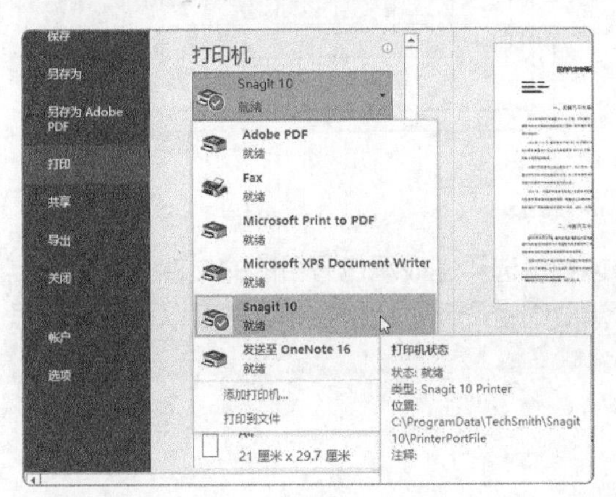

第2步 打印预览

❶ 在“打印”任务窗格的右侧查看文档的预览效果；❷ 在“打印”任务窗格中单击“打印”按钮，即可对文档进行打印。

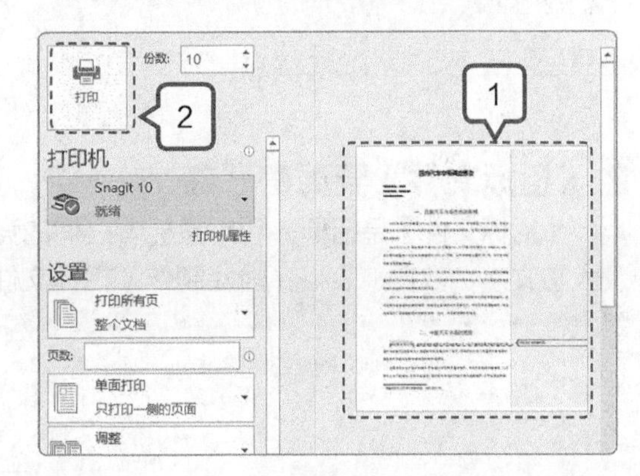

> **提示**
> 在“设置”栏中的“页数”数值框中可设置打印的页数范围。隔页之间用半角逗号分割，如“2,5”；连页之间用横线连接，如“3-7”。

本节视频教学时间 / 3 分钟

本章所选择的案例均为典型的长文档，主要利用 Word 2016 进行排版，涉及分隔符、页眉、页脚、目录及审阅等知识点。以下列举三个典型长文档的制作思路。

1. 领域清晰的专利说明书

专利说明书类的长文档，会涉及很多图、表甚至公式等。要对技术要点、使用方法、发明内容等作出清楚完整的介绍，需要特别注重细节。制作专利说明书可以按照以下思路进行。

第 1 步 输入并设置文字格式

建立文档，在文档中输入专利说明书的内容，插入表格和图片，并设置相应的格式和样式。

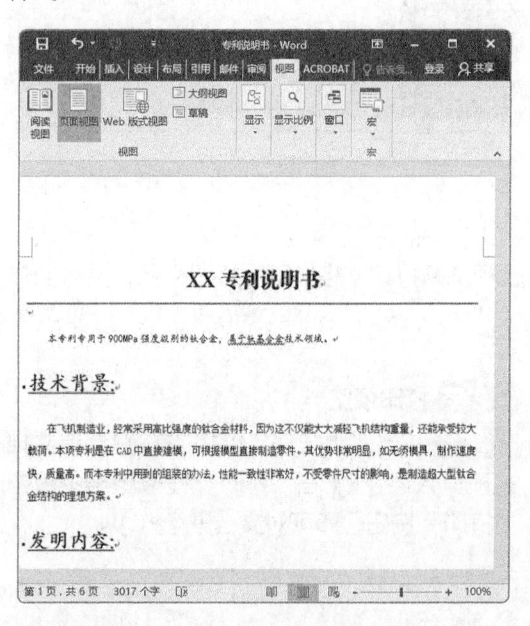

第 2 步 设置页面并添加水印

为页面设置边框，并添加水印，最后创建一种样式，并为标题应用这种样式。

2.《招标文件》要周密严谨

《招标文件》是招标人利用投标者之间的竞争达到优选买主或承包方目的的文件，其中会涉及大量文字、数据、表格，因此制作《招标文件》需要周密严谨。制作招标文件可以按照以下思路进行。

第1步 设置分隔符和页眉页脚

输入招标要求等内容，并为内容设置格式，如分隔符、页眉页脚等。

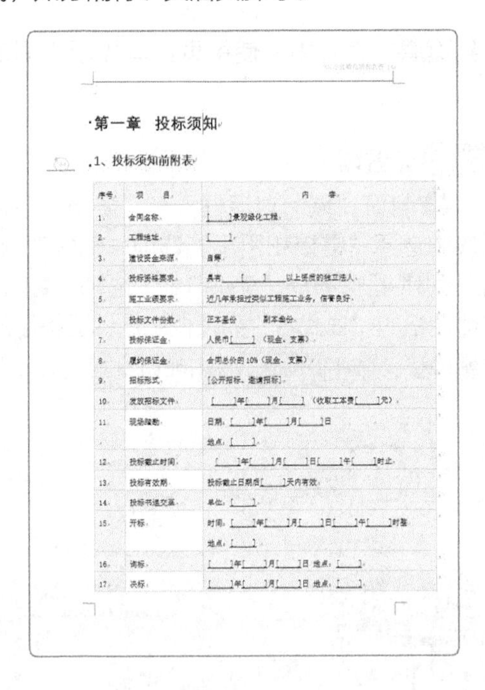

·第一章　投标须知

1、投标须知前附表

序号	项　目	内　容
1	合同名称	[ ]景观绿化工程
2	工程地址	[ ]
3	建设资金来源	自筹
4	投标资格要求	具有 [ ] 以上资质的独立法人
5	施工业绩要求	近几年承担过类似工程施工业务，信誉良好
6	投标文件份数	正本壹份　　副本叁份
7	投标保证金	人民币[ ]（现金、支票）
8	履约保证金	合同总价的 10%（现金、支票）
9	招标形式	[公开招标、邀请招标]
10	发放招标文件	[ ]年[ ]月[ ]（收取工本费[ ]元）
11	现场踏勘	日期：[ ]年[ ]月[ ]日 地点：[ ]
12	投标截止时间	[ ]年[ ]月[ ]日[ ]午[ ]时止
13	投标有效期	投标截止日期后[ ]天内有效
14	投标书递交至	单位：[ ]
15	开标	时间：[ ]年[ ]月[ ]日[ ]午[ ]时整 地点：[ ]
16	询标	[ ]年[ ]月[ ]日 地点：[ ]
17	决标	[ ]年[ ]月[ ]日 地点：[ ]

第2步 自定义目录

使用自定义目录功能提取目录，并设置目录各级别标题的格式。

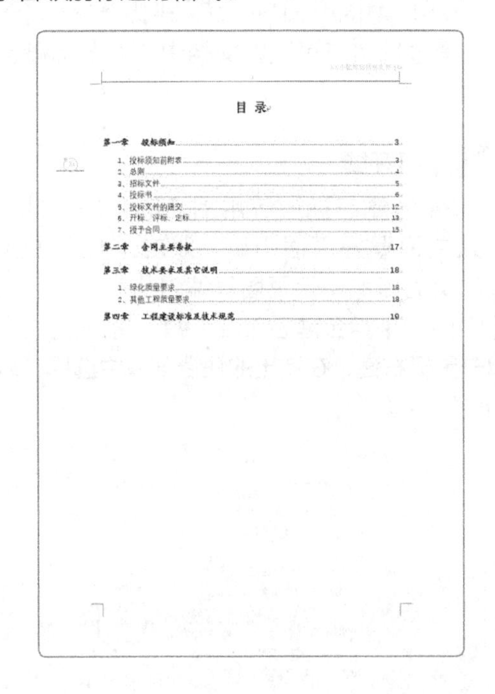

目 录

3. 条理清楚的《招工简章》

《招工简章》中的内容应当条理明晰，对员工的职务范围规划、公司应承担的责任以及工资制度等都应该明确罗列出来。最终需要交由上级领导审查和批示。在审阅完成后，往往还需要对文档进行打印和装订，供招聘时使用。招工简章可以按照以下思路进行审阅和打印。

第1步 审阅文档

打开“招工简章”文档，先检查拼写和语法，然后插入批注并修订文档。

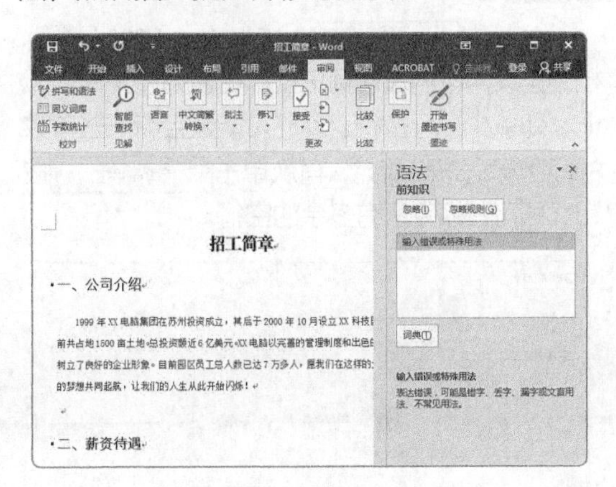

第2步 打印文档

进入打印页面，设置打印相关参数，在右侧进行预览，无误后进行打印即可。

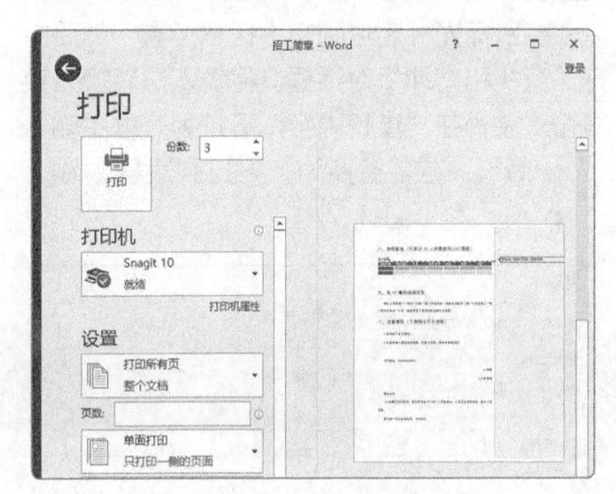

高手支招

1. 将章节标题自动提取到页眉或页脚中

通过域功能可以将文档中的章节标题自动提取到页眉或页脚中，使每页页眉显示不同的标题。

第1步 打开域

❶ 为章节标题应用相应的标题样式，插入并设置好页眉页脚。双击文档页面顶部的页眉区域，使页眉呈编辑状态，然后按【Ctrl+F9】组合键插入域；❷ 在插入的域上单击鼠标右键，在弹出的快捷菜单中选择“编辑域”命令。

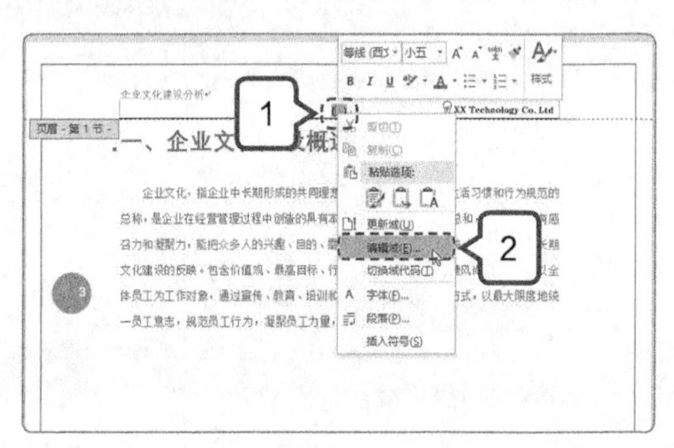

第2步 设置域

❶ 打开“域”对话框，在“类别”下拉列表中选择“链接和引用”选项；❷ 在“域名”列表框中选择“StyleRef”选项；❸ 在右侧窗格的“样式名”列表框中选择要提取的标题样式，单击 确定 按钮即可。

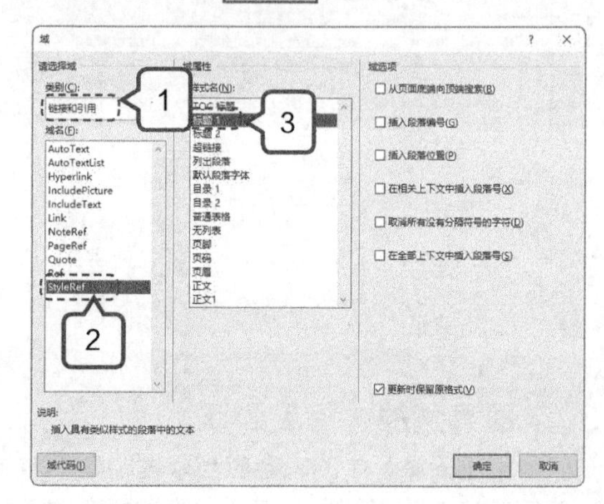

2. 快速删除文档中多余的空行

在制作文档的过程中，经常会留出许多空行。一个一个地删除非常费时间，可通过设置查找替换内容，快速批量删除多余的空行。

第1步 输入查找替换内容

将鼠标光标定位到文中任意位置，然后打开“查找和替换”对话框。将输入法转换为英文输入法，在“查找内容”下拉列表框中输入“^p^p”，在“替换为”下拉列表框中输入“^p”。

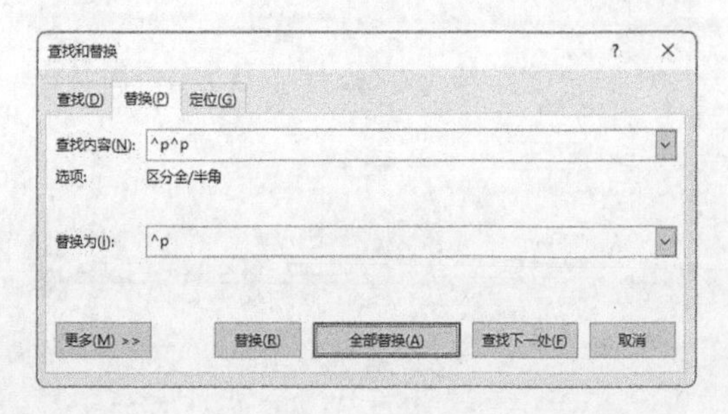

第2步 删除多余空行

单击 全部替换(A) 按钮，Word 2016 将文档中连续两个的段落标记全部替换为一个段落标记，即减少一行空行。此时可能还会有一些单数的段落标记未删除完，再次单击 全部替换(A) 按钮，即可替换完所有多余的空行。

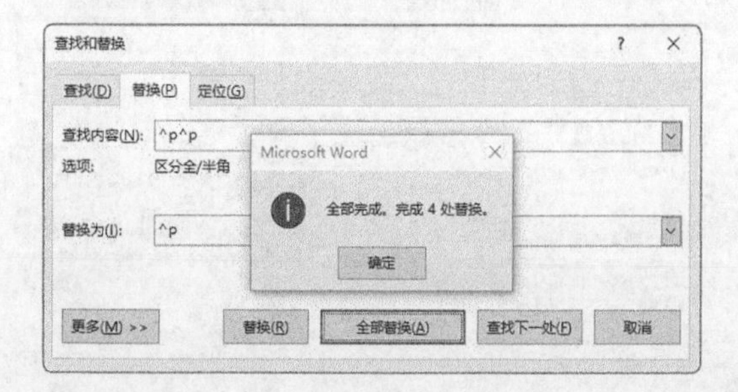

第四篇

Excel 表格篇

新手入门——制作 Excel 基础表格

本章视频教学时间 / 24 分钟

技术分析

Excel 的主要作用是存储和处理数据，并制作表格。一般来说，制作基础表格主要涉及以下知识点。

（1）工作簿和工作表的基本操作。

（2）数据的录入及格式的设置。

（3）单元格的基本操作和美化设置。

我们工作和生活中常见的 Excel 表格有登记表、价目表、出库单、考勤表等。本章通过《来访人员登记表》和《产品价目表》两个典型案例，系统介绍制作 Excel 基础表格时需要掌握的技巧。

思维导图

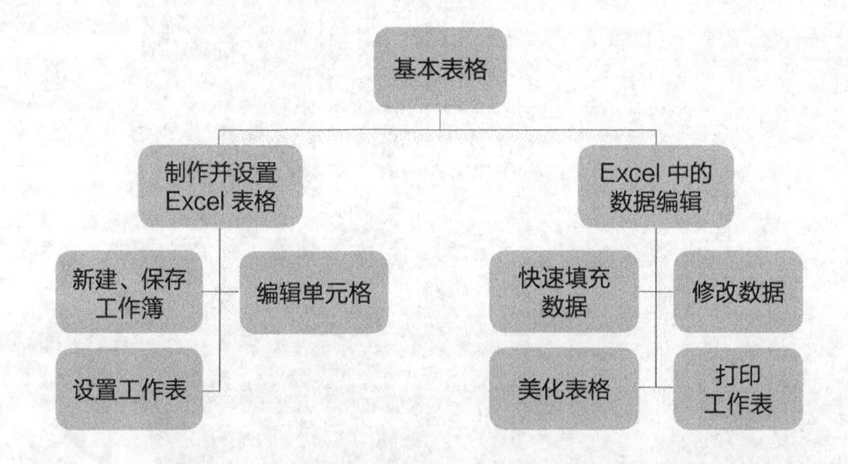

9.1 案例——制作《来访人员登记》表格

本节视频教学时间 / 10 分钟

案例名称	来访人员登记
素材文件	无
结果文件	结果 \ 第 9 章 \ 来访人员登记 _ 结果文件 .docx
扩展模板	扩展模板 \ 第 9 章

/ 案例操作思路

本案例是制作 XX 公司的来访人员登记表。通常，外来人员在学校、企业、机关、团体及其他机构办理事务时，应当出示有效证件，并填写来访人员登记表格。

通过使用登记表的主体，可将登记表分为以下几类。

（1）公司来访人员登记表：主要用于记录来访人员的来访事项（如因公还是因私等），在企业、机构中经常使用。

（2）学校来访人员登记表：学生安全非常重要，非校内人员进入校园必须填写相关个人信息，以及来访缘由。

（3）外来人员来访登记表：常用于住宅、小区等，用于记录来访人员信息，防止不明身份的人员给居民带来危害。

具体效果如图所示。

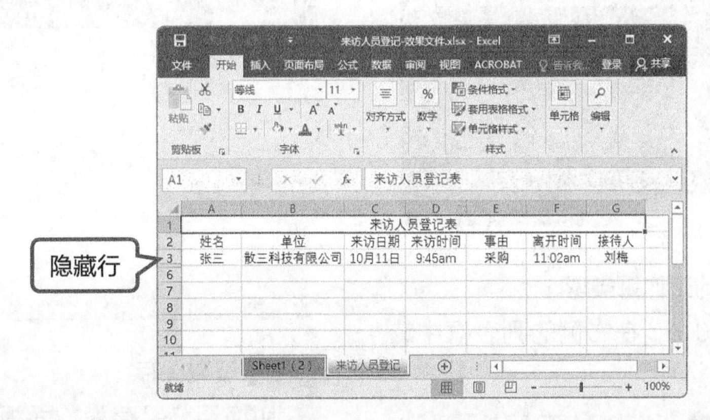

/ 登记表的组成要素

名称	是否必备	要求
来访人员姓名	必备	来访人员姓名，要与其身份证上的姓名一致
来访日期和时间	必备	来访的具体时间，若事后需要查证，是有力的证明
来访事项	必备	来访人员是来面试、找人等时，必须写明相关缘由，不仅是对员工负责，也是对公司的安全负责
离开时间	必备	来访人员何时离开，用于计算来访人员共停留了多长时间
门卫签名	必备	事关来访，有门卫签名能证明当值门卫是谁，对查证相应来访人员是一个有力的保证

/ 技术要点

（1）启动 Excel 2016，新建工作簿并保存这个工作簿。

（2）在工作簿中编辑工作表，如添加、删除、移动、复制等。

（3）对工作表中的单元格进行操作，如插入、删除、合并、拆分等。

（4）掌握如何设置单元格的行高和列宽，以及隐藏和显示行与列。

/ 操作流程

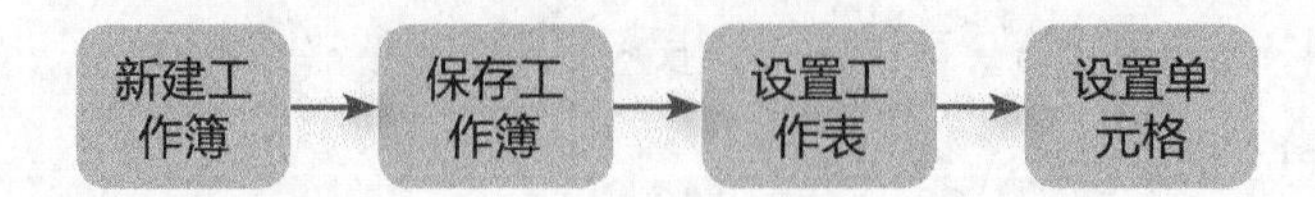

9.1.1 新建并保存工作簿

使用 Excel 2016 制作电子表格，首先应创建工作簿。工作簿即 Excel 文件，是用于存储和处理数据的主要文档，也称为电子表格。默认新建的工作簿以“工作簿 1”命名，并显示在标题栏的文档名处。下面新建“来访登记表 .xlsx”工作簿，并将其保存到电脑中，具体操作步骤如下。

第 1 步 启动 Excel 2016

❶ 在桌面左下角单击“开始”按钮；❷ 在常用程序列表中找到 Excel 2016，单击启动该程序。

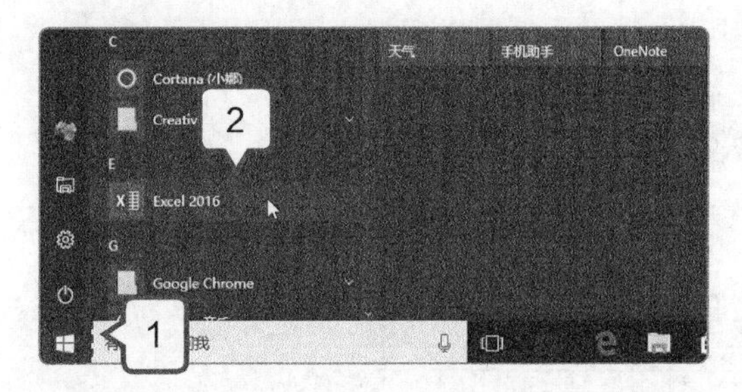

第 2 步 选择创建的工作簿类型

启动 Excel 2016，在右侧的列表框中选择“空白工作簿”选项。

第 3 步 保存工作簿

进入 Excel 2016 工作界面，新建“工作簿 1”工作簿，在快速访问工具栏中单击“保存”按钮。

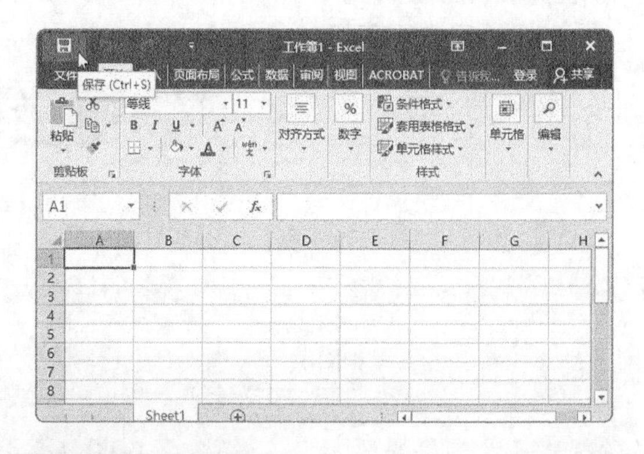

第 4 步 设置保存

切换至“另存为”面板，单击面板中的“浏览”按钮。

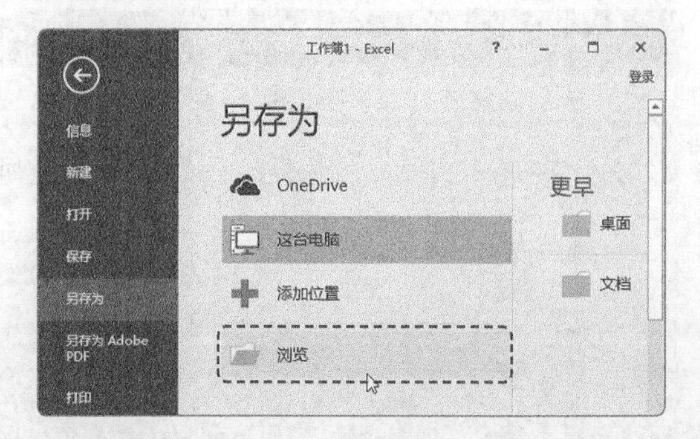

第 5 步 查看新建工作簿

❶ 打开“另存为”对话框，先设置文件的保存路径；❷ 在“文件名”下拉列表框中输入“来访人员登记”；❸ 单击“保存”按钮即可保存。返回 Excel 工作界面，工作簿的名称将变为“来访人员登记 .xlsx”。

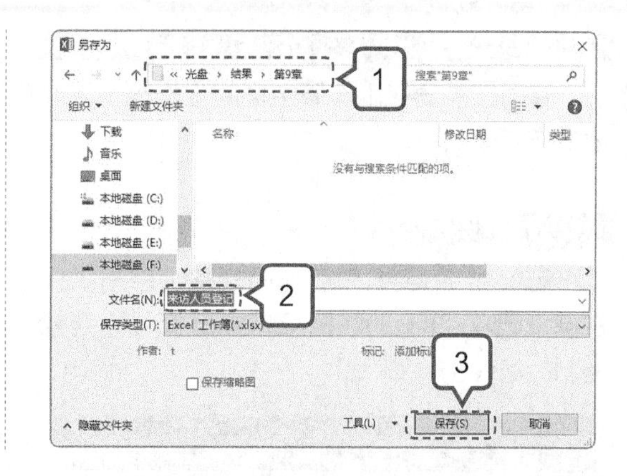

提示 工作簿、工作表与单元格之间的关系是包含与被包含的关系，即工作簿中包含了一张或多张工作表，而工作表又由排列成行或列的单元格组成。在默认情况下，Excel 2016 新建的一个工作簿中只包含一张工作表，即 Sheet1 工作表。

9.1.2 设置“工作表”

创建好了工作簿，即可对工作表进行设置。工作表是存储在工作簿中、用于显示和分析数据的工作场所。工作表就是表格内容的载体，熟练掌握各项操作即可轻松输入、编辑和管理数据。

1. 添加与删除工作表

当需要用到更多的工作表时，就需要在工作簿中添加新的工作表。而对于多余的工作表，则可以直接删除。下面在“来访人员登记 .xlsx”工作簿中插入与删除工作表，具体操作步骤如下。

第 1 步 添加工作表

在工作表标签栏中单击“新工作表”按钮。

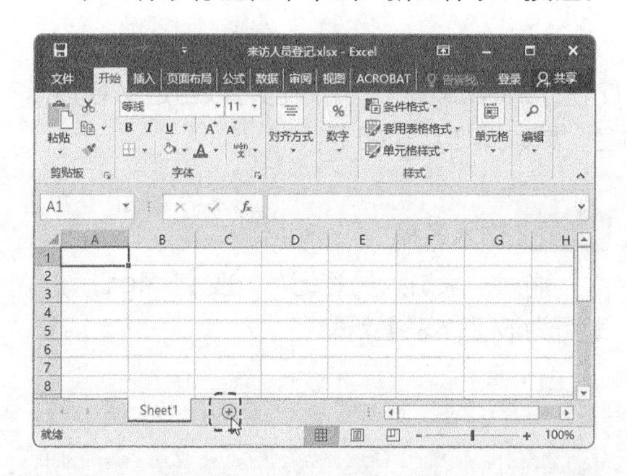

第 2 步 删除工作表

❶ 在新添加的“Sheet2”工作表标签上单击鼠标右键；❷ 在弹出的快捷菜单中选择【删除】命令，删除该工作表。

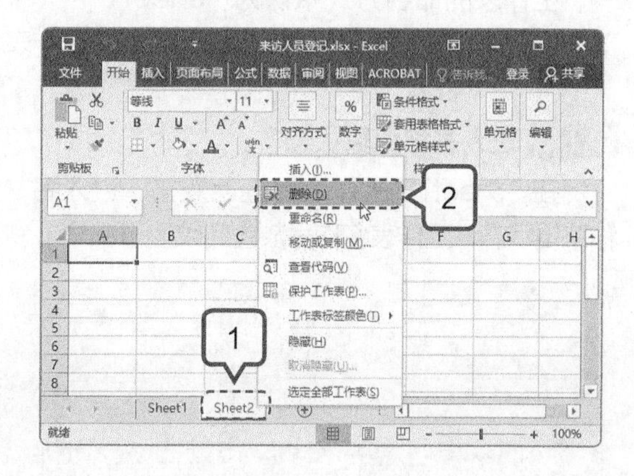

2. 在同一工作簿中移动或复制工作表

有时还需要在工作簿中复制工作表，下面在“来访人员登记.xlsx”工作簿中复制工作表，具体操作步骤如下。

第 1 步 选择操作

❶ 在“Sheet1”工作表标签上单击鼠标右键；❷ 在弹出的快捷菜单中选择“移动或复制”命令。

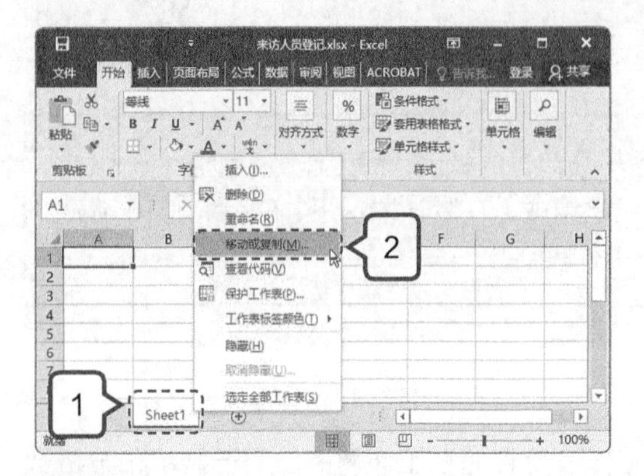

第 2 步 复制工作表

❶ 打开“移动或复制工作表”对话框，单击选中“建立副本”复选框；❷ 单击“确定”按钮。

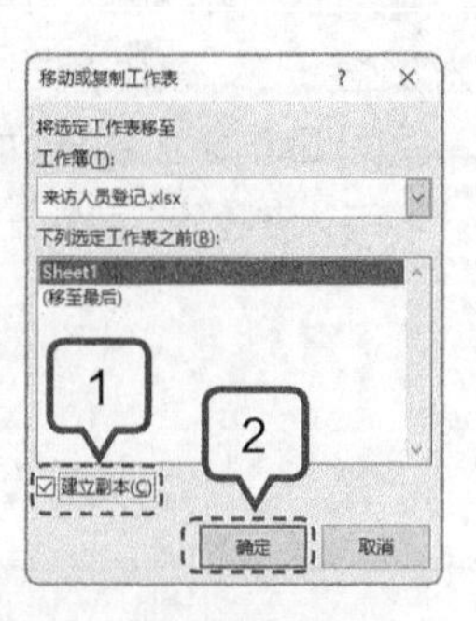

第 3 步 完成工作表的复制操作

在“Sheet1”工作表左侧即可复制得到“Sheet1（2）”工作表。

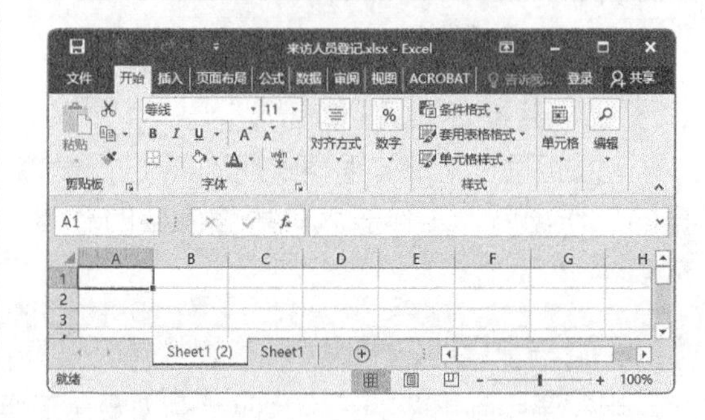

提示

在工作表标签上按住鼠标左键，将其拖动到其他位置，即可在同一个工作簿中移动工作表；如果在拖动的同时按住【Ctrl】键，即可复制工作表。

3. 重命名工作表

工作表的命名方式默认为“Sheet1”“Sheet2”“Sheet3”……用户也可以自定义名称。下面为“来访人员登记.xlsx”工作簿中的工作表命名，具体操作步骤如下。

第 1 步 进入名称编辑状态

在“Sheet1”工作表标签上双击，进入名称编辑状态，工作表名称呈灰色底纹显示。

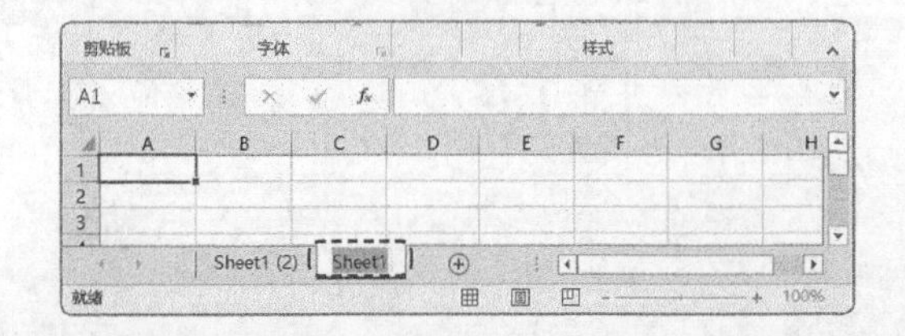

第 2 步 输入名称

输入“来访人员登记”，按【Enter】键，即可为该工作表重新命名。

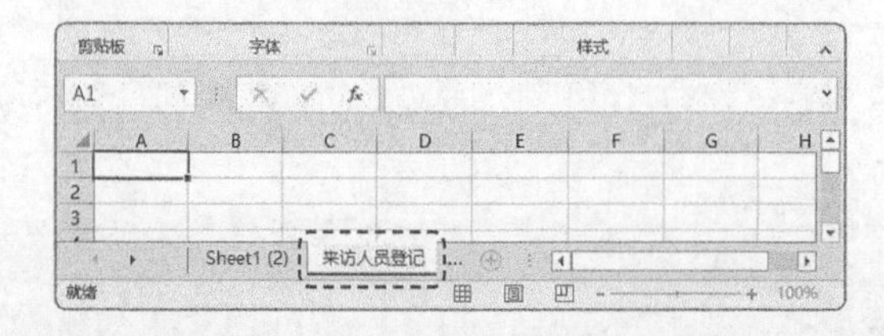

4. 隐藏与显示工作表

为了避免重要的工作表被其他人篡改，可以将其隐藏；要查看时，再将隐藏的工作表重新显示出来。下面在“来访人员登记 .xlsx”工作簿中隐藏与显示工作表，具体操作步骤如下。

第 1 步 隐藏工作表

❶ 选择“Sheet1（2）”工作表，在标签上单击鼠标右键；❷ 在弹出的快捷菜单中选择“隐藏”命令。

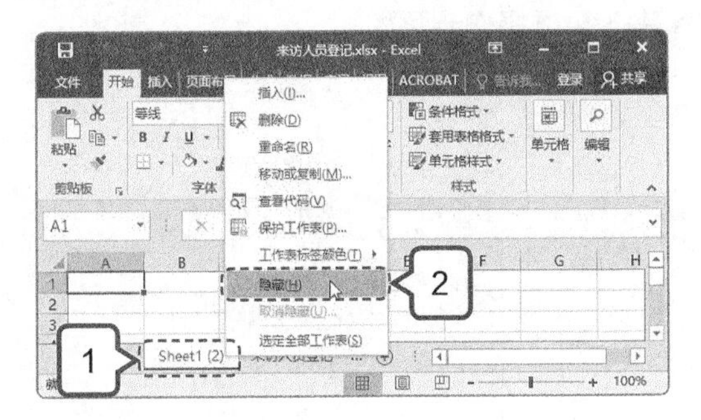

第 2 步 取消隐藏工作表

❶Excel 2016 将隐藏选择的工作表，在“来访人员登记”工作表标签上单击鼠标右键；❷ 在弹出的快捷菜单中选择“取消隐藏”命令。

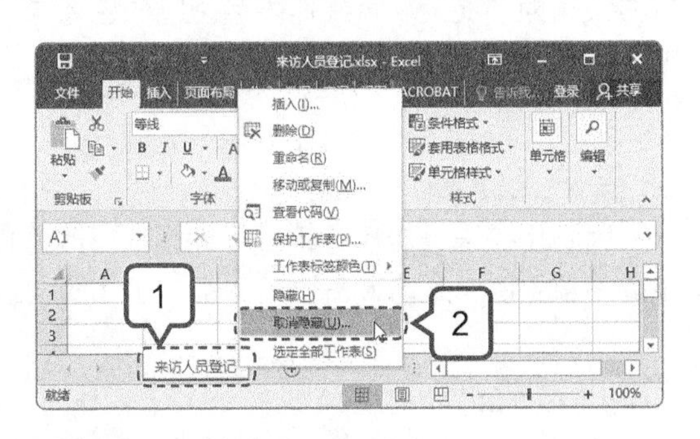

第 3 步 选择取消隐藏的工作表

❶ 打开“取消隐藏”的工作表对话框，在“取消隐藏工作表”列表框中选择“Sheet1（2）”选项；❷ 单击“确定”按钮，在工作簿中即可显示“Sheet1（2）”工作表。

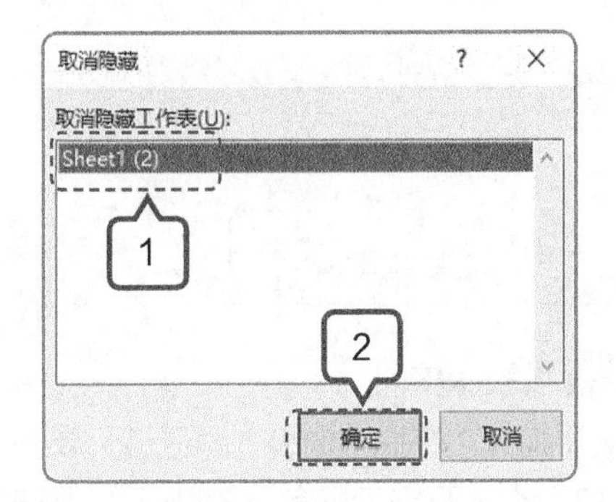

5. 设置工作表标签颜色

为了区别工作簿中的各个工作表，还可以为工作表的标签设置不同颜色。下面在“来访人员登记 .xlsx”工作簿中设置工作表标签的颜色，具体操作步骤如下。

第 1 步 选择标签颜色

❶ 在“来访人员登记”工作表标签上单击鼠标右键；❷ 在弹出的快捷菜单中选择“工作表标签颜色”命令；❸ 在打开的列表的“标准色”栏中选择“红色”选项。

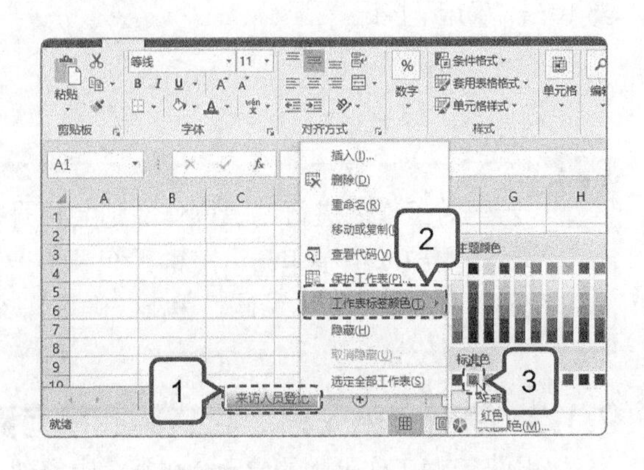

第 2 步 查看设置标签颜色的效果

用同样的方法将“Sheet1（2）”工作表标签设置为“浅蓝”，工作表标签的颜色效果如图所示。

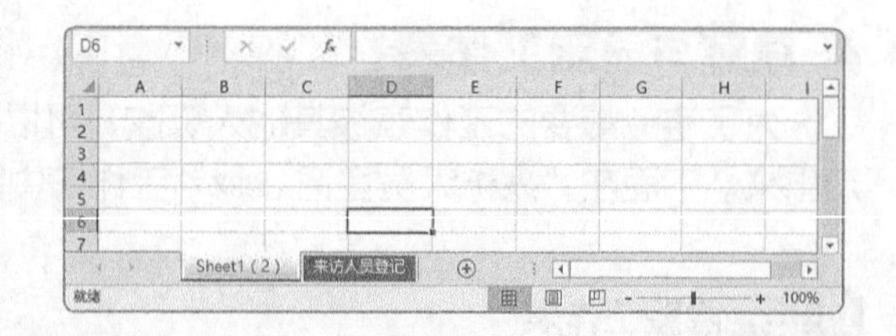

6. 保护工作表

为防止在未经授权的情况下编辑或修改工作表中的数据，需要为工作表设置密码进行保护。下面设置保护“来访人员登记 .xlsx”工作簿中的工作表，具体操作步骤如下。

第 1 步 选择操作

选择“来访人员登记”工作表，在“审阅→更改”组中单击“保护工作表”按钮。

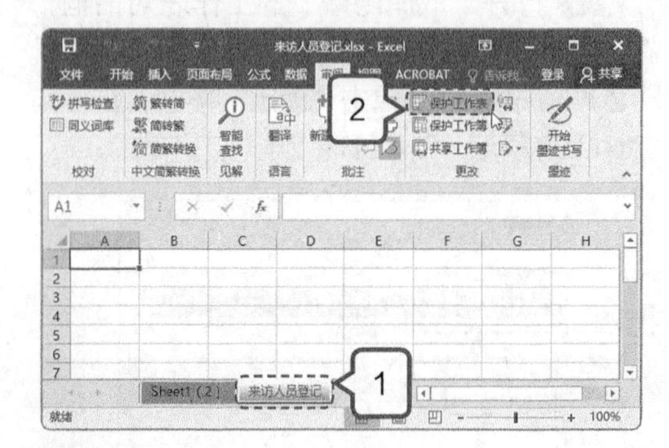

第 2 步 设置保护

❶ 打开“保护工作表”对话框，单击选中“保护工作表及锁定的单元格内容”复选框；❷ 在“取消工作表保护时使用的密码”文本框中输入“123”；❸ 在“允许此工作表的所有用户进行”列表框中单击选中“选定锁定单元格”复选框和“选定未锁定单元格”复选框；❹ 单击“确定”按钮。

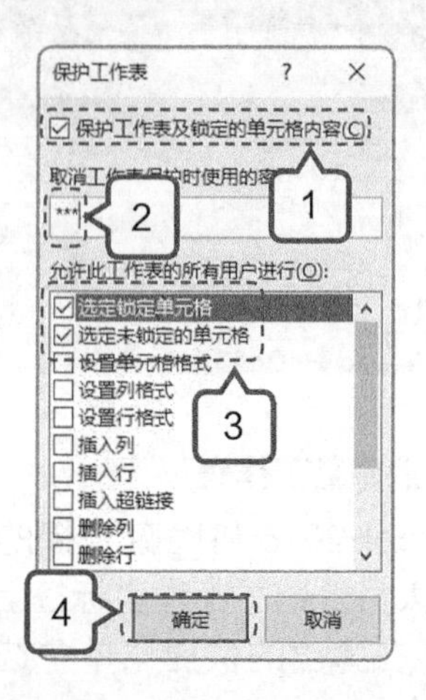

第 3 步 确认密码

❶ 打开“确认密码”对话框，在“重新输入密码”文本框中输入“123”；❷ 单击“确定”按钮，即可设置保护工作表

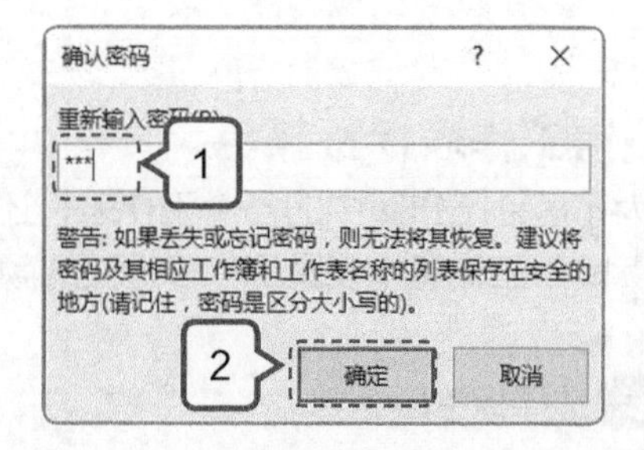

> **提示**
>
> 若要对工作表进行编辑操作，则会打开相应的提示对话框，单击“确定”按钮后，在“审阅→更改”组中单击“撤销工作表保护”按钮，打开“撤销工作表保护”对话框，在“密码”文本框中输入密码，单击“确定”按钮，即可编辑工作表。

9.1.3 编辑“单元格”让空间疏密有致

用户还可对工作表中的单元格进行编辑整理，包括插入单元格、合并和拆分单元格，以及调整合适的行高与列宽等，以方便数据的输入和编辑。下面在工作表中输入文字并对单元格进行设置。

1. 在表格中输入数据

要在表格中输入数据，先选择相应的单元格，然后切换输入法进行输入即可。下面在“来访人员登记”表格中输入表头，具体操作步骤如下。

第 1 步 输入文字

❶ 选中 A1 单元格，在其中输入“来访人员登记表”；❷ 使用同样的方法，在其他单元格中输入下图所示的内容。

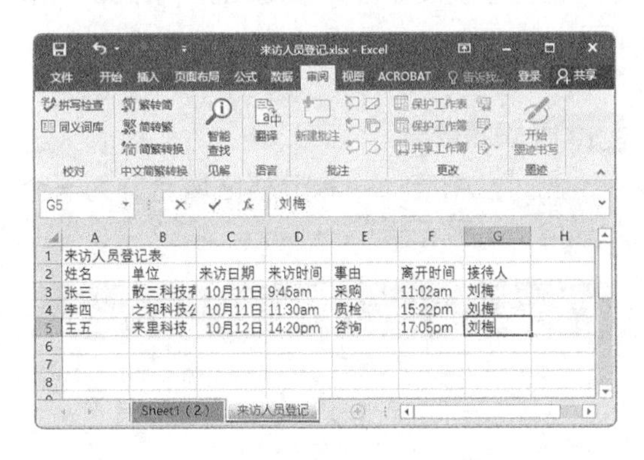

第 2 步 调整文字位置

❶ 单击 A1 单元格不放并向右下拖动到 G5 单元格，选中这一片单元格区域；❷ 在“开始→对齐方式”组中单击“居中”按钮。

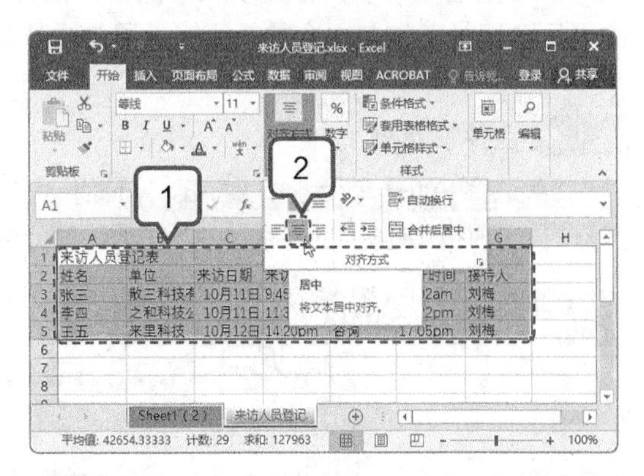

2. 插入与删除单元格

在对工作表进行编辑时，通常会涉及插入与删除单元格的操作。下面在“来访登记表”工作表中插入与删除单元格，具体操作步骤如下。

第 1 步 选择操作

❶ 单击 A5 单元格前的行标，选中该行；❷ 单击鼠标右键，在弹出的快捷菜单中选择“插入”命令。

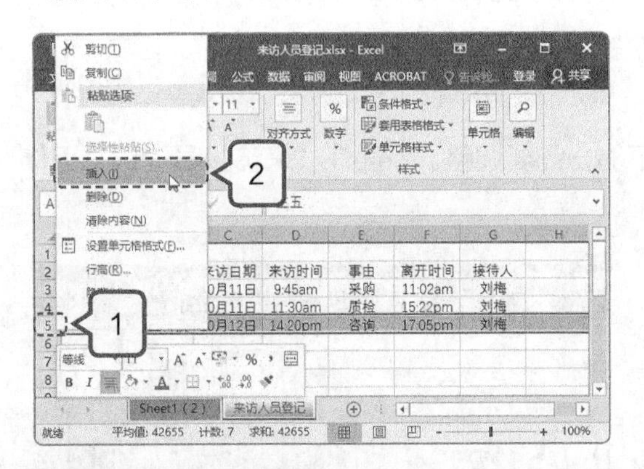

第 2 步 插入整行单元格

此时，在选择的行的上方插入了一行空白行。

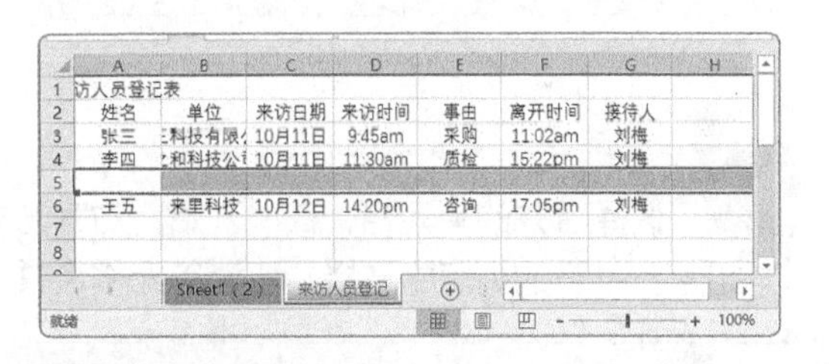

第 3 步 删除单元格

单击行标将该行选中，单击鼠标右键，在弹出的快捷菜单中选择“删除”命令，即可删除该行。

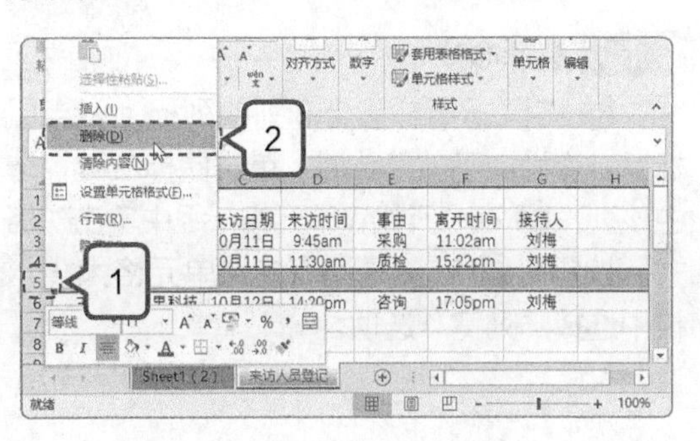

提示

单元格的行号用阿拉伯数字标识，列标用大写英文字母标识。例如，位于 A 列 1 行的单元格可表示为 A1 单元格；A2 单元格与 G5 单元格之间连续的单元格可表示为 A2:G5 单元格区域。

3. 合并和拆分单元格

第 1 行的单元格中，文字内容的长度明显大于单元格显示的宽度，这时可将几个单元格合并成一个单元格，用于完全显示表格内容。合并后的单元格也可以根据需要再次拆分。下面在“来访人员登记”工作表中合并单元格，具体操作步骤如下。

第 1 步 合并单元格

❶ 选择 A:G1 单元格；❷ 在“开始→对齐方式”组中，单击“合并后居中”按钮。

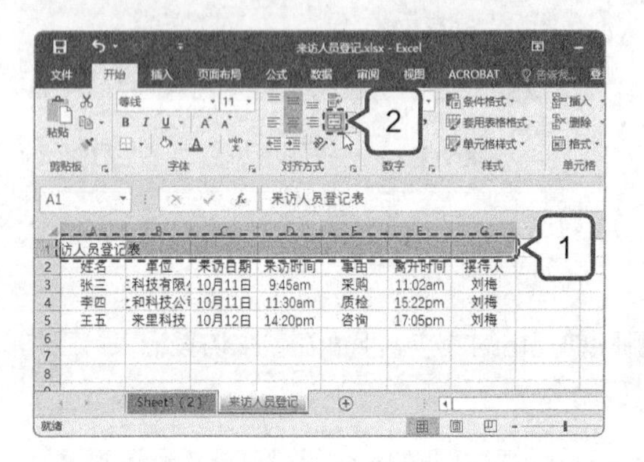

第 2 步 设置效果

此时，A1 到 G1 单元格区域合并为一个单元格，如图所示。

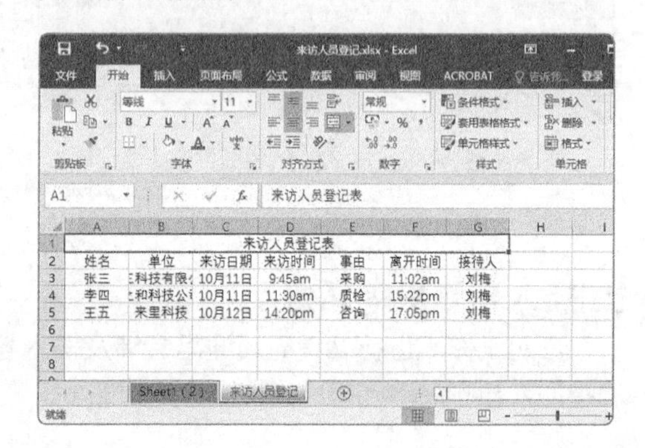

提示

选择合并的单元格，在“开始→对齐方式”组中单击“合并后居中”按钮右侧的下拉按钮，在打开的列表中选择“取消单元格合并”选项，即可拆分合并的单元格。

4. 设置单元格的行高和列宽

仔细观察表格，可以发现 B 列的单元格宽度不够，需要调整。下面在“来访人员登记”工作表中设置列宽，具体操作步骤如下。

第 1 步 选择命令

❶ 将鼠标指针移至 B 列的列标上，当鼠标指针变为向下的箭头时，单击鼠标左键，选中该列；❷ 在“开始→单元格”组中单击“格式”按钮；❸ 在展开列表的“单元格大小”栏中选择“列宽”选项。

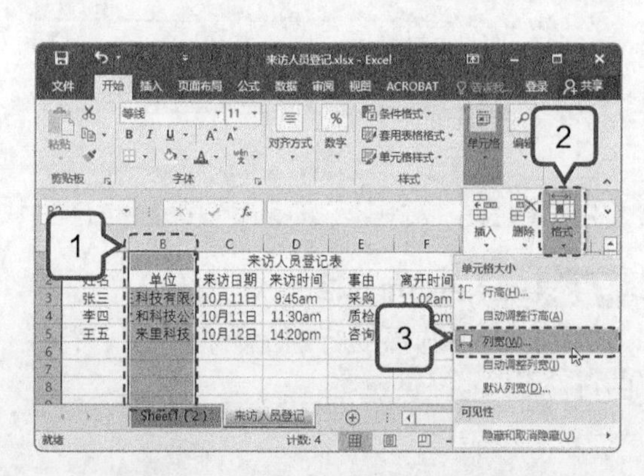

第 2 步 设置列宽

❶ 打开“列宽”对话框，在“列宽”文本框中输入“15”；❷ 单击“确定”按钮。

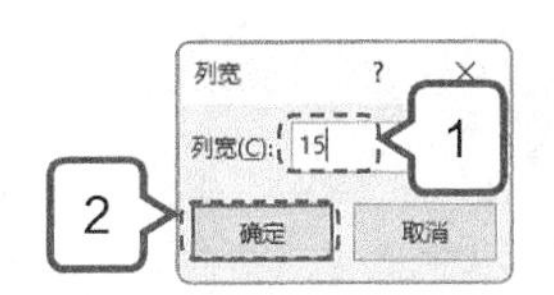

提示 选择单元格区域，在“开始→单元格”组单击“格式”按钮，在打开列表的“单元格”栏中选择“自动调整行高”或“自动调整列宽”选项，系统将自动根据数据的显示情况调整适合的行高或列宽。

5. 隐藏或显示行与列

隐藏表格中的行或列可以保护工作簿中的数据信息。下面在“来访人员登记”工作表中隐藏行，具体操作步骤如下。

第 1 步 隐藏行

❶ 在行号上拖动选择第 4 行和第 5 行；❷ 单击鼠标右键，在弹出的快捷菜单中选择“隐藏”命令。

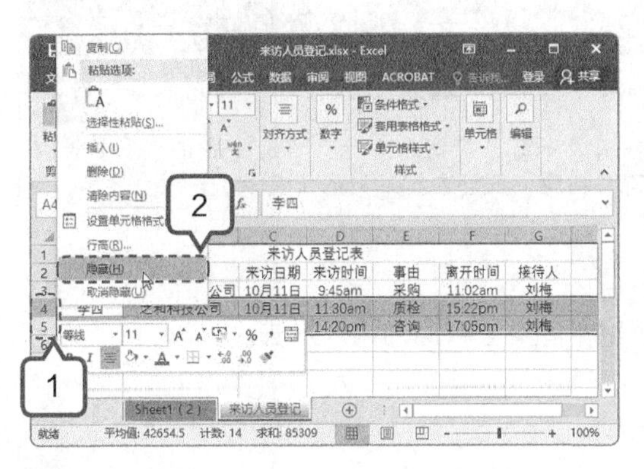

第 2 步 查看隐藏效果

Excel 将自动隐藏第 4 行和第 5 行，在第 3 行下直接就是第 6 行。

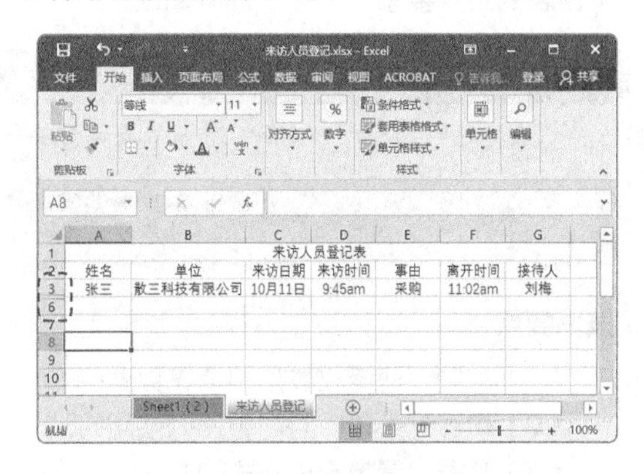

提示 选择被隐藏的行上下相邻的行，单击鼠标右键，在弹出的快捷菜单中选择“取消隐藏”命令即可显示被隐藏的行。列的操作与行类似。

9.2 案例——编辑《产品价目表》表格

本节视频教学时间 / 11 分钟

案例名称	产品价目表
素材文件	素材 \ 第 9 章 \ 产品价目表 _ 素材文件 .docx
结果文件	结果 \ 第 9 章 \ 产品价目表 _ 结果文件 .docx
扩展模板	扩展模板 \ 第 9 章

/ 案例操作思路

本案例是为公司制作产品价目表。产品价目表是公司报给需求方的一个商品价目表格，让各项商品的价格显示在一张表格内，方便报价和查看。

具体效果如图所示。

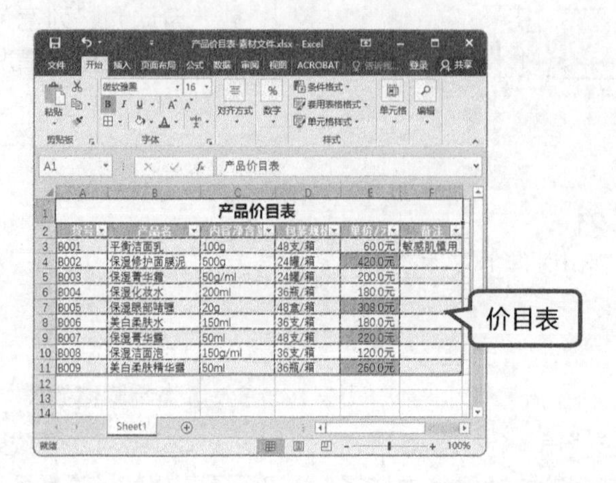

/ 价目表的组成要素

名称	是否必备	要求
表标题	必备	价目表都需要一个标题，用于概括表格的属性，让人了解表格的内容
表头	必备	表头中包含具体的项目，如货号、商品名称、单价、规格、重量等；用户可根据具体的商品类型，设计内容不同的价目表

/ 技术要点

（1）掌握快速修改数据和填充数据的方法，了解不同类型数据的输入方法。

（2）掌握记录单、自动更正的使用方法。

（3）掌握设置单元格样式的方法。

/ 操作流程

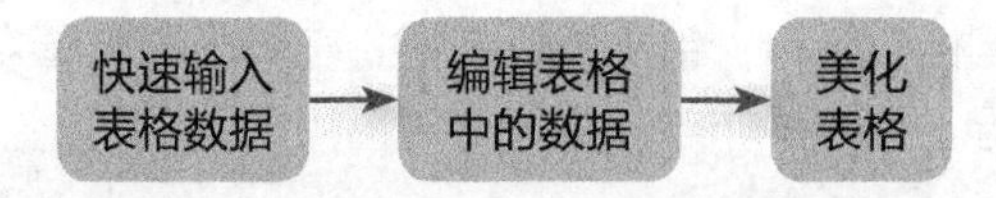

9.2.1 在表格中快速“输入”数据

制作表格的目的是为了方便记录和查看各种数据。如果表格中的数据量较大，可以通过一些方法快速输入数据。

1. 快速填充数据

对于一些相同或有规律的数据，如商品编码、学生学号等。手动输入将会非常浪费工作时间。而 Excel 提供了快速填充数据的功能，可以大大提高输入数据的效率。下面在“产品价目表”工作簿中快速填充商品编号，具体操作步骤如下。

第 1 步 输入起始数据

❶ 打开素材文件中的“产品价目表-素材文件”，选择 A3 单元格；❷ 输入“B001”。

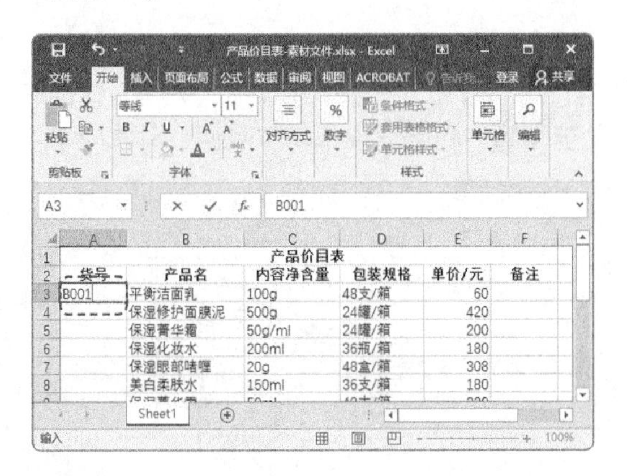

第 2 步 快速填充

❶ 将鼠标光标移动到单元格右下角，变成黑色十字形状，按住鼠标左键向下拖动，到 A11 单元格；❷ 释放鼠标，即可为 A4:A11 单元格区域快速填充序列数据。

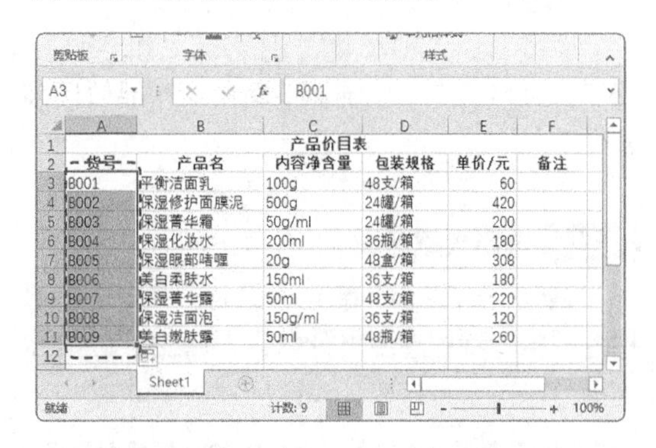

提示 拖动之后释放鼠标，单击右下角的“自动填充选项”按钮，在打开的列表中可以选择填充形式，如复制单元格等。

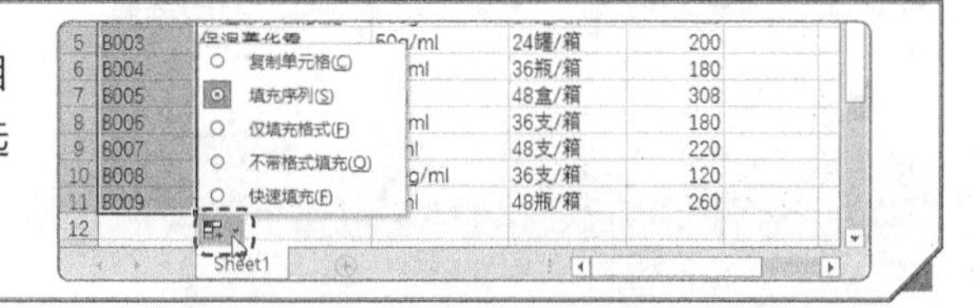

2. 输入货币型数据

数据类型包括一般数字、数值、分数、中文文本及货币等。在 Excel 表格中输入一些特殊类型的数据时，通常需要设置格式，以便完整、准确地显示数据。一般货币型数据的格式要保留小数点后两位。下面在“产品价目表”中设置货币格式，具体操作步骤如下。

第 1 步 选择数据样式

❶ 选择 E3:E11 单元格区域；❷ 在“开始→数字”组中单击“数字格式”列表框右侧的下拉按钮；❸ 在打开的列表中选择“货币”选项。

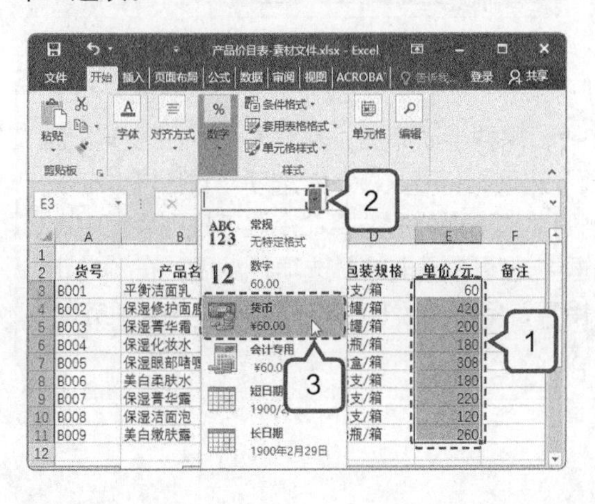

第 2 步 查看效果

此时选中的单元格区域中的数据格式改变为货币格式，如图所示。

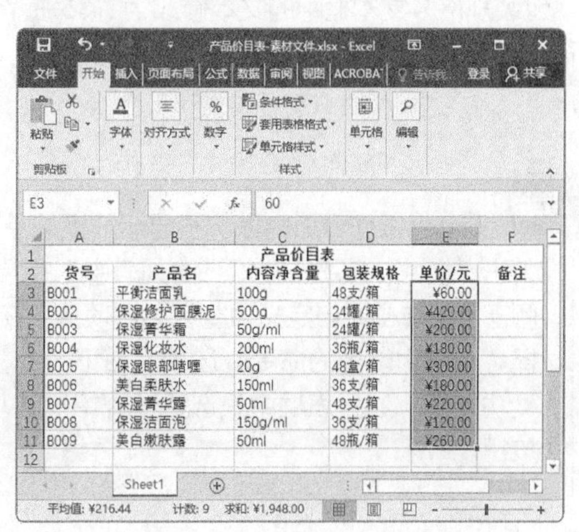

9.2.2 对数据进行特殊“编辑”

Excel 表格中存在各种各样的数据，在编辑操作过程中，除了基本的复制、粘贴、查找和替换等操作外，还涉及其他一些操作，如使用记录单批量修改数据、自定义数据显示格式和设置数据验证规则等。

1. 使用记录单修改数据

通过 Excel 2016 的“记录单”功能批量编辑数据，可节省在工作表中切换行、列输入数据的时间，并且不容易出错。下面在“产品价目表 .xlsx”工作簿中利用记录单修改数据，具体操作步骤如下。

第 1 步 选择数据区域

❶ 选择 A2:F11 单元格区域；❷ 在标题栏的“告诉我您想要做什么”上单击定位鼠标光标，输入“记录单”，按【Enter】键。

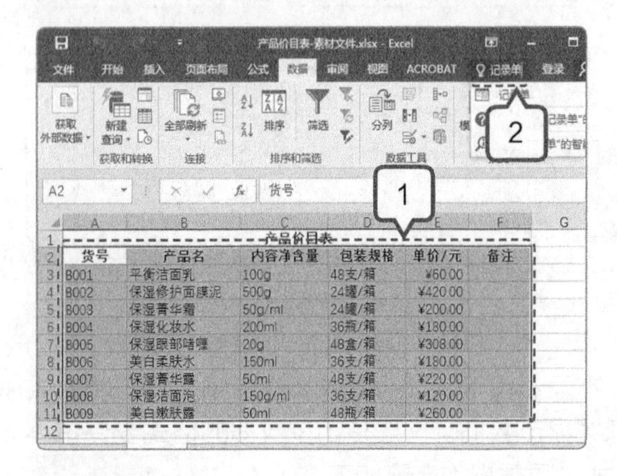

第 2 步 修改数据

❶ 打开“Sheet1”对话框，拖动滑块到第 9 个记录；❷ 将“产品名称”文本框中的文本修改为“美白柔肤精华露”；❸ 将“包装规格”文本框中的文本修改为“36 瓶 / 箱”；❹ 单击“关闭”按钮。

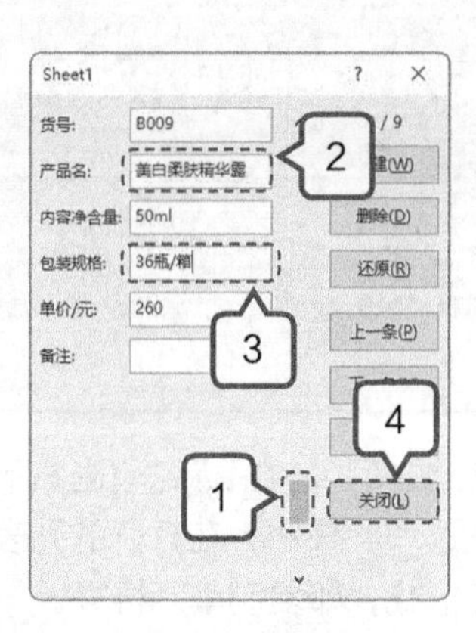

第 3 步 查看修改数据后的效果

返回 Excel 2016 工作界面，在第 9 行中即可看到修改后的数据。

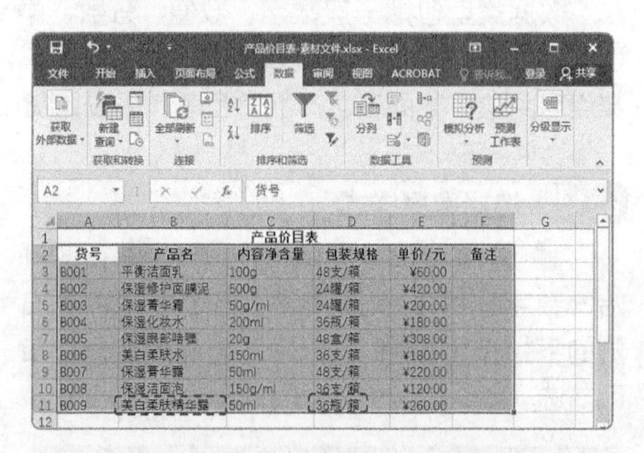

> **提示**
>
> Excel 工作界面中默认不显示“记录单”按钮，需要手动添加，其方法为：在工作界面单击“文件”按钮，在打开的列表中选择“选项”选项；打开“Excel 选项”对话框，在左侧窗格中单击“自定义功能区”选项卡；在右侧的“从下列位置选择命令”下拉列表框中选择“不在功能区的命令”选项，在下方的列表框中选择“记录单”选项；然后，在“自定义功能区”的列表框中只选择“开始”选项；接着，单击“添加”按钮，再单击“确定”按钮。

2. 自定义数据的显示单位

在数字后面添加单位可让数据的性质更加简洁易懂，同时还能够节省页面空间。下面在“产品价目表 .xlsx”工作簿中自定义数据的显示单位，具体操作步骤如下。

第 1 步 选择设置单元格格式的区域

❶ 在工作表中选择 E3:E11 单元格区域；❷ 单击鼠标右键，在弹出的快捷菜单中选择“设置单元格格式”命令。

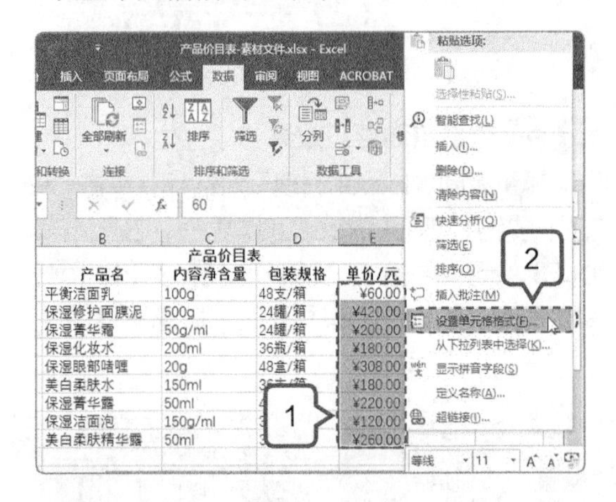

第 2 步 自定义数据的显示单位

❶ 打开“设置单元格格式”对话框的“数字”选项卡，在“分类”列表框中选择“自定义”选项；❷ 在“类型”文本框中输入“#.0"元"”；❸ 单击“确定”按钮。

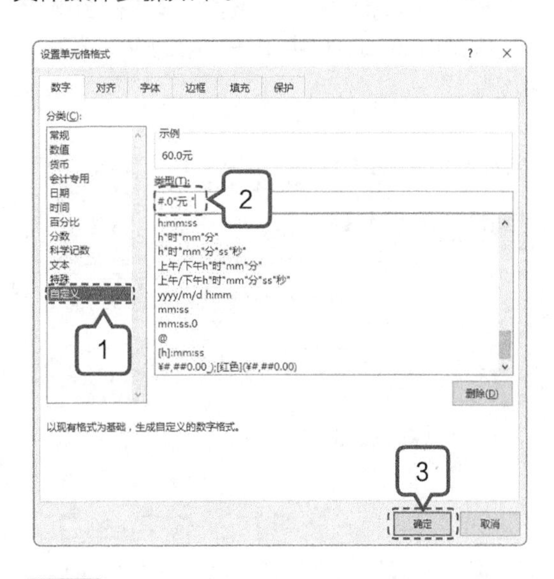

第 3 步 查看自定义数据显示后的效果

返回 Excel 2016 工作界面，即可看到自定义数据显示后的效果。

产品价目表					
货号	产品名	内容净含量	包装规格	单价/元	备注
B001	平衡洁面乳	100g	48支/箱	60.0元	
B002	保湿修护面膜泥	500g	24罐/箱	420.0元	
B003	保湿菁华霜	50g/ml	24罐/箱	200.0元	
B004	保湿化妆水	200ml	36瓶/箱	180.0元	
B005	保湿眼部啫喱	20g	48盒/箱	308.0元	
B006	美白柔肤水	150ml	36支/箱	180.0元	
B007	保湿菁华露	50ml	48支/箱	220.0元	
B008	保湿洁面泡	150g/ml	36支/箱	120.0元	
B009	美白柔肤精华露	50ml	36瓶/箱	260.0元	

3. 利用自动更改功能快速输入文字

用数字代替特殊字符指的是在单元格中输入一个特定的文字，按【Enter】键后更改为目标文字，从而大大提高数据的编辑效率。下面在“产品价目表 .xlsx”中利用“001”替代“敏感肌慎用”，具体操作步骤如下。

第 1 步 打开“文件”列表

在 Excel 2016 工作界面中选择“文件”，在打开的列表中选择“选项”。

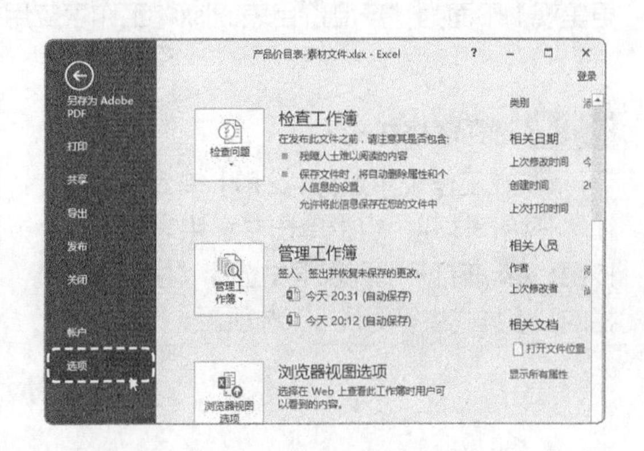

第 2 步 打开“Excel 选项”对话框

❶ 打开“Excel 选项”对话框，在左侧的列表框中选择“校对”选项；❷ 在右侧的“自动更正选项”栏中单击“自动更正选项”按钮。

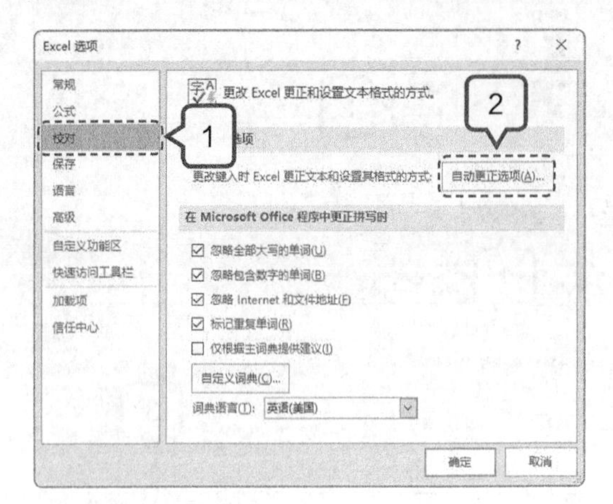

第 3 步 设置自动更正

❶ 打开“自动更正”对话框的“自动更正”选项卡，在“替换”文本框中输入“001”；❷ 在“为”文本框中输入“敏感肌慎用”；❸ 单击“添加”按钮；❹ 单击“确定”按钮。

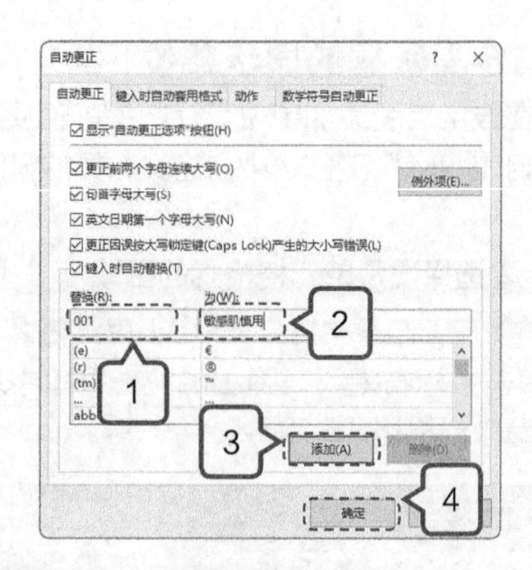

第 4 步 查看自动更正效果

❶ 返回“Excel 选项”对话框，单击“确定”按钮，返回 Excel 工作界面，在工作表的 F3 单元格中输入“001”；❷ 按【Enter】键，Excel 会自动将其更正为“敏感肌慎用”。

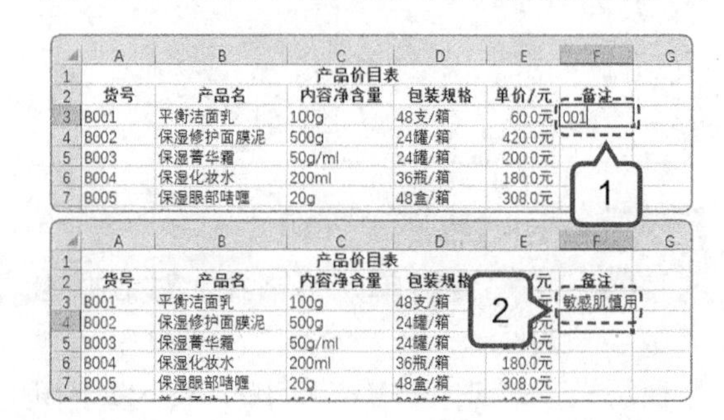

9.2.3 通过“样式”美化表格

用 Excel 2016 制作的表格不仅要内容翔实，还需要页面美观。因此需要对主题和样式等进行设置，使表格的版面美观、图文并茂、数据清晰。

1. 套用内置样式

使用表格样式可以对应用相同样式的单元格进行快速格式化，从而提高工作效率，也使表格更美观。下面为“产品价目表 .xlsx”工作表应用样式，具体操作步骤如下。

第 1 步 选择表格样式

❶ 在工作表中选择 A2:F11 单元格区域，在“开始→样式”组中单击“套用表格格式”按钮；❷ 在打开的列表框中选择“中等深浅”栏的“表样式中等深浅 5”选项。

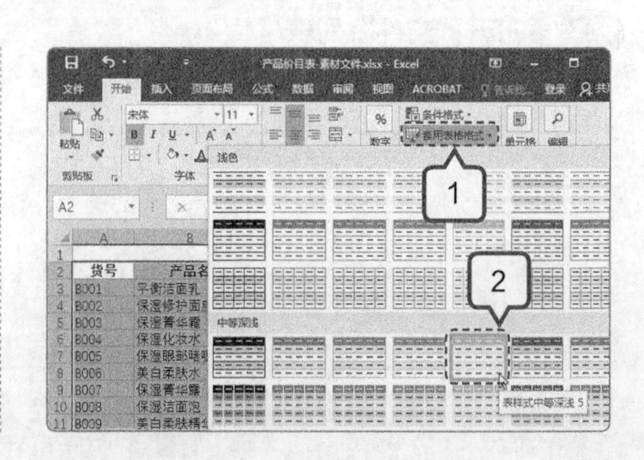

第 2 步 确认表格区域

❶ 打开“套用表格式”对话框，在“表数据的来源”文本框中确认表格的区域，单击选中“表包含标题”复选框；❷ 单击“确定”按钮。

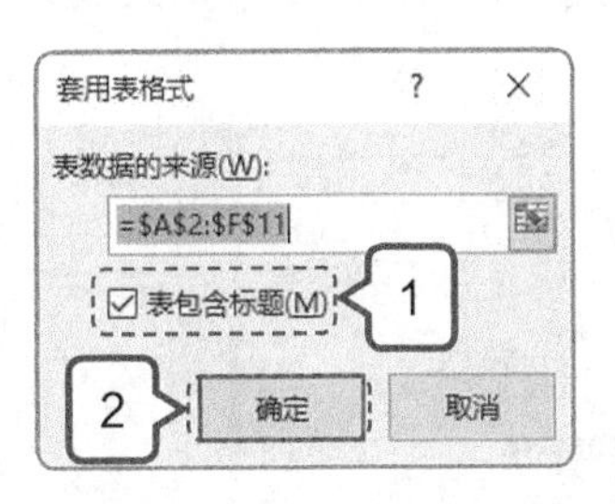

第 3 步 查看套用表格样式的效果

返回到 Excel 2016 工作界面，即可查看套用表格样式的效果。

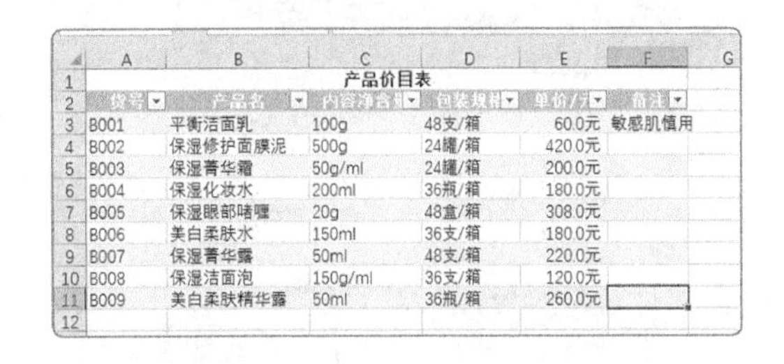

2. 应用单元格样式

Excel 2016 还可以为单元格或单元格区域应用样式。下面在“产品价目表.xlsx”中应用单元格样式，具体操作步骤如下。

第 1 步 选择操作

❶ 选择 A1 单元格；❷ 在“开始→样式”组中单击“单元格样式”按钮；❸ 在打开的列表中选择“新建单元格样式”选项。

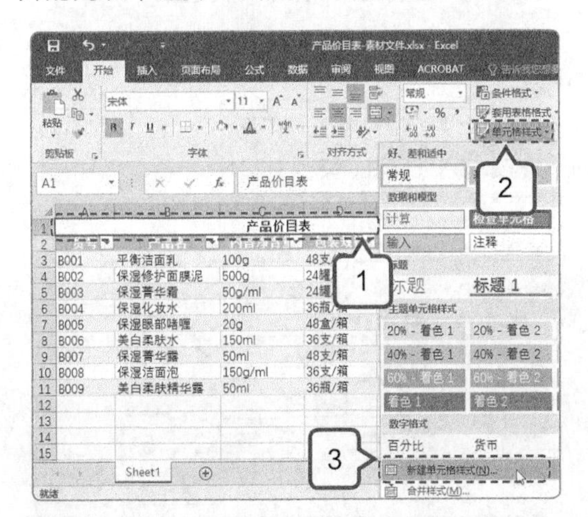

为表格区域套用表格样式后，默认将在表格标题字段中添加“筛选”样式，也就是显示下拉按钮。如果要删除这些下拉按钮，只需要在打开的“套用表格式”对话框中撤销选中“表包含标题”复选框即可。

第 2 步 新建单元格样式

❶ 打开“样式”对话框，在“样式名”文本框中输入“标题”；❷ 单击“格式”按钮。

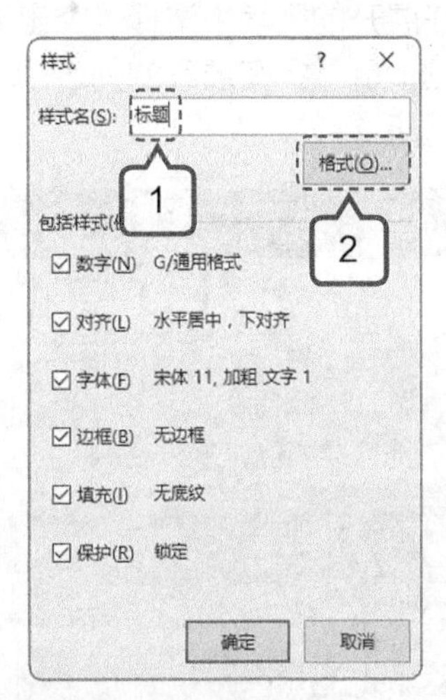

第 3 步 设置单元格格式

❶ 打开“设置单元格格式”对话框，单击“字体”选项卡；❷ 在“字体”下拉列表框中选择“微软雅黑”选项；❸ 在“字号”下拉列表框中选择“16”选项；❹ 单击“确定”按钮。

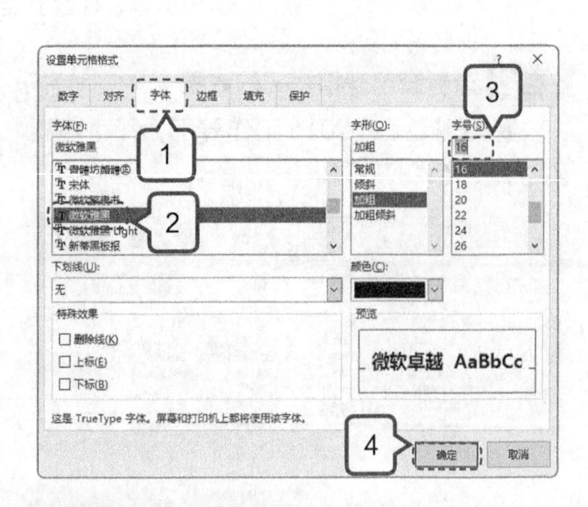

第 4 步 **应用单元格格式**

❶ 返回“样式”对话框，单击“确定”按钮，返回 Excel 2016 工作界面，再次单击“单元格样式”按钮；❷ 在打开列表的“自定义”栏中选择“新标题”选项，为单元格应用样式。

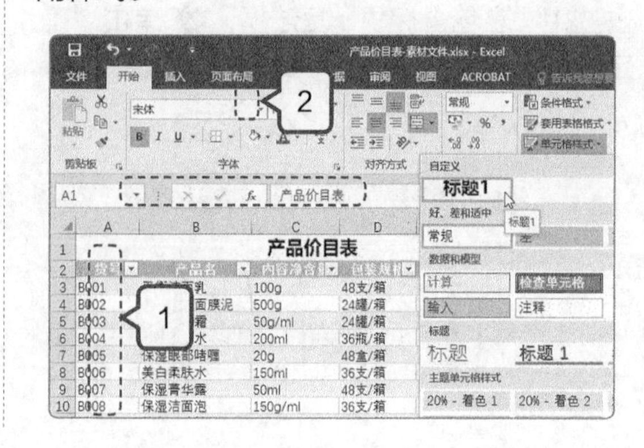

3. 通过条件格式突出显示单元格

有时候需要将某些特定区域中的特定数据用特定的颜色突出显示，以便于观看。下面在“产品价格表 .xlsx”工作簿中设置突出显示单元格数据，具体操作步骤如下。

第 1 步 **选择操作**

❶ 在工作表中选择 E3:E11 单元格区域，在“开始→样式”组中，单击“条件格式”按钮；❷ 在展开的列表中选择“突出显示单元格规则”选项；❸ 在展开的列表中选择“其他规则”选项。

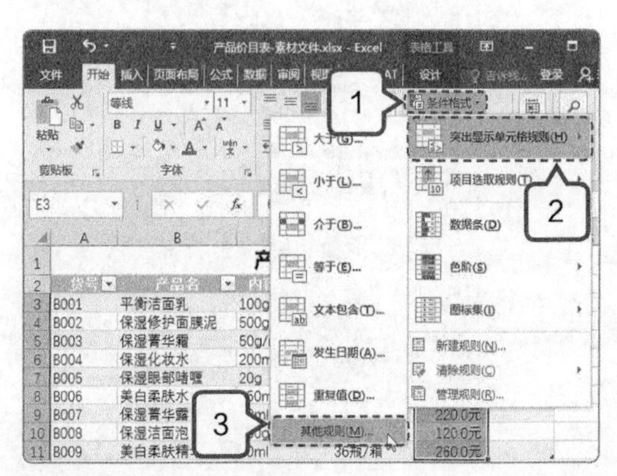

第 2 步 **新建格式规则**

❶ 打开“新建格式规则”对话框，在“选择规则类型”列表框中选择“只为包含以下内容的单元格设置格式”选项；❷ 在“编辑规则说明”栏的第 1 个列表框中选择“单元格值”选项；❸ 在第 2 个列表框中选择“大于”选项；❹ 在右侧的文本框中输入“200”；❺ 单击“格式”按钮。

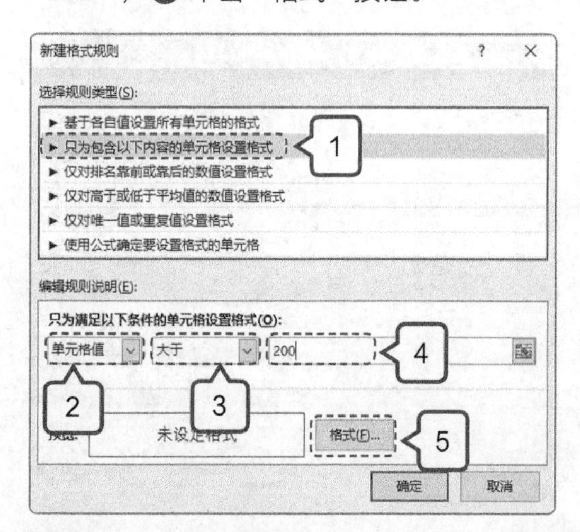

第 3 步 **设置单元格填充**

❶ 打开“设置单元格格式”对话框，单击“填充”选项卡；❷ 选择“浅绿色”选项；❸ 单击“确定”按钮。

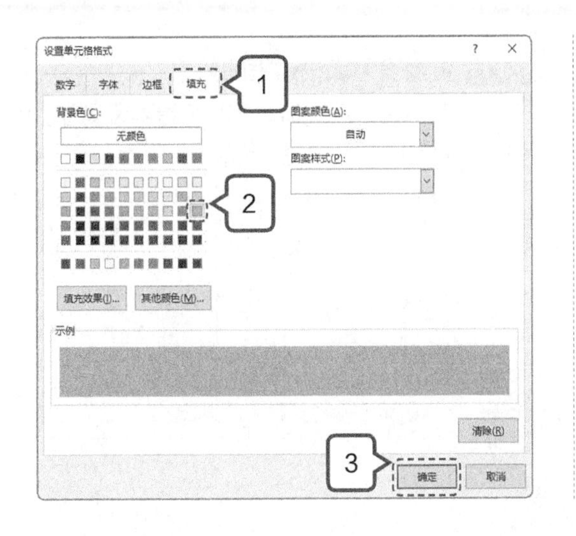

第 4 步 查看突出显示结果

返回“新建格式规则”对话框，单击“确定”按钮，返回 Excel 2016 工作界面，在选择的单元格区域中，即可看到按照设置的效果突出显示的单元格。

产品价目表					
货号	产品名	内容净含量	包装规格	单价/元	备注
B001	平衡洁面乳	100g	48支/箱	60.0元	敏感肌慎用
B002	保湿修护面膜泥	500g	24罐/箱	420.0元	
B003	保湿菁华霜	50g/ml	24罐/箱	200.0元	
B004	保湿化妆水	200ml	36瓶/箱	180.0元	
B005	保湿眼部啫喱	20g	48盒/箱	308.0元	
B006	美白柔肤水	150ml	36支/箱	180.0元	
B007	保湿菁华露	50ml	48支/箱	220.0元	
B008	保湿洁面泡	150g/ml	36支/箱	120.0元	
B009	美白柔肤精华露	50ml	36瓶/箱	260.0元	

4. 添加边框

Excel 中的单元格是为了方便存放数据而设计的，在打印时并不会将表格线条打印出来。这时，就需要为单元格设置边框。下面在“产品价目表 .xlsx”中设置表格边框，具体操作步骤如下。

第 1 步 设置边框

❶ 在工作表中选择 A1:F11 单元格区域；❷ 在“开始→字体”组中，单击“其他边框”按钮右侧的下拉按钮；❸ 在打开的列表中选择“其他边框”选项。

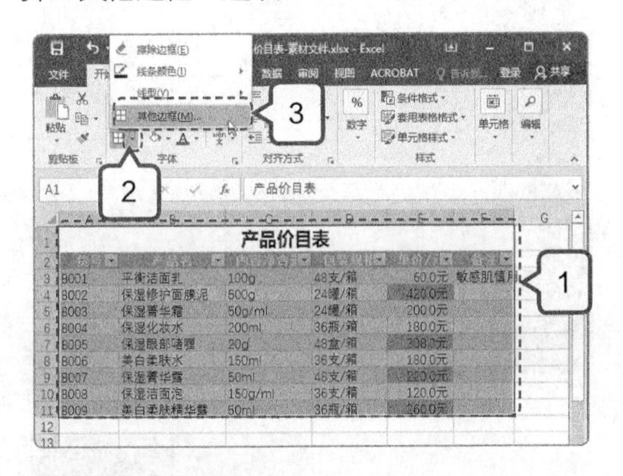

第 2 步 设置边框颜色

❶ 打开“设置单元格格式”对话框的“边框”选项卡，在“线条”栏中单击“颜色”下拉列表框右侧的下拉按钮，在打开列表的“标准色”栏中选择“蓝色”选项；❷ 在“线条”栏的“样式”列表框中选择右侧最下方的一个线条样式；❸ 在“预置”栏中单击“外边框”按钮；

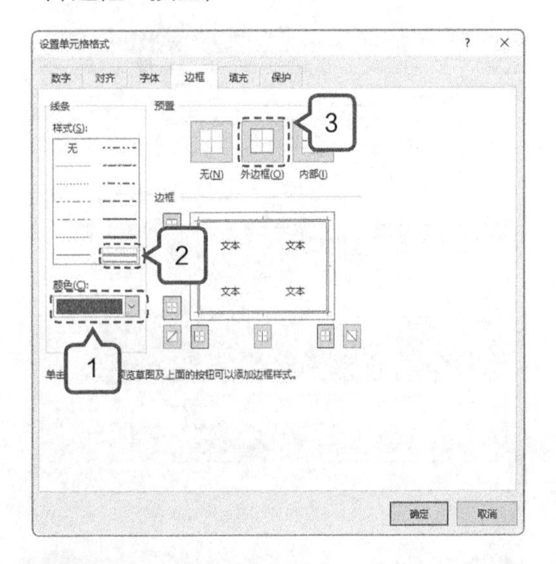

第 3 步 设置边框样式

❶ 继续在“线条”栏的“样式”列表框中选择右侧第 2 种线条样式；❷ 在“预置”栏中单击“内部”按钮；❸ 单击“确定”按钮。

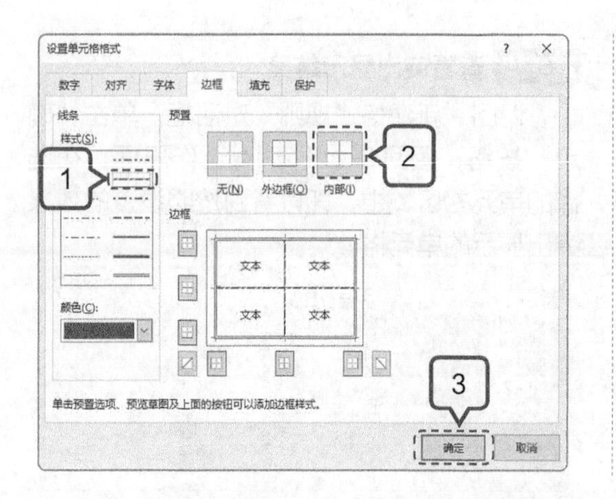

第 4 步 查看设置表格边框的效果

返回 Excel 工作界面，即可看到设置了边框的表格效果。

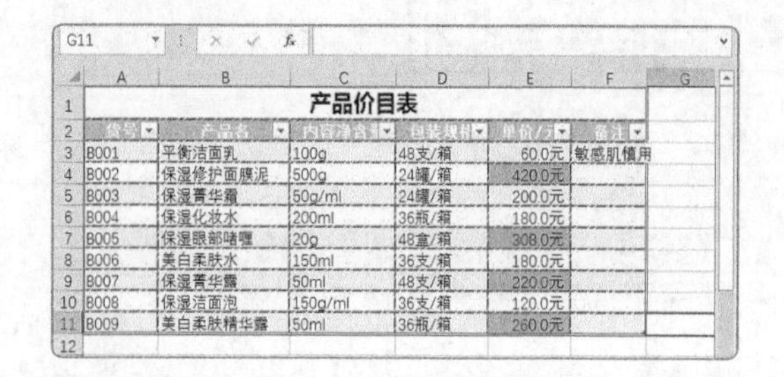

9.2.4 打印工作表

根据打印范围的不同，Excel 中的打印可分为打印整个工作表和打印区域数据两种方式。在打印表格前，应该先对表格的打印效果进行预览，以检查表格是否有误。下面打印“产品价目表”中的工作区域，具体操作步骤如下。

第 1 步 单击“文件”按钮

❶ 选中 A1:F11 单元格区域；❷ 选中“文件”。

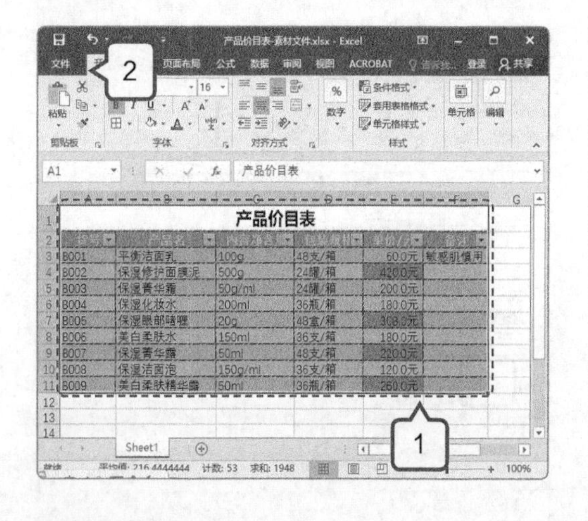

第 2 步 开始打印

❶ 在左侧选择“打印”选项；❷ 在右侧即可预览打印效果，设置打印机的相应打印参数（与 Word 打印设置方法一致）；❸ 单击“打印”按钮，即可开始打印。

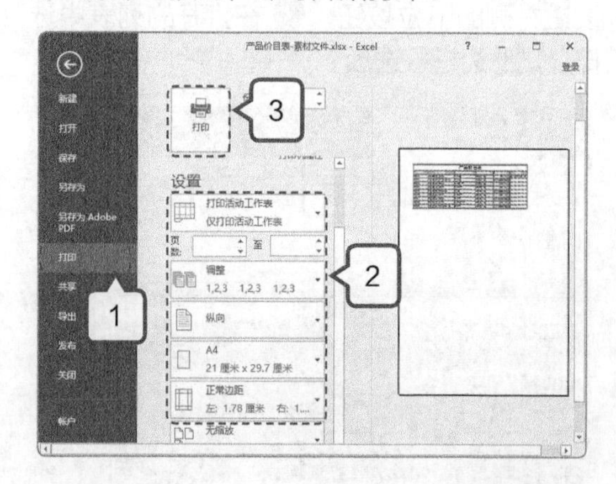

本节视频教学时间 / 3 分钟

本章所选择的案例均为典型的 Excel 表格的基础操作，主要利用 Excel 进行新建和保存工作簿、创建和编辑工作表、设置单元格、快速输入数据、美化表格等基础操作。以下列举两个典型基础表格的制作思路。

1.《出库单》千万不能马虎

《出库单》类基础表格，涉及文本和数据的输入和编辑，以及单元格的拆分与合并等操作。出库单的记录要详细，不能出错。制作出库单可以按照以下思路进行。

第 1 步 新建文档并设置表格布局

新建出库单文档，输入相关项目，并设置单元格的合并。

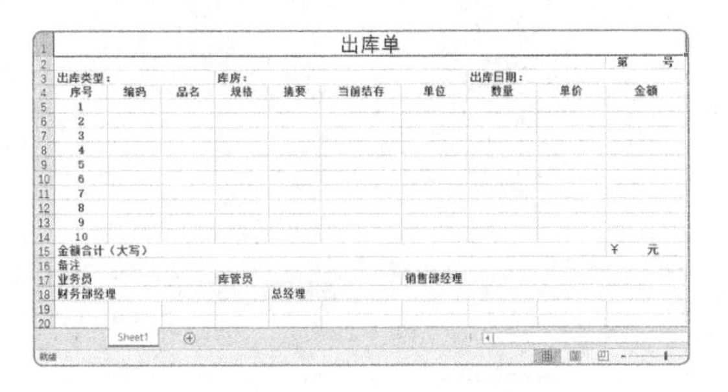

第 2 步 美化表格

为表格中单元格的内容设置格式，并设置边框和底色，以便美化表格。

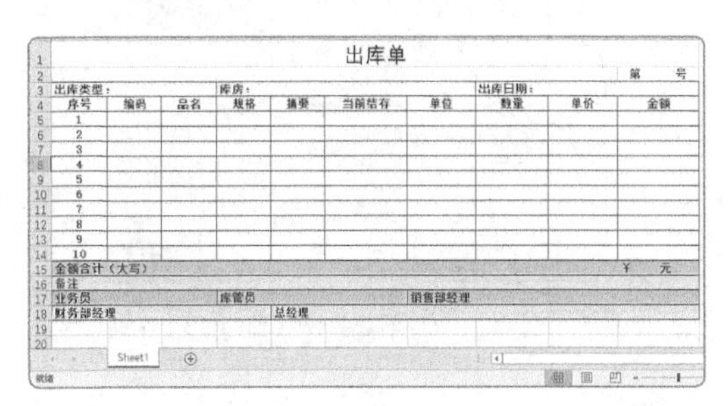

2.《员工考勤表》要一视同仁

《员工考勤表》类表格，记录了员工每个月的出勤、请假等事项。考勤工作应当一视同仁，不能因为特殊原因而徇私舞弊。制作考勤表可以按照以下思路进行。

第 1 步 新建文档并布局表格

新建考勤表，规划表格的布局，输入表头、日期、时间以及考勤项目，填充单元格颜色。

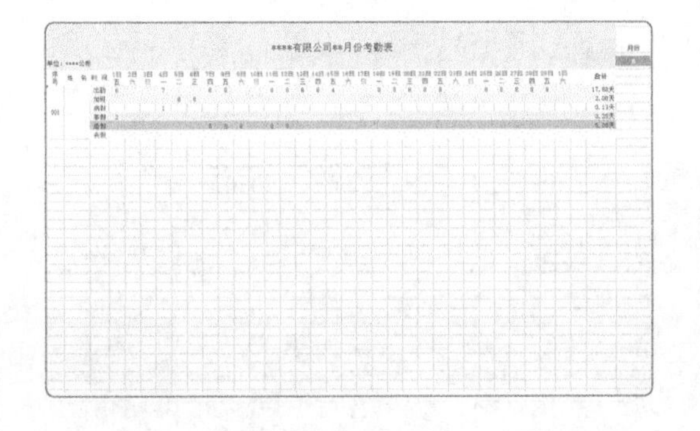

第 2 步 复制表格并设置序号

选中下方的考勤事项行并复制，根据员工数量粘贴数据行，然后设置员工序号，之后打印即可。

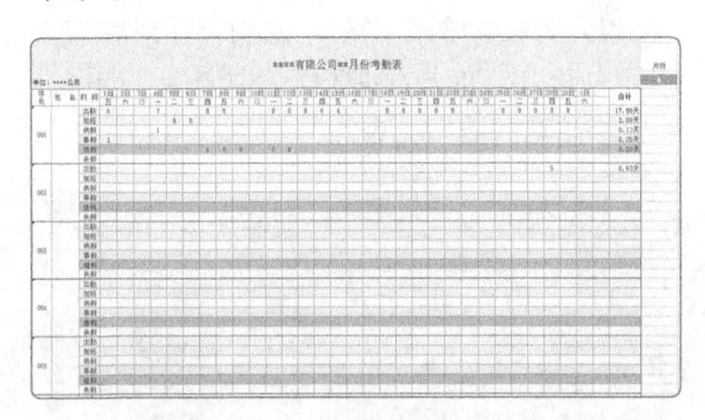

高手支招

1. 为表格添加批注

有时一个表格需要经过多人查看和修改，为了保持表格的原状，可选择使用批注的形式对表格内容要修改的地方进行说明。

第 1 步 插入批注

选择需要添加批注的单元格，单击鼠标右键，在弹出的快捷菜单中选择“插入批注”命令。

第 2 步 隐藏批注

执行该命令可添加一个带箭头的文本框，单元格右上角也会出现一个红色的三角。在该文本框中输入需要添加的批注信息后，单击工作表中任一单元格即可隐藏批注。

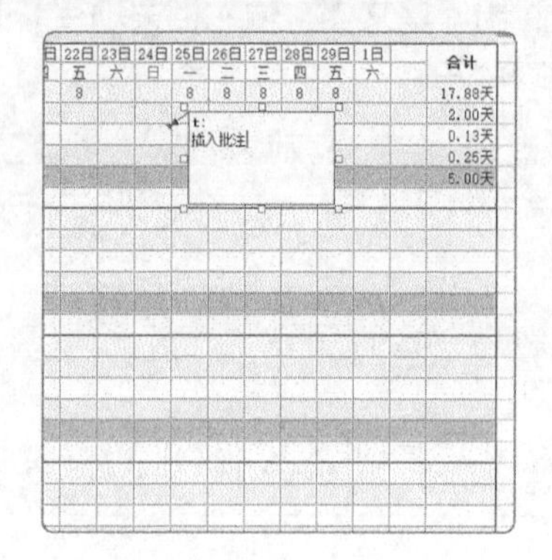

2. 让粘贴数据随源数据自动更新

除了使用快捷键和功能区中的命令来粘贴数据外，Excel 还提供了“粘贴链接”功能，使用户复制的数据与数据源之间保持关联。当数据源中的数据发生改变时，Excel 中的数据也将发生改变。该方法不仅适用于在 Excel 之间粘贴数据，也可将外部文件中的数据以“粘贴链接”的方法复制到 Excel 中，让粘贴的数据始终跟随数据源进行自动更新。

第 1 步 粘贴链接

在其他文档中复制需要的数据，返回 Excel 工作簿中选择需要粘贴的单元格后单击鼠标右键，在弹出的快捷菜单中选择“选择性粘贴→粘贴链接”命令。

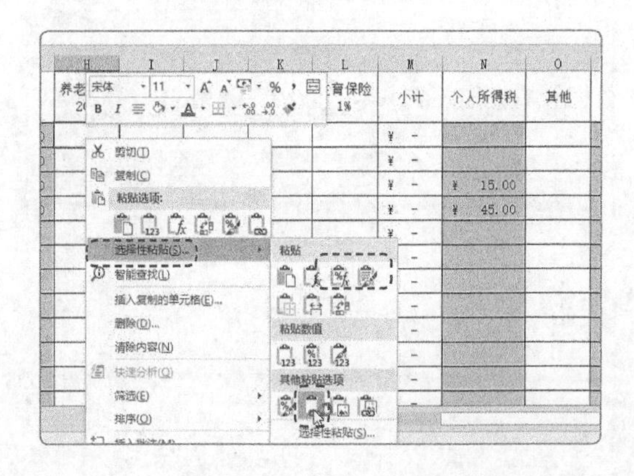

第 2 步 查看链接

在单元格中即可查看插入的链接数据。

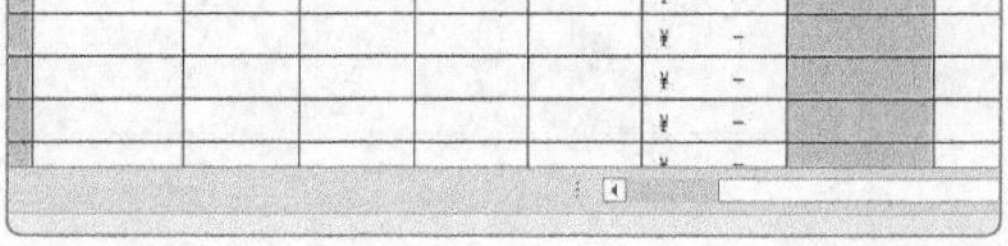

Chapter

10 数据处理——使用公式和函数制作表格

本章视频教学时间 / 20 分钟

技术分析

Excel 2016 不仅具有表格编辑功能，还可以在表格中利用公式和函数进行计算。一般来说，进行数据计算主要涉及以下知识点。

（1）Excel 中公式的用法。

（2）引用单元格。

（3）公式的审核。

（4）常用函数的运算。

（5）统计函数。

Excel 中的公式和函数可以帮助我们快速并准确地进行数据运算，大大提高了工作效率。我们工作和生活中需要计算数据的工作表有员工工资表、员工考核表、销售业绩表、报账单等。本章通过《员工工资表》《学生成绩表》和《销售数据统计表》三个典型案例，系统介绍在 Excel 中进行公式和函数运算时需要掌握的具体操作。

思维导图

10.1 案例——制作《员工工资表》工作表

本节视频教学时间 / 5 分钟

案例名称	员工工资表
素材文件	无
结果文件	结果 \ 第 10 章 \ 员工工资表 _ 结果文件 .xlsx
扩展模板	扩展模板 \ 第 10 章

/ 案例操作思路

本案例是制作 XX 公司的员工工资表。工资表又称为工资结算表，是每月按部门编制的表格。通常在工资结算表中，会根据工资卡、考勤记录、产量记录及代扣款项等资料按人名填列“应付工资”“代扣款项”“实发金额”三大部分。

在制作工资表时，需要注意的是 Excel 中的公式必须遵循规定的语法，主要包括以下几个方面。

（1）所有公式通常以等号“=”开始，等号“=”后跟要计算的元素。

（2）参加计算单元格的地址表示方法为“列标 + 行号”，如 A1、D4 等。

（3）参加计算单元格区域的地址表示方法为“左上角的单元格地址：右下角的单元格地址”，如 A1:F10，B1:G15，C5:G10 等。

具体效果如图所示。

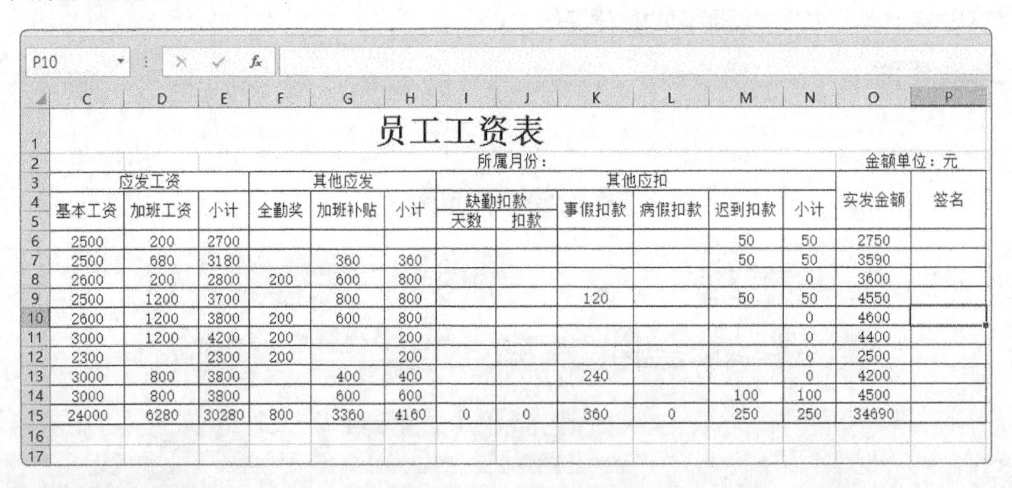

员工工资表

所属月份：　　金额单位：元

应发工资			其他应发			其他应扣						实发金额	签名
基本工资	加班工资	小计	全勤奖	加班补贴	小计	缺勤扣款 天数	缺勤扣款 扣款	事假扣款	病假扣款	迟到扣款	小计		
2500	200	2700								50	50	2750	
2500	680	3180		360	360					50	50	3590	
2600	200	2800	200	600	800						0	3600	
2500	1200	3700		800	800			120		50	50	4550	
2600	1200	3800	200	600	800						0	4600	
3000	1200	4200	200		200						0	4400	
2300		2300	200		200						0	2500	
3000	800	3800		400	400			240			0	4200	
3000	800	3800		600	600					100	100	4500	
24000	6280	30280	800	3360	4160	0	0	360	0	250	250	34690	

/ 公式中常用的运算符

运算符类型	运算符	含义	示例
算术运算符	+	加法运算	A1 + B1
	−	减法运算	A1 − B1 或 − C1
	*	乘法运算	A1*B1
	/	除法运算	A1/B1
	%	百分比运算	15%
	^	乘方运算	10^3（与 10*10*10）

续表

运算符类型	运算符	含义	示例
比较运算符	=	等于运算	A1=B1
	>	大于运算	A1>B1
	<	小于运算	A1<B1
	>=	大于或等于运算	A1>=B1
	<=	大于或等于运算	A1>=B1
	<>	不等于运算	A1<>B1
文本运算符	&	用于连接多个单元格中的文本字符串，产生一个文本字符串	A1&B1
引用运算符	:（冒号）	区域运算符，对两个引用之间，包括两个引用在内的所有单元格进行引用	B5:B15
	,（逗号）	联合操作符，将多个引用合并为一个引用	SUM(B5:B15,D5:D15)
	（空格）	交叉运算，即对两个引用区域中共有的单元格进行运算	A1:B8 B1:D8

/ 技术要点

（1）通过“公式”进行运算。

（2）使用“引用单元格”进行快速运算。

（3）对公式进行“检查”。

/ 操作流程

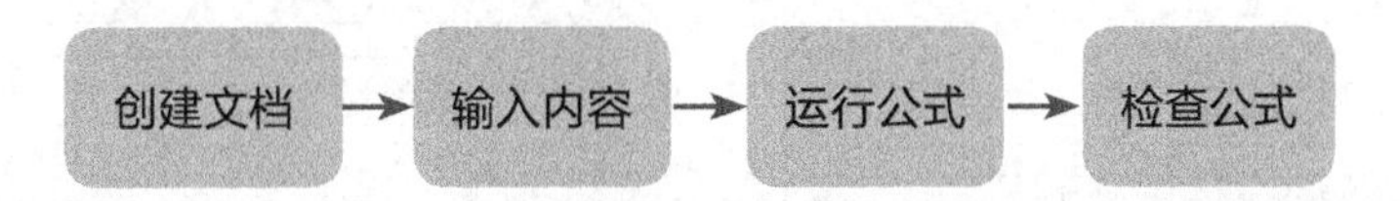

10.1.1 计算工资的“公式”要准确

公式是 Excel 工作表中进行数值计算和分析的等式。公式输入是以“=”开始的。简单的公式有加、减、乘、除等，复杂的公式可能包含函数、引用、运算符和常量等。下面使用公式对“员工工资表 .xlsx”工作表进行运算。

1. 直接输入公式

输入公式要以“=”号开始，如果直接输入公式，而不加起始符号，Excel 会自动将输入的内容作为数据。下面在工作表中直接输入公式，具体操作步骤如下。

第 1 步 打开素材文件

打开“员工工资表 .xlsx”素材工作表，选中 E6 单元格，首先输入“=”号。

	A	B	C	D	E	F	G
1							
2		编制单位：					
3	序号	姓名	应发工资			其他应发	
4			基本工资	加班工资	小计	全勤奖	加班补贴
5							
6	1	王建芳	2500	200	=		
7	2	李芬	2500	680			360
8	3	邓建兰	2600	200		200	600

第 2 步 输入公式

依次输入公式元素“C6+D6”。

SUM | × ✓ fx | =C6+D6

	A	B	C	D	E	F	
1							
2		编制单位：					
3	序号	姓名	应发工资				其他
4			基本工资	加班工资	小计	全勤奖	加
6	1	王建芳	2500		=C6+D6		
7	2	李芬	2500	680			
8	3	邓建兰	2600	200		200	

第 3 步 完成运算

按【Enter】键完成运算。

	A	B	C	D	E	F
1						
2		编制单位：				
3	序号	姓名	应发工资			
4			基本工资	加班工资	小计	全勤奖
6	1	王建芳	2500	200	2700	
7	2	李芬	2500	680		
8	3	邓建兰	2600	200		200

提示

在单元格中输入的公式会自动显示在公式编辑栏中，因此，也可在选中运算结果的目标单元格之后，在公式编辑栏中单击鼠标进入编辑状态，然后直接输入公式。

2. 使用鼠标输入公式元素

如果公式中引用了单元格，除了采用手工方法直接输入公式之外，还可以用鼠标选择单元格或单元格区域配合公式的输入，具体操作步骤如下。

第 1 步 输入求和函数

选中单元格 C15，输入“=”公式起始符号，再输入“sum（）”。

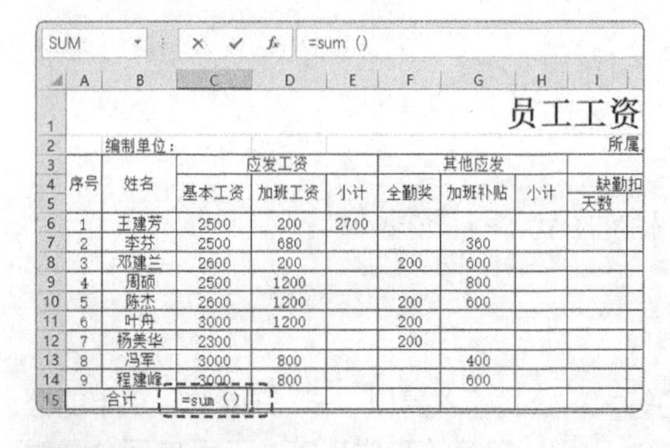

SUM | × ✓ fx | =sum ()

员工工资

	A	B	C	D	E	F	G	H	I
2		编制单位：							所属
3	序号	姓名	应发工资			其他应发			
4			基本工资	加班工资	小计	全勤奖	加班补贴	小计	缺勤扣 天数
6	1	王建芳	2500	200	2700				
7	2	李芬	2500	680			360		
8	3	邓建兰	2600	200		200	600		
9	4	周硕	2500	1200			800		
10	5	陈杰	2600	1200		200	600		
11	6	叶舟	3000	1200		200			
12	7	杨美华	2300			200			
13	8	冯军	3000	800			400		
14	9	程建峰	3000	800			600		
15	合计		=sum ()						

第 2 步 选中单元格

将光标定位在公式中的括号内，拖动鼠标选中单元格区域 C6:C14。

提示

如果要删除单元格中已有的公式，选中有公式的单元格，按【Delete】键即可。

× ✓ fx | =sum (C6:C14)

员工

	A	B	C	D	E	F	G	H
2		编制单位：						
3	序号	姓名	应发工资			其他应发		
4			基本工资	加班工资	小计	全勤奖	加班补贴	小计
6	1	王建芳	2500	200	2700			
7	2	李芬	2500	680			360	
8	3	邓建兰	2600	200		200	600	
9	4	周硕	2500	1200			800	
10	5	陈杰	2600	1200		200	600	
11	6	叶舟	3000	1200		200		
12	7	杨美华	2300			200		
13	8	冯军	3000	800			400	
14	9	程建峰	3000	800			600	
15			=sum (C6:C14)	9R x 1C				

第 3 步 运算结果

释放鼠标，即可在单元格 C15 中看到完整的求和公式“sum（C6:C14）”，按【Enter】键得到计算结果。

	序号	姓名	基本工资	加班工资	小计	全勤奖	加班补贴	小计
6	1	王建芳	2500	200	2700			
7	2	李芬	2500	680			360	
8	3	邓建兰	2600	200		200	600	
9	4	周硕	2500	1200			800	
10	5	陈杰	2600	1200		200	600	
11	6	叶舟	3000	1200		200		
12	7	杨美华	2300			200		
13	8	冯军	3000	800			400	
14	9	程建峰	3000	800			600	
15	合计		24000					

3. 使用其他符号开头

公式的输入一般以等号“=”为起始符号，但也可以直接使用“+”和“-”两种符号来开头，系统会自动在“+”和“-”两种符号的前方加入等号“=”。下面在员工工资表工作表中使用“+”符号开头运算，具体操作步骤如下。

第 1 步 输入符号

选中单元格 E7，首先输入“+”符号，再输入公式的后面部分。

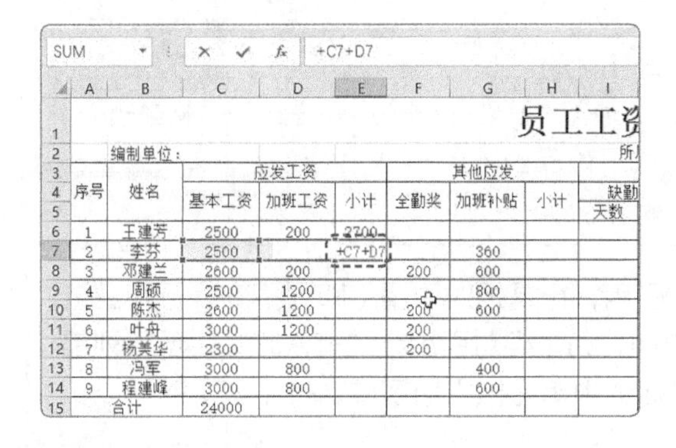

SUM　+C7+D7

序号	姓名	应发工资 基本工资	应发工资 加班工资	应发工资 小计	其他应发 全勤奖	其他应发 加班补贴	其他应发 小计
1	王建芳	2500	200	2700			
2	李芬	2500		+C7+D7		360	
3	邓建兰	2600	200		200	600	
4	周硕	2500	1200			800	
5	陈杰	2600	1200		200	600	
6	叶舟	3000	1200		200		
7	杨美华	2300			200		
8	冯军	3000	800			400	
9	程建峰	3000	800			600	
合计		24000					

第 2 步 完成运算

输入完成后按【Enter】键，程序会自动在公式前面加上“=”符号，并开始计算。

E8

序号	姓名	应发工资 基本工资	应发工资 加班工资	应发工资 小计	其他应发 全勤奖	其他应发 加班补贴
1	王建芳	2500	200	2700		
2	李芬	2500	680	3180		360
3	邓建兰	2600	200		200	600
4	周硕	2500	1200			800
5	陈杰	2600	1200		200	600

> **提示**
> 若要对公式进行更改，可选中有公式的单元格，双击进入该单元格中或在公式编辑栏中对公式进行编辑。此外，也可按【F2】键对公式进行编辑。

10.1.2 “引用单元格”进行快速运算

在 Excel 2016 中，无论是简单数值计算还是函数计算，无论是图表展示还是高级的数据分析，都可在运算时利用单元格的引用功能。单元格的引用方法包括相对引用、绝对引用和混合引用三种，下面分别进行讲解。

单元格的相对引用是基于包含公式和引用的单元格的相对位置而言的；绝对引用则总是在指定位置引用单元格；混合引用包括绝对列和相对行，或是绝对行和相对列两种形式。下面就在工作表中使用相对引用来运算，具体操作步骤如下。

第 1 步 填充公式

选中 E7 单元格，E7 单元格是相对引用了公式中的单元格 C7 和 D7。将鼠标移动到单元格的右下角，此时鼠标指针变成⊞形状，然后双击鼠标左键，将公式填充至本列其他单元格中。

E7　=+C7+D7

序号	姓名	应发工资 基本工资	应发工资 加班工资	应发工资 小计	其他应发 全勤奖	其他应发 加班补贴	其他应发 小计
1	王建芳	2500	200	2700			
2	李芬	2500	680	3180		360	
3	邓建兰	2600	200	2800	200	600	
4	周硕	2500	1200	3700		800	
5	陈杰	2600	1200	3800	200	600	
6	叶舟	3000	1200	4200	200		
7	杨美华	2300		2300	200		
8	冯军	3000	800	3800		400	
9	程建峰	3000	800	3800		600	
合计		24000					

第 2 步 运算其他合计项

选中 H7 单元格，输入公式“=F7+G7”得到结果后使用相同的方法将公式填充至本列其他单元格中。

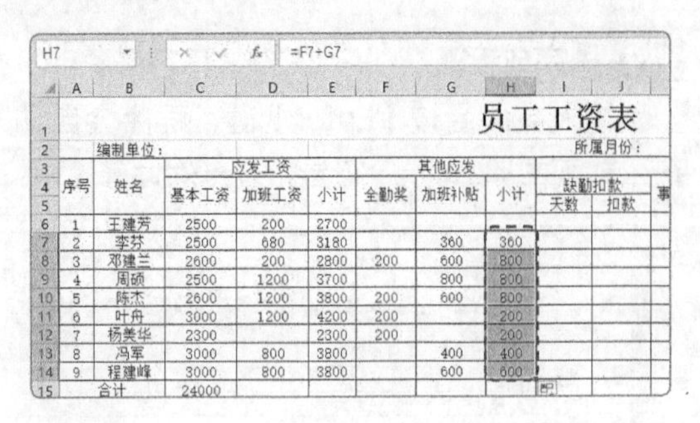

序号	姓名	应发工资			其他应发			缺勤扣款	
		基本工资	加班工资	小计	全勤奖	加班补贴	小计	天数	扣款
1	王建芳	2500	200	2700					
2	李芬	2500	680	3180		360	360		
3	邓建兰	2600	200	2800	200	600	800		
4	周硕	2500	1200	3700		800	800		
5	陈杰	2600	1200	3800	200	600	800		
6	叶舟	3000	1200	4200	200		200		
7	杨美华	2300		2300	200		200		
8	冯军	3000	800	3800		400	400		
9	程建峰	3000	800	3800		600	600		
合计		24000							

第 3 步 复制公式

按【Ctrl+C】组合键复制任意一个求和公式的单元格（如 H7），然后拖动选中需要求和的单元格，按【Ctrl+V】组合键复制公式。注意“实发金额”列的数据是各项应发列中的小计金额。

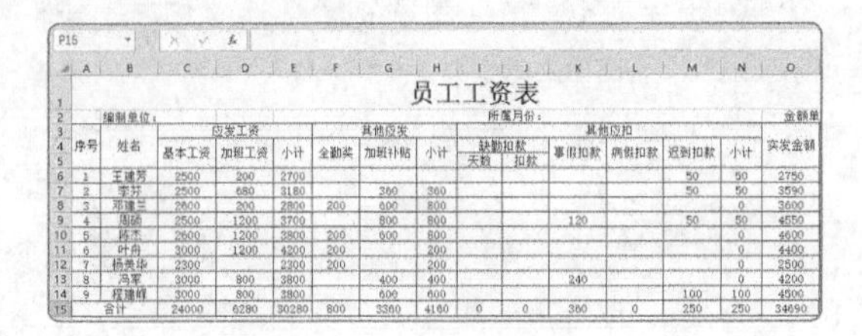

提示

以“=A1”为例，“=$A1”表示列是绝对引用，行是相对引用（即列不变，行随着选择的不同而改变）；“=A$1”表示行是绝对引用，列是相对引用；“=$A$1”表示行列都为绝对引用。双击进入单元格编辑模式，用鼠标选中单元格引用区域，按【F4】键可以实现在相对引用和绝对引用之间的快速切换。

10.1.3 对公式进行“检查”

在 Excel 2016 中，如果发现公式有误，可以使用“错误检查”功能定位错误的位置。该功能可以根据设定对输入的公式进行自动检查。具体操作步骤如下。

第 1 步 单击“错误检查”按钮

任意选择一个单元格，输入错误公式，按【Enter】键后单元格会显示“#NAME?”。选择该单元格，在“公式→公式审核”组中，单击“错误检查”按钮。

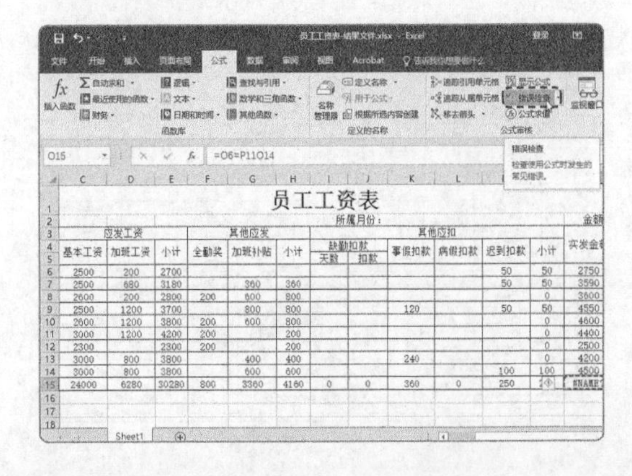

第 2 步 打开“错误检查”对话框

打开“错误检查”对话框，其中显示了公式错误的位置以及错误的原因，单击 在编辑栏中编辑(F) 按钮。

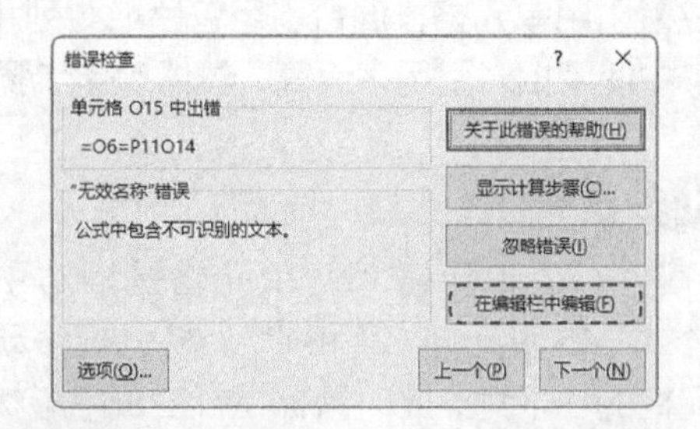

第 3 步 输入正确公式

❶ 返回工作区中，在编辑栏的公式中输入正确的公式；❷ 然后单击“错误检查”对话框中的 继续(E) 按钮。

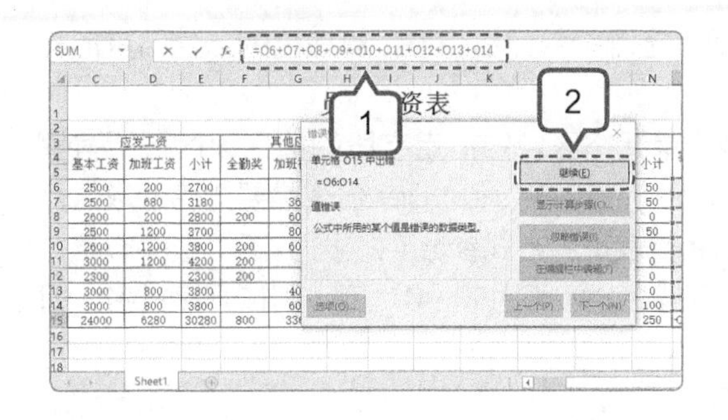

第 4 步 完成检查

系统会自动检查表格中的下一个错误，如果表格中已没有公式错误，将打开提示对话框，提示已经完成对整个工作表的错误检查，单击确定按钮，将工作表保存为“员工工资表 - 结果文件 .xlsx”。

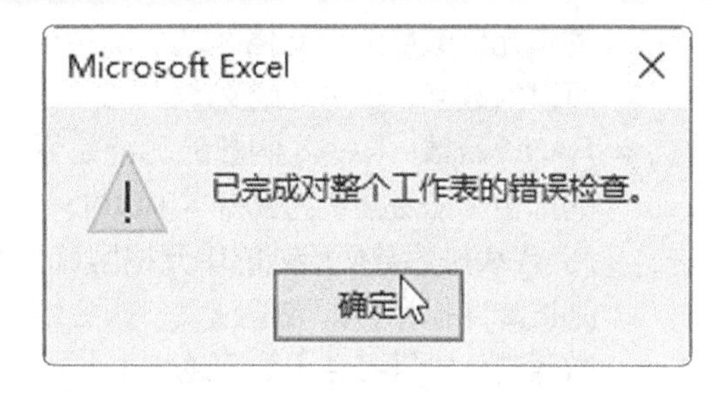

> **提示** 在“公式→公式审核”组中单击“监视窗口”按钮，打开“监视窗口”窗格，在其中单击“添加监视”按钮可以添加需要监视的单元格，即便该单元格不在当前窗口，也可以在窗格中查看单元格的公式信息。

10.2 案例——制作《学生成绩表》工作表

本节视频教学时间 / 5 分钟

案例名称	学生成绩表
素材文件	素材 \ 第 10 章 \ 学生成绩表 _ 素材文件 .docx
结果文件	结果 \ 第 10 章 \ 学生成绩表 _ 结果文件 .docx
扩展模板	扩展模板 \ 第 10 章

/ 案例操作思路

本案例是制作学生成绩表。成绩表能帮助学校快速计算考试成绩并分析结果，大幅减轻成绩管理员的工作量，其内容一般包括各科目名称、平均分、名次、总分数等。

成绩表的制作需要用到函数，其中常用的函数有以下几种。

- SUM 函数：SUM 函数是最常用的求和函数，可以返回某一单元格区域中数字、逻辑值及数字的文本表达式之和。语法格式为 SUM（number1,number2, …）。其中，参数 number1,number2,…为 1 到 30 个需要求和的参数。
- AVERAGE 函数：AVERAGE 函数是 Excel 计算平均值的函数。语法格式为：AVERAGE（number1,number2…），其中 number1,number2,…是要计算平均值的 1 ~ 30 个参数。
- IF 函数：IF 函数是一种常用的条件函数。它能执行真假值判断，并根据逻辑计算的真假值返回不同结果，其语法格式为 IF（logical_test,value_if_true,value_if_false）。其中，logical_test 表示计算结果为 TRUE 或 FALSE 的任意值或表达式；value_if_true 表示 logical_test 为 TRUE 时要返回的值，可以是任意数据；value_if_false 表示 logical_test 为 FALSE 时要返回的值，也可以是任意数据。
- COUNTIF 函数：COUNTIF 函数是对指定区域中符合指定条件的单元格进行计数的一个函数，语法格式为 COUNTIF(range,criteria)，其中，range 表示需要计算其中满足条件的单元格数目的单元格区域；criteria 参数确定哪些单元格将被计算在内的条件，其形式可以为数字、表达式或文本。

- RANK 函数：RANK 函数的功能是返回某个单元格区域内指定字段的值在该区域所有值的排名，语法格式为 RANK(number,ref,order)。其中，number 代表需要排序的数值；ref 代表排序数值所处的单元格区域；order 代表排序方式参数（如果为“0”或者忽略，则按降序排名，即数值越大，排名结果数值越小；如果为非“0”值，则按升序排名，即数值越大，排名结果数值越大）。

具体效果如图所示。

学生成绩信息表

学号	姓名	性别	数学	英语	语文	平均分	总成绩	排名	
1	李一	女	67	89	90	82	246	2	优
2	张呈	男	87	82	70	79.66667	239	3	优
3	王宜宜	男	66	62	52	60	180	18	良
4	陈肖	男	93	54	76	74.33333	223	8	优
5	肖明	男	54	45	89	62.66667	188	17	良
6	闵月	女	78	79	65	74	222	9	优
7	李丽	女	39	70	85	64.66667	194	16	良
8	李亚宸	男	49	62	68	59.66667	179	19	良
9	刘妍妍	女	65	53	77	65	195	14	良
10	王洛	女	58	88	81	75.66667	227	6	优
11	陈沪	男	60	69	80	69.66667	209	10	良
12	张笑	女	56	76	71	67.66667	203	12	良
13	田小东	男	80	71	84	78.33333	235	4	优
14	林幕	男	76	84	64	74.66667	224	7	优
15	董乔	女	67	81	52	66.66667	200	13	良
16	林海	男	56	60	53	56.33333	169	20	良
17	刘娟	女	83	57	89	76.33333	229	5	优
18	李翠	女	72	64	59	65	195	14	良
19	刘珏	男	70	78	60	69.33333	208	11	良
20	李爽	女	97	65	87	83	249	1	优
			2	0	1				

/ 函数的组成

名称	是否必备	要求
函数名	必备	即函数的名称，每个函数都有唯一的函数名，如 PMT 和 SUMIF 等
参数	必备	指函数中用来执行操作或计算的值，参数的类型与函数有关

/ 技术要点

（1）使用函数计算分值。
（2）使用 AVERAGE 求平均成绩。
（3）使用 SUM 函数快速求和。
（4）使用 RANK 函数排名次。
（5）使用 COUNTIF 函数统计优良人数。

/ 操作流程

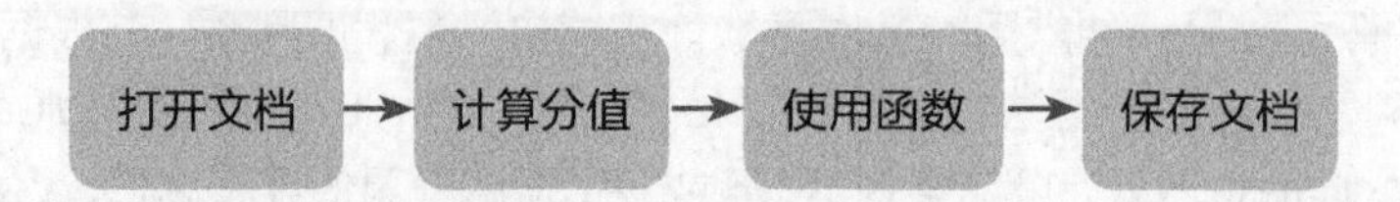

10.2.1 使用“函数”计算分值

Excel 中将一组特定功能的公式组合在一起形成函数。利用公式可以计算一些简单的数据，而利用函数则可以很容易地完成各种表格数据的计算，并简化公式的使用。

1. 插入函数

与公式相同，函数名称前面也必须输入等号“=”。下面打开“成绩表 .xlxs”工作表，然后插入函数计算数据，具体操作步骤如下。

第 1 步 打开文档

❶ 打开“成绩表 .xlxs”工作表，选择 H3 单元格，单击函数编辑栏上的“插入函数”按钮 *fx*；❷Excel 会自动在所选单元格中插入“=”并打开“插入函数”对话框。

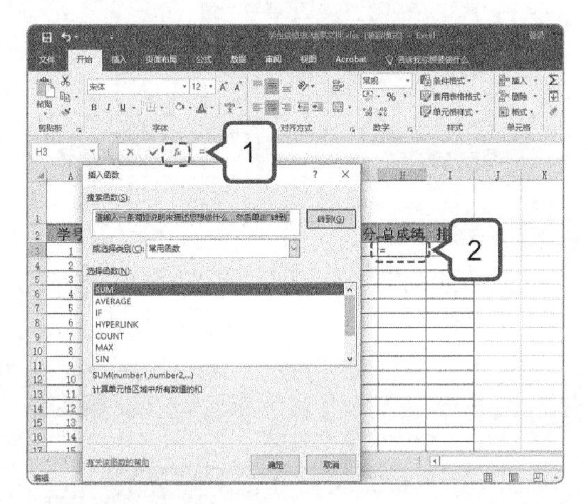

第 2 步 选择函数

❶ 在“选择函数”列表框中选择求和的 SUM 函数；❷ 单击 确定 按钮。

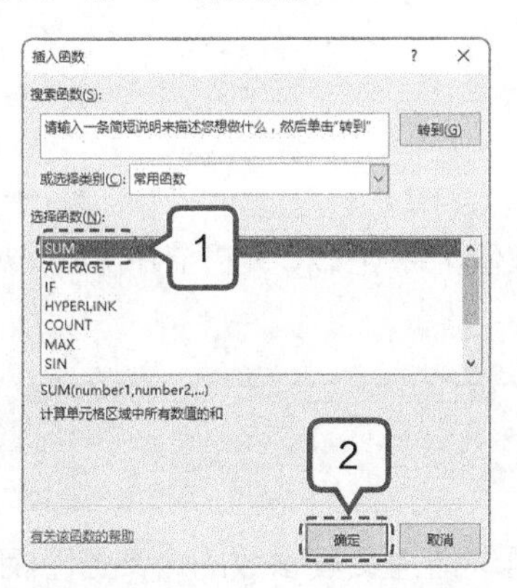

第 3 步 选择单元格

打开“函数参数”对话框，在“Number1”文本框中输入“D3:F3”，或直接在工作区中拖动鼠标光标选择单元格区域。

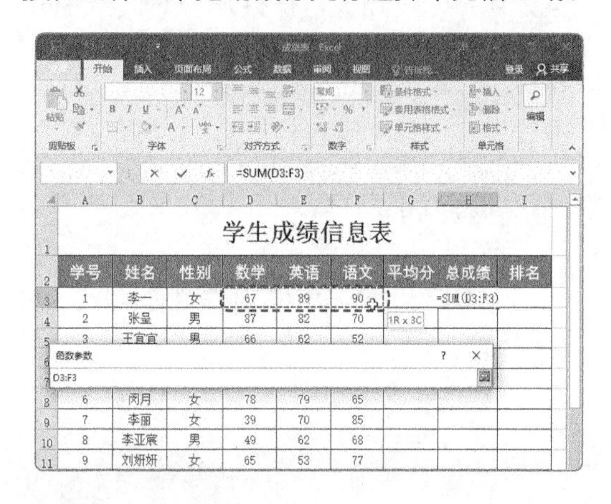

第 4 步 计算结果

选择好计算区域后，Excel 将自动返回到“函数参数”对话框，单击 确定 按钮即可完成函数的插入。

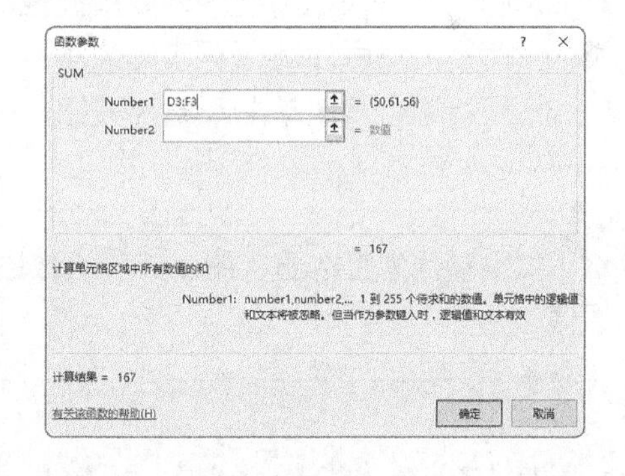

提示

在“函数参数”对话框中单击“Number1”参数框右侧的 按钮，也可在工作区中选择单元格区域，完成后单击对话框中的 按钮即可返回到“函数参数”对话框中。

2. 嵌套函数

嵌套函数是指在特定情况下将某一函数作为参数使用。但当函数作为参数使用时，它返回的数值类型必须与参数使用的数值类型相同。下面为“学生成绩表.xlsx”嵌套函数，具体操作步骤如下。

第1步 选择IF函数

选择J3单元格，单击函数编辑栏上的“插入函数”按钮，在打开的对话框中的“选择函数”列表框中双击“IF”选项。

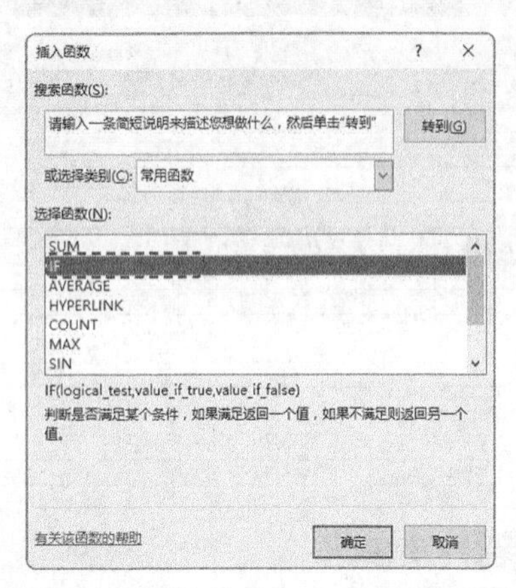

第2步 定义条件

❶打开“函数参数”对话框，在“Logical_test”文本框中选择H3单元格后输入“>220”，然后分别在下方的文本框中输入“优”“良”；❷单击确定按钮。

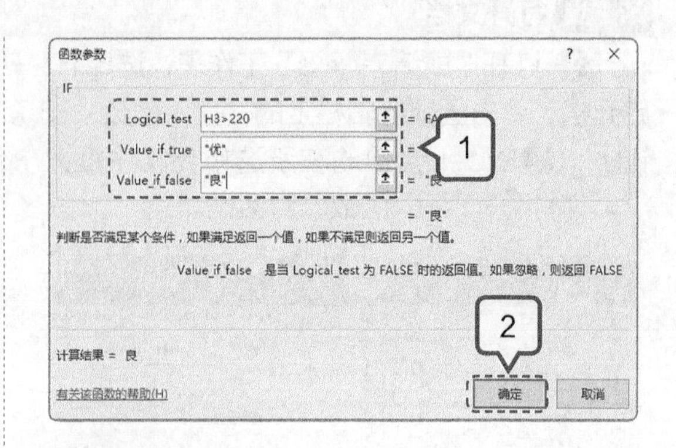

第3步 完成操作

返回到工作区中，即可看到第一位学生的评价为“优”。

> **提示** 如果参数为整数值，那么嵌套函数也必须返回整数值，否则Excel将显示#VALUE!错误值。

10.2.2 利用“常用函数”求其他值

Excel 2016中提供了多种函数，每个函数的功能、语法结构及其参数的含义各不相同。除SUM函数和IF函数外，常用的还有AVERAGE函数、RANK函数和COUNT函数、SIN函数等。下面就用这些函数来求平均值、名次和统计人数。

1. 用AVERAGE求平均成绩

前面已经介绍过AVERAGE函数的语法结构，下面便使用该函数，在学生成绩表中统计每个学生的平均成绩，具体操作步骤如下。

第1步 选择函数

❶在“公式→函数库”组中单击“插入函数”按钮，打开“插入函数”对话框，在其中选择“AVERAGE”选项；❷单击 确定 按钮。

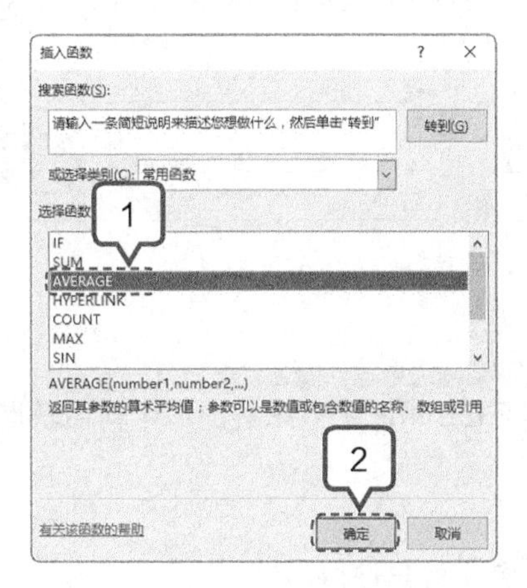

第2步 选择单元格区域

❶打开“函数参数”对话框，在“Number 1”文本框中选择单元格区域；❷单击 确定 按钮。

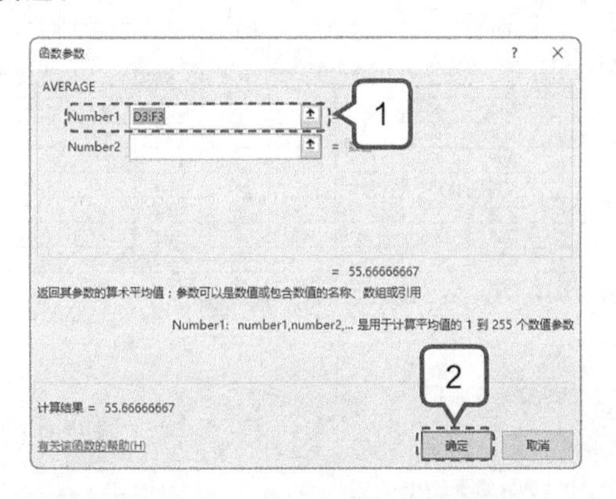

第3步 复制公式

按【Ctrl+C】组合键复制 G3 单元格，然后选中余下需要求平均值的单元格区域，按【Ctrl+V】组合键粘贴公式。

G4 =AVERAGE(D4:F4)

学号	姓名	性别	数学	英语	语文	平均分	总成绩	排名
1	李一	女	67	89	90	82	246	
2	张呈	男	87	82	70	79.66667		
3	王宜宜	男	66	62	52	60		
4	陈肖	男	93	54	76	74.33333		
5	肖明	男	54	45	89	62.66667		
6	闵月	女	78	79	65	74		
7	李丽	女	39	70	85	64.66667		
8	李亚宸	男	49	62	68	59.66667		
9	刘妍妍	女	65	53	77	65		
10	王洛	女	58	88	81	75.66667		
11	陈沪	男	60	69	80	69.66667		
12	张笑	女	56	76	71	67.66667		
13	田小东	男	80	71	84	78.33333		
14	林幕	男	76	84	64	74.66667		
15	董乔	女	67	81	52	66.66667		
16	林海	男	56	60	53	56.33333	(Ctrl)	

第4步 复制求和公式

使用相同的方法复制 H3 单元格，为余下需要求和的单元格求和。然后复制 J3 单元格，粘贴到余下需要评价的单元格。

J4 =IF(H4>220,"优","良")

学号	姓名	性别	数学	英语	语文	平均分	总成绩	排名	
1	李一	女	67	89	90	82	246	2	优
2	张呈	男	87	82	70	79.66667	239	3	优
3	王宜宜	男	66	62	52	60	180	18	良
4	陈肖	男	93	54	76	74.33333	223	8	优
5	肖明	男	54	45	89	62.66667	188	17	良
6	闵月	女	78	79	65	74	222	9	优
7	李丽	女	39	70	85	64.66667	194	16	良
8	李亚宸	男	49	62	68	59.66667	179	19	良
9	刘妍妍	女	65	53	77	65	195	14	良
10	王洛	女	58	88	81	75.66667	227	6	优
11	陈沪	男	60	69	80	69.66667	209	10	良
12	张笑	女	56	76	71	67.66667	203	12	良
13	田小东	男	80	71	84	78.33333	235	4	优
14	林幕	男	76	84	64	74.66667	224	7	优
15	董乔	女	67	81	52	66.66667	200	13	良
16	林海	男	56	60	53	56.33333	169	20	良

2. 用 RANK 对总成绩进行排名

下面使用 RANK 函数对学生的总成绩进行排名，具体操作步骤如下。

第1步 计算排名

选中单元格 I3，然后输入公式“=RANK(H3,$H$3:$H$22)”，按下【Enter】键即可计算出第一位学生总成绩的排名。

I3 =RANK(H3,$H$3:$H$22)

学号	姓名	性别	数学	英语	语文	平均分	总成绩	排名
1	李一	女	67	89	90	82	246	2
2	张呈	男	87	82	70	79.66667	239	
3	王宜宜	男	66	62	52	60	180	
4	陈肖	男	93	54	76	74.33333	223	
5	肖明	男	54	45	89	62.66667	188	
6	闵月	女	78	79	65	74	222	
7	李丽	女	39	70	85	64.66667	194	

第 2 步 复制公式

将 I3 单元格的公式复制到其他单元格中，完成学生排名。

> **提示**
> 使用 RANK 函数计算数值的排名时，必须绝对引用特定的单元格区域，如本例中绝对引用单元格区域“$H$3:$H$22”，才能将公式填充到其他单元格中。

I4 =RANK(H4,$H$3:$H$22)

	A	B	C	D	E	F	G	H	I
2	学号	姓名	性别	数学	英语	语文	平均分	总成绩	排名
3	1	李一	女	67	89	90	82	246	2
4	2	张昱	男	87	82	70	79.66667	239	3
5	3	王宜宜	男	66	62	52	60	180	18
6	4	陈肖	男	93	54	76	74.33333	223	8
7	5	肖明	男	54	45	89	62.66667	188	17
8	6	闵月	女	78	79	65	74	222	9
9	7	李丽	女	39	70	85	64.66667	194	16
10	8	李亚宸	男	49	62	68	59.66667	179	19
11	9	刘妍妍	女	65	53	77	65	195	14
12	10	王洛	女	58	88	81	75.66667	227	6
13	11	陈沪	男	60	69	80	69.66667	209	10
14	12	张笑	女	56	76	71	67.66667	203	12
15	13	田小东	男	80	71	84	78.33333	235	4
16	14	林幕	男	76	84	64	74.66667	224	7
17	15	董乔	女	67	81	52	66.66667	200	13
18	16	林海	男	56	60	53	56.33333	(Ctrl)	20

3. 用 COUNTIF 统计人数

假设单科成绩≥ 90 分的成绩为优异成绩，下面使用 COUNTIF 函数来统计每个科目获得优异成绩的人数，具体操作步骤如下。

第 1 步 统计人数

选中单元格 D23，然后输入公式“=COUNTIF(D3:D22,">=90")”，按【Enter】键即可计算出“数学”科目中取得优异成绩的人数。

D23 =COUNTIF(D3:D22,">=90")

	A	B	C	D	E	F	G	H	I
11	9	刘妍妍	女	65	53	77	65	195	14
12	10	王洛	女	58	88	81	75.66667	227	6
13	11	陈沪	男	60	69	80	69.66667	209	10
14	12	张笑	女	56	76	71	67.66667	203	12
15	13	田小东	男	80	71	84	78.33333	235	4
16	14	林幕	男	76	84	64	74.66667	224	7
17	15	董乔	女	67	81	52	66.66667	200	13
18	16	林海	男	56	60	53	56.33333	169	20
19	17	刘娟	女	83	57	89	76.33333	229	5
20	18	李翠	女	72	64	59	65	195	14
21	19	刘珏	男	70	78	60	69.33333	208	11
22	20	李爽	女	97	65	87	83	249	1
23				2					

第 2 步 统计其他科目

将 D23 单元格的公式填充到本行的其他单元格中，然后保存文件。

E23 =COUNTIF(E3:E22,">=90")

	A	B	C	D	E	F	G	H	I
11	9	刘妍妍	女	65	53	77	65	195	14
12	10	王洛	女	58	88	81	75.66667	227	6
13	11	陈沪	男	60	69	80	69.66667	209	10
14	12	张笑	女	56	76	71	67.66667	203	12
15	13	田小东	男	80	71	84	78.33333	235	4
16	14	林幕	男	76	84	64	74.66667	224	7
17	15	董乔	女	67	81	52	66.66667	200	13
18	16	林海	男	56	60	53	56.33333	169	20
19	17	刘娟	女	83	57	89	76.33333	229	5
20	18	李翠	女	72	64	59	65	195	14
21	19	刘珏	男	70	78	60	69.33333	208	11
22	20	李爽	女	97	65	87	83	249	1
23				2	0	1			
24							(Ctrl)		

10.3 案例——制作《销售数据统计表》工作表

本节视频教学时间 / 7 分钟

案例名称	销售数据统计表
素材文件	素材 \ 第 10 章 \ 销售数据统计表 _ 素材文件 .docx
结果文件	结果 \ 第 10 章 \ 销售数据统计表 _ 结果文件 .docx
扩展模板	扩展模板 \ 第 10 章

/ 案例操作思路

本案例是制作 XX 公司的销售数据统计表。统计过程一般是指将调查所得来的原始资料，经过整理，得到说明现象及其发展过程的数据，并把这些数据按一定的顺序排列在表格中。

统计表是表现数字资料整理结果的最常用的一种表格，其作用主要包括以下几个方面。

（1）用数量说明研究对象之间的相互关系。

（2）用数量把研究对象之间的变化规律显著地表示出来。

（3）用数量把研究对象之间的差别显著地表示出来，便于分析和解决问题。

具体效果如图所示。

2016 年 3 月 份 销 货 记 录

销售日期	客户	货品名称	规格	数量	单价	金额	商业折扣	交易金额	经办人
3/14	杭叶	兰宝6寸套装喇叭	兰宝	6	556	3336	1167.6	2168.4	刘慧
3/5	杭叶	捷达地板	捷达	10	55	550	192.5	357.5	李一霞
3/23	杭叶	捷达挡泥板	捷达	8	25	200	70	130	李一霞
3/3	杭叶	捷达扶手箱	捷达	4	45	180	18	162	李一霞
3/23	杭叶	捷达亚麻脚垫	捷达	5	34	170	59.5	110.5	李一霞
3/12	无联	阿尔派758	阿尔派	5	2340	11700	4095	7605	陈平
3/18	无联	灿晶遮阳板显示屏	灿晶	7	700	4900	1715	3185	林肖
3/8	上达	阿尔派	阿尔派	6	1280	6245	2185.75	4059.25	陈平
3/16	上达	索尼内置VCD	索尼	5	1200	6000	2100	3900	张君
3/16	上达	宝来嘉丽布座套	宝来	8	121	968	338.8	629.2	林霖
3/1	上达	捷达扶手箱	捷达	8	45	360	126	234	李一霞
3/18	南慧	索尼2500	索尼	5	668	3340	1169	2171	张君
3/1	南慧	宝来嘉丽布座套	宝来	6	121	726	254.1	471.9	林霖
3/10	南慧	宝来嘉丽布座套	宝来	6	121	726	254.1	471.9	林霖
3/15	南慧	宝来嘉丽布座套	宝来	5	121	605	211.75	393.25	林霖
3/18	南慧	宝来亚麻脚垫	宝来	12	31	372	130.2	241.8	林霖
3/3	合贸	捷达亚麻脚垫	捷达	5	34	170	59.5	110.5	李一霞
3/16	个人	灿晶遮阳板显示屏	灿晶	2	700	1400	140	1260	林肖
3/14	个人	灿晶800伸缩彩显	灿晶	1	930	930	93	837	林肖
3/27	个人	灿晶870伸缩彩显	灿晶	1	930	930	93	837	林肖
3/10	个人	索尼喇叭6937	索尼	1	500	500	50	450	张君
3/11	个人	宝来挡泥板	宝来	2	56	112	11.2	100.8	林霖
3/19	个人	宝来亚麻脚垫	宝来	2	31	62	6.2	55.8	林霖

/ 统计表的组成要素

名称	是否必备	要求
表题	必备	表题是表的名称，应放在表的上方，说明统计表的主要内容
行标题和列标题	必备	通常安排在统计表的第一列和第一行，表示所研究问题的类别名称和指标名称，通常也被称为“类”
表外附加	可选	必要时可以在统计表的下方加上表外附加，通常放在统计表的下方，主要包括资料来源、指标的注释、必要的说明等内容

/ 技术要点

（1）简单和复杂排序的方法。

（2）自定义排序的方法。

（3）自动筛选。

（4）自定义筛选的技巧。

/ 操作流程

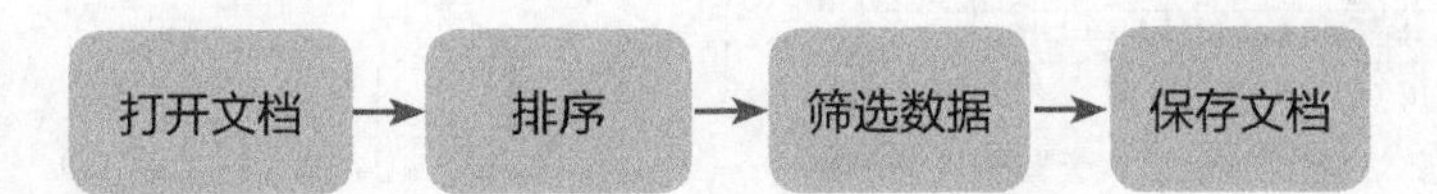

10.3.1 对统计表内容进行“排序”

Excel 2016 提供了“排序”功能，使用该功能可以按照一定的顺序对工作表中的数据进行重新排序。数据排序方法主要包括简单排序、复杂排序和自定义排序三种。

1. 简单排序

对数据清单进行排序时，如果按照单列的内容进行简单排序，既可以直接使用“升序”或“降序”按钮来完成，也可以通过“排序”对话框来完成。下面打开素材工作表“销售数据统计表.xlxs”来对数据进行简单排序，具体操作步骤如下。

第 1 步 单击“升序”按钮

❶ 打开素材文件“销售数据统计表.xlsx”，选中“金额”列中的任意一个单元格；❷ 在“数据→数据和筛选”组中单击“升序”按钮。

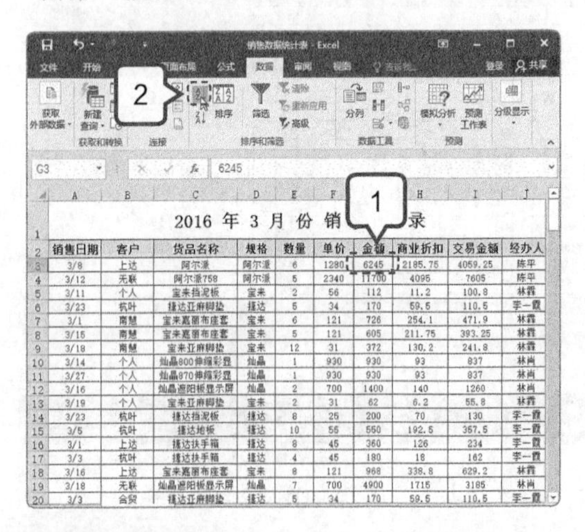

第 2 步 升序排序

销售数据按照“金额”进行升序排序。

2016 年 3 月份销货记录

销售日期	客户	货品名称	规格	数量	单价	金额	商业折扣	交易金额	经办
3/19	个人	宝来亚麻脚垫	宝来	2	31	62	6.2	55.8	林
3/11	个人	宝来挡泥板	宝来	2	56	112	11.2	100.8	林
3/23	杭叶	捷达亚麻脚垫	捷达	5	34	170	59.5	110.5	李
3/3	合贸	捷达亚麻脚垫	捷达	5	34	170	59.5	110.5	李
3/3	杭叶	捷达扶手箱	捷达	4	45	180	18	162	李
3/23	杭叶	捷达挡泥板	捷达	8	25	200	70	130	李
3/1	上达	捷达扶手箱	捷达	8	45	360	126	234	李
3/18	南慧	宝来亚麻脚垫	宝来	12	31	372	130.2	241.8	林
3/10	个人	索尼喇叭6937	索尼	1	500	500	50	450	张
3/5	杭叶	捷达地板	捷达	10	55	550	192.5	357.5	李
3/15	南慧	宝来嘉丽布座套	宝来	5	121	605	211.75	393.25	林
3/1	南慧	宝来嘉丽布座套	宝来	6	121	726	254.1	471.9	林
3/10	南慧	宝来嘉丽布座套	宝来	6	121	726	254.1	471.9	林
3/14	个人	灿晶800伸缩彩显	灿晶	1	930	930	93	837	林
3/27	个人	灿晶870伸缩彩显	灿晶	1	930	930	93	837	林
3/16	上达	宝来嘉丽布座套	宝来	8	121	968	338.8	629.2	林
3/16	个人	灿晶遮阳板显示屏	灿晶	2	700	1400	140	1260	林
3/14	杭叶	兰宝6寸套装喇叭	兰宝	6	556	3336	1167.6	2168.4	刘
3/18	南慧	索尼2500	索尼	5	668	3340	1169	2171	张
3/18	无联	灿晶遮阳板显示屏	灿晶	7	700	4900	1715	3185	林
3/16	上达	索尼内置VCD	索尼	5	1200	6000	2100	3900	张

第 3 步 打开“排序”对话框

❶ 选中任意一个单元格，在“数据→数据和筛选”组中单击“排序”按钮，打开“排序”对话框，在“主要关键字”下拉列表框中选择“单价”选项，在“次序”下拉列表框中选择“降序”选项；❷ 单击 确定 按钮，

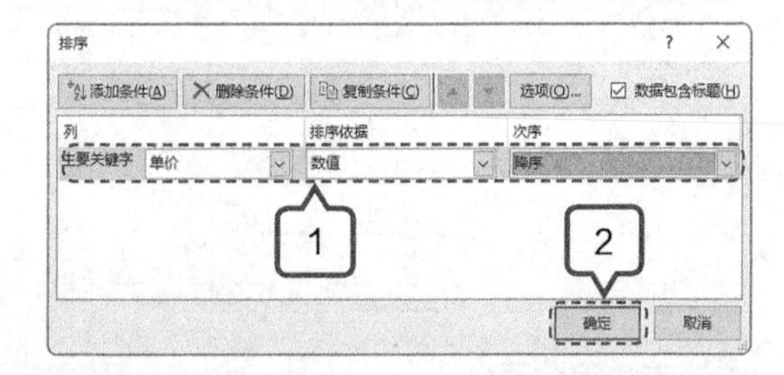

第 4 步 降序排序

销售数据将按照“单价”进行降序排序。

2016 年 3 月份销货记录

销售日期	客户	货品名称	规格	数量	单价	金额	商业折扣	交易金额	经办人
3/12	无联	阿尔派758	阿尔派	5	2340	11700	4095	7605	陈平
3/8	上达	阿尔派	阿尔派	6	1280	6245	2185.75	4059.25	陈平
3/16	上达	索尼内置VCD	索尼	5	1200	6000	2100	3900	张君
3/14	个人	灿晶800伸缩彩显	灿晶	1	930	930	93	837	林肖
3/27	个人	灿晶870伸缩彩显	灿晶	1	930	930	93	837	林肖
3/16	个人	灿晶遮阳板显示屏	灿晶	2	700	1400	140	1260	林肖
3/18	无联	灿晶遮阳板显示屏	灿晶	7	700	4900	1715	3185	林肖
3/18	南慧	索尼2500	索尼	5	668	3340	1169	2171	张君
3/14	杭叶	兰宝6寸套装喇叭	兰宝	6	556	3336	1167.6	2168.4	刘慧
3/10	个人	索尼喇叭6937	索尼	1	500	500	50	450	张君
3/15	南慧	宝来嘉丽布座套	宝来	5	121	605	211.75	393.25	林霖
3/1	南慧	宝来嘉丽布座套	宝来	6	121	726	254.1	471.9	林霖
3/10	南慧	宝来嘉丽布座套	宝来	6	121	726	254.1	471.9	林霖
3/16	上达	宝来嘉丽布座套	宝来	8	121	968	338.8	629.2	林霖
3/11	个人	宝来挡泥板	宝来	2	56	112	11.2	100.8	林霖
3/5	杭叶	捷达地板	捷达	10	55	550	192.5	357.5	李一
3/3	杭叶	捷达扶手箱	捷达	4	45	180	18	162	李一
3/1	上达	捷达扶手箱	捷达	8	45	360	126	234	李一
3/23	杭叶	捷达亚麻脚垫	捷达	5	34	170	59.5	110.5	李一
3/3	合贸	捷达亚麻脚垫	捷达	5	34	170	59.5	110.5	李一
3/19	个人	宝来亚麻脚垫	宝来	2	31	62	6.2	55.8	林霖

2. 复杂排序

如果在排序字段里出现相同的内容，则会保持着它们的原始次序。如果用户还要对这些相同内容按照一定条件进行排序，就要用到多个关键字的复杂排序。下面在工作表中对“客户”进行升序排列，然后再按照“金额”进行降序排列，具体操作步骤如下。

第 1 步 打开“排序”对话框

❶ 打开“排序”对话框，在“主要关键字”下拉列表框中选择“客户”选项；在“次序”下拉列表框中选择“升序”选项；❷ 单击 添加条件(A) 按钮。

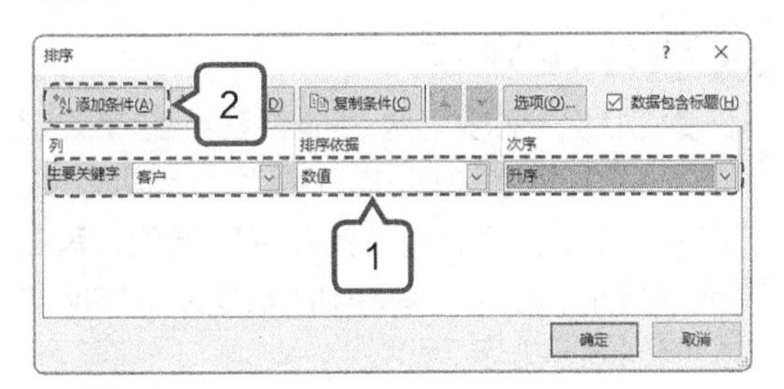

第 2 步 按照金额降序排序

❶ 添加一组新的排序条件，在“次要关键字”下拉列表中选择“金额”选项，在“次序”下拉列表中选择“降序”选项；❷ 单击 确定 按钮。

> **提示** 在“排序”对话框中可以根据需要添加多个次要排序条件，也可删除不需要的排序条件。

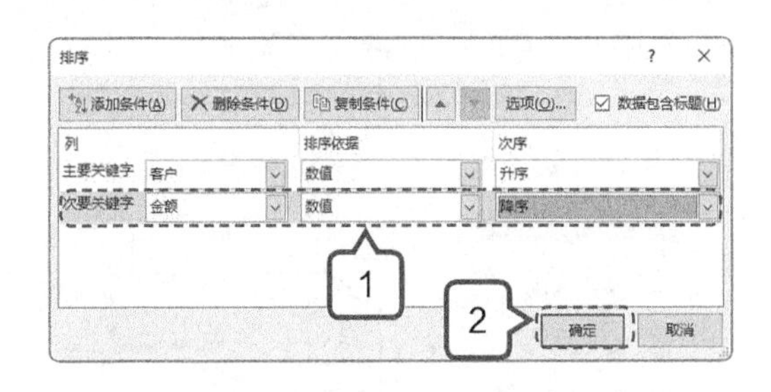

第 3 步 排序后的效果

此时工作表在根据“客户”进行升序排列的基础上，按照“金额”进行了降序排列。

2016 年 3 月 份 销 货 记 录

客户	货品名称	规格	数量	单价	金额	商业折扣	交易金额
个人	灿晶遮阳板显示屏	灿晶	2	700	1400	140	1260
个人	灿晶800伸缩彩显	灿晶	1	930	930	93	837
个人	灿晶870伸缩彩显	灿晶	1	930	930	93	837
个人	索尼喇叭6937	索尼	1	500	500	50	450
个人	宝来挡泥板	宝来	2	56	112	11.2	100.8
个人	宝来亚麻脚垫	宝来	2	31	62	6.2	55.8
杭叶	兰宝6寸套装喇叭	兰宝	6	556	3336	1167.6	2168.4
杭叶	捷达地板	捷达	10	55	550	192.5	357.5
杭叶	捷达挡泥板	捷达	8	25	200	70	130
杭叶	捷达扶手箱	捷达	4	45	180	18	162
杭叶	捷达亚麻脚垫	捷达	5	34	170	59.5	110.5
合贸	捷达亚麻脚垫	捷达	5	34	170	59.5	110.5
南慧	索尼2500	索尼	5	668	3340	1169	2171
南慧	宝来嘉丽布座套	宝来	6	121	726	254.1	471.9
南慧	宝来嘉丽布座套	宝来	6	121	726	254.1	471.9
南慧	宝来嘉丽布座套	宝来	5	121	605	211.75	393.25
南慧	宝来亚麻脚垫	宝来	12	31	372	130.2	241.8
上达	阿尔派	阿尔派	6	1280	6245	2185.75	4059.25
上达	索尼内置VCD	索尼	5	1200	6000	2100	3900
上达	宝来嘉丽布座套	宝来	8	121	968	338.8	629.2
上达	捷达扶手箱	捷达	8	45	360	126	234

3. 自定义排序

数据通常可以按照数字大小和拼音字母排序。对于一些没有明显顺序特征的项目，如“货品名称”“规格”“客户”等，可以按照自定义的序列对这些数据进行排序。接下来将销售区域的序列顺序定义为“杭州千叶、无锡联发、上海迅达、南京慧通、合肥商贸、个人”，然后进行排序，具体操作步骤如下。

第 1 步 选择“自定义序列”选项

选中表格中的任意单元格，打开“排序”对话框，在“主要关键字”栏中的“次序”下拉列表框中选择“自定义序列”选项。

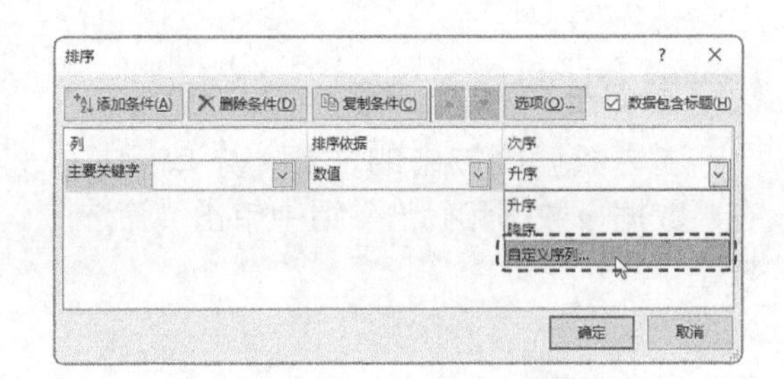

第 2 步 打开“自定义序列”对话框

❶ 打开“自定义排序”对话框，在“输入序列”文本框中输入“杭叶，无联，上达，南慧，合贸，个人”，中间用英文半角状态下的逗号隔开；❷ 单击 添加(A) 按钮。

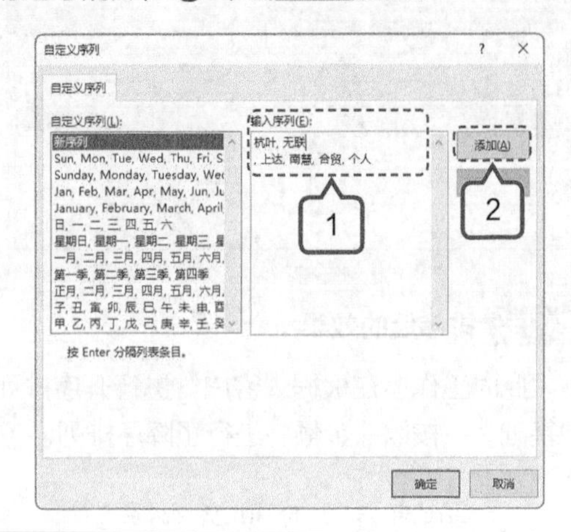

第 3 步 添加新的定义

新定义的序列就添加到了“自定义序列”列表框中，单击 确定 按钮。

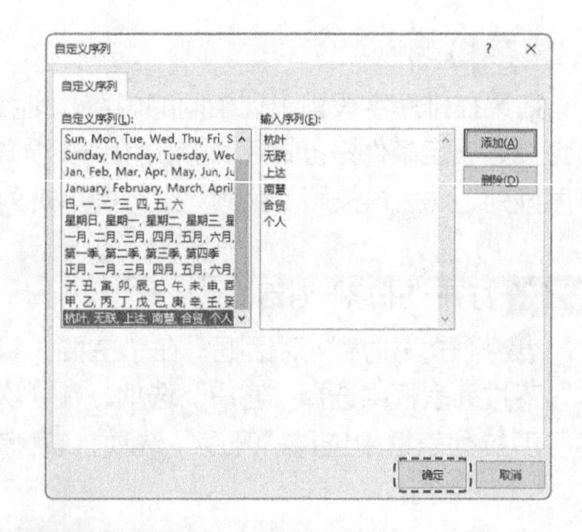

第 4 步 定义后的效果

返回到“排序”对话框，在“主要关键字”下拉列表框中选择“客户”选项，在“次序”下拉列表框中选择定义的选项，单击 确定 按钮。此时，表格中的数据就会按照自定义序列进行排序。

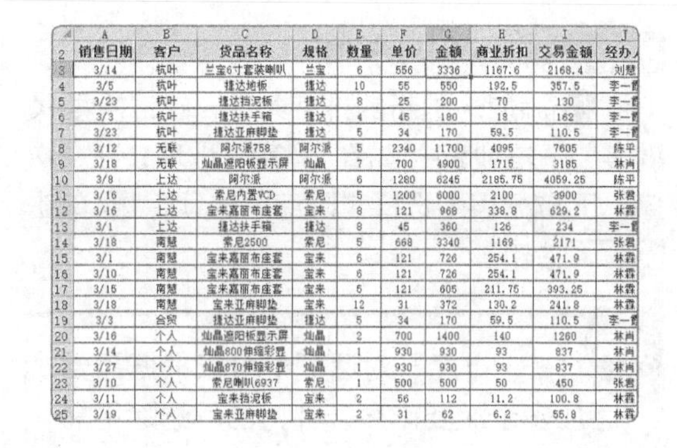

	A	B	C	D	E	F	G	H	I	J
2	销售日期	客户	货品名称	规格	数量	单价	金额	商业折扣	交易金额	经办人
3	3/14	杭叶	兰宝6寸套装喇叭	兰宝	6	556	3336	1167.6	2168.4	刘慧
4	3/5	杭叶	捷达地板	捷达	10	55	550	192.5	357.5	李一
5	3/23	杭叶	捷达挡泥板	捷达	8	25	200	70	130	李一
6	3/3	杭叶	捷达扶手箱	捷达	4	45	180	18	162	李一
7	3/23	杭叶	捷达亚麻脚垫	捷达	5	34	170	59.5	110.5	李一
8	3/12	无联	阿尔派758	阿尔派	5	2340	11700	4095	7605	陈平
9	3/18	无联	灿晶遮阳板显示屏	灿晶	7	700	4900	1715	3185	林尚
10	3/8	上达	阿尔派	阿尔派	6	1280	6245	2185.75	4059.25	陈平
11	3/16	上达	索尼内置VCD	索尼	5	1200	6000	2100	3900	张君
12	3/16	上达	宝来嘉丽布座套	宝来	8	121	968	338.8	629.2	林霖
13	3/1	上达	捷达扶手箱	捷达	8	45	360	126	234	李一
14	3/18	南慧	索尼2500	索尼	5	668	3340	1169	2171	张君
15	3/1	南慧	宝来嘉丽布座套	宝来	6	121	726	254.1	471.9	林霖
16	3/10	南慧	宝来嘉丽布座套	宝来	6	121	726	254.1	471.9	林霖
17	3/15	南慧	宝来嘉丽布座套	宝来	5	121	605	211.75	393.25	林霖
18	3/18	南慧	宝来亚麻脚垫	宝来	12	31	372	130.2	241.8	林霖
19	3/3	合贸	捷达亚麻脚垫	捷达	5	34	170	59.5	110.5	李一
20	3/16	个人	灿晶遮阳板显示屏	灿晶	2	700	1400	140	1260	林尚
21	3/14	个人	灿晶800伸缩彩显	灿晶	1	930	930	93	837	林尚
22	3/27	个人	灿晶870伸缩彩显	灿晶	1	930	930	93	837	林尚
23	3/10	个人	索尼喇叭6937	索尼	1	500	500	50	450	张君
24	3/11	个人	宝来挡泥板	宝来	2	56	112	11.2	100.8	林霖
25	3/19	个人	宝来亚麻脚垫	宝来	2	31	62	6.2	55.8	林霖

10.3.2 通过“筛选数据”查看销售情况

如果要在成千上万条数据记录中查询需要的数据，就会用到 Excel 2016 的筛选功能。下面介绍如何通过使用 Excel 2016 的筛选功能，对统计表中的数据按条件进行筛选和分析。

1. 自动筛选

自动筛选是 Excel 2016 的一个易于操作且经常使用的技巧。自动筛选通常是按简单的条件进行筛选，筛选时将不满足条件的数据暂时隐藏起来，只显示符合条件的数据。下面在统计表中筛选出规格为“索尼”的销售记录，具体操作步骤如下。

第 1 步 单击“筛选”按钮

选中数据区域中的任意一个单元格，在“数据→数据和筛选”组中单击“筛选”按钮。

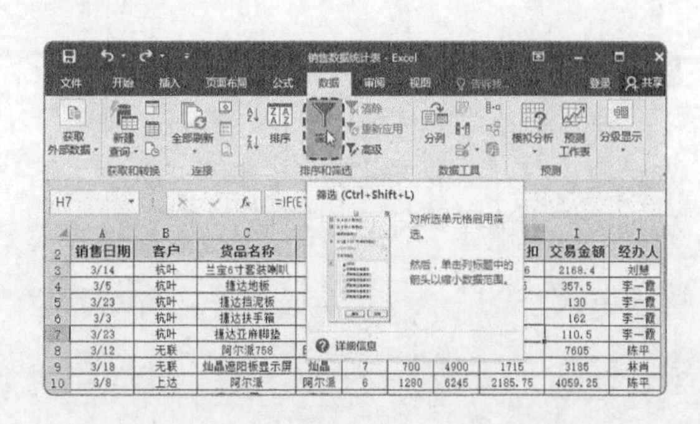

第 2 步 选择打开方式

❶ 工作表进入筛选状态，各标题字段的右侧出现一个下拉按钮▾，单击“规格”字段右侧的下拉按钮▾；❷ 在打开的筛选列表中，取消选中“全选”复选框，此时取消了所有地区的选项，再选中“索尼”复选框；❸ 单击 确定 按钮。

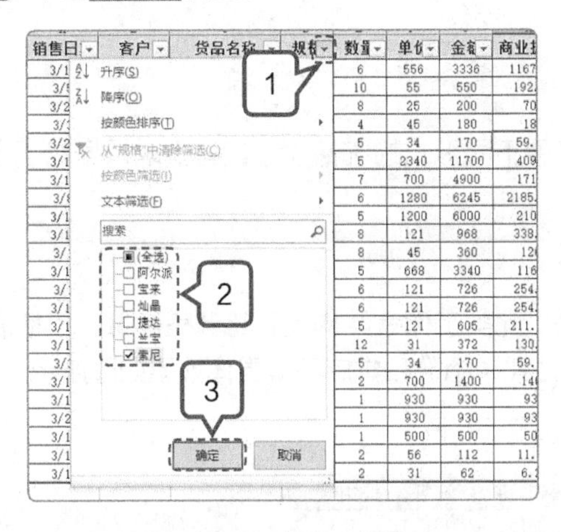

第 3 步 筛选出的信息

此时，规格为“索尼”的销售记录就筛选出来了，在筛选字段的右侧还会出现一个“筛选”按钮。

H7 =IF(E7>=5,(1-0.65)*G7,(1-0.9)*G7)

	A	B	C	D	E	F	G	H	I	J
2	销售日	客户	货品名称	规格	数量	单价	金额	商业折	交易金	经办人
11	3/16	上达	索尼内置VCD	索尼	5	1200	6000	2100	3900	张君
14	3/18	南慧	索尼2500	索尼	5	668	3340	1169	2171	张君
23	3/10	个人	索尼喇叭6937	索尼	1	500	500	50	450	张君
26										
27										

2. 自定义筛选

自定义筛选是指通过用户定义筛选条件，查询符合条件的数据记录。在 Excel 中，自定义筛选包括对日期、数字和文本的筛选。下面在统计表中筛选“2000 ≤金额≤ 7000”的销售记录，具体操作步骤如下。

第 1 步 进入筛选状态

❶ 在“数据→数据和筛选”组中单击“筛选”按钮，取消之前的筛选，再次单击“筛选”按钮，进入筛选状态；❷ 然后单击“金额”字段右侧的下拉按钮；❸ 打开筛选列表，选择“数字筛选→大于或等于”选项。

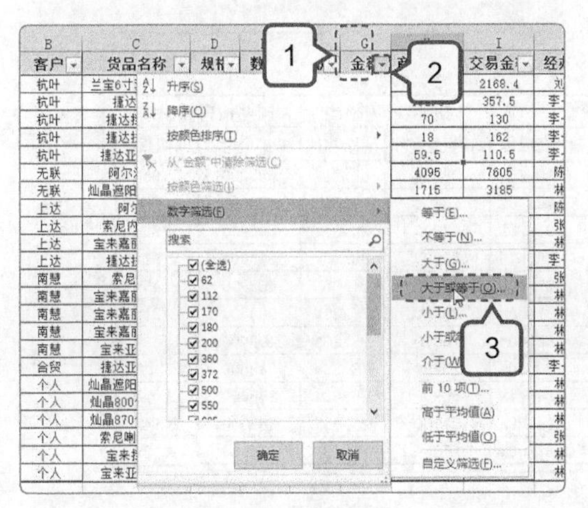

第 2 步 打开对话框

❶ 打开“自定义自动筛选方式”对话框，将筛选条件设置为“大于或等于 2000，小于或等于 7000”；❷ 单击 确定 按钮。

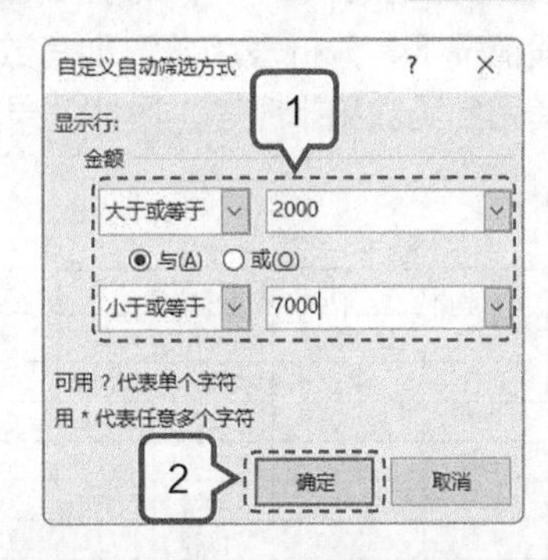

第 3 步 完成筛选

完成后，“大于或等于 2000”且“小于或等于 7000”的金额就被筛选出来了，然后退出筛选状态，并保存工作表。

销售日	客户	货品名称	规格	数量	单价	金额	商业折扣	交易金额	经办人
3/14	杭叶	兰宝6寸套装喇叭	兰宝	6	556	3336	1167.6	2168.4	刘慧
3/18	无联	灿晶遮阳板显示屏	灿晶	7	700	4900	1715	3185	林肖
3/8	上达	阿尔派	阿尔派	6	1280	6245	2185.75	4059.25	陈平
3/16	上达	索尼内置VCD	索尼	5	1200	6000	2100	3900	张君
3/18	南慧	索尼2500	索尼	5	668	3340	1169	2171	张君

10.3.3 其他统计表

除了本节介绍的统计表外，平时常见的还有很多种不同形式的统计表。读者可以根据以下思路，结合自身需要进行制作。

1. 汇总类统计表——《销售数据汇总表》

汇总类统计表是在资料整理过程中使用的汇总表。此类工作表结构上和统计表类似，包括表题、行标题、列标题和数字资料。在制作时会使用到公式、函数和排序等。具体效果如图所示。

商品销售额记录表

日期	A商品销售额	B商品销售额	C商品销售额	D商品销售额	总销售额
2016.4.1	32010	12450	13420	18790	76670
2016.4.2	12400	23120	13098	20090	68708
2016.4.3	13560	10987	10987	20443	55977
2016.4.4	29956	18907	10087	10980	69930
2016.4.5	27908	16589	16009	10759	71265
2016.4.6	13203	20871	12009	10459	56542
2016.4.7	13406	26509	13076	20546	73537
2016.4.8	15690	12469	14097	20541	62797
2016.4.9	13460	10987	13095	14500	52042
2016.4.10	16098	13870	10045	20509	60522
2016.4.11	19806	16098	10058	20796	66758
2016.4.12	18905	16570	20065	19054	74594
2016.4.13	13409	23709	20045	10024	67187
2016.4.14	13476	29807	20560	12305	76148
2016.4.15	12359	22087	20980	15908	71334

2. 分析类统计表——《销售数据分析表》

一般情况下，分析表用于对现有数据进行研究，以发现并解决问题，为决策提供支持。在制作时会使用到函数和排序等。具体效果如图所示。

销售数据分析表

数据／城市	销售量统计数据			销售额统计数据			同期销售量相比		同期销售额相比	
	计划销量	实际销量	完成率	计划销售额	实际销售额	完成率	16年上半年	同期相比	16年上半年	同期相比
北京	24500	21089	86.08%	70000	65000	92.86%	23500	89.74%	653000	9.95%
广州	14300	13000	90.91%	50000	35000	70.00%	23400	55.56%	926000	3.78%
深圳	20000	16000	80.00%	40000	36500	91.25%	67800	23.60%	806900	4.52%
上海	23600	18900	80.08%	30000	26000	86.67%	56000	33.75%	978000	2.66%
成都	25000	21789	87.16%	40000	39600	99.00%	90600	24.05%	468900	8.45%
济南	23500	19908	84.71%	20000	16300	81.50%	25780	77.22%	560000	2.91%
重庆	19000	18906	99.51%	40000	34000	85.00%	23000	82.20%	409000	8.31%
厦门	18000	16980	94.33%	60000	48000	80.00%	23490	72.29%	339500	14.14%
武汉	17900	14579	81.45%	90000	76000	84.44%	56900	25.62%	388000	19.59%
湖南	15000	12654	84.36%	35000	33000	94.29%	54900	23.05%	369000	8.94%
西安	16500	13489	81.75%	10000	6700	67.00%	17800	75.78%	315000	2.13%

本章所选择的案例均为典型的工作表，主要利用 Excel 进行运算、排序和筛选操作，涉及公式、引用单元格、函数、排序和筛选等知识点。以下列举两个典型工作表的制作思路。

1. 条理分明的《商品销售记录》

《商品销售记录》类工作表，会涉及表格样式、公式和排序等基本操作，需要特别注重细节。制作此类销售记录可以按照以下思路进行。

第 1 步 输入数据并设置表格

新建一个 Excel 工作表，并在工作表中输入内容，设置其字符格式、底纹和边框。

商品销售记录表

商品编号	品牌	规格（ml/瓶）	单价（￥）	销售量（瓶）	销售总额（￥）
XFY01	潘婷	400	39.80	52	
XFY02	沙宣	400	49.00	43	
XFY03	飘柔	200	13.90	60	
XFY04	力士	400	37.00	55	
XFY05	海飞丝	400	35.80	66	
XFY06	夏士莲	400	34.90	45	
XFY07	亮荘	200	12.50	32	
XFY08	拉芳	200	11.90	30	
XFY09	飘影	200	13.70	25	
XFY10	清逸	200	12.80	26	
XFY11	采乐	200	12.50	24	

第 2 步 计算总金额

计算出总的销售金额，然后将其降序排序。

商品销售记录表

商品编号	品牌	规格（ml/瓶）	单价（￥）	销售量（瓶）	销售总额（￥）
XFY05	海飞丝	400	35.80	66	2362.8
XFY02	沙宣	400	49.00	43	2107
XFY01	潘婷	400	39.80	52	2069.6
XFY04	力士	400	37.00	55	2035
XFY06	夏士莲	400	34.90	45	1570.5
XFY03	飘柔	200	13.90	60	834
XFY07	亮荘	200	12.50	32	400
XFY08	拉芳	200	11.90	30	357
XFY12	蒂花之秀	200	13.90	25	347.5
XFY09	飘影	200	13.70	25	342.5
XFY10	清逸	200	12.80	26	332.8

2. 数据准确的《货物购销清单》

清单是按时间顺序显示商品销售情况的流水账。可以通过搜索功能按商品或销售时间查询一定时间段内或某个商品某段时间内的销售记录。制作购销清单可以按照以下思路进行。

第 1 步 录入数据

新建 Excel 工作表，在其中录入数据并设置格式。

货品代销清单

序号	品名	产品状况	单位	数量	单价（元）	批发价（元）	合计（元）
1	圆珠笔	成品	支	300	2	1.5	600
2	剪刀	成品	个	20	5	3	100
3	中性笔	成品	支	400	2	1.5	800
4	笔筒	成品	个	30	20	15	600
5	笔芯	成品	支	500	1.5	1	750
6	标签纸	成品	本	300	6	3	1800
7	书架	成品	个	40	17	14	680
8	文件袋	成品	个	300	2	1	600
9	档案袋	成品	个	300	2	1	600
10	订书机	成品	个	30	19	13	570
11	打印纸	成品	袋	50	80	40	4000
12	铅笔	成品	支	50	2	0.9	100
13	鼠标垫	成品	个	20	5	2.6	100
14	鼠标	成品	个	30	60	36	1800
15	记号笔	成品	支	50	5.8	3.9	290

第 2 步 计算总金额并排序

在“合计”列中分别计算金额，然后计算总的金额，并按“支，个，袋，本”排序。

货品代销清单

序号	品名	产品状况	单位	数量	单价（元）	批发价（元）	合计（元）
1	圆珠笔	成品	支	300	2	1.5	600
3	中性笔	成品	支	400	2	1.5	800
5	笔芯	成品	支	500	1.5	1	750
12	铅笔	成品	支	50	2	0.9	100
15	记号笔	成品	支	50	5.8	3.9	290
2	剪刀	成品	个	20	5	3	100
4	笔筒	成品	个	30	20	15	600
7	书架	成品	个	40	17	14	680
8	文件袋	成品	个	300	2	1	600
9	档案袋	成品	个	300	2	1	600
10	订书机	成品	个	30	19	13	570
13	鼠标垫	成品	个	20	5	2.6	100
14	鼠标	成品	个	30	60	36	1800
11	打印纸	成品	袋	50	80	40	4000
6	标签纸	成品	本	300	6	3	1800
							13390

高手支招

1. 冻结行、列或拆分窗格

在整理 Excel 表格时，为了方便操作，可以将首行和首列冻结，也可以冻结其他任意行或列，还可以 对窗格进行拆分。下面在工作表中冻结首行和首列并拆分单元格，具体操作步骤如下。

第 1 步 冻结首行

在“视图→窗口”组中单击“冻结窗格”按钮，在打开的下拉列表中选择“冻结首行”选项，即可冻结工作表中的首行窗格。

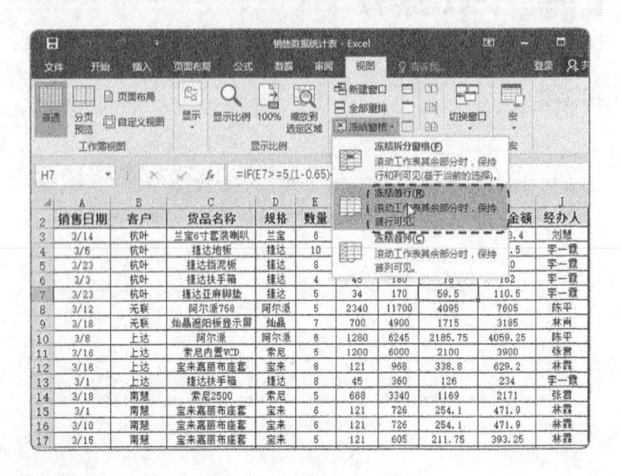

第 2 步 冻结首列

在“视图→窗口”组中单击“冻结窗格”按钮，在打开的下拉列表中选择“冻结首列”选项，即可冻结工作表中的首列窗格。

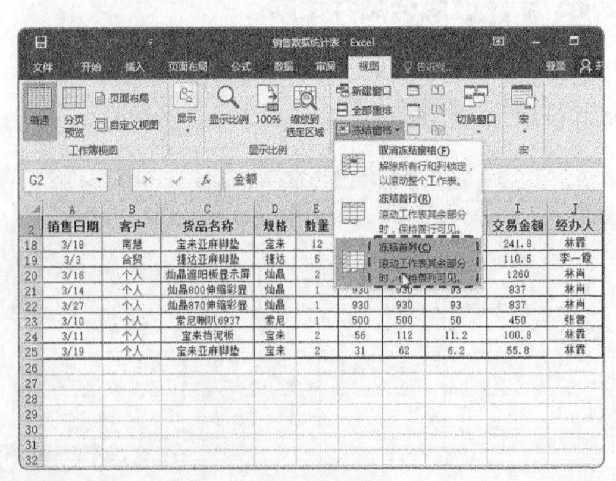

第 3 步 冻结任意行和列

选择冻结行的下一行和冻结列的下一列交叉的单元格，如冻结前 3 行及前 2 列，则选择 C4 单元格，在“视图→窗口”组中单击“冻结窗格”按钮，在打开的下拉列表中选择“冻结拆分窗格”选项。

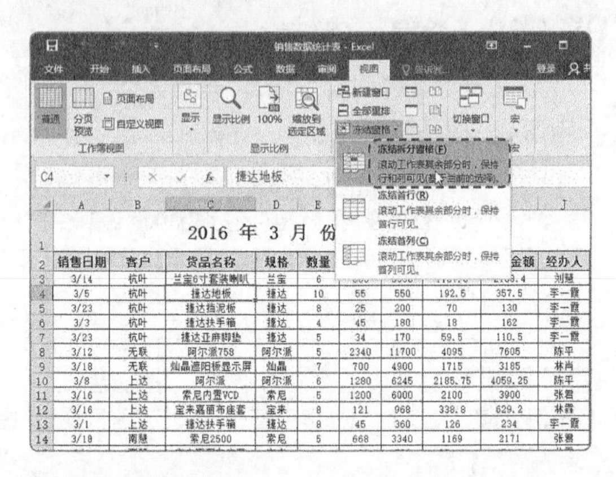

第 4 步 拆分窗格

选择需要拆分窗格的位置，在“视图→窗口”组中单击“拆分”按钮，Excel 2016 会按照选择的位置的上边缘线和左边缘线来拆分窗格，通过滑动鼠标滚轮即可查看每个窗格中的内容。再次单击“拆分”按钮可取消拆分操作。

2. 使用 VLOOKUP 函数查找与引用数据

VLOOKUP 函数是 Excel 中的一个纵向查找函数，可对数据区域进行按列查找，最终返回该列所需查询列序所对应的值，语法格式为 VLOOKUP(Lookup_value,Table_array,Row_index_num,Range_lookup)。

（1）Lookup_value 为需要在数据表第 1 列中进行查找的数值。

（2）Table_array 为需要在其中查找数据的数据表。Row_index_num 为参数说明，Row_index_ num 为 1 时，返回 Table_array 第 1 列的数值，Row_index_num 为 2 时，返回 Table_array 第 2 列的数值，以此类推。

（3）Range_lookup 为一逻辑值，指明函数 VLOOKUP 查找时是精确匹配，还是近似匹配：如果为 FALSE 或 0，则返回精确匹配，如果找不到，则返回错误值 #N/A；如果 Range_lookup 为 TRUE 或 1，函数 VLOOKUP 将查找近似匹配值，也就是说，如果找不到精确匹配值，则返回小于 Lookup_value 的最大数值。

下面使用 VLOOKUP 函数来查询学生成绩，具体操作步骤如下。

第 1 步 输入公式

打开“学生成绩表 - 结果文件 .xlxs”文件，然后新建工作表，输入文本，在单元格 B3 中输入公式“=VLOOKUP($B$2,Sheet2!$B$3:$I$22,3,0)”，按【Enter】键，即可根据学生姓名，查询出“语文”科目的成绩。

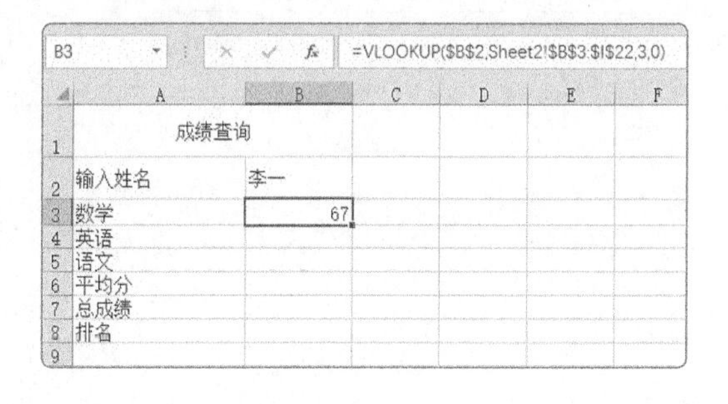

第 2 步 查询其余成绩

使用同样的方法，输入其他科目的查询公式，即可查询各科目的成绩。

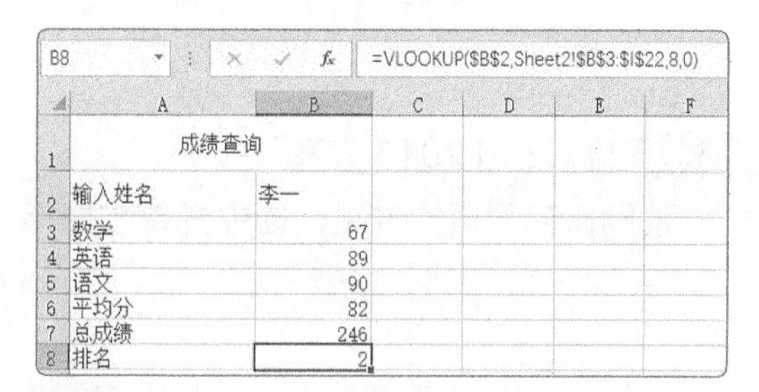

提示

在查询成绩时，需要有源数据的工作表，如果找不到数据，函数就会传回一个这样的错误值 #N/A。

3. 将 Excel 转换为 Word 文档

为了方便操作，节省工作时间，可以将 Excel 直接转换为 Word 文档，具体操作步骤如下。

第 1 步 保存为网页

❶ 打开一个 Excel 工作表，打开“另存为”对话框，选择保存位置后，在“保存类型”下拉列表框中选择“网页”选项；❷ 然后选中“工作表”单选项；❸ 单击 保存(S) 按钮。

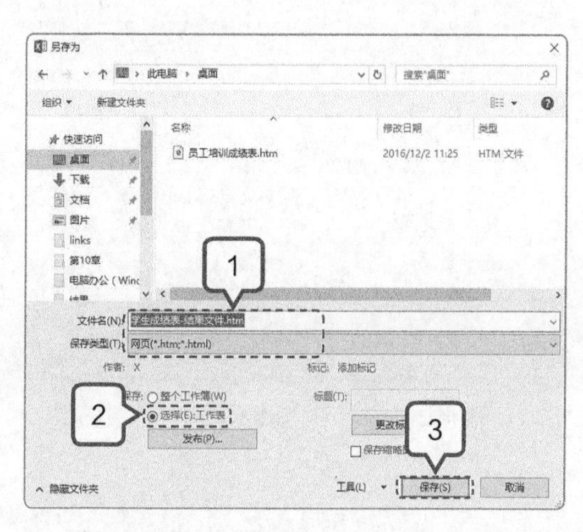

> **提示**
>
> 若在右键菜单命令“打开方式”命令中没有“Word 2016”选项，可选择“选择其他应用”命令，在打开的“你要如何打开这个文件”窗口中单击“更多应用”超链接，然后选择“Word 2016”选项，单击 确定 按钮即可。

第 2 步 打开“发布为网页”对话框

打开“发布为网页”对话框，单击 发布(P) 按钮。

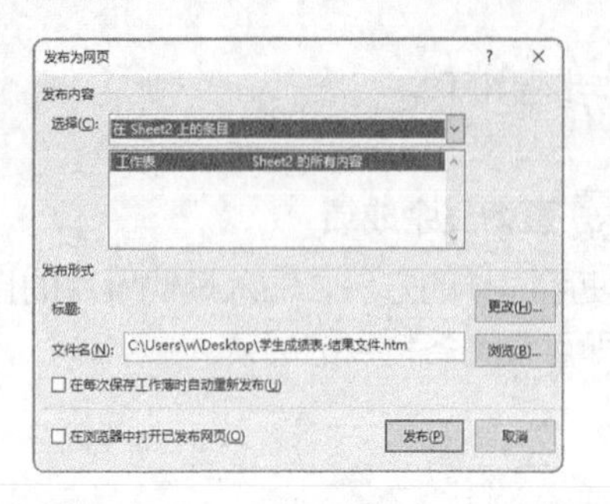

第 3 步 用 Word 2016 打开

找到保存网页的位置，选中并单击鼠标右键，在弹出的快捷菜单中选择“打开方式→Word 2016”命令，用 Word 打开，然后将其另存为 Word 文件即可。

学生成绩信息表

学号	姓名	性别	数学	英语	语文	平均分	总成绩	排名
1	李一	女	67	89	90			
2	张垦	男	87	82	70			
3	王宜宜	男	66	62	52			
4	陈肖	男	93	54	76			
5	肖明	男	54	45	89			
6	闵月	女	78	79	65			
7	李丽	女	39	70	85			
8	李亚宸	男	49	62	68			
9	刘妍妍	女	65	53	77			
10	王洛	女	58	88	81			
11	陈沪	男	60	69	80			

Chapter 11

高级应用——通过图表分析数据

本章视频教学时间 / 18 分钟

技术分析

Excel 图表是数据的形象化表达，可以更加直观地展现数据，使数据更具说服力。一般来说，制作图表类的工作表主要涉及以下知识点。

（1）分类汇总数据。

（2）创建图表和设置图表格式。

（3）创建数据透视表。

（4）创建数据透视图。

Excel 提供了多种标准类型和自定义类型图表，如柱形图、条形图、折线图和股价图等。制作好表格后，即可为其中的表格数据选择合适的图表类型，使信息突出显示，让图表更具阅读性。常见的工作表有销售数据汇总、销售数据分析、问题反馈等。本章通过《销售数据汇总》《年度销售分析》和《费用支出明细表》三个典型案例，系统介绍进行 Excel 图表制作时需要掌握的具体操作。

思维导图

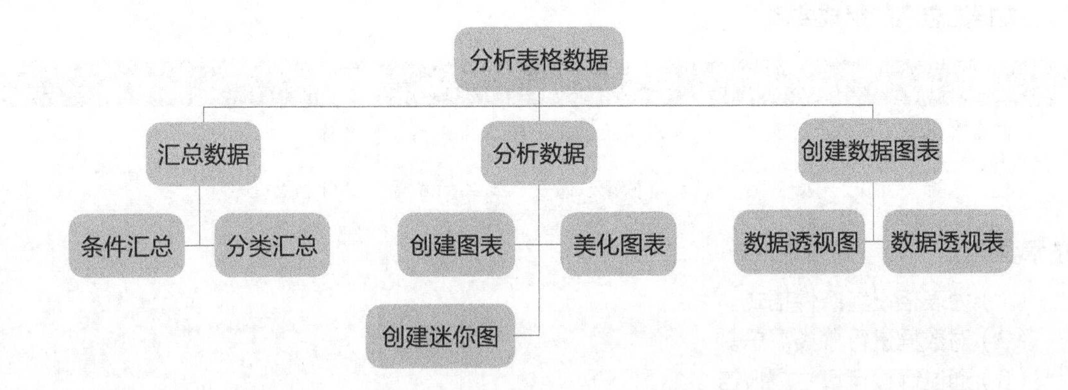

案例——制作《销售数据汇总》工作表

本节视频教学时间 / 3 分钟

案例名称	销售数据汇总
素材文件	结果 \ 第 11 章 \ 销售数据汇总 .xlsx
结果文件	结果 \ 第 11 章 \ 销售数据汇总 _ 结果文件 .xlsx
扩展模板	扩展模板 \ 第 11 章

/ 案例操作思路

本案例是制作《销售数据汇总》工作表，需要对所有销售数据分类进行汇总，其项目主要包括商品名称、数量和单价等。

具体效果如图所示。

	A	B	C	D	E	F
1	销售日期	产品名称	销售区域	销售数量	产品单价	销售额
10		饮水机 汇总		454台	¥9,600	¥544,800
16		液晶电视 汇总		344台	¥40,000	¥2,752,000
21		洗衣机 汇总		222台	¥15,200	¥843,600
27		空调 汇总		412台	¥17,500	¥1,442,000
32		电脑 汇总		361台	¥22,400	¥2,021,600
37		冰箱 汇总		333台	¥16,400	¥1,365,300
38		总计		2126台	¥121,100	¥8,969,300
39						

/ 销售数据汇总表的组成要素

名称	是否必备	要求
商品名称	必备	需要准确录入每一项商品的编号和名称
数量总额	必备	需要准确录入每一项商品的数量、单价和总金额

/ 技术要点

（1）为表格设置条件格式。

（2）对数据进行分类汇总。

（3）通过假设运算生成报告。

/ 操作流程

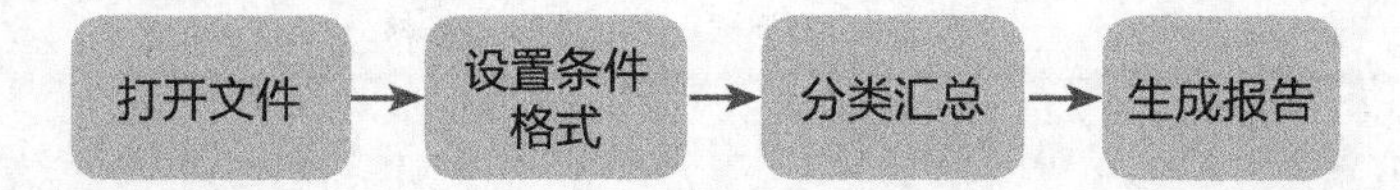

11.1.1 设置“条件汇总”

为表格设置条件格式，可以突出显示满足条件的单元格数据，方便查看符合条件的表格内容。下面打开“销售数据汇总 .xlsx”工作表，将其中销售区域中包含“上海”两个字的数据设置为深绿色字体和浅绿色底纹填充，具体操作步骤如下。

第1步 选择“文本包含”选项

❶ 打开“销售数据汇总.xlsx”素材工作表，选中“销售区域”所在的F列；❷ 在“开始→样式”组中单击“条件格式”按钮，在打开的下拉列表中选择“突出显示单元格规则→文本包含”选项。

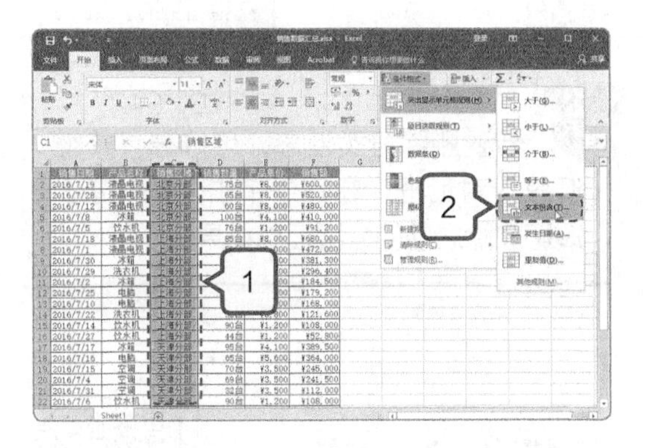

第2步 打开“文本中包含”对话框

❶ 打开“文本中包含”对话框，在左侧的文本框中输入包含的文本或单击按钮选择条件单元格，再在右侧的下拉列表框中选择样式；❷ 单击 确定 按钮。

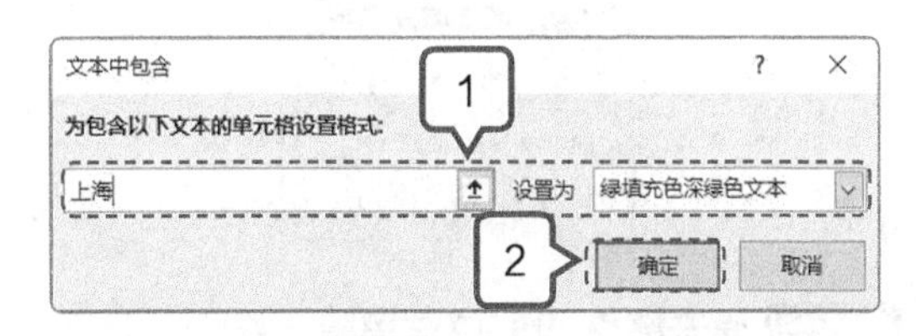

销售日期	产品名称	销售区域	销售数量	产品单价	销售额
2016/7/19	液晶电视	北京分部	75台	¥8,000	¥600,000
2016/7/28	液晶电视	北京分部	65台	¥8,000	¥520,000
2016/7/12	液晶电视	北京分部	60台	¥8,000	¥480,000
2016/7/8	冰箱	北京分部	100台	¥4,100	¥410,000
2016/7/5	饮水机	北京分部	76台	¥1,200	¥91,200
2016/7/18	液晶电视	上海分部	85台	¥8,000	¥680,000
2016/7/1	液晶电视	上海分部	59台	¥8,000	¥472,000
2016/7/30	冰箱	上海分部	93台	¥4,100	¥381,300
2016/7/29	洗衣机	上海分部	78台	¥3,800	¥296,400
2016/7/2	冰箱	上海分部	45台	¥4,100	¥184,500

11.1.2 对数据进行“分类汇总”

Excel 2016提供了“分类汇总”功能，可以按照各种条件对数据进行分类汇总。下面为“销售数据汇总.xlsx”工作表中的销售额进行分类汇总，具体操作步骤如下。

第1步 排序

将“产品名称”列按照“降序”排序。

销售日期	产品名称	销售区域	销售数量	产品单价	销售额
2016/7/14	饮水机	上海分部	90台	¥1,200	¥108,000
2016/7/6	饮水机	天津分部	90台	¥1,200	¥108,000
2016/7/13	饮水机	广州分部	80台	¥1,200	¥96,000
2016/7/5	饮水机	北京分部	76台	¥1,200	¥91,200
2016/7/27	饮水机	上海分部	44台	¥1,200	¥52,800
2016/7/11	饮水机	天津分部	40台	¥1,200	¥48,000
2016/7/26	饮水机	广州分部	22台	¥1,200	¥26,400
2016/7/21	饮水机	天津分部	12台	¥1,200	¥14,400
2016/7/18	液晶电视	上海分部	85台	¥8,000	¥680,000
2016/7/19	液晶电视	北京分部	75台	¥8,000	¥600,000
2016/7/28	液晶电视	北京分部	65台	¥8,000	¥520,000
2016/7/12	液晶电视	北京分部	60台	¥8,000	¥480,000
2016/7/1	液晶电视	上海分部	59台	¥8,000	¥472,000
2016/7/7	洗衣机	广州分部	80台	¥3,800	¥304,000
2016/7/29	洗衣机	上海分部	78台	¥3,800	¥296,400
2016/7/22	洗衣机	上海分部	32台	¥3,800	¥121,600
2016/7/20	洗衣机	广州分部	32台	¥3,800	¥121,600

第2步 单击“分类汇总”按钮

选中数据区域中的任意一个单元格，在“数据→分级显示”组中单击“分类汇总”按钮。

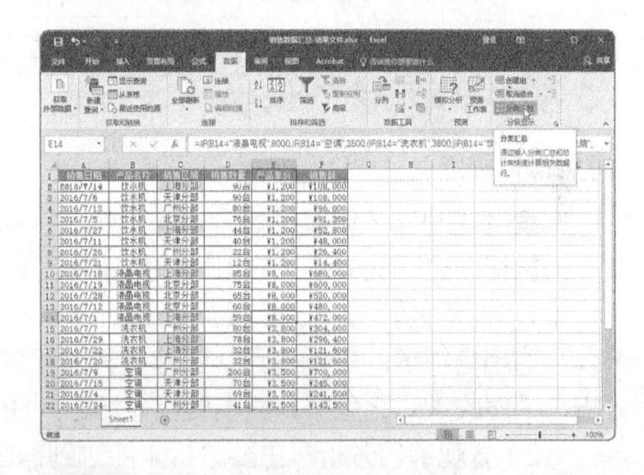

第3步 打开“分类汇总”对话框

❶ 打开“分类汇总”对话框，在“分类字段”下拉列表框中选择“产品”选项，在“汇总方式”下拉列表框中选择“求和”选项；❷ 在“选定汇总项”列表框中选中“销售数量”“产品单价”“销售额”复选框；❸ 单击选中“替换当前分类汇总”和“汇总结果显示在数据下方”复选框；❹ 单击 确定 按钮。

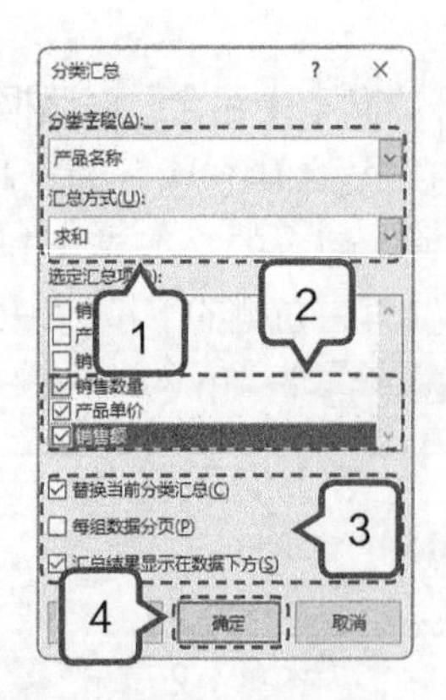

第 4 步 显示第 2 级汇总结果

此时即可按照产品名称对销售情况进行汇总，并显示第 3 级汇总结果。单击汇总区域左上角的数字按钮“2”，即可显示第 2 级汇总结果。

	A	B	C	D	E	F
1	销售日期	产品名称	销售区域	销售数量	产品单价	销售额
10		饮水机 汇总		454台	¥9,600	¥544,800
16		液晶电视 汇总		344台	¥40,000	¥2,752,000
21		洗衣机 汇总		222台	¥15,200	¥843,600
27		空调 汇总		412台	¥17,500	¥1,442,000
32		电脑 汇总		361台	¥22,400	¥2,021,600
37		冰箱 汇总		333台	¥16,400	¥1,365,300
38		总计		2126台	¥121,100	¥8,969,300
39						

提示

若要删除分类汇总，可打开“分类汇总”对话框，在其中单击全部删除(R)按钮即可删除之前的分类汇总结果。

11.2 案例——制作《年度销售分析》工作表

本节视频教学时间 / 9 分钟

案例名称	年度销售分析
素材文件	结果 \ 第 11 章 \ 年度销售分析 .xlsx
结果文件	结果 \ 第 11 章 \ 年度销售分析 _ 结果文件 .xlsx
扩展模板	扩展模板 \ 第 11 章

/ 案例操作思路

本案例是制作《年度销售分析》工作表，用于衡量和评估经理人员所制订的计划销售目标与实际销售结果之间的关系。它可以采用销售差异分析和微观销售分析两种方法。

（1）销售差异分析：主要用于分析各个不同的因素（如品牌、价格、售后服务、销售策略等），对销售绩效的不同作用。销售差异分析的内容主要有营运资金周转期分析、销售收入结构分析、销售收入对比分析、成本费用分析、利润分析、净资产收益率分析等。

（2）微观销售分析：主要分析未能达到销售额的特定产品和地区等。

具体效果如图所示。

家电各季度销量统计

商品名称	一季度销量	二季度销量	三季度销量	四季度销量	迷你图
电饭煲	251	283	295	297	
电磁炉	380	423	412	443	
超声波加湿器	286	328	346	379	
微波炉	212	223	245	238	

家电各季度销售统计

/ 销售分析工作内容

名称	要求
差异分析	针对同一市场不同品牌产品的销售差异分析（针对不同市场的同一品牌产品的销售差异分析），主要是为企业的销售策略提供建议和参考
市场分析	通过表格，如周销售报表、月销售报表和月商品库存表等多种图表来分析当前公司销售中存在的情况，而进行营销决策

/ 技术要点

（1）创建分析图表。

（2）设置图表格式。

/ 操作流程

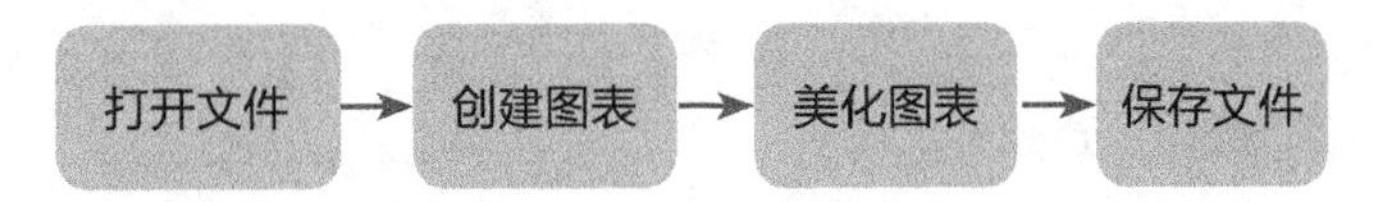

11.2.1 通过“创建图表”进行分析

Excel 2016 提供了多种图表类型供用户进行选择，如柱形图、折线图、条形图、饼图等。下面为“年度销售分析 .xlsx”工作表创建折线图。

1. 插入图表

在 Excel 2016 中创建图表的方法非常简单，用户可以根据实际需要选择系统自带的图表类型，插入图表即可，具体操作步骤如下。

第 1 步 选择“簇状柱形图”选项

打开“年度销售分析 .xlsx”工作表，选中单元格区域 A1:E7，在“插入→图表”组中单击“柱形图”按钮，在打开的下拉列表中选择“簇状柱形图”选项。

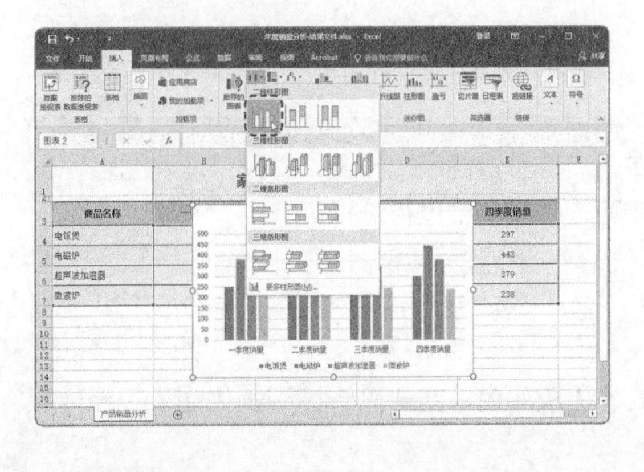

第 2 步 插入图表

即可根据源数据，创建一个簇状柱形图。

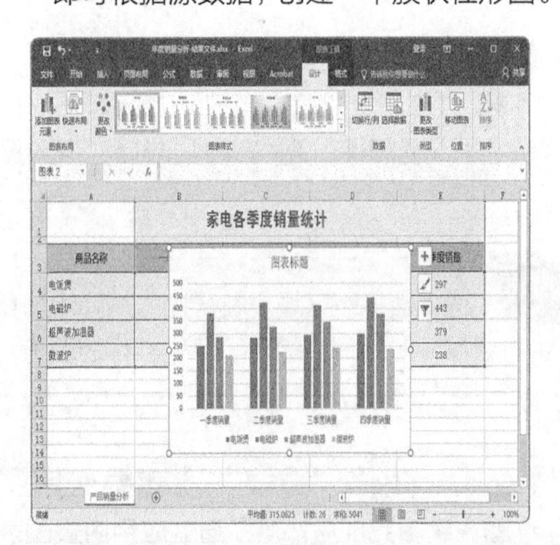

2. 编辑图表

插入图表后，可以通过修改图表标题、更改图表类型、调整图表布局等方式编辑图表，具体操作步骤如下。

第1步 输入图表标题

选中图表，将图表标题改为“家电各季度销售统计”。

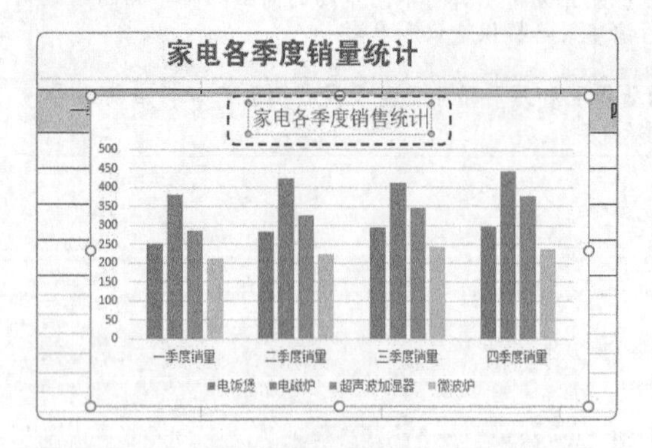

第2步 单击“更改图表类型”按钮

选中图表，在“图表工具→设计→类型”组单击“更改图表类型”按钮。

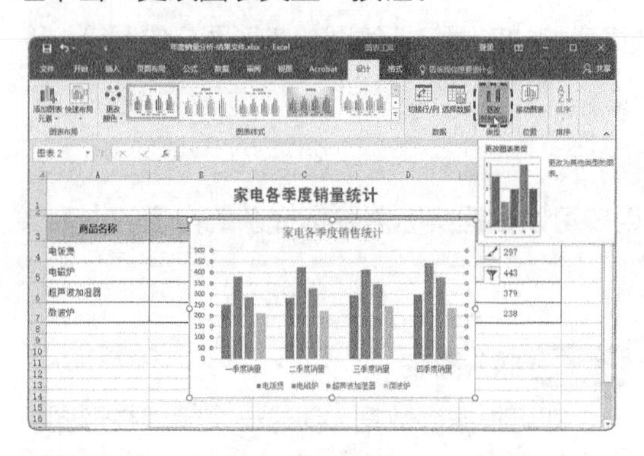

第3步 打开“更改图表类型”对话框

❶ 打开“更改图表类型”对话框，选择“折线图”选项卡；❷ 在右侧选择“带数据标记的折线图”选项；❸ 单击 确定 按钮，即可将图表变成折线图。

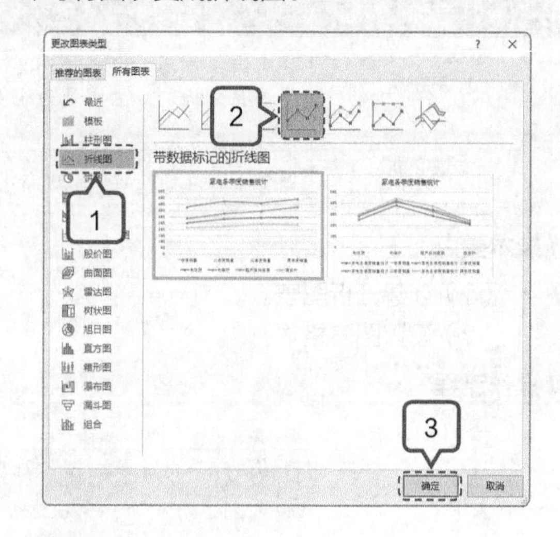

第4步 选择布局样式

❶ 选中图表，在“图表工具→设计→类型”组中单击“快速布局”按钮；❷ 在打开的下拉列表中选择“布局 9”选项，图表即应用“布局 9”的样式。

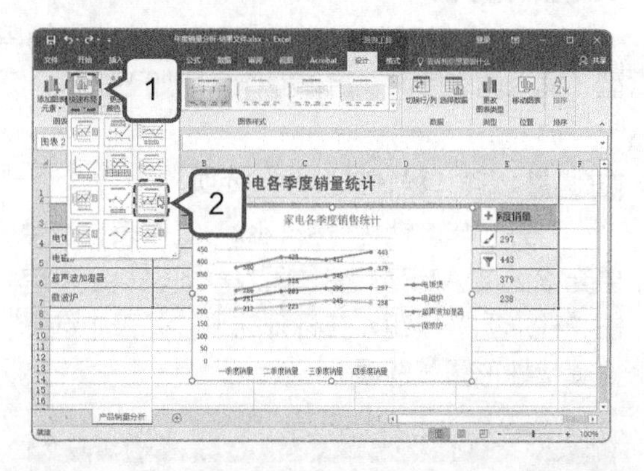

提示 选中数据表区域，在“插入→图表”组中单击“推荐的图表”按钮，打开“插入图表”对话框。对话框中给出了多种推荐的图表，用户可以根据需要进行选择。

11.2.2 美化“图表”使结果一目了然

图表编辑完成后，可以通过应用内置图表样式、更改颜色等方式来修饰和美化图表，具体操作步骤如下。

第1步 选择样式

选中图表，在“图表工具→设计→图表样式”组中单击“快速样式”栏中的▾按钮，在打开的下拉列表中选择“样式4”选项。

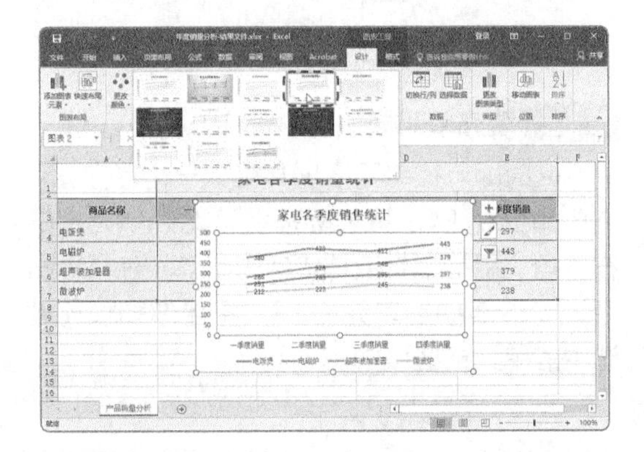

第2步 设置颜色

选中图表，在“图表工具→设计→图表样式”组中单击“更改颜色”按钮，在打开的下拉列表中选择“彩色调色板4”选项。

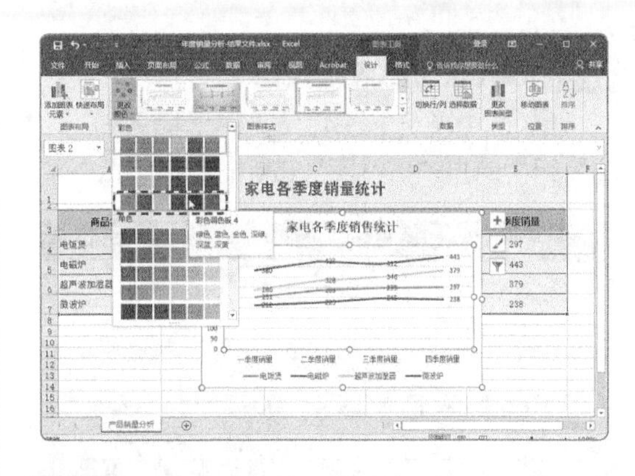

第3步 居中数据标签

❶ 选中图表，在图表的右上角单击“图表元素”按钮；❷ 在“图表元素”列表中选择“数据标签”选项，单击右边的▸图标，在打开的列表中选择“居中”选项，即可为图表添加居中的数据标签。

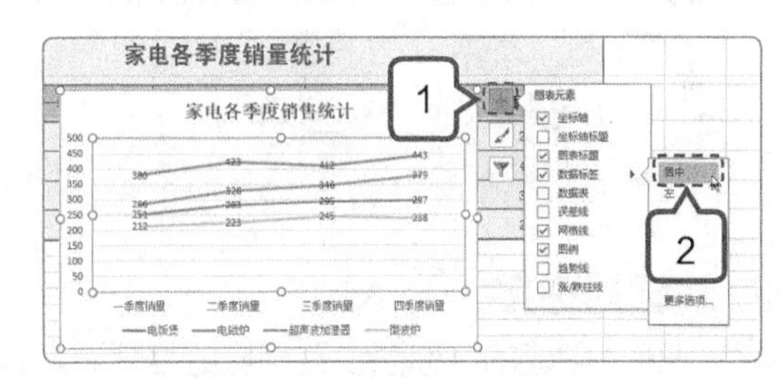

提示 选中图表后，单击其右上角的“图表样式”按钮和“图表筛选器”按钮，也可对图表样式进行调整。

11.2.3 创建与编辑“迷你图”

迷你图是绘制在单元格中的一个微型图表，可以直观地反映数据的变化趋势。用户还可以根据需要对迷你图进行自定义设置，如高亮显示最大值和最小值、调整迷你图颜色等。

1. 创建迷你图

下面为表格添加一列，然后在其中创建折线样式的迷你图，具体操作步骤如下。

第1步 添加“迷你图”列

选中图表，拖动鼠标移动其位置，然后在表格右侧添加一列，列标题为“迷你图”。

第2步 单击“折线图”按钮

❶ 选中单元格 F4；❷ 在“插入→迷你图”组中单击“折线图”按钮。

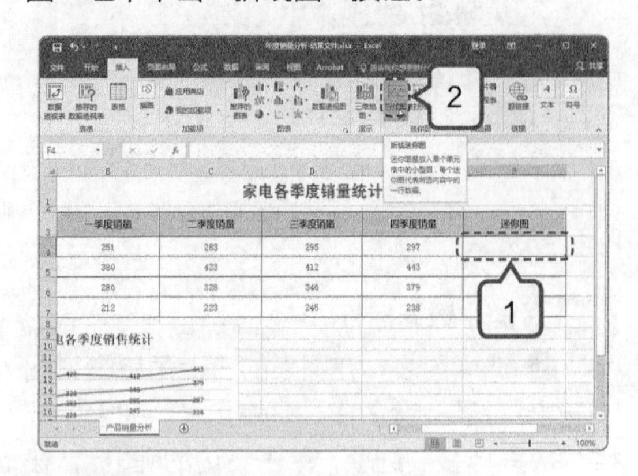

第3步 打开“创建迷你图”对话框

❶ 打开“创建迷你图”对话框，在“数据范围”文本框中将数据范围设置为“B4:E4”；❷ 单击 确定 按钮。

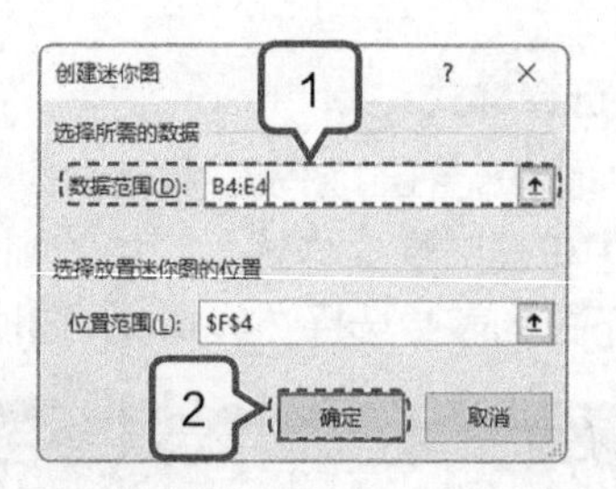

第4步 填充单元格

此时即可在单元格F4中插入一个迷你图，选中单元格 F4，将鼠标指针移动到单元格的右下角。鼠标指针变成十字形状。按住鼠标右键，向下拖动到单元格 F7，将迷你图填充到选中的单元格区域中。

家电各季度销量统计

二季度销量	三季度销量	四季度销量	迷你图
283	295	297	
423	412	443	
328	346	379	
223	245	238	

2. 编辑迷你图

下面为创建的迷你图设置相应的格式，具体操作步骤如下。

第1步 选择样式

选择单元格区域 F4：F7，在“迷你图工具→设计→样式”组中单击“样式”列表中的“其他”按钮 ，在打开的列表中选择“深蓝，迷你图样式深色 #6”选项。

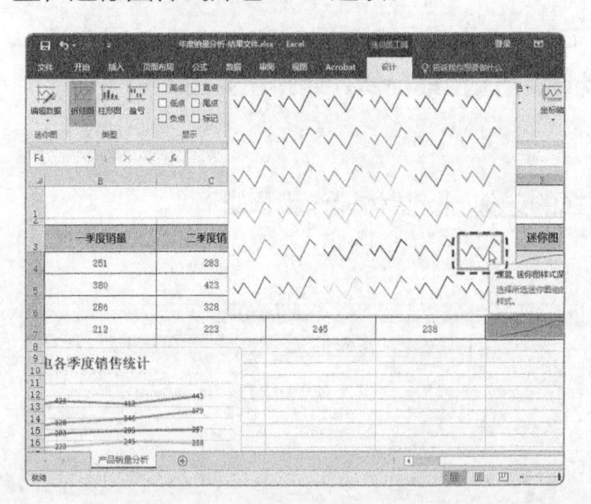

第2步 设置显示方式

选中迷你图的单元格，在“迷你图工具→设计→显示”组中单击选中“高点”和“低点”复选框。

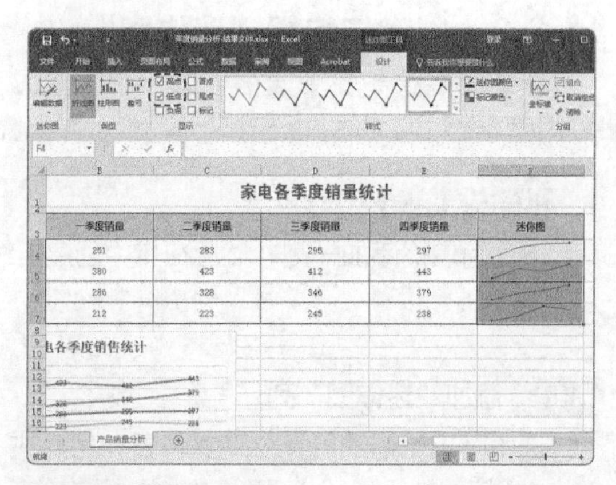

第3步 设置高点颜色

在“迷你图工具→设计→样式”组中单击

“标记颜色”按钮，在打开的列表中选择“高点→红色”选项。

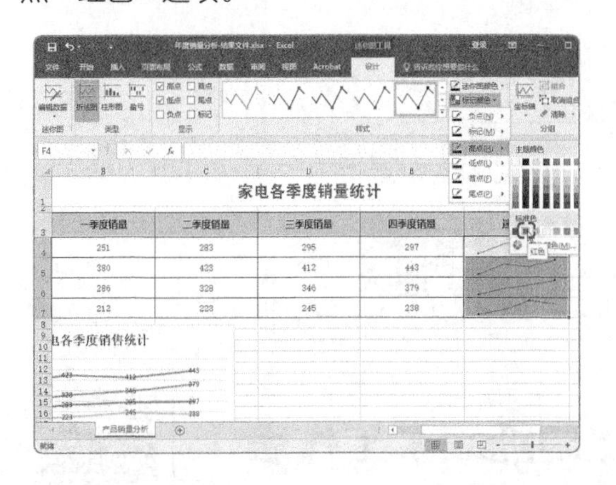

第 4 步 设置低点颜色

使用相同的方法将低点设置为“橘色”。

家电各季度销量统计

二季度销量	三季度销量	四季度销量	迷你图
283	295	297	
423	412	443	
328	346	379	
223	245	238	

11.2.4 其他分析表

除了本节介绍的销售分析表外，还有很多不同类别的分析图表。读者可以根据以下思路，结合自身需要进行制作。

1. 学历分析——《员工学历分析表》

学历分析表主要用于对员工的学历进行分析，其内容包括部门、学历等。在制作学历分析表时，会使用到插入图表和对图表进行美化操作。具体效果如图所示。

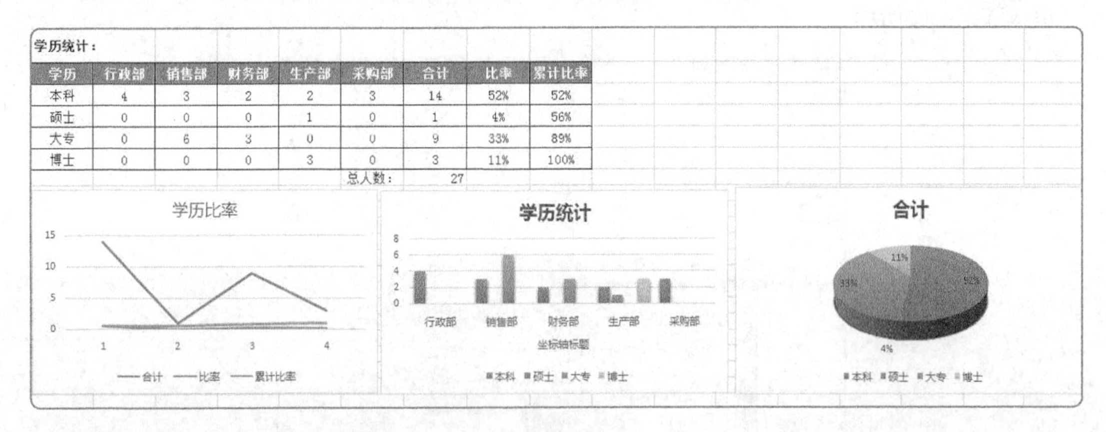

学历统计：

学历	行政部	销售部	财务部	生产部	采购部	合计	比率	累计比率
本科	4	3	2	2	3	14	52%	52%
硕士	0	0	0	1	0	1	4%	56%
大专	0	6	3	0	0	9	33%	89%
博士	0	0	0	3	0	3	11%	100%
					总人数：	27		

2. 费用分析——《企业日常费用分析图表》

企业日常费用分析图表主要用于对企业日常费用进行总结归纳，其内容包括费用名称、费用合计等。在制作企业日常费用分析图表时，会进行函数运算、插入图表和美化图表等操作。具体效果如图所示。

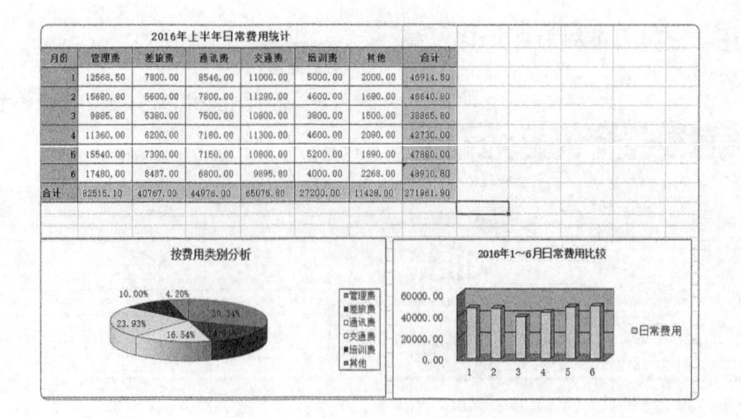

2016年上半年日常费用统计

月份	管理费	差旅费	通讯费	交通费	培训费	其他	合计
1	12568.50	7800.00	8546.00	11000.00	5000.00	2000.00	46914.50
2	15680.80	5600.00	7800.00	11280.00	4600.00	1680.00	46640.80
3	9885.80	5380.00	7500.00	10800.00	3800.00	1500.00	38865.80
4	11360.00	6200.00	7180.00	11300.00	4600.00	2090.00	42730.00
5	15540.00	7300.00	7150.00	10800.00	5200.00	1890.00	47880.00
6	17480.00	8487.00	6800.00	9895.80	4000.00	2268.00	48930.80
合计	82515.10	40767.00	44976.00	65075.80	27200.00	11428.00	271961.90

11.3 案例——分析《费用支出明细表》工作表

本节视频教学时间 / 4 分钟

案例名称	费用支出明细表
素材文件	素材 \ 第 11 章 \ 费用支出明细表 _ 素材文件 .xlsx
结果文件	结果 \ 第 11 章 \ 费用支出明细表 _ 结果文件 .xlsx

/ 案例操作思路

本案例对《费用支出明细表》工作表进行分析，需要将公司支出费用的类别填进表中，以便分析费用的构成及其增减变动，从而考核各项费用计划的执行情况。

具体效果如图所示。

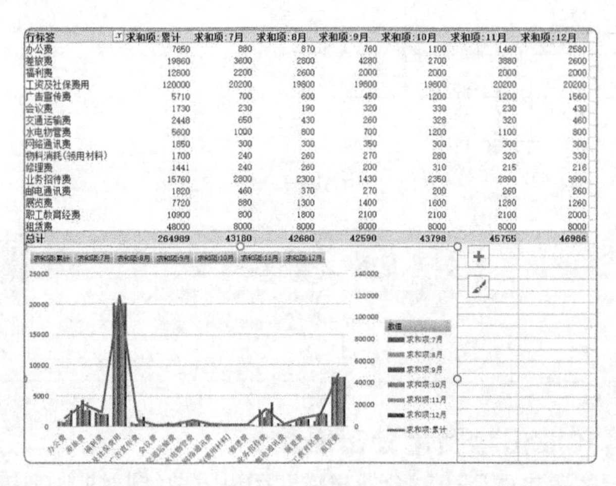

行标签	求和项:累计	求和项:7月	求和项:8月	求和项:9月	求和项:10月	求和项:11月	求和项:12月
办公费	7650	880	870	760	1100	1460	2580
差旅费	19860	3600	2800	4280	2700	3880	2600
福利费	12800	2200	2600	2000	2000	2000	2000
工资及社保费用	120000	20200	19800	19800	19800	20200	20200
广告宣传费	5710	700	600	450	1200	1200	1560
会议费	1730	230	190	320	330	230	430
交通运输费	2448	650	430	260	328	320	460
水电物管费	5600	1000	800	700	1200	1100	800
网络通讯费	1850	300	300	350	300	300	300
物料消耗(领用材料)	1700	240	260	270	280	320	330
修理费	1441	240	260	200	310	215	216
业务招待费	15760	2800	2300	1430	2350	2890	3990
邮电通讯费	1820	460	370	270	200	260	260
展览费	7720	880	1300	1400	1600	1280	1260
职工教育经费	10900	800	1800	2100	2100	2100	2000
租赁费	48000	8000	8000	8000	8000	8000	8000
总计	264989	43180	42680	42590	43798	45755	46986

/ 企业费用的几大类别

名称	要求
营业费用	企业销售商品过程中发生的费用
管理费用	核算企业为组织和管理企业生产经营所发生的管理费用，包括企业的董事会和行政管理部门在企业的经营管理中发生的，或者应由企业统一负担的公司经费
财务费用	核算企业为筹集生产经营所需资金等而发生的费用，包括利息支出（减利息收入）、汇兑损失（减汇兑收益）及相关的手续费等

/ 技术要点

（1）创建数据透视表。

（2）根据数据透视表分析数据。

（3）创建数据透视图。

/ 操作流程

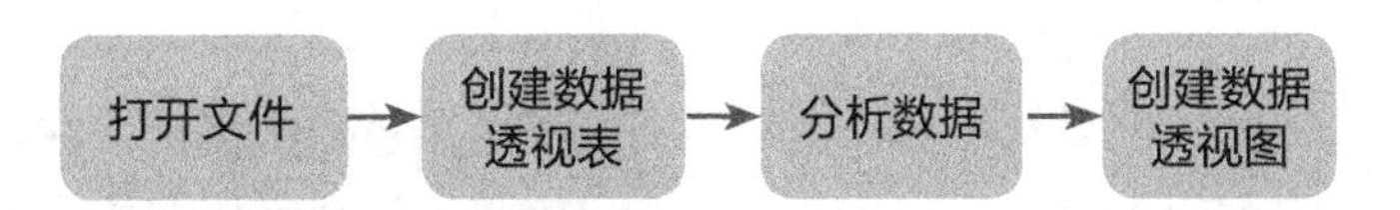

11.3.1 通过“数据透视表”分析问题

Excel 2016 的数据透视表可以直观地反映数据的对比关系，而且具有很强的数据筛选和汇总功能。下面使用 Excel 2016 制作费用数据透视表。

1. 创建数据透视表

数据透视表可以清晰地反映工作表中数据的关系，下面打开“费用支出明细表 .xlsx”工作表，在其中创建数据透视表，具体操作步骤如下。

第 1 步 单击“数据透视表”按钮

打开“费用支出明细表 .xlsx”工作表，选择数据区域，在“插入→表格”组中单击“数据透视表”按钮。

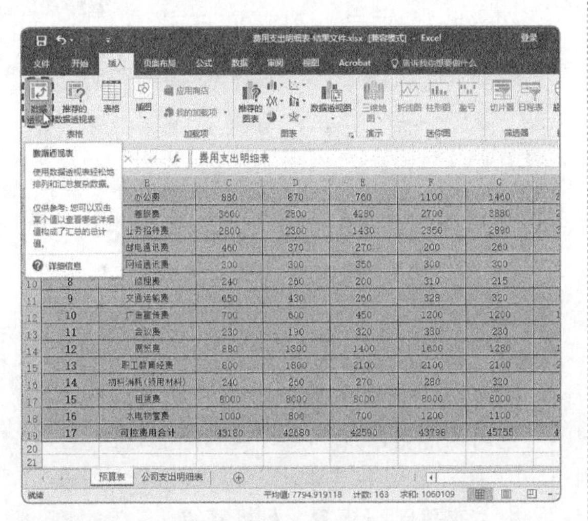

第 2 步 打开“创建数据透视表”对话框

❶ 打开“创建数据透视表”对话框，在“表 / 区域”文本框中确定数据区域；❷ 单击 确定 按钮。

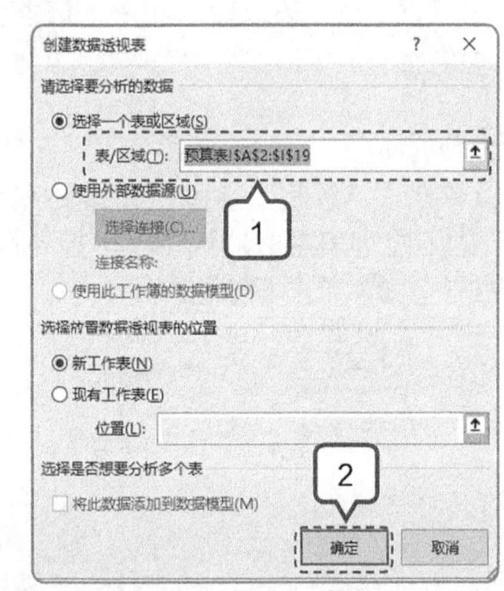

第 3 步 选择需要添加的字段

在 Excel 2016 工作界面右侧打开“数据透视表字段列表”窗格，在下拉列表框中单击选中项目、各月份和累计前面的复选框，确定要添加的字段。

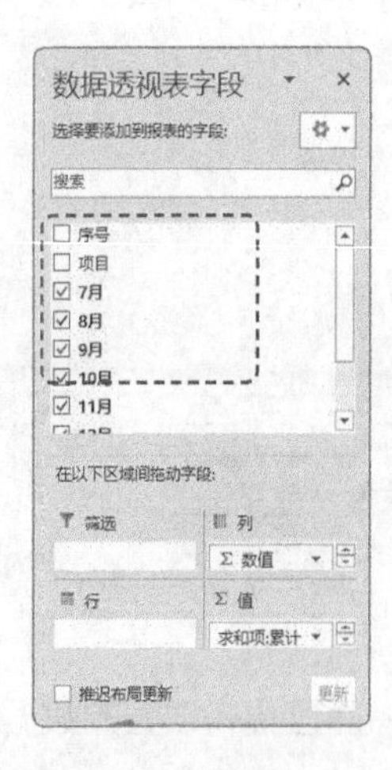

第 4 步 完成后的效果

完成操作后，工作表将对每月的费用进行汇总显示。

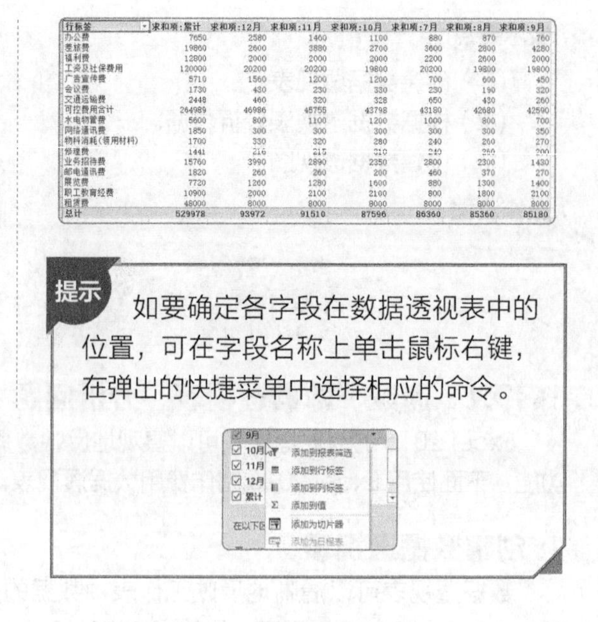

行标签	求和项:累计	求和项:12月	求和项:11月	求和项:10月	求和项:7月	求和项:8月	求和项:9月
办公费	7650	2580	1460	1100	880	870	760
差旅费	19860	2600	3880	2700	3600	2800	4280
福利费	12800	2000	2000	2000	2200	2600	2000
工资及社保费用	120000	20200	20200	19800	20200	19800	19800
广告宣传费	5710	1560	1200	1200	700	600	450
会议费	1730	430	230	330	230	190	320
交通运输费	2448	460	320	328	650	430	260
可控费用合计	264989	46986	45755	43798	43180	42680	42590
水电物管费	5600	800	1100	1200	1000	800	700
网络通讯费	1850	300	300	300	300	300	350
物料消耗(领用材料)	1700	330	320	280	240	260	270
修理费	1441	216	215	310	240	260	200
业务招待费	15760	3990	2890	2350	2800	2300	1430
邮电通讯费	1820	260	260	200	460	370	270
展览费	7720	1260	1280	1600	880	1300	1400
职工教育经费	10900	2000	2100	2100	800	1800	2100
租赁费	48000	8000	8000	8000	8000	8000	8000
总计	529978	93972	91510	87596	86360	85360	85180

提示

如要确定各字段在数据透视表中的位置，可在字段名称上单击鼠标右键，在弹出的快捷菜单中选择相应的命令。

2. 根据数据透视表分析数据

创建了数据透视表以后，可进一步对其中的内容进行分析，具体操作步骤如下。

第 1 步 筛选标签

❶ 单击“行标签”字段右侧的▾按钮，在打开的下拉列表中取消选中“可控费用合计”复选框；❷ 单击 确定 按钮。

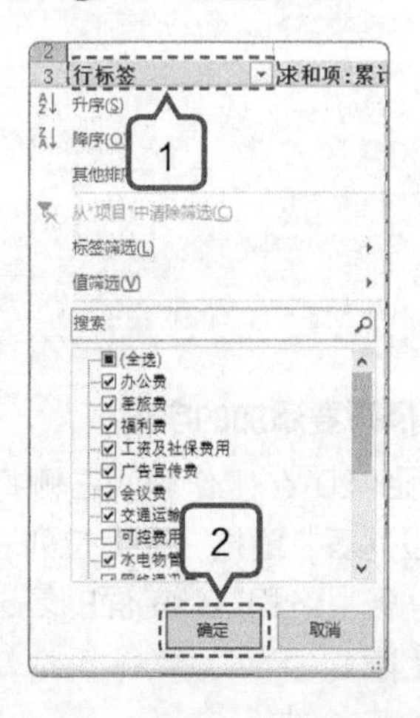

第 2 步 完成操作

筛选行标签后的效果如图所示。

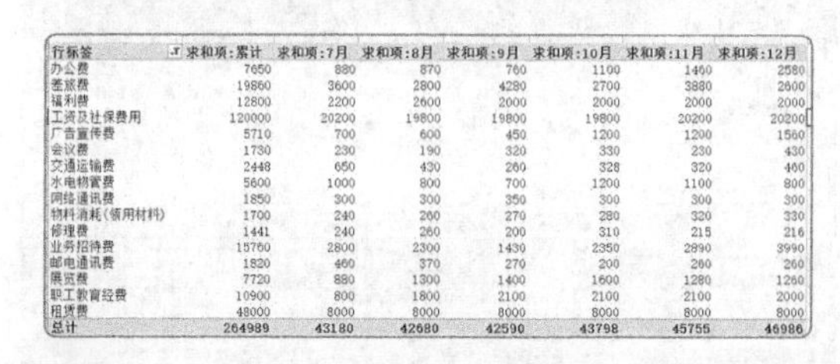

行标签	求和项:累计	求和项:7月	求和项:8月	求和项:9月	求和项:10月	求和项:11月	求和项:12月
办公费	7650	880	870	760	1100	1460	2580
差旅费	19860	3600	2800	4280	2700	3880	2600
福利费	12800	2200	2600	2000	2000	2000	2000
工资及社保费用	120000	20200	19800	19800	19800	20200	20200
广告宣传费	5710	700	600	450	1200	1200	1560
会议费	1730	230	190	320	330	230	430
交通运输费	2448	650	430	260	328	320	460
水电物管费	5600	1000	800	700	1200	1100	800
网络通讯费	1850	300	300	350	300	300	300
物料消耗(领用材料)	1700	240	260	270	280	320	330
修理费	1441	240	260	200	310	215	216
业务招待费	15760	2800	2300	1430	2350	2890	3990
邮电通讯费	1820	460	370	270	200	260	260
展览费	7720	880	1300	1400	1600	1280	1260
职工教育经费	10900	800	1800	2100	2100	2100	2000
租赁费	48000	8000	8000	8000	8000	8000	8000
总计	264989	43180	42680	42590	43798	45755	46986

提示

在“数据透视表字段列表”窗格中，除了选中字段的复选框来添加字段外，还可将需要添加的字段复选框拖动到“在以下区域间拖动字段”栏中的 4 个列表框中来确定行标签、列标签等。

11.3.2 通过“数据透视图”进一步说明问题

数据透视图可以通过工作表中的源数据和数据透视表来创建。下面通过前面的数据透视表来创建数据透视图。

1. 创建数据透视图

完成数据透视表的创建后，即可在创建好的数据透视表的基础上创建数据透视图，具体操作步骤如下。

第1步 单击“数据透视图”按钮

选择整个数据透视表，在“数据透视表工具→分析→工具”组中单击“数据透视图”按钮。

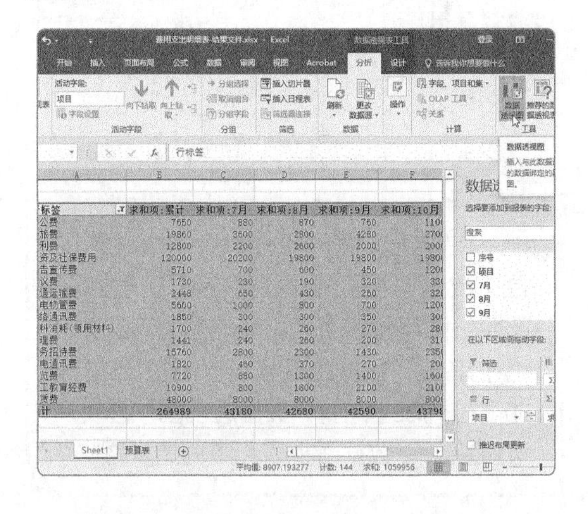

第2步 选择图表类型

打开“插入图表”对话框，在左侧选择图表大类，再在右侧列表框中双击具体的图表类型。

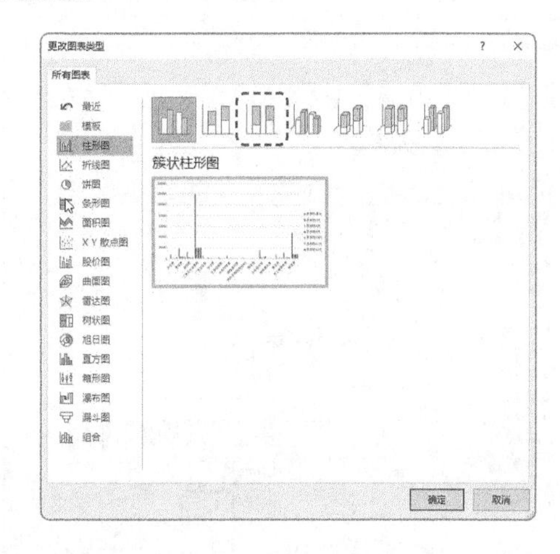

2. 设置双轴销售图表

在制作图表时，如果有两个以上数据系列，可以制作两个 y 轴的图表，也就是双纵轴图表。每个 y 轴有不同的刻度，且图表同时会有折线图，柱形图等样式，具体操作步骤如下。

第1步 单击鼠标右键

❶ 单击选中要设置次坐标轴的系列图表；❷ 单击鼠标右键，在弹出的快捷菜单中选择“设置数据系列格式”命令。

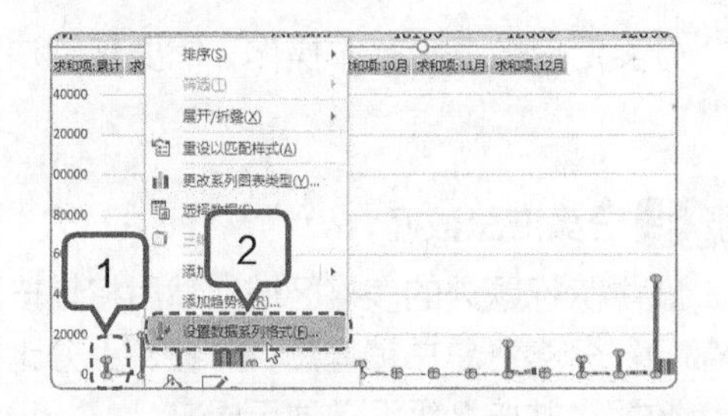

第2步 设置数据格式

❶ 此时在工作表的右侧打开“设置数据系列格式”窗口，单击“系列选项”按钮；❷ 选中“次坐标轴”单选钮。

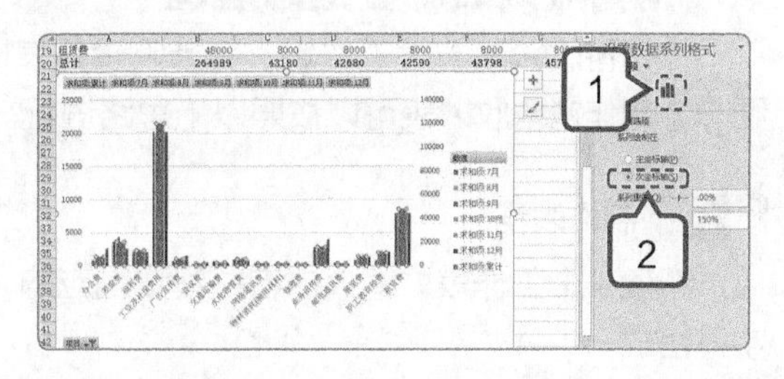

3. 更改组合图表的类型

组合图表通常包含两个以上系列，至少包含两种图表类型，下面更改其中一个数据系列的图表类型，具体操作步骤如下。

第 1 步 更改图表类型

❶ 选中图表区域，单击鼠标右键，在弹出的快捷菜单中选择“更改图表类型”命令，打开“更改图表类型”对话框，在“系列名称”栏中的“求和项：销售数量”下拉列表框中选择“折线图”选项；❷ 单击 确定 按钮。

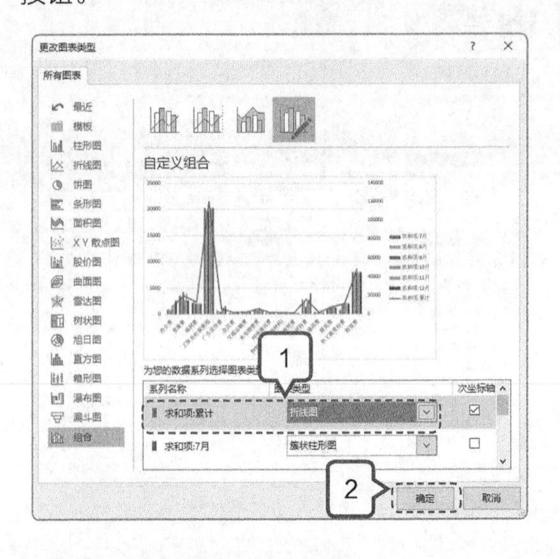

第 2 步 查看效果

此时系列“求和项：销售数量”的图表类型就变成了折线图。

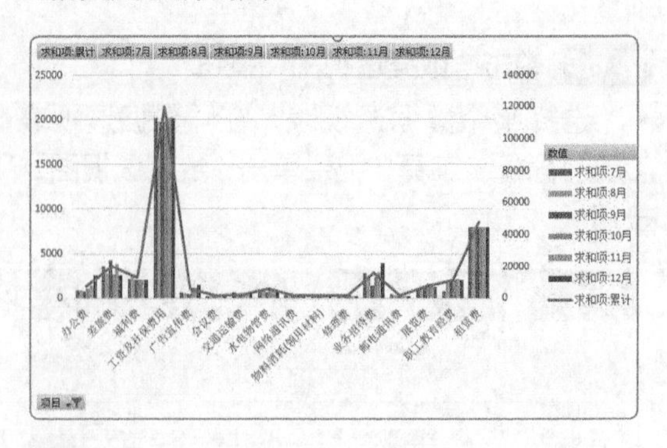

提示

在创建数据透视图时，需要注意的是：数据透视图不能为气泡图、散点图和股价图等图表类型；在“插入→图表”组中单击“数据透视图”按钮，在打开的下拉列表中选择“数据透视图”选项，可直接创建数据透视表和数据透视图。

举一反三

本节视频教学时间 / 2 分钟

本章所选择的案例均为使用图表分析数据的工作表，主要利用 Excel 2016 进行对各种图表的操作，涉及条件格式、分类汇总、创建和更改图表、创建数据透视表和数据透视图等知识点。以下列举两个图表工作表的制作思路。

1.《销售收入表》要汇总准确

《销售收入表》类工作表，会涉及设置表格样式、分类汇总数据等基本操作，需要特别注重细节，制作销售收入表可以按照以下思路进行。

第 1 步 制作表格

新建一个工作表，输入内容并设置相应的字符格式。

2016年上半年销售业绩统计表

单位：元

姓名	部门	一月份	二月份	三月份	四月份	五月份	六月份	总销售额	排名	百分比排名
程依依	线上	203245	210987	234087	210090	265400	239800	1363609	2	91%
陈尚	线上	238976	216500	210000	216700	276000	248000	1406176	1	100%
张悦	线上	126709	170967	190000	180008	200768	209800	1078252	7	50%
张丰	线上	235700	217000	219090	207000	260000	215700	1354490	3	83%
林丹丹	线上	200876	180000	189800	190600	190080	187809	1139165	5	66%
朱小风	线上	209810	187900	178900	187800	170989	165790	1101189	6	58%

第 2 步 分类汇总数据

选中除标题外的表格区域，然后将其按照“部门”分类汇总总销售额、排名、百分比排名等数据，并按 2 级汇总显示出来。

2016年上半年销售业绩统计表

单位：元

	A	B	C	D	E	F	G	H	I	J	K
3	姓名	部门	一月份	二月份	三月份	四月份	五月份	六月份	总销售额	排名	百分比排名
12		线上 汇总							9723130	60	451%
18		线下 汇总							4089247	70	65%
19		总计							13812377	130	516%
20											

2. 能说明问题的《销售订单》

《销售订单》工作表，会涉及对数据透视表和数据透视图的操作，制作时可以按照以下思路进行。

第 1 步 创建数据透视表

创建数据透视表，字段包括“国家 / 地区”“销售人员”和“汇总”，并设置样式。

行标签	求和项:订单金额
⊟北京	217257
潘金	54800
苏小	162457
⊟成都	119148
张丽约	119148
⊟广州	142993
林月	142993
⊟上海	256987.2
林霖	256987.2
⊟深圳	103557.1
陈肖东	103557.1
总计	839942.3

第 2 步 创建数据透视图

完成后选中表格，选择一种图表创建数据透视图。

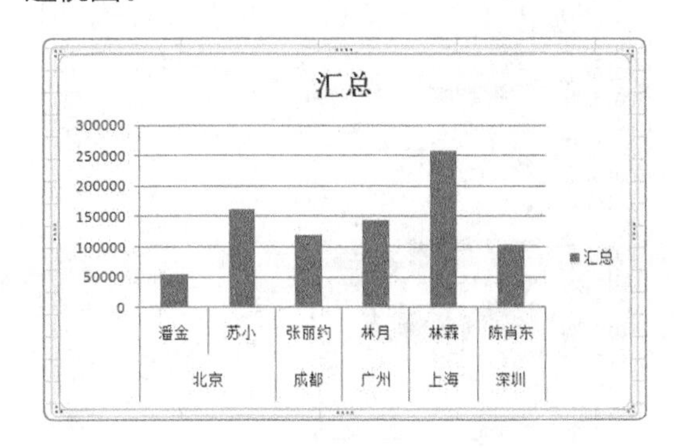

高手支招

1. 通过创建组来分析各月数据

在数据透视表中，通过对日期或时间创建组，可以根据“年、季度、月、日、时、分、秒”等步长来显示数据。下面按月份来统计和分析各部门产生的办公费用，具体操作步骤如下。

第 1 步 创建数据透视表

❶ 选中整个数据表格区域，插入数据透视表，在“数据透视表字段”窗格中的下拉列表框中单击选中“时间”“所属部门”和“金额”复选框；❷ 将“所属部门”复选框拖动到“在以下区域间拖动字段”栏中的“列”栏中，将“所属部门”更改为列标签。

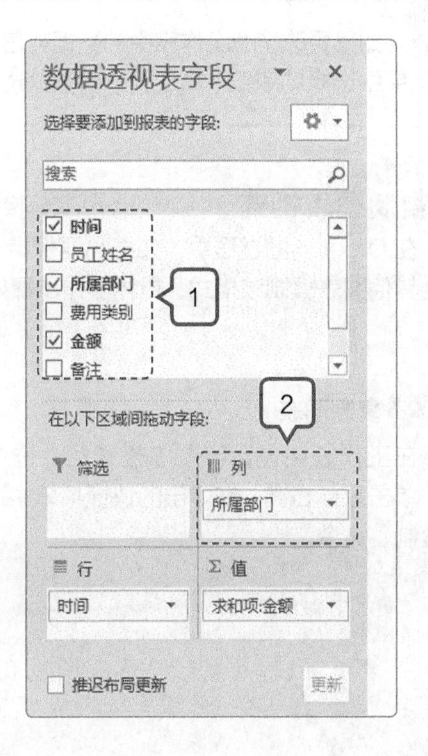

第 2 步 选择命令

将鼠标定位在任意一个日期上，单击鼠标右键，在弹出的快捷菜单中选择“创建组”命令。

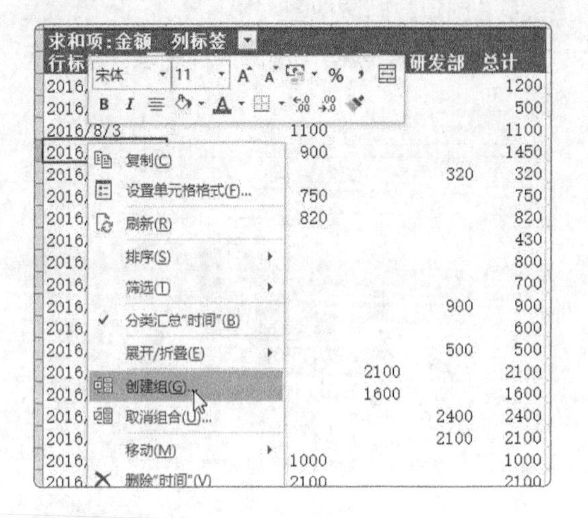

第 3 步 打开“组合”对话框

❶ 打开“组合”对话框，在“步长”列表中选择“月”选项；❷ 单击 确定 按钮。

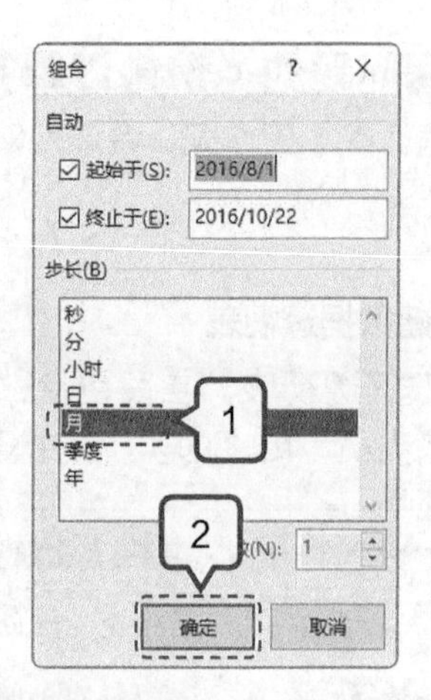

第 4 步 按月份组合

此时即可按月份汇总出各部门的办公费用。

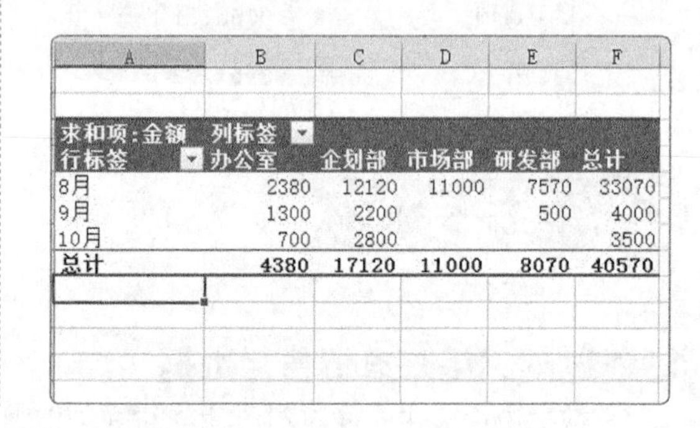

求和项:金额	列标签				
行标签	办公室	企划部	市场部	研发部	总计
8月	2380	12120	11000	7570	33070
9月	1300	2200		500	4000
10月	700	2800			3500
总计	4380	17120	11000	8070	40570

提示

如果更改了源工作表中的数据或信息，可在数据透视表中单击鼠标右键，在弹出的快捷菜单中选择“刷新”命令，刷新数据透视表的数据或信息。

2. 复制图表格式

在 Excel 制图过程中，如果需要保持一系列图表格式相同，可以先设置一个图表的格式，然后为其他图表复制该格式，具体操作步骤如下。

第 1 步 复制图表

在工作表中设置好图表格式后，选中图表，单击鼠标右键，在弹出的快捷菜单中选择“复制”命令。

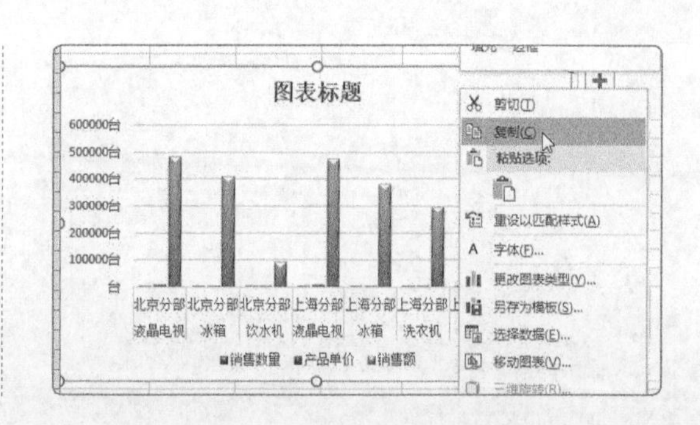

第 2 步 选择粘贴方式

选择需要复制格式的图表，在“开始→剪切板”组中单击“粘贴”按钮，在打开的下拉列表中选择“选择性粘贴”选项。

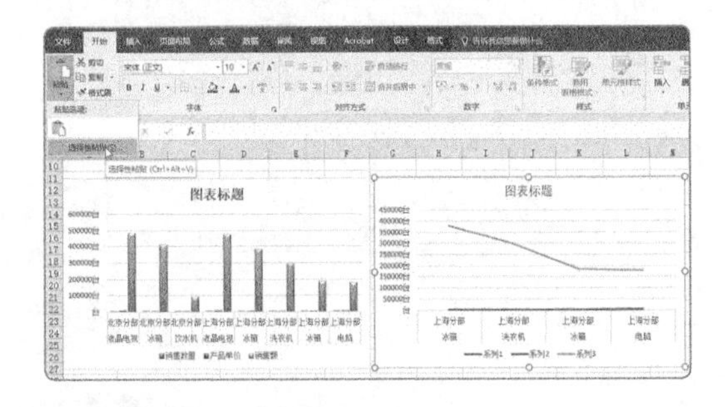

第 3 步 选中“格式”单选项

打开“选择性粘贴”对话框，选中“格式”单选项，单击 确定 按钮。

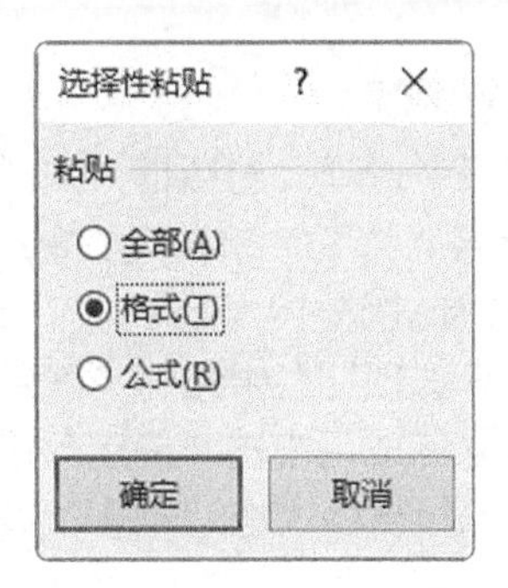

第 4 步 粘贴格式

完成后，选中的图表即运用了之前图表的相应格式。

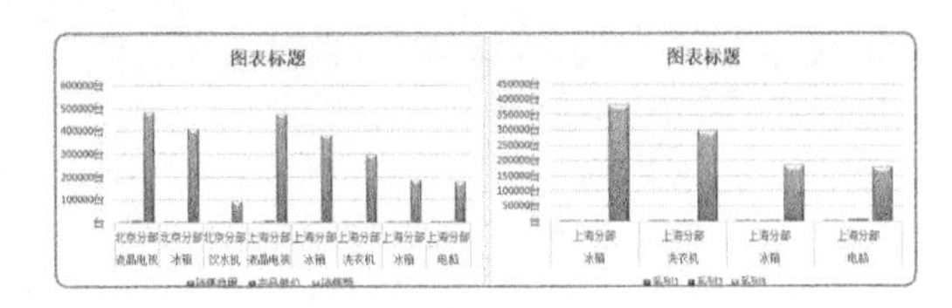

3. 将 Excel 转换为 PDF 格式

PDF 是 Portable Document Format 的缩写，其中文意思为便携文件格式。Excel 2016 可以将表格转换为 PDF 格式，并封装原始文档中的全部文字、格式和图形，此外，它以 PostScript 语言图像模型为基础，支持各种打印输出设备，能以精确的颜色和准确的打印效果再现原始文件中的内容。

第 1 步 另存为文件

在 Excel 2016 工作界面选择“文件”。❶ 在信息界面单击左侧的“另存为”选项卡；❷ 在右侧单击“浏览”选项。

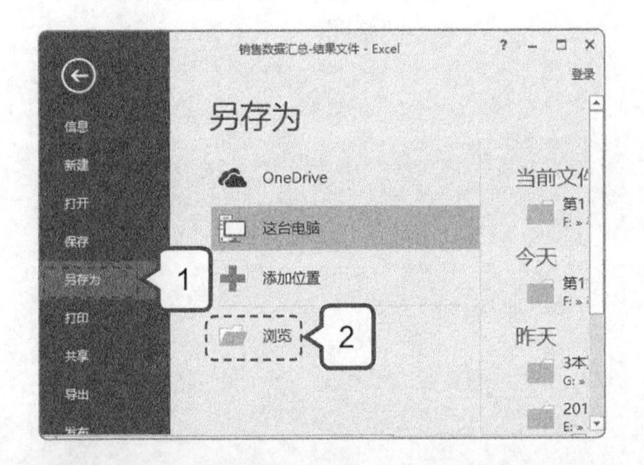

第 2 步 选择保存文件类型

❶ 打开“另存为”对话框，在其中选择 PDF 文件保存的位置，然后在“文件名”下拉列表框中输入文件的名称，在“保存类型”下拉列表框中选择“PDF（*.pdf）”选项；❷ 单击“选项”按钮。

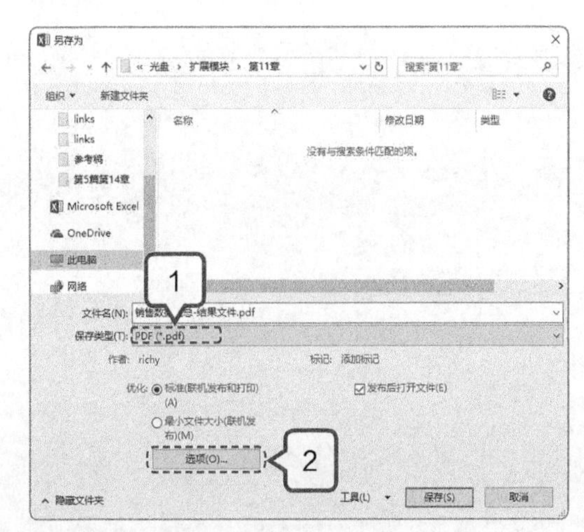

第3步 设置保存

❶ 打开“选项”对话框，在“页范围”栏中单击选中“页”单选项；❷ 在“发布内容”栏中单击选中“所选内容”单选项；❸ 在“PDF 选项”栏中选中“符合 PDF/A”复选框；❹ 完成后单击“确定”按钮。返回“另存为”对话框，单击“保存”按钮即可。

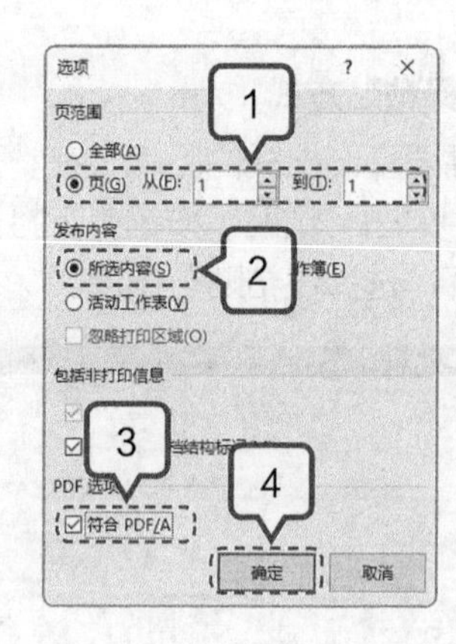

第五篇

PowerPoint 演示文稿篇

Chapter 12

快速上手——制作简单的演示文稿

本章视频教学时间 / 29 分钟

技术分析

PowerPoint 的主要作用是制作演示文稿。一般来说，制作基础演示文稿主要涉及以下知识点。

（1）演示文稿和幻灯片的基本操作。

（2）占位符、图片等对象的使用技巧。

（3）母版和模板的设置。

我们工作和生活中常见的演示文稿有营销分析、推广策略、个人工作总结、工作汇报等。本章通过《营销计划》《App 推广计划》和《每周汇报》三个典型案例，系统介绍制作演示文稿时需要掌握的方法。

思维导图

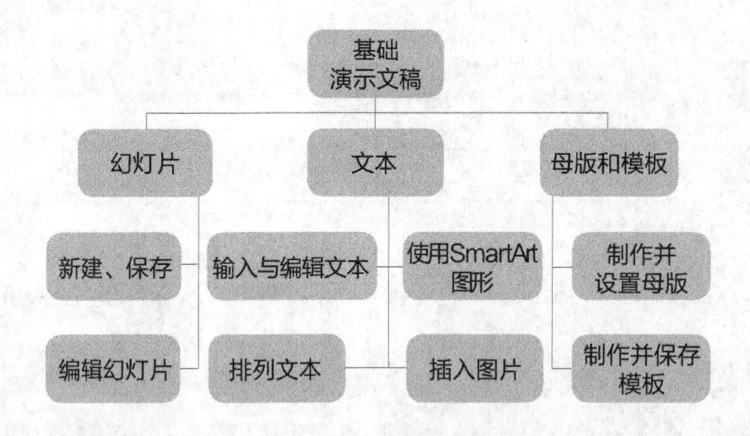

12.1 案例——制作《营销计划》演示文稿

本节视频教学时间 / 7 分钟

案例名称	营销计划
素材文件	无
结果文件	结果 \ 第 12 章 \ 营销计划 _ 结果文件 .pptx
扩展模板	扩展模板 \ 第 12 章

/ 案例操作思路

本案例要制作某公司新一年的《营销计划》，营销计划是在对企业市场营销环境进行调研分析的基础上，制订的企业及各业务单位对营销目标以及实现这一目标所应采取的策略的明确规定和详细说明。按照计划程度可将营销计划分为战略计划、策略计划和作业计划。

（1）战略计划是对企业将在未来市场占有的地位及采取的措施所做的策划。

（2）策略计划是对营销活动某一方面所做的策划。

（3）作业计划是各项营销活动的具体执行性计划。例如一项促销活动，就需要对活动的目的、时间、地点、活动方式、费用预算等作策划。

具体效果如图所示。

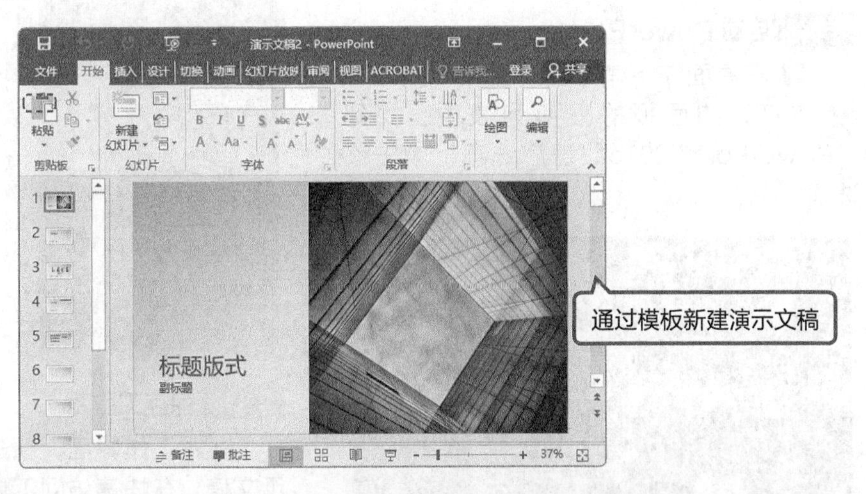

/ 演示文稿的组成要素

名称	是否必备	要求
标题幻灯片	必备	标题幻灯片即演示文稿中的第一张幻灯片，用于展现演示文稿的主题，通常概括说明和提炼演示文稿信息。标题幻灯片和文档的标题相似，帮助用户在最短的时间内对演示文稿的内容有大致的了解
内容幻灯片	必备	内容幻灯片是演示文稿的主体部分，其幻灯片数目需要根据演示文稿的信息量来安排。每一张内容幻灯片的内容应具有独立性和关联性，从而构成一份完整的演示文稿。内容幻灯片包括标题与正文两个部分，其中，标题部分用于对当前幻灯片中的内容进行概括性说明，正文部分则展现具体的内容
结尾幻灯片	必备	结尾幻灯片是演示文稿中的最后一张幻灯片，通常用于放置演示文稿的结束语、感谢语或延伸信息等内容，作为演示文稿放映结束的收尾信息

/ 技术要点

（1）掌握新建演示文稿的基本操作，包括一般的新建方法和通过模板新建的方法。

（2）掌握幻灯片的基本操作，如新建、复制、移动、修改版式、显示和隐藏等。

/ 操作流程

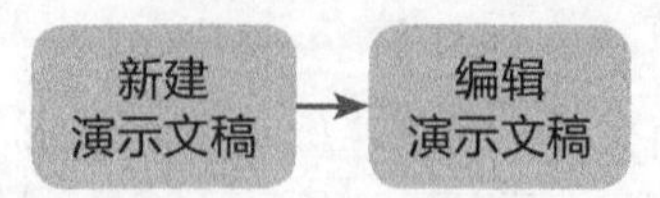

12.1.1 “新建”演示文稿

与 Word 2016 和 Excel 2016 的操作一样，在使用 PowerPoint 2016 制作演示文稿前，需要新建一个演示文稿，其扩展名为“.pptx”，一般也将演示文稿称为 PPT。下面讲解新建演示文稿的几种方法。

1. 新建并保存空白演示文稿

空白的演示文稿中没有任何内容和对象，创建空白演示文稿后，通常需要通过添加幻灯片等操作来完成演示文稿的制作。下面新建一个空白演示文稿，并将其以“营销计划”为名保存到计算机中，具体操作步骤如下。

第 1 步 启动 PowerPoint

❶ 在桌面左下角单击“开始”按钮；❷ 在打开的面板的程序列表中，找到“PowerPoint 2016”程序选项，单击该选项。

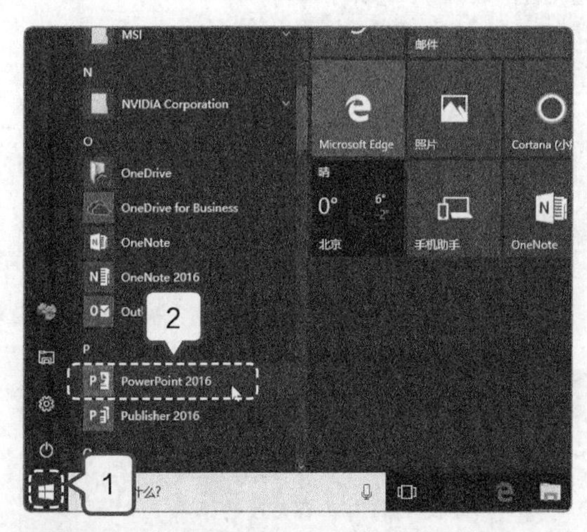

第 2 步 选择创建的工作簿类型

启动 PowerPoint 2016，进入主界面，在右侧的列表框中选择“空白演示文稿”选项。

第 3 步 保存工作簿

进入工作界面，新建“演示文稿 1”演示文稿，在快速访问工具栏中单击“保存”按钮。

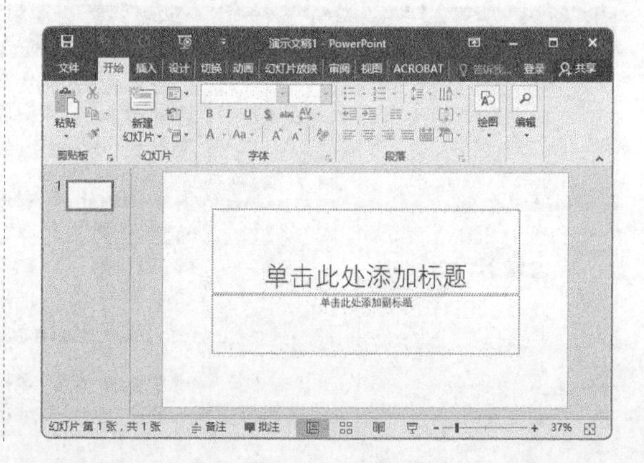

第 4 步 选择保存方式

进入 PowerPoint 保存页面，在“另存为”栏中选择“浏览”选项。

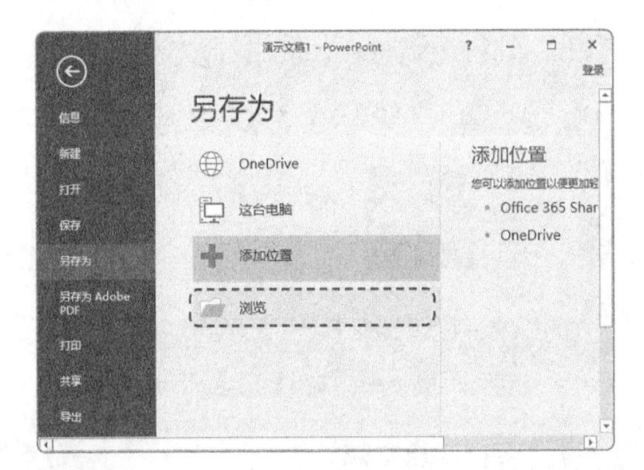

> **提示**
> 按【Ctrl+S】组合键可快速打开“另存为”窗口。若是已经保存过的演示文稿，在按该组合键时，将直接保存文档内容到原位置。

第 5 步 设置保存

❶ 打开“另存为”对话框，先设置文件的保存路径；❷ 在“文件名”下拉列表框中输入“营销计划”；❸ 单击“保存”按钮。

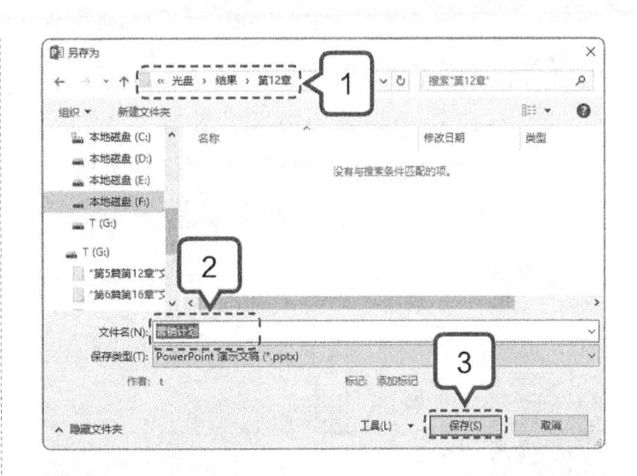

第 6 步 查看效果

返回 PowerPoint 工作界面，演示文稿的名称已经变为“营销计划 .pptx”。

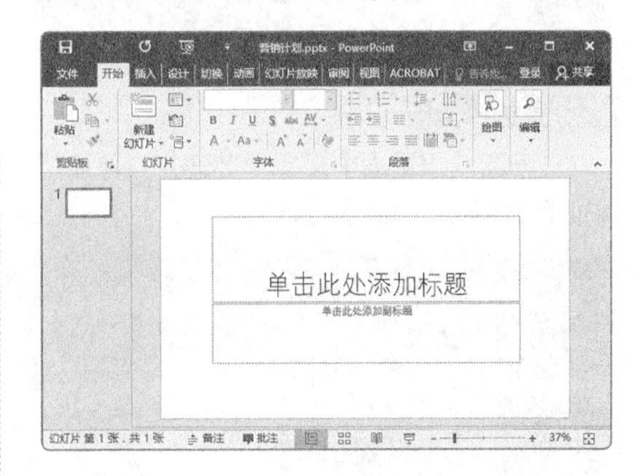

2. 根据模板新建演示文稿

利用模板创建演示文稿能够节省设置样式的操作时间。PowerPoint 2016 中的模板有两种来源，一是软件自带的模板，二是通过 Office.com 下载的模板。下面在“营销计划”演示文稿中根据模板创建新的演示文稿，具体操作步骤如下。

第 1 步 打开“文件”列表

在 PowerPoint 2016 工作界面选择“文件”。

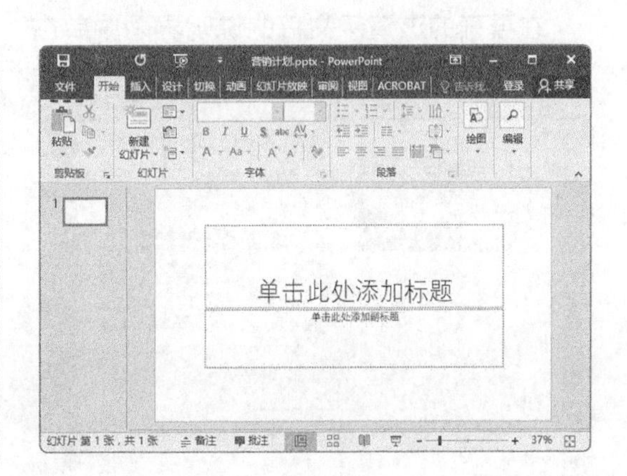

第 2 步 选择模板样式

❶ 在打开的列表中选择“新建”选项；❷ 在右侧的“新建”面板的搜索栏中输入“市场营销”，并按【Enter】键进行搜索。

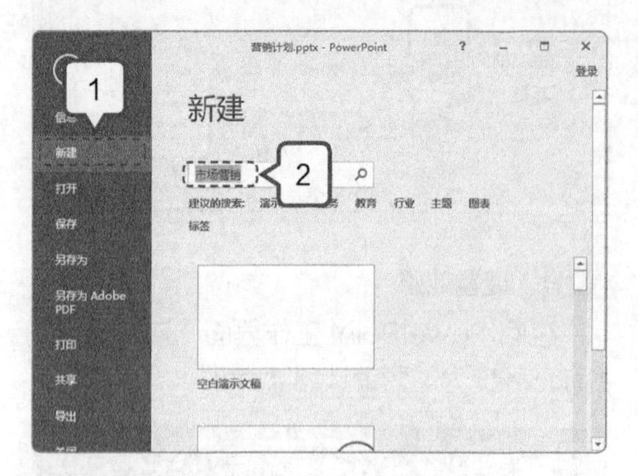

第 3 步 选择模板

在搜索结果页面中选择“玻璃立方体市场营销演示文稿（宽屏）”选项。

第 4 步 创建模板

在展开的该演示文稿的说明界面中单击“创建”按钮。

第 5 步 下载模板

PowerPoint 2016 将从网络中下载该演示文稿模板。

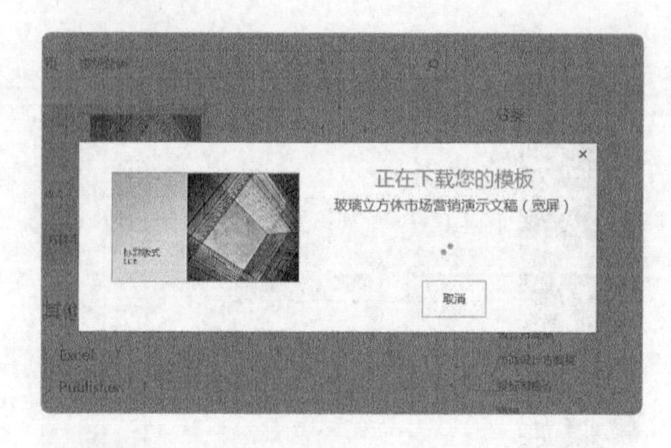

第 6 步 保存演示文稿

程序自动以该模板为基础创建一个新的名为“演示文稿 2”的演示文稿，关闭之前打开的“营销计划”演示文稿，并在“演示文稿 1”的快速访问工具栏中单击“保存”按钮。

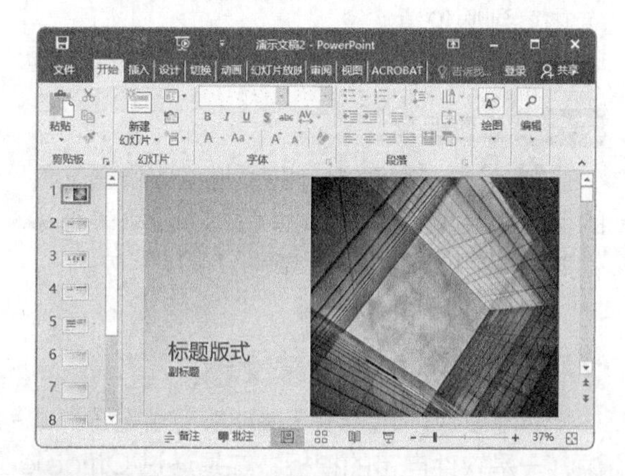

第 7 步 选择保存方式

切换到“另存为”界面，在“另存为”栏中选择“浏览”选项。

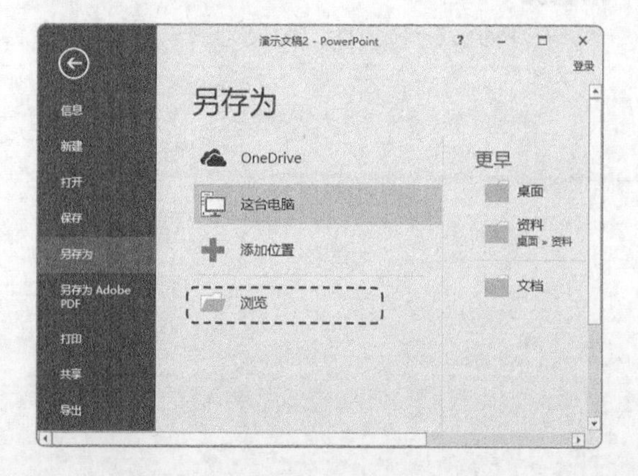

第 8 步 **替换原演示文稿**

❶ 打开"另存为"对话框，先设置文件的保存路径；❷ 在"文件名"下拉列表框中输入"营销计划 .pptx"；❸ 单击"保存"按钮；❹ 打开"确认另存为"对话框，单击"是"按钮。

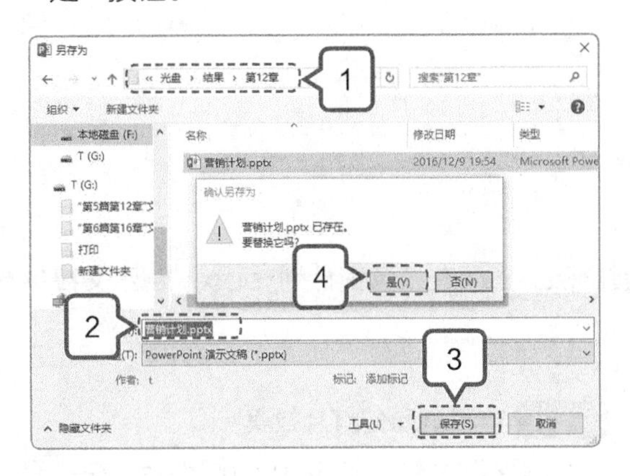

第 9 步 **查看保存效果**

返回 PowerPoint 2016 工作界面，可以看到该演示文稿的名称已经变为"营销计划 .pptx"。

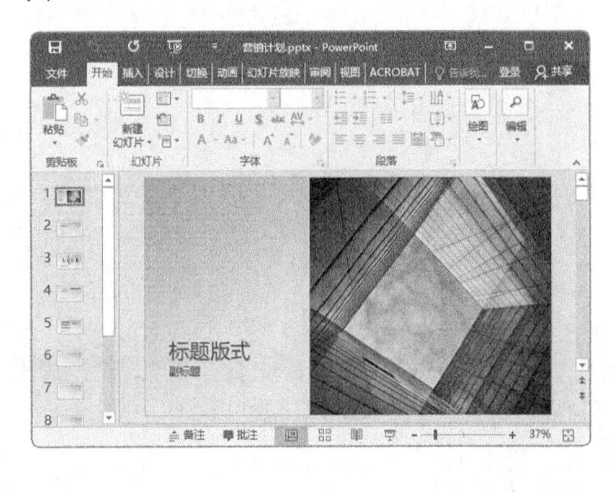

提示

用户除了可通过关键字来搜索合适的模板，也可以在 **第 2 步** 的"新建"面板中单击相应的超链接来搜索模板。

12.1.2 对文稿中的幻灯片进行"编辑"

幻灯片的操作是编辑演示文稿的基础，因为在 PowerPoint 2016 中所有的操作都是在幻灯片中完成的。与 Excel 中工作表的操作相似，幻灯片的基本操作包括新建幻灯片、删除幻灯片、复制和移动幻灯片、隐藏与显示幻灯片等。

1. 新建幻灯片

演示文稿中往往包含多张幻灯片，用户可根据实际需要在演示文稿的任意位置新建幻灯片。下面在"营销计划 .pptx"演示文稿中新建幻灯片，具体操作步骤如下。

第 1 步 **选择"标题和内容"**

❶ 在"幻灯片"窗格中选择第 1 张幻灯片；❷ 在"开始→幻灯片"组中单击"新建幻灯片"按钮；❸ 在打开的列表中选择"标题和内容"选项。

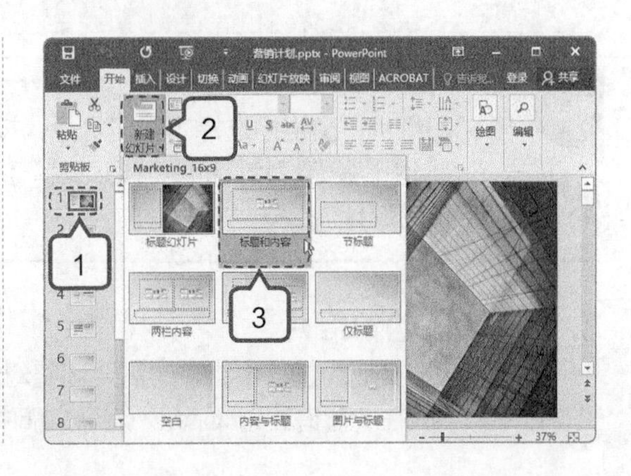

第 2 步 查看新建幻灯片效果

在工作界面可看到新建了 1 张“节标题”幻灯片。

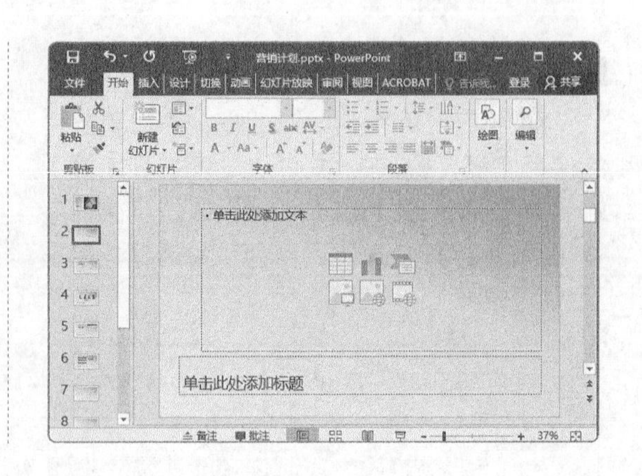

2. 删除幻灯片

对于多余的幻灯片，可在“幻灯片”窗格将其删除。下面在“营销计划 .pptx”演示文稿中删除幻灯片，具体操作步骤如下。

第 1 步 选择操作

❶ 在“幻灯片”窗格中按住【Ctrl】键，同时选择第 7 张和第 8 张幻灯片；❷ 在其上单击鼠标右键，在弹出的快捷菜单中选择“删除幻灯片”命令。

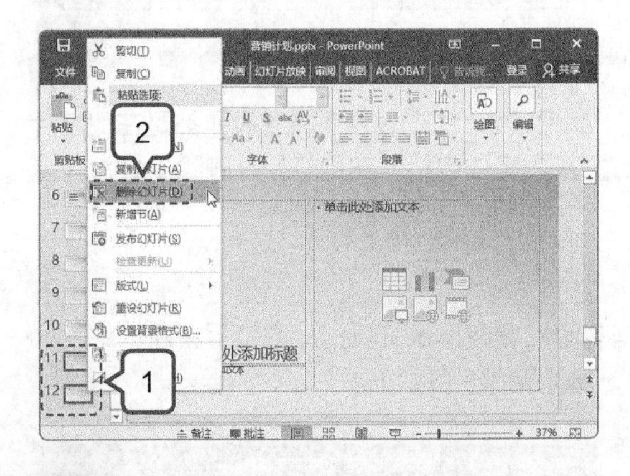

第 2 步 查看删除幻灯片效果

删除第 9 张和第 10 张幻灯片后，在“幻灯片”窗格中可以看到已经减少了两张幻灯片。

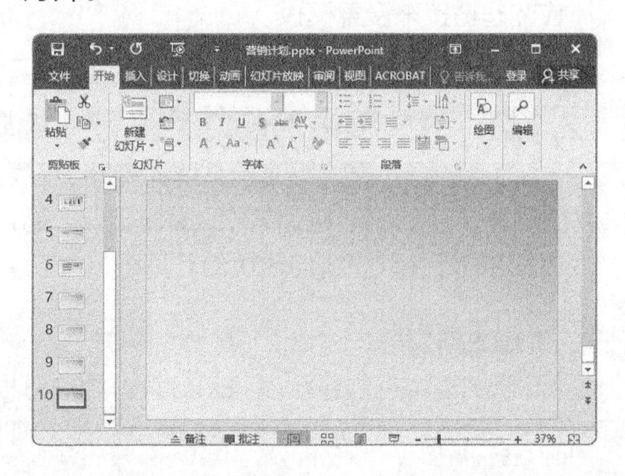

提示

在“幻灯片”窗格中选择 1 张幻灯片，按【Enter】键或【Ctrl+M】组合键，将自动在下方快速新建 1 张幻灯片。而在“幻灯片”窗格中选择 1 张幻灯片，按【Delete】键即可快速删除该幻灯片。

3. 复制和移动幻灯片

在制作演示文稿的过程中，有时需要调整幻灯片的顺序，或复制幻灯片，以节省时间并提高工作效率。下面在“营销计划 .pptx”演示文稿中复制和移动幻灯片，具体操作步骤如下。

第 1 步 复制幻灯片

❶ 在“幻灯片”窗格中按住【Ctrl】键，同时选择第 4 张、第 5 张和第 6 张幻灯片；❷ 在选定的幻灯片上单击鼠标右键，在弹出的快捷菜单中选择【复制幻灯片】命令。

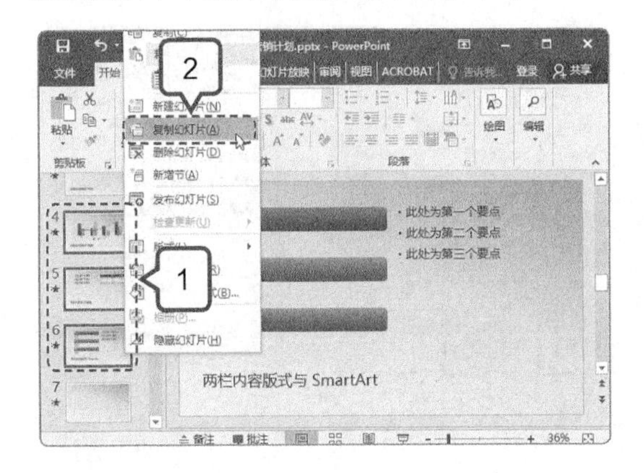

第 2 步 查看复制的幻灯片

此时程序将自动把复制的幻灯片粘贴到第 6 张幻灯片下方。

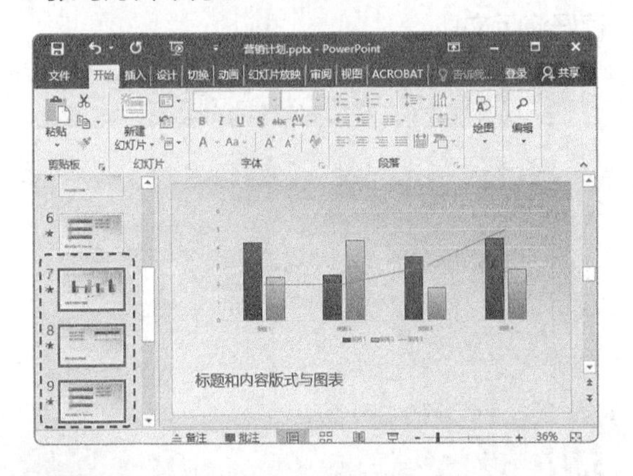

第 3 步 移动幻灯片

将鼠标光标移动到复制的幻灯片上，按住鼠标左键不放，拖动到第 12 张幻灯片下方。

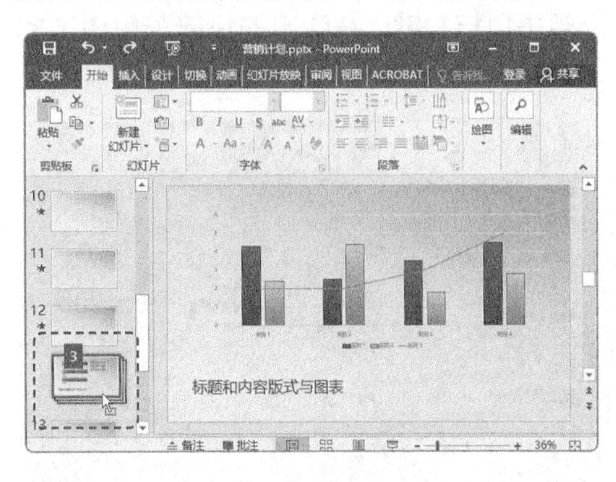

第 4 步 查看移动幻灯片效果

释放鼠标后，即可将复制的幻灯片移动到该位置，并重新对幻灯片编号。

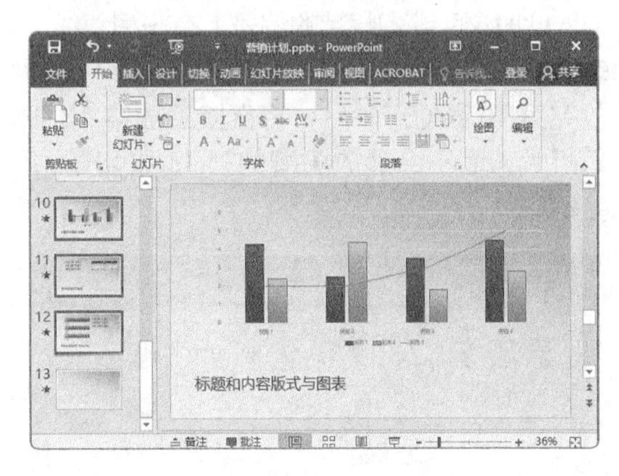

> **提示** 利用 Word 和 Excel 中的“复制”“剪切”“粘贴”命令，或者【Ctrl+C】、【Ctrl+X】、【Ctrl+V】组合键，同样可以复制和移动幻灯片。

4. 隐藏和显示幻灯片

隐藏幻灯片的作用是在播放演示文稿时，不显示某些幻灯片，当需要时可再次将其显示出来。下面在“营销计划 .pptx”演示文稿中隐藏和显示幻灯片，具体操作步骤如下。

第 1 步 **选择命令**

❶ 在“幻灯片”窗格中按住【Ctrl】键，同时选择第 11 张和第 12 张幻灯片；❷ 在其上单击鼠标右键，在弹出的快捷菜单中选择“隐藏幻灯片”命令。

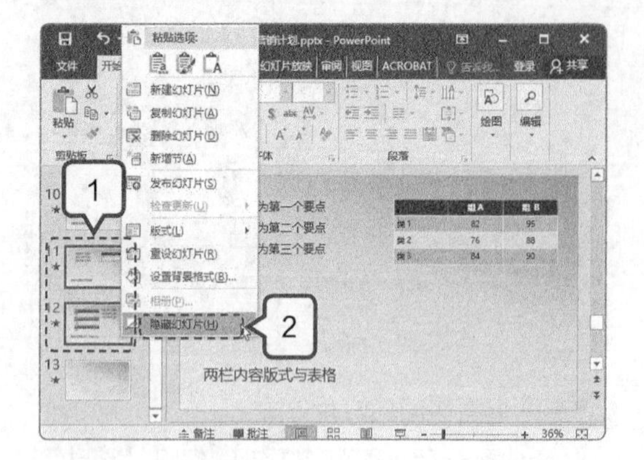

第 2 步 **隐藏幻灯片**

此时这两张幻灯片的编号上有一根斜线，表示幻灯片已经被隐藏。在播放幻灯片时，播放完第 10 张幻灯片后，将直接播放第 13 张幻灯片，而不会播放隐藏的第 11 张和第 12 张幻灯片。

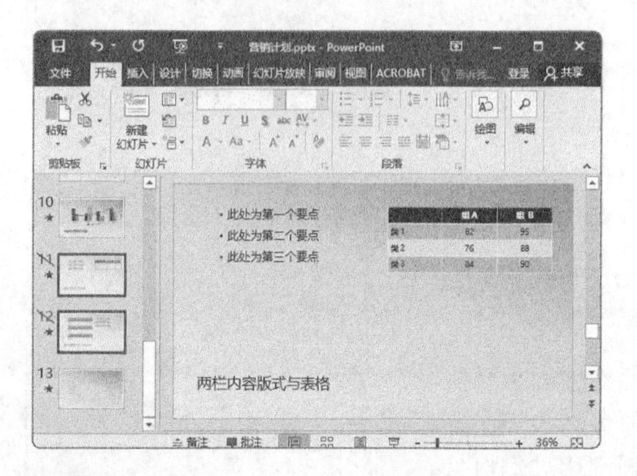

第 3 步 **选择命令**

❶ 在“幻灯片”窗格中选择隐藏的第 11 张幻灯片；❷ 在第 11 张幻灯片上单击鼠标右键，在弹出的快捷菜单中选择“隐藏幻灯片”命令。

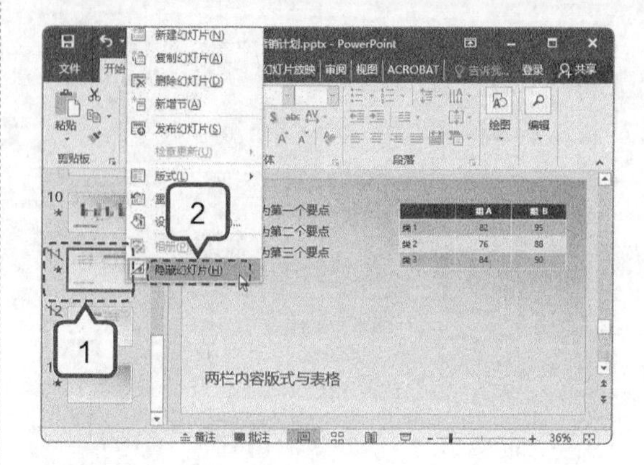

第 4 步 **显示幻灯片**

此时即可去除编号上的斜线，并且在播放时显示该幻灯片。最后按【Ctrl+S】组合键保存好演示文档。

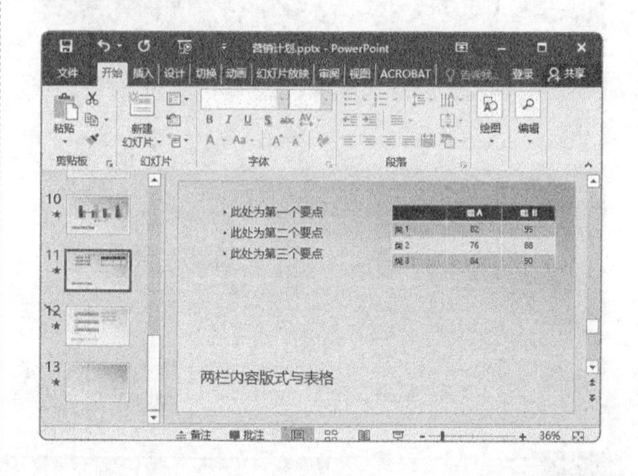

12.2 案例——编辑《App 推广计划》演示文稿

本节视频教学时间 / 12 分钟

案例名称	App 推广计划
素材文件	素材 \ 第 12 章 \App 推广计划 - 素材文件 .pptx、App-logo.png
结果文件	结果 \ 第 12 章 \App 推广计划 - 结果文件 .pptx
扩展模板	扩展模板 \ 第 12 章

/ 案例操作思路

本案例是为 ×× 公司旗下的一则头条号制定一份《App 推广计划》。推广是卖家和买家之间的信息联结，是发布者向受众传递消息的桥梁，其目的在于提供产品的相关信息，并设法影响或说服潜在客户接受。推广可以分为以下几类。

（1）品牌营销推广，即通过品牌定位，突出与其他品牌的区别，并进行推广。

（2）效益推广，主要基于效益网站，如通过网络营销策划、网络推广、营销效果跟踪等综合顾问式网络营销进行推广。

（3）量贩式推广，在普通的网络推广基础上，衔接企业与新媒体，在各大门户网站采取全方位立体式推广。

具体效果如图所示。

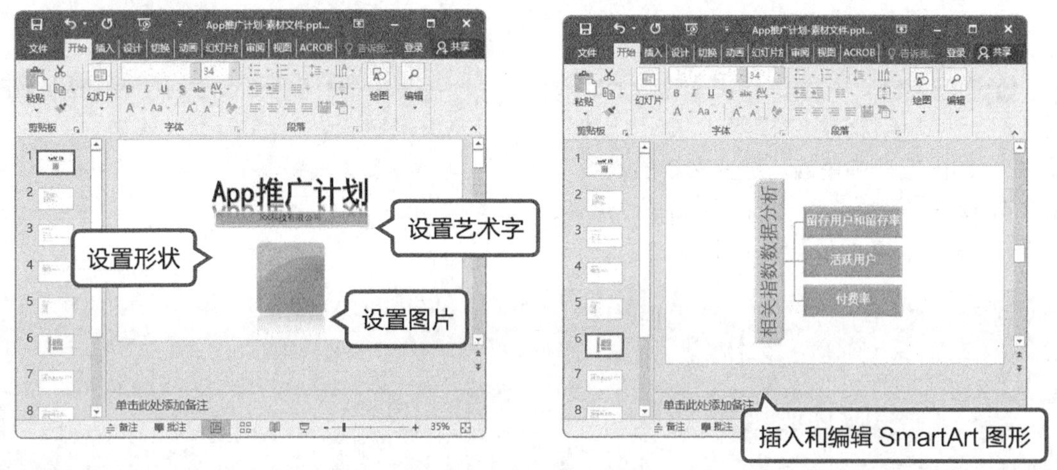

/ 推广技巧

名称	要求
在搜索引擎上登记	搜索引擎是网民查找所需信息最重要的来源之一，因此，搜索引擎也是网站所有者推广宣传的最佳阵营
投入广告	许多网站提供免费广告互换服务，另外也可在各大门户网站投入广告费用，进行宣传。用户可根据需要及预算来决定是否投入
参加网站排行榜	参加网站排行榜可有效看到自身品牌的关注度。一些比较优秀的排行榜网站甚至可以详细统计网站访问流量，包括每日、每时访问流量

/ 技术要点

（1）掌握在幻灯片中输入与编辑文本的操作。

（2）掌握排列文本的操作。

（3）了解如何在幻灯片中插入图片。

（4）掌握在幻灯片中使用艺术字的操作方法。

（5）在幻灯片中添加形状和 SmartArt 图形，从而美化幻灯片。

/ 操作流程

12.2.1 在幻灯片中“输入”与“编辑”文本

在幻灯片中输入准确的文本，才能表达用户意图。而对文本进行设置，不仅能提高幻灯片的美观性，也能让观众对用户所传递的信息一目了然。输入与编辑文本主要包括设置文本的输入场所、输入文本和编辑文本格式等操作，其操作与 Word 2016 和 Excel 2016 相似，但主要在文本框中完成，下面进行讲解。

1. 输入文本

在幻灯片中最常用的方法是在占位符中输入文本，一般添加的幻灯片中会包含一定的样式，用户直接在其中输入文本即可。除此之外，用户还可在幻灯片的任意位置绘制文本框并在其中输入文本。下面在“App 推广计划 .pptx”演示文稿中输入文本，具体操作步骤如下。

第 1 步 在标题占位符中输入文本

❶ 打开素材文件“App 推广计划 .ppts”，在“幻灯片”窗格中选择第 1 张幻灯片；❷ 在标题占位符中单击，定位文本插入点，输入“App 推广计划”；❸ 再定位到下方的文本框中，输入“XX 科技有限公司”。

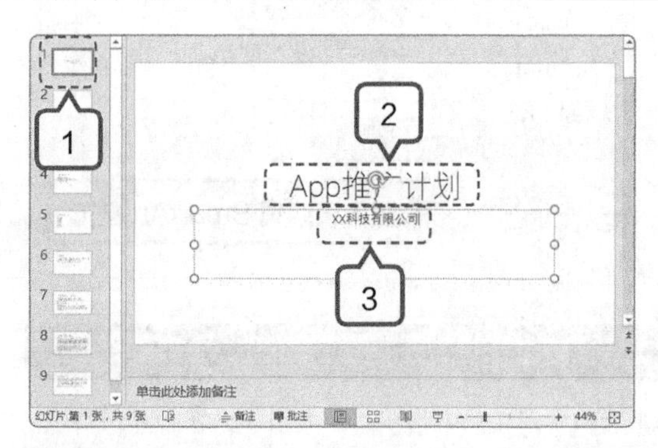

第 2 步 选择文本框

❶ 在“幻灯片”窗格中选择第 2 张幻灯片；❷ 在“插入→文本”组中单击“文本框”按钮；❸ 在弹出的列表中选择“横排文本框”选项。

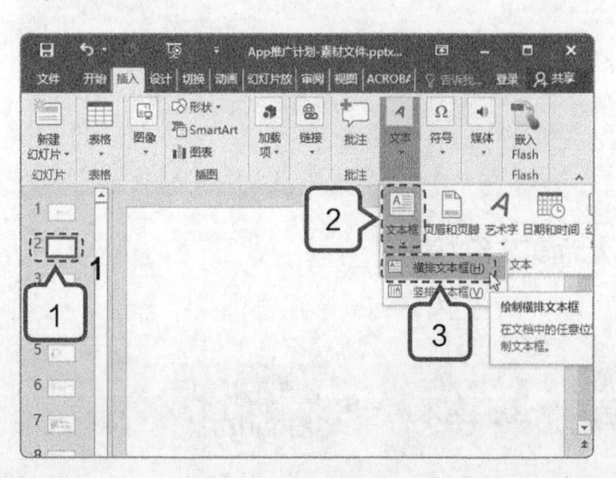

第 3 步 绘制文本框

将鼠标指针移至幻灯片中，单击鼠标左键不放并向右拖动，绘制一个文本框。

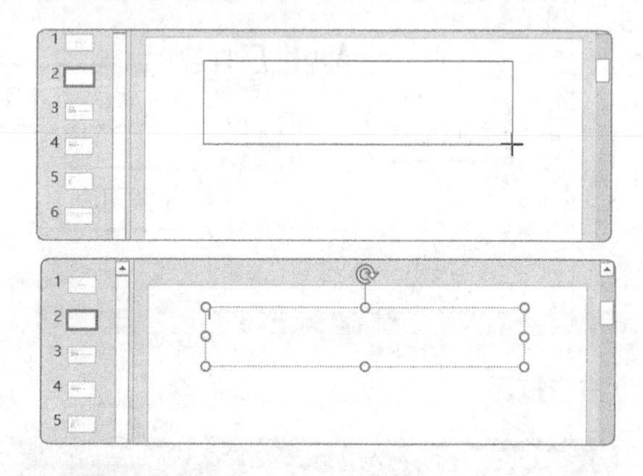

第 4 步 输入文本

在文本框中输入相应内容即可。

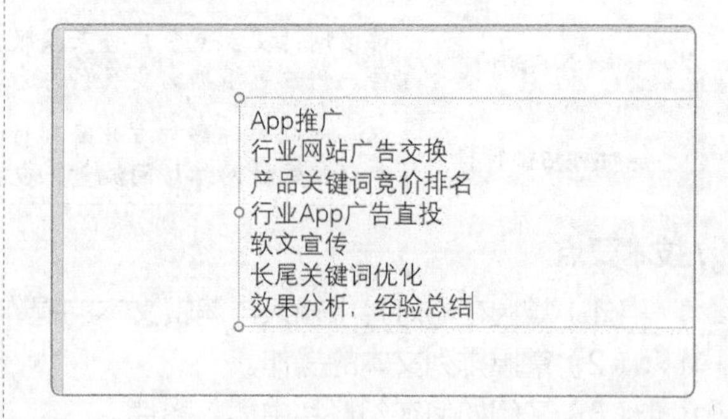

2. 编辑文本

在幻灯片的制作过程中，经常需要对文本进行编辑，如设置字体格式、大小、颜色等，或修改文本以保证文本内容无误，其操作与在 Word 中基本相同。下面在“App 推广计划 .pptx”演示文稿中编辑文本，具体操作步骤如下。

第 1 步 设置字体和字号

❶ 选择第 1 张幻灯片；❷ 选中“App 推广计划”文本；❸ 在“开始→字体”组中设置字体为“黑体”，字号为“80”，并加粗。

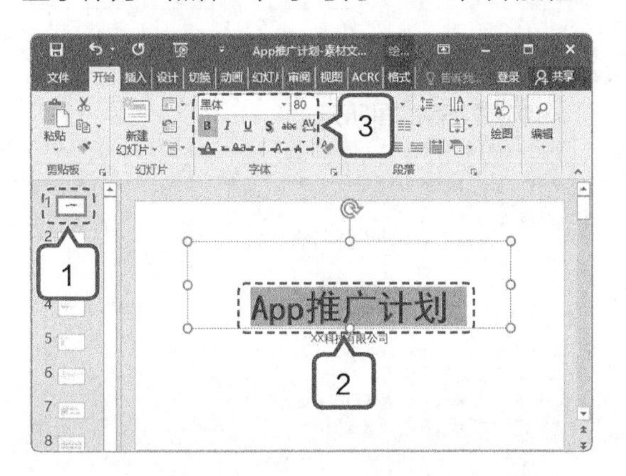

第 2 步 设置字体和字号

❶ 选择第 2 张幻灯片；❷ 选中幻灯片中的文字内容；❸ 在“开始→字体”组中设置字体为“宋体”，字号为“36”。

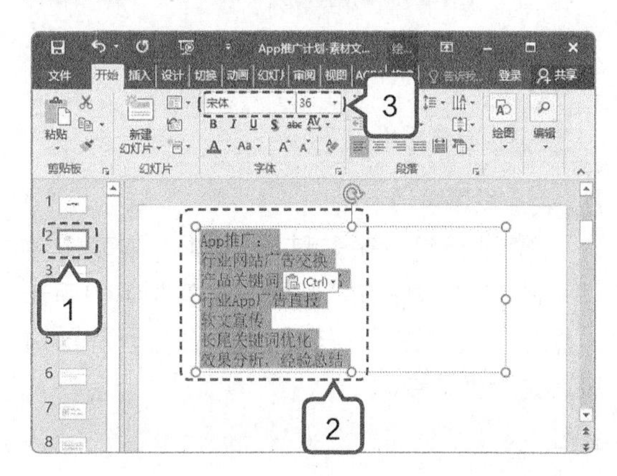

12.2.2 对文本排列进行“设置”

在演示文稿中，同样可以对文本的排列进行设置，如设置项目符号和编号、设置段距与行距等，下面进行讲解。

1. 设置项目符号和编号

演示文稿中不适合放置大段文字，内容要尽可能精炼并条理分明。在演讲过程中，再由演讲者展开介绍。下面讲解如何在演示文稿中设置项目符号和编号，具体操作步骤如下。

第 1 步 设置项目符号

❶ 在第 2 张幻灯片中，选中除“App 推广：”外的其他文本；❷ 在“开始→段落”组中单击“项目符号”右侧的下拉按钮；❸ 在打开的项目中选择一种项目符号。

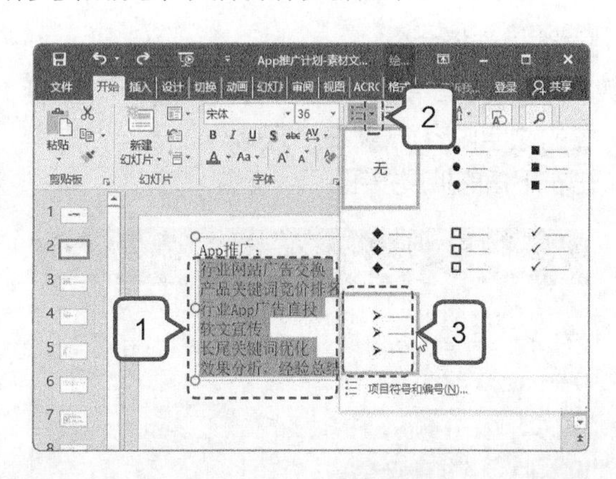

第 2 步 查看效果

设置效果如图所示。

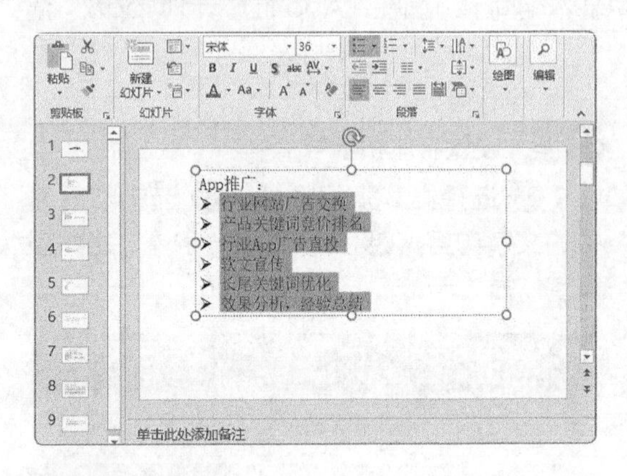

第 3 步 设置编号

❶ 选择第 5 张幻灯片；❷ 选中要设置编号的文本；❸ 在“开始→段落”组中单击“编号”右侧的下拉按钮；❹ 在打开的项目中选择一种编号。

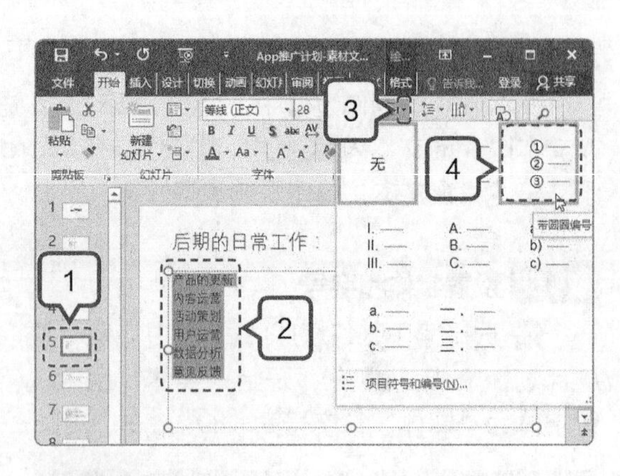

第 4 步 查看效果

设置效果如图所示。

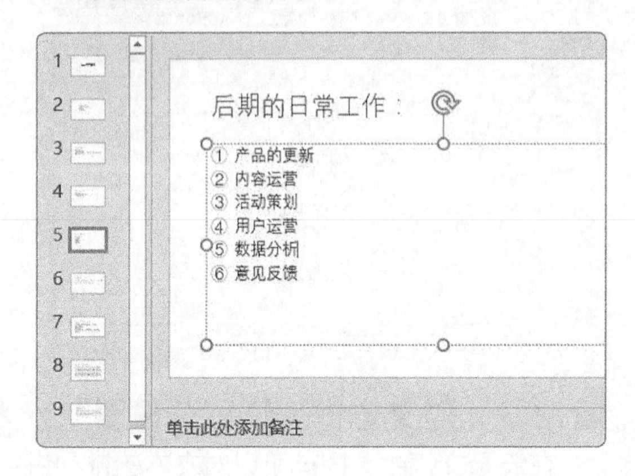

2. 设置段落格式

在演示文稿中同样能设置段落格式，其设置方法与在 Word 和 Excel 中类似。下面设置段落的行距和首行缩进，具体操作步骤如下。

第 1 步 选择命令

❶ 选择第 3 张幻灯片；❷ 选中需要设置的文字内容；❸ 在“开始→段落”组中单击右下角的扩展按钮。

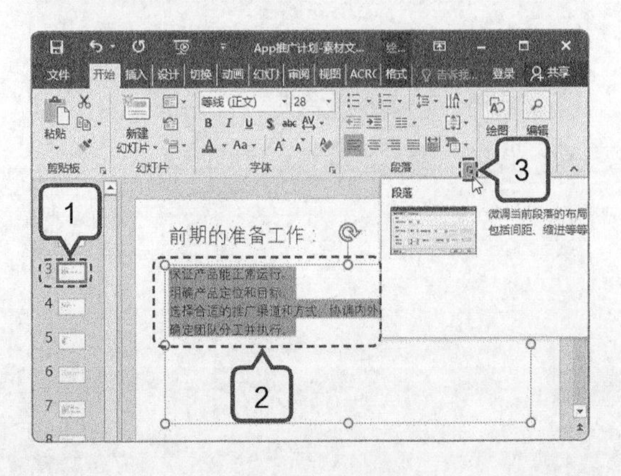

第 2 步 设置段落格式

❶ 在打开的“段落”窗口的“缩进”栏中，设置“特殊格式”为“首行缩进”；❷ 在“间距”栏中设置“行距”为“双倍行距”；❸ 单击“确定”按钮。

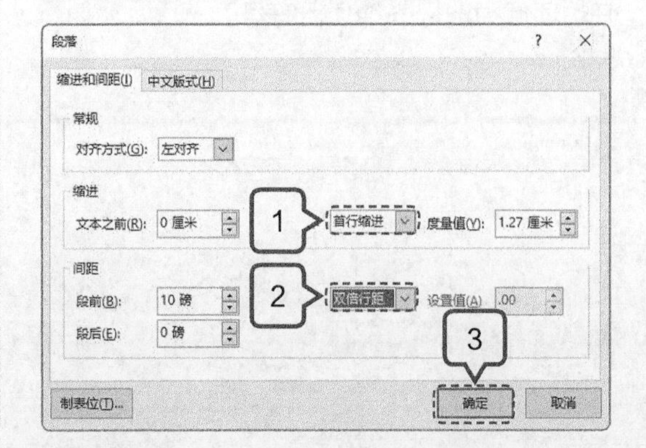

第3步 查看效果

设置完成的效果如图所示。

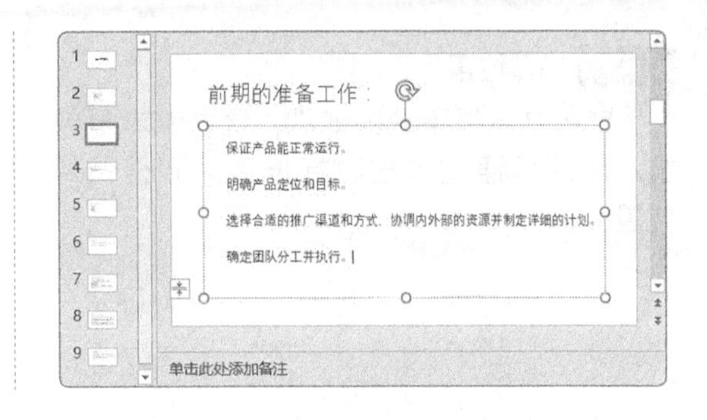

12.2.3 化腐朽为神奇的“图片”

在演示文稿中插入图片可以更好地对内容进行说明。在本例中，会涉及App图标和手机效果等图片的展示。下面在“App推广计划.pptx”文档中插入并美化图片。

1. 插入图片

在演示文稿中插入图片的操作有很多种，下面讲解通过选项卡中的命令插入图片的方法，具体操作步骤如下。

第1步 选择命令

❶ 选择第1张幻灯片；❷ 在“插入→图像”组中单击“图片”按钮。

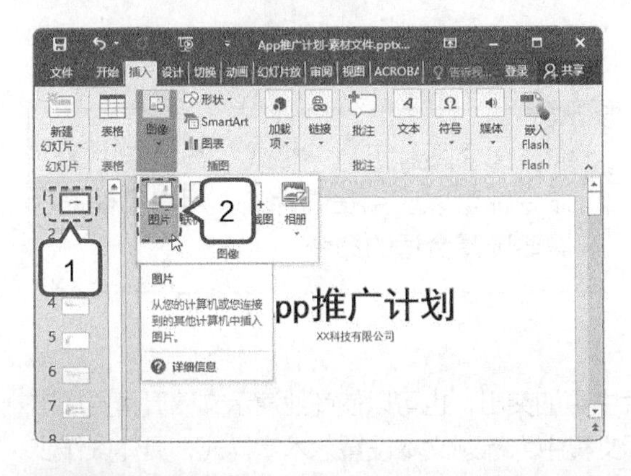

第2步 选择图片

❶ 打开“插入图片”对话框，找到图片存储位置；❷ 选择该图片；❸ 单击“插入”按钮。

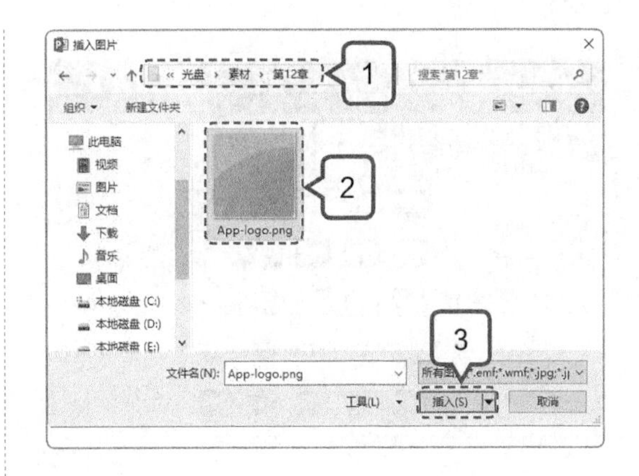

第3步 插入图片

图片即可插入第1张幻灯片中，并居中显示。

第4步 调整位置

单击文本框不放并拖动，调整文本框位置。然后再通过单击鼠标拖动，调整图片位置。

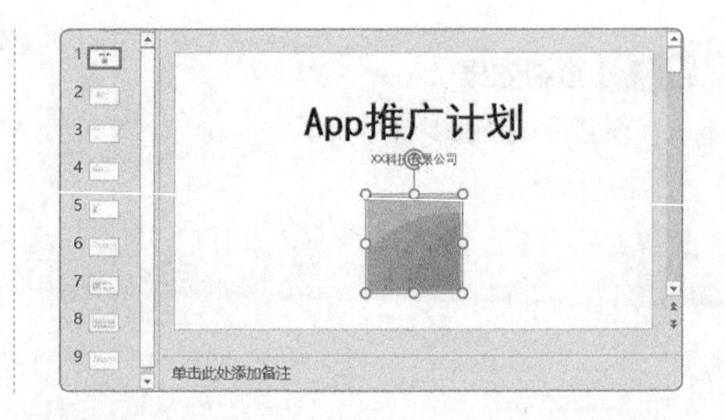

2. 美化图片

为了让插入的图片变得更美观，还可设置图片的格式，如更改图片颜色、设置三维效果等。下面在“App 推广计划”文档中快速美化图片，为图片设置样式，具体操作步骤如下。

第1步 选择样式

❶ 在第 1 张幻灯片中选中图片，在“图片工具→格式→图片样式”组中单击“快速样式”按钮；❷ 在打开的列表中选择“映像圆角矩形”选项。

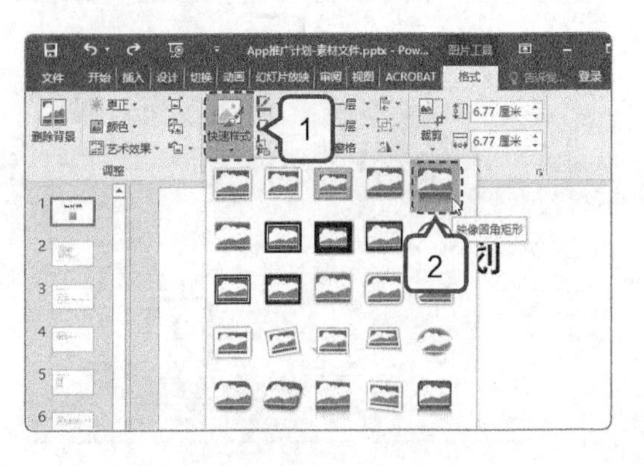

第2步 设置效果

设置完成后的效果如图所示。

> **提示** 在“图片工具→格式”选项卡中的命令都可以应用在图片上，用户可根据需要选择合适的命令。

12.2.4 使用艺术字美化文字

在幻灯片中可插入艺术字，可以使文本在幻灯片中更加突出，也可以使商业演示文稿具备更加丰富的演示效果。下面在“App 推广计划 .pptx”演示文稿中为标题文本设置艺术字样式，具体操作步骤如下。

第1步 设置艺术字效果

❶ 选择第 1 张幻灯片；❷ 在标题占位符中选择标题文本；❸ 在“绘图工具→格式→艺术字样式”组中单击“文本效果”按钮；❹ 在展开的列表中选择“阴影”选项；❺ 在打开的子列表的“外部”栏中选择“向下偏移”选项。

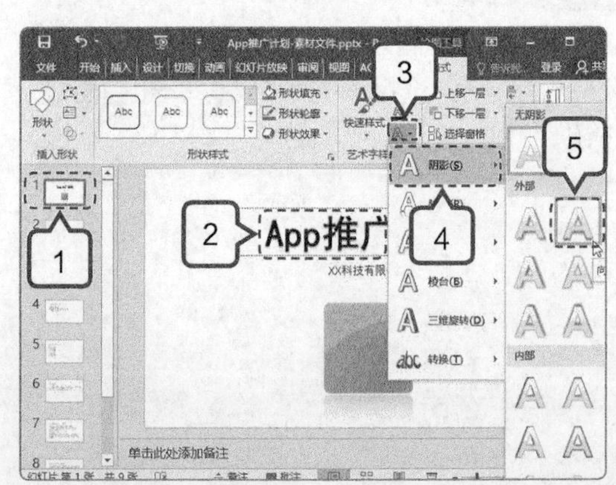

第 2 步 继续设置艺术字效果

❶ 在“形状样式”组中单击“文本效果”按钮；❷ 在打开的列表中选择“映像”选项；❸ 在打开的子列表的“映像变体”栏中选择“紧密映像，4pt 偏移量”选项。

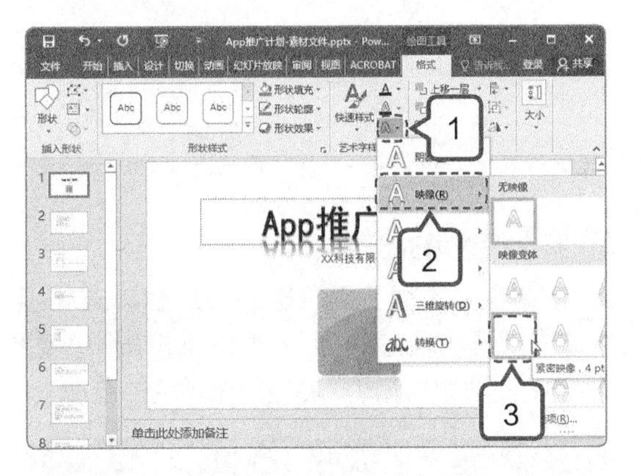

第 3 步 查看设置艺术字样式后的效果

返回演示文稿工作界面，即可看到设置艺术字样式的效果。

12.2.5 使用形状和 SmartArt 让幻灯片更好看

在演示文稿中也可插入形状和 SmartArt 图形，使幻灯片更加赏心悦目。下面就来讲解如何在幻灯片中添加形状和 SmartArt 图形。

1. 添加和编辑形状

绘制形状主要是通过拖动鼠标完成的，在 PowerPoint 2016 中选择需要绘制的形状后，拖动鼠标即可绘制该形状。下面在“产品展示 .pptx”演示文稿中绘制直线和矩形，具体操作步骤如下。

第 1 步 选择形状

❶ 选择第 1 张幻灯片，在“插入→插图”组中，单击“形状”按钮；❷ 在打开列表的“矩形”栏中选择“圆角矩形”选项。

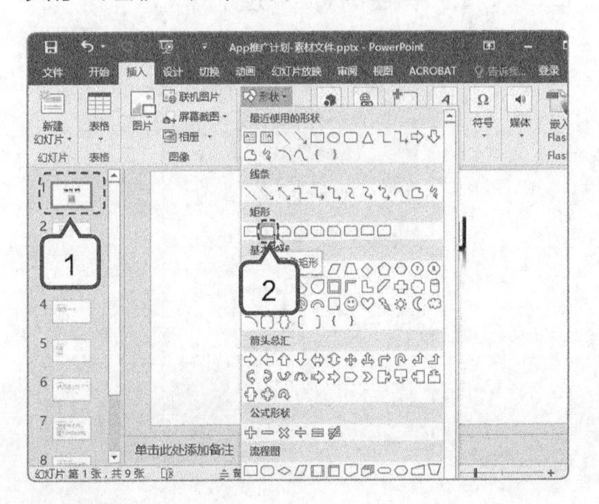

第 2 步 绘制矩形

❶ 在幻灯片中拖动鼠标绘制矩形；❷ 在“绘图工具→格式→排列”组中单击“下移一层”按钮，调整矩形的叠放顺序。

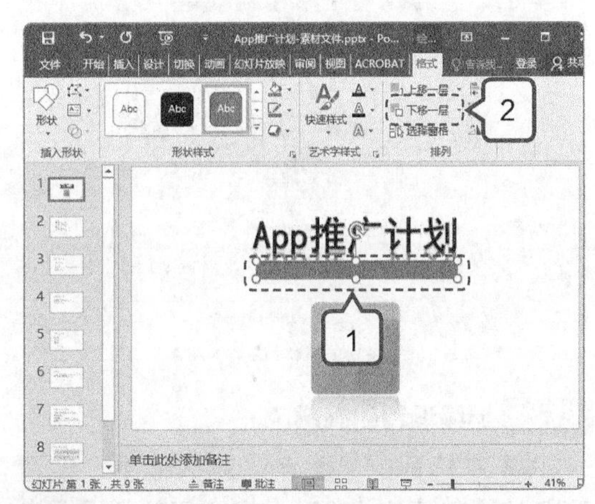

> **提示** 在绘制形状时，如果要从中心开始绘制形状，则按住【Ctrl】键的同时拖动鼠标；如果要绘制规范的正方形和圆形，则按住【Shift】键的同时拖动鼠标。

第 3 步 设置轮廓线条粗细

❶ 在“形状样式”组中单击“形状轮廓”按钮右侧的下拉按钮；❷ 在打开列表中选择“粗细”选项；❸ 在打开的子列表中选择“2.25 磅”选项。

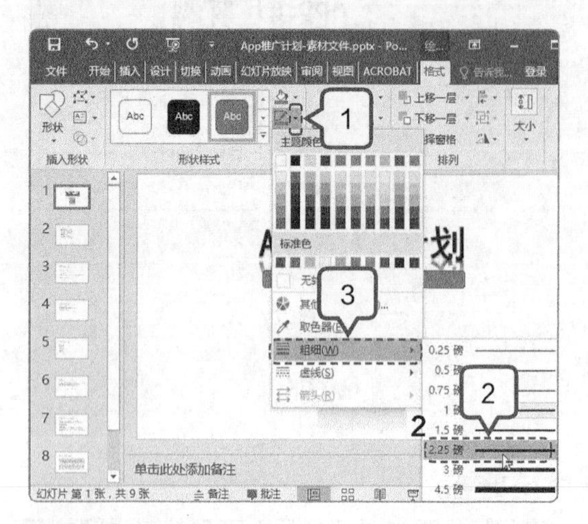

第 4 步 设置轮廓颜色

❶ 在“绘图工具→格式→形状样式”组中单击“形状轮廓”按钮右侧的下拉按钮；❷ 在打开的列表中选择“其他轮廓颜色”选项。

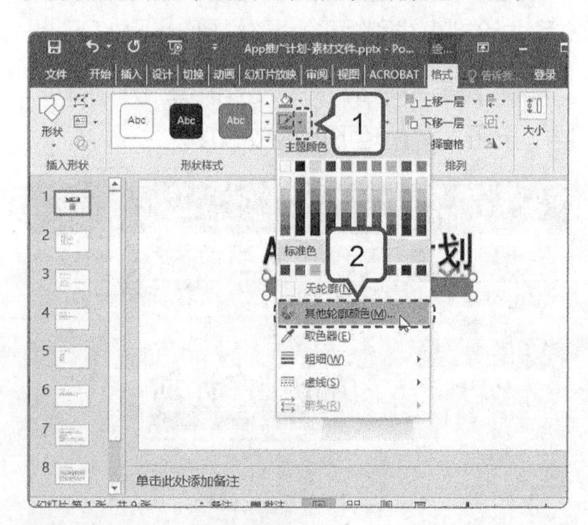

第 5 步 继续设置轮廓颜色

❶ 在打开的“颜色”对话框中，设置 RGB 的颜色值均为 255，将轮廓颜色设置为白色；❷ 单击“确定”按钮。

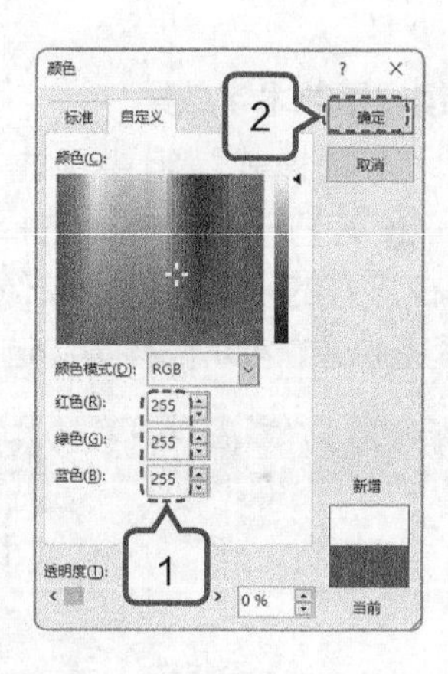

第 6 步 设置填充颜色

❶ 在“绘图工具→格式→形状样式”组中单击“形状填充”按钮右侧的下拉按钮；❷ 在打开的列表中选择“其他填充颜色”选项。

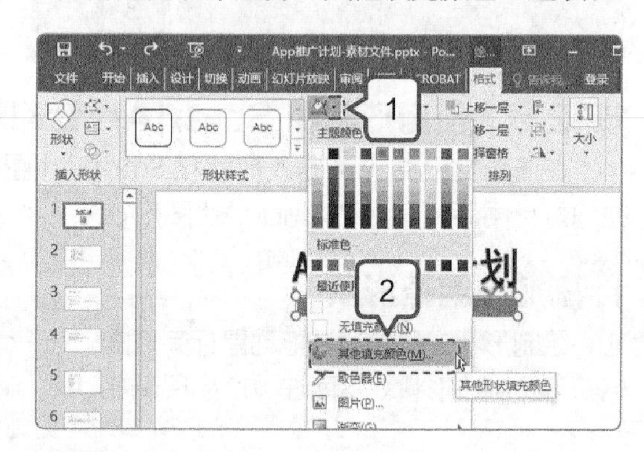

第 7 步 选择填充颜色

❶ 打开“颜色”对话框，在“自定义”选项卡中设置 RGB 颜色为“213，151，178”；❷ 单击“标准”选项卡。

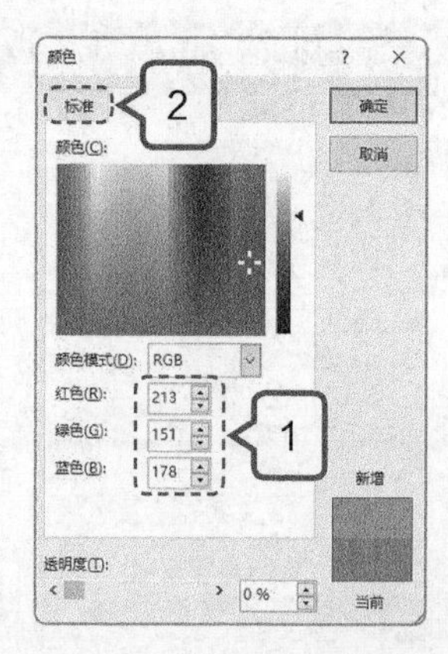

第 8 步 设置颜色透明度

❶ 在透明度数值框中输入“50%”；❷ 单击“确定”按钮。

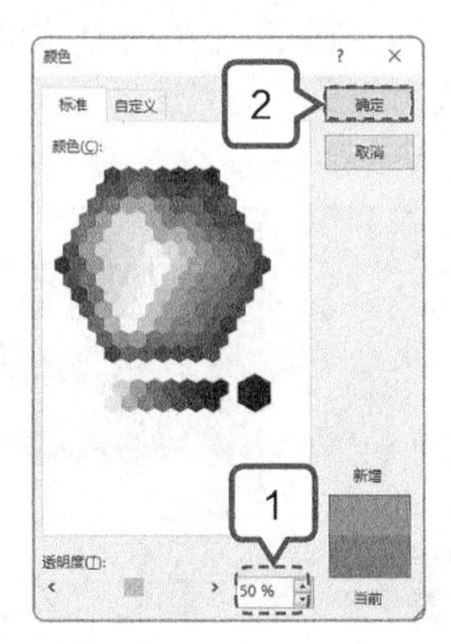

第 9 步 设置形状效果

❶ 在“绘图工具→格式→形状样式”组中单击“形状效果”按钮右侧的下拉按钮；❷ 在打开的列表中选择“阴影”选项；❸ 在打开的子列表的“外部”栏中选择“右下偏移”。

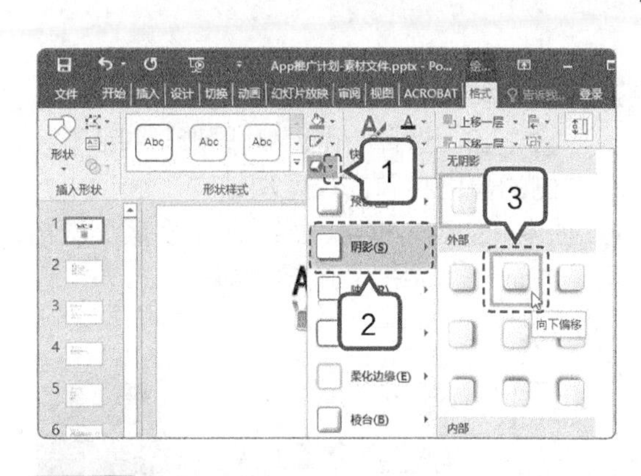

第 10 步 查看效果

完成效果如图所示。

2. 添加 SmartArt 图形

在 PowerPoint 2016 中插入与编辑 SmartArt 图形的操作与在 Word 2016 中的基本相同。下面在“App 推广计划 .pptx”演示文稿中插入 SmartArt 图形，具体操作步骤如下。

第 1 步 选择命令

❶ 选择第 5 张幻灯片；❷ 按【Enter】键插入 1 张默认的“标题和内容”幻灯片；❸ 在内容占位符中单击“插入 SmartArt 图形”按钮。

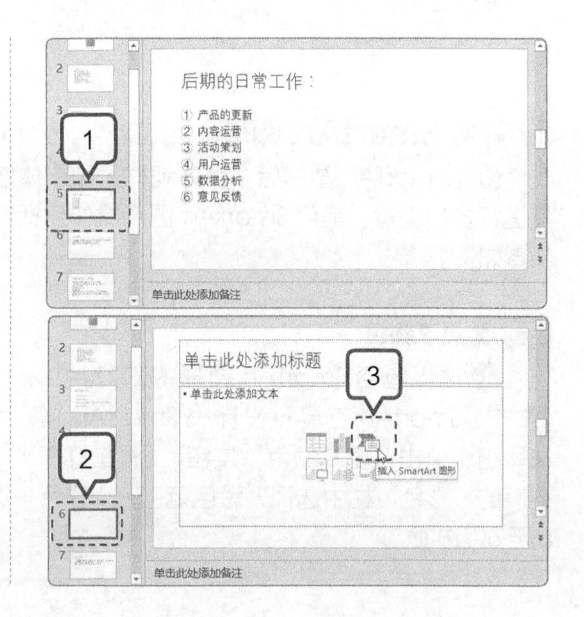

第 2 步 选择 SmartArt 样式

❶ 打开“选择 SmartArt 图形”对话框，在左侧的窗格中单击“层次结构”选项卡；❷ 在中间的列表框中选择“水平多层层次结构”选项；❸ 单击“确定”按钮。

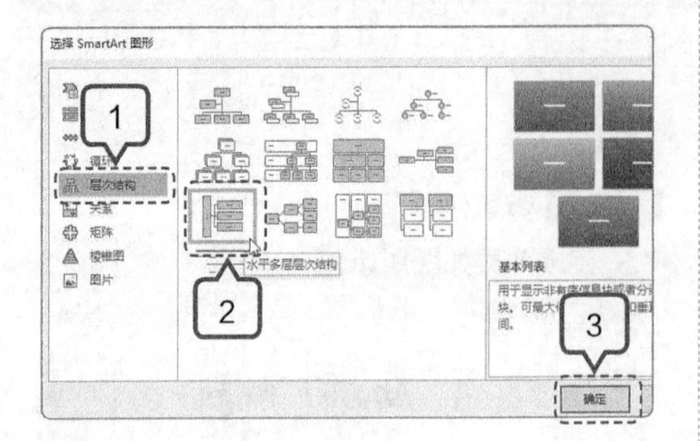

第 3 步 插入图形

此时将在选中的幻灯片中插入选择的 SmartArt 图形。

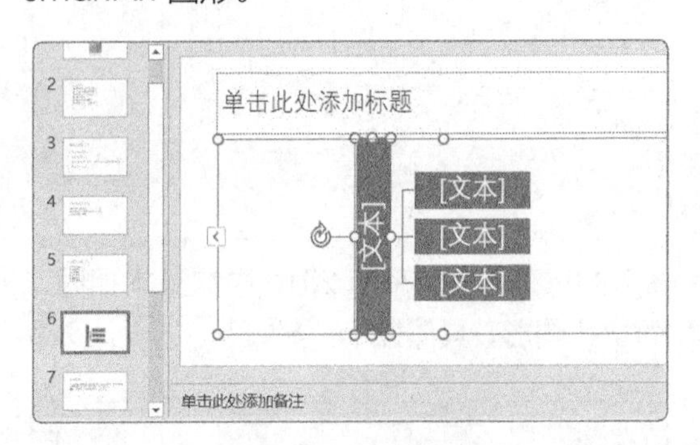

第 4 步 放大 SmartArt 图形

选中标题占位符，按【Delete】键将其删除；在 SmartArt 图形中输入文本内容，并单击左上角的控制点，按住鼠标左键不放并拖动将图形放大。

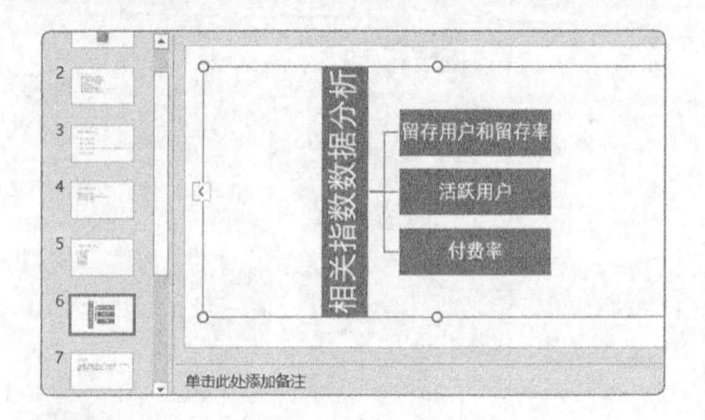

提示

用户可根据需要在 SmartArt 图形中添加或删除图形，其操作方法与在 Word 中的操作方法相同，可通过右键快捷菜单执行，也可在“SmartArt 工具→设计→创建图形”组中，通过“添加形状”命令进行操作。这里不再赘述。

3. 美化 SmartArt 图形

创建 SmartArt 图形后，其外观样式和字体格式都保持默认设置，用户可以根据实际需要对其进行各种设置。美化 SmartArt 图形操作包括颜色、样式、形状和艺术字的设置等，具体操作步骤如下。

第 1 步 更改颜色

❶ 选择包含 SmartArt 图形的幻灯片；❷ 在“SmartArt 工具→设计→ SmartArt 样式”组中单击“更改颜色”按钮；❸ 在打开列表的“彩色”栏中选择“彩色范围 - 个性色 5 至 6”选项。

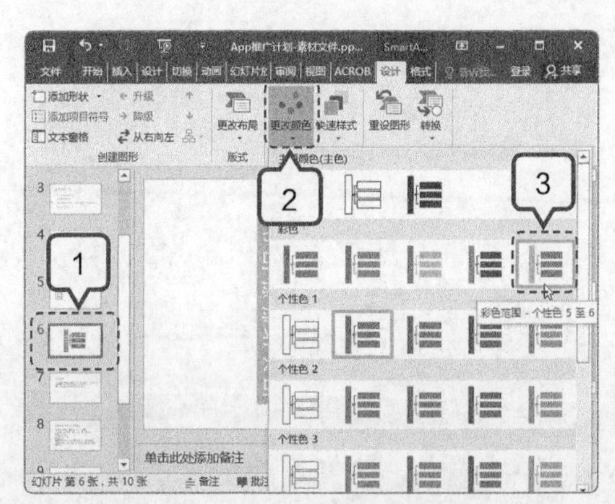

第 2 步 应用样式

❶ 在“SmartArt 样式”组中单击“快速样式”按钮；❷ 在打开列表的“三维”栏中选择“粉末”选项。

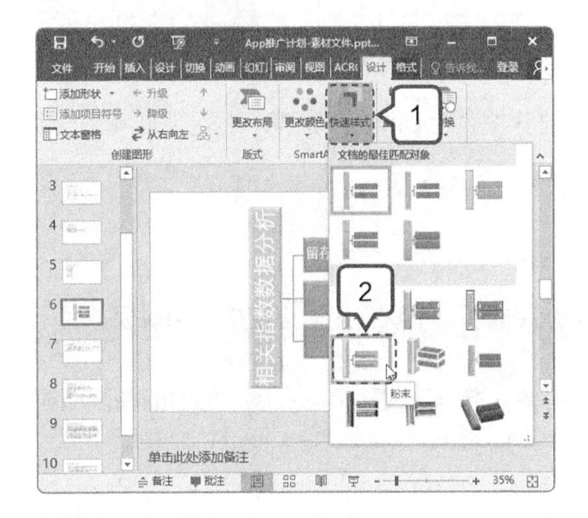

第 3 步 查看应用样式效果

返回 PowerPoint 工作界面，即可看到设置了 SmartArt 图形样式的效果。

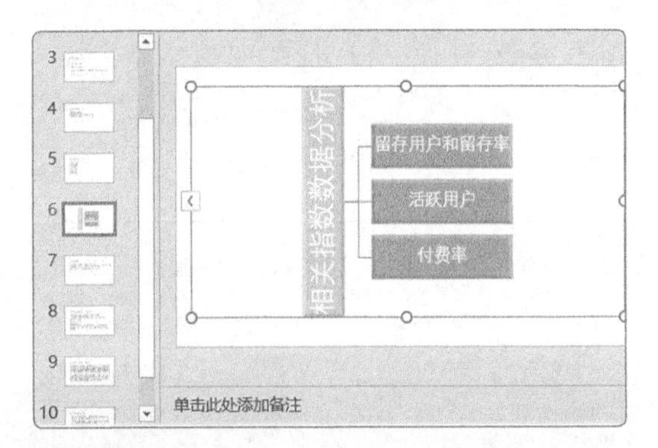

第 4 步 更改形状

❶ 选择 SmartArt 图形中竖着的矩形，在“SmartArt 工具→格式→形状”组中单击“更改形状”按钮；❷ 在打开列表的“矩形”栏中选择“剪去对角的矩形”选项。

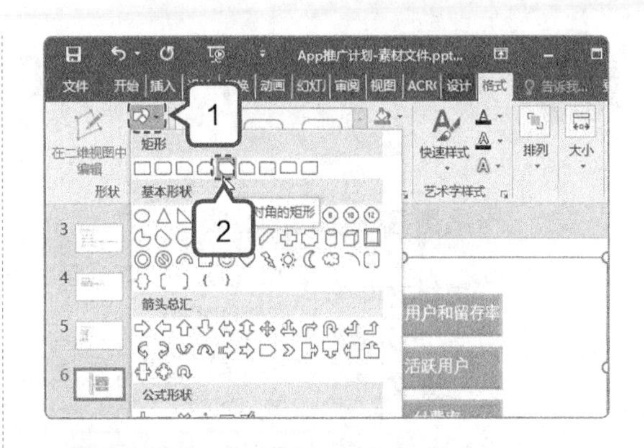

第 5 步 设置艺术字颜色

❶ 选择 SmartArt 图形；❷ 在“SmartArt 工具→格式→艺术字样式”组中单击“文本填充”按钮；❸ 在打开列表的“主题颜色”栏中选择“橙色，个性色 2，深色 25%”选项。

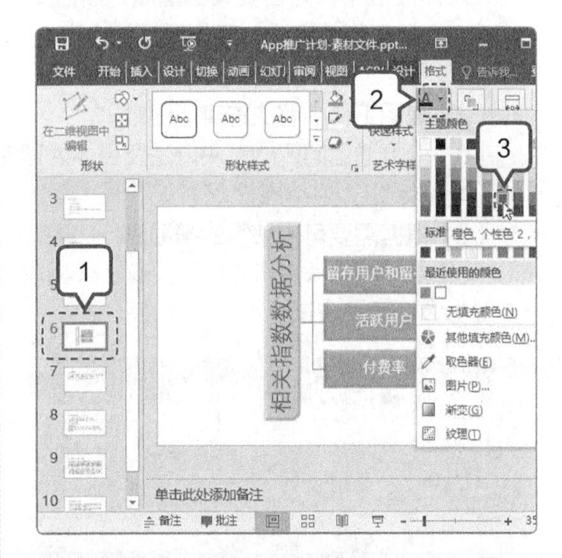

第 6 步 查看更改形状效果

返回 PowerPoint 工作界面，即可看到更改了 SmartArt 图形形状的效果。

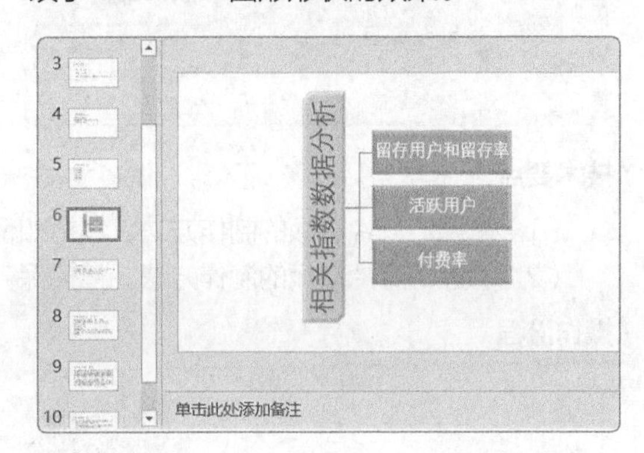

12.3 案例——制作《每周汇报》母版和模板

本节视频教学时间 / 8 分钟

案例名称	每周汇报
素材文件	素材 \ 第 12 章 \ 每周汇报 _ 素材文件 .pptx、公司 Logo.png
结果文件	结果 \ 第 12 章 \ 每周汇报 _ 结果文件 .pptx、每周汇报 - 模板 .potx
扩展模板	扩展模板 \ 第 12 章

/ 案例操作思路

本案例主要制作每周工作汇报母版和模板。制作完成后，下次使用时可直接应用模板，而无需反复设置样式，避免重复劳动。

在工作汇报中，内容要突出重点，语言要简明扼要，准确交代事情的进展、问题的原因和解决方法，以及工作的结果。工作汇报的内容大概包括以下几点。

（1）总结上周工作的内容和成果。

（2）点明工作中解决的实际困难。

（3）分析遗留问题的解决办法及具体处理时间。

（4）总结工作中得到的经验。

（5）根据需要可对获得的帮助进行感谢。

（6）对下周工作进行安排。

具体效果如图所示。

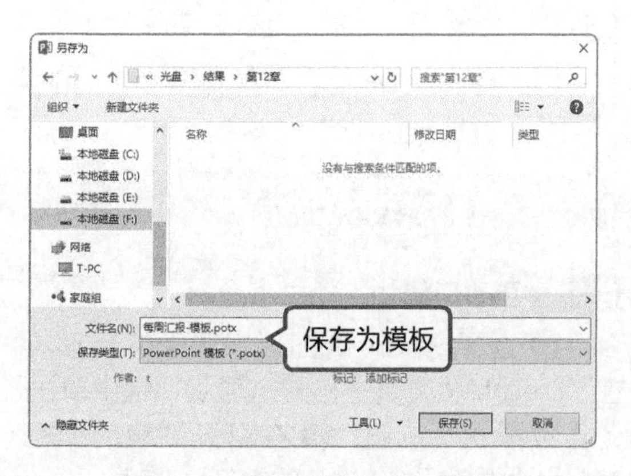

/ 技术要点

（1）掌握幻灯片母版的制作方法，包括如何设置母版背景和母版中的内容等。

（2）掌握幻灯片模板的制作方法，包括保存为模板和应用主题样式等。

/ 操作流程

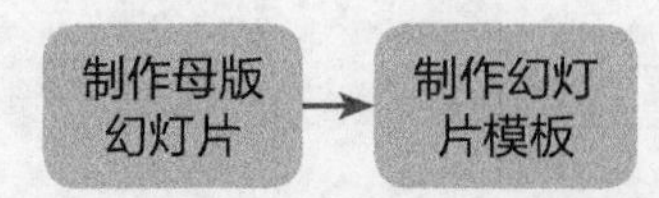

12.3.1 制作“母版”以方便使用

母版是包含演示文稿中所有幻灯片主题和格式的幻灯片页面，可用于统一演示文稿的标志、文本格式、背景、颜色主题及动画等。通过母版可以快速制作出多张版式相同的幻灯片。

1. 设置母版背景

若要为所有幻灯片应用统一的背景，可在幻灯片母版中进行设置，设置的方法和设置单张幻灯片背景的方法类似。下面在“每周汇报 .pptx”演示文稿中设置母版的背景，具体操作步骤如下。

第 1 步 进入母版视图

打开素材文件“每周汇报 .pptx”，并在“视图→母版视图”组中单击“幻灯片母版”按钮。

第 2 步 设置背景样式

❶ 选择第 2 张幻灯片；❷ 在“幻灯片母版→背景”组中单击“背景样式”按钮；❸ 在打开的列表中选择“设置背景格式”选项。

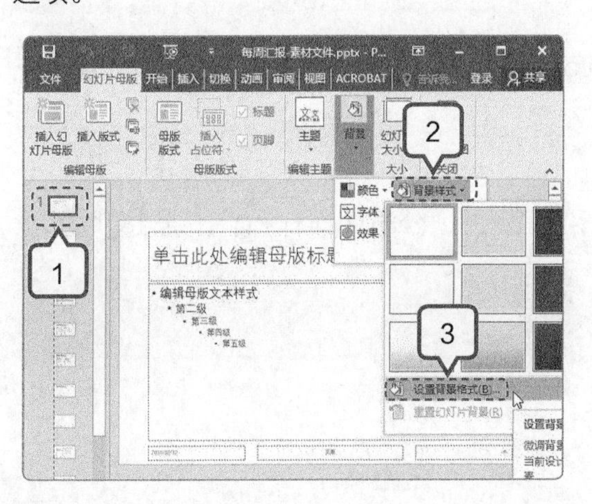

第 3 步 选择填充颜色

在工作界面右侧展开的“设置背景格式”窗格的“填充”栏中单击选中“渐变填充”单选项。

第 4 步 设置渐变方向

❶ 在窗格下方单击“方向”按钮；❷ 在打开的列表中选择“线性对角 - 左下到右上”选项。

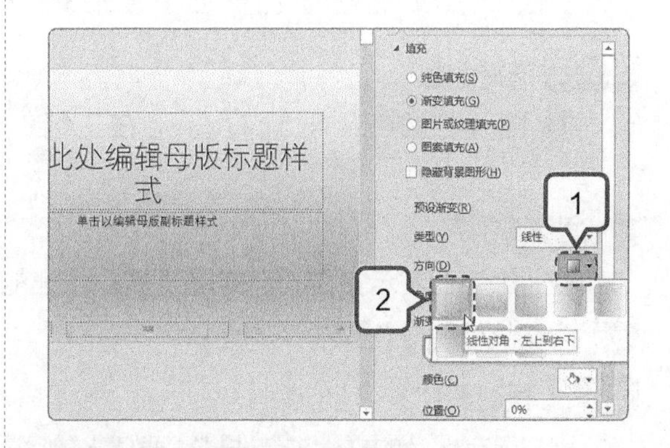

第 5 步 删除渐变光圈停止点

在“渐变光圈”栏中单击中间的“停止点 2”滑块，按【Delete】键将其删除。

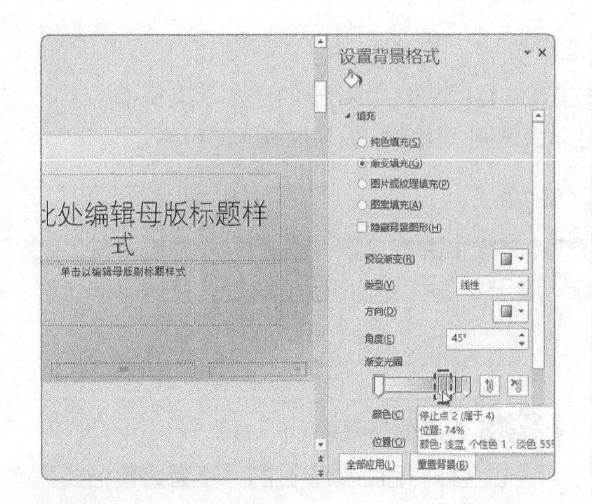

第 6 步 设置停止点颜色

❶ 单击左侧的“停止点 1”滑块；❷ 在“位置”数值框中输入“15%”；❸ 单击“颜色”按钮；❹ 在打开的列表中选择“其他颜色”选项。

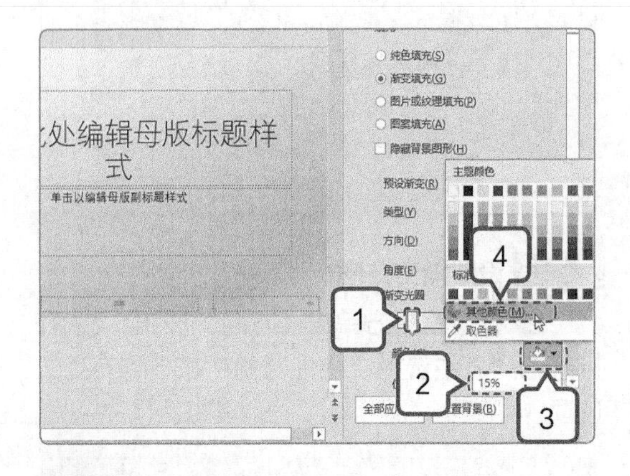

第 7 步 选择颜色

❶ 打开“颜色”对话框分别在“红色”“绿色”和“蓝色”数值框中输入“239”“195”和“215”；❷ 单击“确定”按钮。

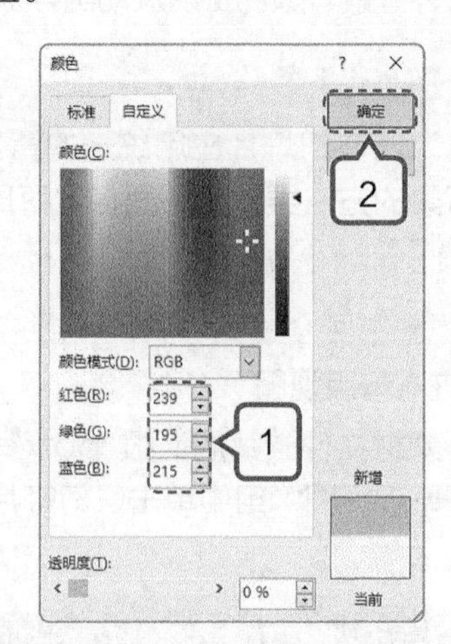

第 8 步 查看设置母版背景后的效果

返回 PowerPoint 2016 工作界面，在右侧窗格下方单击“全部应用”按钮，即可将背景应用到所有母版背景上，效果如图所示。

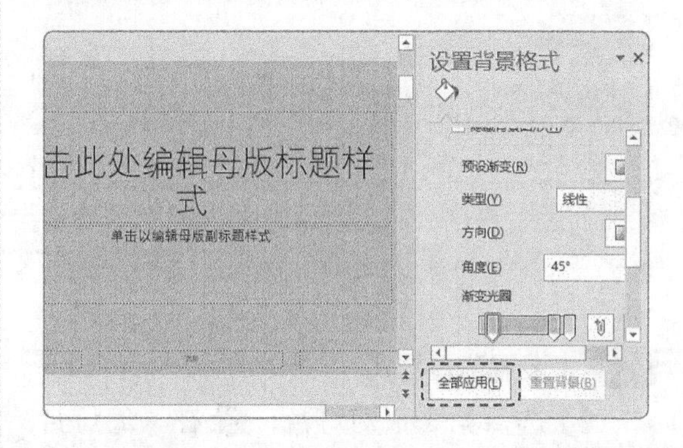

2. 插入图片

专业的企业演示文稿，通常需要插入企业的 Logo 图片。下面在“每周汇报 .pptx”演示文稿中插入 Logo，具体操作步骤如下。

第 1 步 复制图片

打开保存图片的文件夹，选择需要插入的图片，这里选择“公司 Logo.png”，按【Ctrl+C】组合键。

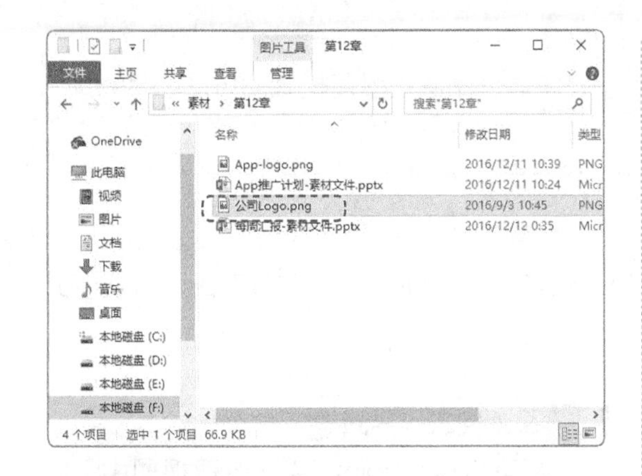

第 2 步 调整图片位置和大小

按【Ctrl+V】组合键，将复制的图片粘贴到幻灯片中。选择图片，将鼠标光标移动到图片四周的控制点上拖动，可调整图片的大小。将鼠标指针移动到图片上，按住鼠标左键不放将图片拖动到目标位置释放即可调整图片位置。调整完成后的效果如下图所示。

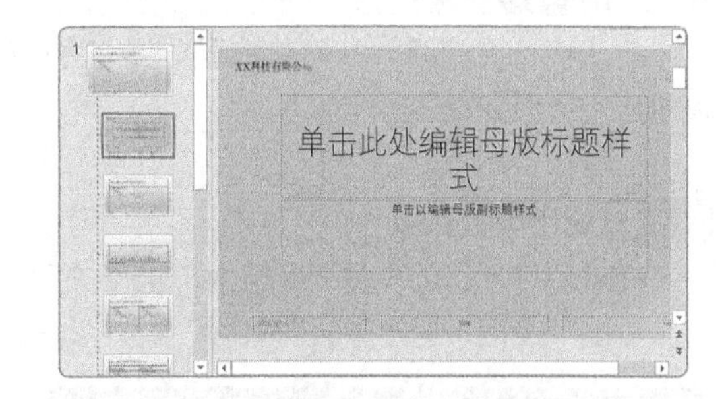

3. 设置占位符

可以在幻灯片母版中预先设置好各占位符的位置、大小、字体和颜色等格式，使幻灯片中的占位符自动应用该格式。下面在“每周汇报 .pptx”演示文稿中设置占位符，具体操作步骤如下。

第 1 步 设置标题占位符格式

❶ 在第 2 张幻灯片中选择标题内容；❷ 在“开始→字体”组中设置字体为“方正粗宋简体”；❸ 字体颜色为蓝色。

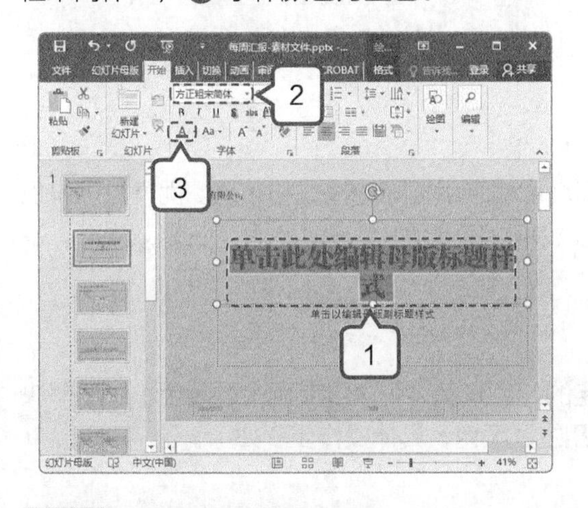

第 2 步 设置副标题占位符格式

❶ 选中副标题中的文本内容；❷ 在“开始→字体”组中设置字体为“方正大标宋简体”；❸ 字体颜色为浅蓝。

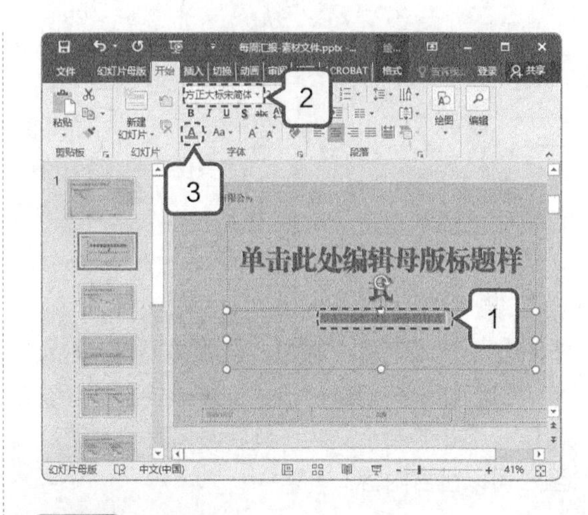

第 3 步 选择字体

使用同样的方法，为第 1 张幻灯片中的占位符设置格式，标题字体为“方正粗宋简体”，副标题占位符中的字体为“方正大标宋简体”，效果如图所示。

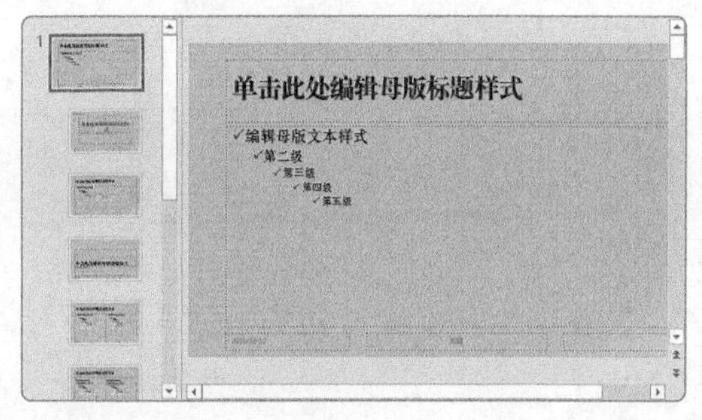

> **提示** 设置占位符的大小和位置，以及文本的大小、字体、颜色和段落格式的方法与 Word 2016 完全相同，这里不再赘述。

4. 应用母版内容

母版设计完成后，即可在演示文稿中将其应用于幻灯片。下面在“每周汇报 .pptx”演示文稿中应用母版，具体操作如下。

第 1 步 退出母版视图

在“幻灯片母版→关闭”组中单击“关闭母版视图”按钮，退出母版视图。

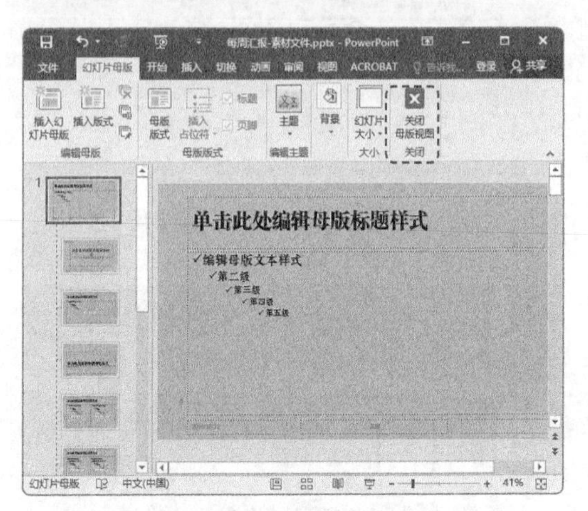

第 2 步 返回工作界面

返回 PowerPoint 2016 普通视图中，此时母版已自动应用到幻灯片中，效果如图所示。

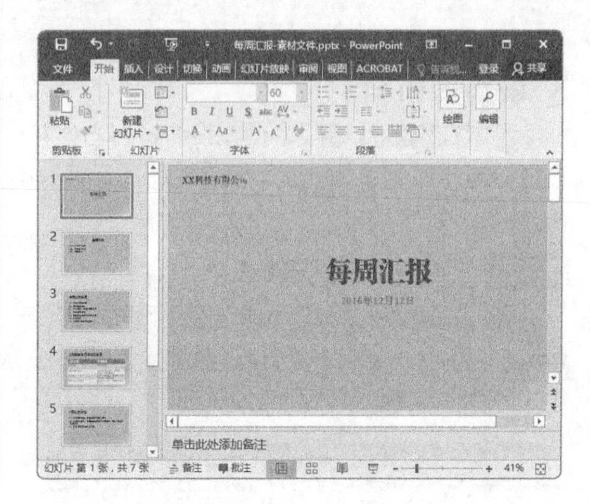

12.3.2 制作“模板”避免重复劳动

母版能统一幻灯片格式，可以使随后添加的幻灯片都应用相同的格式和布局。而模板则是包含统一格式的单个文件，其后缀名为“.potx”。模板可以包含版式、主题颜色、主题效果等，甚至还可以包含内容。

1. 应用主题颜色

PowerPoint 2016 提供的主题样式中都有固定的配色方案，可通过应用主题颜色，快速解决配色问题。下面为“每周汇报 .potx”演示文稿应用主题颜色，具体操作步骤如下。

第1步 选择操作

在“设计→变体”组中单击“其他”按钮。

第2步 选择颜色

❶ 在打开的列表中选择“颜色”选项；❷ 在打开列表框的“Office”栏中选择“黄橙色”选项。

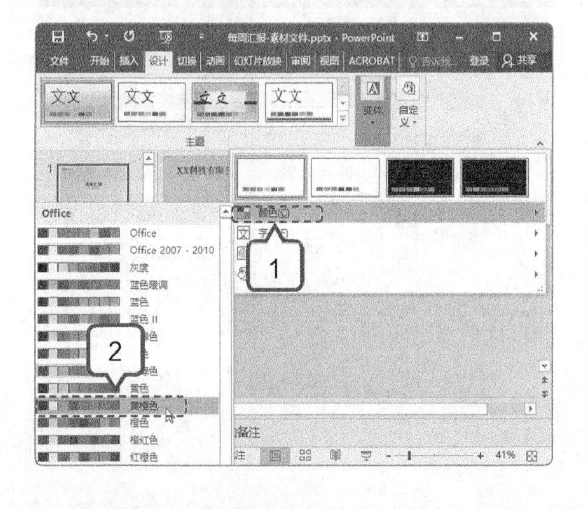

第3步 查看应用主题颜色的效果

返回 PowerPoint 2016 工作界面，即可看到应用主题颜色的效果。

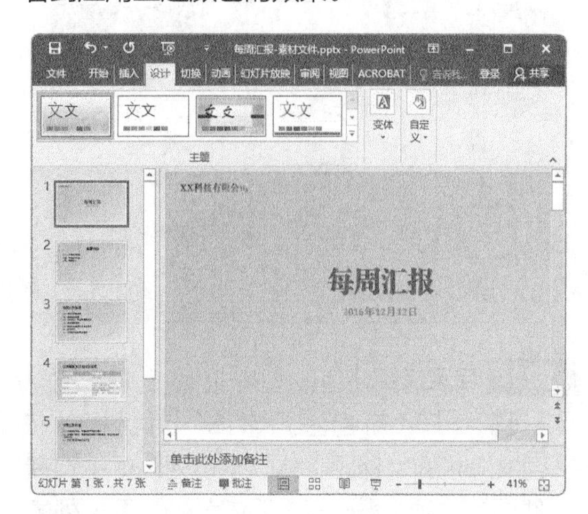

提示 选择一种配色方案后，默认该配色方案应用于所有幻灯片；在该配色方案选项上单击鼠标右键，在弹出的快捷菜单中选择“应用于选定幻灯片”命令，则该配色方案只应用于当前幻灯片。

2. 自定义主题字体

在演示文稿中设置主题字体后，用户可通过选择主题字体来统一幻灯片中的字体，而不用逐一设置。下面为“每周汇报 .pptx”演示文稿自定义主题字体，具体操作步骤如下。

第1步 选择操作

❶ 在“设计→变体”组中单击“其他”按钮，在打开的列表中选择“字体”选项；❷ 在展开的子列表中选择“自定义字体”选项。

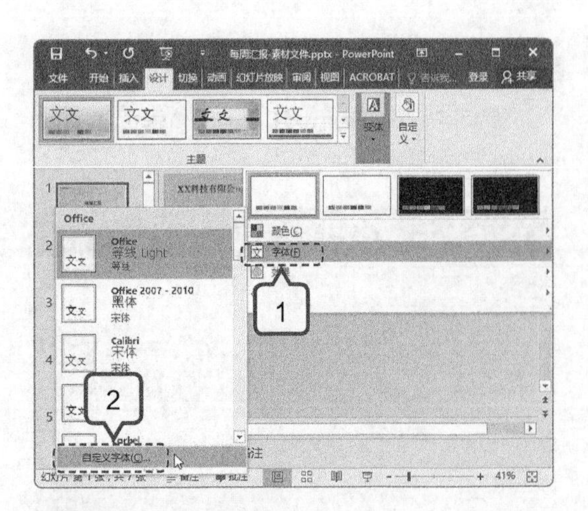

第 2 步 自定义字体

❶ 打开“新建主题字体”对话框，在“西文”栏的“标题字体”下拉列表框中选择“幼圆”选项；❷ 在“正文字体”下拉列表框中选择“黑体”选项。

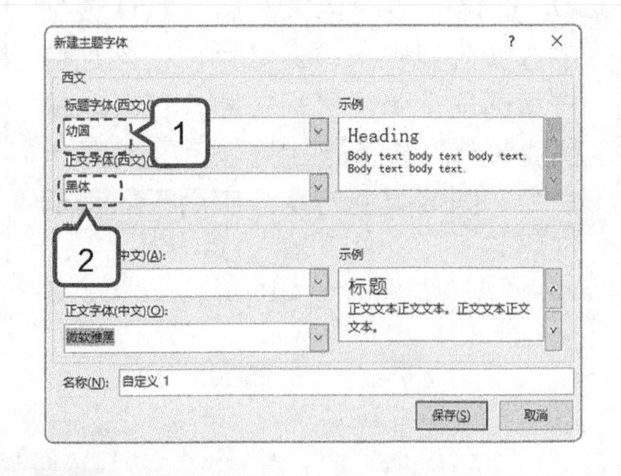

第 3 步 继续设置字体

❶ 在“中文”栏的“标题字体”下拉列表框中选择“方正特雅宋 -GBK”选项；❷ 在“正文字体”下拉列表框中选择“微软雅黑”选项；❸ 单击“保存”按钮。

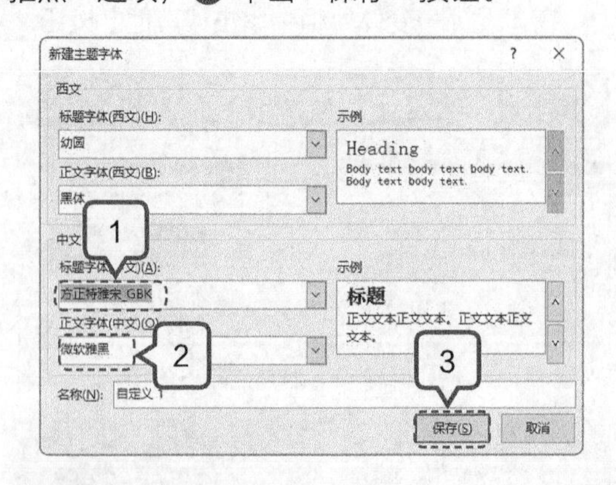

第 4 步 查看自定义字体

返回 PowerPoint 2016 工作界面，再次在“设计→变体”组中单击“其他”按钮，在打开的列表中选择“字体”选项，此时将在打开的列表中看到设置的主题字体。

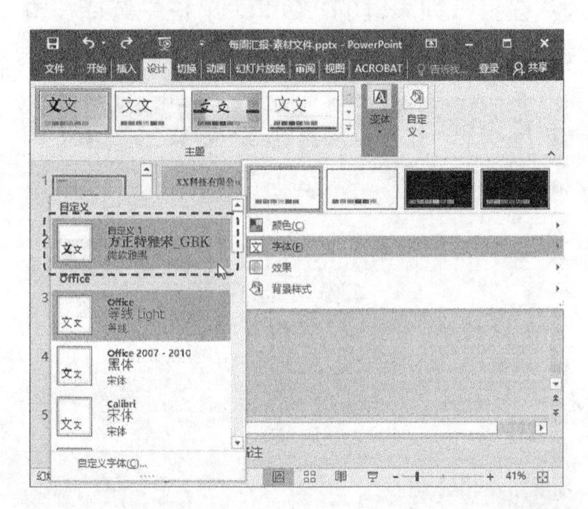

> **提示**
>
> 自定义字体时，可以在“新建主题字体”对话框的“名称”文本框中输入这种字体的名称。在其他演示文稿中应用该字体时，只需要在“设计→变体”组中单击“其他”按钮，在打开的列表中选择“字体”选项，在打开的子列表中的“自定义”栏中选择该字体即可。

3. 将演示文稿保存为模板

PowerPoint 2016 中自带了很多演示文稿模板，用户可以直接利用这些模板创建演示文稿。此外，PowerPoint 2016 也支持将制作好的演示文稿保存为模板文件。下面将“每周汇报 .pptx”演示文稿保存为模板，具体操作步骤如下。

第 1 步 保存演示文稿

❶ 在 PowerPoint 2016 工作界面中，选择“文件”，在打开的列表中选择“另存为”选项；❷ 在打开的界面右侧单击“浏览”按钮。

提示 用户也可在“设计→主题”组中选择已有的主题应用到幻灯片中，使风格统一，效果美观。

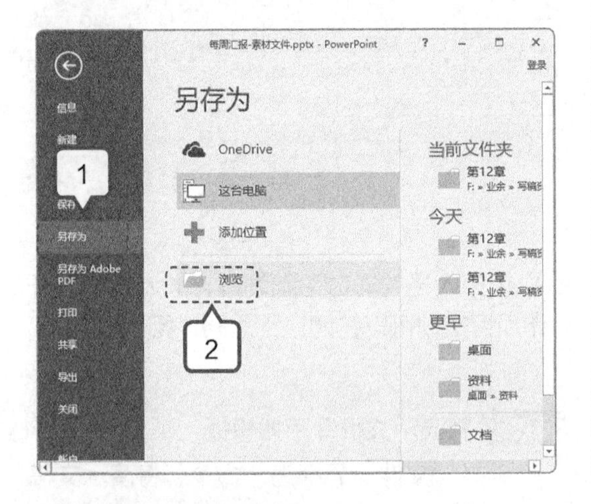

第 2 步 保存为模板

❶ 打开“另存为”对话框，选择存储位置；❷ 在“文件名”下拉列表框中输入“每周汇报 - 模板”；❸ 在“保存类型”下拉列表框中选择“PowerPoint 模板（*.potx）”选项；❹ 单击“保存”按钮。

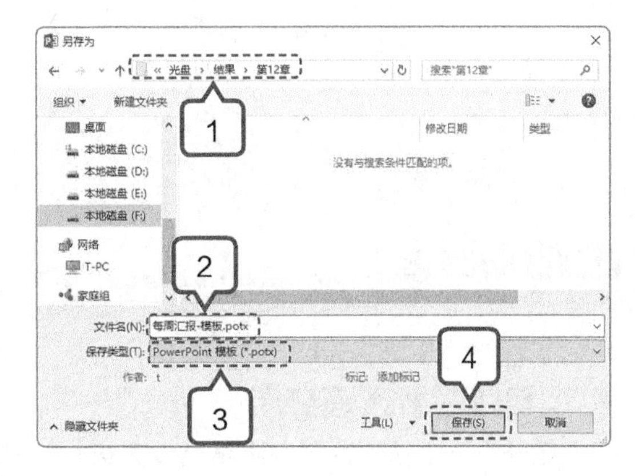

举一反三

本节视频教学时间 / 2 分钟

本章所选择的案例均为典型的 PowerPoint 基础演示文稿的操作，包括创建、编辑占位符，美化文字、制作母版和模板等基础操作，涉及演示文稿和幻灯片的新建、文本的输入和编辑、母版的创建、将文件保存为模板等知识点。以下列举两个典型基础演示文稿的制作思路。

1. 个性鲜明的个人总结

个人总结一般是员工在年底对这一年工作的一个概括，一方面可以让人清楚地看到这一年的成就，另一方面也能帮员工更好地规划来年。个人总结不需要太严肃，可以将个性融入其中，让人印象深刻。制作个人总结可按照以下思路进行。

第 1 步 新建演示文稿并输入内容

新建演示文稿和幻灯片，并在打开的幻灯片中输入内容。

第 2 步 应用主题

在“设计→主题”组中选择模板，并应用于幻灯片，保存即可。

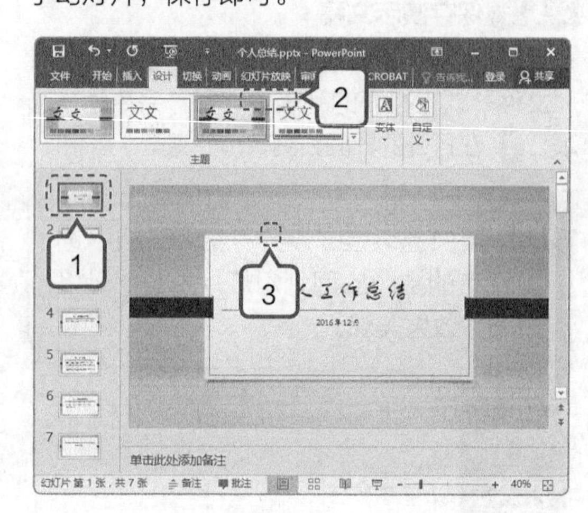

2. 项目策划要条理分明

在开启一个新项目时，常常需要先进行头脑风暴，相关人员共同讨论策划案，通过后即可开始启动该项目。因此，项目策划一定要条理分明。制作项目策划可以按照以下思路进行。

第 1 步 新建并设置演示文稿

新建演示文稿，添加幻灯片，输入策划内容，设置母版背景和格式，并应用到演示文稿的幻灯片中。

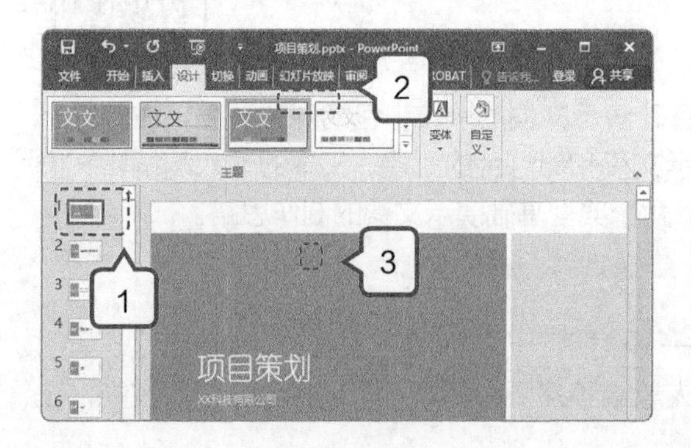

第 2 步 将演示文稿保存为模板

选择“文件→另存为”命令，将演示文稿另存为模板，以供下次使用。

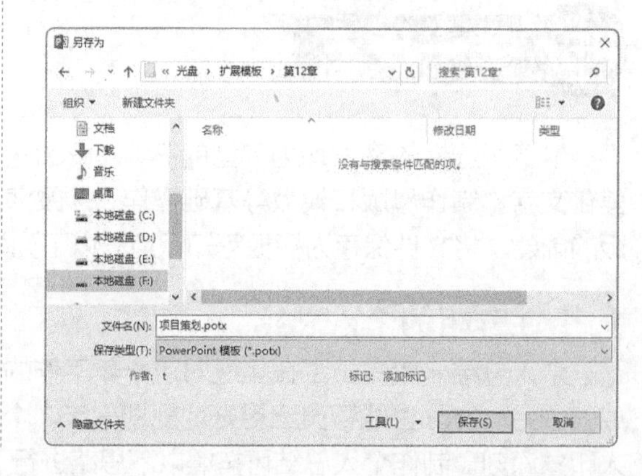

高手支招

1. 设置演示文稿的撤销数量

在使用 PowerPoint 2016 编辑演示文稿时，如果操作错误，可以单击快速访问工具栏中的“撤销”按钮或按【Ctrl+Z】组合键恢复到操作前的状态，甚至可以多次单击恢复到若干操作之前，为文稿编辑提供了很大的方便。但 PowerPoint 2016 默认的操作次数只有 20 次，如果有需要，可以在程序中选择“文件→选项”命令，在打开的“PowerPoint 选项”对话框中选择“高级”选项卡，在“最多可取消操作数”数值框中设置最大撤销次数，来提高演示文稿的撤销数量。如图所示，PowerPoint 2016 撤销操作次数最多为 150 次。

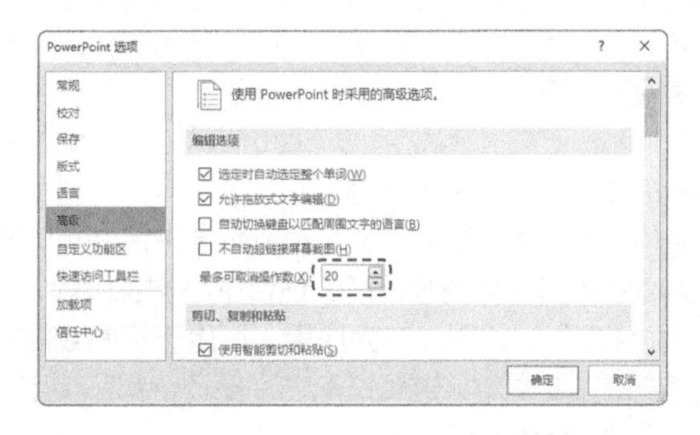

2. 快速调用其他 PPT 中的内容

在进行演示文档的制作时，可以调用其他幻灯片到当前的幻灯片中，以节省制作时间。调用幻灯片的操作步骤如下。

第 1 步 选择命令

❶ 将鼠标光标置于需要调用内容的幻灯片中；❷ 在“开始→幻灯片”的“幻灯片”选项卡中单击“新建幻灯片”按钮；❸ 在弹出的下拉列表中选择“重用幻灯片”选项。

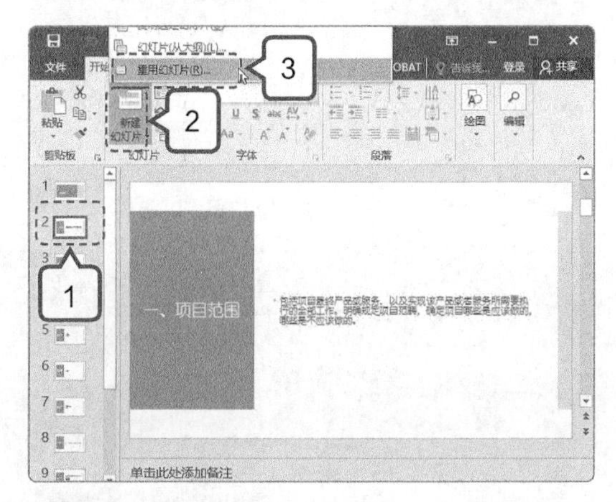

第 2 步 打开文件

❶ 在打开的“重用幻灯片”窗格中单击“浏览”按钮；❷ 在弹出的下拉列表中选择“浏览文件”选项；❸ 在打开的“浏览”对话框中选择需要重用幻灯片的演示文稿；❹ 单击“打开”按钮将其引用到当前演示文稿中。

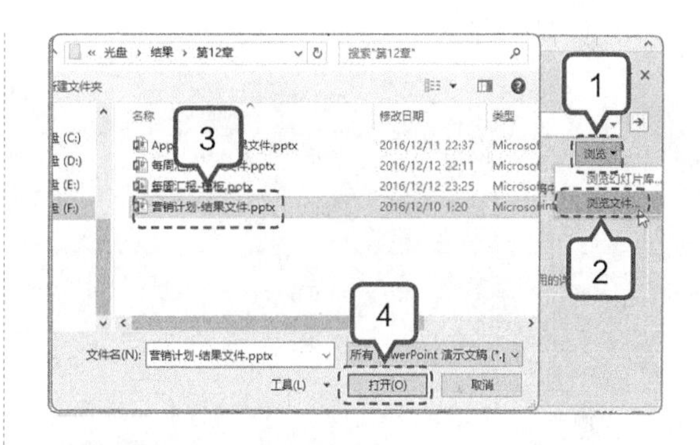

第 3 步 调用幻灯片内容

此时“重用幻灯片”窗格中将显示引用的演示文稿中的所有幻灯片缩略图，单击需要重用的幻灯片即可将其插入当前演示文稿中。插入时，默认运用当前演示文稿的版式。在“重用幻灯片”窗格下方选中“保留源格式”复选框，则可沿用以前的版式和格式。

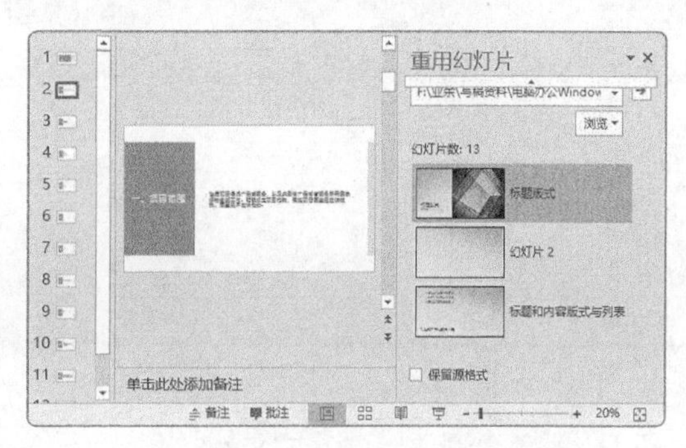

3. 常用的演示文稿字体搭配

在演示文稿中，字体的搭配主要取决于演示文稿应用的场合，不同的场合应用的字体搭配不同。几种常用的字体搭配如下。

- 标题（方正粗宋简体）+ 正文（微软雅黑）：适合会议等严肃场合。宋体字显得规矩、有力，是正式场合常用的字体。
- 标题（方正粗倩简体）+ 正文（雅黑）：方正粗倩简体给人一种洒脱的感觉，能够为画面增添鲜活感，适合企业宣传、产品展示等场合。
- 标题（方正卡通简体）+ 正文（微软雅黑）：适合学生课件类的教育场合。卡通字体会给人活泼的感觉，而微软雅黑字体清晰明辨，适合中小学生阅读。
- 标题（黑体）+ 正文（宋体）：黑体较为庄重，可用于标题或需特别强调的文本。宋体的显示非常清晰，适合于正文文本。这类搭配在许多场合都可使用，若不知道用什么字体，使用“黑体 + 宋体”是最保险的搭配。

Chapter 13

动静结合——设置多媒体动画

本章视频教学时间 / 20 分钟

技术分析

在演示文稿中添加音频、视频和动画，既可丰富演示文稿的形式，又可充分吸引观众。制作多媒体演示文稿主要包含有以下知识点内容。

（1）添加与设置音频和视频文件。

（2）为文本、图像等设置动画。

（3）为幻灯片设置切换动画。

我们工作和生活中常见的演示文稿有产品展示、会议、推广策划案、项目讨论等。本章通过《产品展示》和《产品升级方案》两个典型案例，系统介绍制作多媒体演示文稿时需要掌握的方法。

思维导图

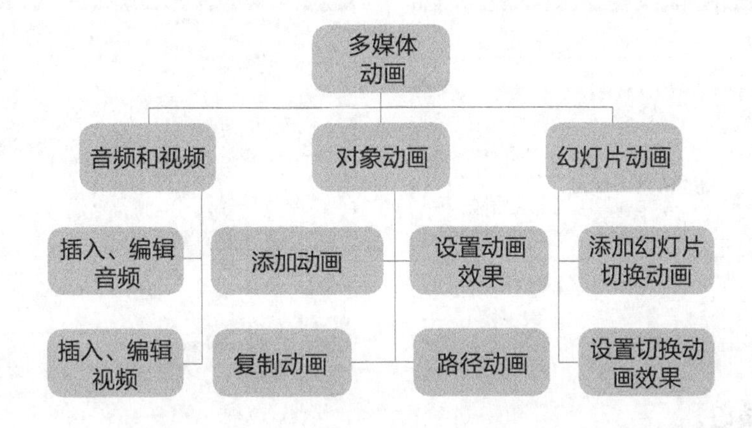

13.1 案例——通过多媒体展示《产品展示》演示文稿

本节视频教学时间 / 7 分钟

案例名称	产品展示
素材文件	素 材 \ 第 13 章 \ 产 品 展 示 _ 素 材 文 件 .pptx、Adagio sostenuto.mp3、蒲公英 .mp4
结果文件	结果 \ 第 13 章 \ 产品展示 _ 结果文件 .pptx
扩展模板	扩展模板 \ 第 13 章

/ 案例操作思路

本案例主要为一款智能手机制作《产品展示》演示文稿。产品展示是企业信息化中很重要的一环，主要用于产品的宣传和推广，其内容往往涉及规格、款式颜色等产品信息。

产品展示包括实物展示和虚拟展示两种。

（1）实物展示，指通过产品新闻发布会、展览展会及零售端等形式展示。

（2）虚拟展示，指通过媒介宣传形式展示，包括电视宣传、报纸杂志、网络媒介等进行的产品图文宣传。本案例要做的就是通过演示文稿对产品进行展示。

具体效果如图所示。

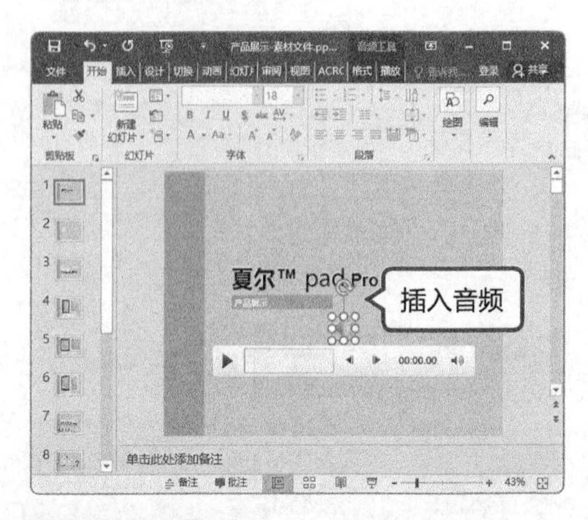

/ 产品展示设计技巧

名称	要求
突出产品	为产品加上边框，或通过不同的层次，突出产品，如字体、大小、颜色等
版面精美	近年来一些产品展示越来越向中性风靠拢，追求“高大上”，以吸引更多的潜在客户。在许多大会场合，产品展示的 PPT 的颜色也都会使用灰黑色等沉稳的颜色，版式布局也向着极简化发展，从而符合如今的审美。因此，在设计制作演示文稿时，一定要注意版式的设计
文字丰满	PPT 让文字更丰满，用标题抓住读者，提出用户关心的问题，指出产品的优点，吸引用户，卖出产品。文字要简洁、生动

/ 技术要点

（1）掌握在幻灯片中插入、编辑并保存音频文件的操作方法。

（2）掌握在幻灯片中插入和编辑视频文件的操作方法。

/ 操作流程

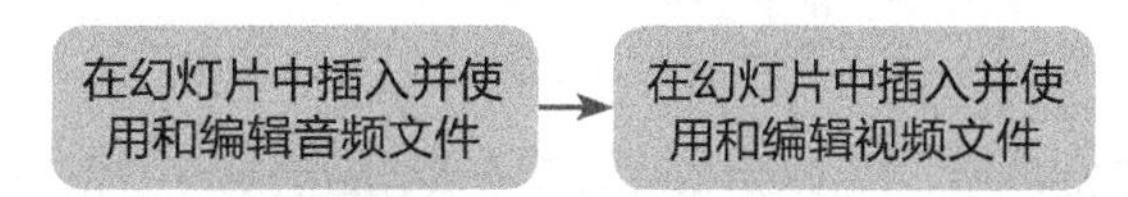

13.1.1 “音频”使幻灯片活起来

在幻灯片中添加声音，可以强调内容并实现特殊效果，从而使演示文稿的内容更加丰富。在PowerPoint 2016中，可以通过本地、网络中的文件添加声音，也可以自己录制声音并将其添加到演示文稿中。

1. 插入音频

本案例需要插入一个音频文件作为幻灯片的背景音乐，在幻灯片中插入音频的方法与在幻灯片中插入图片类似。下面在“产品展示.pptx”演示文稿中插入电脑中的音频文件，具体操作步骤如下。

第1步 选择“PC上的音频”

❶ 打开“产品展示-素材文件”，选择第1张幻灯片；❷ 在“插入→媒体”组中单击“音频”按钮；❸ 在打开的列表中选择“PC上的音频”选项。

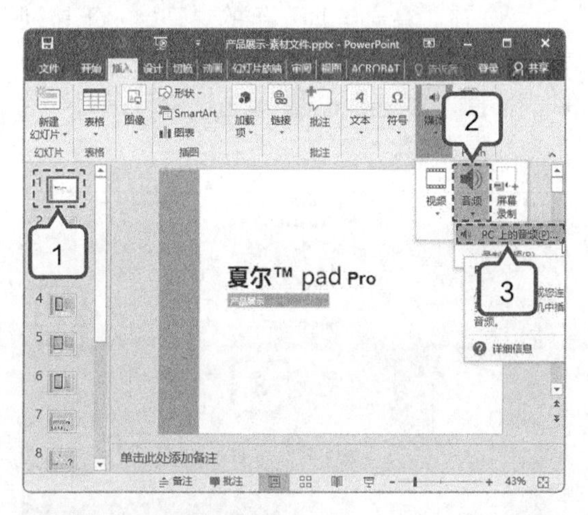

第2步 选择音频文件

❶ 打开“插入音频”对话框，先选择音频文件的保存路径；❷ 在打开的列表框中选择要插入的文件；❸ 单击“插入”按钮。

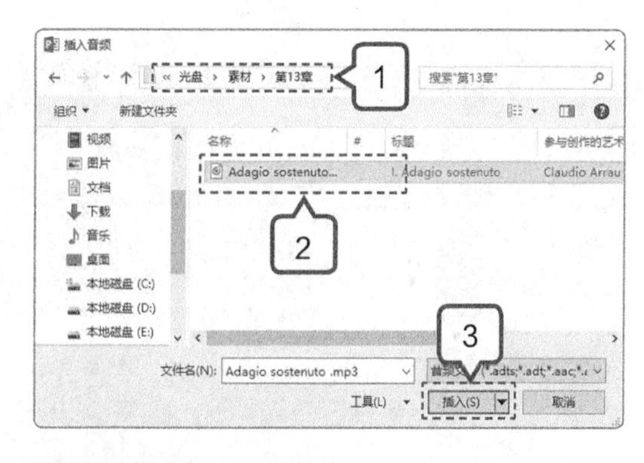

第3步 查看添加音频效果

返回PowerPoint 2016工作界面，在幻灯片中将显示一个声音图标和一个播放音频的浮动工具栏。

提示　在“插入→媒体”组中单击“音频”按钮，在打开的列表中选择“录制音频”选项，则可以通过录音设备录制演讲者的声音并将其插入幻灯片中。这种方式常用于自动放映幻灯片时的讲解或旁白。

2. 编辑音频

在幻灯片中插入声音文件后，PowerPoint 2016 会自动创建一个音频图标。选择该图标后，将显示“音频工具 - 播放”选项卡，在其中可对声音进行编辑与控制。下面在“产品展示.pptx”演示文稿中编辑插入电脑中的音频文件，具体操作步骤如下。

第 1 步　打开“裁剪音频”对话框

❶ 在第 1 张幻灯片选择音频图标；❷ 在“音频工具→播放→编辑”组中单击“剪裁音频”按钮。

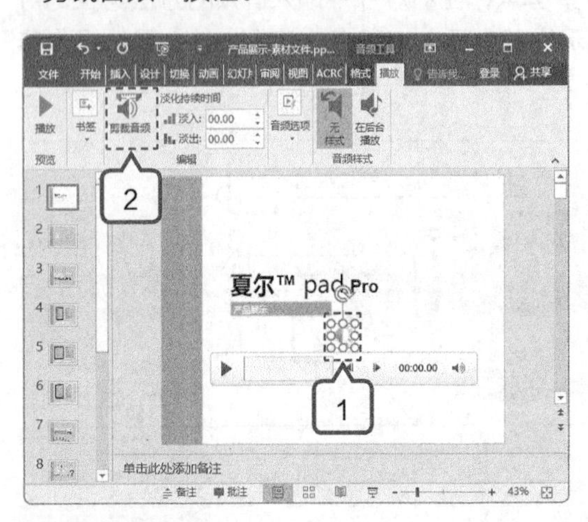

第 2 步　剪裁音频

❶ 打开“剪裁音频”对话框，在“开始时间”数值框中输入“00:08”；❷ 在“结束时间”数值框中输入“05:30”；❸ 单击“确定”按钮。

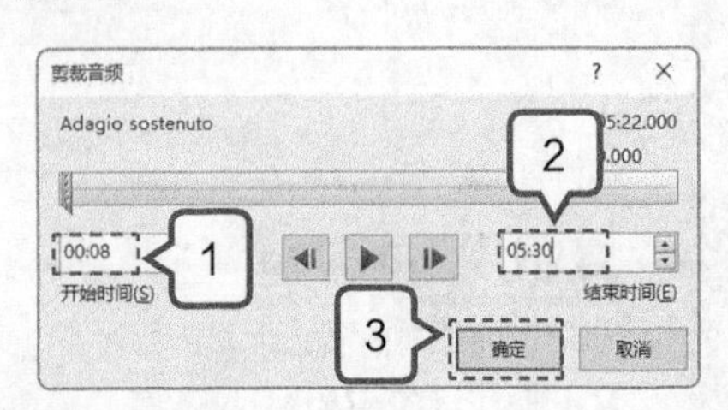

第 3 步　设置音量

❶ 在“音频选项”组中单击“音量”按钮；❷ 在打开的列表中单击选中“高”复选框。

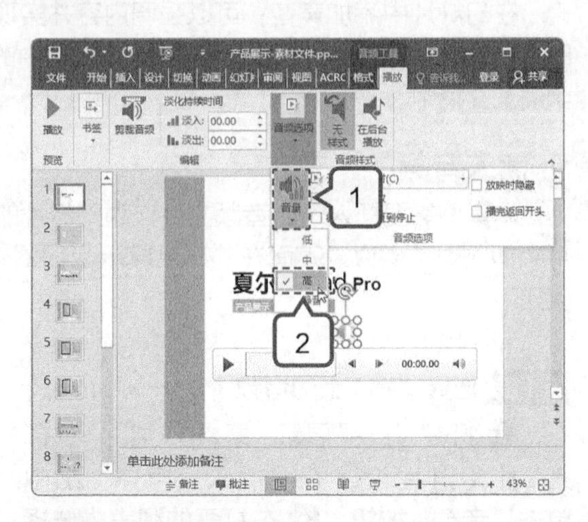

第 4 步　设置音频选项

❶ 在“音频选项”组的“开始”下拉列表框中选择“自动”选项；❷ 单击选中“放映时隐藏”复选框；❸ 单击选中“跨幻灯片播放”复选框。

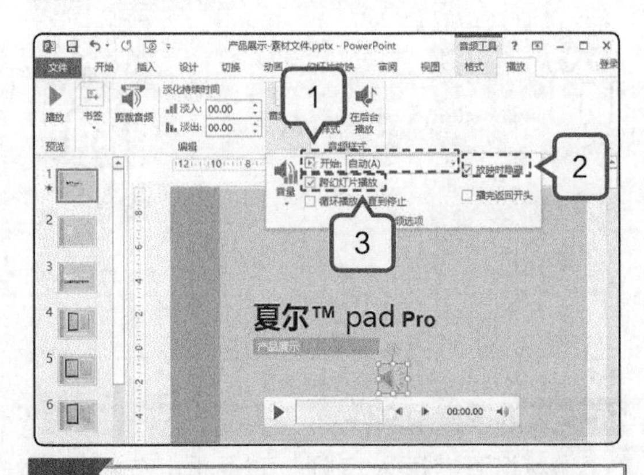

提示　只有单击选中“播放时隐藏”复选框，在放映时才会隐藏音频图标，否则图标将会在整个过程中存在于幻灯片上，影响美观。

3. 压缩并保存音频

在进行剪裁操作后，还需进行压缩文件和保存演示文稿的操作，以便能够正确播放剪裁后的音频。下面在“产品展示 .pptx”演示文稿中压缩文件并保存，具体操作步骤如下。

第 1 步 打开“压缩媒体”对话框

❶ 在 PowerPoint 2016 工作界面打开“文件”，在打开的列表中选择“信息”选项；❷ 在打开的“信息”任务窗格中单击“压缩媒体”按钮；❸ 在打开的列表中选择“标准（480p）”选项。

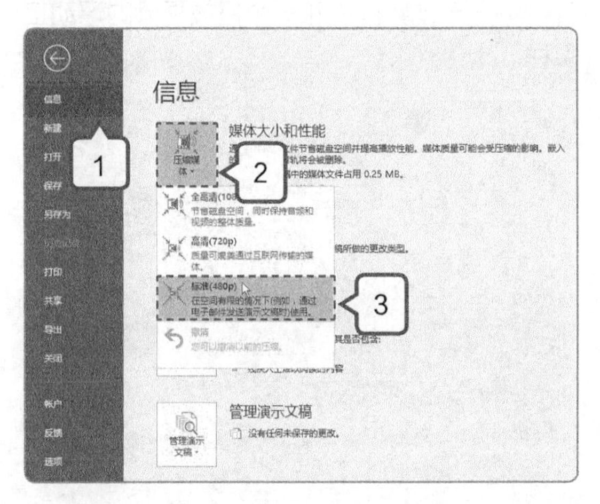

第 2 步 压缩媒体

打开“压缩媒体”对话框显示压缩剪裁音频的进度，完成后单击“关闭”按钮。

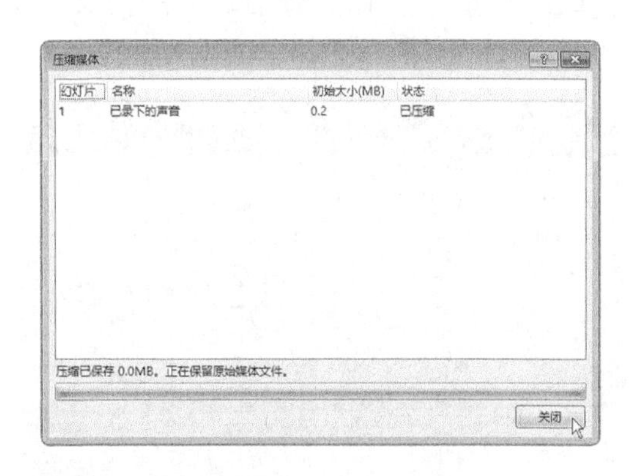

第 3 步 保存演示文稿

单击“文件”按钮，在打开的列表中选择“保存”选项，即可完成音频的编辑操作。

13.1.2 “视频”更能说明问题

在幻灯片中插入视频，可以使幻灯片看起来更加丰富多彩。在实际工作中使用的视频格式有很多种，但 PowerPoint 2016 只支持其中一部分格式，如 AVI、WMA 和 MPEG 等格式。

> **提示** PowerPoint 2016 支持多种视频格式，但最好使用 WMV 和 AVI 格式的视频文件，因为这两种视频文件也是 Windows 自带的视频播放器支持的文件类型。如果要在幻灯片中插入其他类型的视频文件，则需要在电脑中安装支持该文件类型的视频播放器。

1. 插入视频

和插入音频类似，在幻灯片中插入的视频可以来自于电脑或联机的视频网站，其操作也与插入音频相似。下面在“产品展示 .pptx”演示文稿中插入电脑中的视频文件，具体操作步骤如下。

第 1 步 插入视频

❶ 选择第 13 张幻灯片，按【Enter】键插入一张新幻灯片；❷ 在“插入→媒体”组中单击“视频”按钮；❸ 在打开的列表中选择“PC 上的视频”选项。

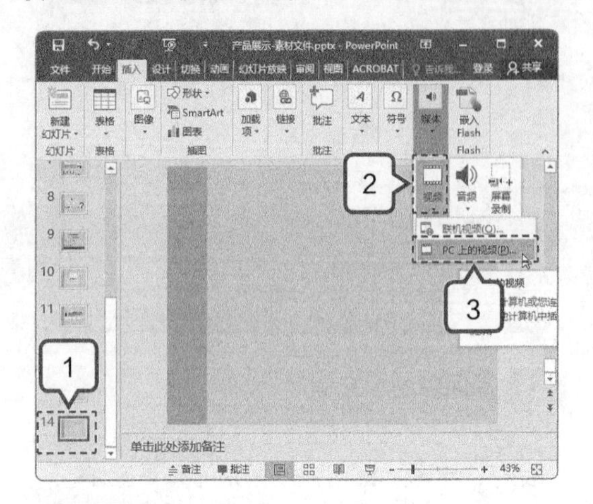

第 2 步 选择视频文件

❶ 打开“插入视频文件”对话框，选择插入视频文件的保存路径；❷ 在打开的列表框中选择“蒲公英.mp4”文件；❸ 单击“插入”按钮。

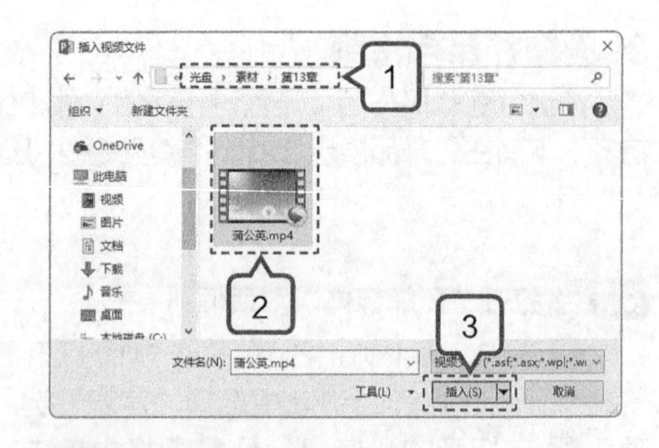

第 3 步 查看插入视频的效果

返回 PowerPoint 2016 工作界面，在幻灯片中将显示视频画面和一个播放视频的浮动工具栏。

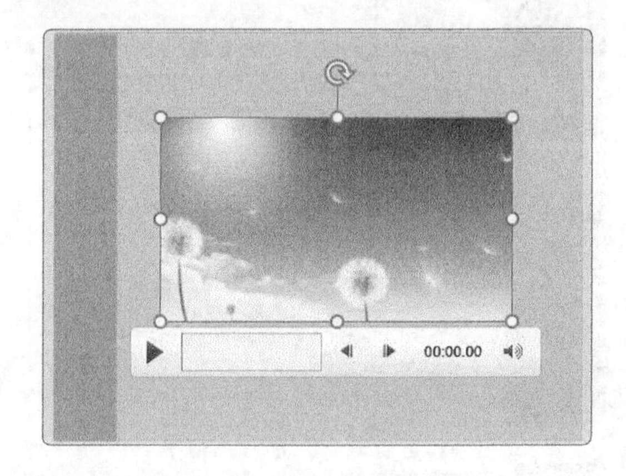

2. 编辑视频

用户不仅可以在 PowerPoint 2016 中插入视频文件，而且还能编辑视频的样式、在幻灯片中的排列位置和大小等，以美化视频。下面在“产品展示.pptx”演示文稿中编辑插入电脑中的视频文件，具体操作步骤如下。

第 1 步 设置视频选项

❶ 选择插入的视频，在“视频工具→播放→视频选项”组的“开始”下拉列表框中选择“自动”选项；❷ 单击选中“未播放时隐藏”复选框；❸ 单击选中“播完返回开头”复选框。

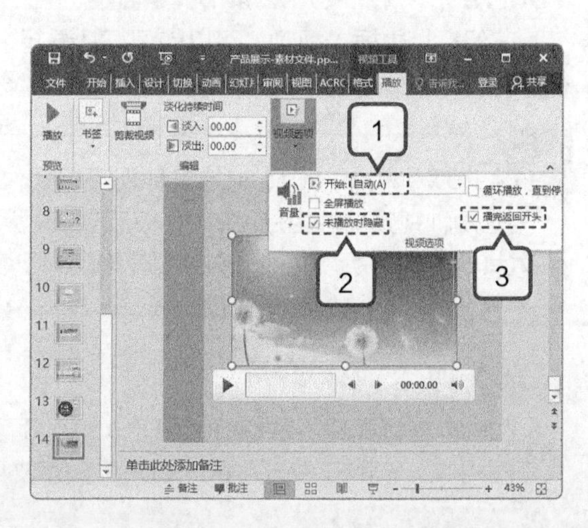

第 2 步 设置视频样式

❶ 在“视频工具→格式→视频样式”组中，单击“视频样式”按钮；❷ 在打开列表的“中等”栏中选择“中等复杂框架，黑色”选项。

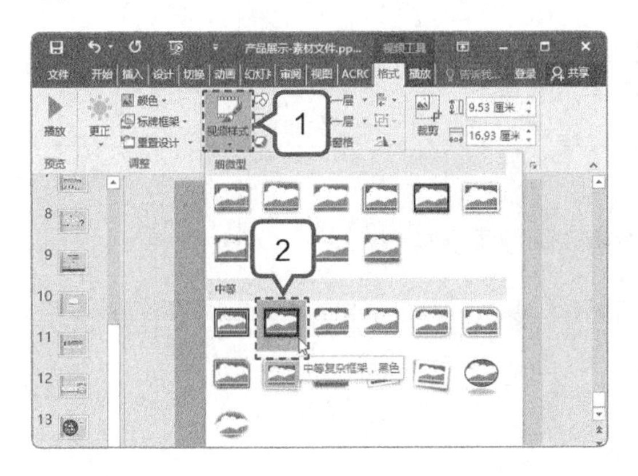

第 3 步 保存并预览视频

❶ 通过视频四周的控制点调整大小；❷ 在快速工具栏中单击“保存”按钮；❸ 在“预览”栏中单击“播放”按钮预览视频。

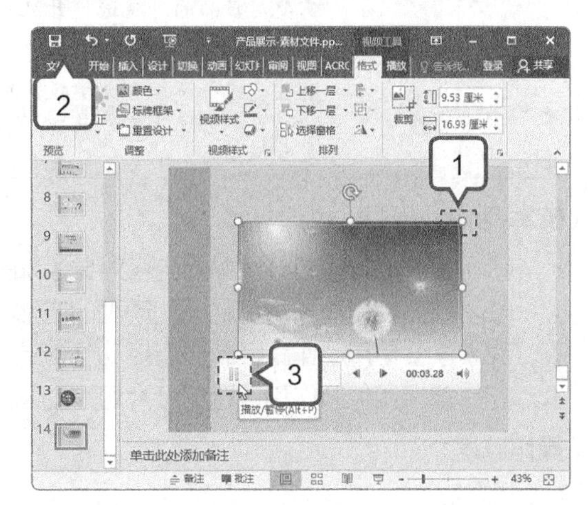

13.2 案例——为《产品升级方案》演示文稿设置动画

本节视频教学时间 / 10 分钟

案例名称	产品升级方案
素材文件	素材 \ 第 13 章 \ 产品升级方案 _ 素材文件 .pptx
结果文件	结果 \ 第 13 章 \ 产品升级方案 _ 结果文件 .pptx
扩展模板	扩展模板 \ 第 13 章

/ 案例操作思路

本案例为一款电子产品的升级方案制作演示文稿。通常一款功能明确、受众清晰的电子产品，会随着硬件的更新和人们审美的变化而不断改造升级。每隔一段时间就会提示用户升级的 App，就是这个道理。产品的升级方案很简单，根据产品自身的结构，以及用户的心理变化和市场需求进行讨论即可。

具体效果如图所示。

/ 产品升级需要注意的问题

名称	要求
升级方向	在每一款产品投入市场之前，都没有人能百分百地保证这款产品能大受欢迎，而在激烈竞争中生存下来的产品，则更需要紧跟时代步伐，找对升级方向，除了每年都需要对产品的外观进行升级外，还需要对功能进行优化，符合大众审美，甚至引领潮流
适应市场	有些升级并不适合大量投入市场，比如需要花费大量金钱才能购置的产品，或只适合特定人群使用的产品等。在升级时，需要做一个市场调研，清楚市场风向，再制定升级策略

/ 技术要点

（1）了解如何为幻灯片中的内容对象添加并设置动画效果。

（2）掌握利用动画刷复制添加动画的方法。

（3）学会使用动作路径制作高级动画。

（4）掌握如何制作和设置幻灯片切换动画效果。

/ 操作流程

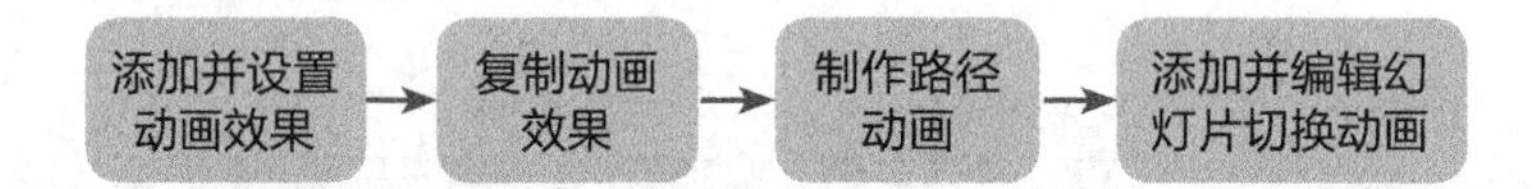

13.2.1 为幻灯片中的内容添加动画效果

幻灯片动画是指在幻灯片中为文本、文本框、占位符、图片和表格等对象添加运动或特效的效果，使其以不同的动态方式出现在屏幕中，让幻灯片动起来，从而更加吸引受众的注意。

1. 添加动画效果

在幻灯片中选择了一个对象后，就可以为该对象添加自定义动画效果，如进入、强调、退出和动作路径中的任意一种动画效果。下面在“产品升级方案 .pptx”演示文稿中为幻灯片中的对象添加动画效果，具体操作步骤如下。

第 1 步 选择动画样式

❶ 选择第 1 张幻灯片；❷ 选择幻灯片中的文本框，在“动画→动画”组中单击“动画样式”按钮；❸ 在打开列表的“进入”栏中选择“浮入”选项。

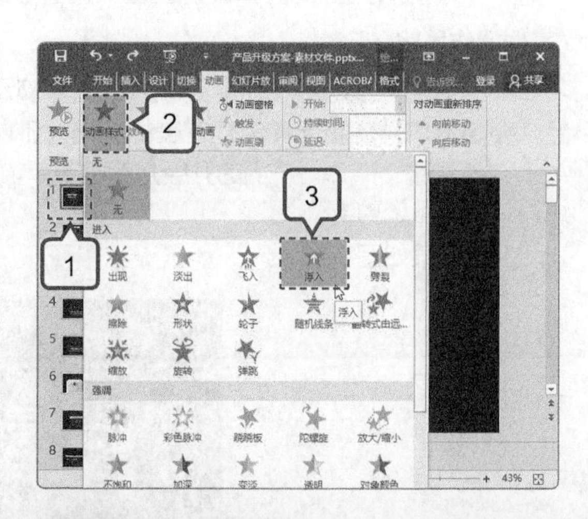

第 2 步 查看添加的动画

返回 PowerPoint 2016 工作界面，将自动演示一次动画效果，并在添加了动画的对象左上角显示“1”，表示该动画为第一个动画。

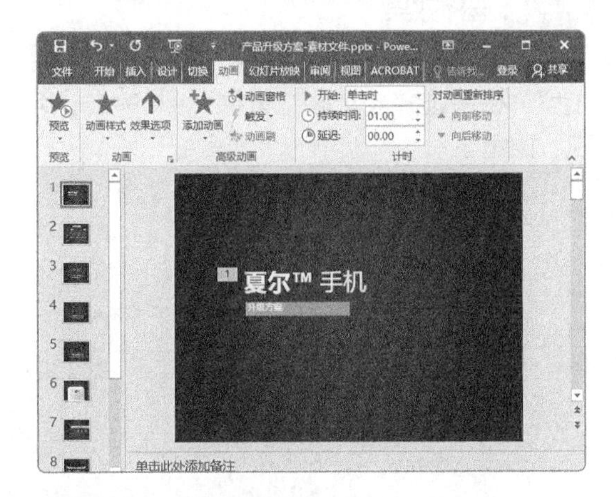

第3步 继续添加动画样式

❶ 选择绿色矩形条，在“动画”组中单击“动画样式”按钮；❷ 在打开的列表的“进入”栏中选择“缩放”选项。

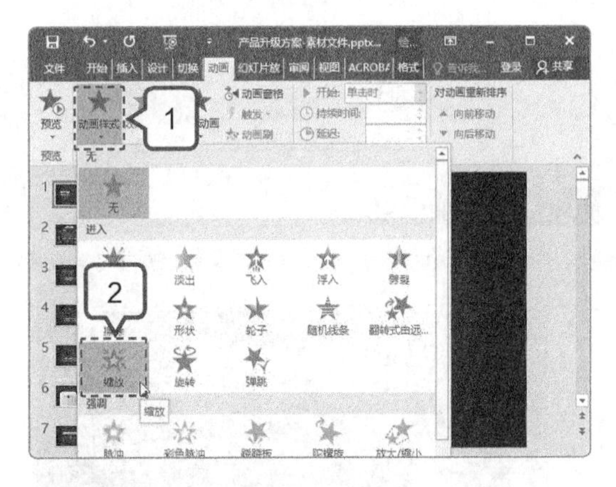

第4步 为文本框添加动画样式

❶ 选择矩形条上的文本框，在“动画”组中单击“动画样式”按钮；❷ 在打开列表的“进入”栏中选择“出现”选项。

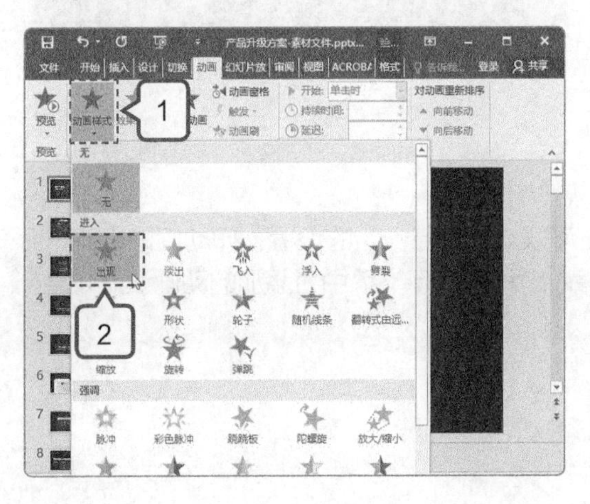

第5步 添加效果

添加完成动画后，会自动播放一次该动画，并且幻灯片中添加了动画的对象左侧，会根据添加动画的次序进行编号。

提示 在“动画→预览”组中单击“预览动画”按钮，可预览动画效果。

第6步 为图片加动画

❶ 选择第2个幻灯片，选中里面的背景图片；❷ 在“高级动画”组中单击“添加动画”按钮；❸ 在打开列表的“进入”栏中选择“随机线条”选项。

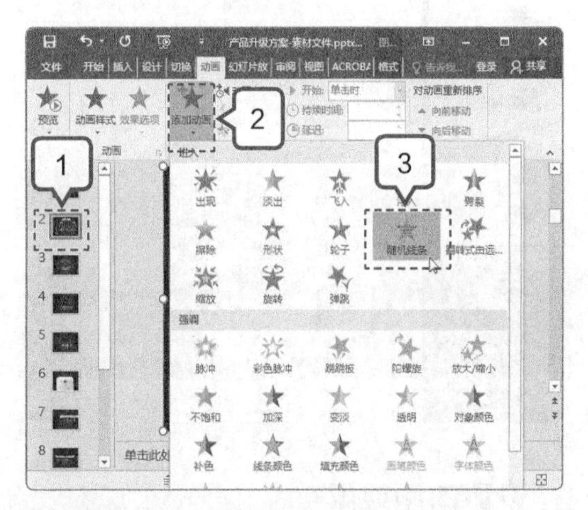

第7步 为文本框添加动画

❶ 选中标题文本框，在“高级动画”组中单击“添加动画”按钮；❷ 在打开列表的“强调”栏中选择“加粗展示”选项。

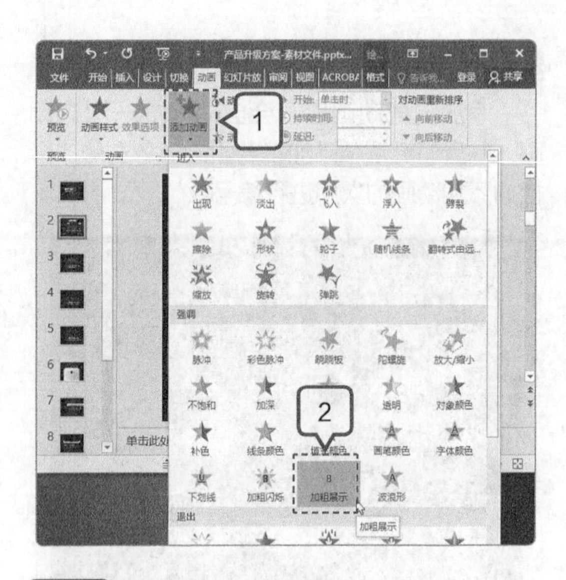

第 8 步 选择“更多进入效果”选项

❶ 按住【Shift】键不放，依次单击选择幻灯片中的内容文本框，在“高级动画”组中单击“添加动画”按钮；❷ 在打开列表的“进入”栏中选择“更多进入效果”选项。

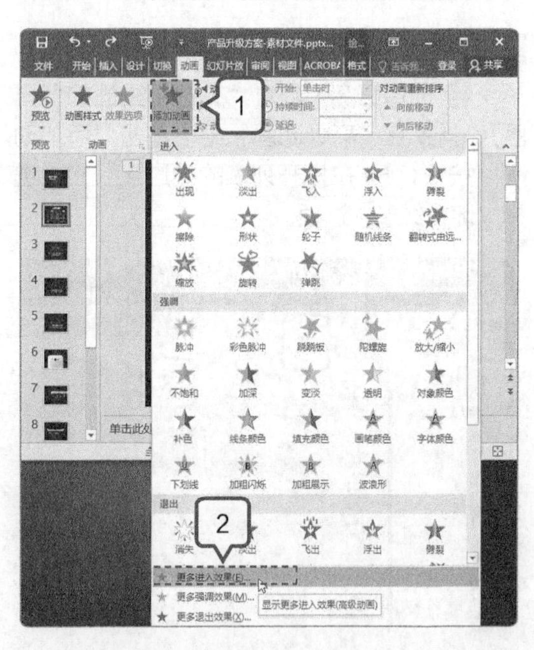

第 9 步 选择效果

❶ 打开“添加进入效果”窗口，在“温和型”栏中选择“升起”效果；❷ 单击“确定”按钮。

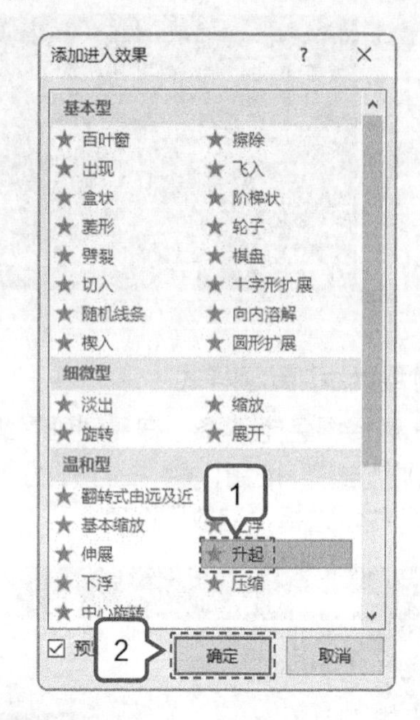

第 10 步 添加效果

添加完成动画后，幻灯片如图所示。

2. 设置动画效果

给幻灯片中的文本或对象添加动画效果后，还可以对其进行一定的设置，如动画的方向、开始方式、播放速度和声音等。下面在“产品升级方案 .pptx”演示文稿中为添加的动画设置效果，具体操作步骤如下。

第1步 设置计时

❶ 选择第1张幻灯片；❷ 选中文本框；❸ 在“动画→计时”组中设置“持续时间”为“01.50”；❹ 设置“延迟”为“00.50”。

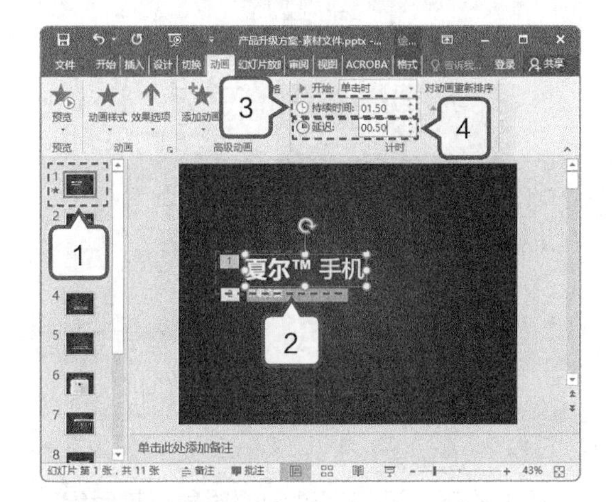

第2步 设置播放

❶ 选中绿色矩形图案；❷ 在“动画→计时”组的“开始”下拉列表中选择“上一动画之后”选项。

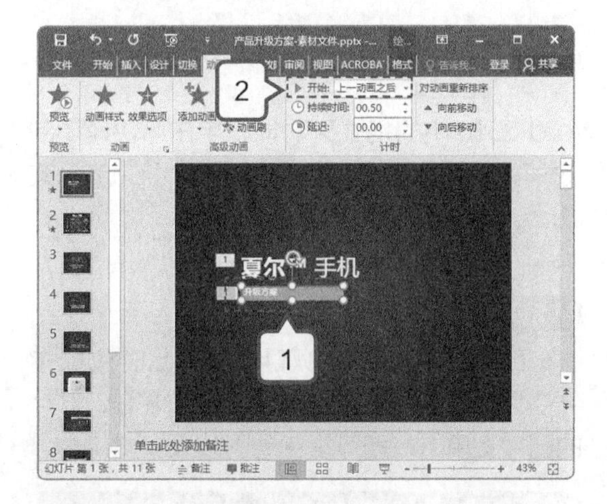

第3步 设置文本框持续时间

❶ 选中“升级方案”文本框；❷ 在“动画→计时”组“开始”下拉列表中选择“上一动画之后”选项；❸ 将“持续时间”设置为“00.80”。

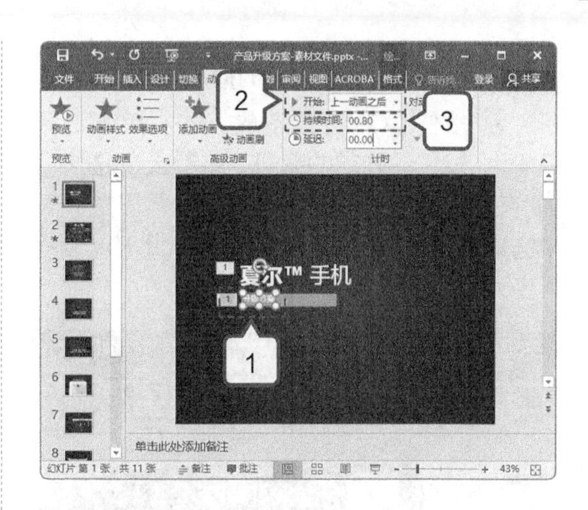

第4步 设置图片动画

❶ 选择第2张幻灯片，选择背景图片；❷ 在“动画→动画”组中单击“效果选项”按钮；❸ 在打开的列表中选择“垂直”选项。

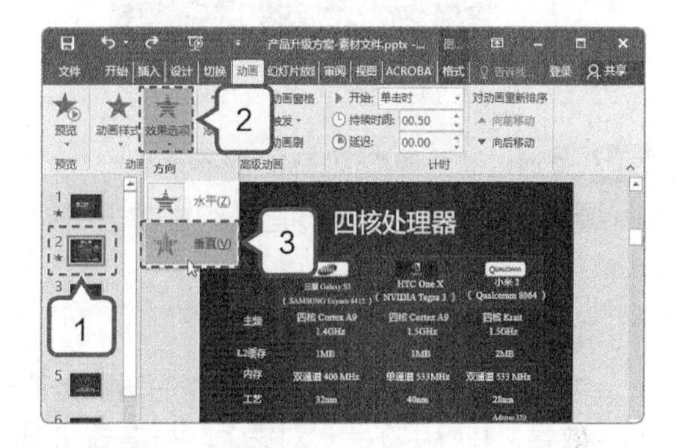

第5步 设置动画选项

❶ 选择标题文本框；❷ 在“动画→对动画重新排序”组中多次单击“向后移动”按钮，直至该按钮变为灰色，使该标题文本的动画顺序排于最末。

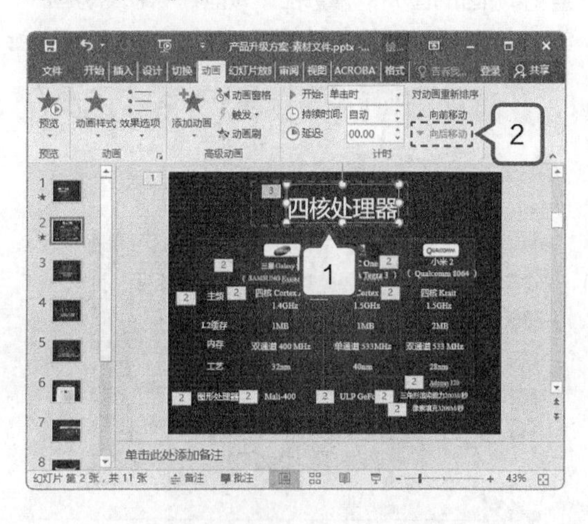

第 6 步 设置与上一动画同时播放

❶ 按住【Ctrl】键不放，依次单击选择编号为“2”动画前的编号，将其全部选中；❷ 在“动画→计时”组的“开始”下拉列表中选择“与上一动画同时”选项，此时动画编号变为“1”。

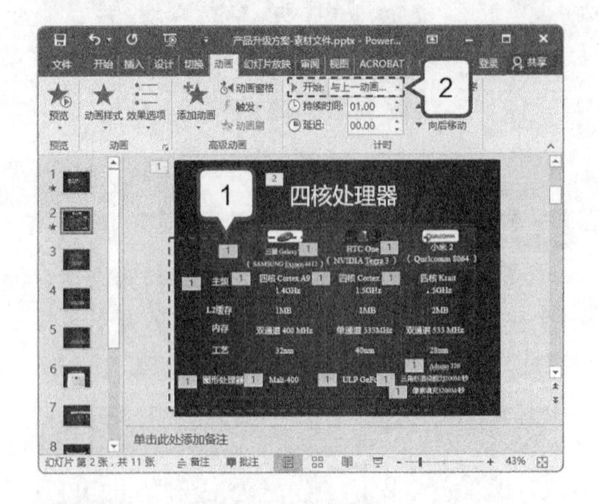

第 7 步 通过动画窗格预览动画

❶ 在“动画→高级动画”组中单击“动画窗格”按钮；❷ 打开“动画窗格”，单击“播放”按钮即可播放动画。

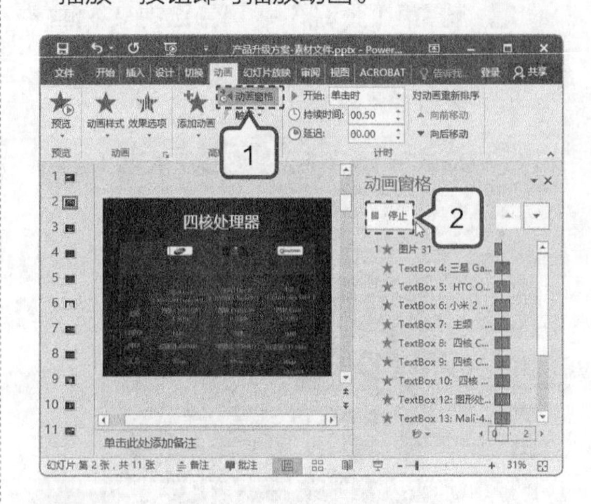

提示

“动画窗格”中会显示选中的幻灯片中的所有添加了动画的对象，其后绿色的条代表动画的时长。

3. 利用动画刷复制动画

PowerPoint 2016 中的动画刷的功能类似于 Word 2016 中的格式刷功能，用户可快速复制动画效果，并应用在另一对象上，可提高动画制作效率。下面在“产品升级方案 .pptx”演示文稿中利用格式刷复制动画，具体操作步骤如下。

第 1 步 复制动画

❶ 选择第 2 张幻灯片；❷ 选择已经设置好动画的图片；❸ 在“动画→高级动画”组中单击“动画刷”按钮。

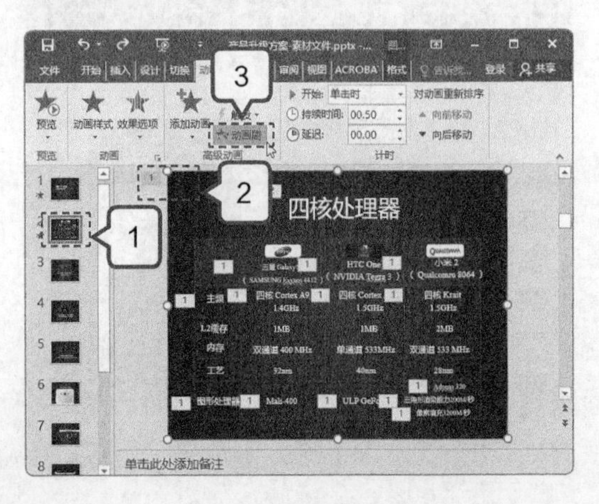

第 2 步 继续复制动画

❶ 选择第 3 张幻灯片；❷ 此时鼠标指针变为带有刷子的鼠标指针，在第 3 张幻灯片的图片上单击，即可复制动画效果。

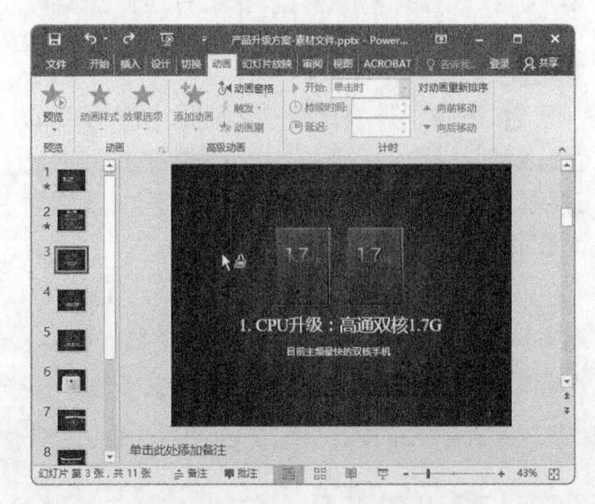

第3步 继续复制动画

❶ 选择第1张幻灯片；❷ 选中标题文本框；❸ 在“动画→高级动画”组中双击“动画刷”按钮。

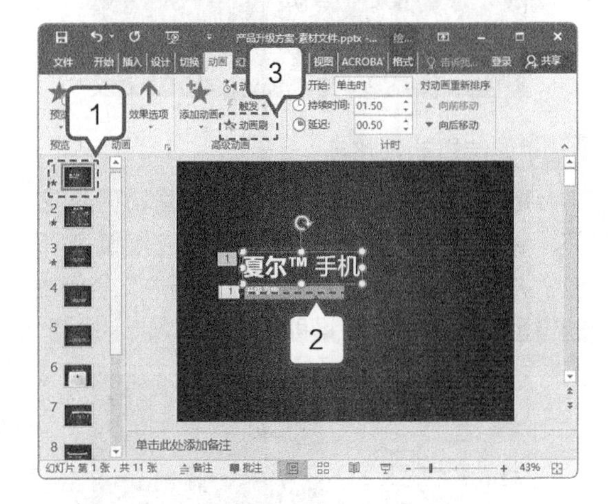

第4步 继续复制动画

❶ 选择第3张幻灯片；❷ 将鼠标指针移至文本框上，依次单击，将动画复制到两个文本框上；❸ 再次在“动画→高级动画”组中单击“动画刷”按钮，退出动画刷使用状态。

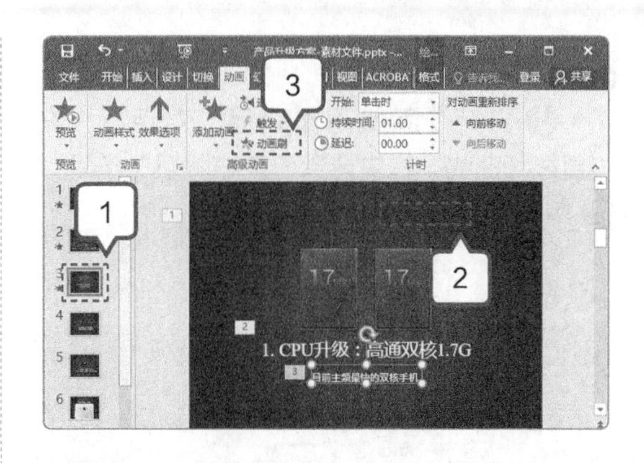

第5步 为其他幻灯片复制动画

使用同样的方法，将动画效果应用到除最后一张幻灯片的其他幻灯片的内容中。

4. 设置动作路径动画

使用“动作路径”可为对象添加沿路径运动的动画效果，如“直线”“弧形”“转弯”和“形状”等。除此之外，用户还可自定义动画路径，使幻灯片动画更丰富多彩。下面在“产品升级方案.pptx”演示文稿中制作动作路径动画，具体操作步骤如下。

第1步 设置其他动作路径

❶ 选择第11张幻灯片，并在其中选择需要设置动作路径动画的文本框；❷ 在“动画→高级动画”组中单击“添加动画”按钮；❸ 在打开的列表中选择“其他动作路径”选项。

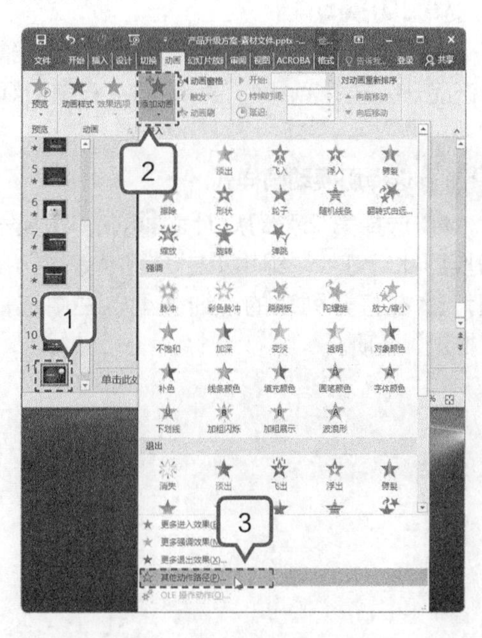

> **提示**
> 动作路径的开始位置显示为绿色箭头，结束位置显示为红色箭头。播放动画时，设置动画的对象将按照路径，从开始位置向结束位置移动。

第 2 步 **添加动作路径**

❶ 打开“添加动作路径”对话框，在“直线和曲线”栏中选择“向右弹跳”选项；❷ 单击“确定”按钮。

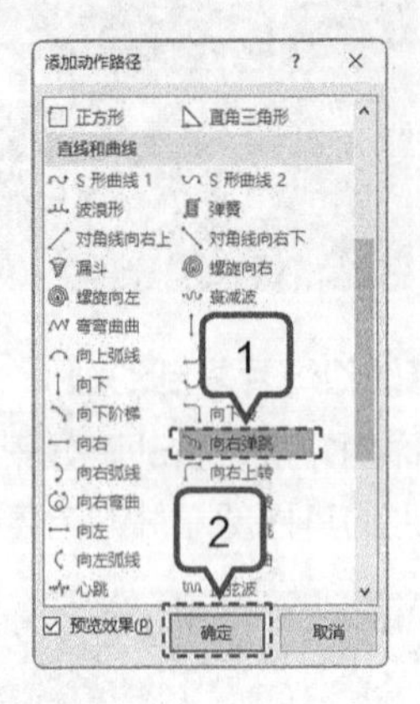

第 3 步 **移动位置**

此时为该文本框添加路径动画，并显示路径轨迹。

第 4 步 **编辑动作路径**

❶ 将文本框移动到幻灯片编辑区域之外；❷ 单击右下角红色的结束位置箭头不放，并向右拖动到幻灯片编辑区域中文字停留的位置，释放鼠标左键即可。

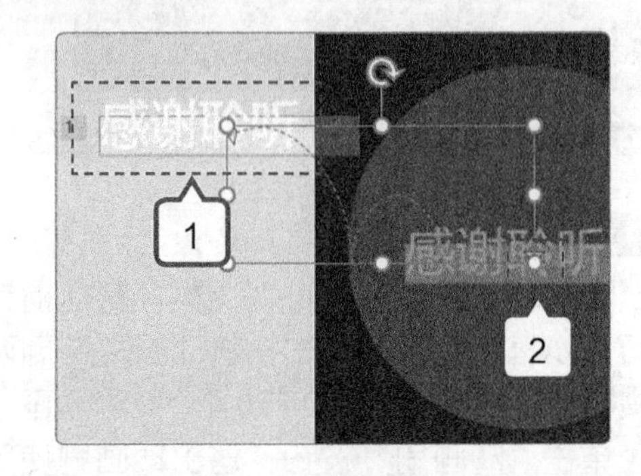

13.2.2 设置幻灯片的切换动画

幻灯片切换动画是指在幻灯片放映过程中，从一张幻灯片移到下一张幻灯片时出现的动画效果。幻灯片切换动画的基本方法包括：直接设置切换效果，为切换动画添加声音效果，以及设置切换动画的速度、换片方式等。下面将进行介绍。

1. 添加切换动画

在制作演示文稿的过程中，用户可根据需要添加切换动画，提升演示文稿的吸引力。下面在“产品升级方案 .pptx”演示文稿中设置幻灯片切换动画，具体操作步骤如下。

第 1 步 **选择切换动画样式**

❶ 选择第 2 张幻灯片；❷ 在“切换→切换到此幻灯片”组中单击“切换效果”按钮；❸ 在打开列表的“细微型”栏中选择“推进”选项。

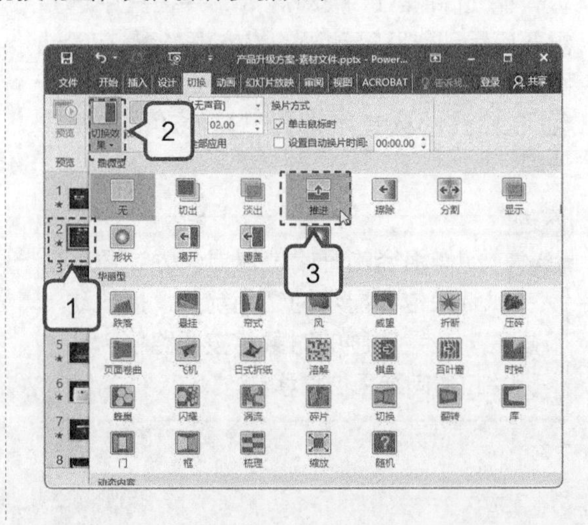

第 2 步 为其他幻灯片应用切换动画

PowerPoint 2016 将预览设置的切换动画效果，在“计时”组中单击“全部应用”按钮，为其他幻灯片应用同样的切换动画。

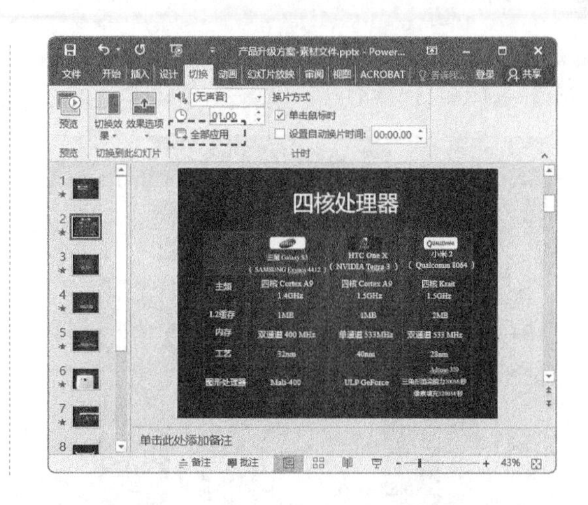

2. 设置切换动画效果

为幻灯片添加切换效果后，还可对所选的切换效果进行设置，包括设置切换效果选项、声音、速度及换片方式等。下面在“产品升级方案 .pptx”演示文稿中设置幻灯片切换动画的效果，具体操作步骤如下。

第 1 步 设置动画效果

❶ 选择第 3 张幻灯片；❷ 在“切换→切换到此幻灯片”组中单击“效果选项”按钮；❸ 在打开的列表中选择“自左侧”选项。

> **提示**
> 动画的设置要与演示环境吻合，还要因用途不同而进行更改，在严谨场合演示时，则尽量不设计动画。

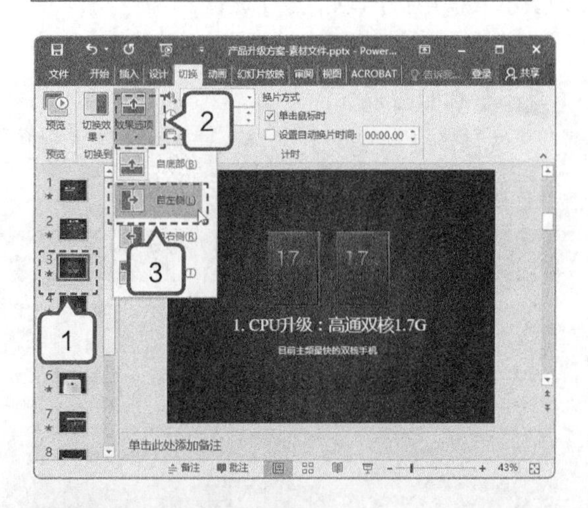

第 2 步 继续设置效果选项

❶ 选择第 4 张幻灯片；❷ 在“切换→切换到此幻灯片”组中单击“效果选项”按钮；❸ 在打开的列表中选择“自右侧”选项。

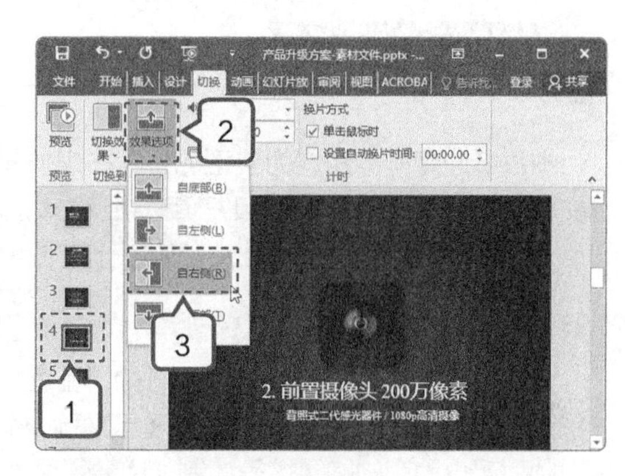

第 3 步 继续设置效果选项

❶ 选择第 5 张幻灯片；❷ 在“切换→切换到此幻灯片”组中单击“效果选项”按钮；❸ 在打开的列表中选择“自顶部”选项。

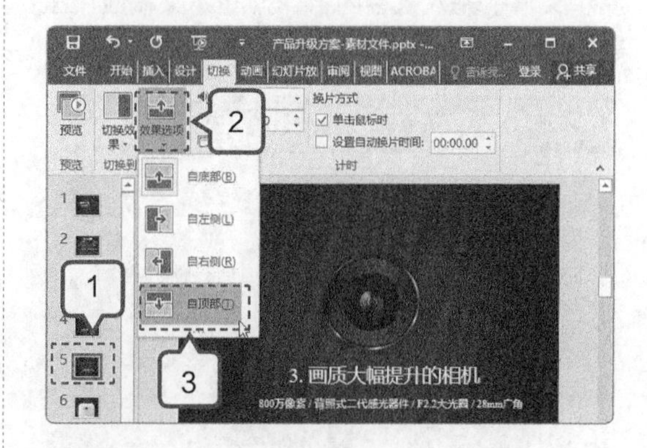

第 4 步 继续设置效果选项

❶ 选择第 6 张幻灯片；❷ 在“计时”

组的“声音”下拉列表框中选择“箭头”选项；❸ 将“持续时间”设置为“02.00”。

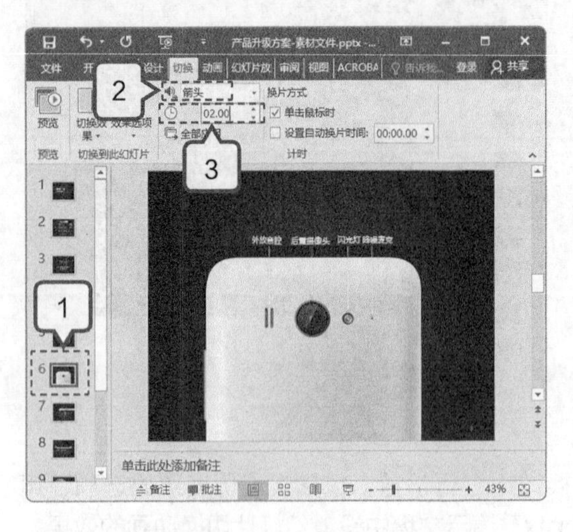

第 5 步 设置自动换片时间

❶ 选择第 3 张幻灯片；❷ 在“计时”组的“设置自动换片时间”文本框中输入“00:20.00”。

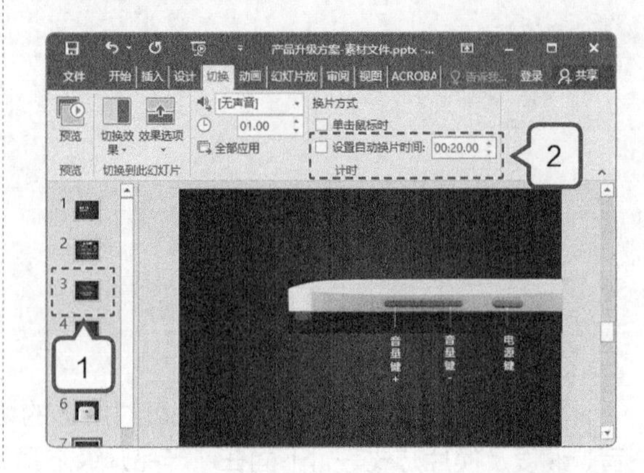

本章所选择的案例均为典型的设置多媒体演示文稿的操作，主要利用音频、视频、动画使演示文稿更加丰富，涉及添加和编辑音频及为幻灯片中的对象添加动画与设置幻灯片切换动画等知识点。以下列举两个典型基础文档的制作思路。

1. 让会议变得轻松的《分销商大会》演示文稿

分销商大会是企业每年必会举行的，旨在推销新产品、提高订货量、动员分销商进货、帮助分销商了解市场的一种会议。这类演示文稿一般会涉及多媒体的使用，例如用音乐振奋人心，或用视频引起分销商的购买欲等。制作《分销商大会》演示文稿可按照以下操作进行。

第 1 步 输入内容和数据

新建名为《分销商大会》的演示文稿，在演示文稿中输入大会内容，为演示文稿应用主题样式。

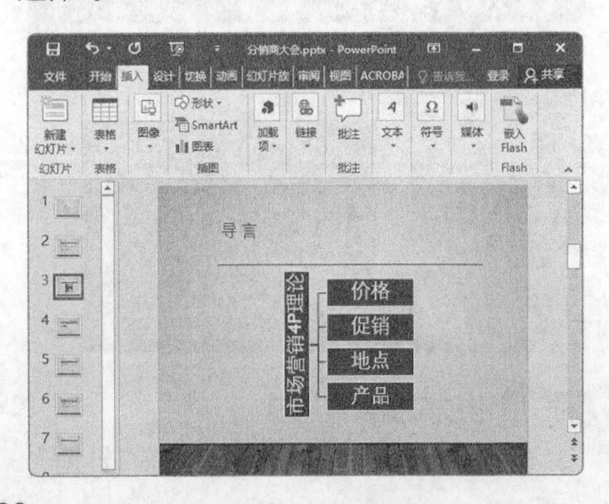

第 2 步 添加音频

选择第 1 张幻灯片，插入音频文件“交响乐 .mp3”，设置单击时在后台播放音乐。

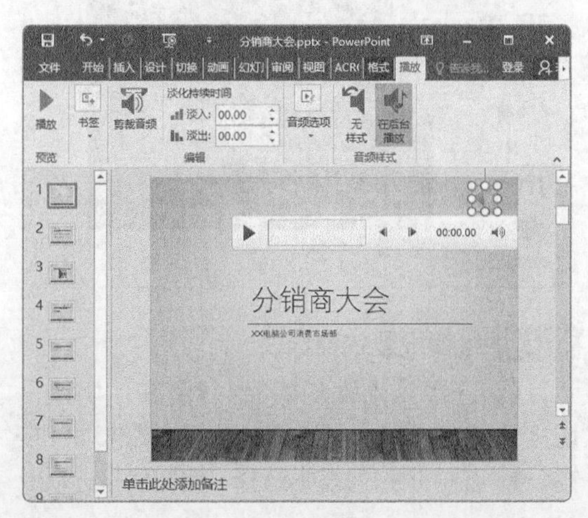

2.《新品推广策划案》要吸引眼球

《新品推广策划案》内容的吸睛度十分重要，因为策划内容要新颖，要能把握消费者心理，才能将新产品打入市场。制作《新品推广策划案》演示文稿可按照以下操作进行。

第1步 输入内容并设置对象动画

新建名为“新品推广策划案”的演示文稿，在其中输入内容并应用主题。然后为每一张幻灯片中的内容设置动画。

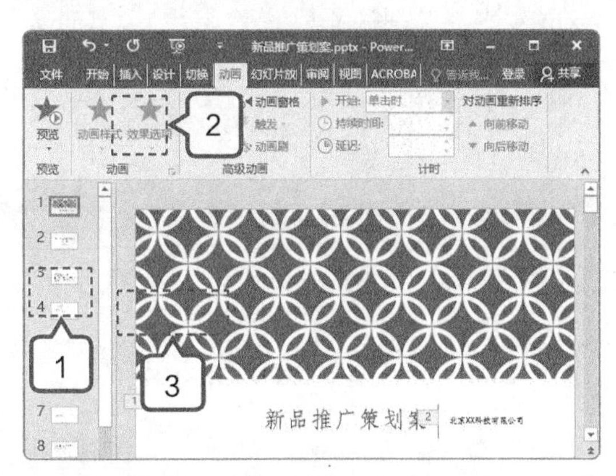

第2步 设置幻灯片切换动画

依次设置每一张幻灯片的切换动画，并更改动画效果。

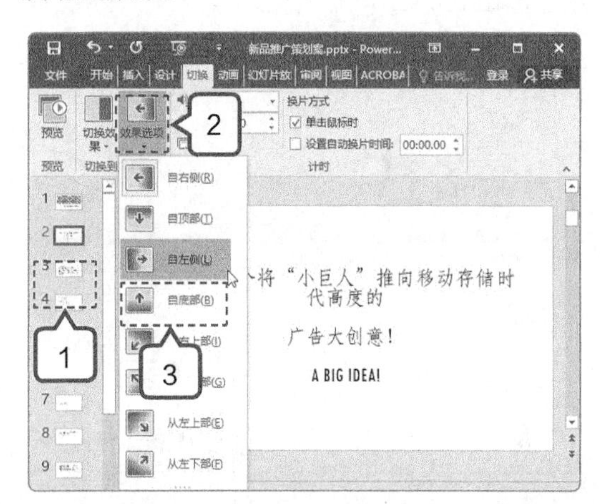

高手支招

1. 幻灯片中的版面设计

图文混排是幻灯片中最常见的一种版面设计方式。图文混排型版面设计有很多种，下面介绍最常用的 3 种版面布局设计方式。

- 左右型：左右型排版是图文混排中最常用的一种，这类排版既符合观赏者的视线流动顺序，又能使图片和与横向排列的文字形成有力的对比。一般左文右图。
- 中间型：中间型的版面设计在幻灯片中应用比较少，一般用于整张幻灯片只放一句话或者一个对象的情况下，若有图有文字，则采用对称的排版方式。
- 上下型：上下型版面设计在幻灯片中也比较常用。在对这类版面进行设计时，要注意文字的多少，以及文字与图片的排列位置，这样才能使整个版面更协调。

另外在幻灯片中忌堆砌太多文字与数字，每页幻灯片的文字不宜多于 10 行，正文字号不宜小于 5 号。若有表格，则需将表格转换为图片，这样才方便受众观看。在幻灯片中也不能将内容堆得太满，应在幻灯片中留出适当的空白。

2. 为幻灯片添加自动更新时间

在幻灯片中还可设置日期自动更新，且方法简单。设置之后，只要再次打开，幻灯片中显示的时间将与电脑时间同步，具体操作步骤如下。

第 1 步 设置自动更新

❶ 在“插入→文本”组中单击“时间和日期”按钮，打开“页眉和页脚”对话框，在的“幻灯片”选项卡的“幻灯片包含内容”栏中单击选中“日期和时间”复选框；❷ 单击选中“自动更新”单选项；❸ 单击“全部应用”按钮。

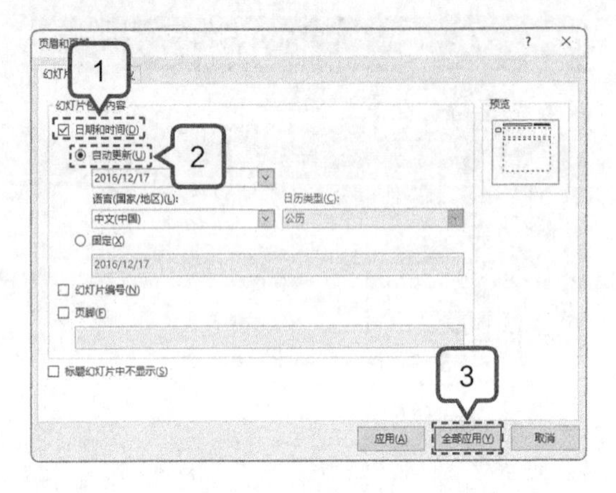

第 2 步 查看设置效果

此时将在幻灯片右上角显示当天的日期。

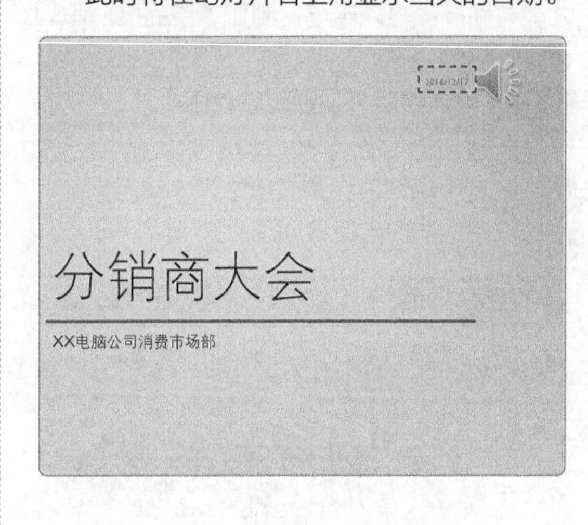

3. 为幻灯片中的影片设置最佳尺寸

在幻灯片中插入视频文件后，用户可以任意调整视频播放区域的大小。但调整后，影片的播放质量可能会下降。那么如何获得最佳的影片质量呢？其实只需让 PowerPoint 2016 自动设置最佳尺寸就可以了。

第 1 步 选择命令

用鼠标右键单击视频区域，在弹出的快捷菜单中选择“设置视频格式”命令

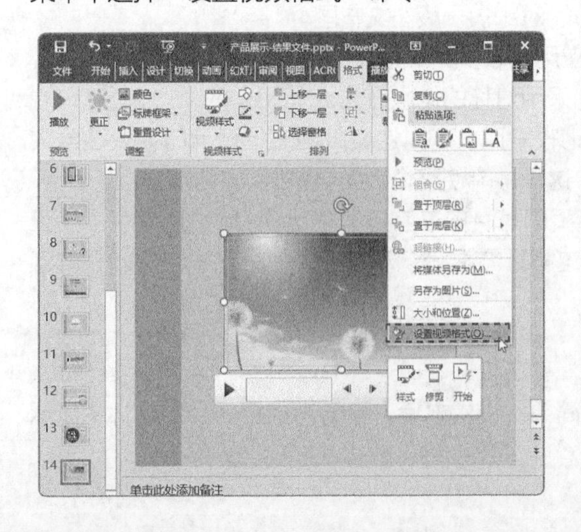

第 2 步 选择最佳比例

❶ 打开“设置视频格式”窗格，在其中选择“大小与属性”选项；❷ 在其下的“大小”栏中单击选中“幻灯片最佳比例”复选框。

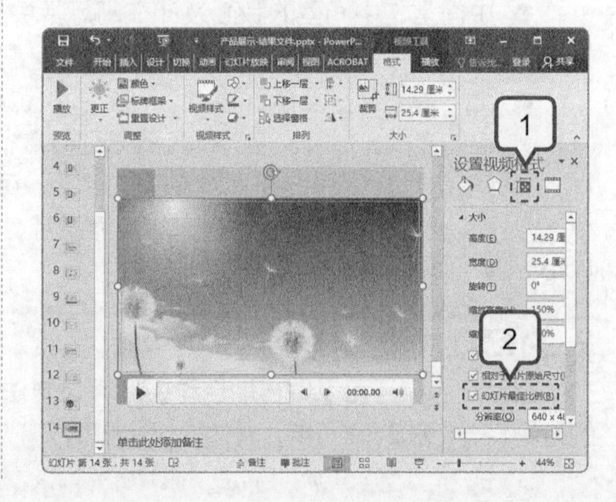

Chapter 14

高级应用——交互、放映幻灯片

本章视频教学时间 / 36 分钟

技术分析

演示文稿往往要在公共场合放映，因此需要对交互和放映进行设置。一般来说，制作包含交互和特别放映方式的演示文稿主要涉及以下知识点。

（1）超链接的设置和编辑。

（2）触发器的使用。

（3）输出和放映的设置。

我们工作和生活中常见的演示文稿包括各类报告、总结、培训案等。本章通过《市场分析报告》和《电子商务分析》两个典型案例，系统介绍制作交互演示文稿时需要掌握的具体操作。

思维导图

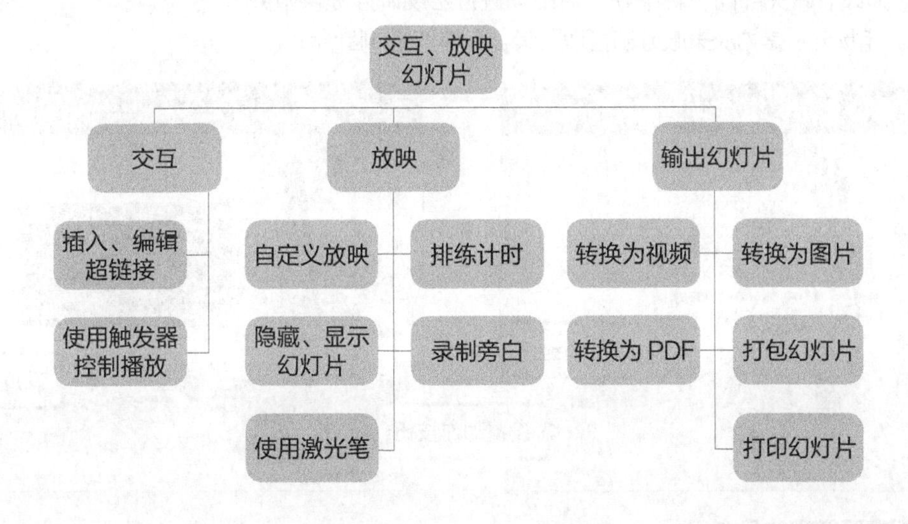

14.1 案例——制作《市场分析报告》演示文稿

本节视频教学时间 / 14 分钟

案例名称	市场分析报告
素材文件	素材 \ 第 14 章 \ 市场分析报告 _ 素材文件 .docx、散场 .mp4
结果文件	结果 \ 第 14 章 \ 市场分析报告 _ 结果文件 .docx
扩展模板	扩展模板 \ 第 14 章

/ 案例操作思路

本案例是制作一份市场分析报告。市场分析是对市场规模、位置、性质、特点、容量及吸引范围等调查资料所进行的分析，主要目的是研究商品的潜在销售量、开拓潜在市场、安排不同地区的商品分配数量，以及企业经营商品的地区市场占有率。

市场分析在企业经营决策中的重要作用主要有以下几个方面。

（1）帮助企业发现市场机会，并为企业的发展创造条件。

（2）加强企业控制销售的手段。

（3）帮助企业发现经营中的问题并找出解决办法。

（4）平衡企业与顾客的联系。

（5）为政府有关部门了解市场、对市场进行宏观调控提供服务

可见，市场分析是为决策服务的管理工具。具体效果如图所示。

/ 市场分析需要掌握的几个问题

名称	要求
客观性	市场调研活动必须运用科学的方法，符合科学的要求，以求市场分析活动中的各种偏差极小化，保证所获信息的真实性
系统性	市场分析是一个计划严密的系统过程，应该按照预定的计划和要求去收集、分析和解释有关资料
资料和信息	市场分析应向决策者提供信息，而非资料。资料是通过营销调研活动所收集到的各种未经处理的事实和数据，是形成信息的原料。信息是通过对资料的分析而获得的认识，是对资料进行处理和加工后的产物

/ 技术要点

（1）掌握幻灯片中超链接的使用方法。

（2）掌握利用触发器制作控制菜单的操作方法。

（3）掌握通过触发器控制幻灯片内容播放的方法。

/ 操作流程

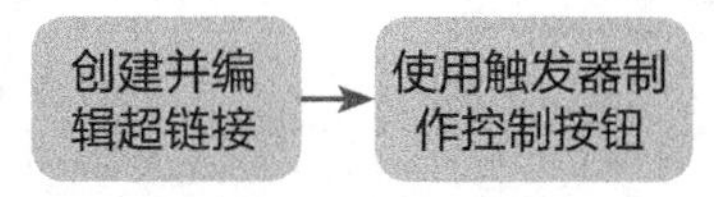

14.1.1 使用“超链接”串联幻灯片

幻灯片会按照默认的顺序依次放映。如果在演示文稿中创建超链接，就可以通过单击链接对象，跳转到其他幻灯片、电子邮件或网页中。本节将详细讲解在演示文稿中创建和编辑超链接的相关操作。

1. 创建超链接

在 PowerPoint 2016 中，可以在一些文本和图像上创建超链接。这样在使用鼠标单击该文本或图像时，将会跳转到指定的幻灯片页面。下面在“市场分析报告 .pptx”演示文稿中创建超链接，具体操作步骤如下。

第 1 步 选择“超链接”命令

❶ 打开“市场分析报告 - 素材文件 .pptx”，选择第 2 张幻灯片；❷ 选择“整体状况分析”文本；❸ 单击鼠标右键，在弹出的快捷菜单中选择“超链接”命令。

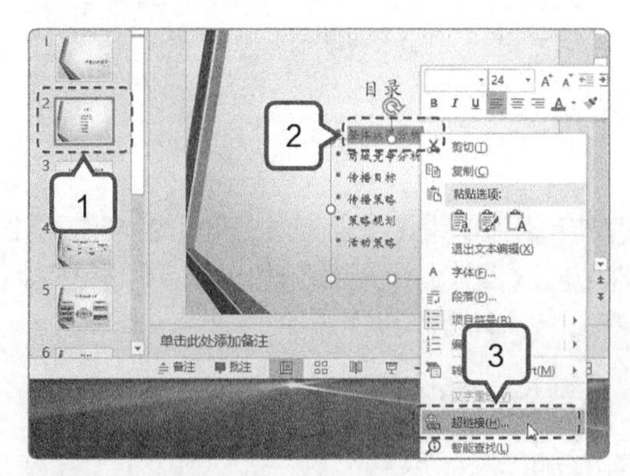

第 2 步 选择链接到的幻灯片

❶ 打开“插入超链接”对话框，在“链接到”栏中选择“本文档中的位置”选项；❷ 在“请选择文档中的位置”列表框中选择第 3 张幻灯片；❸ 单击“确定”按钮。

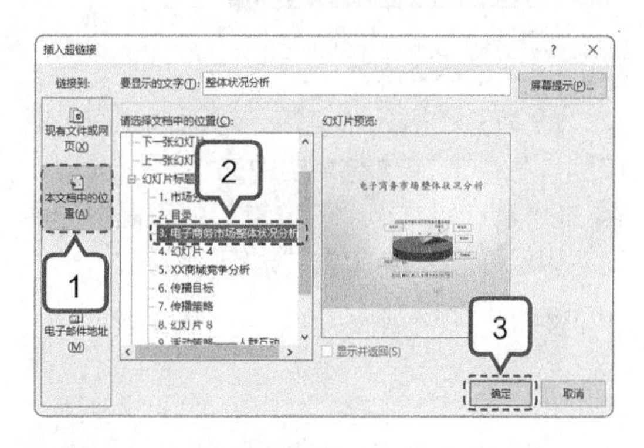

第 3 步 添加完成超链接

返回 PowerPoint 2016 工作界面，第 2 张幻灯片中的文本“整体状况分析”呈蓝色下划线显示，表示已成功添加超链接。

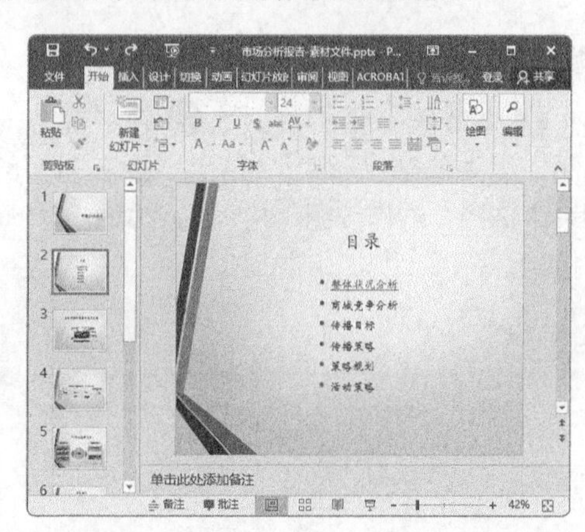

第 4 步 **选择“超链接”命令**

❶ 选择“商城竞争分析”文本；❷ 单击鼠标右键，在弹出的快捷菜单中选择“超链接”命令。

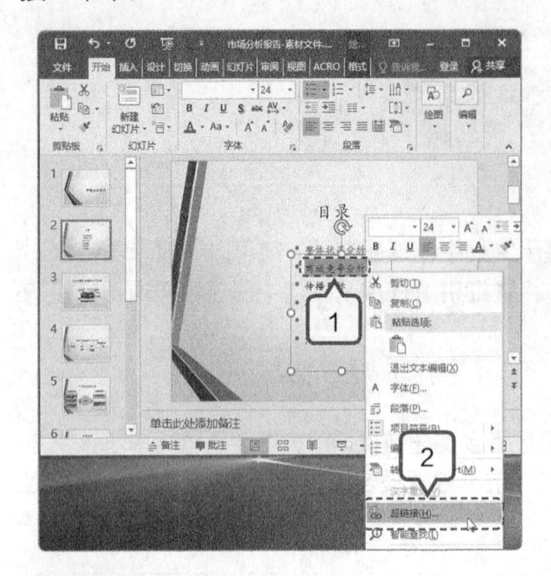

第 5 步 **设置超链接**

❶ 打开“插入超链接”对话框，在“链接到”栏中选择“本文档中的位置”选项；❷ 在“请选择文档中的位置”列表框中选择第 5 张幻灯片；❸ 单击“确定”按钮。

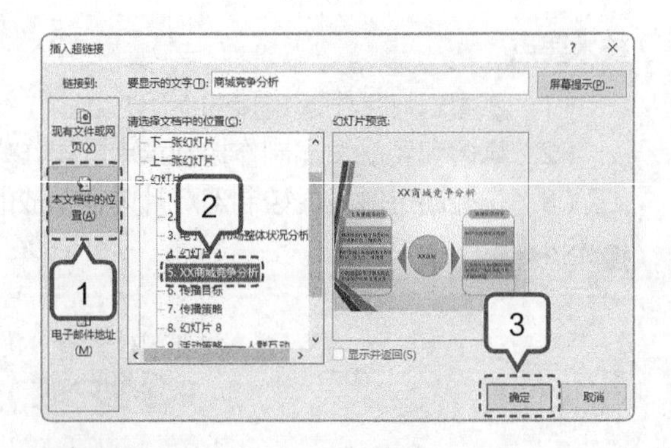

第 6 步 **为其他文本添加超链接**

使用同样的方法，将“传播目标”链接到第 6 张幻灯片，将“传播策略”链接到第 7 张幻灯片，将“策略规则”链接到第 8 张幻灯片，将“活动策略”链接到第 9 张幻灯片。

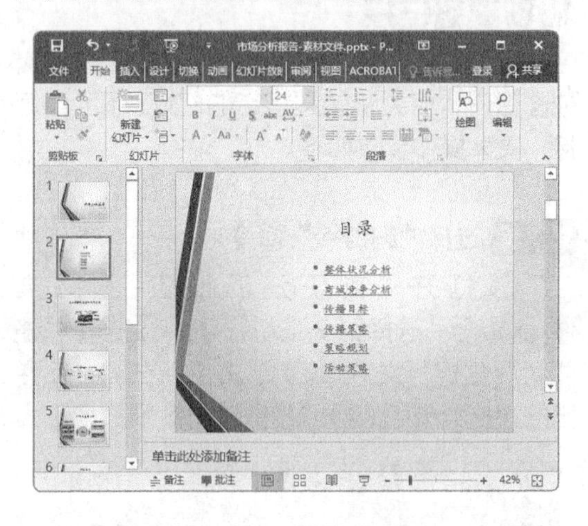

2. 绘制动作按钮创建超链接

在 PowerPoint 2016 中，动作按钮的作用是当单击或用鼠标指针指向这个按钮时会产生某种效果，如链接到某一张幻灯片、某个网站、某个文件或播放音效、运行程序等，类似于超链接。下面在“市场分析报告 .pptx”演示文稿中绘制动作按钮，具体操作步骤如下。

第 1 步 **选择动作按钮**

❶ 选择第 3 张幻灯片；❷ 在“插入→插图”组中单击“形状”按钮；❸ 在打开的列表中选择“动作按钮”栏下的“第一张”动作按钮。

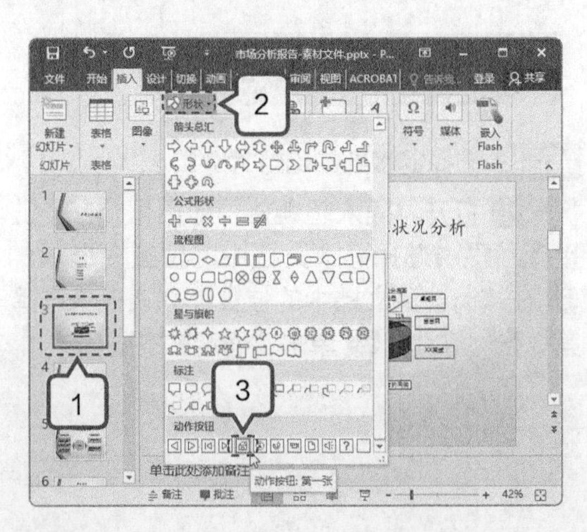

第 2 步 绘制动作按钮

当鼠标指针变为十字形状时，将其移至幻灯片右下角，按住鼠标左键不放并向右下角拖动绘制动作按钮。

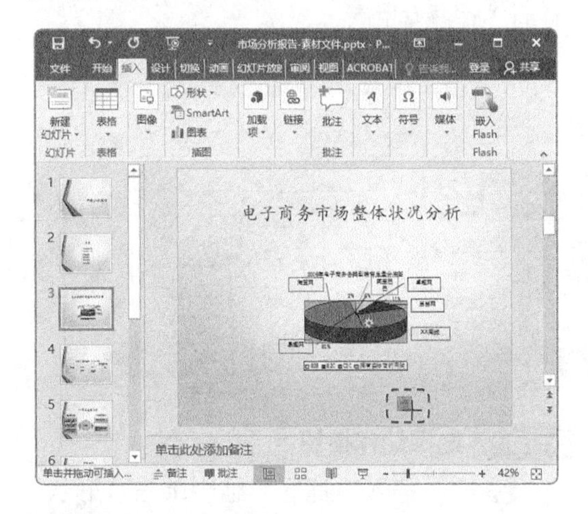

第 3 步 确认链接到的幻灯片

❶ 此时将自动打开“操作设置”窗口，默认连接到第 1 张幻灯片；❷ 单击“确认”按钮。

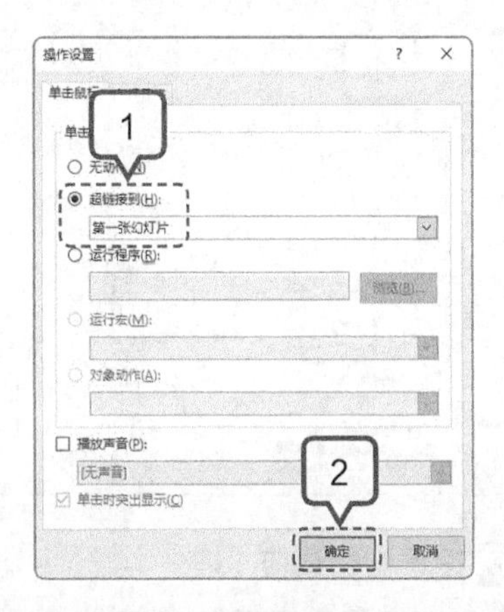

第 4 步 继续插入动作按钮

❶ 在“插入→插图”组中单击“形状”按钮；❷ 在打开的列表中选择“动作按钮”栏下的“前进或下一项”动作按钮。

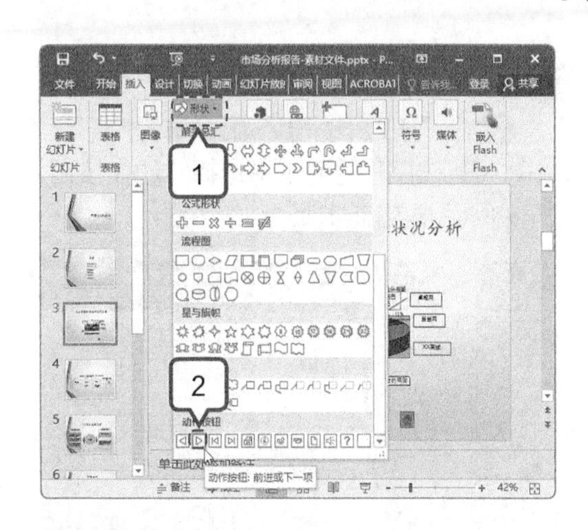

第 5 步 设置动作按钮声音

❶ 打开“操作设置”窗口，单击选中“播放声音”复选框；❷ 在“播放声音”复选框的下拉列表框中选择声音类型“箭头”。

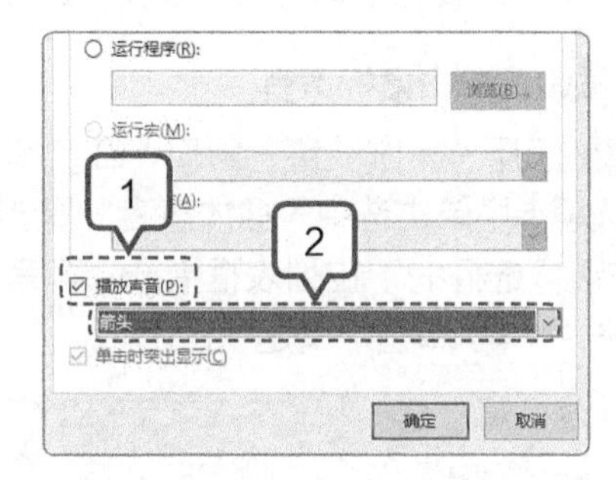

第 6 步 设置鼠标悬停效果

❶ 单击“鼠标悬停”选项卡；❷ 单击选中“播放声音”复选框；❸ 在其下的下拉列表中选择声音为“照相机”；❹ 单击“确定”按钮。

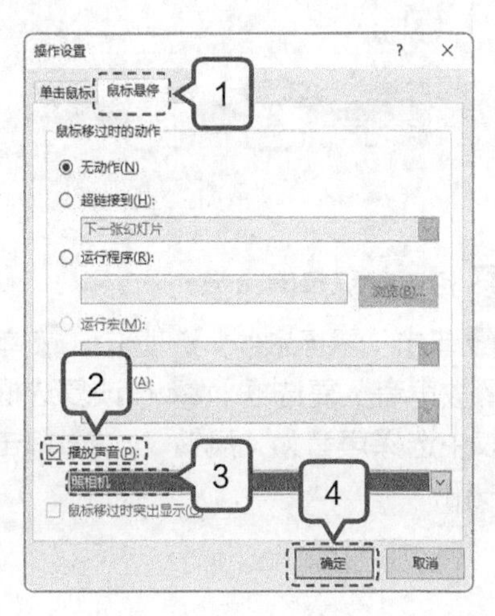

第 7 步 继续插入动作按钮

❶ 在“插入→插图”组中单击“形状”按钮；❷ 在打开的列表中选择“动作按钮”栏下的“后退或前一项”动作按钮。

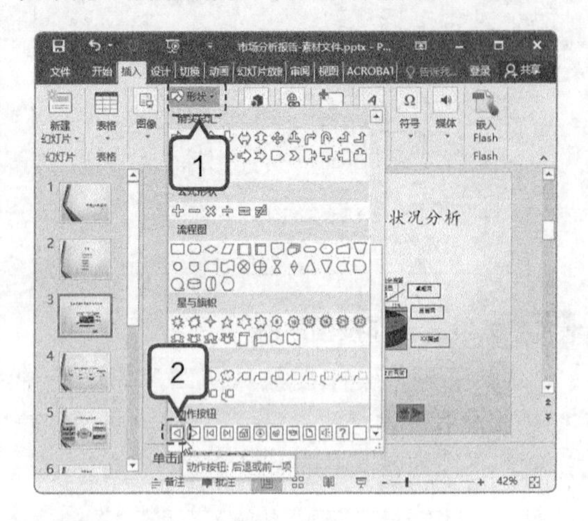

第 8 步 设置单击鼠标声音

❶ 打开“操作设置”窗口，在“单击鼠标”选项卡中单击选中“播放声音”复选框；❷ 在该复选框的下拉列表框中选择声音类型“单击”；❸ 单击“确定”按钮。

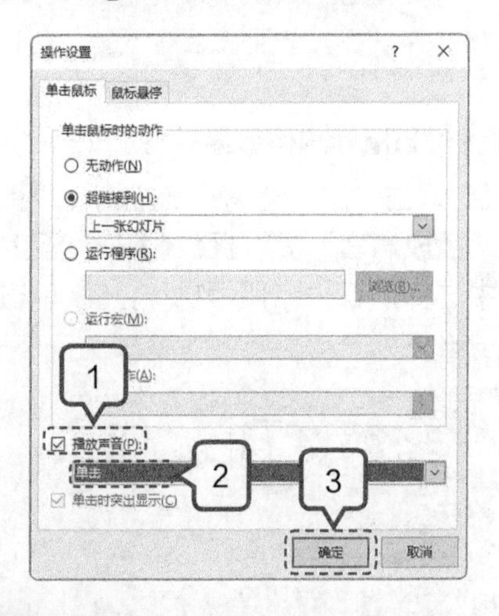

第 9 步 设置鼠标悬停声音

❶ 单击“鼠标悬停”选项卡；❷ 单击选中“播放声音”复选框；❸ 在该复选框的下拉列表中选择声音为“风铃”；❹ 单击“确定”按钮。

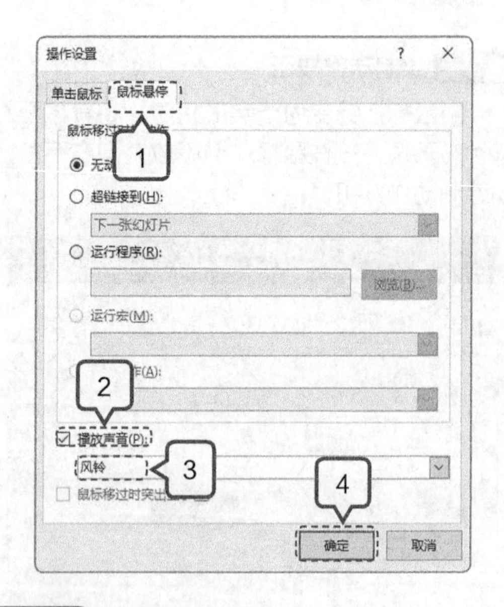

第 10 步 选择动作按钮

❶ 在“插入→插图”组中单击“形状”按钮；❷ 在打开的列表中选择“动作按钮”栏下的“结束”动作按钮。

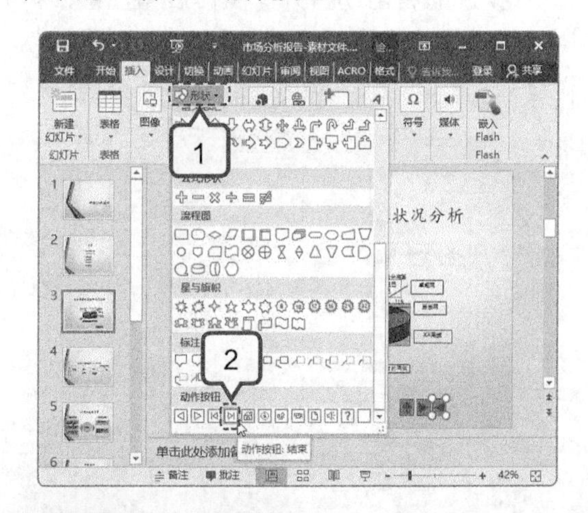

第 11 步 设置按钮链接

❶ 打开“操作设置”窗口，在“超链接到”下拉列表框中选择“结束放映”选项；❷ 单击选中“播放声音”复选框；❸ 在其下拉列表框中选择声音类型“鼓掌”；❹ 单击“确定”按钮。

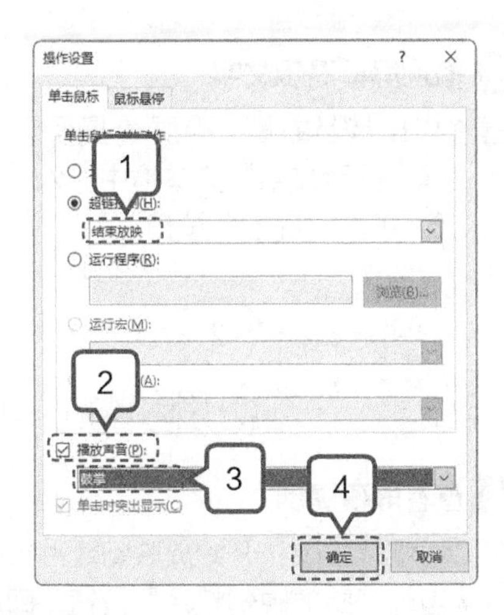

第 12 步 更改按钮样式

❶ 选择“第一张”动作按钮；❷ 在“格式→形状样式”组中选择“细微效果，橙色 - 强调颜色 3”样式。

> **提示**
> 若已创建的超链接不符合幻灯片主题，用户还可对其进行编辑修改，如重新设置链接位置、删除超链接和设置链接效果。

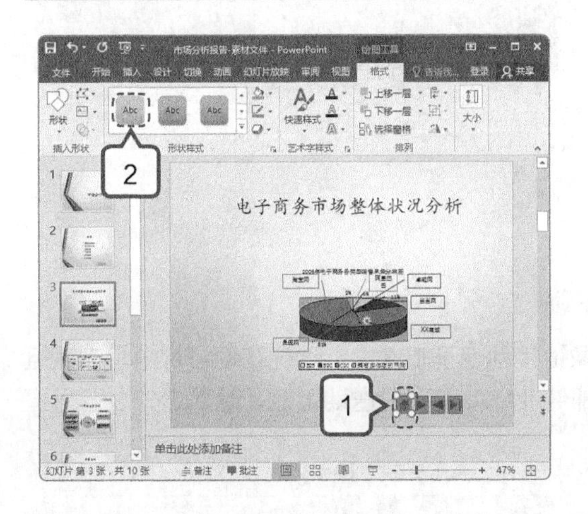

第 13 步 为其他按钮设置样式

使用同样的方法依次为其他 3 个动作按钮设置形状样式。

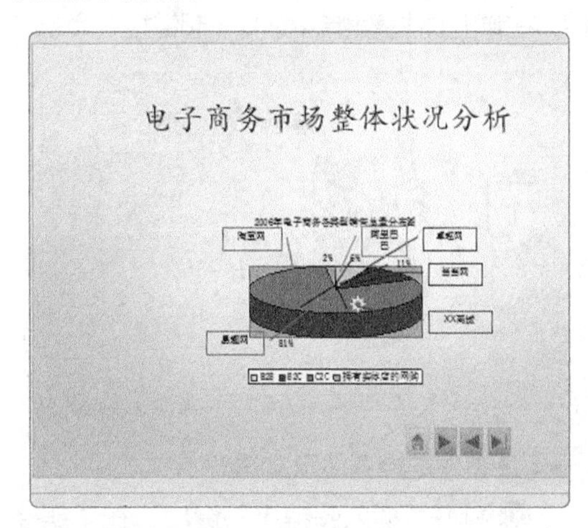

第 14 步 复制动作按钮

选中这 4 个动作按钮，将其复制到其他幻灯片（除第 1 张和最后一张）中去，并根据需要调整动作按钮的位置。

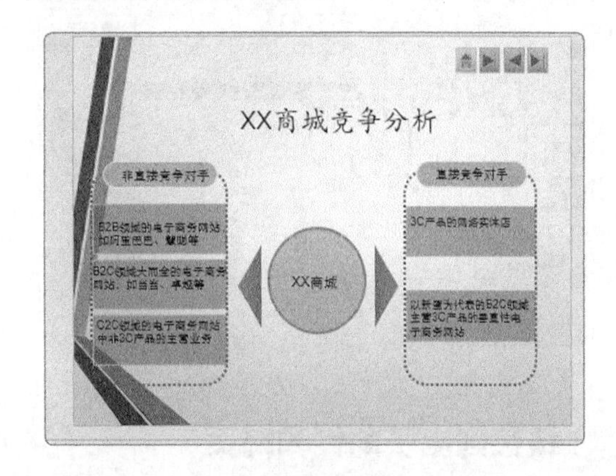

3. 链接到其他演示文稿

在 PowerPoint 2016 中，除了能将对象链接到本演示文稿的其他幻灯片中外，还能链接到其他演示文稿中，具体操作步骤如下。

第 1 步 选择“超链接”命令

❶ 选择第 9 张幻灯片；❷ 选择需要添加超链接的文本“意见领袖”；❸ 单击鼠标右键，在弹出的快捷菜单中选择“超链接”命令。

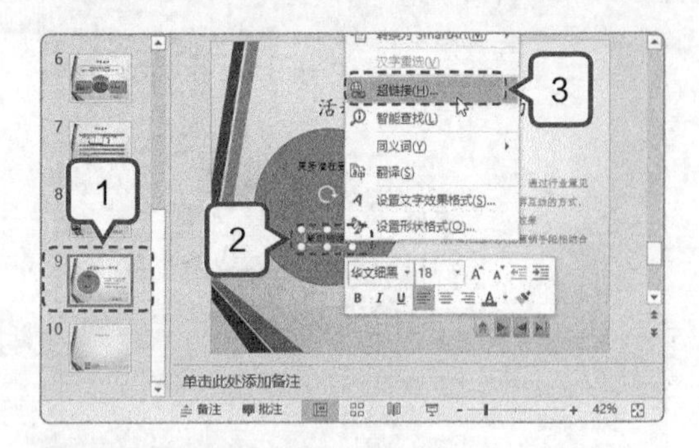

第 2 步 设置链接到演示文稿

❶ 打开“插入超链接”窗口，在“链接到”栏中选择“现有文件或网页”选项；❷ 在右侧的“当前文件”列表中选择需要链接的演示文稿；❸ 单击“屏幕提示”按钮。

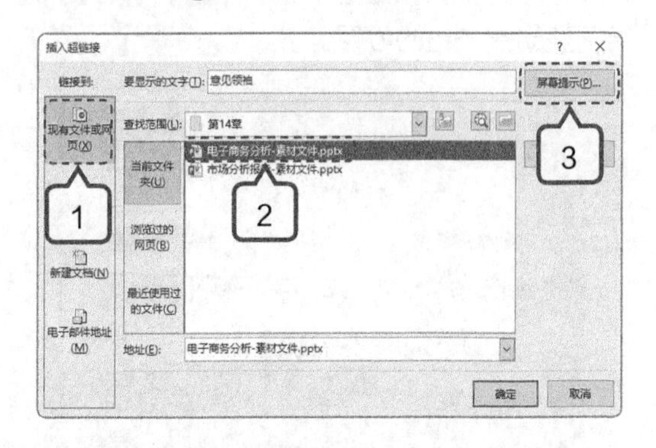

第 3 步 输入屏幕提示文字

❶ 打开“设置超链接屏幕提示”对话框，在“屏幕提示文字”文本框中输入“电商分析”；❷ 单击“确定”按钮。

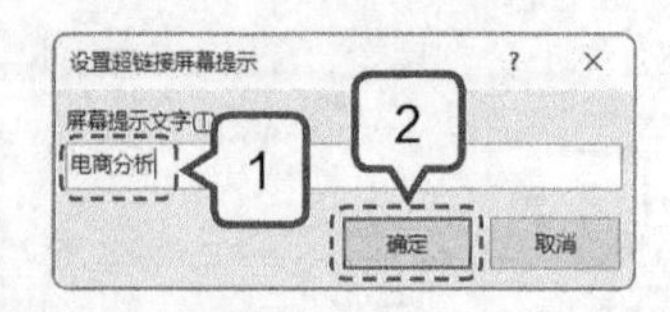

第 4 步 查看屏幕提示

在“幻灯片放映→开始放映幻灯片”组中单击“从当前开始放映幻灯片”按钮，即可从第 9 张幻灯片开始放映，将鼠标指针移到超链接文本上，将显示屏幕提示。

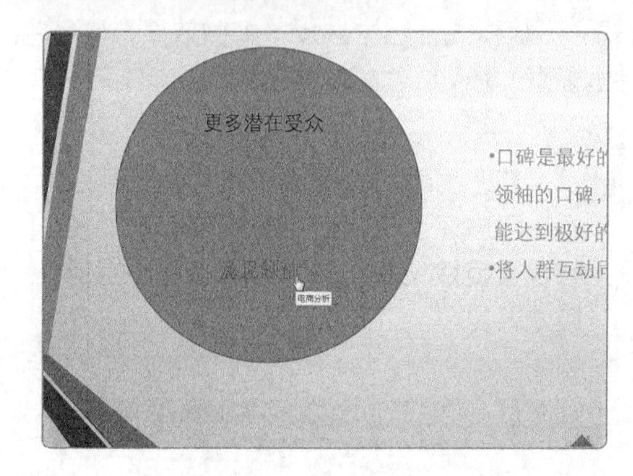

4. 链接到电子邮件和网页

在 PowerPoint 2016 中还可将幻灯片中的对象链接到电子邮件中。这样在幻灯片中单击该链接就可启动 Outlook 等电子邮件软件，并自动将邮件地址填写到发送地址栏。除此之外，还可直接链接到网页中，具体操作步骤如下。

第 1 步 选择“超链接”命令

❶ 选择第 10 张幻灯片；❷ 在幻灯片中选择邮件地址；❸ 单击鼠标右键，在弹出的快捷菜单中选择“超链接”命令。

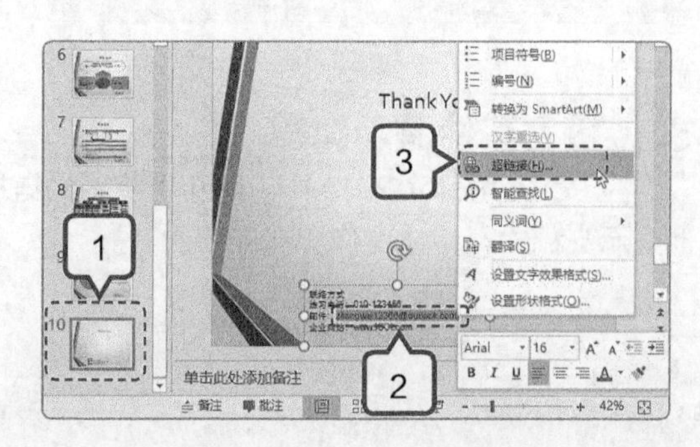

第 2 步 **设置链接到邮件**

❶ 在“链接到”栏中选择“电子邮件地址”选项；❷ 在右侧的“电子邮件地址栏”文本框中输入电子邮件地址；❸ 单击“确定”按钮。

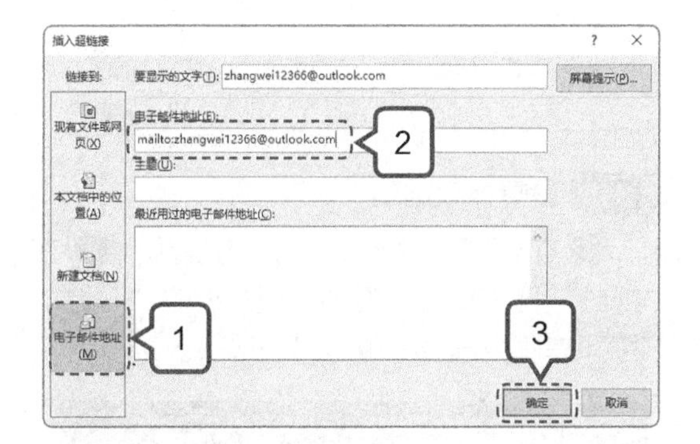

第 3 步 **选择超链接命令**

❶ 在幻灯片中选择网页网址；❷ 单击鼠标邮件，在弹出的快捷菜单中选择“超链接”命令。

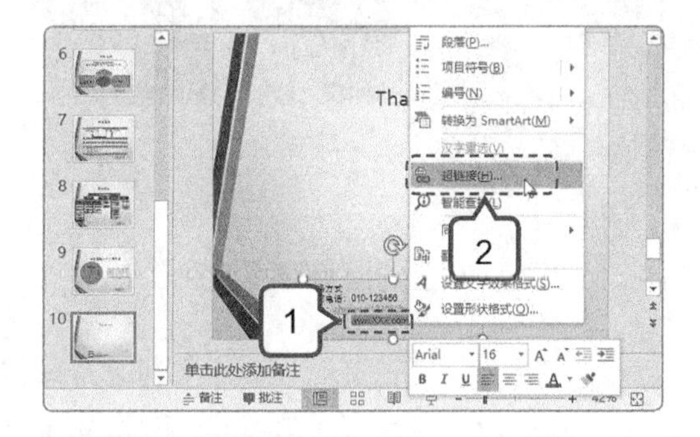

第 4 步 **插入超链接**

❶ 在打开的“插入超链接”对话框的左侧单击“现有文件或网页”选项；❷ 在“地址”文本框中输入网址；❸ 单击“屏幕提示”按钮。

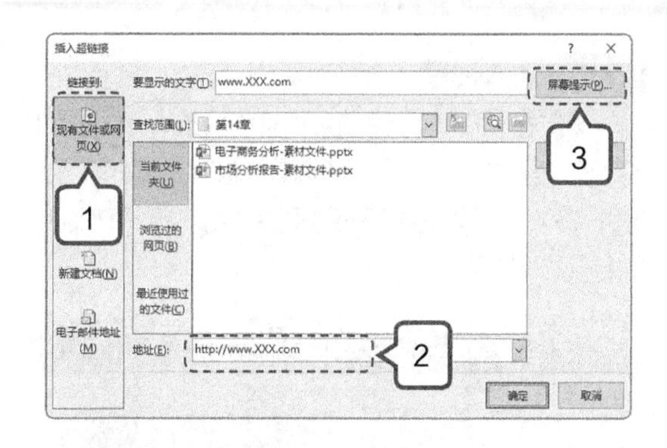

第 5 步 **输入屏幕提示**

❶ 打开“设置超链接屏幕提示”对话框，在“屏幕提示文字”文本框中输入“企业网址”；❷ 单击“确定”按钮。

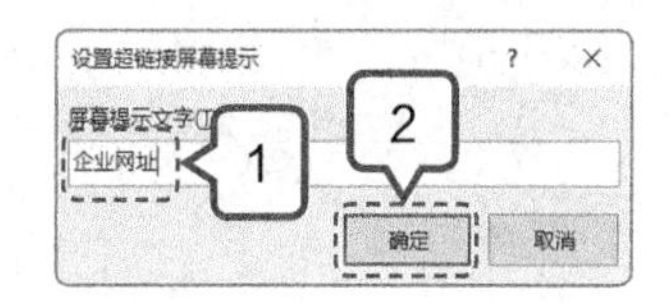

第 6 步 **播放效果**

单击 PowerPoint 2016 工作界面最下方任务栏上的“幻灯片放映”按钮，即可从选中的幻灯片开始放映，将鼠标指针移到设置了超链接的文本上，即可显示屏幕提示。

14.1.2 利用触发器制作控制按钮

利用触发器可以控制幻灯片中多媒体对象的播放。下面就在幻灯片中利用触发器制作播放与暂停按钮，以控制插入视频的播放操作。

1. 插入视频

要通过触发器制作控制按钮，需要先在幻灯片中插入视频文件，并对视频进行适当的设置。下面在“市场分析报告 - 素材文件 .pptx”演示文稿中插入并设置视频文件，具体操作步骤如下。

第 1 步 插入视频

❶ 在“幻灯片”窗格中选择第 10 张幻灯片；❷ 在“插入→媒体”组中单击“视频”按钮；❸ 在打开的列表中选择“PC 上的视频”选项。

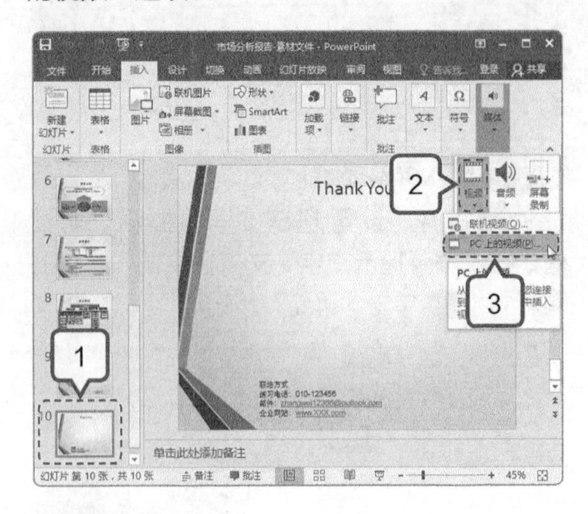

第 2 步 选择视频文件

❶ 打开“插入视频文件”对话框，选择视频文件所在的文件夹，选择“散场 .mp4”文件；❷ 单击“插入”按钮。

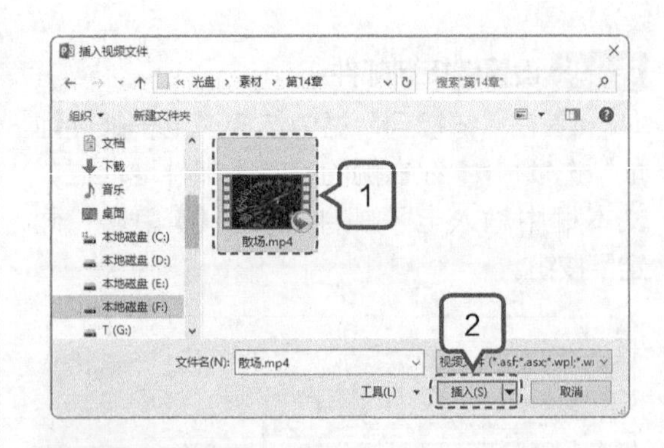

第 3 步 设置视频选项

❶ 在幻灯片中选择插入的视频；❷ 在“视频工具→播放→视频选项”组的“开始”下拉列表框中选择“单击时”选项。

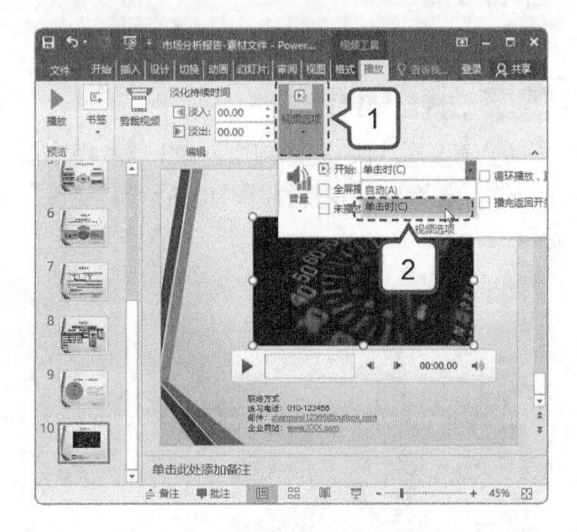

2. 绘制并设置形状

接下来需要绘制按钮作为触发器。下面在“市场分析报告 - 素材文件 .pptx”演示文稿中绘制和编辑形状作为触发器按钮，具体操作步骤如下。

第 1 步 选择形状

❶ 在“插入→插图”组中单击“形状”按钮；❷ 在打开列表的“矩形”栏中选择“圆角矩形”选项。

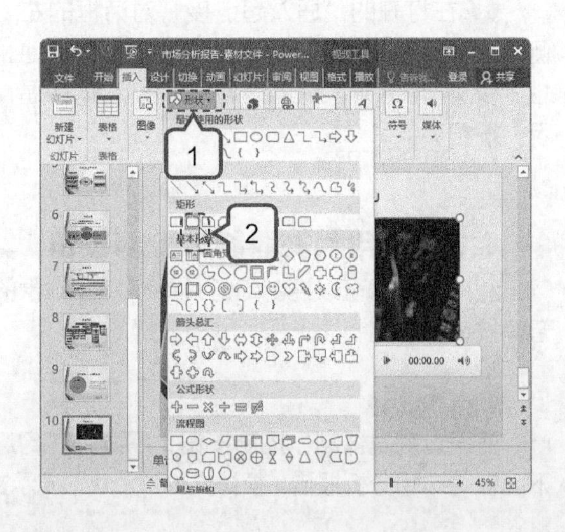

第 2 步 设置形状样式

❶ 拖动鼠标绘制形状；❷ 在“绘图工具格式→形状样式”组的“形状样式”列表框中选择“强烈效果 - 蓝色，强调颜色 1”选项。

第 3 步 编辑文字

在绘制的形状上单击鼠标右键，在弹出的快捷菜单中选择“编辑文字”命令。

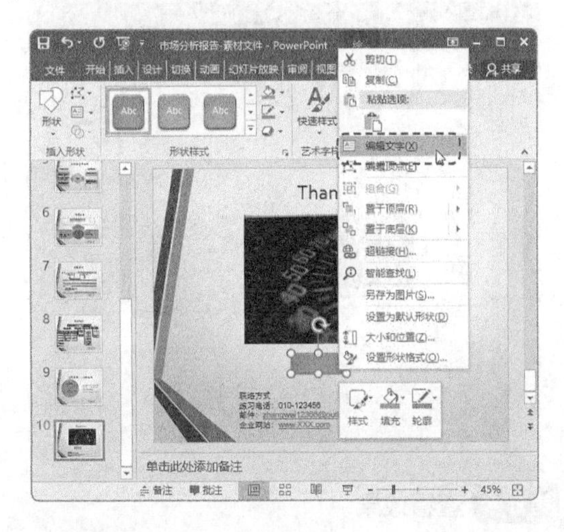

第 4 步 设置文本格式

❶ 输入文本“播放 / 暂停”，选择输入的文本；❷ 在“开始→字体”组中设置字体格式为“幼圆、28、加粗”。

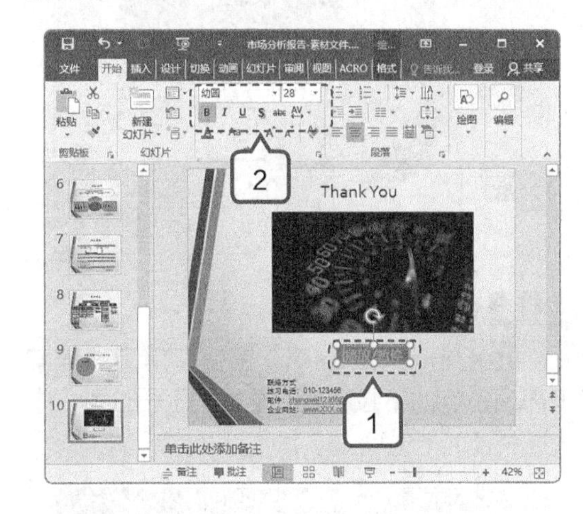

第 5 步 设置完成

设置完成后的效果如图所示。

3. 设置触发器

设置控制按钮的触发器的操作主要在“动画→计时”组中进行。下面在“产品分析报告 - 素材文件 .pptx”演示文稿中设置控制按钮的触发器，具体操作步骤如下。

第 1 步 打开动画窗格

❶ 在幻灯片中单击选中插入的视频文件；❷ 在“动画→高级动画”组中单击“动画窗格”按钮。

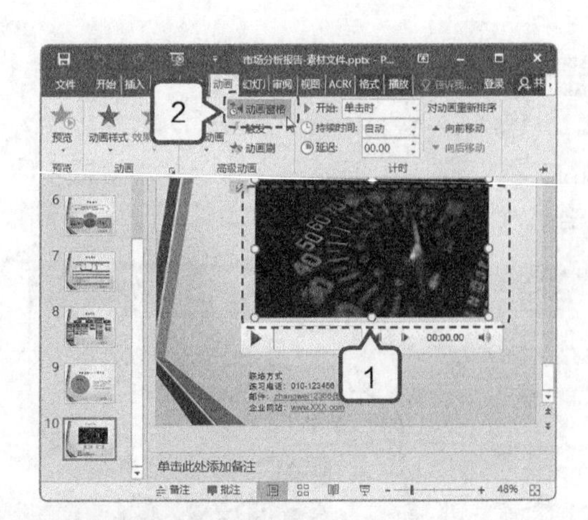

第 2 步 设置计时

❶ 打开“动画窗格”窗格，单击播放动画选项右侧的下拉按钮；❷ 在打开的列表中选择“计时”选项。

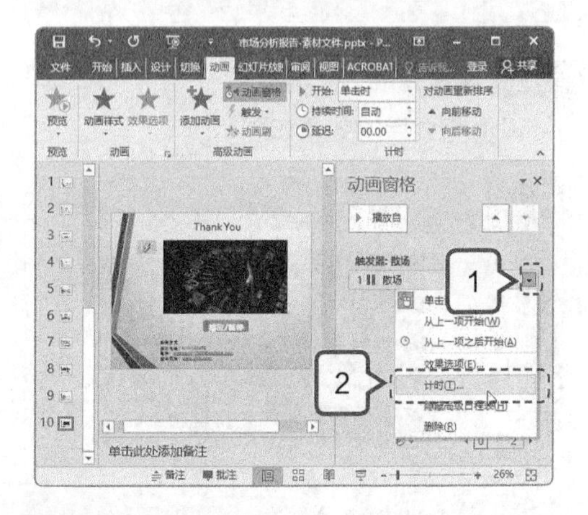

第 3 步 设置触发器

❶ 打开“暂停视频”对话框的“计时”选项卡，在“单击下列对象时启动效果”单选项右侧的下拉列表框中选择“圆角矩形 3：播放 / 暂停”选项；❷ 单击“确定”按钮。

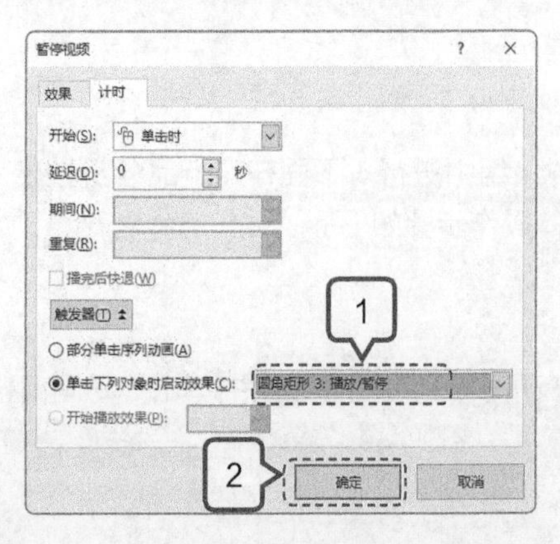

第 4 步 设置声音

❶ 单击“效果”选项卡；❷ 在“声音”右侧的下拉列表中选择“click.wav”选项；❸ 单击“确定”按钮。

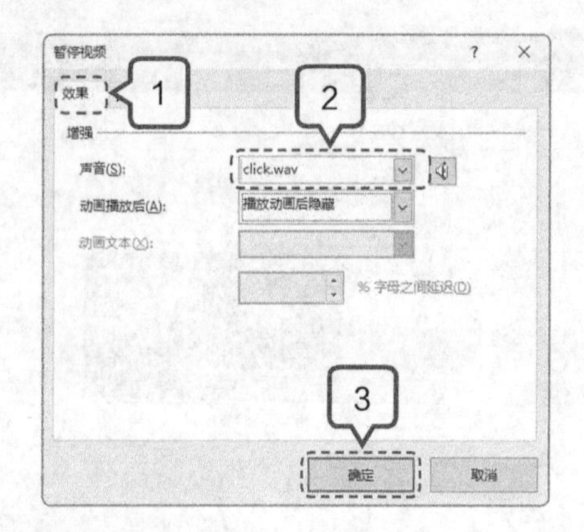

第 5 步 查看触发器

❶ 此时在“动画窗格”中可看到视频对象上方的控制按钮已经变为“触发器：圆角矩形 3：播放 / 暂停”；❷ 关闭动画窗格。

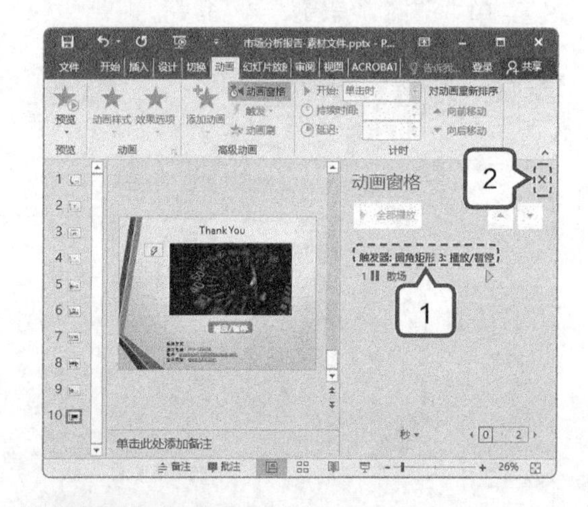

第 6 步 查看效果

设置完成后的效果如图所示。

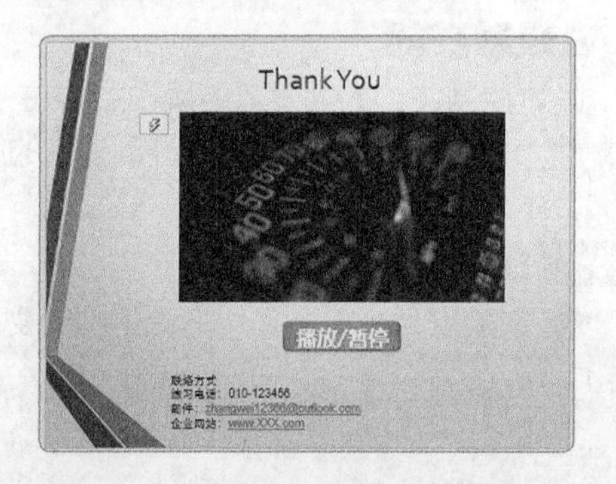

14.2 案例——制作《电子商务分析》演示文稿

本节视频教学时间 / 18 分钟

案例名称	电子商务分析
素材文件	素材 \ 第 14 章 \ 电子商务分析 _ 结果文件 .docx
结果文件	结果 \ 第 14 章 \ 电子商务分析 _ 结果文件 .docx
扩展模板	扩展模板 \ 第 14 章

/ 案例操作思路

本案例主要制作电子商务分析演示文稿，以便在会议上使用。商业分析包括审视预计的销售额、成本和利润是否达到公司预计目标，如达到，则此产品概念才能进一步发展到产品开发阶段。

商业分析的资料一般有以下几部分。

（1）确定资料来源，包括销售记录分析、信用证交易分析、邮政编码分析、调查等。

（2）确定调查的内容，包括购物频率、平均购买数量、顾客集中程度。

（3）确定商圈内居民人口特征的资料来源。

（4）确定商店的区域、地点和业态等。

具体效果如图所示。

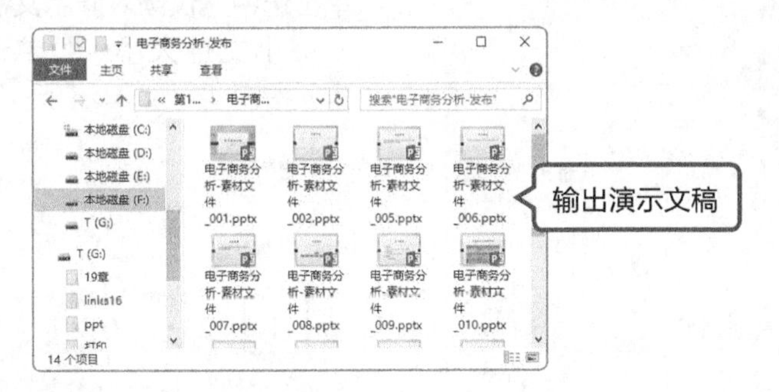

/ 商业分析的主要组成要素

名称	是否必备	要求
人口规模及特征	必备	人口总量和密度；年龄分布；平均教育水平；拥有住房的居民百分比；总的可支配收入；人均可支配收入；职业分布；人口变化趋势，以及到城市购买商品的邻近农村地区顾客数量和收入水平
劳动力保障	必备	管理层的学历、工资水平；管理培训人员的学历、工资水平；普通员工的学历与工资水平
供货来源	必备	运输成本；运输与供货时间；制造商和批发商数目；可获得性与可靠性
竞争情况	必备	现有竞争者的商业形式、位置、数量、规模、营业额、营业方针、经营风格、经营商品、服务对象；所有竞争者的优势与弱点分析；竞争的短期与长期变动；饱和程度
法规	必备	税收；执照；营业限制；最低工资法；规划限制等

/ 技术要点

（1）掌握在不同环境中播放幻灯片的方法。

（2）掌握幻灯片的多种不同放映方法。

（3）掌握幻灯片的不同输出方法。

/ 操作流程

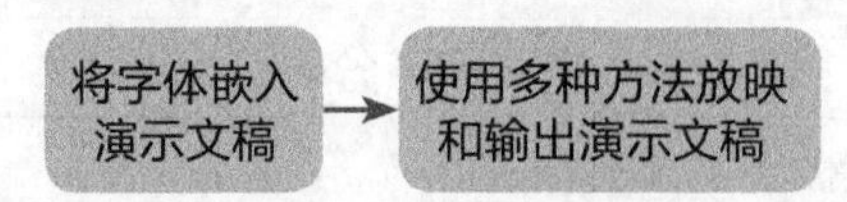

14.2.1 解决在不同环境使用演示文稿的问题

当将演示文稿复制到其他设备中进行演示时，有时会发现演示文稿排版发生了改变，字体也发生了变化。这是设备上缺少字体导致的，只要在制作演示文稿时嵌入字体，就可以解决问题，具体操作步骤如下。

第 1 步 选择“选项”命令

在 PowerPoint 2016 工作界面选择“文件”，在切换到的界面左侧选择“选项”命令。

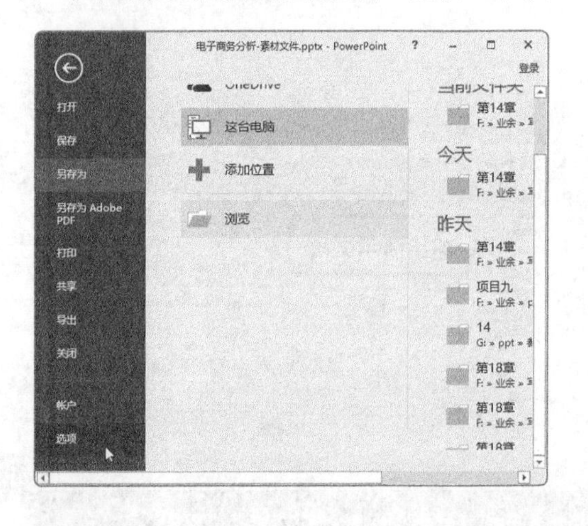

第 2 步 嵌入字体

❶ 打开“PowerPoint 选项”窗口，在左侧选择“保存”选项卡；❷ 在右侧的面板中单击选中“将字体嵌入文件”复选框；❸ 单击选中“仅嵌入演示文稿中使用的字符（适于减小文件大小）”单选项；❹ 单击“确定”按钮。

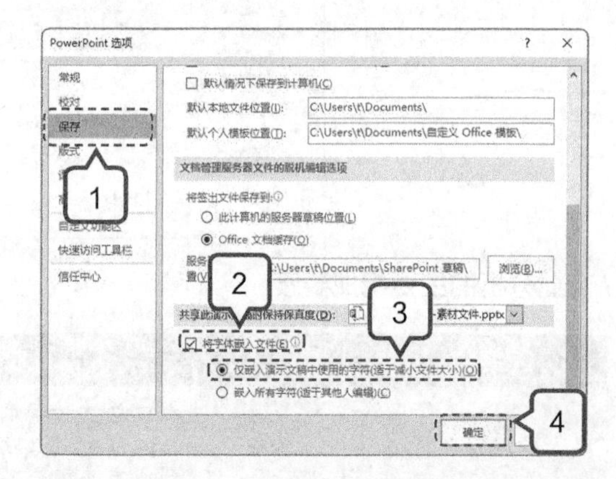

14.2.2 多种方法“放映”演示文稿

演示文稿的最终用途是演示，让观众能够了解幻灯片中所要展示的内容。下面就来讲解与演示文稿放映有关的设置操作。

1. 自定义演示

在演示幻灯片时，如果只需播放文稿中的部分幻灯片，可通过设置幻灯片的自定义演示来实现。下面自定义“电子商务分析 - 素材文件 .pptx”演示文稿的播放顺序，具体操作步骤如下。

第1步 选择“自定义放映”命令

❶ 在“幻灯片放映→开始放映幻灯片”组中单击“自定义幻灯片放映”按钮；❷ 在打开的列表中选择“自定义放映”选项。

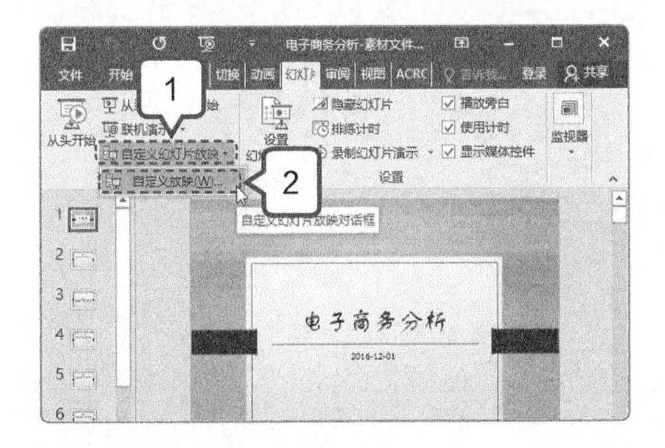

第2步 选择“新建”命令

打开“自定义放映”窗口，单击“新建”按钮。

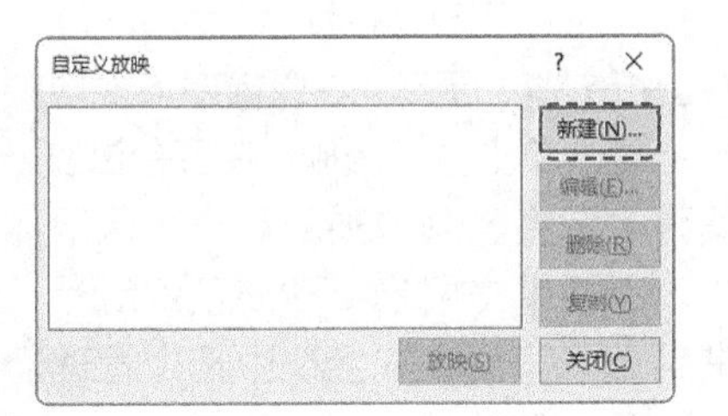

第3步 选择幻灯片

在左侧的“在演示文稿中的幻灯片”列表中，单击需要放映的幻灯片前面的复选框。

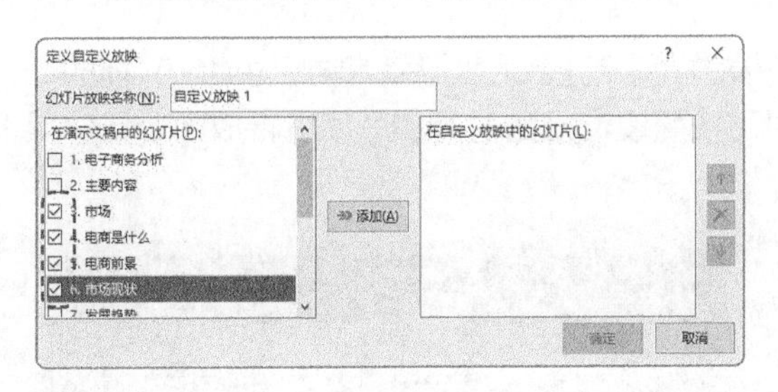

第4步 设置需要放映的幻灯片

❶ 单击中间的“添加”按钮，将选中的幻灯片添加到“在自定义放映中的幻灯片”列表框中；❷ 单击“确定”按钮。

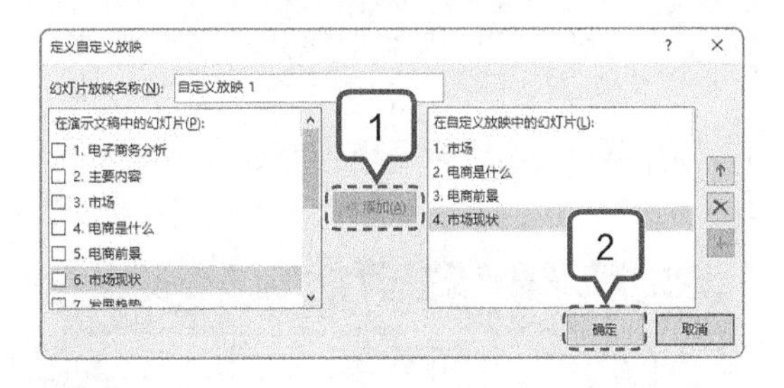

> **提示** 在“定义自定义放映”窗口右侧单击“上移”“删除”“下移”按钮，可调整右侧自定义放映幻灯片的位置和内容。

第5步 完成自定义演示操作

在“幻灯片放映→开始放映幻灯片”组中单击“自定义幻灯片放映”按钮，在打开的列表中即可选择刚才设置的“自定义放映 1”。

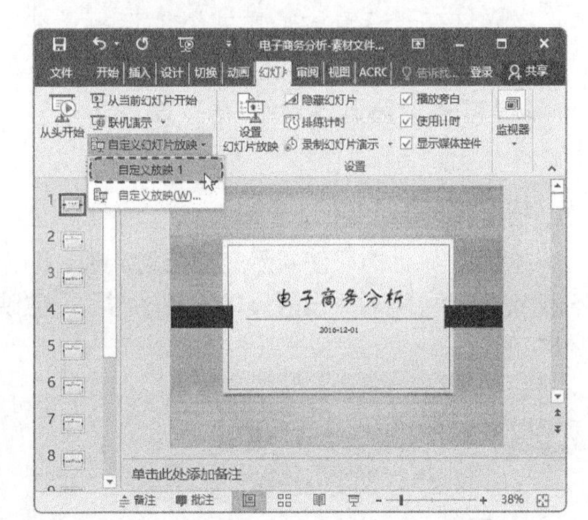

> **提示** 在“自定义放映”对话框中选择自定义的演示项目，单击“编辑”按钮，即可打开“定义自定义放映”对话框，对播放顺序进行重新调整。

2. 设置演示方式

设置幻灯片演示方式主要包括设置演示类型、演示幻灯片的数量、换片方式和是否循环演示演示文稿等。下面为“电子商务分析 - 素材文件 .pptx”演示文稿设置演示方式，具体操作步骤如下。

第1步 打开“设置放映方式”对话框

在“幻灯片放映→设置”组中单击“设置幻灯片放映”按钮。

> **提示** 幻灯片的放映类型包括：演讲者演示（全屏幕）、观众自行浏览（窗口）和在展台浏览（全屏幕）等3种。

第2步 设置演示方式

❶ 打开“设置放映方式”对话框，在“放映选项”栏中单击选中“循环放映，按ESC键终止”复选框；❷ 在“换片方式”栏中单击选中“手动”单选项；❸ 单击“确定”按钮。

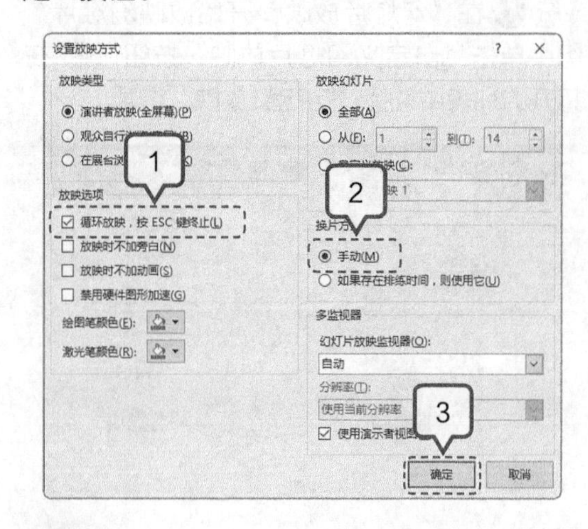

> **提示** 演讲者演示（全屏幕），便于演讲者演讲，演讲者对幻灯片具有完整的控制权，可以手动切换幻灯片和动画。观众自行浏览（窗口），以窗口形式放映，不能通过单击鼠标放映。在展台浏览（全屏幕），将全屏放映幻灯片，且循环放映，不能单击鼠标手动演示幻灯片，通常用于展览会场或会议中无人管理幻灯片演示的场合。

3. 设置排练计时

使用排练计时可使演示文稿自动放映，而无需演讲者手动控制。排练计时可为演示文稿的每一张幻灯片中的对象设置具体的放映时间，放映时可按照设置好的时间和顺序进行放映，具体操作如下。

第1步 单击“排练计时”按钮

在“幻灯片放映→设置”组中单击“排练计时”按钮。

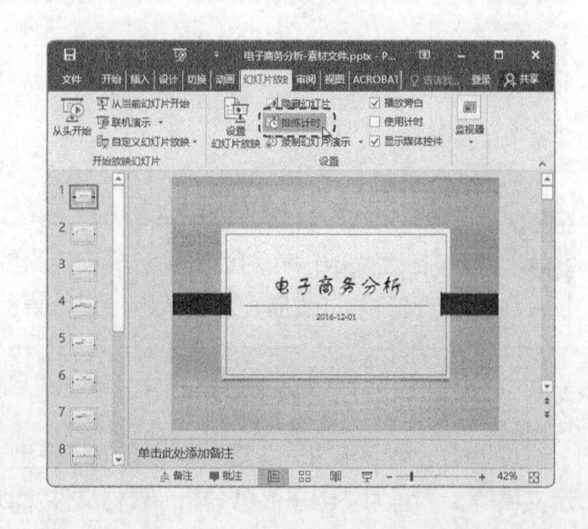

第 2 步 进行排练

进入放映排练状态，幻灯片将全屏放映，同时打开“录制”工具栏并自动开始计时。此时可单击鼠标左键或按【Enter】键放映幻灯片下一个对象，进行排练。

第 3 步 录制下一张幻灯片

单击鼠标左键或单击“录制”工具栏中的“下一个”按钮切换到下一张幻灯片，“录制”工具栏中的时间将从头开始为当前幻灯片的放映进行计时。

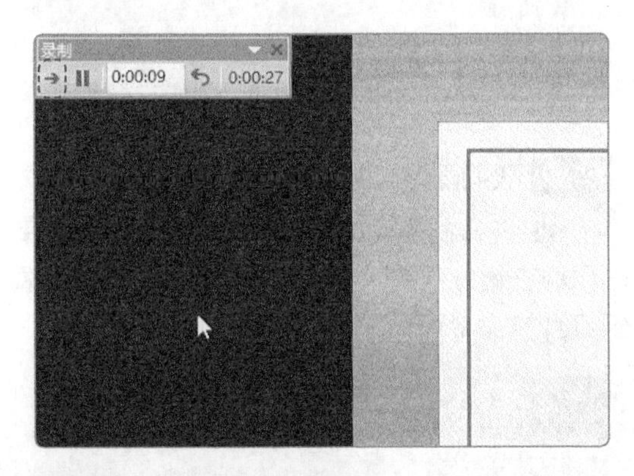

第 4 步 确认保留排练计时

依次为演示文稿中的每一张幻灯片进行排练计时，放映完毕后将打开“Microsoft PowerPoint”提示对话框，提示是否保留新的幻灯片排练时间，单击“是”按钮进行保存。

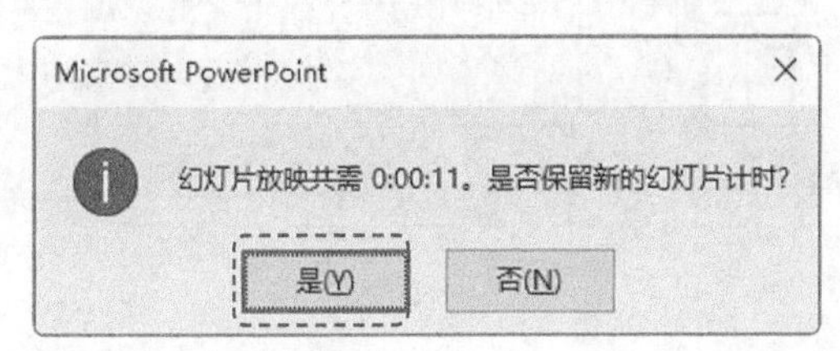

> **提示** 在排练计时的过程中，单击“录制”工具栏中的“重复”按钮可对当前幻灯片的排练重新开始计时，单击“暂停录制”按钮可暂停排练计时。

第 5 步 查看排练计时时间

在“视图→演示文稿视图”组中单击“幻灯片浏览”按钮，切换到“幻灯片浏览”视图，在该视图中每一张幻灯片右下角将显示该幻灯片排练计时的时间。

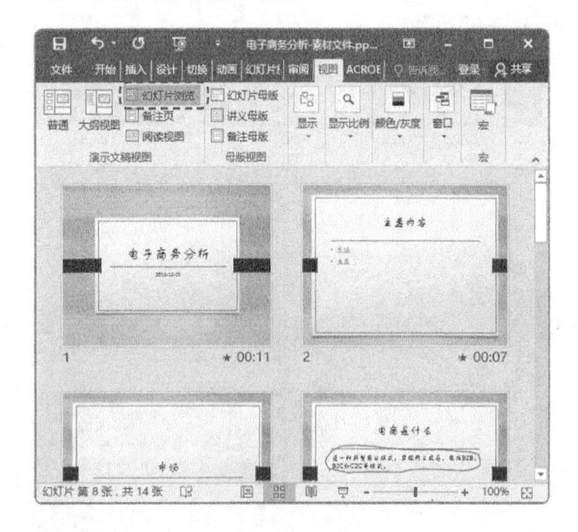

第 6 步 使用排练计时

在“幻灯片放映→设置”组中单击选中“使用计时”复选框，则在幻灯片放映时会自动使用保存的排练计时进行播放。

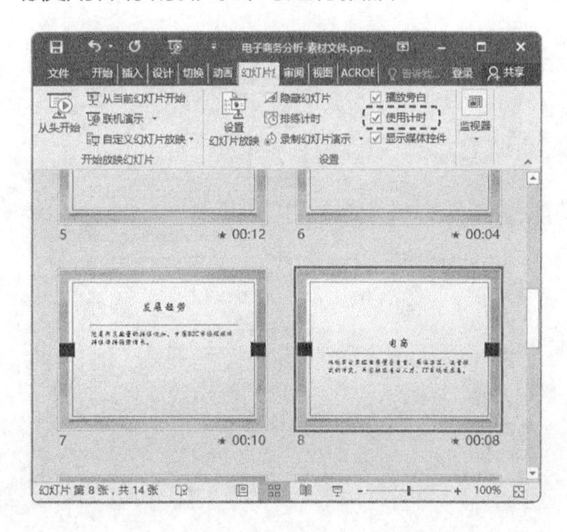

> **提示**
> “录制”工具栏中的计时框内显示当前幻灯片的排练计时时间，右侧的时间为到目前为止演示文稿中幻灯片排练计时的总时间。

4. 隐藏与显示幻灯片

在幻灯片放映的过程中，系统将放映方式自动设置为逐张放映。若有不需要放映的幻灯片，用户可以将其隐藏，具体操作如下。

第1步 普通视图

在状态栏中单击“普通视图”按钮，切换到普通视图。

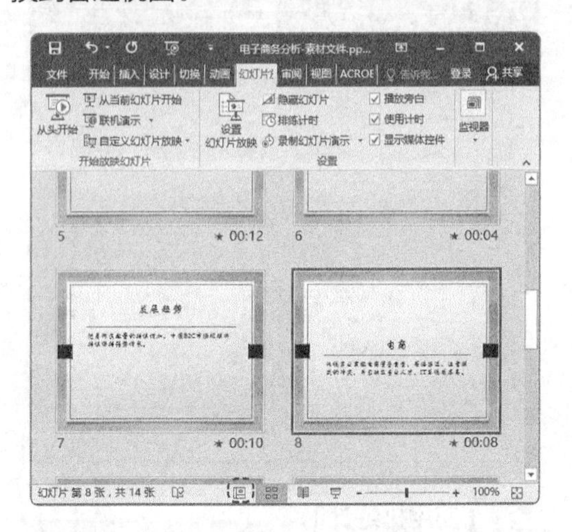

第2步 单击“隐藏幻灯片”按钮

❶ 选择第8张幻灯片；❷ 在“幻灯片放映→设置”组中单击“隐藏幻灯片”按钮。

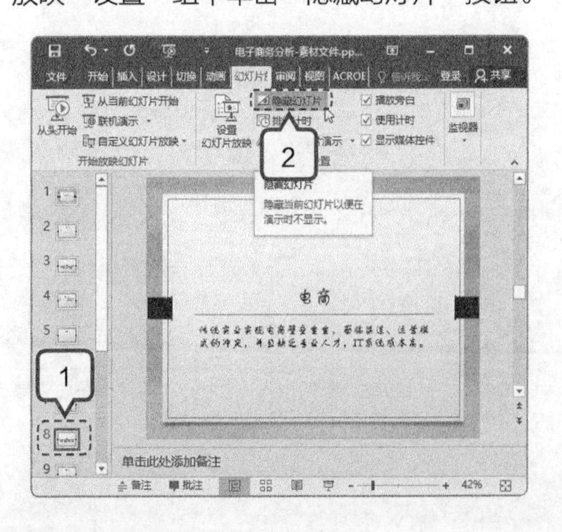

第3步 隐藏幻灯片

第8张幻灯片将被隐藏，隐藏后的幻灯片编号上将显示一道斜杠。

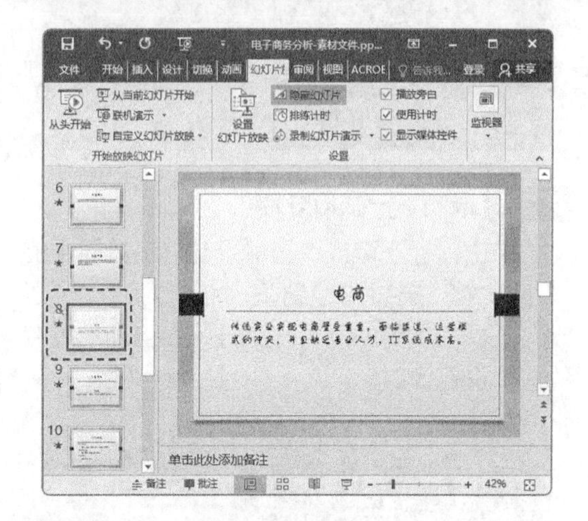

第4步 取消隐藏幻灯片

❶ 选择被隐藏的第8张幻灯片；❷ 单击鼠标右键，在弹出的快捷菜单中选择“隐藏幻灯片”命令可取消隐藏。

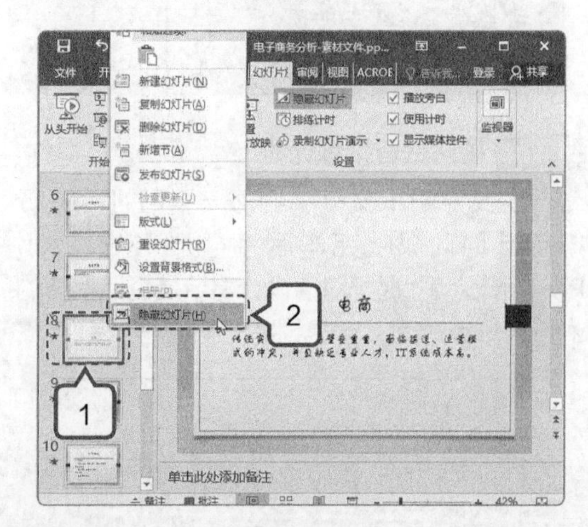

提示 用户还可通过再次单击选项卡中呈选中状态的“隐藏幻灯片”按钮来取消隐藏。注意，在 PowerPoint 2016 中有些按钮既可执行某项操作又可取消某项操作，当前按钮呈选中状时表示执行某项操作；呈未选中状态则表示不执行某项操作。

5. 录制旁白

在没有解说员或演讲者的情况下，可事先为演示文稿录制好旁白，具体操作如下。

第 1 步 选择从头开始录制

❶ 在“幻灯片放映→设置”组中单击“录制幻灯片演示”按钮；❷ 在打开的列表中选择“从头开始录制”选项。

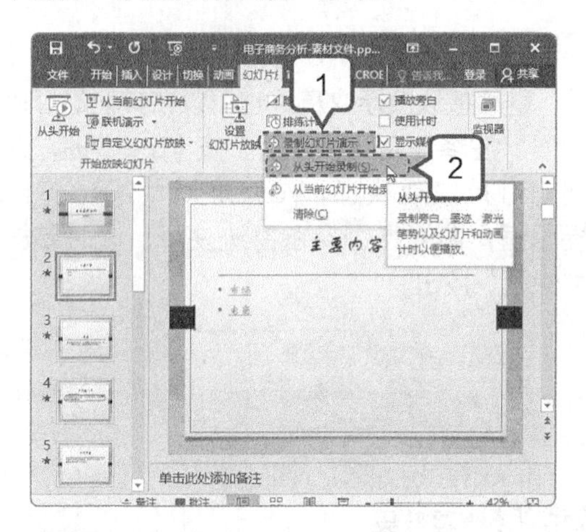

第 2 步 开始录制

❶ 在“录制幻灯片演示”对话框中单击选中的“幻灯片和动画计时”复选框；❷ 单击选中“旁白、墨迹和激光笔”复选框；❸ 单击“开始录制”按钮。

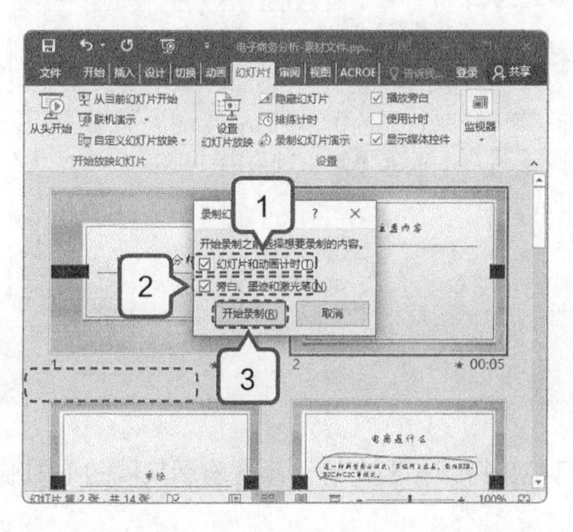

第 3 步 录制放映

幻灯片开始放映并开始计时录音，此时只要安装了音频输入设备就可直接录制旁白。

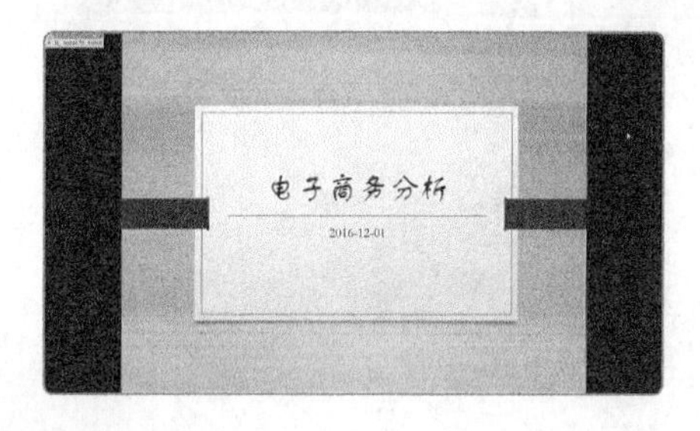

第 4 步 保存录制

录制完成后，在打开的提示对话框中单击“是”按钮，保存录制。

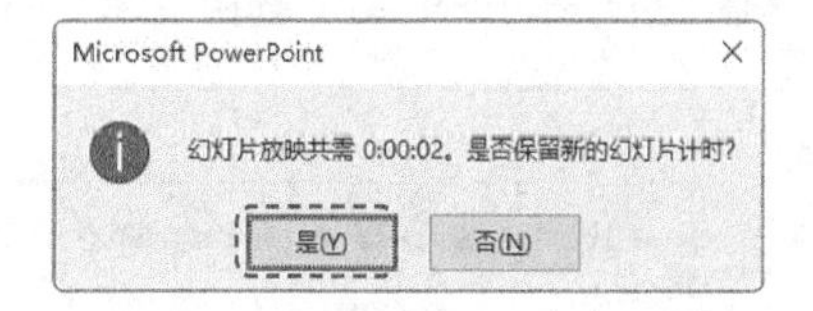

第 5 步 出现喇叭图标

放映完后返回“幻灯片浏览”视图，每张幻灯片右下角都会出现一个喇叭图标。

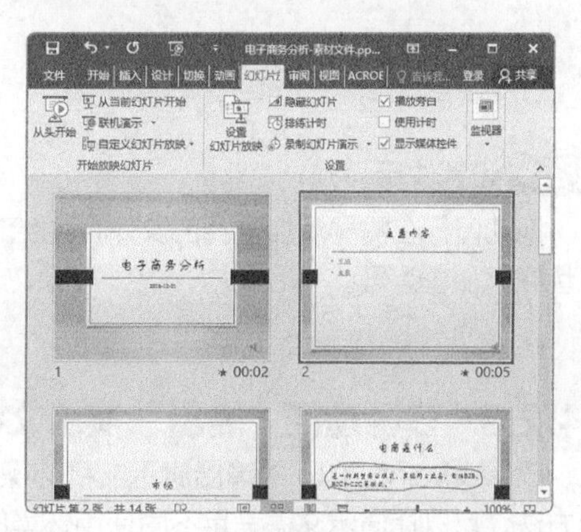

6. 使用激光笔

在演示文稿的放映过程中，经常需要添加注释，其具体操作步骤如下。

第 1 步 放映演示文稿

在“幻灯片放映→开始放映幻灯片”组中单击“从头开始”按钮，开始放映演示文稿。

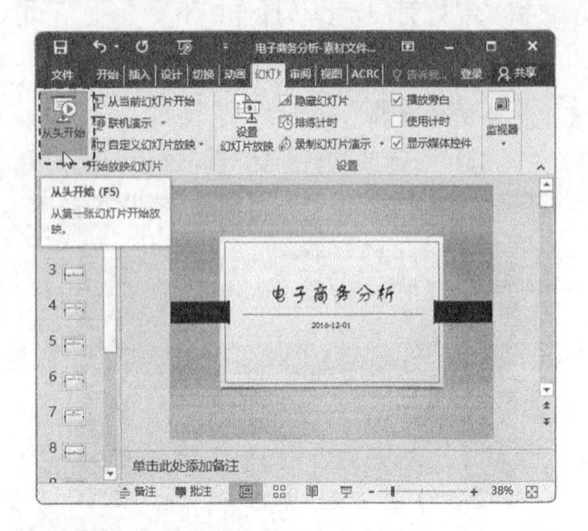

第 2 步 设置指针选项

❶ 当放映到第 4 张幻灯片时，单击鼠标右键，在弹出的快捷菜单中选择“指针选项”命令；❷ 在展开的子菜单中选择“笔”命令。

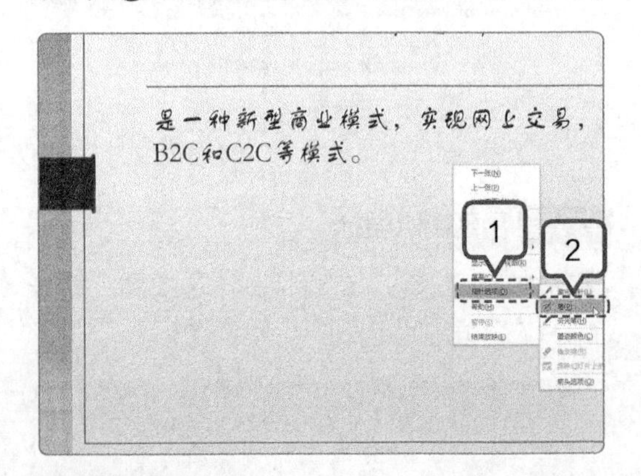

第 3 步 设置注释

拖动鼠标在需要添加注释的文本周围绘制形状或添加着重号。

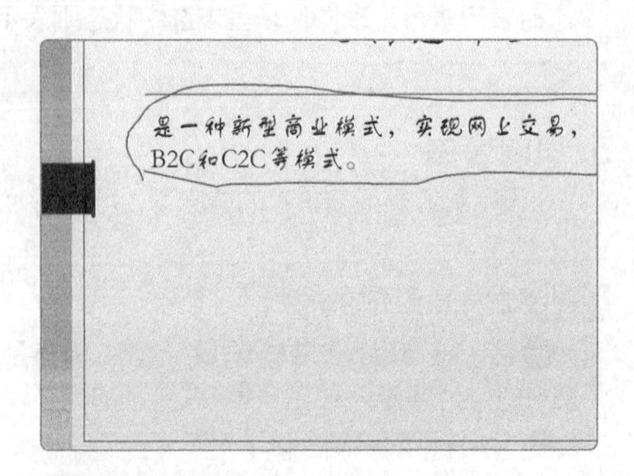

第 4 步 保留注释

继续放映演示文稿，也可以在其他幻灯片中插入注释，完成放映后，按【Esc】键，退出幻灯片放映状态。PowerPoint 2016 弹出提示框，询问是否保留墨迹注释。这时单击“保留”按钮。

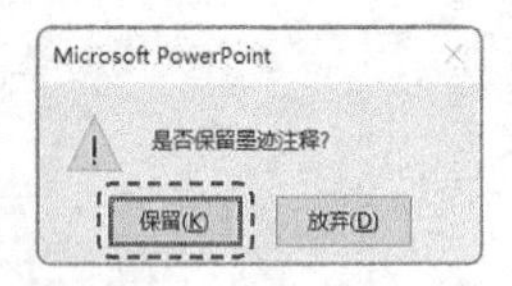

第 5 步 查看效果

返回 PowerPoint 2016 工作界面，添加注释后的效果如图所示。

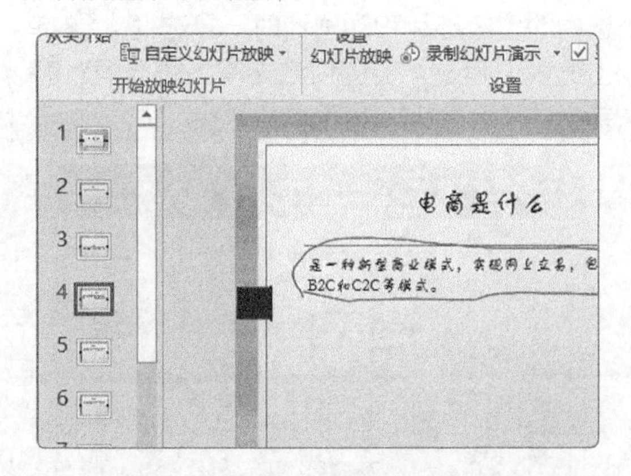

14.2.3 多种途径“输出”演示文稿

PowerPoint 2016 中输出演示文稿的操作包括打包、打印和发布等。掌握演示文稿的不同输出方法，可以让演示文稿满足不同使用环境的需求。

1. 发布单张幻灯片

如果需要在演示文稿中多次反复使用某一张幻灯片中的对象或内容，用户可将这些对象或内容直接发布到幻灯片库中，不仅在需要时可直接调用，更可以用于其他演示文稿中。下面在“系统建立计划 .pptx”演示文稿中发布幻灯片，具体操作步骤如下。

第 1 步 打开“文件”列表

在 PowerPoint 2016 工作界面选择“文件”。

第 2 步 发布幻灯片

❶ 在打开的文件列表中选择“共享”选项；❷ 在中间的“共享”栏中选择“发布幻灯片”选项；❸ 在右侧的“发布幻灯片”栏中单击“发布幻灯片”按钮。

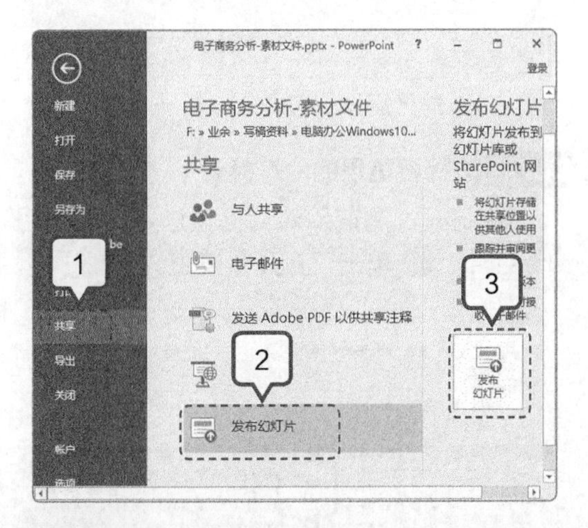

第 3 步 选择要发布的幻灯片

❶ 打开“发布幻灯片”对话框，在“选择要发布的幻灯片”列表框中单击选中对应幻灯片左侧的复选框，这里单击“全选”按钮；❷ 单击“浏览”按钮。

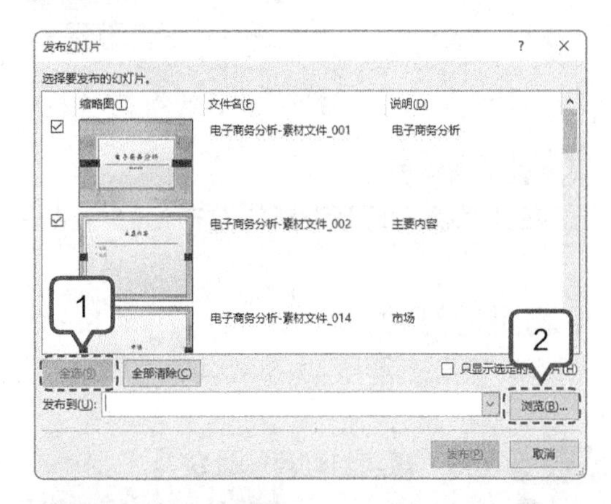

第 4 步 选择发布位置

❶ 打开“选择幻灯片库”对话框，在地址栏中选择发布位置，在中间的工具栏中单击“新建文件夹”按钮，为新建的文件夹输入名称“电子商务分析 - 发布”；❷ 单击“选择”按钮。

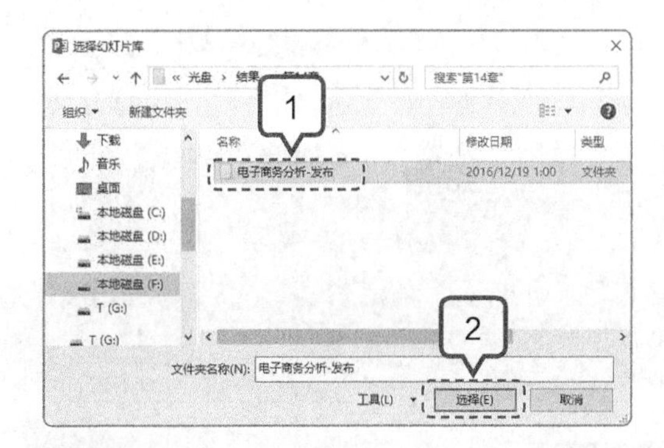

第 5 步 发布幻灯片

返回“发布幻灯片”对话框，单击“发布”按钮。

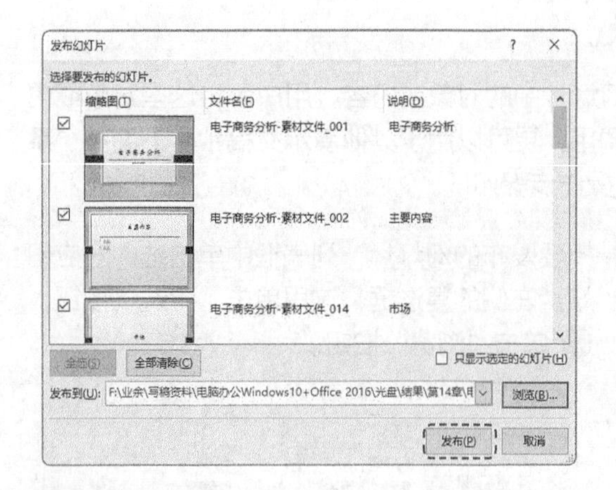

第 6 步 查看效果

在计算机中打开设置的发布幻灯片文件夹，即可看到发布的幻灯片，每一张幻灯片都单独对应一个演示文稿。

2. 调用幻灯片

用户可直接调用已发布到幻灯片库中的幻灯片，具体操作步骤如下。

第 1 步 选择“重用幻灯片”命令

❶ 在“插入→幻灯片”组中单击“新建幻灯片”按钮的下拉按钮；❷ 在打开的列表中选择“重用幻灯片”。

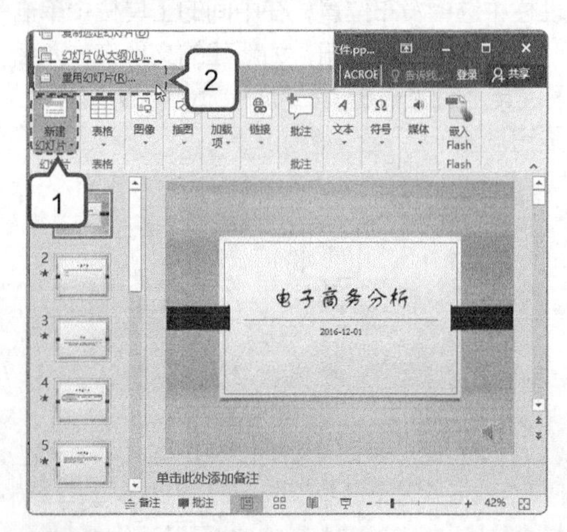

第 2 步 选择“浏览文件”命令

❶ 在右侧打开的“重用幻灯片”窗格中单击“浏览”按钮；❷ 在打开的列表中选择“浏览文件”。

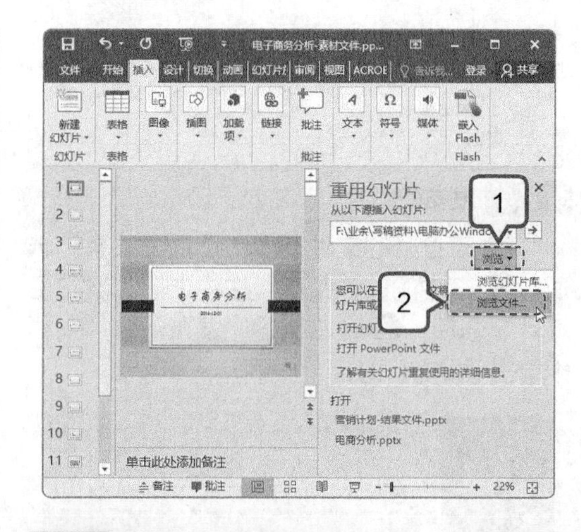

第 3 步 选择要重用的幻灯片

❶ 打开“浏览”对话框，选择需要重用的幻灯片；❷ 单击“打开”按钮。

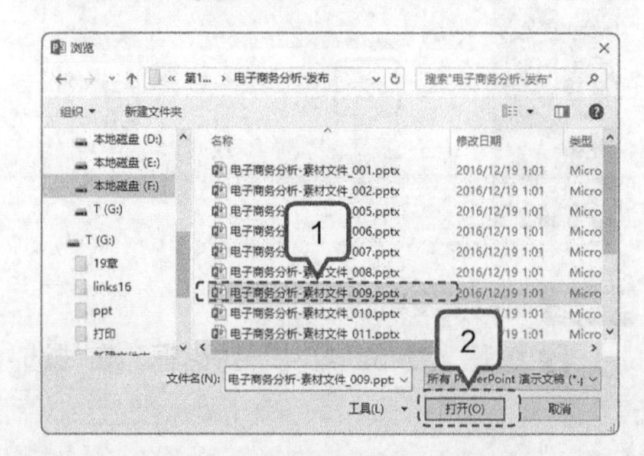

第 4 步 选择要发布的幻灯片

在“重用幻灯片”任务窗格的列表框中单击重用的幻灯片，在“幻灯片编辑”窗口中将新建一个文本内容与重用幻灯片相同的幻灯片。关闭“重用幻灯片”任务窗格，即可完成幻灯片的调用。

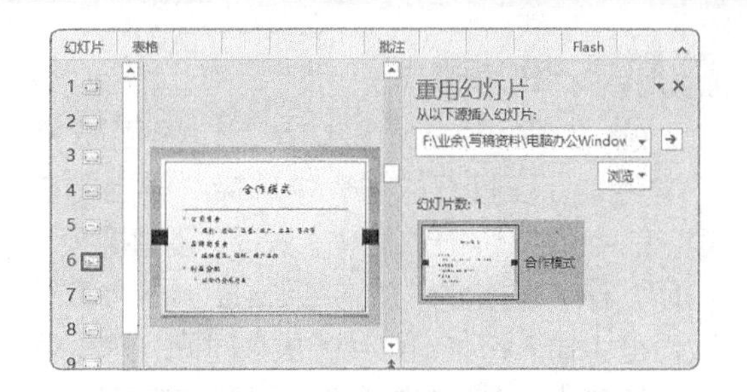

提示 在“重用幻灯片”任务窗格中用鼠标右键单击列表框中的重用幻灯片，在弹出的快捷菜单中选择“将主题应用于所有幻灯片”命令，即可将该重用幻灯片的主题应用在目标幻灯片中。

3. 将演示文稿转换为 PDF 文档

若要在没有安装 PowerPoint 2016 软件的计算机中放映演示文稿，可将其转换为 PDF 文件，再进行播放。下面将“电子商务分析 - 素材文件 .pptx”演示文稿转换为 PDF，具体操作步骤如下。

第 1 步 打开对话框

❶ 在 PowerPoint 2016 工作界面选择“文件”，在打开的列表中，选择“导出”选项；❷ 在中间的“导出”栏中，选择“创建 PDF/XPS 文档”选项；❸ 在右侧的“创建 PDF/XPS 文档”栏中单击“创建 PDF/XPS”按钮。

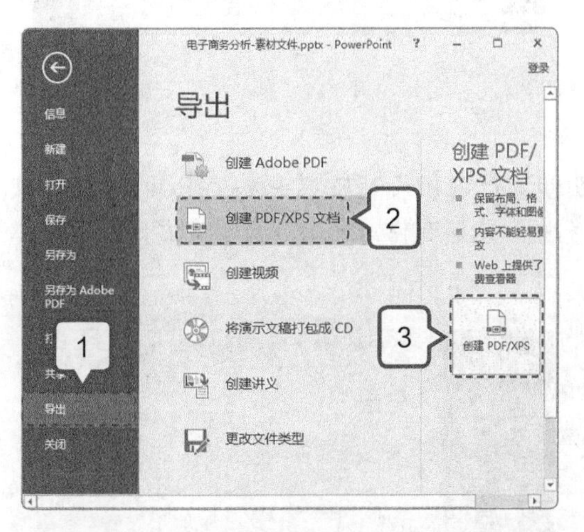

第 2 步 设置转换

❶ 打开“发布为 PDF 或 XPS”对话框，在地址栏中选择发布位置；❷ 单击“发布”按钮，PowerPoint 2016 将演示文稿转换为 PDF，并显示转换的进度，完成后将打开 PDF 文档。

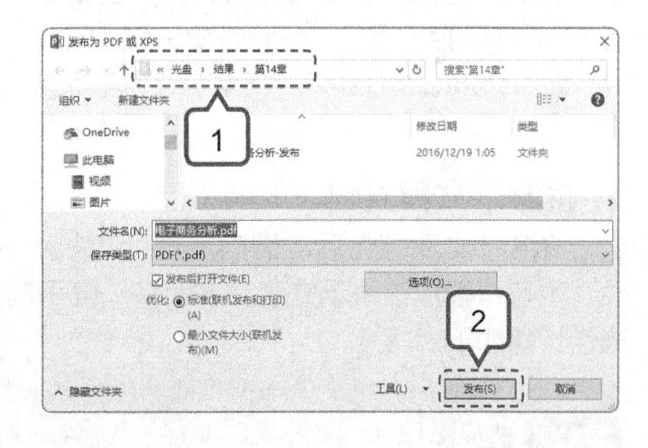

4. 将演示文稿转换为视频

将演示文稿转换为视频，可以更方便地满足不同用户的需要。下面将“电子商务分析 - 素材文件 .pptx”演示文稿转换为视频，具体操作步骤如下。

第 1 步 设置视频格式

❶ 在 PowerPoint 2016 工作界面选择“文件”，在打开的列表中选择“导出”选项，在中间的“导出”栏中，选择“创建视频”选项；❷ 在右侧的“放映每张幻灯片的秒数”数值框中输入每张幻灯片的放映时间，这里输入“05.00”；❸ 单击“创建视频”按钮。

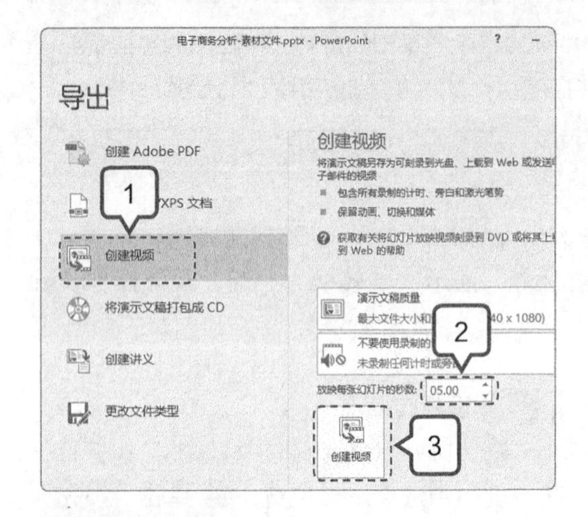

第 2 步 设置保存

❶ 打开“另存为”对话框，在地址栏中选择保存位置，设置文件名；❷ 设置视频文件的保存类型（只有 MPEG-4 视频和 Windows Media 视频两种类型），通常保持默认设置；❸ 单击“保存”按钮。

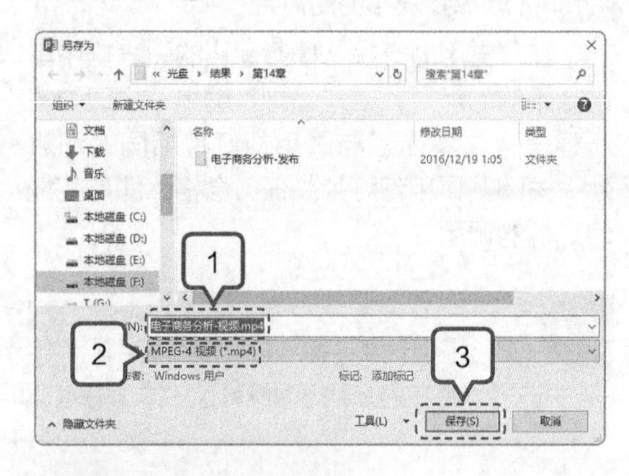

第 3 步 查看视频播放效果

在计算机中打开设置的保存幻灯片文件夹，双击保存的视频文件，即可查看幻灯片的视频播放效果。

5. 将演示文稿打包

将演示文稿打包后复制到其他计算机中，即使该计算机没有安装 PowerPoint 2016 软件，也可以播放该演示文稿。下面将“电子商务分析 - 素材文件 .pptx”演示文稿打包，具体操作步骤如下。

第 1 步 选择操作

❶ 在 PowerPoint 2016 工作界面选择“文件”，在打开的列表中选择“导出”选项；❷ 在中间的“导出”栏中，选择“将演示文稿打包成 CD”选项；❸ 在右侧的“将演示文稿打包成 CD”栏中，单击“打包成 CD”按钮。

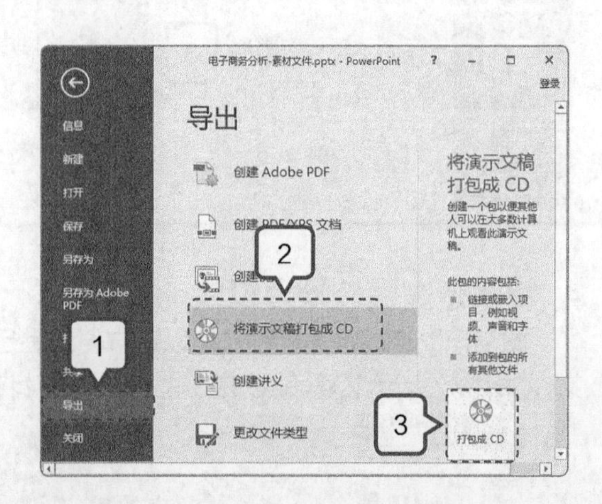

第 2 步 选择打包方式

❶ 打开“打包成 CD”对话框，在“将 CD 命名为”文本框中输入“电子商务分析”；❷ 在其中单击“复制到文件夹”按钮。

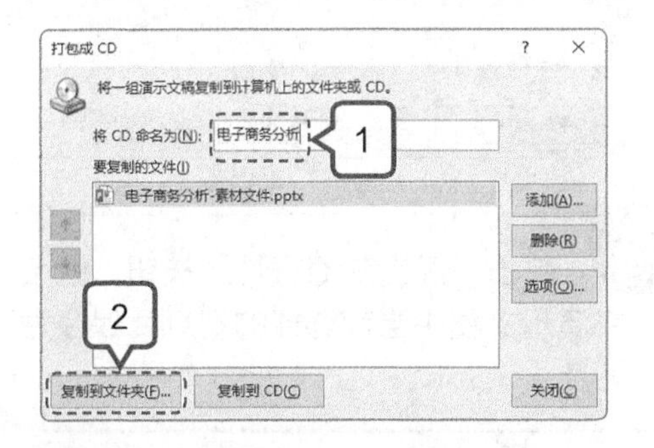

第 3 步 打开“选择位置”对话框

打开“复制到文件夹”对话框，在其中单击“浏览”按钮。

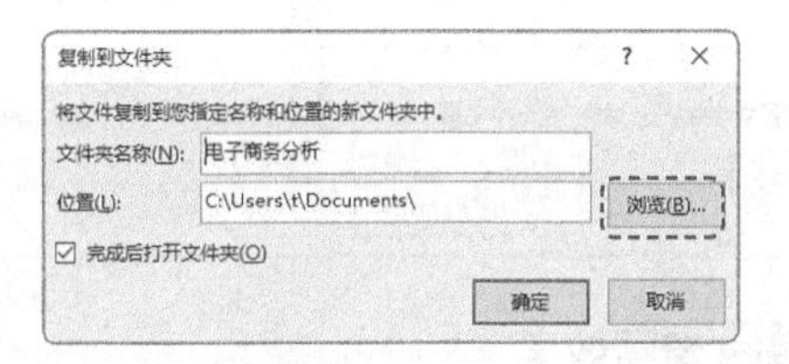

第 4 步 选择打包保存位置

❶ 打开“选择位置”对话框，在地址栏中选择打包保存位置；❷ 默认打包名称，单击“选择”按钮。

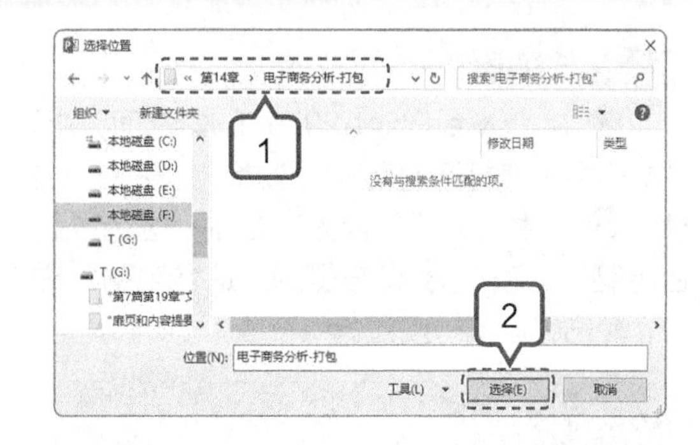

第 5 步 打包成 CD

返回“复制到文件夹”对话框，单击“确定”按钮。

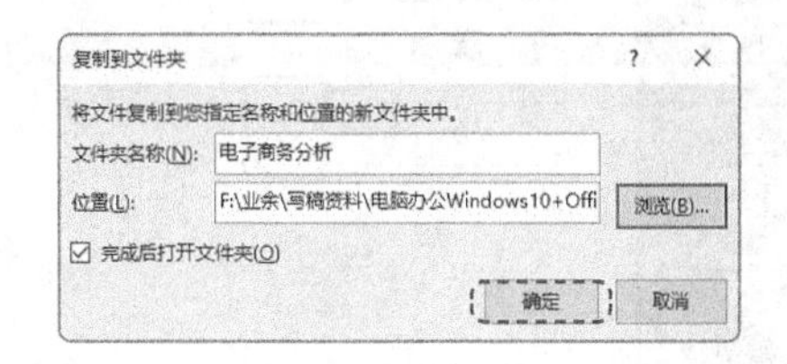

第 6 步 查看打包效果

PowerPoint 2016 将演示文稿打包成文件夹，打开该文件夹即可查看打包结果。

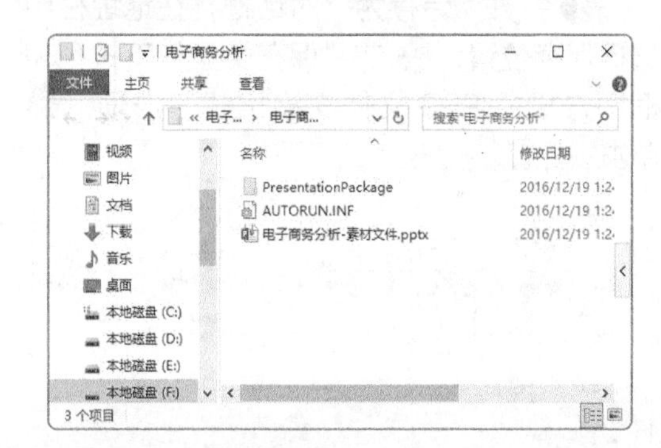

提示 需要将整个打包文件夹都复制到其他计算机中才能播放，因为打包会将一个简单的 PowerPoint 2016 播放程序放置在文件夹中，帮助播放演示文稿。

6. 将演示文稿转换为图片

在 PowerPoint 2016 中，还可以将演示文稿中的幻灯片转换为图片，这样就可以在没有安装 PowerPoint 2016 软件的电脑中以图片的形式浏览幻灯片。下面将“电子商务分析 - 素材文件 .pptx”演示文稿中的幻灯片转换为图片，具体操作步骤如下。

第 1 步 选择操作

❶ 在 PowerPoint 2016 工作界面选择"文件"，在打开的列表中选择"另存为"选项；❷ 在中间的"另存为"栏中，选择"这台电脑"选项；❸ 在右侧的"这台电脑"栏中，单击"浏览"按钮。

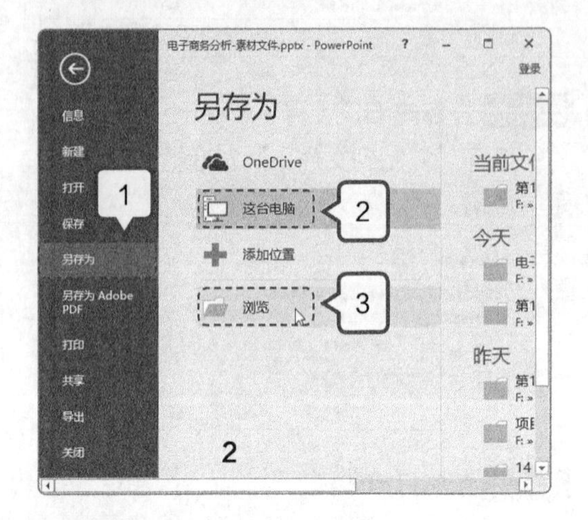

第 2 步 选择保存位置

❶ 打开"另存为"对话框，在地址栏中选择保存位置；❷ 在"保存类型"下拉列表框中选择"JPEG 文件交换格式"选项；❸ 单击"保存"按钮。

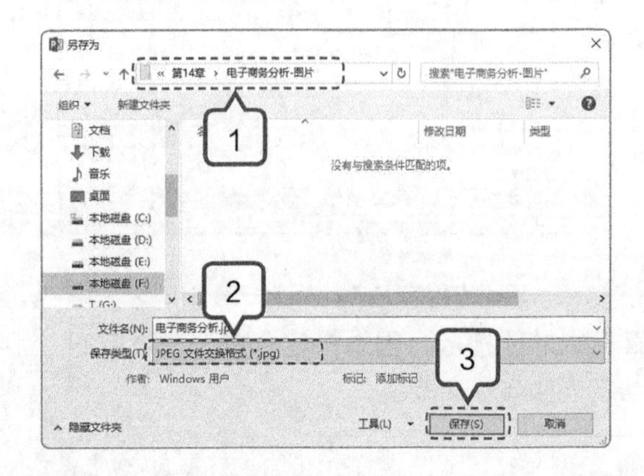

第 3 步 选择导出的幻灯片

在打开的提示框中要求选择导出哪些幻灯片，这里单击"所有幻灯片"按钮。

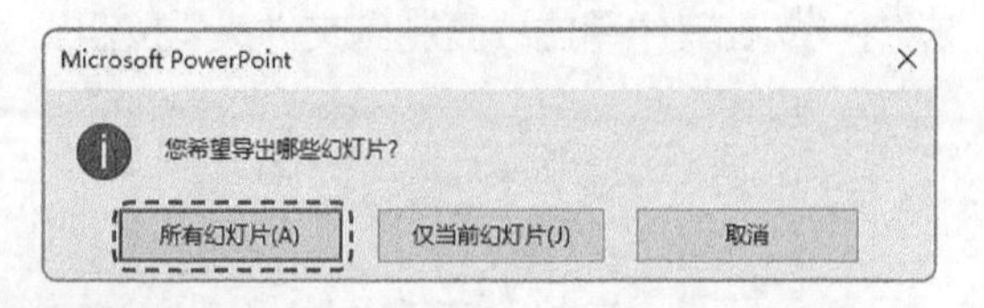

> **提示**
>
> 单击"仅当前幻灯片"按钮，就会将演示文稿中当前选择的幻灯片保存为图片。

第 4 步 确认保存操作

在打开的提示框中，要求用户确认保存操作，单击"确定"按钮。

第 5 步 查看效果

PowerPoint 2016 将演示文稿中的所有幻灯片转换为图片，并保存到与演示文稿同名的文件夹中。

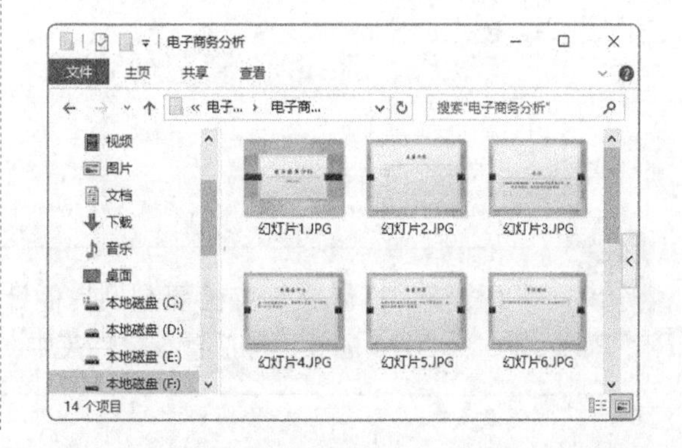

7. 添加演讲者备注

创作幻灯片时，可在幻灯片下方的"备注"窗格中添加幻灯片的说明内容。演讲者可将这些备注打印出来，以便在演示过程中作为参考。在"电子商务分析 - 素材文件 .pptx"演示文稿中添加备注，具体操作步骤如下。

第 1 步 选择幻灯片并添加备注

❶ 选择第 2 张幻灯片；❷ 在该幻灯片下方的备注窗格中输入备注内容。

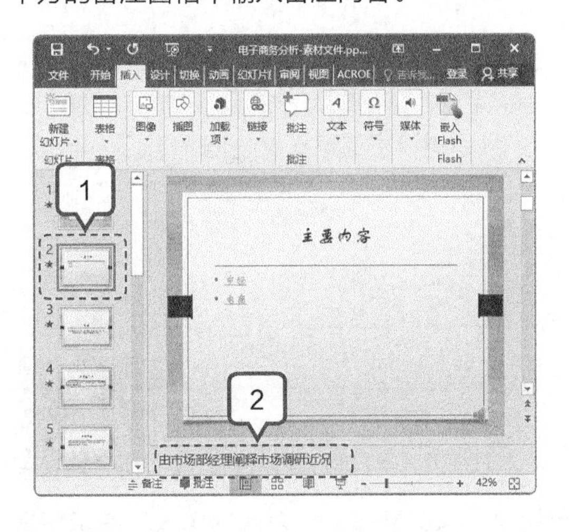

第 2 步 查看备注内容

在“幻灯片放映→监视器”组中单击选中“使用演示者视图”复选框即可。这样，演讲者也可通过另一台监视器查看备注内容。

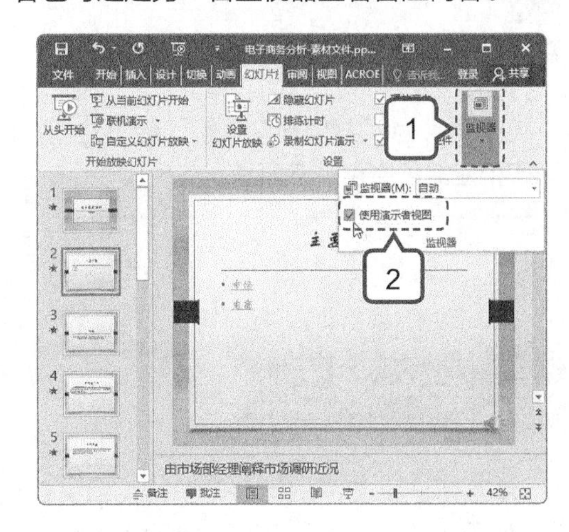

8. 打印幻灯片

演示文稿不仅可以进行现场演示，还可以将打印在纸张上，以便手执作为提示，或直接分发给观众。打印幻灯片的操作与在 Word 或 Excel 中的方法基本一致。下面打印“电子商务分析 - 素材文件 .pptx”演示文稿，具体操作步骤如下。

第 1 步 设置打印份数

❶ 在 PowerPoint 2016 工作界面选择“文件”，在打开的列表中选择“打印”选项；❷ 在中间列表的“打印”栏的“份数”数值框中输入“2”；❸ 在“打印机”栏中单击“打印机属性”超链接。

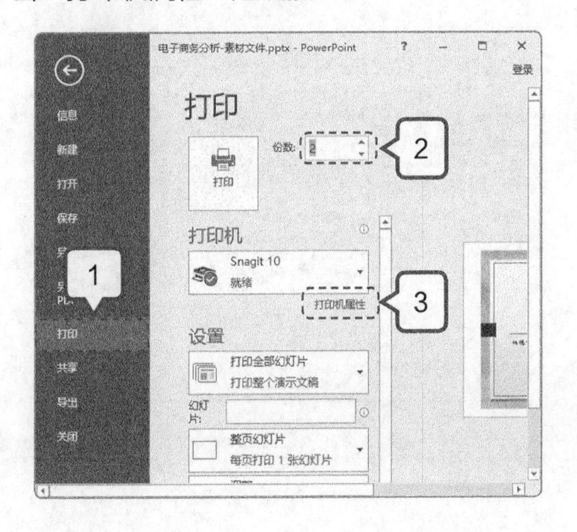

第 2 步 设置打印排序

❶ 在“设置”栏下方的下拉列表中设置打印范围为“自定义放映 1”；❷ 在下方设置打印排序为“1,1,1 2,2,2 3,3,3”；❸ 将颜色设置为“灰度”。

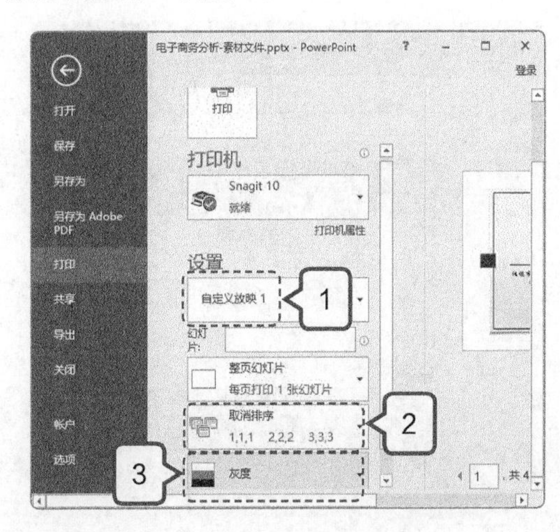

第 3 步 打印幻灯片

在右侧查看打印效果，单击"打印"按钮，即可打印幻灯片。

> **提示**
> 演示用的演示文稿一般不需要进行打印，但由于演示文稿中的内容一般比较简化，为了方便观众理解，经常会打印相应的讲义供观众查看。

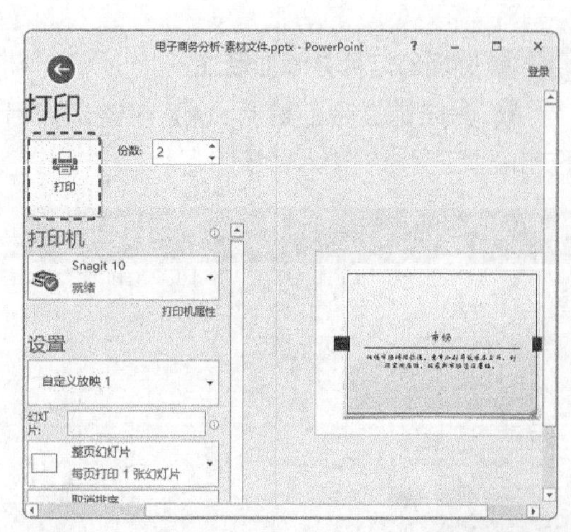

举一反三

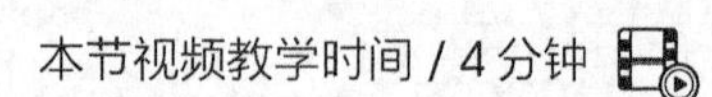

本章所选择的案例均为典型的演示文档交互和放映的基础操作，主要包括插入、编辑超链接、使用触发器、演示和放映幻灯片等基础操作，涉及创建超链接、编辑超链接、利用触发器添加控制按钮、多种方法进行放映及输出等知识点。以下列举两个典型基础文档的制作思路。

1. 不枯燥的《管理培训》演示文稿

《管理培训》是每个企业必备的演示文稿，是为了更好地提高企业实力、提高员工技术而制订的一系列培训计划。制作管理培训演示文稿可按照以下思路进行。

第 1 步 新建幻灯片并设置内容

新建名为"管理培训"的演示文稿，在其中输入管理培训的相关内容，并设计版式、添加动画效果。

第 2 步 添加超链接

在演示文稿中添加超链接，分别链接到对应的幻灯片中。

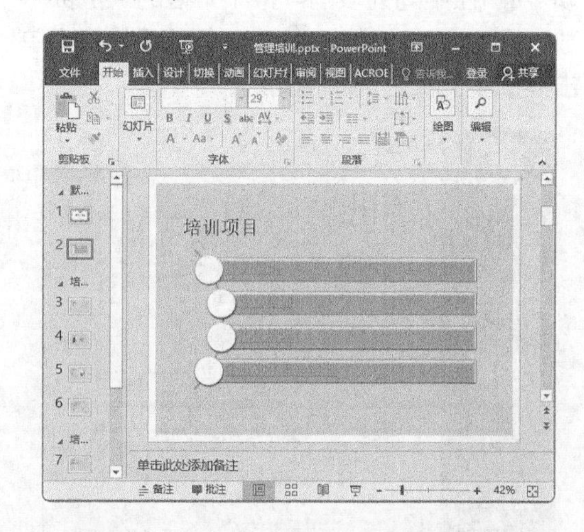

2.《员工手册》要主旨鲜明

《员工手册》主要用于规范员工的行为，是企业精神文明最直观的反映，因此其内容一定要主旨鲜明，需明确指出可行不可行的规范。制作《员工手册》可按照以下思路进行。

第 1 步 输入内容并设置动画

新建名为“员工手册”的演示文稿，在其中输入内容并设置版式，并添加相应的动画效果。

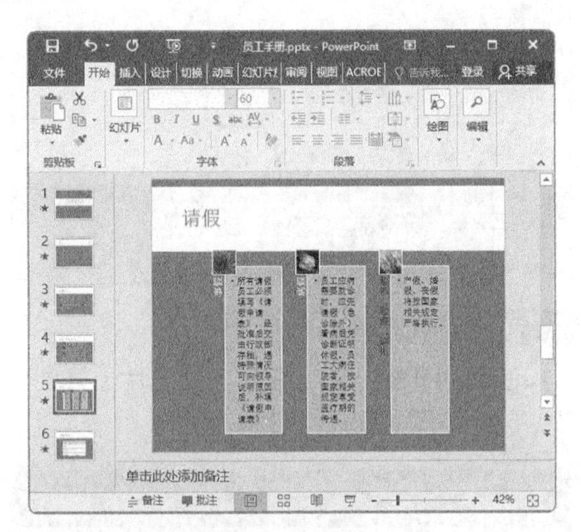

第 2 步 设置控制按钮播放

在演示文稿中添加动作按钮，控制演示文稿的播放。

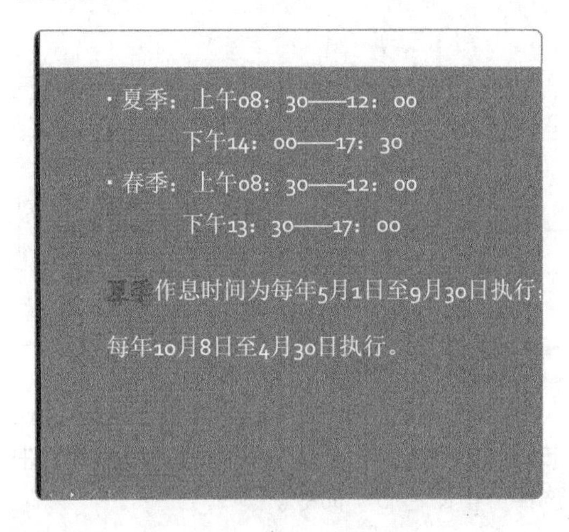

高手支招

1. 幻灯片的配图原则

图片是幻灯片最重要的元素之一，图片的排列方法及内容会直接影响幻灯片的演示效果。配图需根据当前的文字内容和幻灯片的排列顺序来决定。常见的幻灯片配图的原则有如下几种。

（1）图片与内容要一致：在进行配图时，用户使用的图片一定要与当前演示文稿的内容相搭配。这样才能起到辅助讲解的作用，帮助观众进一步理解幻灯片的内容。

（2）图片的位置要合理：图片的摆放位置很重要，一般应该以观众习惯的阅读方向为准。此外，图片一般应放置在幻灯片中的空白位置，但在某些特殊情况下可将图片与文本放在一起。

（3）图片颜色应与幻灯片的主色一致：配图时，若不知道应该选择什么颜色的图片，则可选择与幻灯片主色一致的图片。例如，幻灯片的主色为绿色，则可选择与其相近的各种形式的绿色及白色、黄色等，使图片与幻灯片更协调。

（4）多张图片应注意协调性：若一张幻灯片中有多张图片，为了避免看起来杂乱，图片的摆放位置应该特别注意。一般情况下，重点图片应放在显著的位置，其他图片按一定规律摆放，以增强图片的协调性。

2. 分节幻灯片

在制作包含幻灯片数量较多的演示文稿时，可以通过分节功能将内容类别相同的连续幻灯片划分到同一组中。这样无论是编排幻灯片，还是查看幻灯片，都会更加方便。

第1步 选择命令

❶ 选中需要分节的幻灯片；❷ 在“开始→幻灯片”组中单击“节”按钮；❸ 在打开的列表中选择“新增节”。

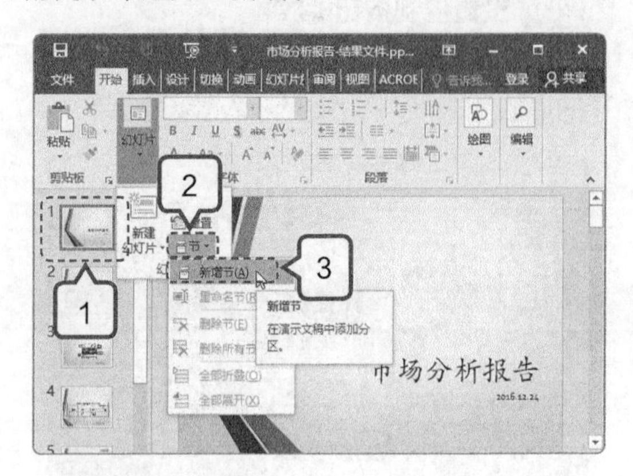

第2步 更改节名称

此时，在选中幻灯片的上方开始分节，在节标题上单击鼠标右键，在弹出的快捷菜单中选择“重命名节”命令。

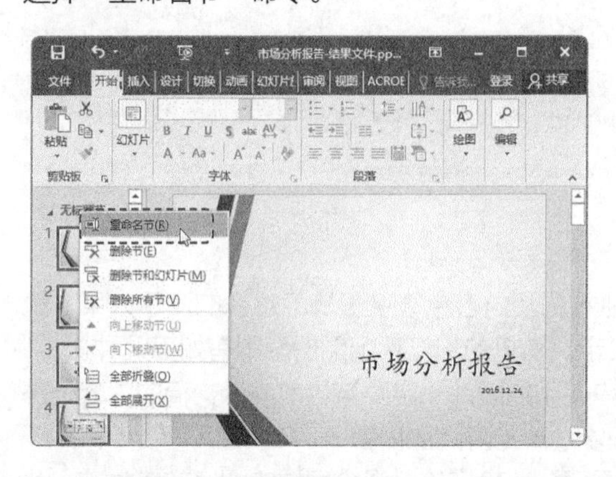

第3步 重命名

❶ 打开“重命名节”对话框，在“节名称”文本框中输入“主题”；❷ 单击“重命名”按钮。

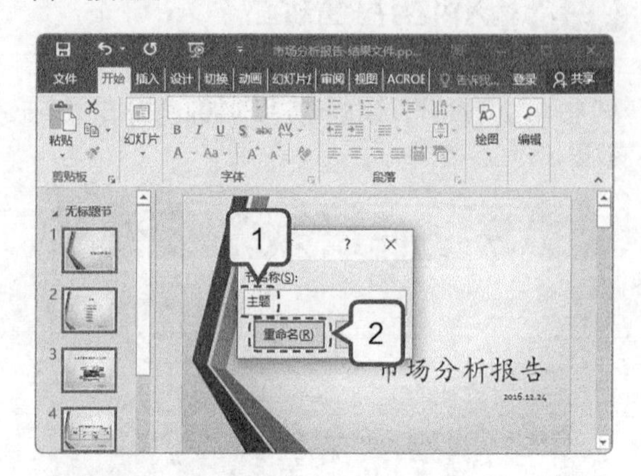

第4步 继续创建节

使用同样的方法，在其他幻灯片上开始分节，创建不同的幻灯片节组。

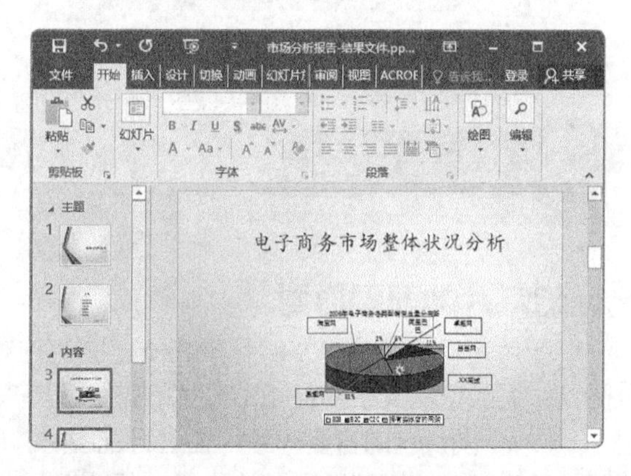

3. 如何激发听众的兴趣

在演讲过程中，可通过以下几种方法来激发听众的兴趣。

（1）演讲者在演讲过程中不要只是滔滔不绝地演讲内容，而要有意识地给听众留下发言的时间和机会。

（2）演讲者在需要的时候可向听众提出富有针对性和启发性的问题，让听众参与其中。这样不仅可调动听众的热情，还可拉近听众与演讲者之间的距离。

（3）当听众的注意力分散时，可通过变换话题（如穿插趣闻轶事）来吸引观众的注意力。让演讲现场活跃起来，听众的注意力也会迅速地集中到演讲者身上，然后再自然地回到演讲的内容上来。

（4）可以通过制造悬念，来激发听众的兴趣。这样不仅能使演讲者始终成为听众注目的中心，而且还能够活跃现场气氛，激发听众聆听与参与的兴趣。

第六篇

网络办公篇

Chapter

15 网海无边——设置Windows 10 网络

本章视频教学时间 / 11 分钟

技术分析

网络作为通信传输渠道，是现代生活和工作必不可少的工具。一个良好的网络环境，可使办公更方便、更高效。在 Windows 10 中进行网络设置主要涉及以下知识点。

（1）了解网络办公必备技能并完善网络办公环境。

（2）使用 OneDrive 共享文件。

（3）使用无线局域网共享文件。

本章主要通过 OneDrive 和无线局域网的典型案例，介绍网络设置的基础操作。

思维导图

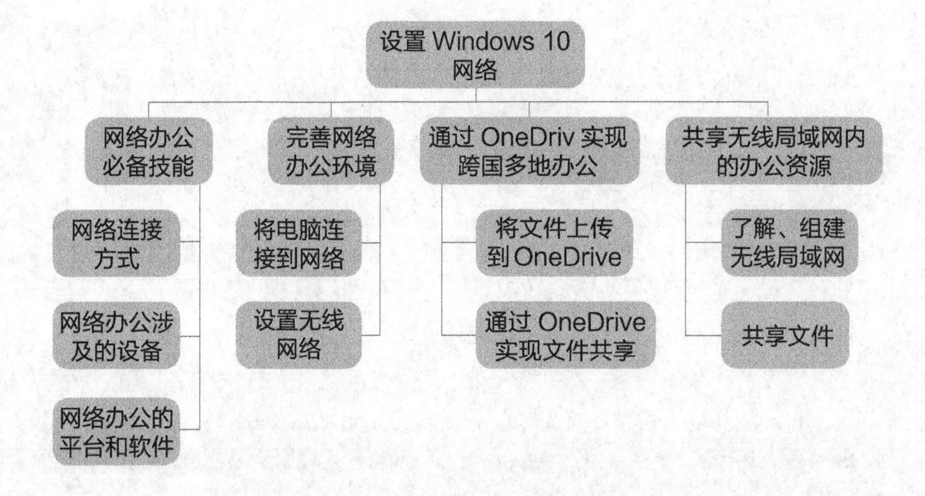

15.1 网络办公基础

要利用网络办公，就要先了解一些网络的基础知识，如网络连接方式、网络办公设备及网络办公的平台和软件等。

15.1.1 常见的几种网络连接方式

现在，网络已经融入了人类生活的方方面面，其接入技术主要有以下几种。

- 光纤接入：即常说的光纤到家、光纤到桌面，在有线接入网中处于主体地位。随着用户对带宽需求的不断增加，这种接入技术也将不断发展。
- 综合接入：综合接入包括 POTS、ISDN、IP 等多种业务，既能降低网络建设成本，又方便统一维护网络。
- ADSL 接入：ADSL（非对称数字用户线路）能利用现有的电话网铜线资源，提供宽带接入服务，可支持包括高速上网、高速 LAN（局域网）互联等多种业务。
- 无线接入：目前能提供电话业务和低 / 中速数据业务的系统主要有 CDMA（码分多址）系统、SCDMA（同步码分多址的无线接入技术）系统、PHS（无线市话）系统；能提供电话和 ISDN（综合业务数字 网）等综合业务的综合接入系统有微波点到多点通信系统；能提供音频、数据和视频的宽带无线全业务接入的系统有局域多点分布式系统(LMDS)等。
- 卫星高速数据接入：这种接入技术利用了大容量的卫星高速下行信道，并用电话线路作为上传数据信道。卫星覆盖面广，其发展受网络建设的影响较小，能快速为有需要的用户提供宽带业务，可极大地提高宽带接入服务器的覆盖范围。
- ATM CPE 或光纤 LAN 接入方式：这种方式主要采用高速的以太网交换机为用户提供端口接入，主要承载高速上网、LAN 互联等基于 IP 的应用及 IP VPN 等增值服务。

15.1.2 网络办公涉及的设备

网络办公除前面介绍的台式电脑和笔记本电脑之外，还包括其他便携式设备，如平板电脑、智能手机和智能可穿戴设备等。

1. 平板电脑

平板电脑是一种小型、方便携带的个人电脑，以触摸屏为输入设备，允许用户通过点击或使用数控笔来进行作业，而无需鼠标和键盘。用户可通过内建的手写识别、语音识别或软键盘等来完成输入操作。

2. 智能手机

智能手机有独立的操作系统，可像平板电脑一样安装软件、游戏等第三方程序，能够通过移动通信网络实现无线网络接入。近年来，智能手机的功能越来越强大，可以基本满足移动办公的需求。此外，用户还可根据需要扩展智能手机的功能，如系统升级、软件升级等。

3. 智能可穿戴设备

科技发展日新月异，眼镜、手表、服饰等智能可穿戴设备不断涌现。但目前为止的可穿戴设备，受体积的影响，只能大体实现智能手机的功能，如智能眼镜和智能手表等。有些还只专注于某一类应用功能，并需要配合其他设备（如智能手机）一起使用，如进行体征检测的智能手环等。

随着科技的进步和用户需求的变化，智能可穿戴设备的形态和功能也在不断改变。谷歌、索尼、奥林巴斯等诸多科技公司也在探索这个领域。相信在不久的将来，必能推出低功耗的处理芯片，将许多还停留在概念阶段的智能可穿戴设备转变为实体。

15.1.3　网络办公的平台和软件

网络办公需要在平台上进行文件的传播。平板电脑和智能手机等设备的普及，催生出了一系列的办公平台和办公软件。如支持平板电脑的 Office 和 WPS 等；还有支持云存储的 OneDrive 和各类网盘；更有兼顾聊天和文件传输功能的软件，如 QQ、微信、OutLook 等。

利用这些软件和平台，可在手机和平板设备上对文件进行编辑和修改，然后存储到云中。只要在有网络的情况下，即可从云存储获取文件进行查看，从而实现随时随地办公。

15.2 完善网络办公环境

本节视频教学时间 / 3 分钟

仅依靠移动办公设备和软件还无法实现网络办公，必须连接好网络，使各种设备互联互通，才能真正创建一个舒适的网络办公环境。

15.2.1 将电脑连接到网络

将电脑连接到网络的方式有多种，主要包括电话拨号上网、ADSL 宽带上网、小区宽带上网和无线上网等。下面对连接到网络的方法进行介绍。

1.ADSL 宽带上网

ADSL 是 Asymmetric Digital Subscribe 的缩写，意为非对称数字用户线路。这是一种在普通电话线上进行高速数据传输的技术，使用了电话线中一直没有被使用过的频率，所以可以突破调制解调器的速度极限。

ADSL 除了比普通 Modem 速度快 100 倍外，还具有以下特点。

（1）高速率：ADSL 属于宽带范畴，速率高是其最为显著的特点。

（2）接入 Internet 的方式可选择：使用 ADSL 接入 Internet 有虚拟拨号接入和专线接入两种。ADSL 能做到 24 小时接入，也就是说只要打开电脑就能连上网络。

（3）收费低：因为传输信号频段不同且不经过传统的电话信息交换机，所以使用 ADSL 上网时传统电话信息交换机的计费系统并不能判断是否在线，也就无从计费。

（4）上网打电话两不误：通过 ADSL 上网时，信号的传递并没有经过传统的电话信号交换机，而且所占的频段不同。这样在上网的同时也可以打电话，二者互不影响。

（5）安装方便快捷：ADSL 的传输介质是原有的电话线，安装时只要在用户处添加一个 ADSL Modem 设备即可。

2. 小区宽带上网

社区宽带上网主要采用以太网技术，以信息化小区的形式为用户服务，可以实现吉比特（指 GB 带宽，是计算机数据存储的变量标准）到小区、百兆到居民楼、十兆到用户的目的。

目前新建的小区每家每户都留有一条网线，用户需要上网时，只需要缴纳费用即可使用。由于是集中式管理，所以如果通往社区的光纤线路有损，则会影响整个社区的正常上网。

社区宽带的优点在于接入方便，速度快，而且费用也比 ADSL 便宜。但社区宽带的上网速率受整个社区上网人数的影响较大，当上网人数较多时，可能会出现无法连接到服务器的现象。

3. 无线上网

无线上网非常适合使用笔记本、平板电脑、智能手机等移动设备的用户。用户购买无线移动上网卡，配置好驱动程序和拨号程序后即可连接到网络。

4G 和 5G 是第四代和第五代移动通信技术的简称，能够同时传送音频、视频及数据信息，支持高速数据传输的蜂窝移动通信技术，其和普通无线上网的区别主要在于速率不同。

15.2.2 设置无线网络

通常在安装好路由器，接好宽带后，即可设置连入 Wi-Fi（Wireless-Fidelity，无线保真或无线网）。一般情况下，路由器的登录账户和密码会记录在路由器底部，一般均为 Guest。用户可登录到路由器操作界面，更改账户和密码名称、修改 Wi-Fi 名称、关闭无线广播并连接手机和平板电脑等。

1. 设置路由器登录密码

设置路由器登录账户和密码的操作很简单，登录到路由器操作界面进行操作即可，具体操作步骤如下。

第1步 输入登录账户和密码

❶ 启动浏览器，在地址栏中输入“192.168.1.1”，按【Enter】键；❷ 在弹出的对话框中输入登录账户和密码；❸ 单击“登录”按钮。

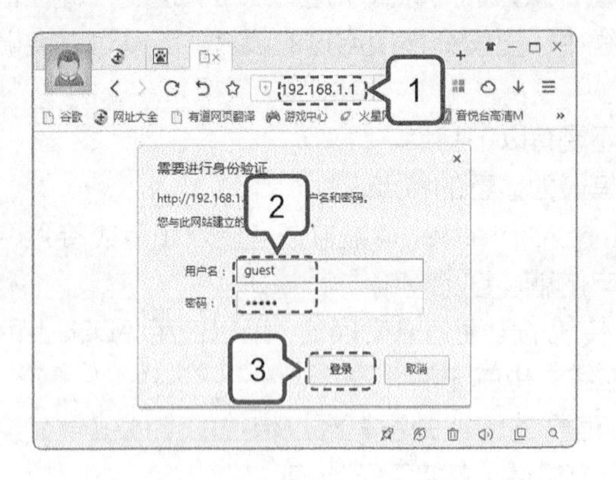

第2步 更改密码

❶ 进入到路由器管理面板，单击左侧的“系统选项”；❷ 在右侧的“新密码”和“确认密码”文本框中输入更改的密码；❸ 单击“应用”按钮，即可更改密码。

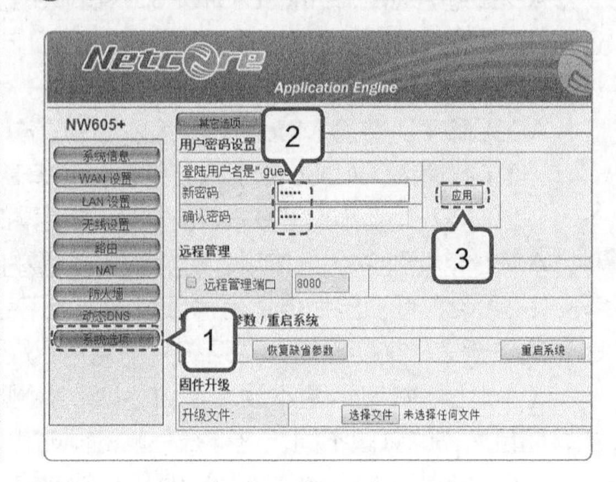

2. 修改 Wi-Fi 名称和密码

为了防止被蹭网，用户可以更改无线网络连入密码的方式，即修改 Wi-Fi 名称和密码。修改 Wi-Fi 名称和密码的具体操作如下。

第1步 修改 Wi-Fi 密码

❶ 在路由器管理面板中单击左侧的“无线设置”；❷ 在右侧单击“基本设置”选项卡；❸ 在 SSID 右侧的文本框中输入“Mynet”；❹ 单击“应用”按钮。

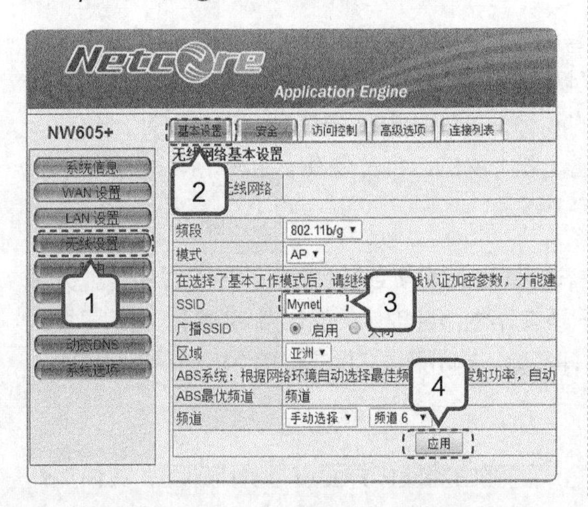

第2步 修改 Wi-Fi 密码

❶ 单击上方的“安全”选项卡；❷ 在“密钥 1”中输入密码；❸ 单击“应用”按钮即可。

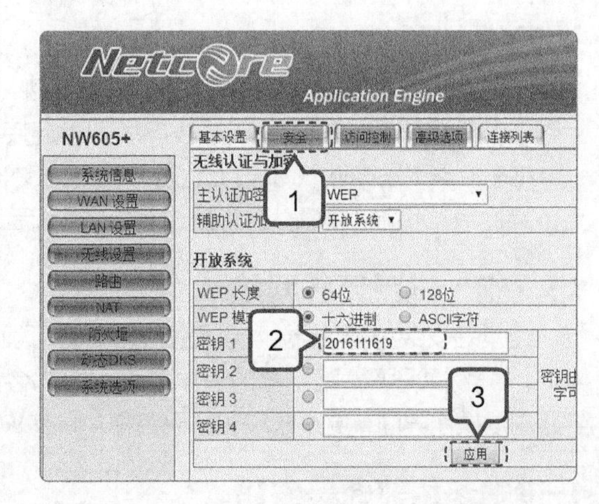

3. 将平板电脑连接到 Wi-Fi

许多平板电脑具备连入 Wi-Fi 的功能，无须购买无线接收器，只要搜索到需要连接的 Wi-Fi 账户，即可进行连接，具体操作步骤如下。

第 1 步 打开设置

在平面电脑中单击“设置”。

第 2 步 单击网络

❶ 进入设置界面，在左侧选择“无线网络”；❷ 在右侧搜索出的网络中单击要连接的网络。

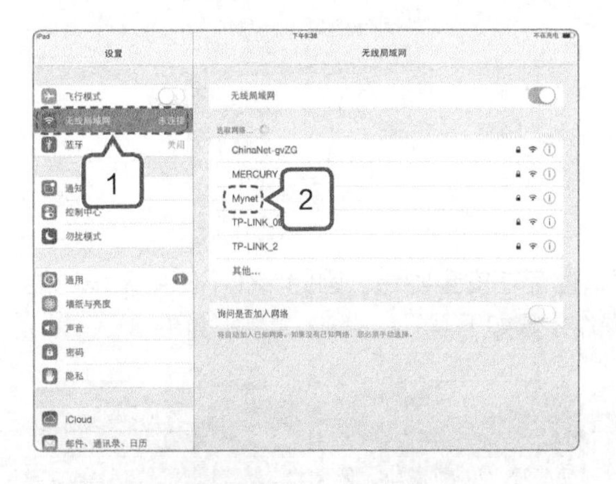

第 3 步 输入密码

❶ 在弹出的对话框中输入 Wi-Fi 密码；❷ 单击“加入”按钮。

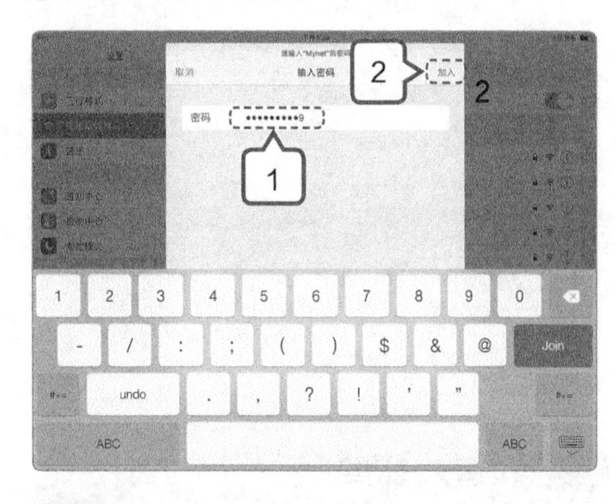

第 4 步 连入 Wi-Fi

系统自动开始连入 Wi-Fi，连接成功后如图显示，电脑的左上角会显示信号的强弱。

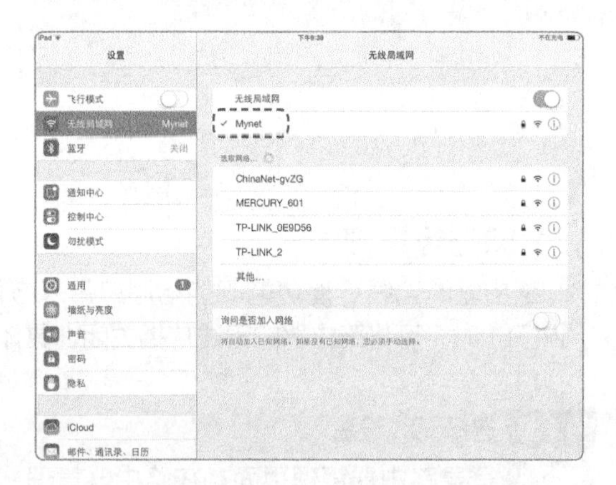

4. 将手机连接到 Wi-Fi

使用 4G 或 5G 网络，通常会产生流量费用 . 因此在有 Wi-Fi 的地方可将手机连入 Wi-Fi，关掉蜂窝数据，从而节约费用。将手机连入 Wi-Fi 的具体操作如下。

第1步 进入设置界面

❶ 在手机界面找到“设置”；❷ 进入设置界面，单击“无线局域网”选项。

第2步 选择无线网络

系统自动搜索附近的无线网络，并将搜索结果显示在界面中，选择需要连接的无线网络名称。

第3步 连接无线网络

❶ 在弹出的界面中输入无线网络连接密码；❷ 单击“加入”即可连接无线网络。

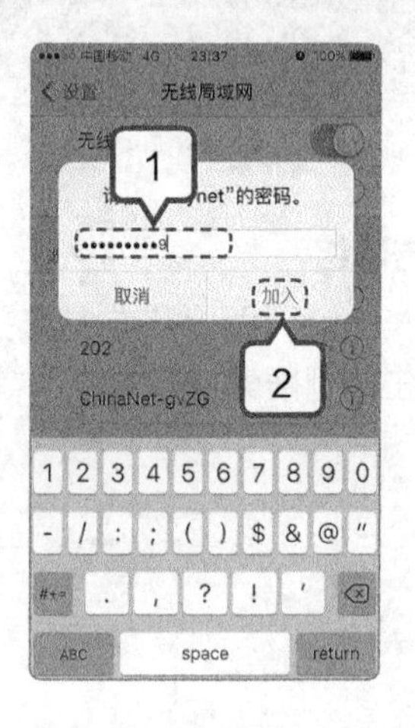

5. 关闭无线广播

路由器的无线广播功能既能给用户带来方便，也存在安全隐患。因此，在不使用无线功能（Wi-Fi）时，可将路由器的无线广播关闭，具体操作步骤如下。

第1步 选择无线设置

❶ 登录路由器管理页面，在路由器管理面板左侧单击“无线设置”；❷ 在右侧单击“基本设置”选项卡。

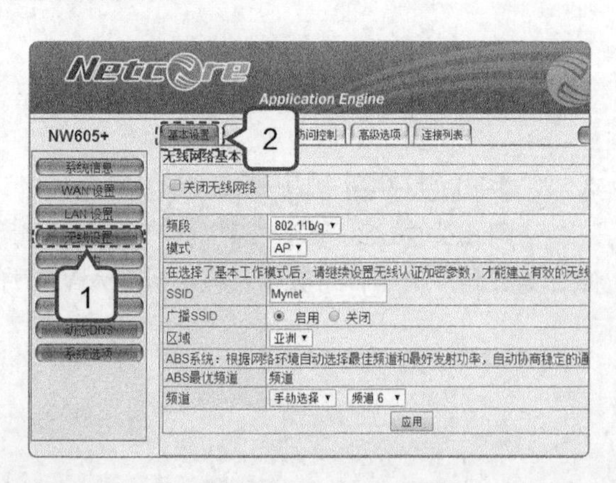

第 2 步 关闭无线广播

❶ 在该面板中单击选中“关闭无线广播”复选框；❷ 单击“应用”按钮，退出浏览器页面即可。

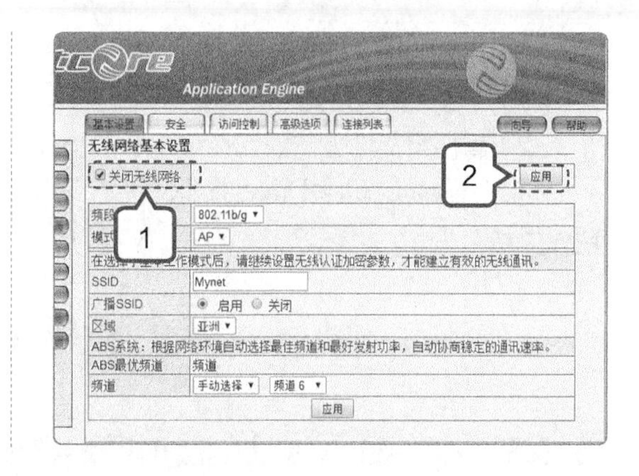

15.3 案例——通过 OneDrive 实现跨国多地办公

本节视频教学时间 / 1 分钟

/ 案例操作思路

本案例是利用 OneDrive 实现跨国多地办公。用户只要拥有 Microsoft 账户，即可使用 OneDrive 进行办公。OneDrive 是一种提供云存储服务的应用，可以在个人电脑和智能手机上使用，能满足日常工作需要。只要有网络，用户就能随时随地从 OneDrive 上下载存储的文件进行编辑，或者将文件上传到 OneDrive 中。

使用 OneDrive 办公的效果如图所示。

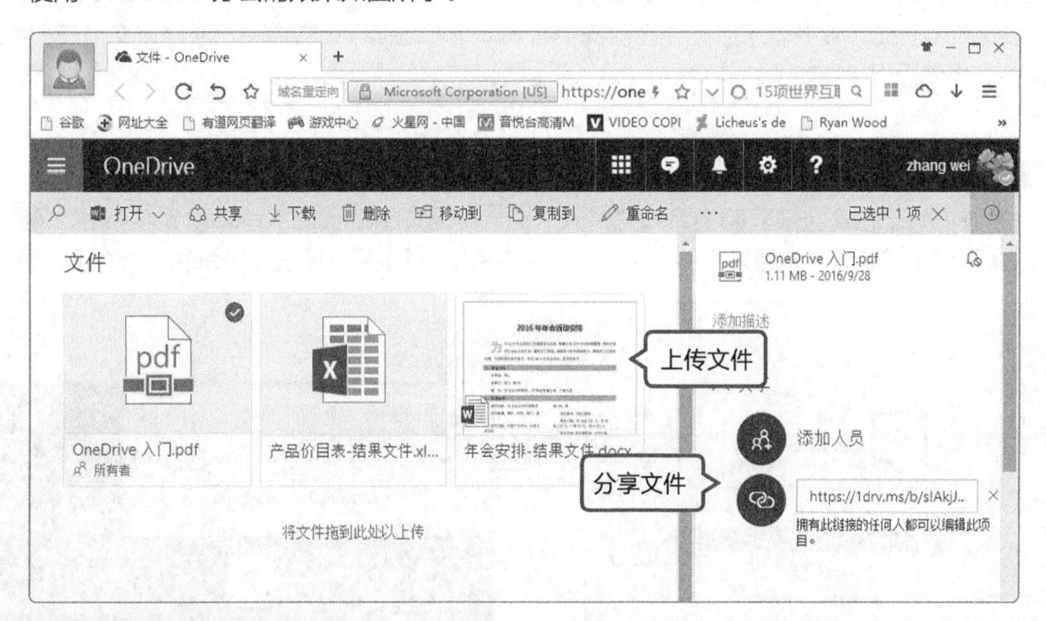

/ OneDrive 的基本使用

名称	要求
上传文件	上传文件是使用 OneDrive 的必备操作，不论是 Office 文件，还是其他类型的文件，都可以上传
共享文件	若需要将文件共享给别人使用，可通过 OneDrive 将文件共享出去

/ 技术要点

（1）了解 OneDrive 的功能。

（2）掌握将文件上传到 OneDrive 的操作方法。

（3）掌握通过 OneDrive 共享文件的操作方法。

/ 操作流程

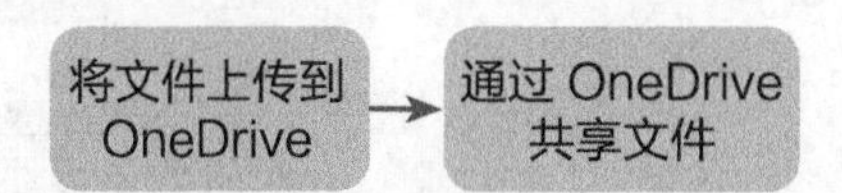

15.3.1　OneDrive 让你随时随地办公

OneDrive 支持从任意位置访问联机文件，可以便捷地将文件保存到云存储中，从而方便用户从任意设备访问，以达到随时随地办公的目的。

OneDrive 可以共享文档、照片等多种文件。如果是 Office 文档，用户还可以从 OneDrive 移动应用程序或 OneDrive 网站直接将其打开并编辑文档，实现真正地随时随地办公。只要安装了 OneDrive 并登录了相关的账户，无论何种设备，只要支持 OneDrive，用户的手机或任何电脑都可以打开其中的 Office 文件。

15.3.2　将文件上传到 OneDrive

将文件上传到 OneDrive 的方式有两种，现在分别进行讲解。

1. 直接将文件拖入 OneDrive 文件夹

安装好 OneDrive 并登录后，会在系统中看到一个 OneDrive 文件夹，通过该文件夹即可上传文件，具体操作步骤如下。

第 1 步　登录 OneDrive

❶ 在 OneDrive 登录界面中输入账户和密码；❷ 单击“登录”按钮。

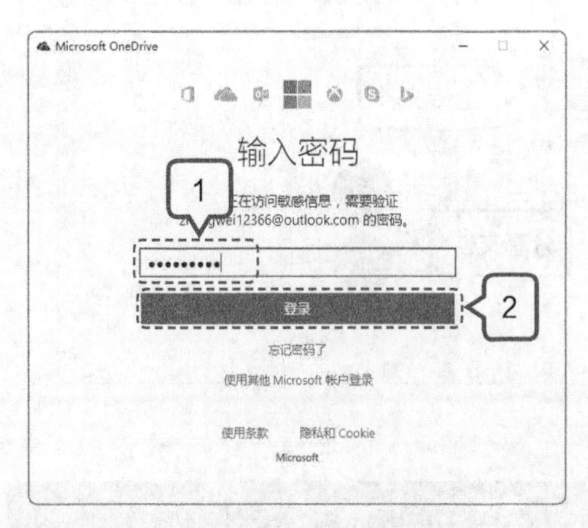

第 2 步　打开 OneDrive 文件夹

❶ 在界面右下角单击箭头按钮；❷ 在弹出的面板中单击 OneDrive 图标；❸ 在弹出的面板中选择“打开 OneDrive 文件夹”。

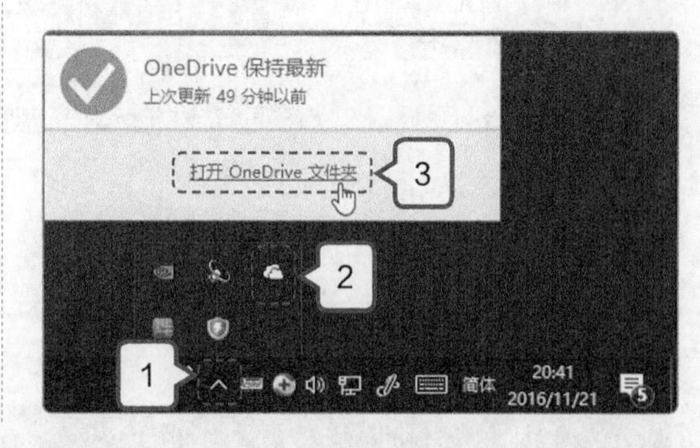

第 3 步 将文件移入 OneDrive 文件夹

找到需要上传的文件，将其复制或剪切到该文件夹中即可。此时，被复制的文件图标上将出现 图标，表示正在上传。上传成功后， 图标会变成绿色圈底的 。

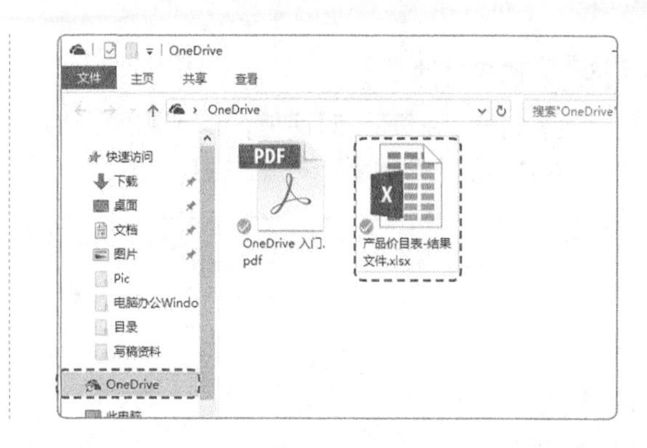

2. 通过 OneDrive 网页上传文件

若用户没有在本地电脑上安装 OneDrive 客户端，还可通过网页版使用 OneDrive 云服务上传文件，具体操作步骤如下。

第 1 步 登录 OneDrive 网页版

❶ 启动浏览器，在地址栏输入“OneDrive.com”；❷ 按【Enter】键跳转到 OneDrive 网页，单击右上角的“登录”按钮。

第 2 步 输入账户名

❶ 在跳转到的页面中，按照要求输入账户名，这里输入 Microsoft 的账户；❷ 单击“下一步”按钮。

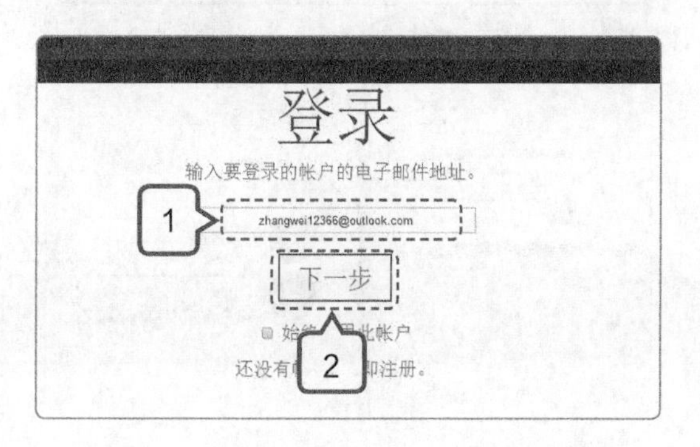

第 3 步 输入密码

❶ 在跳转到的页面中输入账户密码；❷ 单击“登录”按钮。

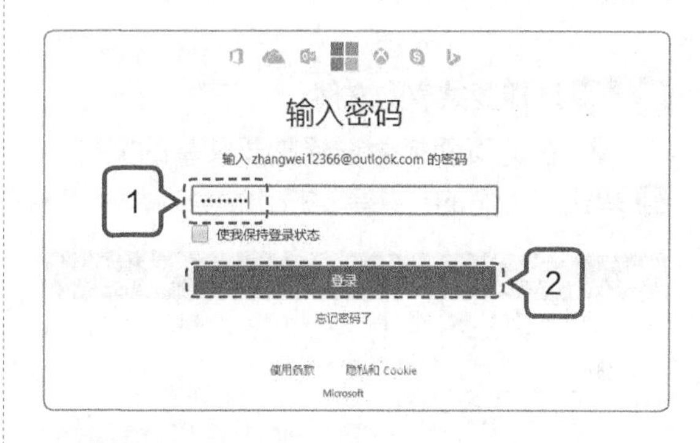

第 4 步 选择命令

❶ 进入 OneDrive 网页版界面，单击左侧的“上载”按钮；❷ 在弹出的列表中选择“文件”。

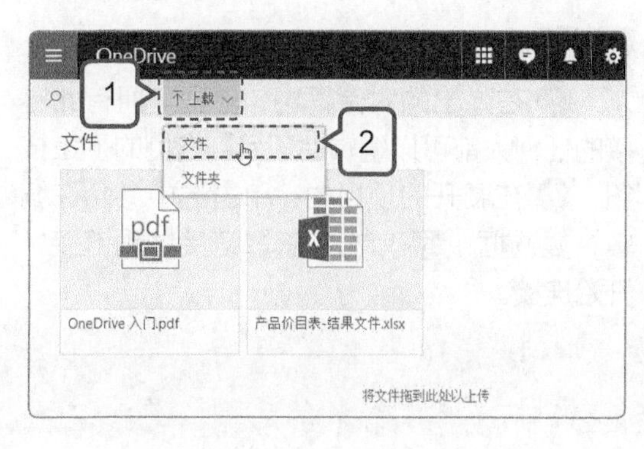

第 5 步 选择文件

❶ 打开“打开”对话框，找到需要上传的文件并将其选中；❷ 单击“打开”按钮。

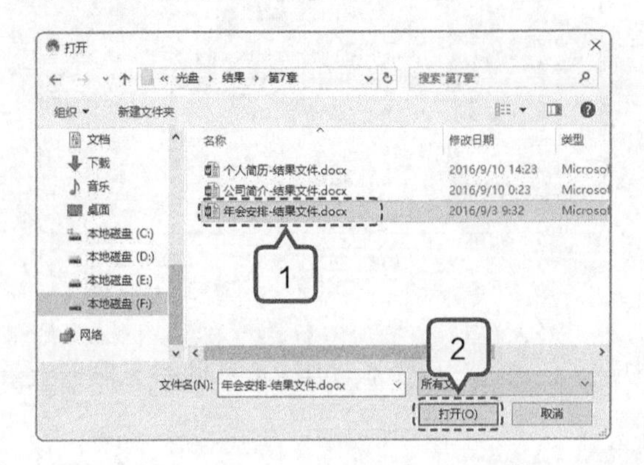

第 6 步 上传完成

网页开始上传选中的文件，上传完成后如图所示。

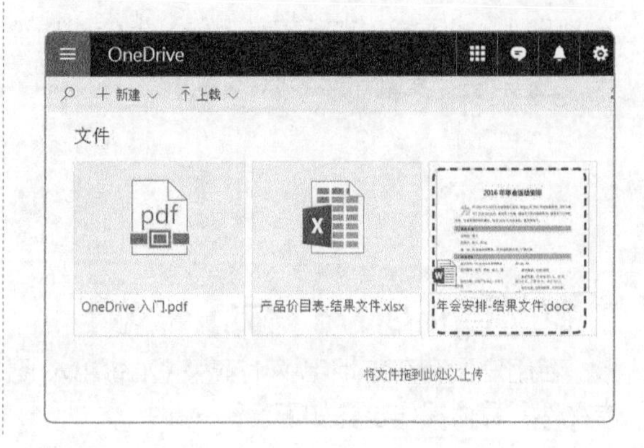

15.3.3 通过 OneDrive 实现文件共享

上传文件后，用户还可将文件共享给其他用户，并设置共享权限，限制其他用户对该文件的编辑，具体操作步骤如下。

第 1 步 选择要共享的文件

❶ 在网页面板中选择需要共享的文件；❷ 单击左上角的“共享”按钮。

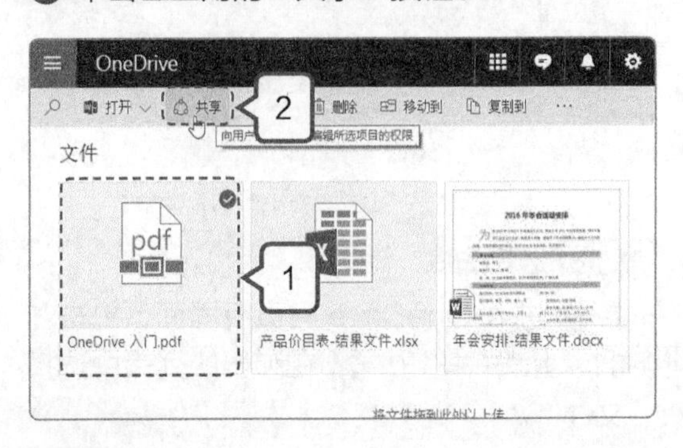

第 2 步 获取链接

❶ 在弹出的对话框中，单击“拥有此链接的任何人都可以编辑此项目”右侧的下拉按钮；❷ 在展开的项目中，单击选中“允许编辑”复选框；❸ 单击“获取链接”超链接，开始连接。

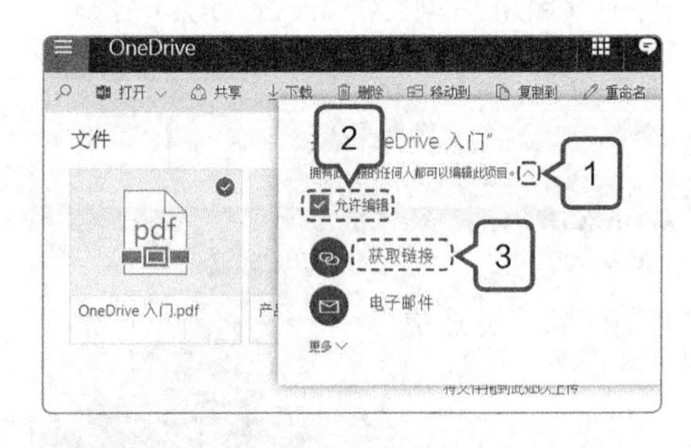

第 3 步 分享链接进行共享

连接完成后，在右侧会弹出一个属性面板，在“共享”栏下的链接文本框中，将会生成一个链接地址，复制该地址给需要分享的对象即可。

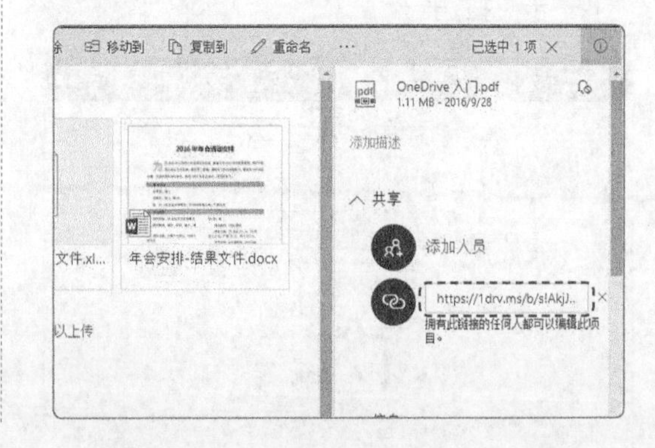

15.4 案例——共享无线局域网内的办公资源

本节视频教学时间 / 5 分钟

/ 案例操作思路

本案例将利用无线局域网共享办公资源，达到快速传播文件的目的。简单地说，无线局域网可大致等同于 Wi-Fi 网络，是当前整个数据通信领域发展最快的产业之一。因具有灵活性、可移动性及较低的投资成本等优势，无线局域网获得了家庭用户、办公室、企业及电信运营商的青睐。

共享文件的最后的效果如图所示。

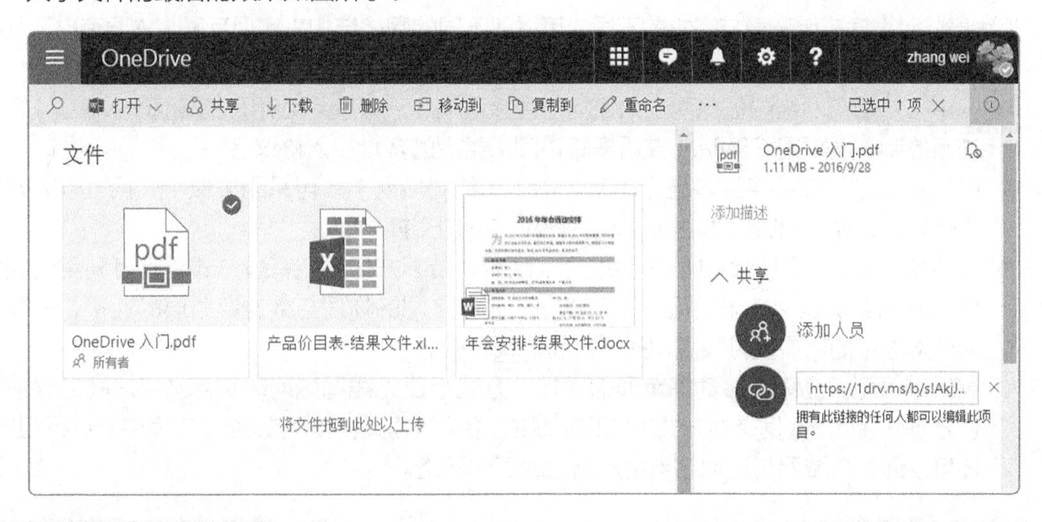

/ 无线局域网应注意的问题

名称	要求
修改默认账户	一般的家庭无线局域网都是通过一个无线路由器来连接，而利用这个路由器内置的管理页面，可以设置该设备的网络地址及账号等信息。如果不修改路由器的默认账户和密码就很容易被黑客破解，因此要修改默认的路由器账户
进行加密	无线局域网都提供某些形式的加密，如 WEP（有线等效保密协议）密钥等，如果不采用加密措施，黑客会采用一些措施来中途截取无线数据信息
SSID（服务集标识）	通常每个无线网络都有一个服务集标识符（SSID），一般情况下无线设备在出厂时都会设置一个默认的值，例如 TP-LINK 公司的设备 SSID 值就是“TP-LINK”。无线客户端需要加入该网络的时候都需要有一个相同的 SSID 才行
关闭 SSID 广播	无线网络中开启了 SSID 广播功能，其路由设备会自动向其有效范围内的所有无线客户端广播自己的 SSID 号，无线客户端接收到这个 SSID 号后，即可利用这个 SSID 号使用到这个局域网。为了保证网络安全，可关闭 SSID 广播

/ 技术要点

（1）了解无线局域网的类型和应用领域。

（2）在无线局域网络中共享文件。

/ 操作流程

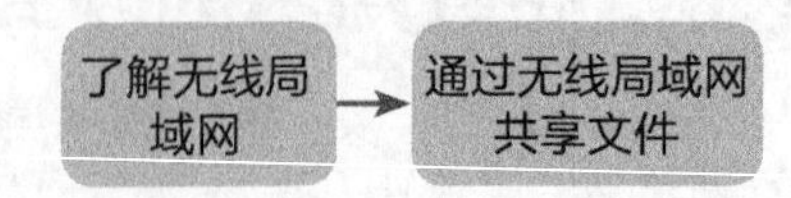

15.4.1 了解无线局域网

无线网络不仅为用户提供了便利，而且没有接入人数的限制，不用像有线网络那样受限于固定的接口数。下面介绍无线局域网的类型和应用领域。

1. 无线局域网的类型

无线局域网根据应用环境与需求的不同，可采取不同的网络结构来实现互联，主要有以下几种类型。

- 无中心结构：网络中任意两个站点均能直接通信，一般使用公用广播信道，MAC（媒体访问控制）层采用 CSMA（监听多路访问）类型的多址接入协议。
- HUB 接入型：在该结构基础上的 WLAN（无线局域网），可采用类似于交换型以太网的工作方式，要求 HUB（集线器）具有简单的网内交换功能。
- 网桥连接型：不同的局域网之间进行互联时，若不方便采取有线方式，则可利用无线网桥的方式实现连接。无线网桥不仅能提供二者之间的物理与数据链路层的连接，还能为两个网络中的用户提供较高层的路由与协议转换。
- 基站接入型：当采用移动蜂窝通信网接入方式组建无线局域网时，各站点之间的通信是通过基站接入、数据交换方式来实现互联的。各移动基站不仅可以通过交换中心自行组网，还可以通过广域网与远地站点组建自己的工作网络。

2. 无线局域网的应用

无线局域网摆脱了物理障碍，灵活性非常大，只要在无线局域网或在无线信号覆盖区域内的任何一个位置都可以接入网络，适合老建筑、布线昂贵的露天区域、城市建筑群、校园和工厂等难以布线的环境。因此，无线局域网可广泛应用于下列领域。

- 接入网络信息系统：电子邮件、文件传输和终端仿真。
- 远距离信息的传输：如在林区进行火灾、病虫害等信息的传输，或公安交通管理部门进行交通管理等。
- 频繁变化的环境：频繁更换工作地点或位置不固定的行业，如野外勘测、军事、公安和银行等。
- 流动工作者可得到信息的区域：需要在医院、零售商店或办公室区域流动时得到信息的医生、护士、零售商及白领工作者等。
- 高峰时间所需的暂时局域网：学校、商业展览等人员流动较大的地方，以及零售商、空运和航运公司高峰时间所需的额外工作站等。

3. 无线局域网的特点

无线局域网为网络办公带来了革新，把个人从办公桌旁解放了出来。与传统有线网络相比，无线网络有以下特点。

- 灵活性：由于摆脱了线缆的限制，用户可以在不同的地方工作，只要在网络覆盖区域内，即可随时访问网络。
- 组网灵活：无线局域网可以组成多种拓扑结构，可以非常容易地从少数用户的点对点模

式扩展到上千用户的基础架构网络。

- 布线简单：摆脱了线缆的限制，就可以不用过多地考虑布线的问题，只要把需要连接网线的设备考虑进来即可。
- 降低成本：无线网络能为用户节约大量的租网费用，特别有利于使用手机和平板电脑办公的用户，直接连入 Wi-Fi 即可，不用再向网络供应商另外购买流量。

15.4.2 组建无线局域网

组建无线局域网的方法与组建普通局域网的方法相同，只要连接到了同一网络，即可通过设置家庭组的方法来创建局域网。

1. 创建家庭组

在一个网络中，首先要创建一个家庭组，然后才能让其他电脑加入到该组中，具体操作步骤如下。

第 1 步 单击“设置”选项

❶ 单击桌面左下角的“开始”按钮；❷ 在弹出的面板中单击“设置”选项。

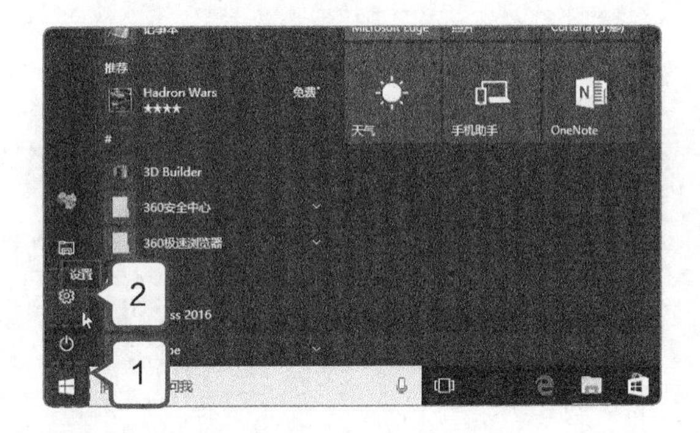

第 2 步 选择网络

在打开的“设置”窗口中选择“网络和 Internet”选项。

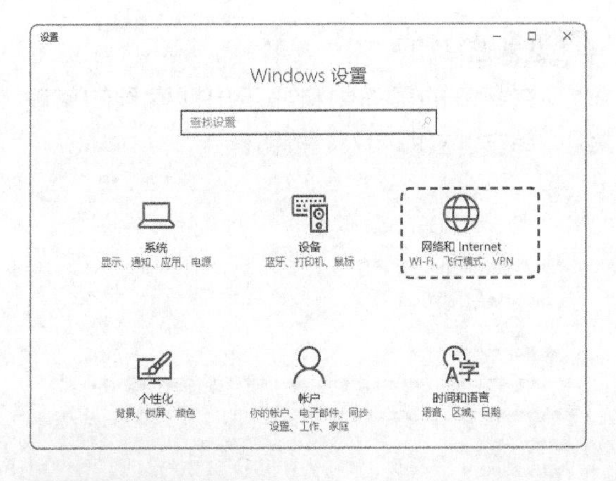

第 3 步 选择家庭组

在打开的界面中选择右侧的“家庭组”选项。

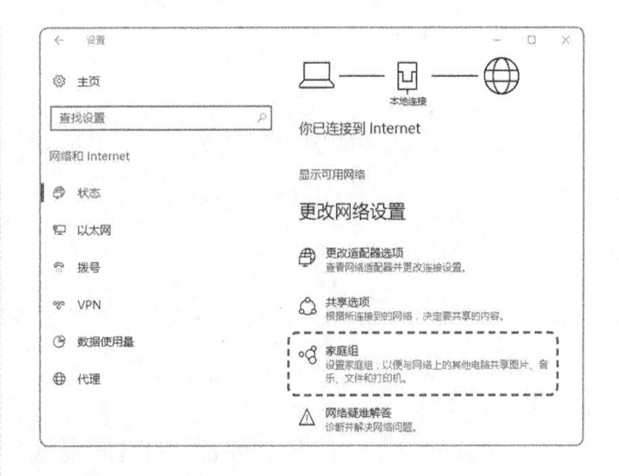

第 4 步 创建家庭组

打开“家庭组”窗口，在其中单击“创建家庭组”按钮。

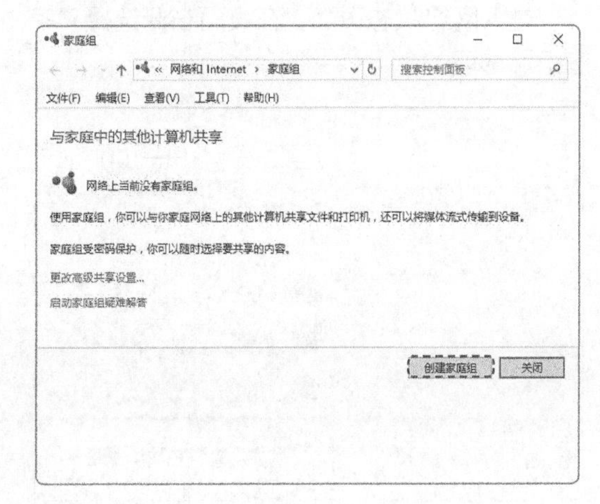

第 5 步 单击“下一步”按钮

在打开的界面中单击“下一步”按钮。

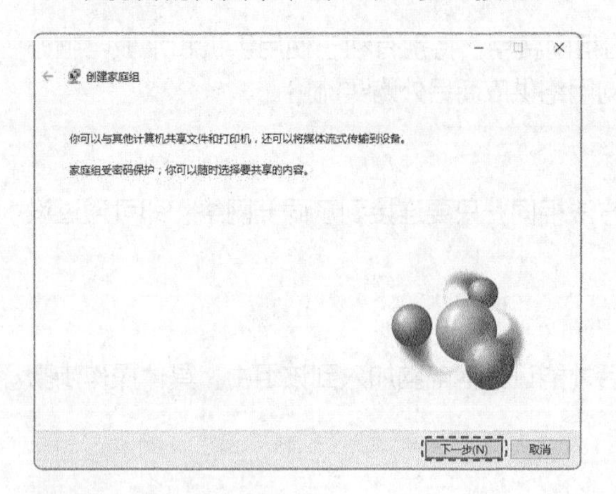

第 6 步 设置共享权限

❶ 在打开的界面的列表中，设置需要共享的权限；❷ 单击“下一步”按钮。

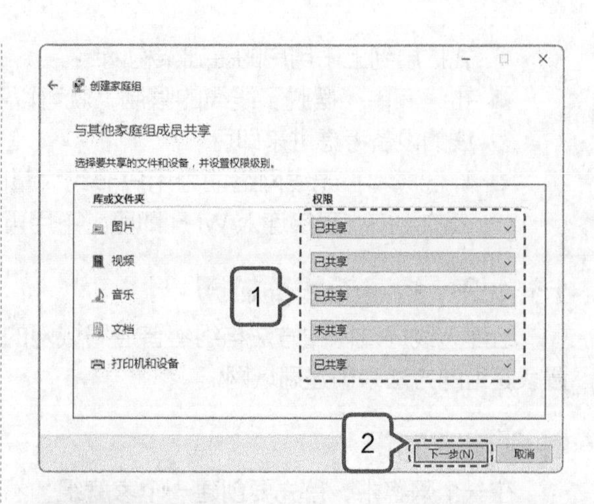

第 7 步 设置成功

在跳转的界面中，提示设置家庭组成功，并出现该家庭组密码，单击“完成”按钮即可。

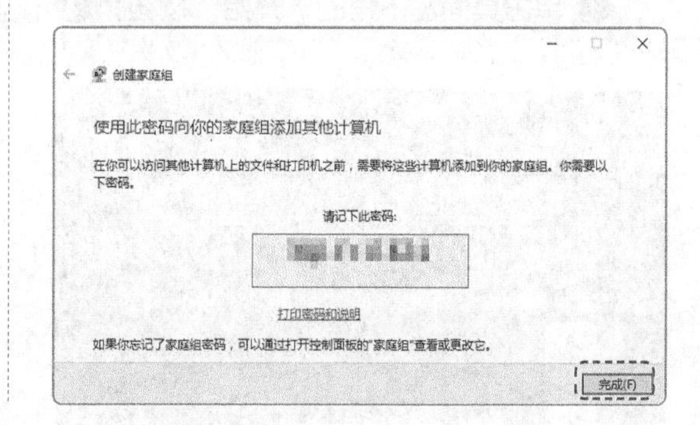

2. 加入家庭组

创建家庭组后，在这个网络中的其他电脑，即可搜索并利用密码加入该家庭组，具体操作步骤如下。

第 1 步 选择家庭组

进入网络状态页面，在页面右侧选择“家庭组”选项。

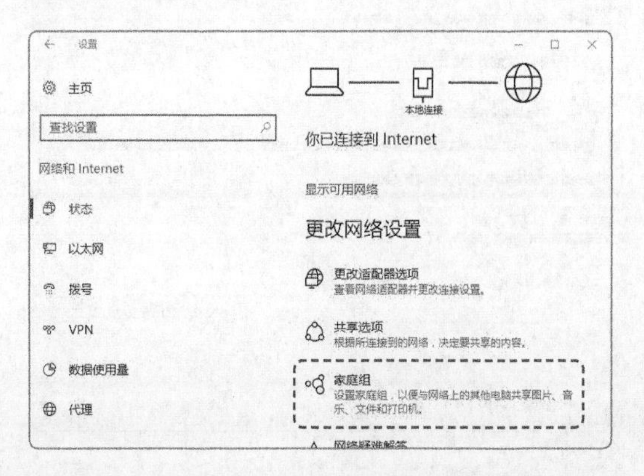

第 2 步 选择加入

在打开的界面中将显示出搜索到的家庭组，单击“立即加入”按钮。

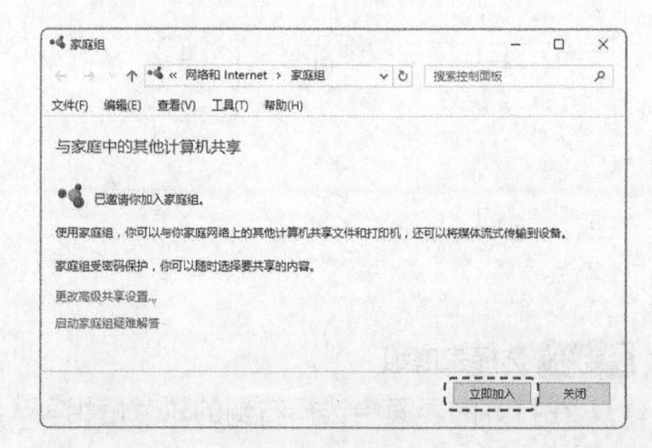

第3步 加入家庭组

在打开的界面中单击“下一步”按钮。

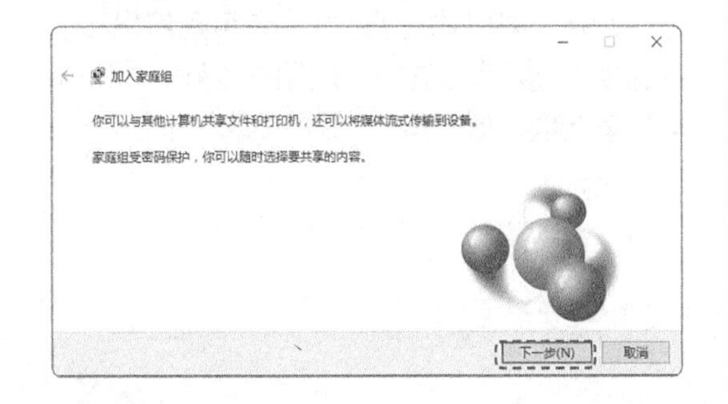

第4步 设置权限

❶ 在打开的界面的列表中，设置需要共享的权限；❷ 单击“下一步”按钮。

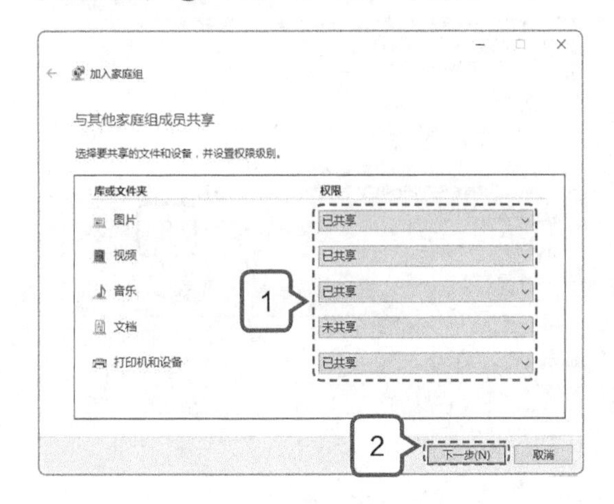

第5步 输入密码

❶ 在接下来的界面中输入家庭组密码；❷ 单击“下一步”按钮。

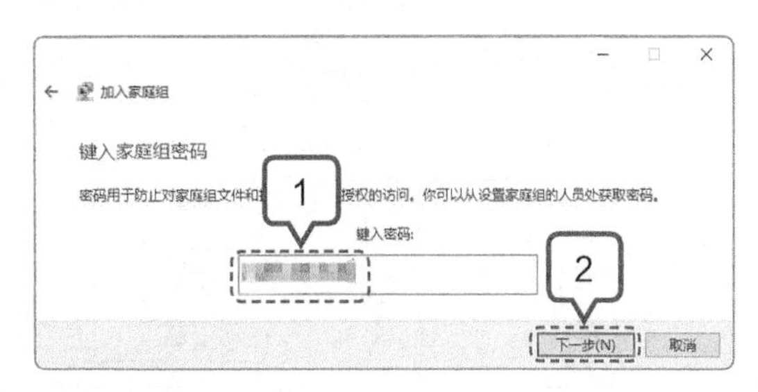

第6步 完成加入

跳转到加入成功界面，单击“完成”按钮即可。

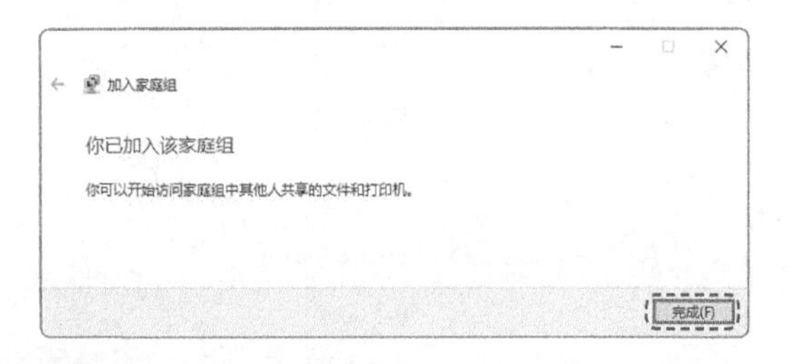

> **提示** 若忘记了家庭组密码，可打开家庭组，在其中查看家庭组密码。

15.4.3 共享文件

在网络中共享文件的方法非常简单，首先需要设置共享，之后就可将文件夹、打印机等文件或设备共享出去，供大家使用。

1. 设置共享

在共享文件或打印机前，需要进行共享设置，具体操作步骤如下。

第1步 选择“设置”选项

❶ 单击桌面左下角的“开始”按钮；❷ 在弹出的面板中选择“设置”选项。

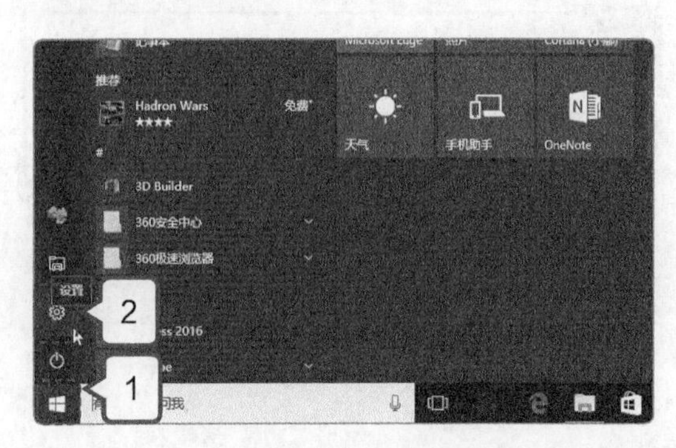

第2步 选择网络

在打开的“设置”窗口中选择“网络和Internet”选项。

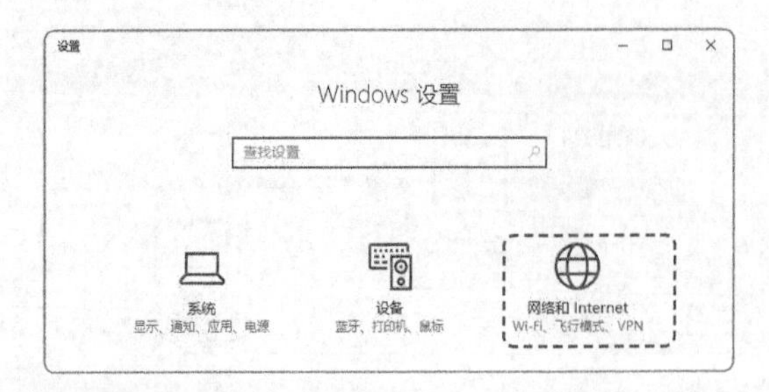

第3步 选择共享设置

在跳转到的面板中，选择右侧的“共享选项”。

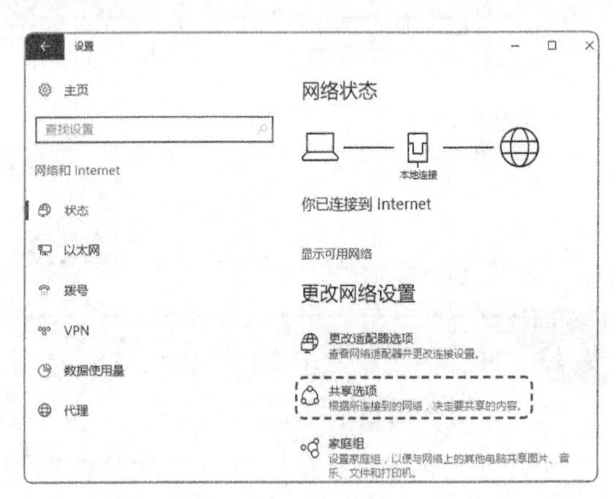

第4步 设置共享

❶ 打开“高级共享设置”窗口，在展开的“专用”栏下单击选中“启用网络发现”单选项；❷ 单击选中“启用文件和打印机共享”单选项；❸ 单击“保存更改”按钮。

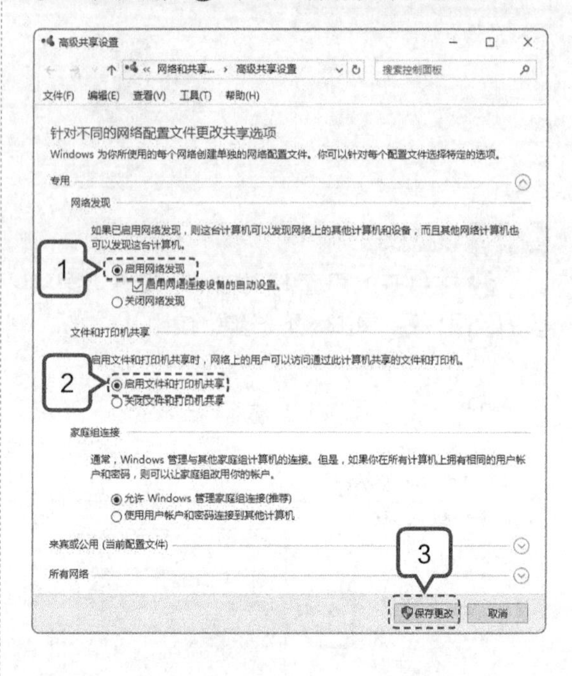

2. 共享文件夹

设置好共享网络后，即可将需要共享的文件或文件夹共享出去，具体操作步骤如下。

第1步 选择“属性”命令

❶ 选中要共享的文件夹；❷ 单击鼠标右键，在弹出的快捷菜单中选择“属性”命令。

> **提示**
>
> 选中文件夹后，单击鼠标右键，在弹出的快捷菜单中选择“共享”命令，同样可以设置文件夹的共享。

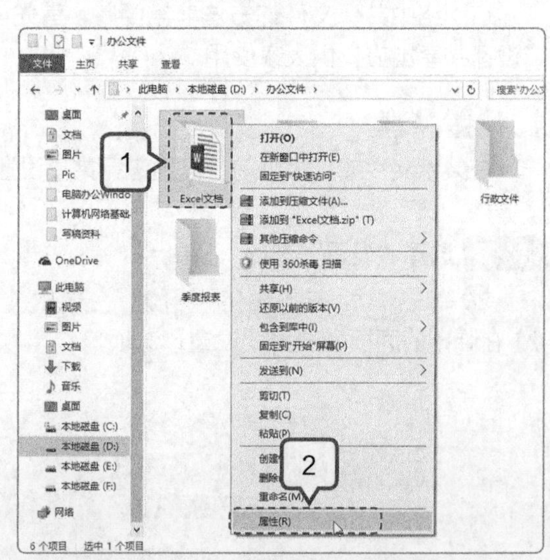

第 2 步 选择高级共享

❶ 在打开的“Excel 文档 属性”对话框中，单击“共享”选项卡；❷ 在“高级共享”栏中单击“高级共享”按钮。

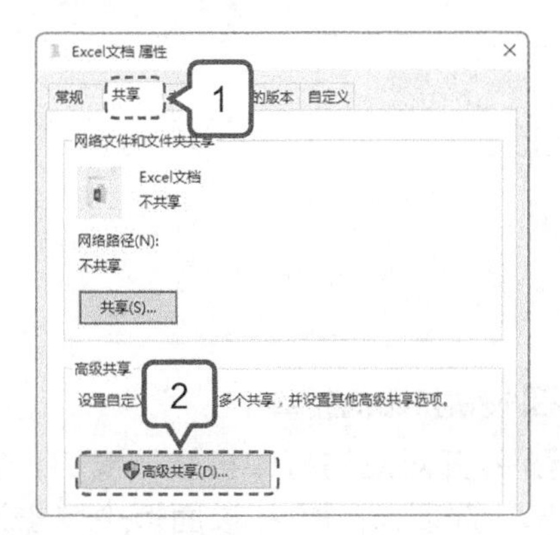

第 3 步 共享文件夹

❶ 打开“高级共享”对话框，单击选中“共享此文件夹”复选框；❷ 单击“确定”按钮。

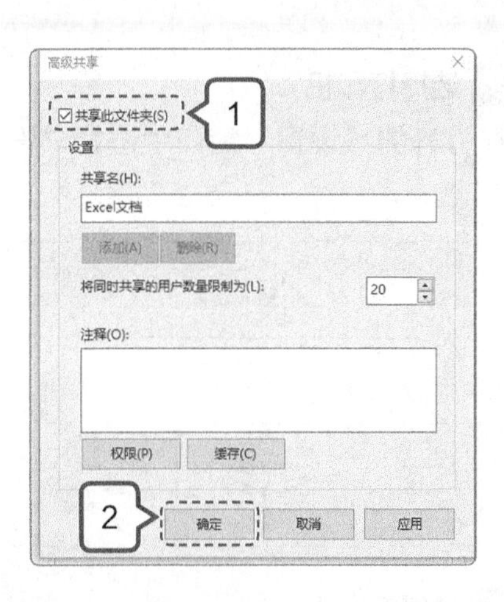

第 4 步 返回属性对话框

❶ 返回“Excel 文档 属性”对话框，可看到文件已共享；❷ 单击“关闭”按钮。

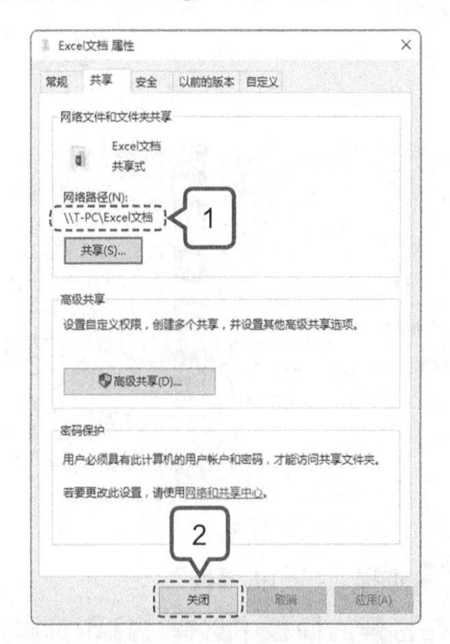

3. 共享打印机

打印机的共享方法与文件夹的共享方法类似，具体操作步骤如下。

第 1 步 选择“设置”选项

❶ 单击桌面左下角的“开始”按钮；❷ 在弹出的面板中选择“设置”选项。

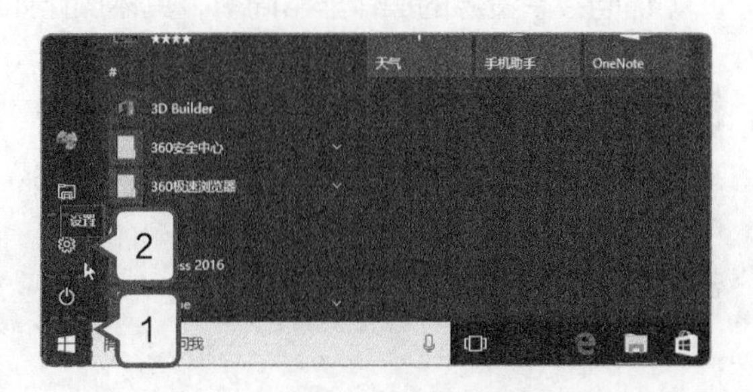

第 2 步 选择打印机

在打开的“设置”窗口中选择“设备”选项。

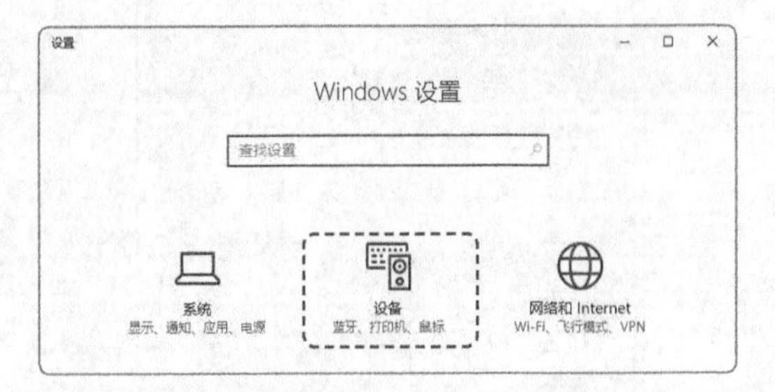

第 3 步 选择打印机

❶ 在打开的界面中单击右侧列表中需要设置的打印机；❷ 在展开的按钮中单击“管理”按钮。

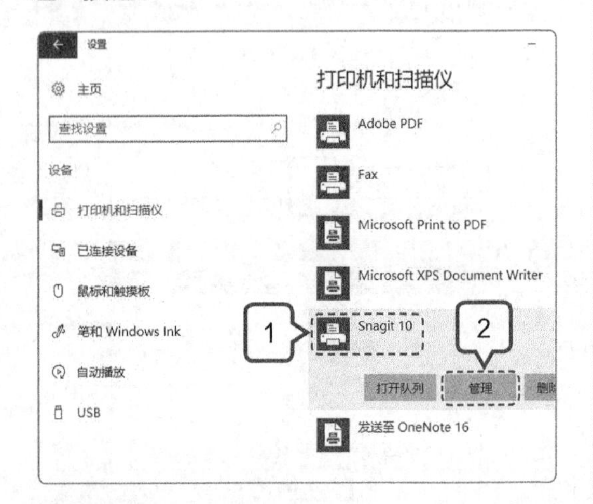

第 4 步 选择“打印机属性”

在打开的面板中选择“打印机属性”命令。

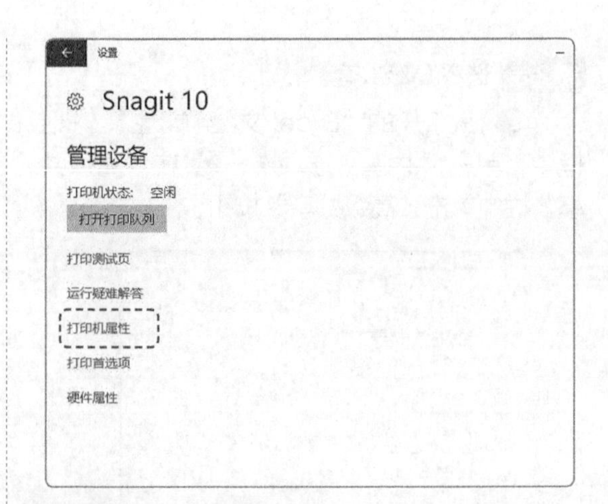

第 5 步 设置打印机共享

❶ 打开对应的打印机属性窗口，单击“共享”选项卡；❷ 在该面板中单击选中“共享这台打印机”复选框；❸ 单击“确定”按钮即可。

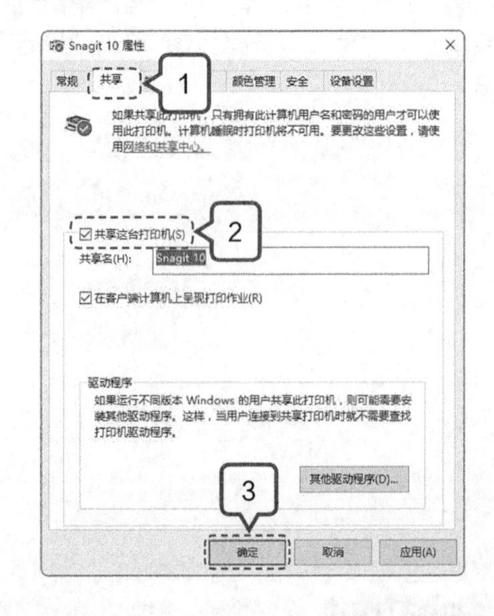

4. 访问共享资源

访问共享资源的操作非常简单，具体操作如下。

第 1 步 选择网络

在桌面上双击“此电脑”图标，打开“此电脑”窗口；在左侧列表中找到“网络”，单击前方箭头将其展开。

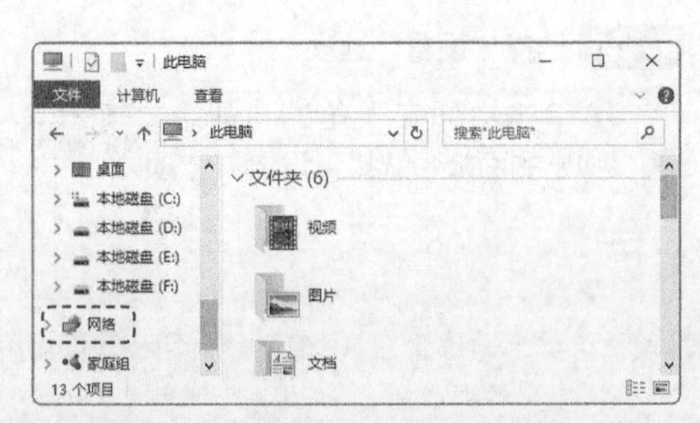

第 2 步 查看共享

在展开的列表中选择共享文件的电脑，在右侧窗口中即可查看共享的文件。

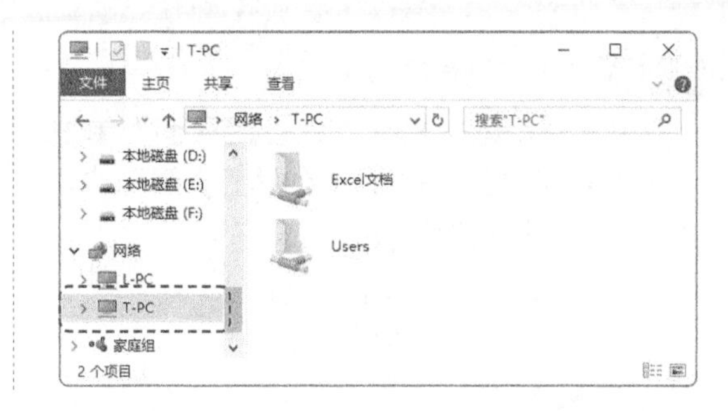

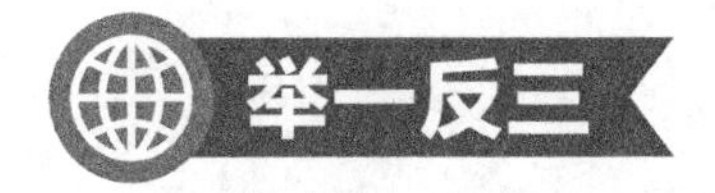

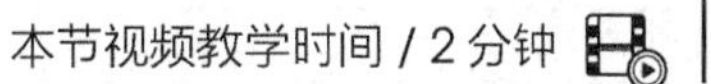
本节视频教学时间 / 2 分钟

本章所选择的案例均为设置 Windows 10 网络的基础操作，主要涉及网络办公设备和平台、连接 Wi-Fi、通过 OneDrive 上传和共享文件，以及组建无线局域网和共享文件等知识点。以下列举两个典型网络基本设置的操作思路。

1. 组建典型的企业局域网

与一般的局域网类似，只要工作设备和网络构架成功后，即可设置企业局域网，操作步骤如下。

第 1 步 新建企业局域网

设置新的连接或网络，新建一个工作局域网。

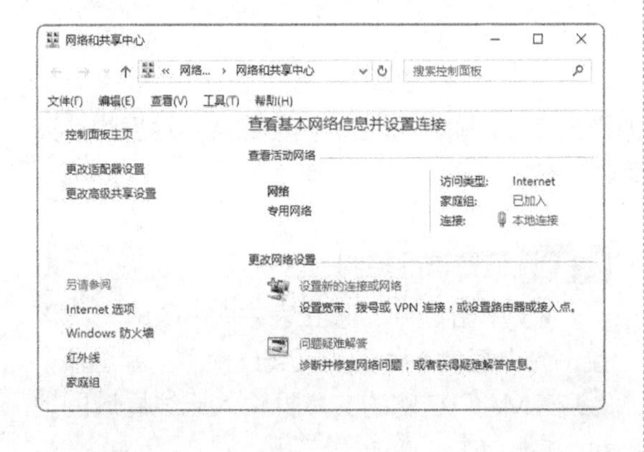

第 2 步 设置其他电脑加入该局域网

使用其他电脑搜索到该局域网，并加入到该网络中即可。

2. 共享电脑或手机网络

共享电脑或手机网络指将使用的网络共享给其他用户使用。下面以手机热点为例，只要开启手机热点，即可让其他设备的用户搜索并使用你的网络，操作步骤如下。

第 1 步 进入蜂窝移动网络

单击“设置”App 进入设置界面，单击“蜂窝移动数据”进入对应的界面，再在该界面中单击“个人热点”选项。

第 2 步 选择“设置”选项

进入个人热点，单击右侧的开启按钮，将个人热点开启即可。

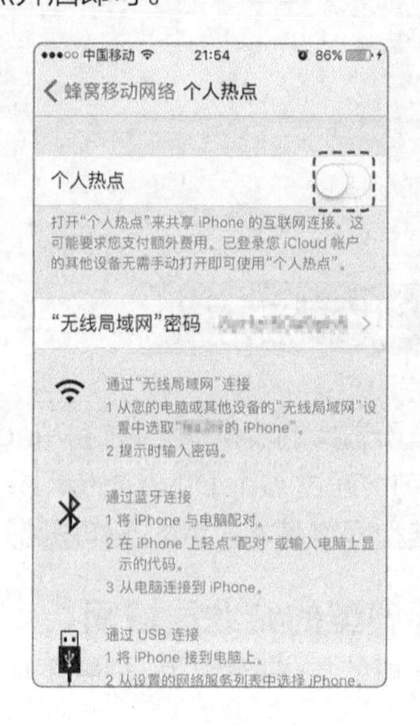

高手支招

1. 通过控制访问来防蹭网

蹭网一直是困扰广大用户的一个大问题，因为别人在使用你的网络时，你的网络速度也会变得缓慢。可以通过控制访问来防蹭网，具体操作步骤如下。

第 1 步 打开路由器

进入路由器设置界面，在“无线设置”栏右侧单击“访问控制”选项卡。

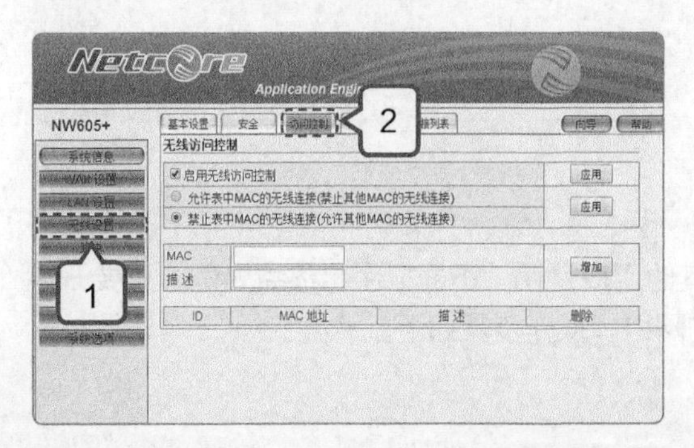

第 2 步 设置访问控制

❶ 单击选中“禁止表中 MAC 的无线连接（允许其他 MAC 的无线连接）”单选项；❷ 在 MAC 右侧的文本框输入无线局域网地址；❸ 单击“增加”按钮。

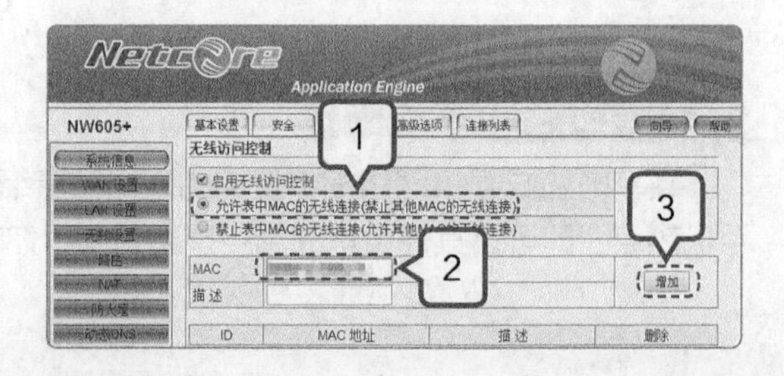

2. 网络故障诊断和恢复

若设备连接正常，但电脑却显示不能上网，就需要对网络进行诊断和修复，具体操作步骤如下。

第 1 步 打开网络连接

❶ 在任务栏右下角单击网络连接图标；❷ 在弹出的面板中选择“网络设置”命令。

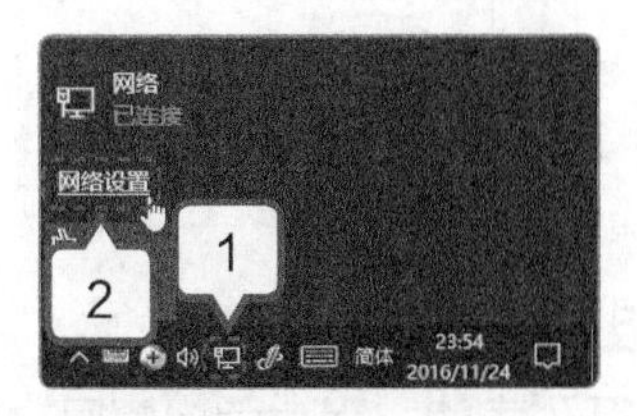

第 2 步 更改适配器

在打开的“设置”界面中单击“更改适配器选项”选项。

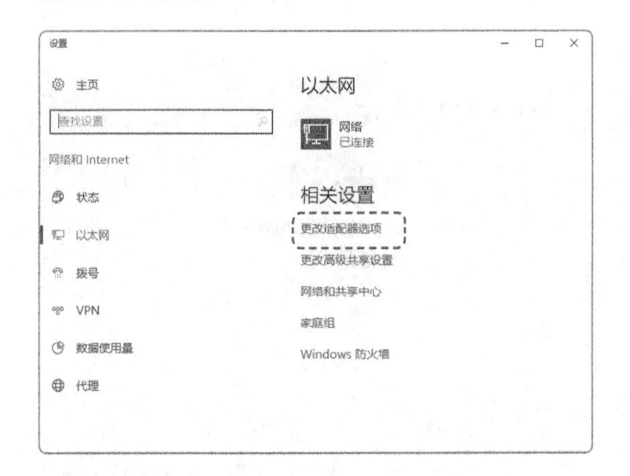

第 3 步 选择“诊断”命令

打开“网络连接”窗口，在网络连接图标上单击鼠标右键，在弹出的快捷菜单中选择“诊断”命令。

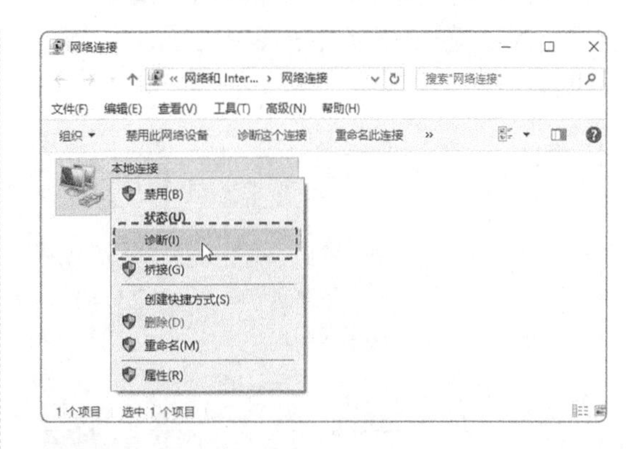

第 4 步 开始诊断

系统开始诊断网络故障原因。

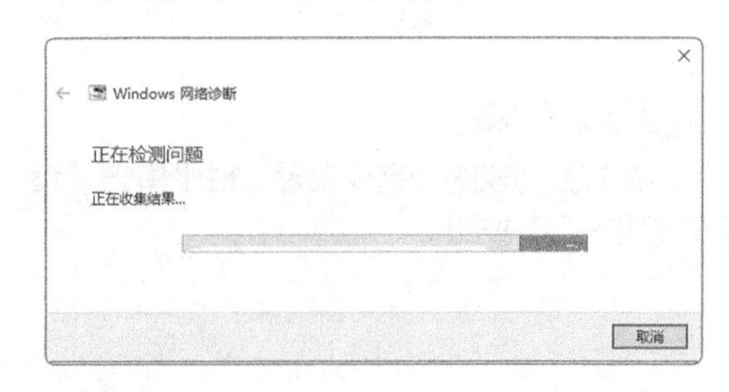

第 5 步 诊断结果

诊断完成后会显示其结果，根据结果进行恢复即可。

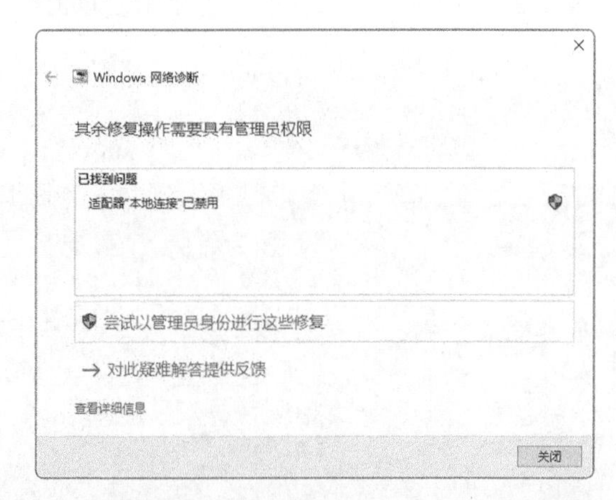

3. 屏蔽网页弹窗广告

在浏览网页查找资料时，时不时弹出的广告不仅会拖慢网页打开速度，而且还会给用户造成困扰。可通过设置解决这一问题。

第 1 步 打开路由器

❶ 在任务栏单击“Microsoft Edge”图标，启动该浏览器，在浏览器右上角单击“更多”按钮；❷ 在打开的列表中选择“设置”选项。

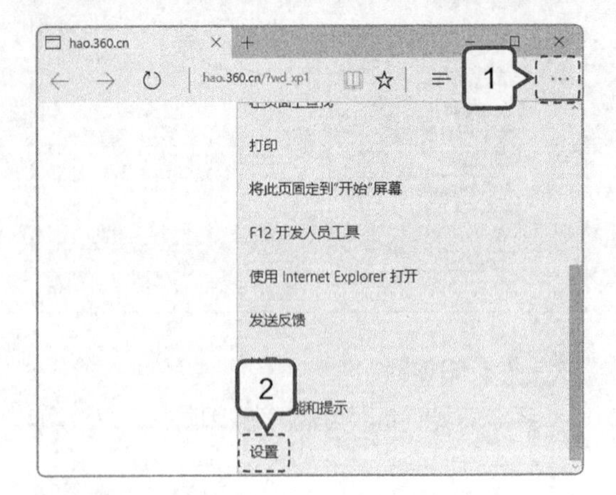

第 2 步 单击按钮

在打开列表的“高级设置”栏中单击“查看高级设置”按钮。

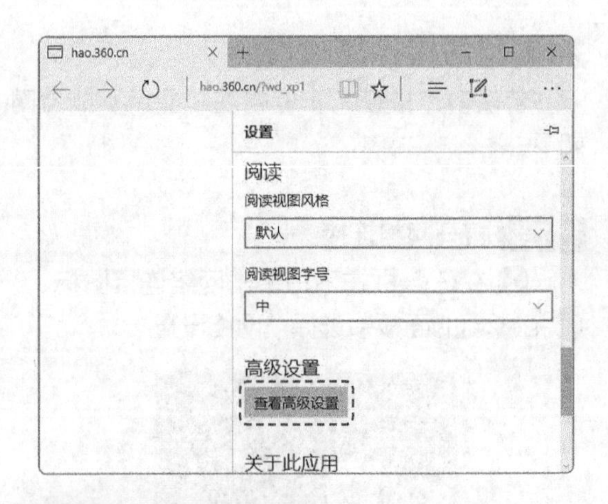

第 3 步 阻止弹出窗口

在打开列表的“阻止弹出窗口”栏下，单击按钮，将其启动即可。

Chapter 16

同舟共济——移动办公

本章视频教学时间 / 12 分钟

技术分析

随着科技的发展，特别是移动智能终端的普及，移动办公已经逐渐深入人们的工作和生活。只要有网络，用户便可通过手机和平板电脑，随时随地进行办公。移动办公主要涉及以下知识点。

（1）OneDrive 云存储。

（2）手机、平板电脑等移动智能终端设备。

（3）使用智能终端设备查看、编辑文档。

本章主要讲解如何在手机和平板电脑上进行移动办公，包括查看和编辑文档、进行网络会议以及通过 OneDrive 实现跨平台移动办公等。

思维导图

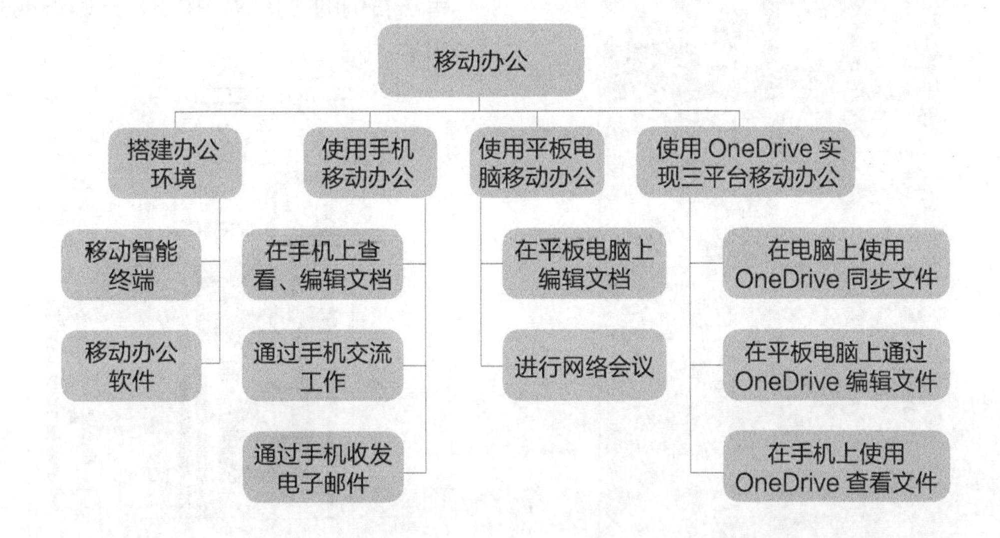

16.1 搭建移动办公环境

本节视频教学时间 / 1 分钟

移动办公也叫移动 OA，即办公人员可在任何时间（Anytime）、任何地点（Anywhere）处理与业务相关的任何事情（Anything），因此也叫“3A 办公”。这种全新的办公模式，可以让办公人员摆脱时间和空间的束缚，随时随地进行交互活动，使工作更加轻松有效。

16.1.1 移动办公的智能终端

移动办公的智能终端一般为便携式电脑。此外，一些支持办公 App 的智能手机也能作为移动办公的工具。

16.1.2 在移动设备上安装办公 App

在移动设备上安装办公 App 的操作大同小异，现在以在手机上安装 Word 为例进行介绍，其具体操作步骤如下。

第 1 步 搜索 App

在手机中单击自带的“App Store”，启动该 App。

第 2 步 安装 App

❶ 单击下方的“搜索”选项；❷ 在上方的搜索框中输入“Word”，单击“搜索”按钮开始搜索；❸ 搜索出要下载的 App，单击右侧的“获取”按钮，开始下载并安装 App。

> **提示**
> 安装完成后，即可在手机上查看到已安装的 App。应当注意的是，iOS 系统若要安装 App，一般会要求输入 Apple ID 的账户和密码，输入后方可下载。而安卓手机则不需要。

16.2 案例——使用手机进行移动办公

本节视频教学时间 / 6 分钟

/ 案例操作思路

本案例是利用手机进行移动办公，即利用手机上的办公 App 制作和编辑办公文档。除此之外，还可利用其他的 App 协助办公，例如远程查看电脑上的办公文档、在手机上编辑文档、通过手机交流工作及收发电子邮件等。

下图所示的为在手机上查看办公文档并收发邮件。

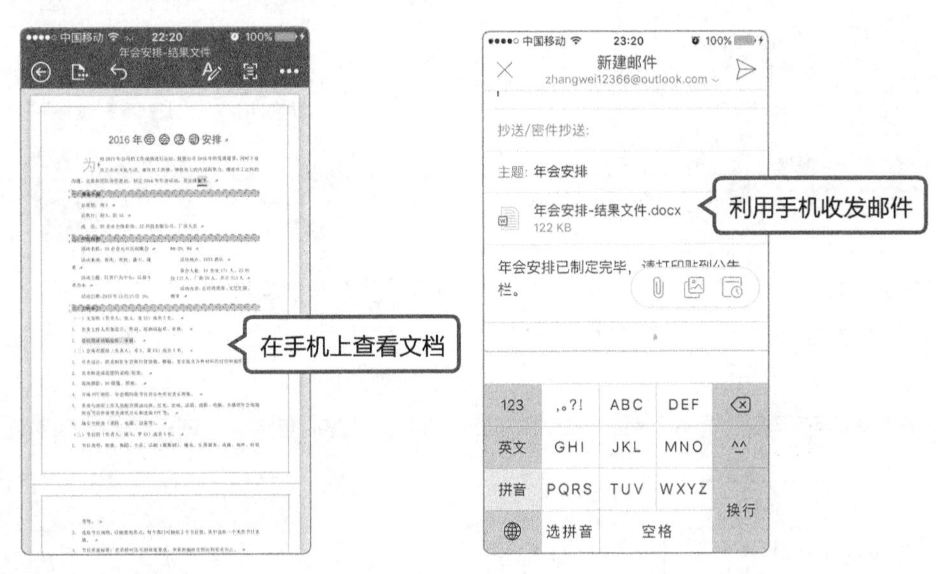

/ 技术要点

（1）掌握 OneDrive 在手机上的使用方法。

（2）了解如何利用平板电脑进行移动办公。

（3）熟练利用平板、手机和电脑，实现移动办公。

/ 操作流程

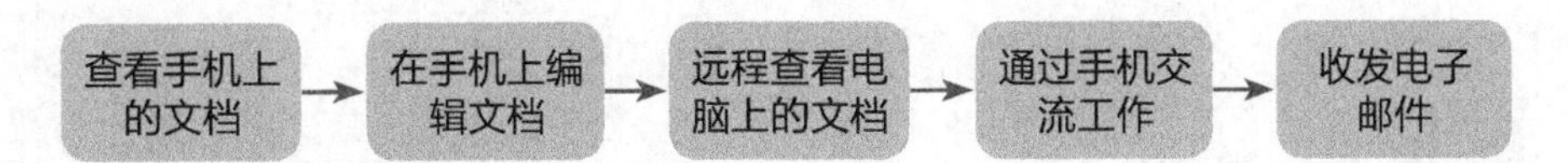

16.2.1 查看手机上的办公文档

在手机上查看办公文档的操作非常简单，只要安装了相应的 App，即可打开文件进行查看。下面讲解如何在手机上查看文档，具体操作如下。

第 1 步 启动 App

在手机界面中选择可以查看文档的 App，这里选择 Word。

第 2 步 选择登录

❶ 在打开界面的左下角单击“账户”按钮；❷ 单击“登录”按钮。

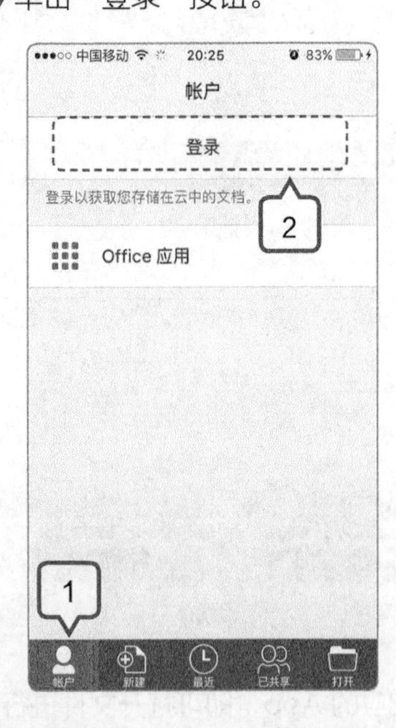

第 3 步 登录账户

❶ 在跳转的界面中输入 Microsoft 账户；❷ 确认后，再在跳转的界面中输入密码；❸ 单击“登录”按钮。

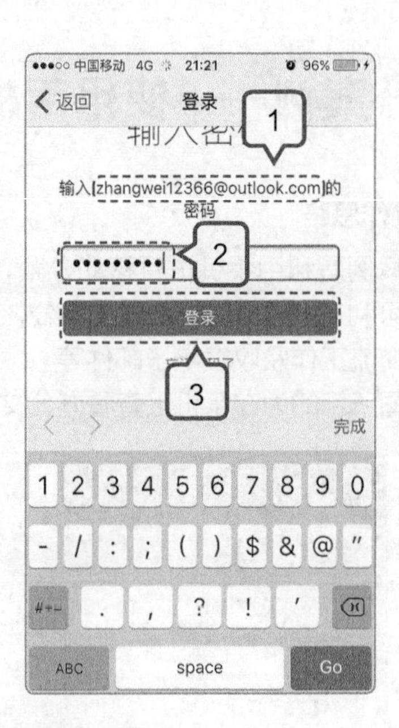

第 4 步 登录到系统

登录后出现如图所示的界面，单击“创建和编辑”选项。

第 5 步 打开 OneDrive

在跳转的界面中看到 OneDrive 选项，单击该选项。

第 6 步 单击下载的文件

只要连接了网络，此时将显示存储在OneDrive 里的文件，选择需要查看的文件。

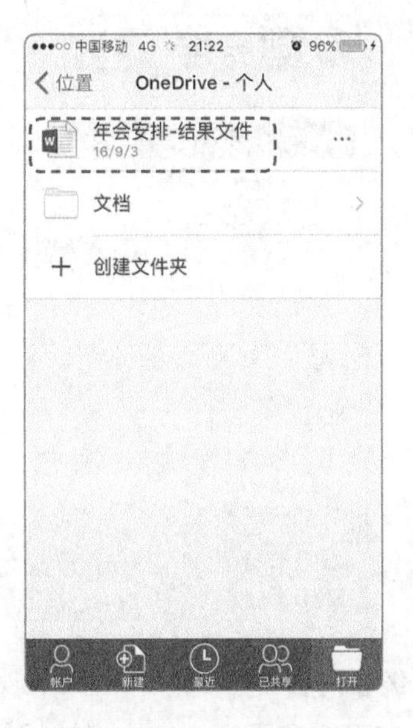

第 7 步 下载文件

此时将从网络中下载需要查看的文件。

第 8 步 查看文件

下载完成后，即可打开文件进行查看。

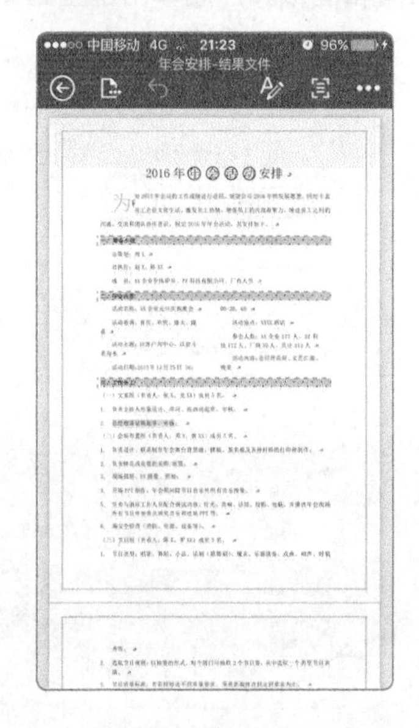

16.2.2 在手机上编辑文档

在手机上不仅可以查看文档，还能编辑文档，其具体操作步骤如下。

> **提示**
>
> 受手机硬件等各方面因素的影响，手机 App 并不完全具备电脑软件上的各种功能，仅能进行简单的编辑。

第1步 单击“编辑”按钮

在查看文档的界面中单击右上角的“编辑”按钮。

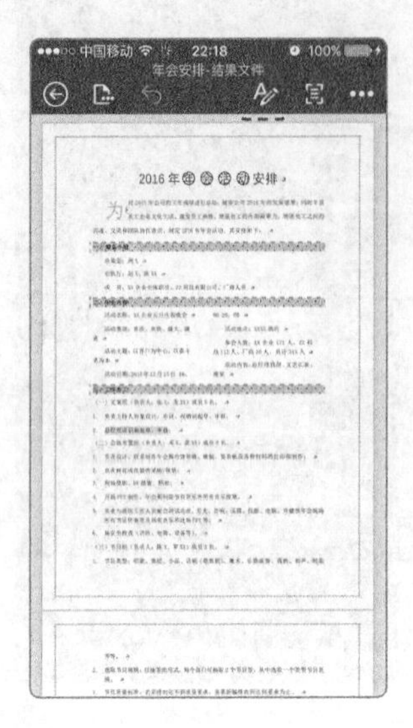

第2步 定位

打开编辑面板，然后单击定位到需要编辑的位置。

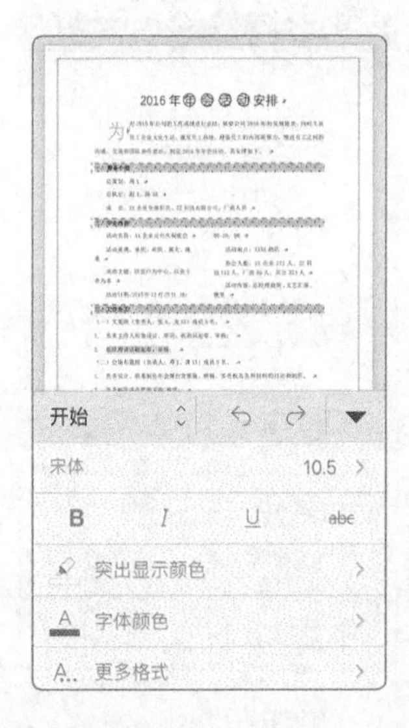

第3步 放大该位置

此时系统将自动放大该位置的内容。

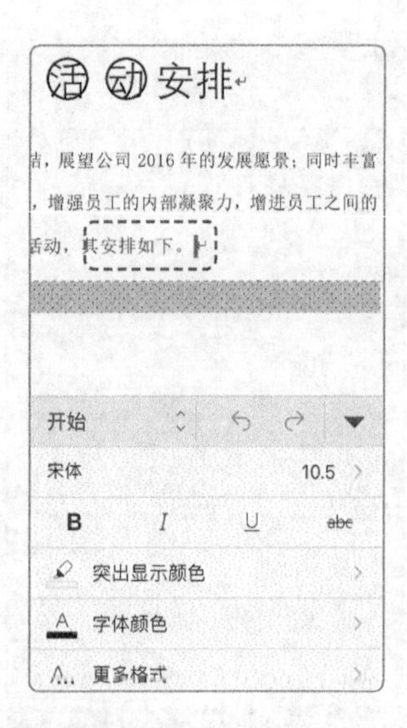

第4步 选择内容

按住需要编辑的内容不放并滑动，选中需要编辑的内容，并通过两条竖直线调整所选内容。

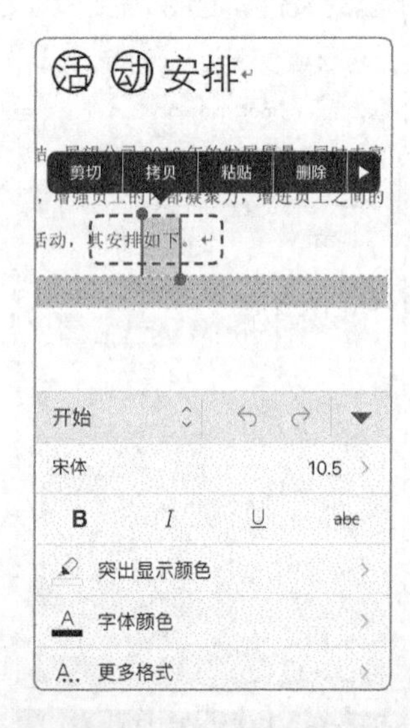

第5步 编辑内容

❶ 在下方的面板中单击“加粗”按钮；❷ 单击“下划线”按钮；❸ 单击“突出显示颜色”选项。

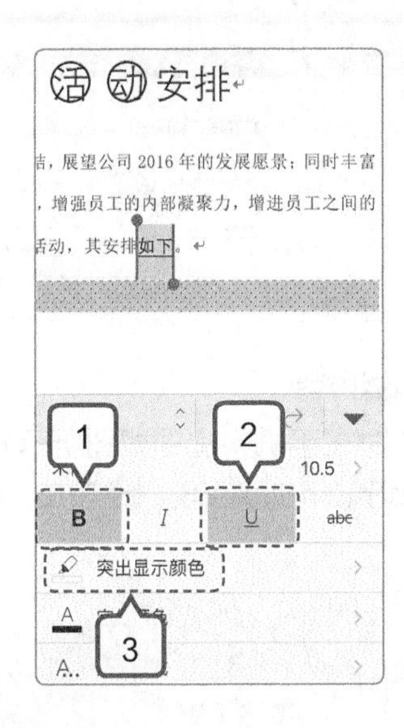

第6步 选择颜色

❶ 在跳转的面板中选择一种突出显示颜色；❷ 单击编辑面板右侧的倒三角按钮。

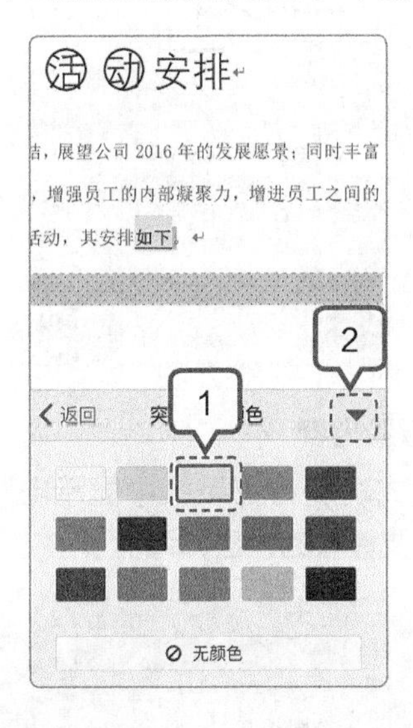

第7步 退出编辑

在跳转的界面中，单击右侧的键盘按钮，退出编辑。

第8步 编辑效果

此时界面将恢复到预览大小。

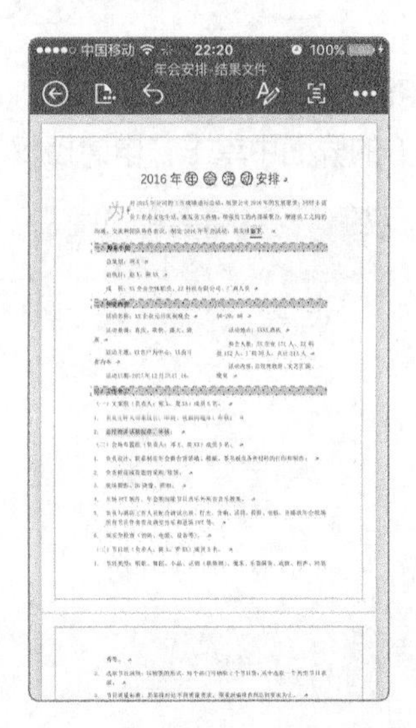

16.2.3 远程查看电脑上的办公文档

只要手机和电脑同时在线，即可使用手机查看电脑上的办公文档。例如，只要在手机和电脑上同时登录了QQ，即可进行远程查看操作，具体操作步骤如下。

第1步 选择设备

❶ 登录手机QQ，单击下方中间的“联系人”选项；❷ 在“我的设备”组中单击“我的电脑”选项；❸ 在“我的电脑”界面中，单击右下角的电脑按钮。

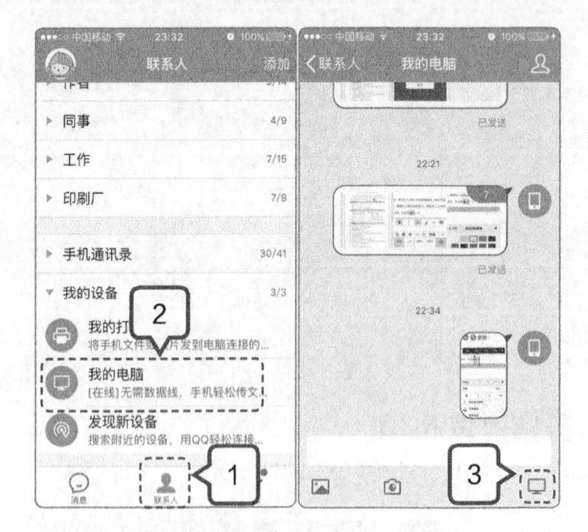

第2步 申请授权

在打开的界面中单击“申请授权”按钮。

第3步 输入授权密码

❶ 此时在电脑上将弹出如图所示的界面，在其中输入访问密码；❷ 单击“授权”按钮。

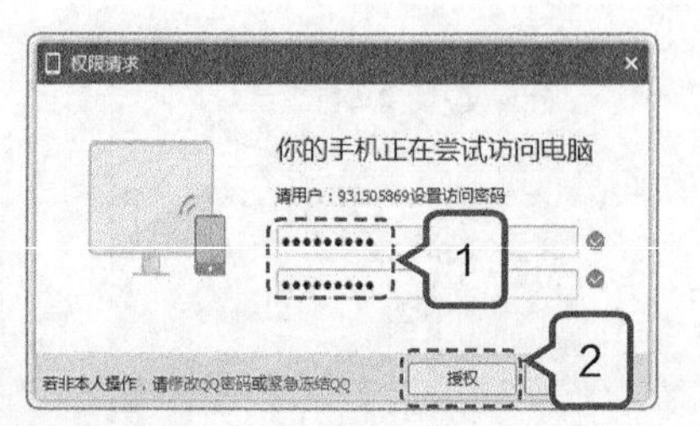

第4步 编辑内容

❶ 此时在手机中出现如图所示界面，在其中输入设置的访问密码；❷ 单击“Done”按钮。

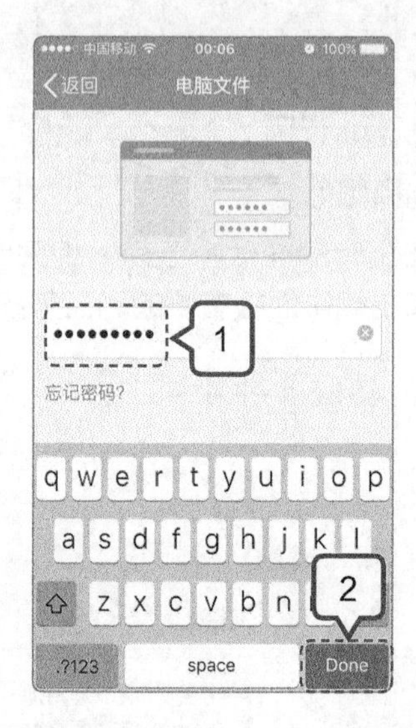

第5步 查看内容

连接成功后将在手机中显示电脑中的内容，选择要查看的内容即可。

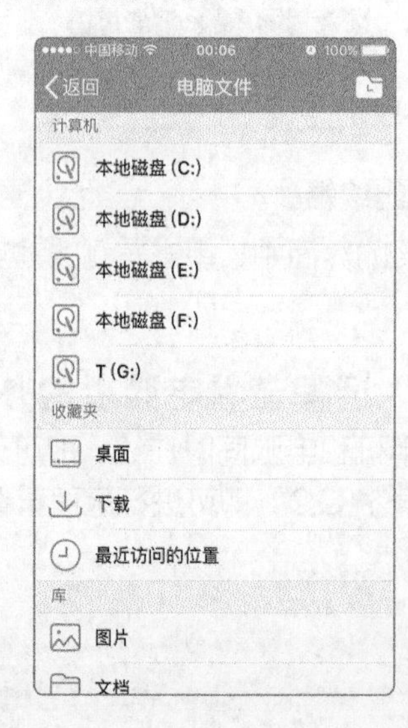

16.2.4 通过手机交流工作

在手机上除了可使用 QQ 查看电脑中的内容，还可以使用 QQ 进行工作交流。当然，用户也可通过其他聊天或社交工具交流工作，具体操作步骤如下。

第 1 步 选择对象

在 QQ 联系人中找到需要对接工作的人，单击其头像。

第 2 步 开始交流

单击聊天界面下方的文本框，通过弹出的键盘输入文字即可开始交流。

16.2.5 收发电子邮件

通过手机上的电子邮件 App，还可收发电子邮件，具体操作步骤如下。

第 1 步 登录 Outlook

❶ 启动 Outlook App，在初始界面单击“开始使用”按钮；❷ 根据提示输入账户和密码；❸ 单击“登录”按钮。

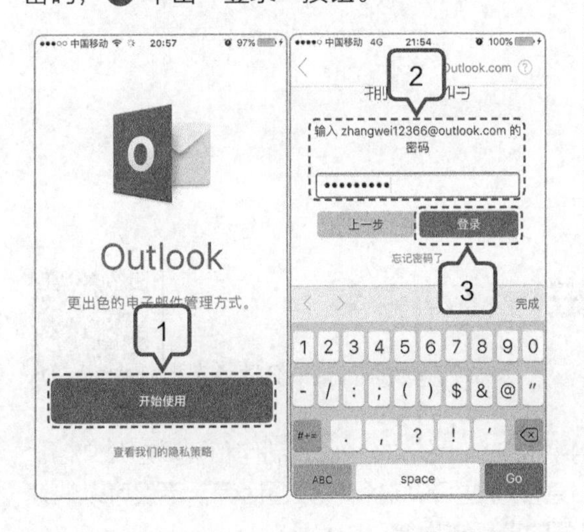

第 2 步 查看邮件

❶ 登录到连接的邮箱中，单击收到的邮件，在切换的界面中即可查看邮件内容；❷ 单击下方的回复邮件按钮。

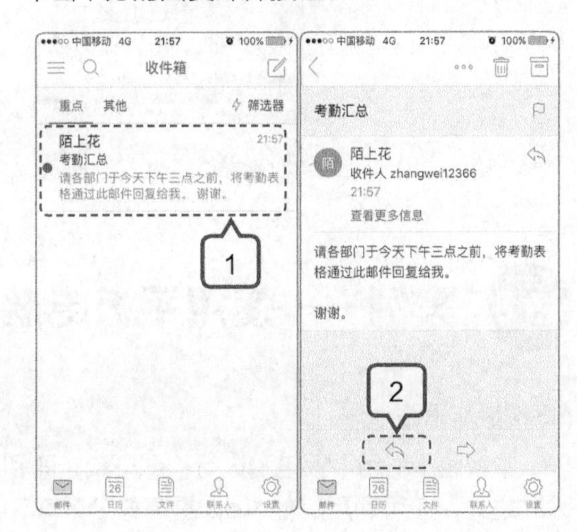

第 3 步 回复邮件

❶ 在切换到的界面中，输入回复的邮件内容；❷ 单击右上角的“发送”按钮；❸ 按左上角箭头返回主界面。

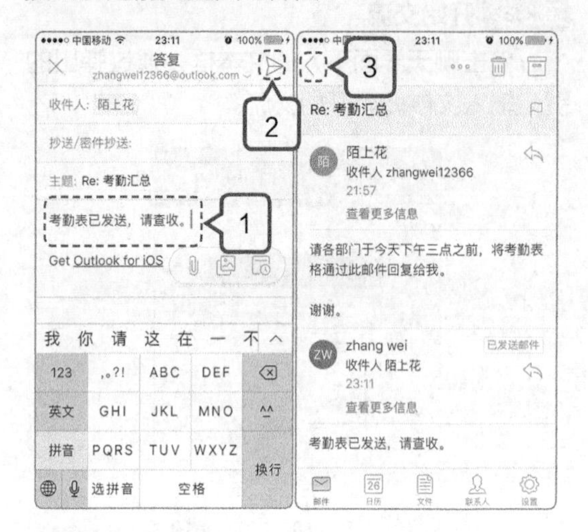

第 4 步 新建邮件

❶ 单击右上角的“新建”按钮；❷ 在“新建邮件”界面中输入收件人、主题和内容；❸ 单击回形针按钮。

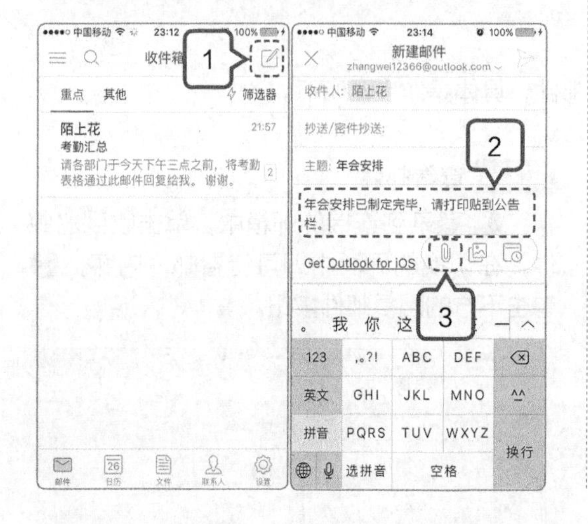

第 5 步 选择文件

❶ 选择需要附加的文件；❷ 在跳转的界面中单击“附加文件”命令。

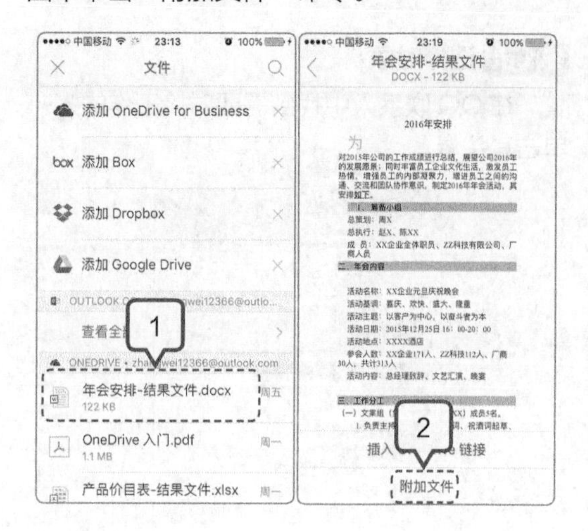

第 6 步 发送文件

返回到编写邮件的界面，单击右上角的纸飞机按钮，即可发送邮件。

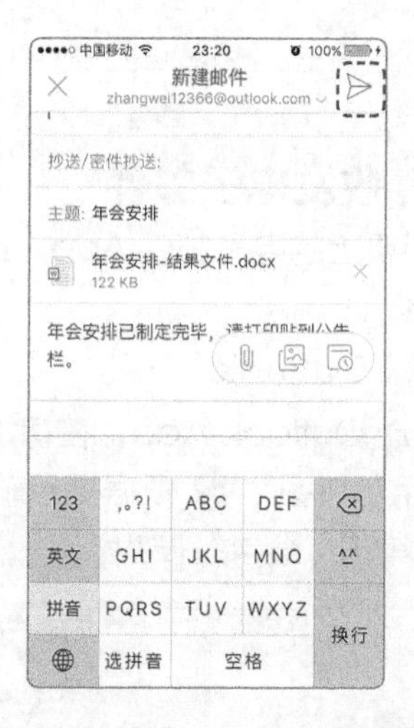

16.3 案例——使用平板电脑进行移动办公

本节视频教学时间 / 3 分钟

/ 案例操作思路

本案例是利用平板电脑进行移动办公，即利用平板电脑上的办公 App 制作和编辑办公文档。除此之外，还可利用其他 App 提高办公效率，如直接通过 QQ 进行视频通话等，不仅可以快速连接对方，在有 Wi-Fi 的情况下，还可节省下不必要的费用支出等。

如图所示为在平板电脑上进行网络会议。

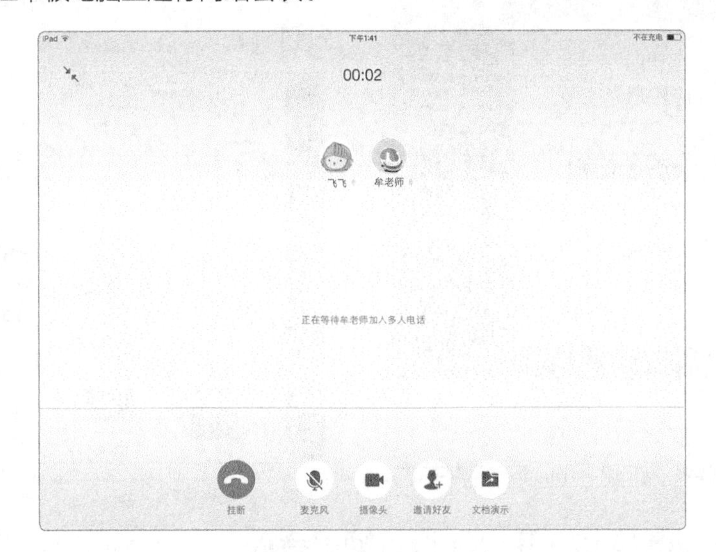

/ 技术要点

（1）掌握在平板电脑上编辑 Word 文档的方法。

（2）了解如何使用 QQ 进行语音和视频会议。

/ 操作流程

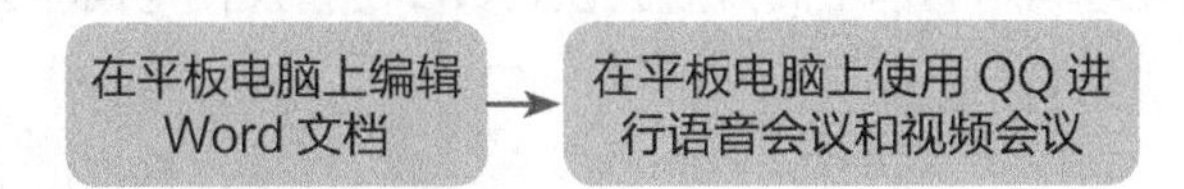

16.3.1 在平板电脑上编辑 Word 文档

在平板电脑上编辑 Word 文档的操作与在手机上编辑 Word 文档的操作类似，只要下载 Word App 即可，具体操作步骤如下。

第 1 步 选择 App

在平板电脑界面选择要使用的 Word App。

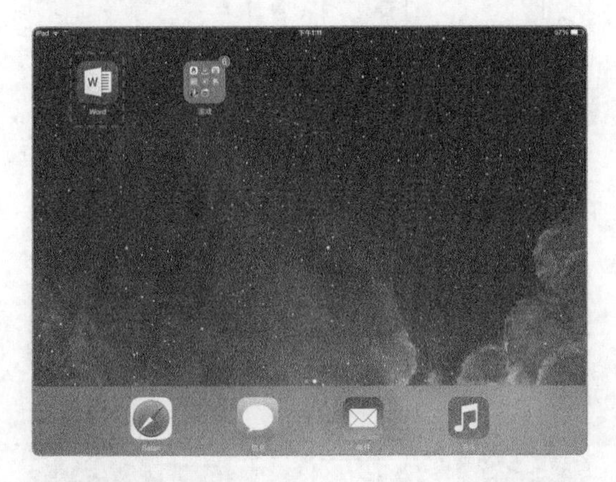

第 2 步 输入账户

❶ 单击“登录”按钮；❷ 在弹出的界面中输入账户；❸ 单击“下一步”按钮。

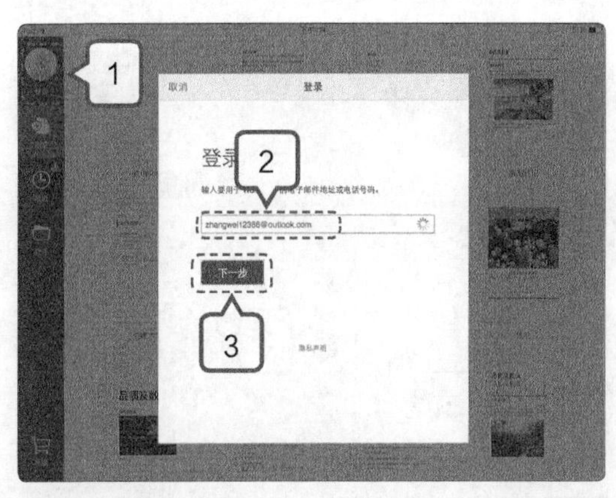

第 3 步 登录账户

❶ 在打开的对话框中输入密码；❷ 单击“登录”按钮。

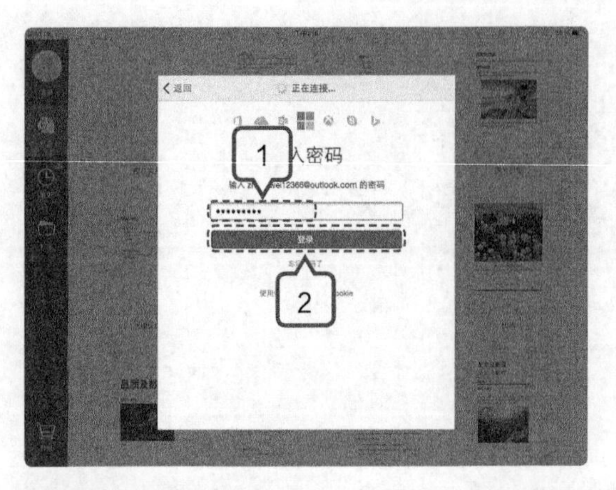

第 4 步 新建文档

❶ 单击左侧的“新建”选项；❷ 在右侧的列表中选择新建的文档，即可开始进行编辑。

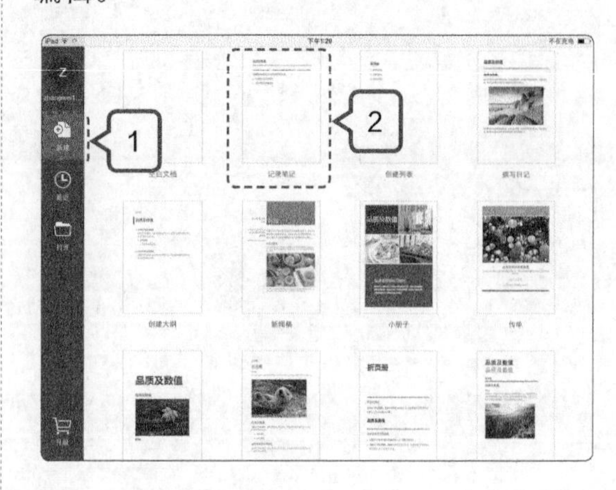

16.3.2 在平板电脑上利用 QQ 进行网络会议

平板电脑具备一般电脑的许多功能，并且携带方便。利用一些常见的社交 App（如 QQ 等），还可直接进行网络会议。

1. 利用 QQ 进行语音会议

语音会议，指多人在线利用通信工具开展会议，QQ 的普及使得语音会议越来越便利，具体操作步骤如下。

第 1 步 选择语音对象

❶ 打开 QQ，在左侧列表中选择要进行语音通话的对象；❷ 单击右侧聊天窗口输入栏的加号按钮；❸ 在展开的选择项里选择“语音通话”选项。

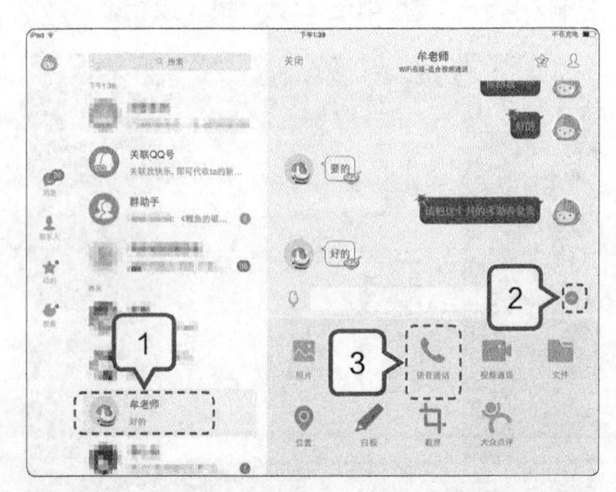

第 2 步 添加语音对象

在语音界面单击右下角的“邀请好友”按钮。

第 3 步 添加好友

❶ 在打开的好友列表中添加对象；❷ 单击右下角的“开始”按钮。

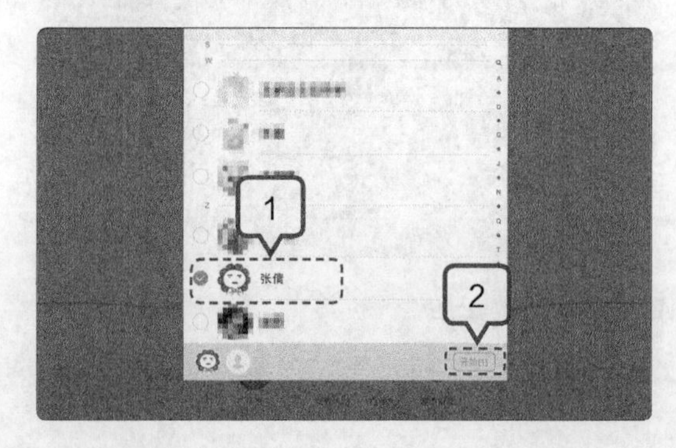

第 4 步 退出语音

待对方加入后即可一起语音，会议完毕后单击左下角的“挂断”按钮即可。

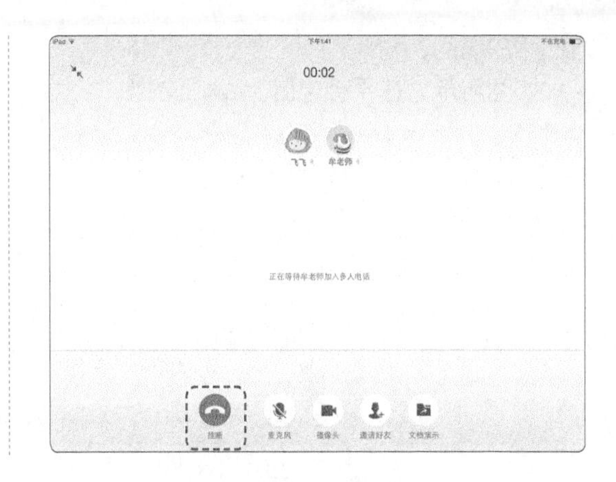

2. 利用 QQ 进行视频会议

利用 QQ 进行视频会议的操作与利用 QQ 进行语音会议的操作相似，具体操作步骤如下。

提示 利用微信同样可以进行语音会议和视频会议，一般的通信应用程序都支持这些通信方式。

第 1 步 选择视频通信

❶ 打开 QQ，在左侧列表中选择要进行视频交流的对象；❷ 单击右侧聊天窗口输入栏的加号按钮；❸ 在展开的选择项里选择“视频通话”选项。

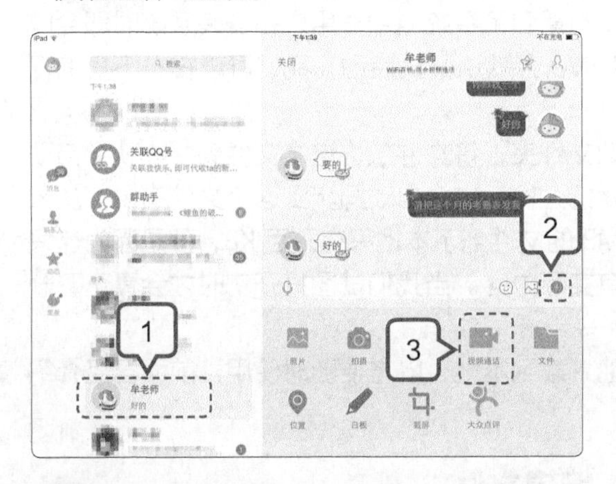

第 2 步 视频通信

等待对方接入后，即可开始视频交流。同样可通过下方的邀请按钮邀请其他人共同视频交流，单击左下方的“挂断”按钮即可退出。

16.4 案例——通过 OneDrive 实现手机、平板电脑、电脑之间的移动办公

本节视频教学时间 / 2 分钟

/ 案例操作思路

本案例是利用 OneDrive 这一工具，实现在各个平台上的移动办公。OneDrive 是可以从任意位置访问的联机文件存储工具。使用它可以便捷地将 Office 文档和其他文件保存到云中，以

方便用户访问。

如图所示为在平板电脑上编辑文档。

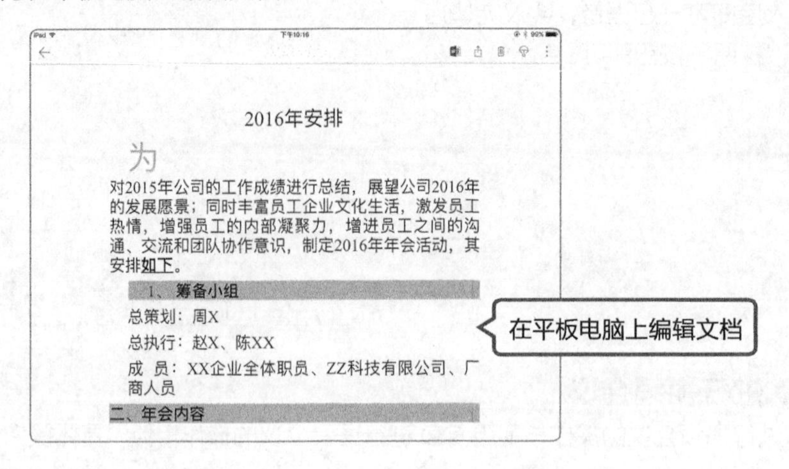

/ 技术要点

（1）掌握 OneDrive 在各种设备上的使用方法。

（2）了解如何利用 OneDrive 同步文件。

（3）能熟练利用平板电脑、手机和电脑移动办公。

/ 操作流程

16.4.1 在电脑平台上使用 OneDrive 同步文件

Windows 10 系统已经将桌面版的 OneDrive 内置到了系统当中，用户在安装系统时即会收到启用 OneDrive 的提示。在安装完成后，OneDrive 会默认开机启动，我们可以在右下角的任务栏中看到它。

单击右下角的 OneDrive 图标会打开一个本地文件夹，将文件放进这个文件夹中，就会自动上传到云端。同样地，当云端有了新的文件，在我们开机后也会自动同步到这个文件夹中。从云端同步到本地的文件会有一些不同，原本有几百 MB 的文件到了本地只有几百 KB，那是因为这只是一个占位文件，包含文件的最基本信息，却没有实际内容。当我们试图打开它时才会真正下载完整的文件。

用户可对云端的文件进行同步，将文件完整地下载到本地，以方便随时使用。前面已经介绍过相关同步操作，这里不再赘述。

16.4.2 在平板电脑上通过 OneDrive 编辑文件

只要安装了相应的办公软件，就可以在平板电脑上通过 OneDrive 编辑文件，具体操作步骤如下。

第 1 步 输入账户

❶ 在平板电脑中安装好 OneDrive 后，启动该 App，在初始界面输入账户；❷ 单击键盘上的“前往”按钮。

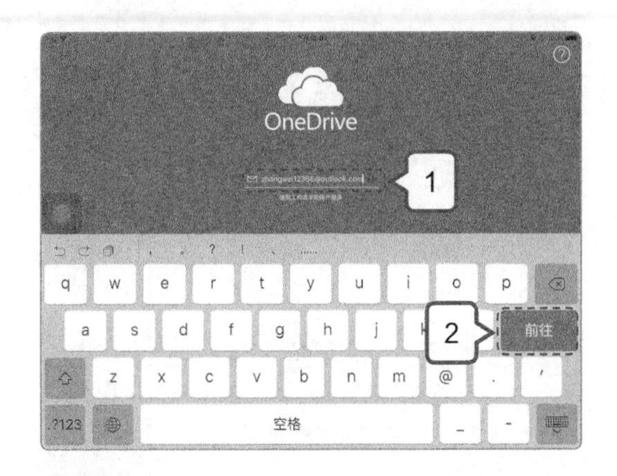

第 2 步 输入密码

❶ 在“输入密码”界面输入密码；❷ 单击键盘上的“Go”按钮。

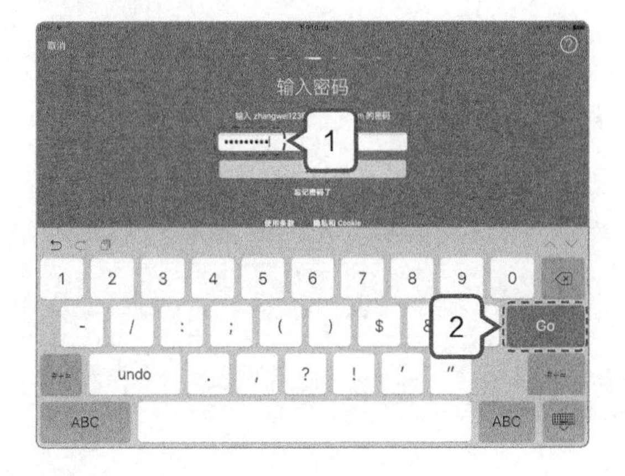

第 3 步 选择文件

进入 OneDrive 界面，在其中可查看云端的文件，选择要编辑的文件。

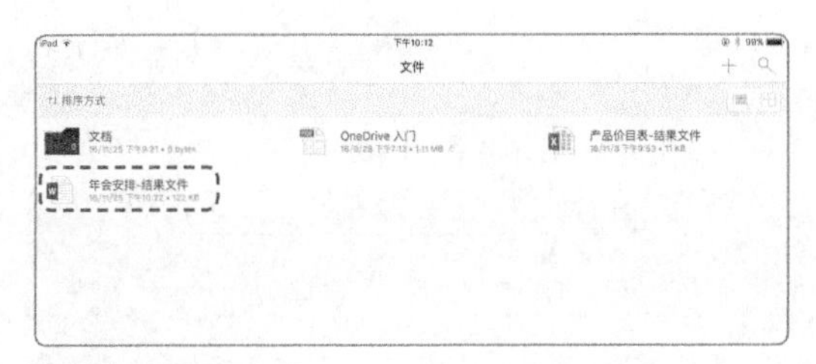

第 4 步 打开文件

此时将打开文件，单击右上角对应的文档类型按钮。

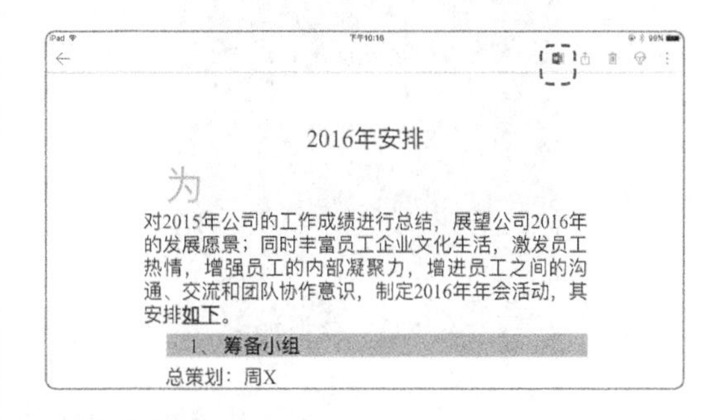

第 5 步 选择 App

若平板电脑上没有安装对应的 App，则会弹出相应的安装提示，单击“获取应用”前往应用市场下载即可。

第 6 步 编辑文档

若安装了对应的 App，则将自动启动该 App，并在该 App 中打开文档。在平板电脑上编辑文档的方法与在手机上一致，这里不再赘述。

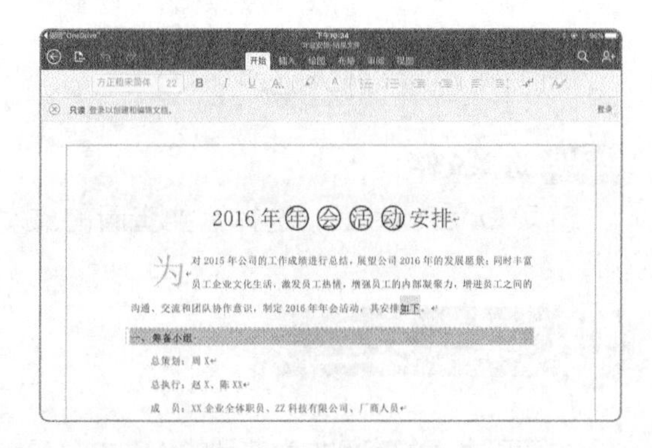

16.4.3 在手机平台上使用 OneDrive 查看文件

在手机上使用 OneDrive 的操作与在手机上使用 Word 的操作类似，具体操作步骤如下。

第 1 步 登录 OneDrive

❶ 在手机上启动 OneDrive 应用，在打开的界面中输入账户；❷ 单击键盘上的“前往”按钮。

第 2 步 输入密码

❶ 在“输入密码”界面输入密码；❷ 单击键盘上的“登录”按钮。

第 3 步 选择文件

登录 OneDrive 后，选择需要查看的文件，这里选择“产品价目表 - 结果文件”。

第 4 步 查看文件

此时即可在 OneDrive 中查看文件，用户还可通过手指操作缩放查看。

举一反三

本章所讲述的案例均为典型的移动办公设置，包括使用手机进行移动办公、使用平板电脑进行移动办公，以及电脑、手机和平板电脑共同移动办公等知识点。以下列举两个典型移动办公的操作思路。

1. 通过手机定位幻灯片

若幻灯片数量较多，在手机中要查看特定的幻灯片会有诸多不便，若一张一张去寻找将花费大量时间，此时用户就可以通过手机预览快速定位到要查看的幻灯片。通过手机定位幻灯片的操作可按照以下思路进行。

第1步 启动手机 PowerPoint

❶ 打开手机上安装好的 PowerPoint App，单击下方的“最近”按钮；❷ 选择要查看的演示文稿。

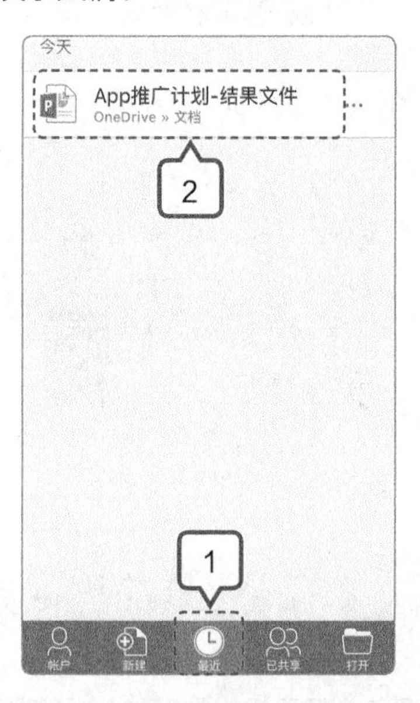

第2步 定位幻灯片

打开演示文稿，在下方缩略图上滑动并单击，即可快速定位幻灯片。

2. 多人协作制订《旅行计划书》

在制作 Word、Excel 或 PowerPoint 文档时，可自动将文档上传到 OneDrive 存储空间，只要在手机上设置共享链接，并将链接发送给需要协作的同事，便可实现多人在手机上协作制订公司《旅游计划书》的目的，读者可按照以下思路进行。

第1步 选择文件

❶ 进入手机 Word，在下方单击“最近”按钮；❷ 在需要多人协作制订的“旅行计划书”右侧，单击省略号按钮。

第2步 共享文件

在进入的界面中选择“共享”选项。

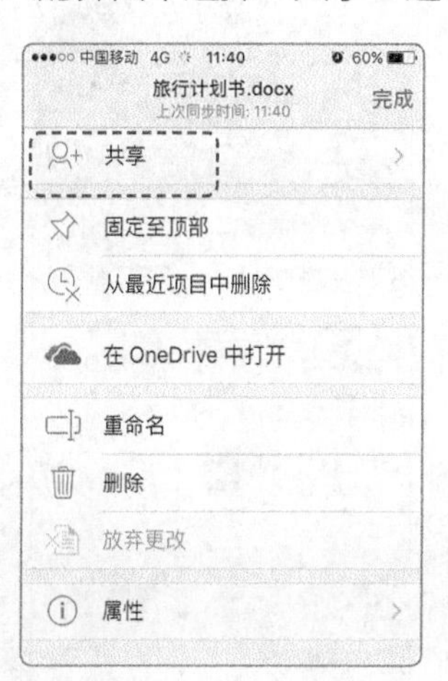

第3步 复制链接

程序自动共享文件，共享完成后进入“共

享”界面，选择“复制链接”选项，复制共享的链接。

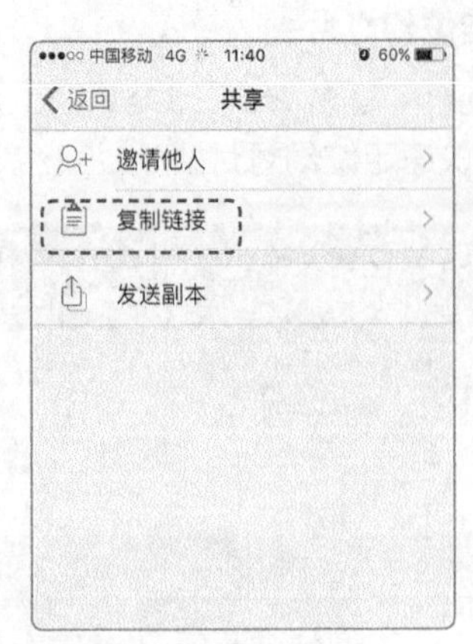

第4步 发送链接

将共享链接发送给需要协作办公的同事即可。

高手支招

1. 使用 QQ 导出手机相册

现在的手机像素越来越高，使用手机拍照也已是普遍现象。但手机中的存储空间有限，经常需要将手机中的照片导入电脑，其具体操作步骤如下。

第1步 选择导出相册

❶ 在电脑上登录 QQ，单击导航条最右侧的手机按钮；❷ 在下方选择“导出手机相册”选项。

第2步 开始体验

打开相应的“导出手机相册”窗口，以及“权限请求”窗口，这里单击“开始体验”按钮。

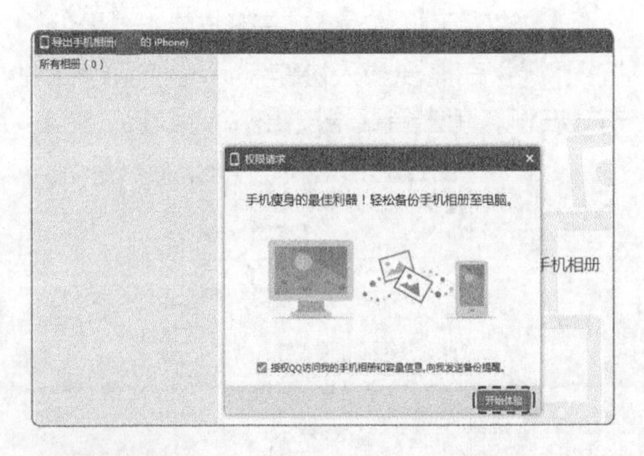

第3步 授权

此时在手机端打开 QQ，将跳出授权请求，单击“是”按钮。

第 4 步 导出手机中的相册

❶ 返回电脑，选择需要导出的相册，此时程序将读取手机中的相册；❷ 设置存储位置；❸ 单击"导出"按钮即可。

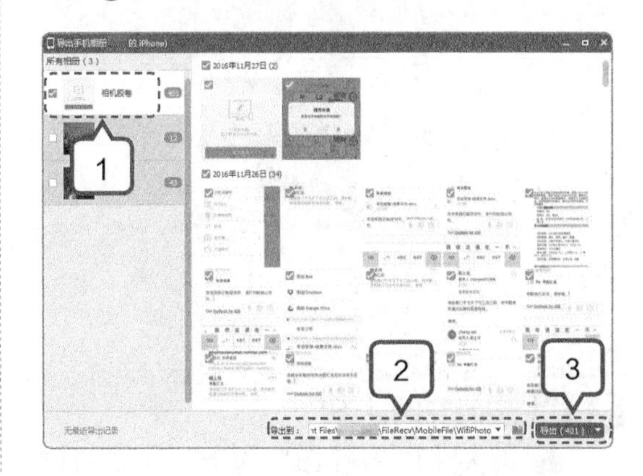

2. 通过 QQ 直接打印文件和照片

用户还可直接通过 QQ 打印手机上的文件或照片，而不用将其再次导入电脑中，具体操作步骤如下。

第 1 步 选择打印机命令

❶ 登录到 QQ 界面，单击下方的"联系人"按钮；❷ 在"我的设备"栏中选择"我的打印机"选项。

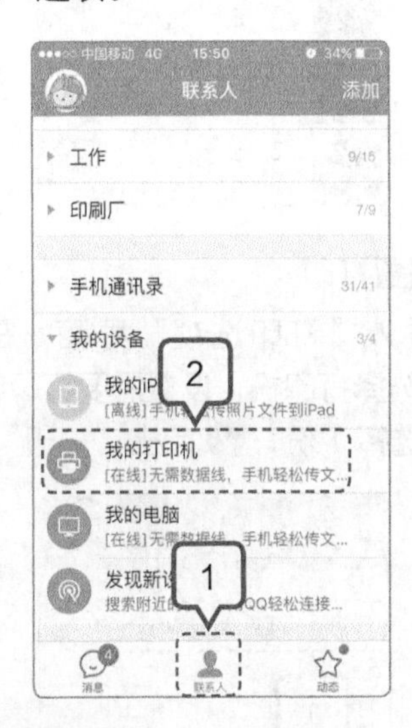

第 2 步 打印照片

切换到"我的打印机"界面，单击下方的"打印照片"按钮。

第 3 步 选择照片

❶ 进入"相机胶卷"在其中选择需要打印的照片；❷ 单击"确认"按钮。

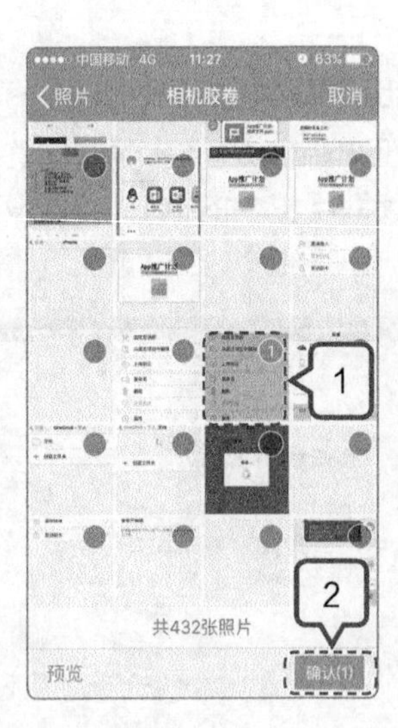

第 4 步 选择打印机打印

❶ 进入“打印选项”界面，在“打印机”栏中选择打印机，设置需要打印的份数，这里默认选择 1 份；❷ 单击“打印”按钮。

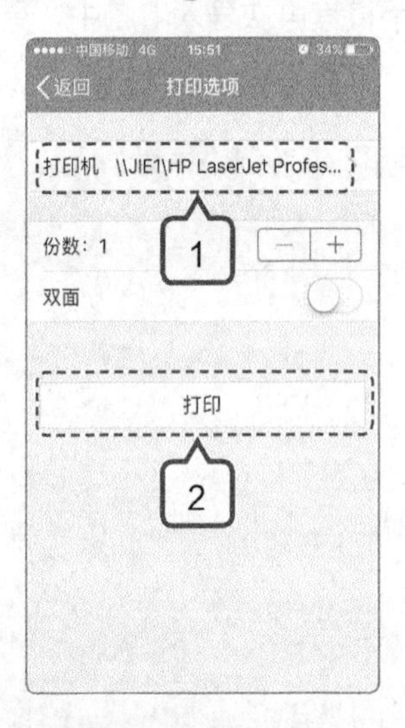

第 5 步 文件发送至打印列表

❶ 文件即可发送至打印列表；❷ 单击“打印文件”按钮。

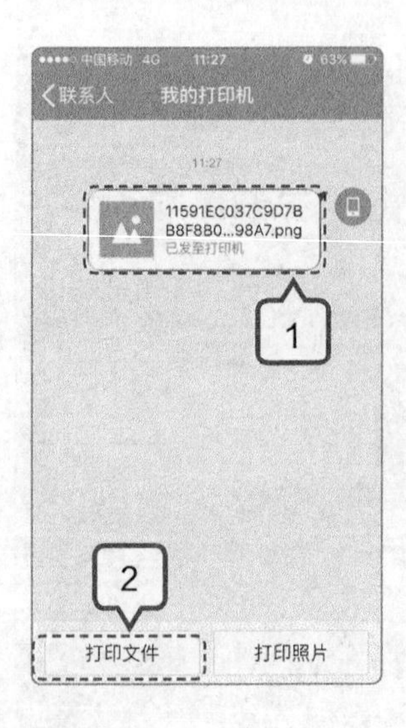

第 6 步 选择文件

在要打印的文件右侧单击“打印”按钮。

第 7 步 设置打印

❶ 进入“打印选项”界面，在“打印机”栏中选择打印机，设置需要打印的份数，这里默认选择 1 份；❷ 单击“打印”按钮。

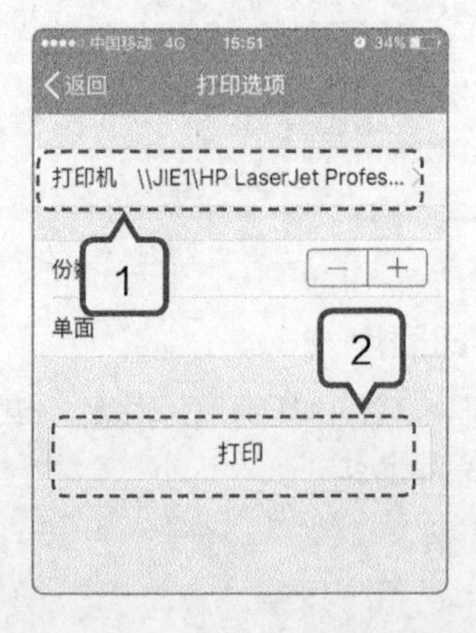

第七篇

高手秘技篇

- 第 17 章 保护 Windows 的安全
- 第 18 章 Office 组件间的协作办公
- 第 19 章 办公设备的使用技巧

Chapter 17

保护 Windows 的安全

本章视频教学时间 / 10 分钟

技术分析

在使用电脑的过程中，会产生很多垃圾文件，而这些文件一般无法被用户直接看到，此时就需要使用一些专业工具和软件来清理系统。此外，某些文件会对系统安全产生威胁，因而也需要经常对系统进行优化和保护。

本章主要讲解如何保护 Windows 系统的安全，涉及利用更新修复漏洞、查杀木马和病毒、开启 Windows Defender、备份与还原系统和文件，以及管理和优化内存等操作。

思维导图

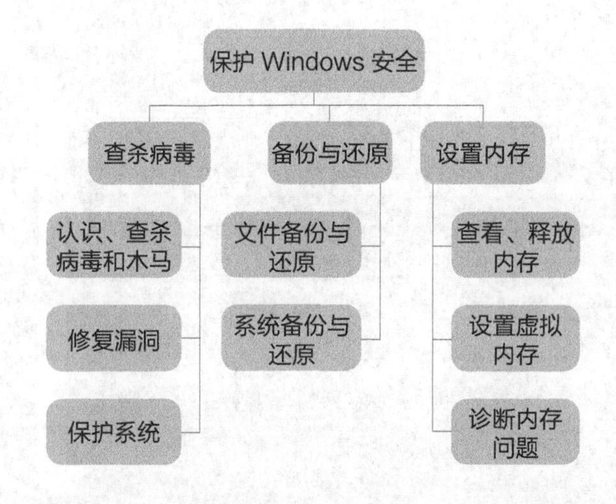

17.1 案例——查杀病毒

本节视频教学时间 / 3 分钟

/ 案例操作思路

本案例主要通过 Windows 更新、启用 Windows Defender，以及查杀木马和病毒来保护电脑。

具体效果如图所示。

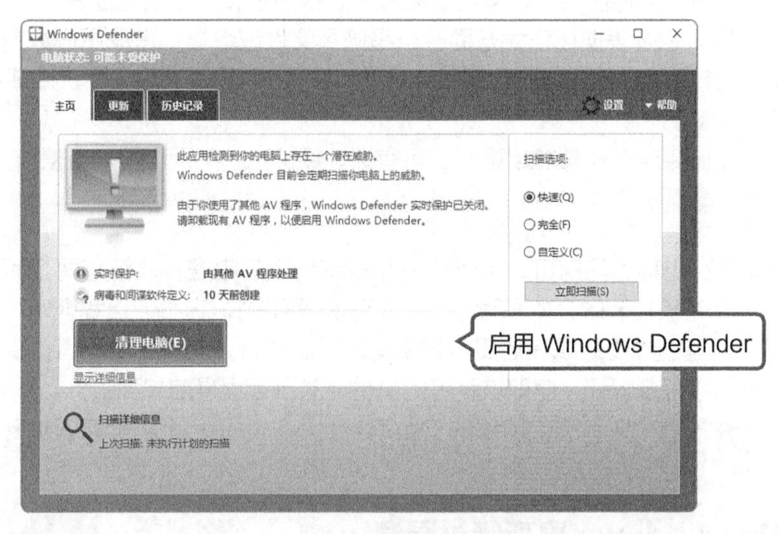

/ 防木马和病毒的方法

名称	要求
更新系统	Windows 系统中的漏洞，其实是一些代码中容易被人利用的部分，只要下载更新了这些漏洞，将其补上，即可解决大一部分电脑病毒入侵问题
查杀病毒和木马	查杀病毒和木马的软件有很多，这些木马和病毒多在用户浏览网下载资料时，被伪装成资料下载到电脑中，使用这些软件可时刻保护电脑免遭病毒和木马的侵害
Windows Defender	Windows Defender 的功能与查杀病毒和木马软件的功能类似，若安装了杀毒软件，可选择性开启 Windows Defender

/ 技术要点

（1）了解病毒和木马。

（2）更新 Windows 以修复漏洞。

（3）查杀木马和病毒。

（4）使用 Windows Defender 保护系统。

/ 操作流程

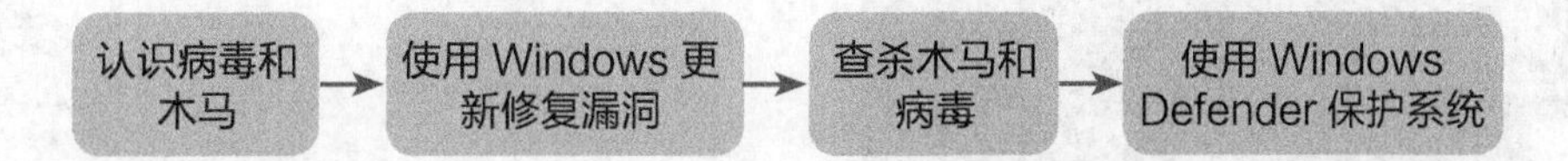

17.1.1 认识病毒及木马

电脑已经是人们工作和生活必不可少的设备之一。随着电脑的普及，其安全性也面临着考验。目前对电脑威胁最大的就是我们常说的病毒和木马。

1. 病毒

“电脑病毒”与医学上的“病毒”不同，它不是天然存在的，而是一些不法分子利用电脑软、硬件所固有的脆弱性，编制的具有特殊功能的程序。被称为“病毒”，是因为它具有类似自然界中病毒的一些特征，如隐蔽性、传染性、触发性、破坏性和不可预见性等。

电脑病毒的危害，主要表现在三大方面：一是破坏文件或数据，造成用户数据丢失或毁损；二是抢占系统网络资源，造成网络阻塞或系统瘫痪；三是破坏操作系统等软件或电脑主板等硬件，造成电脑无法启动。

因此，定期在电脑中查杀病毒非常重要，可有效地保护电脑不受电脑病毒侵害。

2. 木马

木马（Trojan），也称木马病毒，用于侵入和控制他人的电脑，通常有两个可执行程序：一个是控制端，另一个是被控制端。木马程序与一般的病毒不同，它不会自我繁殖，也并不刻意地去感染其他文件，而是通过伪装成其他资料吸引用户下载执行，向施种木马者提供打开被种主机的门户，使施种者可以任意毁坏、窃取被种者的文件，甚至远程操控被种主机。

木马病毒的产生严重危害着现代网络的安全运行，不法分子利用木马窃取机密信息已经构成犯罪。

17.1.2 使用 Windows 更新修复漏洞

病毒和木马往往是通过 Windows 漏洞来侵入电脑的，而 Windows 系统自带的系统更新工具，能及时下载并安装系统更新，修复这些漏洞。更新 Windows 的具体操作如下。

第 1 步 选择“设置”选项

❶ 单击“开始”按钮；❷ 在打开的开始屏幕中选择“设置”选项。

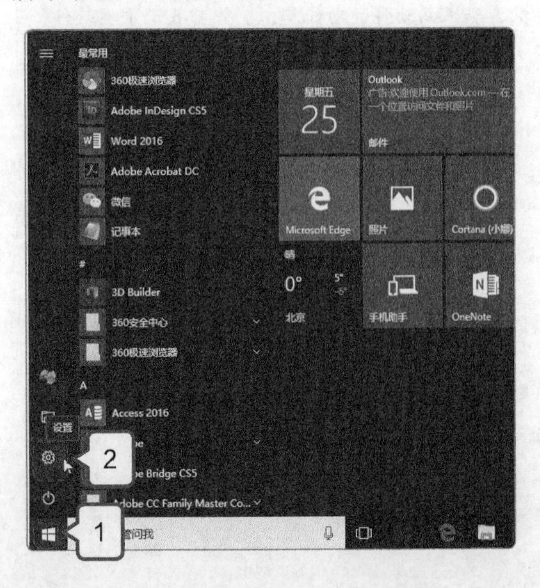

第 2 步 选择“更新和安全”选项

打开“设置”窗口，在其中单击“更新和安全”选项。

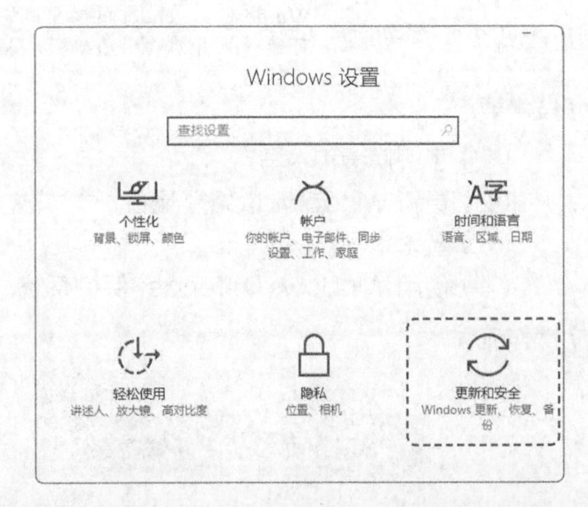

第 3 步 选择更新

在打开的“Windows 更新”面板的右侧单击“检查更新”按钮。

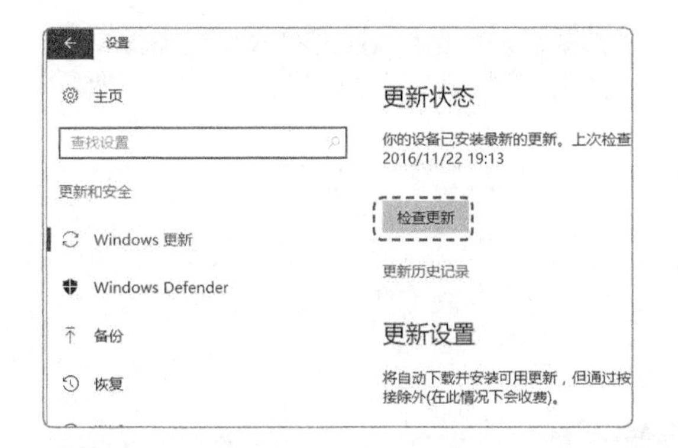

第 4 步 正在更新

系统开始检查是否存在需要更新的文件或漏洞。

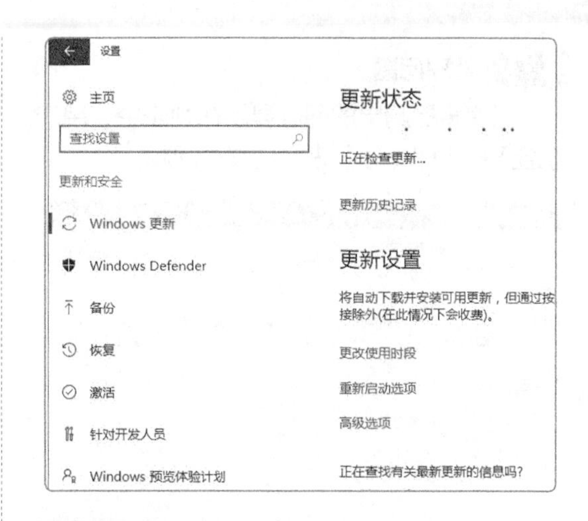

第 5 步 更新完成

更新完成后，界面中会显示更新状态。

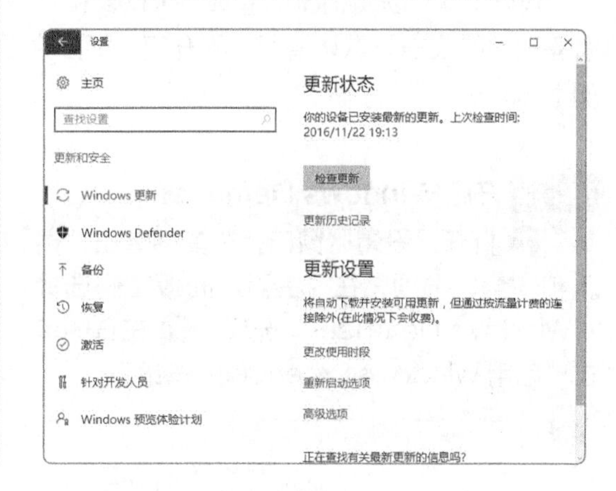

17.1.3 查杀病毒和木马

在 Windows 10 中可使用一些查杀病毒的软件来对系统的内容进行检查，从而保护系统安全，具体操作步骤如下。

第 1 步 启动软件

启动“360 杀毒”软件，在打开的界面中选择一种扫描方式，这里选择“快速扫描”。

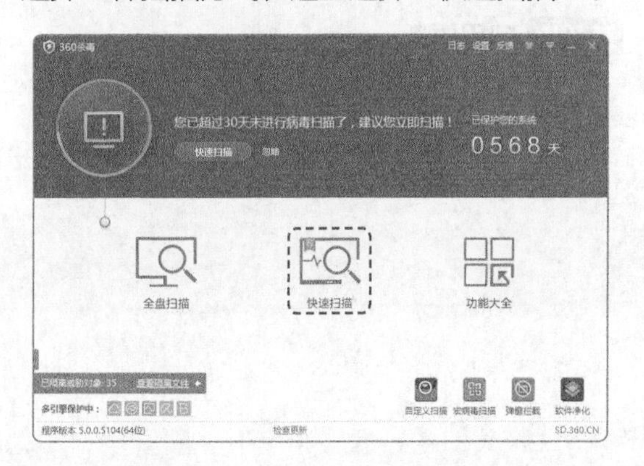

第 2 步 查杀病毒

程序自动开始检查系统中的文件。

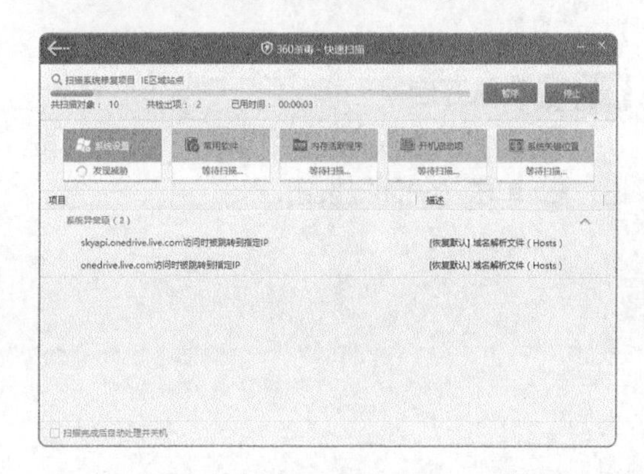

第 3 步 处理问题

程序将检测出的问题显示在列表中，用户可选择“立即处理”来自动修复问题。

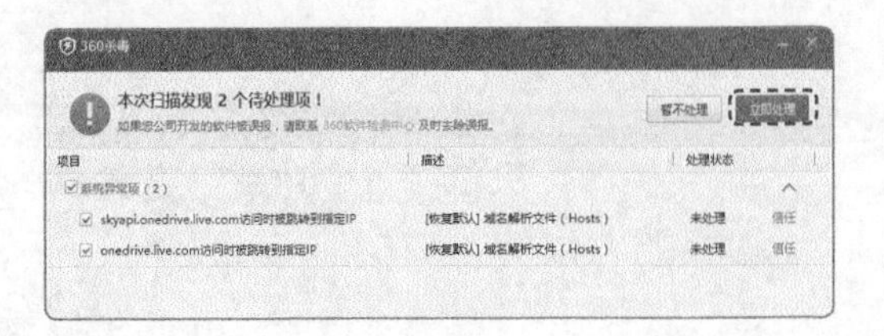

第 4 步 处理结果

处理完成后单击“确认”按钮或退出软件即可。

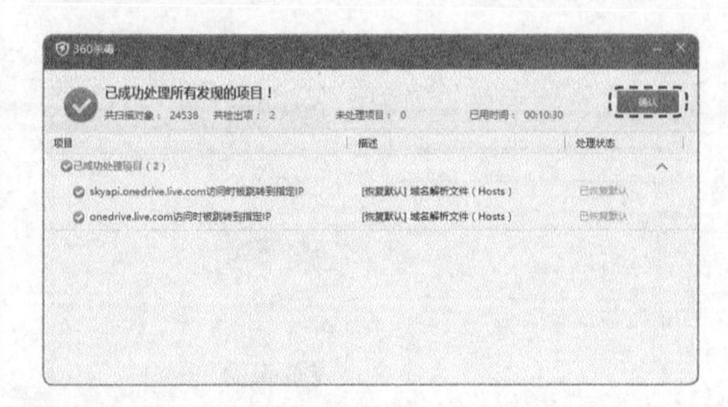

17.1.4 使用 Windows Defender 保护系统

Windows Defender 是 Windows 10 的一项功能，可帮助用户抵御间谍软件和其他潜在有害软件的攻击，默认情况下不开启。下面介绍如何开启 Windows Defender，具体操作步骤如下。

第 1 步 开启 Windows Defender

❶ 打开“设置”窗口，在其中单击“更新和安全”选项，在“主页”面板左侧选择“Windows Defender”选项；❷ 在右侧单击“启用 Windows Defender”按钮。

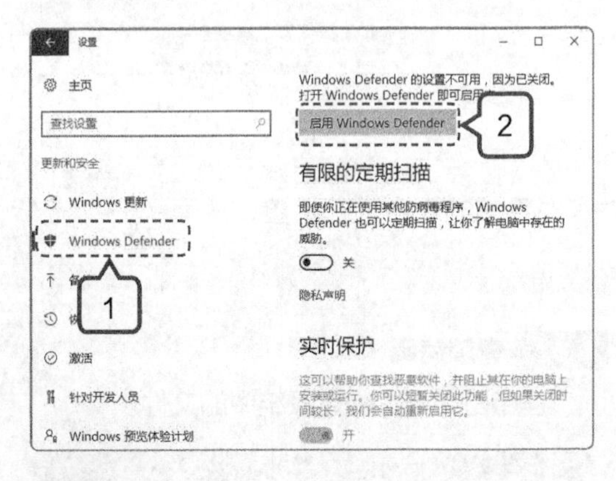

第 2 步 确认开启

❶ 在打开的对话框中单击“启用”按钮；❷ 单击“关闭”按钮。

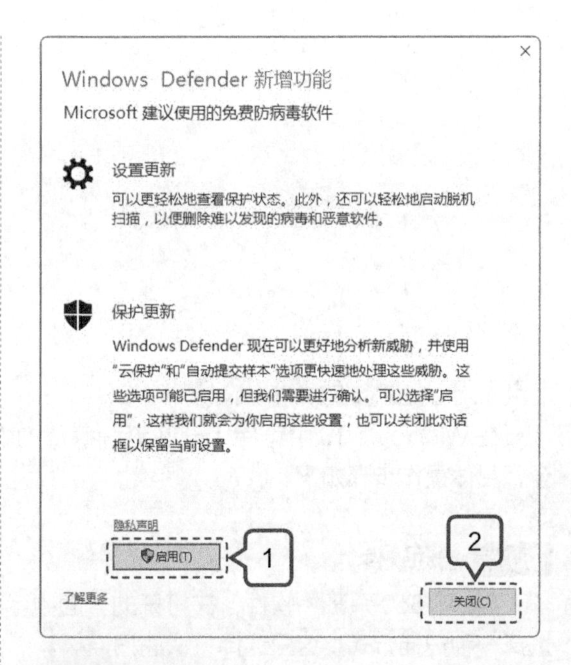

第 3 步 启用更新

在“Windows Defender”窗口中单击“启用”按钮。

第 4 步 清理电脑

启用之后电脑会自动开始检测，检测完成后单击“清理电脑”按钮。

第 5 步 开始清理

系统自动开始清理。

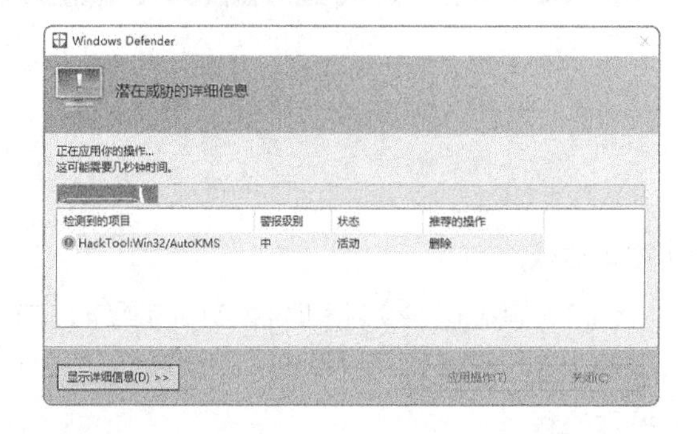

第 6 步 完成清理

清理完成后将弹出是否重启电脑的提示框，单击“是”按钮，重新启动电脑即可。

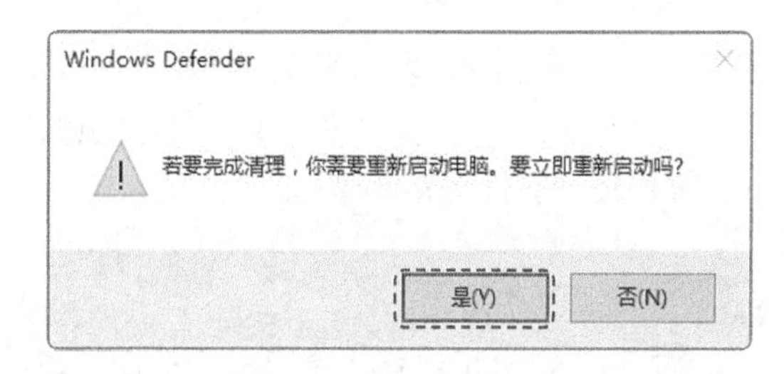

17.2 案例——备份与还原

本节视频教学时间 / 3 分钟

/ 案例操作思路

本案例将备份与还原文件和系统。用户在操作的过程中，若不慎删除了系统文件，系统就会出现问题。而受到木马和病毒的感染，也可能使系统文件丢失。这时，若用户对系统进行过备份，则可方便地将系统还原到正常状态。

具体效果如图所示。

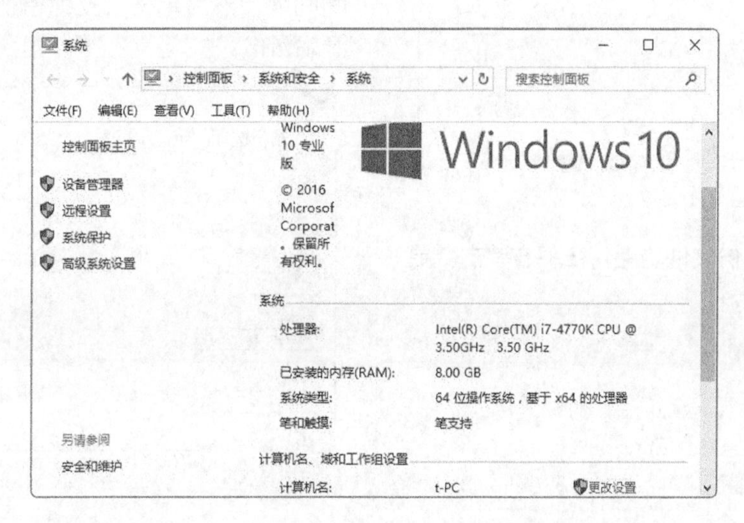

/ 主要操作

名称	要求
文件备份	大多数文件都可以通过相应的程序找回，若不是非常重要的文件，可以不用备份
系统备份	非常重要，若系统文件出现了问题，那么将会出现系统无法启动，或某项系统行为无法运行的情况。此时就需要通过备份的系统进行还原，进而修复系统

/ 技术要点

（1）掌握备份文件和还原文件的操作方法。

（2）了解如何备份系统和还原系统。

/ 操作流程

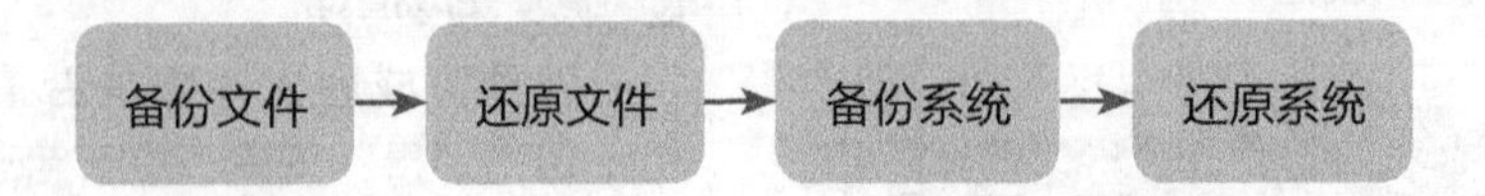

17.2.1 文件的备份与还原

在 Windows 10 操作系统中，只需经过简单操作，即可对文件进行操作，以便在文件丢失时，通过还原操作将文件找回。

第 1 步 选择驱动器

❶ 在“安全和更新”窗口左侧选择“备份”选项；❷ 在右侧单击“添加驱动器”按钮；❸ 在弹出的列表中选择插入到电脑上的 U 盘。

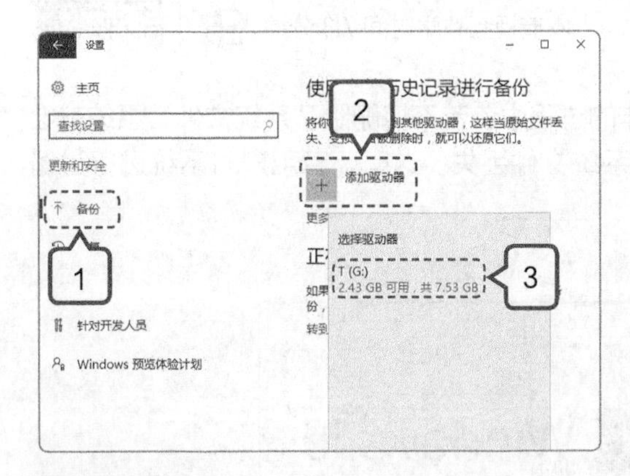

第 2 步 更多选项

启动自动备份文件功能，在下方单击“更多选项”超链接。

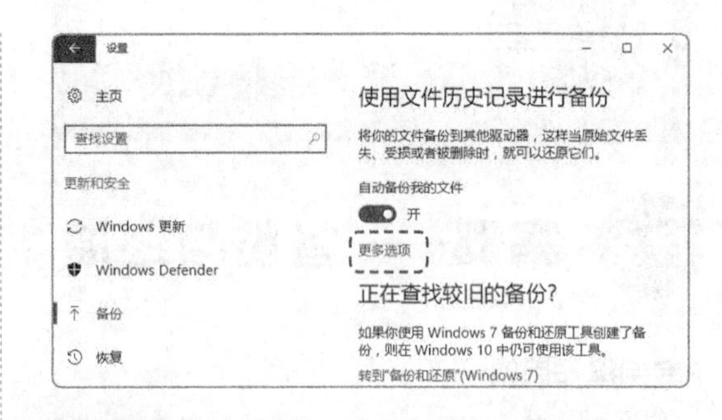

第 3 步 备份文件

在“备份选项”窗口中，拖动右侧的滑动条，选择需要备份的文件，设置备份的时间间隔，然后单击“立即备份”按钮，即可开始备份。

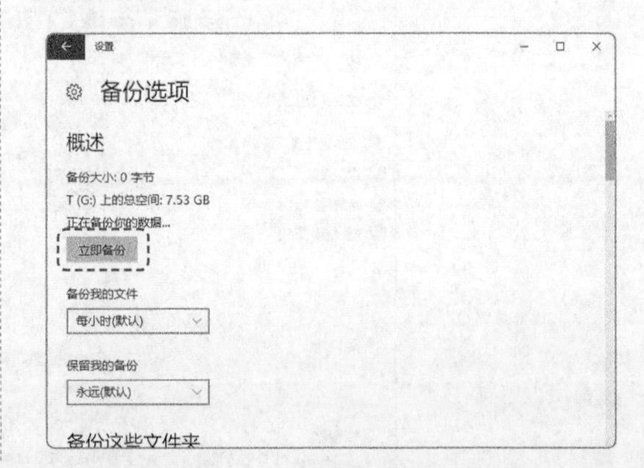

第 4 步 备份完成

备份完成后，会在选定驱动器中自动生成“FilesHistory”文件夹，在其中即可找到备份的文件。若原有的文件丢失，则可到该文件夹下复制出备份的文件，进行还原。

17.2.2 系统的备份与还原

用户可通过创建系统还原点的方法来设置系统的备份。在系统出现问题时，再通过还原点，将系统还原到创建还原点时的状态，具体操作步骤如下。

1. 创建还原点

创建还原点的操作比较简单，具体操作步骤如下。

第 1 步 选择“属性”

❶ 在桌面选择“此电脑”图标；❷ 单击鼠标右键，在弹出的快捷菜单中选择“属性”命令。

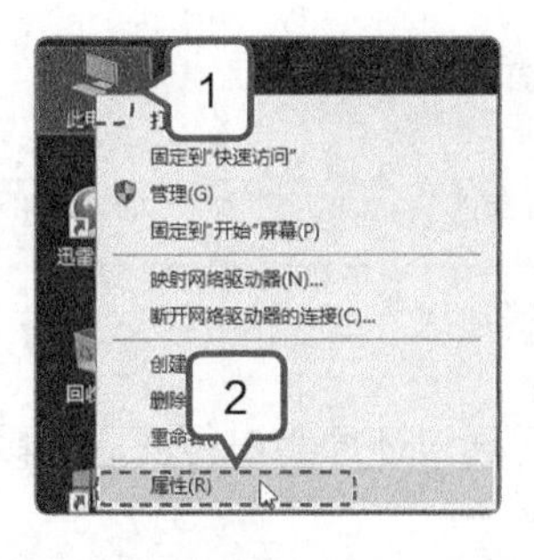

第 2 步 选择“系统保护”

在“系统”窗口的左侧单击“系统保护”超链接。

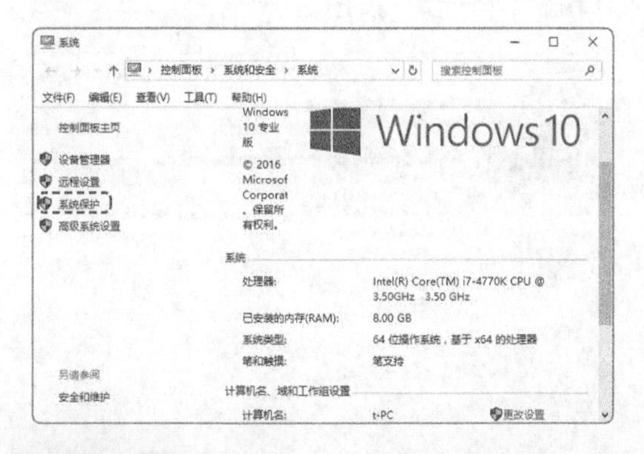

第 3 步 配置

❶ 打开“系统属性”窗口，单击“系统保护”选项卡；❷ 选择“本地磁盘（C:）”；❸ 单击“配置”按钮。

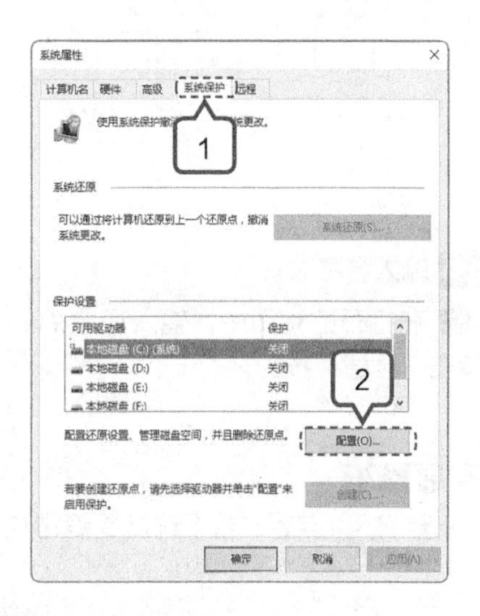

第 4 步 启用系统保护

❶ 打开“系统保护本地磁盘”窗口，单击选中“启用系统保护”单选项；❷ 单击“确定”按钮。

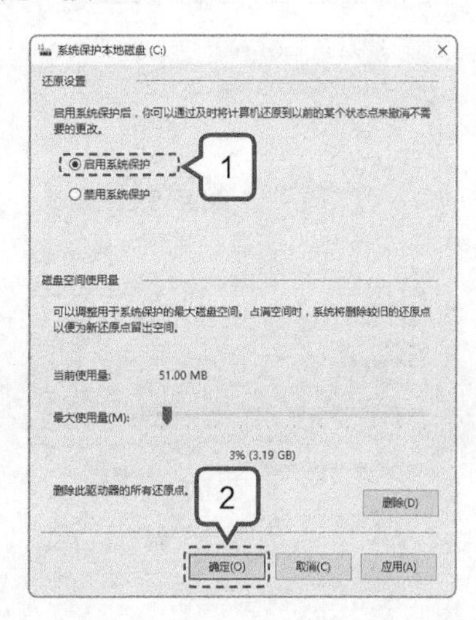

第 5 步 创建还原点

❶ 返回“系统属性”窗口，在列表中选择“本地磁盘（C:）”；❷ 单击“创建”按钮。

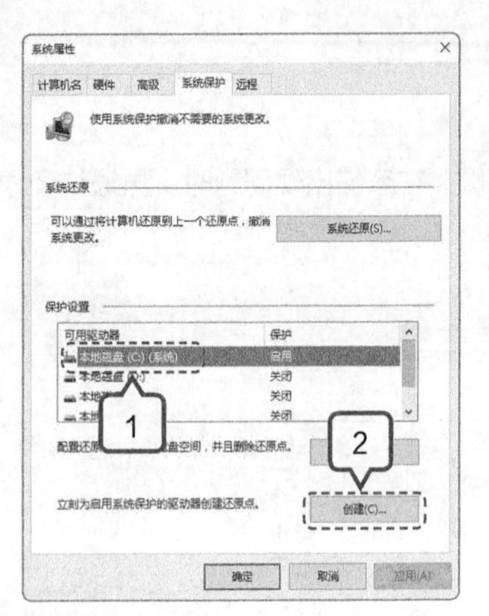

第 6 步 输入名称

❶ 在打开的窗口中，输入还原点名称；❷ 单击“创建”按钮。

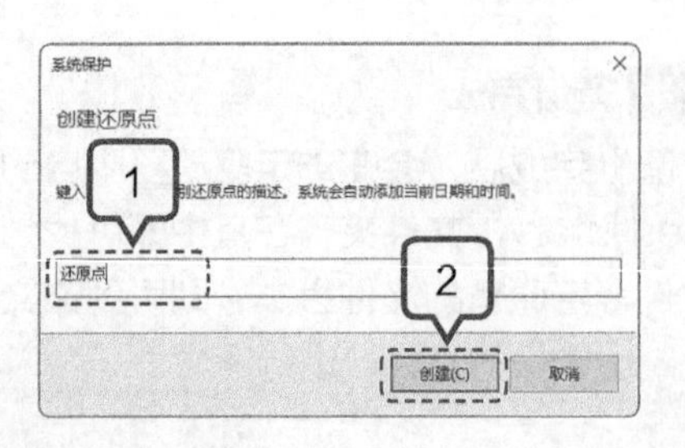

第 7 步 创建还原点

系统开始创建还原点。

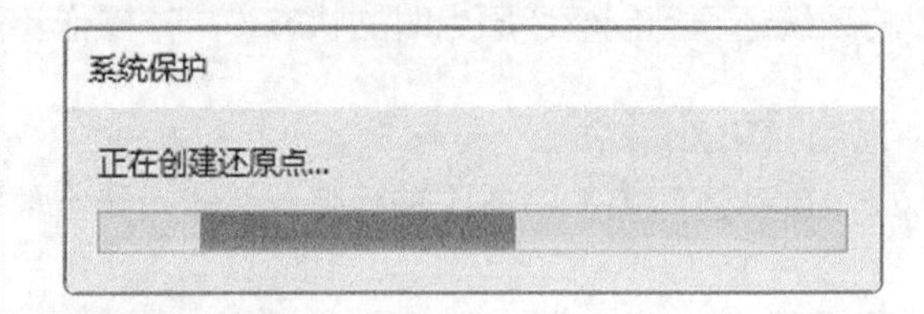

第 8 步 创建完成

创建成功，单击“关闭”按钮即可。

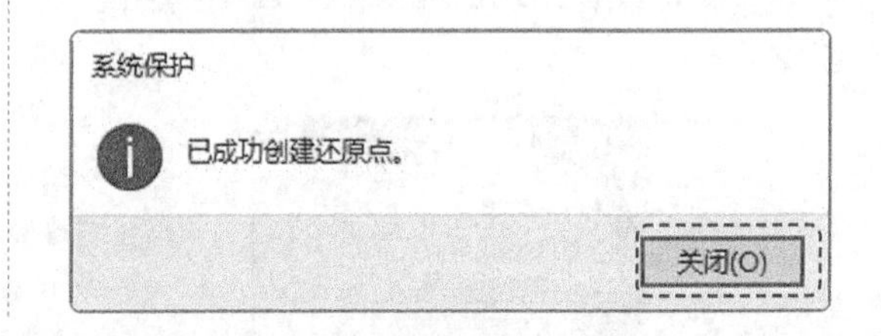

2. 还原系统

创建好还原点后，若系统遭受病毒攻击而出现问题，则可通过还原点进行还原，具体操作步骤如下。

第 1 步 单击按钮

在“系统属性”窗口的“系统保护”选项卡中，单击“系统还原”按钮。

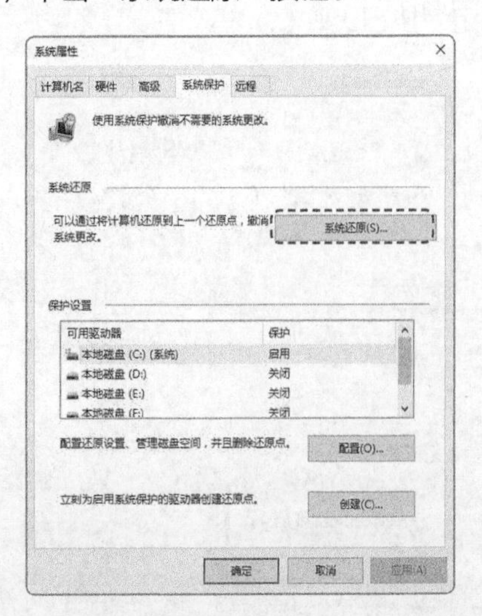

第 2 步 单击“下一步”按钮

在打开的“还原系统文件和设置”对话框中单击“下一步”按钮。

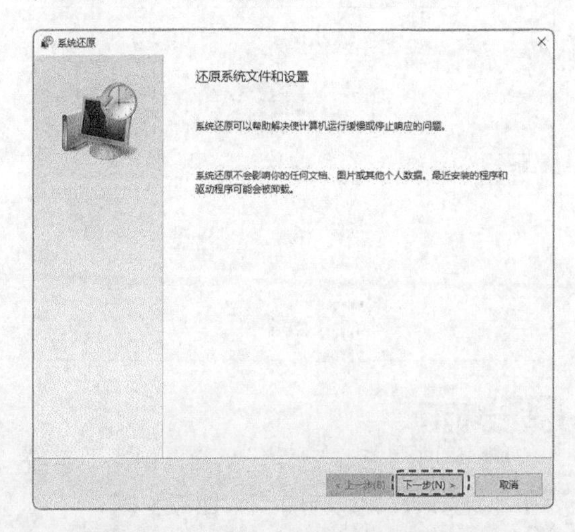

第 3 步 选择还原点

❶ 在“系统还原”窗口中选择还原点；❷ 单击“下一步”按钮。

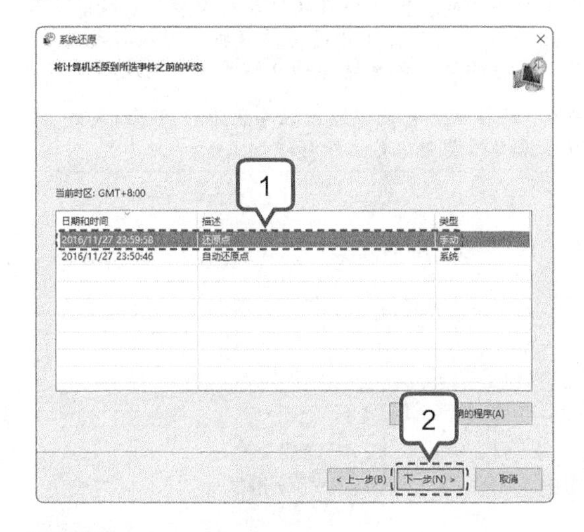

第 4 步 单击“完成”按钮

在“系统还原”窗口中单击“完成”按钮。

第 5 步 确认还原

此时将打开提示框，单击“是”按钮，即可开始重启电脑，进行还原。还原完成后会再次重启电脑，并提示还原成功。

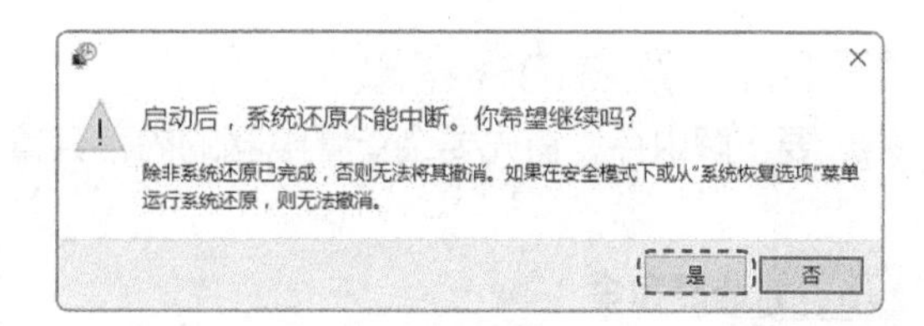

17.3 案例——让电脑保持运行流畅

本节视频教学时间 / 4 分钟

/ 案例操作思路

本案例是通过设置电脑的内存，让电脑保持运行流畅。日常有些电脑问题，如运行缓慢等，是内存不足造成的，往往更换内存条、释放内存或设置虚拟内存即可解决。

设置虚拟内存的效果图。

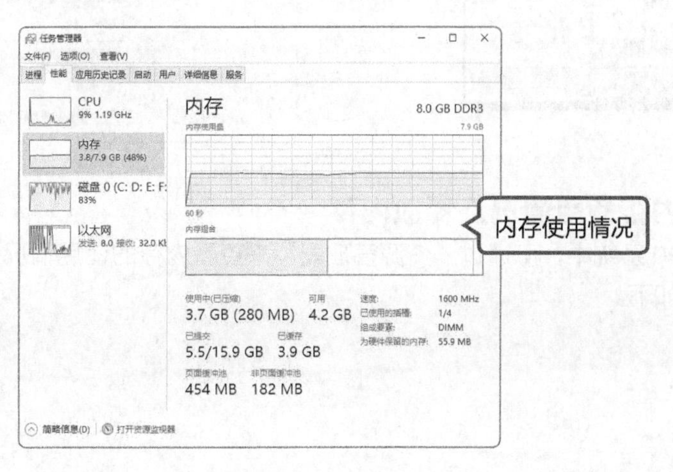

/ 电脑内存

名称	要求
内存	电脑中所有程序的运行都是在内存中进行的，因此内存的性能对电脑的影响非常大，其作用是用于暂时存放 CPU（中央处理器）中的运算数据，以及与硬盘等外部存储器交换的数据。因此，内存的好坏会直接影响电脑的运行速度
虚拟内存	虚拟内存是计算机系统内存管理的一种技术。它使得应用程序认为它拥有连续的可用的内存，默认在 C 盘，也可根据情况设置在其他外部磁盘上

/ 技术要点

（1）掌握查看和释放内存的操作方法。

（2）熟练设置虚拟内存。

（3）掌握诊断电脑内存问题的操作。

/ 操作流程

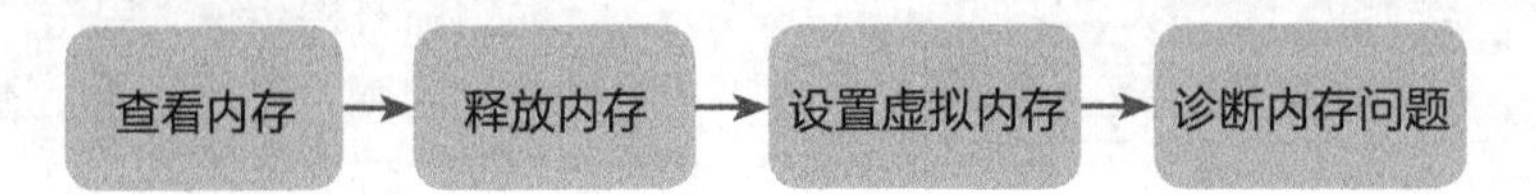

17.3.1 查看内存容量

要了解内存，首先要会查看电脑的内存容量。具体操作步骤如下。

第 1 步 选择命令

❶ 单击选中"此电脑"快捷方式；❷ 单击鼠标右键，在弹出的快捷菜单中选择"属性"命令。

第 2 步 查看内存

在打开的界面中即可查看电脑的内存容量，如图所示。

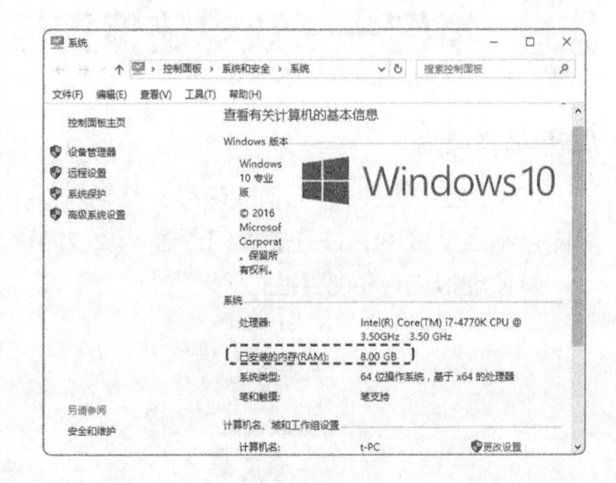

17.3.2 查看内存使用情况及释放内存

在 Windows 10 系统中，可通过"资源管理器"来查看内存的使用情况并释放被占用的内存，具体操作步骤如下。

第 1 步 进入安全选项

❶ 按【Ctrl+Alt+Del】组合键，进入安全选项界面；❷ 单击“任务管理器”选项。

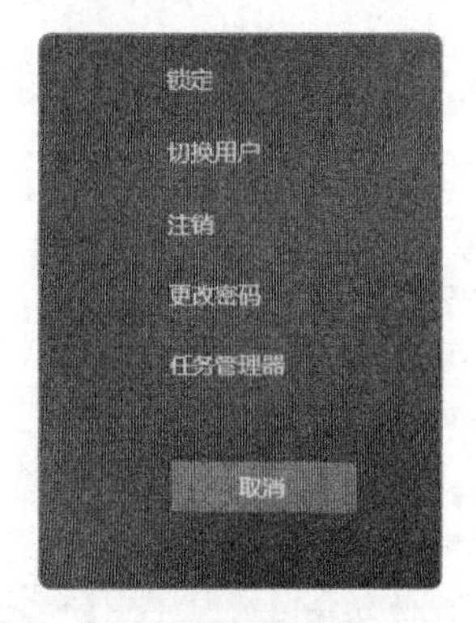

第 2 步 打开“任务管理器”

返回桌面并打开“任务管理器”对话框，在其中单击“详细信息”选项。

第 3 步 查看内存的使用情况

❶ 此时将切换到进程窗口，单击“性能”选项卡；❷ 在左侧单击“内存”选项，在右侧即可查看内存的使用情况。

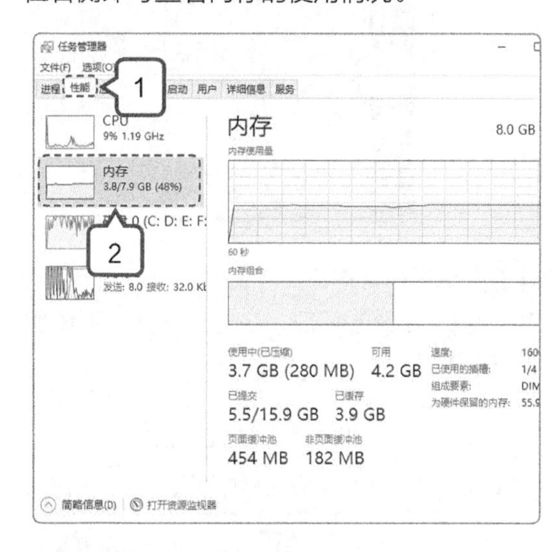

第 4 步 释放内存

❶ 单击“进程”选项卡；❷ 在左侧选择需要结束进程的程序；❸ 单击“结束任务”按钮，即可将该程序占用的内存释放出来。

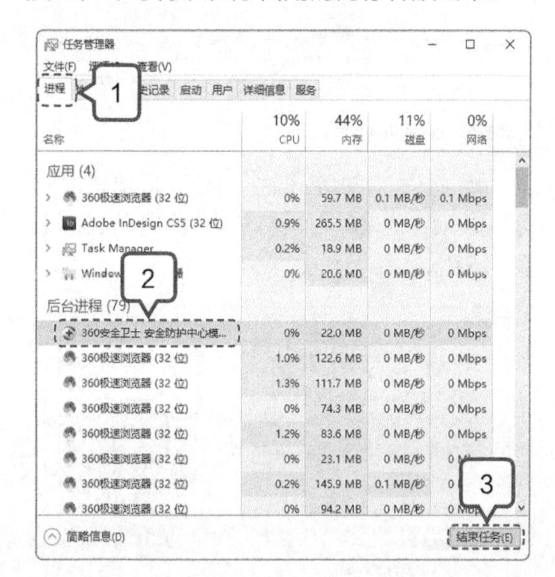

17.3.3 设置虚拟内存

在使用一些大型软件时，有时会弹出虚拟内存不够的提示。这时就需要对虚拟内存进行设置，具体操作步骤如下。

第 1 步 选择命令

❶ 单击选中“此电脑”快捷方式；❷ 单击鼠标右键，在弹出的快捷菜单中选择“属性”命令。

第 2 步 选择系统保护

打开“系统”窗口，在左侧选择“系统保护”选项。

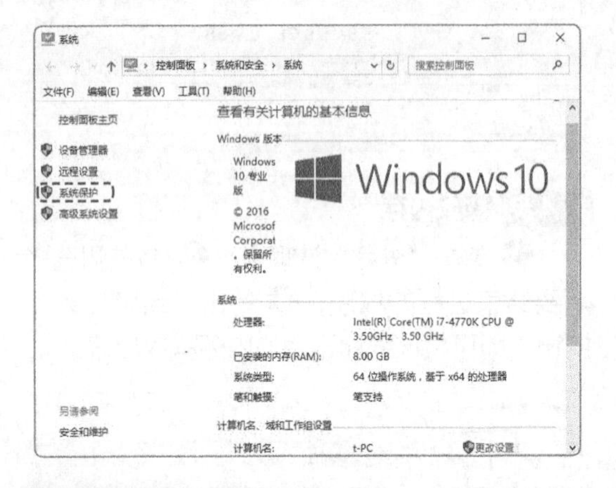

第 3 步 设置性能

❶ 打开“系统属性”窗口，单击“高级”选项卡；❷ 在“性能”栏中单击“设置”按钮。

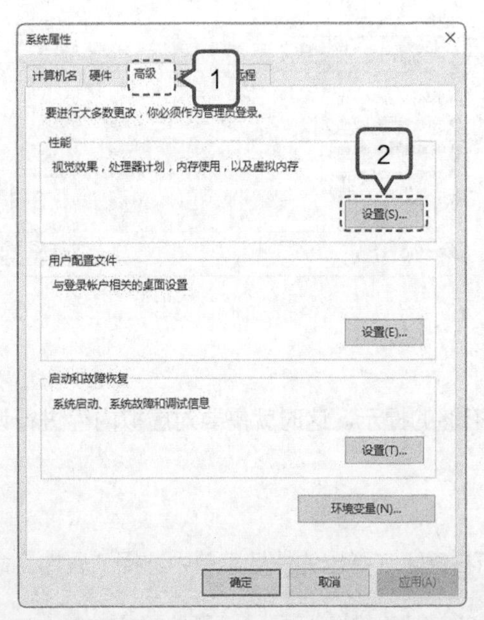

第 4 步 设置性能选项

❶ 打开“性能选项”窗口，单击“高级”选项卡；❷ 在“虚拟内存”栏单击“更改”按钮。

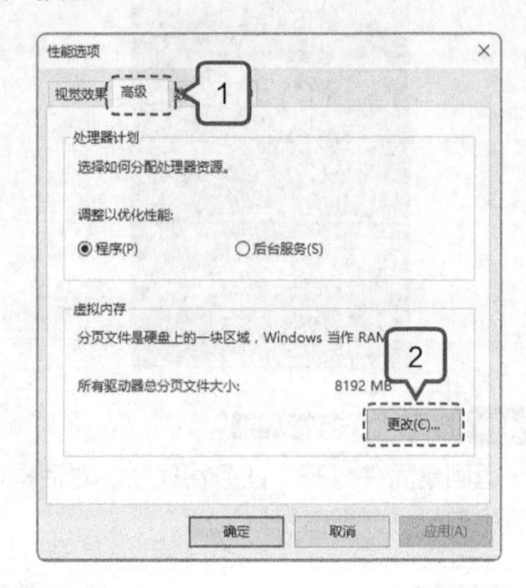

第 5 步 选择驱动器

❶ 打开“虚拟内存”窗口，取消选中“自动管理所有驱动器的分页文件大小”复选框；❷ 将虚拟内容设在 D 盘；❸ 单击选中“自定义大小”单选项，在“初始大小”和“最大值”文本框中输入虚拟内存大小，这里输入“15000”；❹ 单击“确定”按钮。

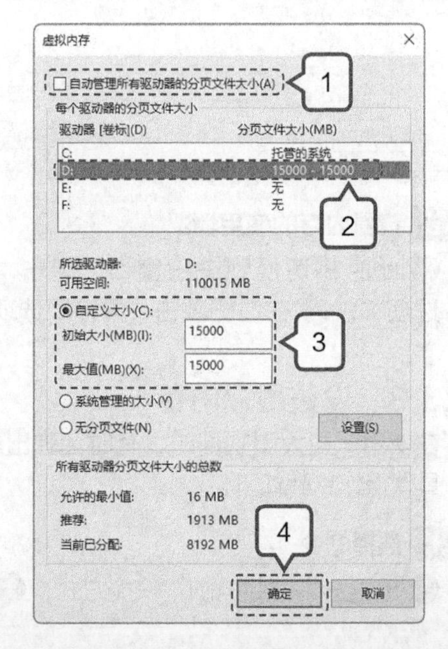

第 6 步 确认重启

❶ 在弹出的“系统属性”提示框中，单击“确定”按钮；❷ 返回“性能选项”窗口，此时虚拟内存已被更改；❸ 单击“确定”按钮，重启电脑即可生效。

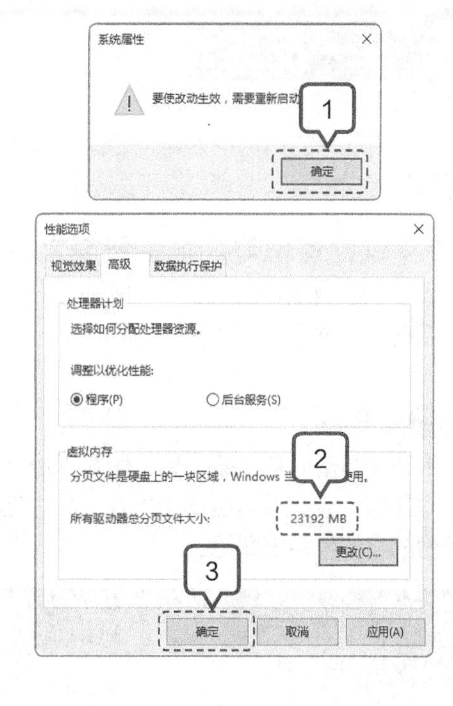

17.3.4 诊断电脑内存问题

如果电脑内存出了故障，用户可通过 Windows 10 中自带的内存诊断工具来诊断内存问题，具体操作步骤如下。

第 1 步 选择诊断工具

❶ 在下方任务栏的 Cortana 搜索栏中输入“内存诊断”；❷ 在搜索结果列表中选择“Windows 内存诊断”程序。

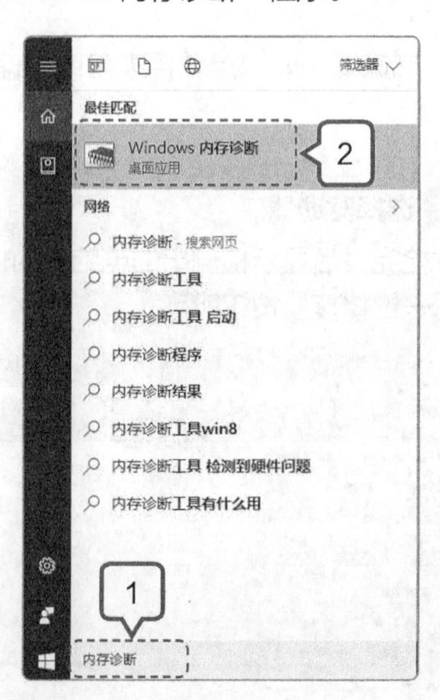

第 2 步 检查内存问题

在弹出的“Windows 内存诊断”对话框中选择“立即重新启动并检查问题”选项。

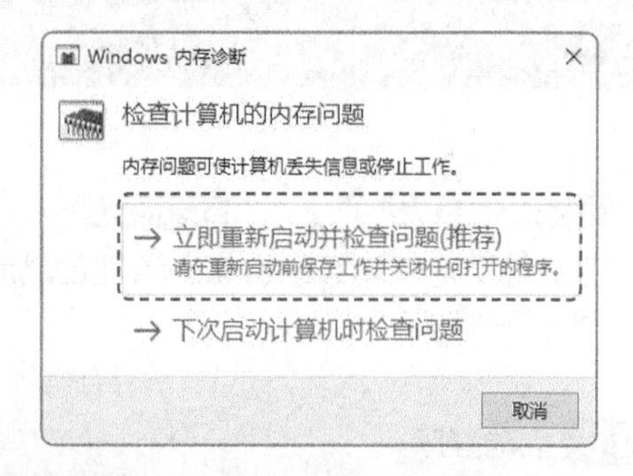

第 3 步 重启并检查内存

电脑开始重启并检查内存问题。

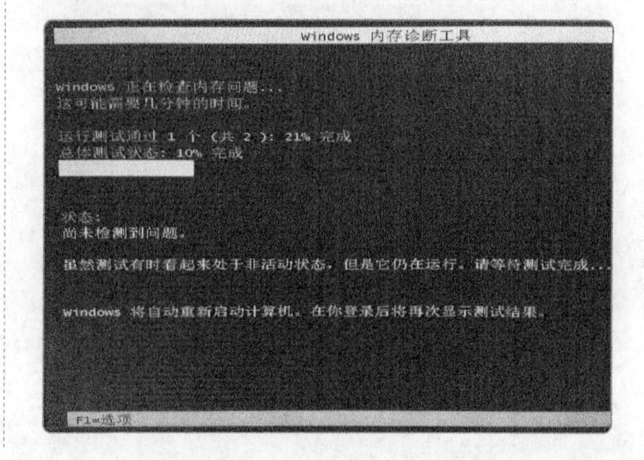

本章所选择的案例均为典型的保护 Windows 安全的操作，主要包括查杀病毒、备份与还原、管理和优化内存等知识点。以下列举两个典型系统保护的操作思路。

1. 使用软件备份与还原系统或文件

除了可使用 Windows 10 自带的功能来备份与还原系统外，用户还可通过其他软件来备份与还原系统，具体操作步骤如下。

第 1 步 备份

下载安装备份和还原工具，如 Ghost、傲梅、绿茶等。完成后，启动工具并在其中选择要备份的文件或系统即可。

第 2 步 还原

若要还原已备份的文件或系统，可再次启动该工具，在其中选择还原命令，进行操作即可。

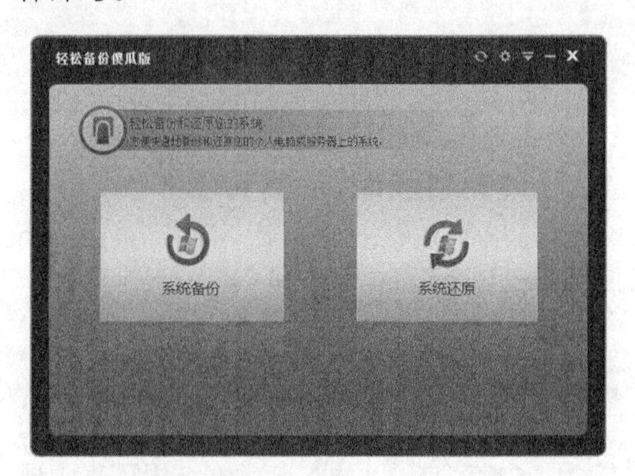

2. 使用 360 安全卫士清理电脑

用户除了可使用系统自带的清理工具清理电脑外，还可通过一些应用软件来帮助清理系统，具体操作如下。

第 1 步 启动程序

启动 360 安全卫士，在打开的界面中单击“立即体检”按钮。

第 2 步 选择驱动器

体检完成后显示检测出的电脑中的信息，单击“一键修复”按钮即可。

高手支招

1. 修复系统

若系统文件出现丢失或异常，还可以通过 SFC 命令来修复系统，具体操作步骤如下。

第 1 步 选择命令

❶ 在“开始”按钮上单击鼠标右键；❷ 在弹出的快捷菜单中选择“命令提示符（管理员）”命令。

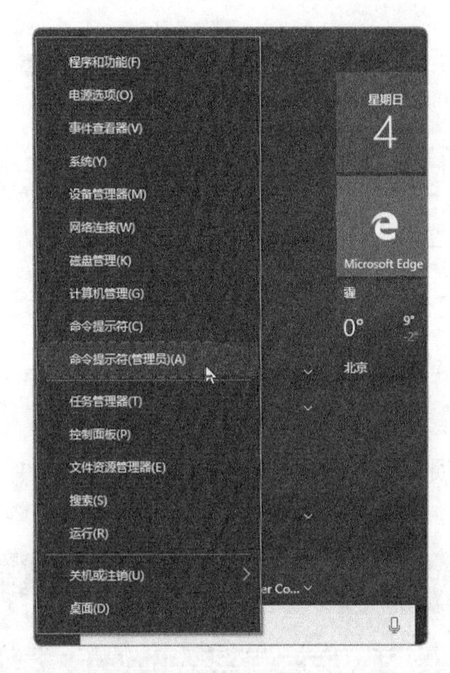

第 2 步 输入命令

在打开的“管理员：命令提示符”窗口中，输入命令“sfc/scannow”，按【Enter】键即可开始扫描系统，在扫描过程中若发现损坏的系统文件，会自动进行修复操作，并显示修复信息。

2. 重置电脑

若 Windows 10 操作系统开机后无法进入系统，可在不开机的情况下重置电脑，具体操作如下。

第 1 步 选择重置

❶ 在“开始”面板中选择“设置”选项，在“Windows 设置”窗口中选择“更新和安全”选项，在打开的窗口左侧选择“恢复”选项；❷ 在右侧“重置电脑”下方单击“开始”按钮。

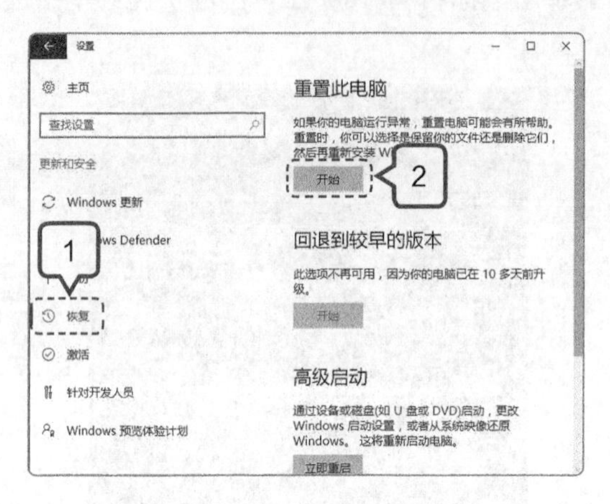

第 2 步 选择保留个人文件

在打开的“选择一个选项”提醒界面中选择“保留我的文件”选项，按照提示进行重置即可。

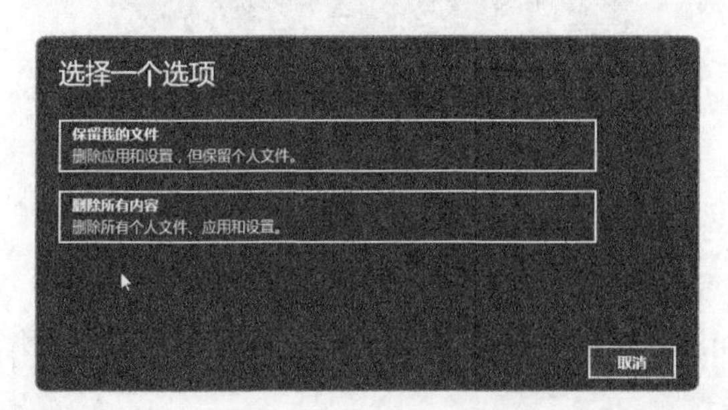

Chapter 18

Office 组件间的协作办公

本章视频教学时间 / 13 分钟

技术分析

Office 组件可以实现协作办公，尤其是三大组件 Word、Excel 和 PowerPoint，用户可在这三者之间互相调用文档，从而实现内容的高效转换。这些软件的配合使用，可以满足工作中的不同需求。除此之外，文档保护也是一项很重要的功课，为文档设置保护，可以有效避免文档内容被误操作（如删除或修改）。

思维导图

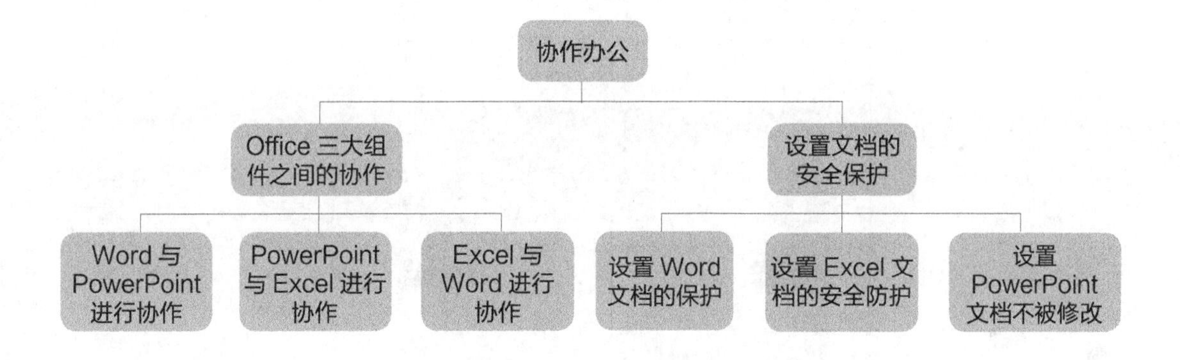

18.1 案例——Office 三大组件之间的协作

本节视频教学时间 / 6 分钟

案例名称	Office 三大组件之间的协作
素材文件	素材 \ 第 18 章 \ 绩效考评 - 素材文件 .pptx、年度销量分析 - 素材文件 .xlsx、工作总结 - 素材文件 .docx
结果文件	结果 \ 第 18 章 \ 绩效考评 - 结果文件 .pptx、年度销量分析 - 结果文件 .xlsx、工作总结 - 结果文件 .docx

/ 案例操作思路

本案例是使用 Office 的三大组件进行协作应用。Office 中的软件都具有良好的兼容性，可以相互合作、协同办公，如 Word 在制作文档时可与 Excel、PowerPoint、Outlook 和 Access 等软件协作，从而可以满足工作中的不同需求。

如图所示即为在 Word 2016 中调用 PowerPoint 2016 演示文稿的效果。

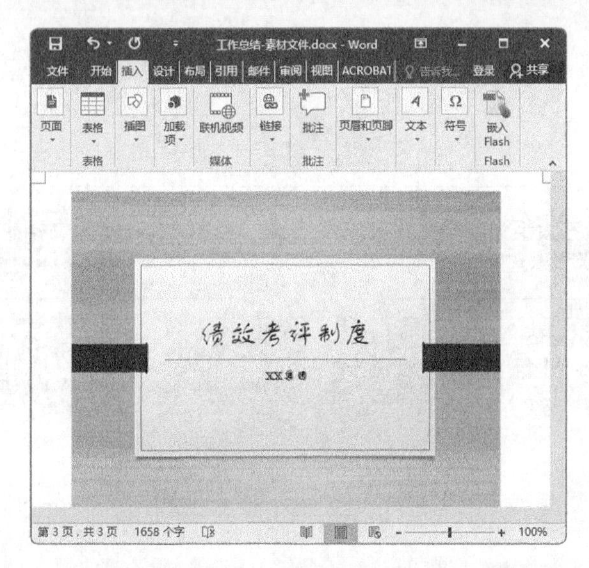

/ 技术要点

（1）掌握 Word、Excel 和 PowerPoint 之间互相协作办公的操作方法。

（2）了解 Office 三大组件与其他组件的协同办公操作。

/ 操作流程

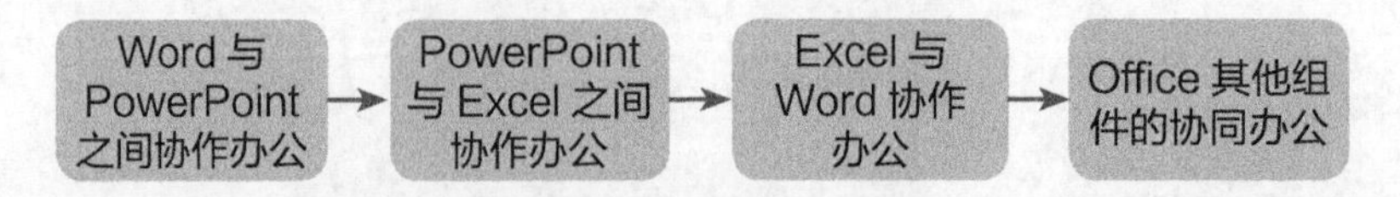

18.1.1 使用 Word 与 PowerPoint 进行协作

Word 与 PowerPoint 之间的信息共享，主要表现为在 Word 中调用 PowerPoint 的整个演示文稿，或只调用指定的幻灯片，具体操作步骤如下。

1. 调用整个演示文稿

在 Word 中调用演示文稿，可以使会议进程加快，避免因查找打开 PowerPoint 而使会议中断。调用演示文稿的具体操作步骤如下。

第 1 步 单击“对象”按钮

❶ 打开“工作总结 - 素材文件 .docx”文档，将鼠标指针定位到文档最后；❷ 在“插入→文本”组中单击“对象”按钮。

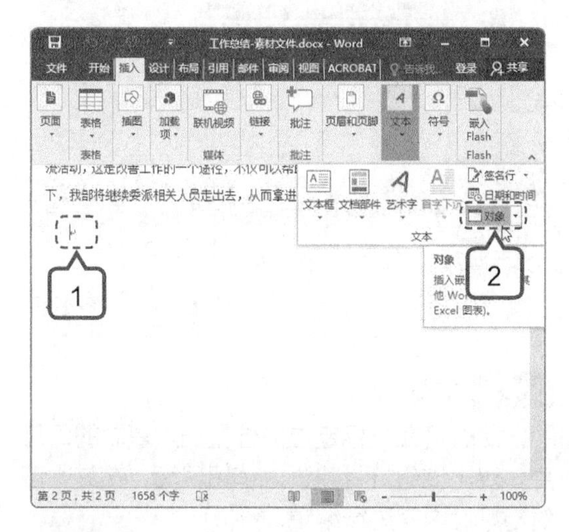

第 2 步 单击“浏览”按钮

❶ 打开“对象”窗口，单击“由文件创建”选项卡；❷ 单击选中“链接到文件”复选框；❸ 单击“浏览”按钮。

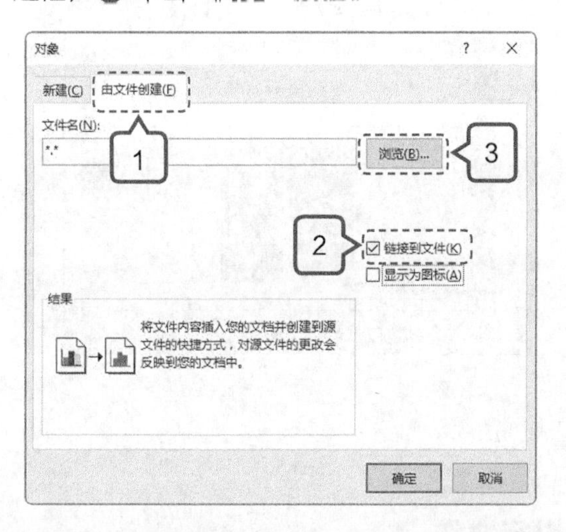

第 3 步 选择文件

❶ 找到演示文稿文件所在的位置，选中要插入的演示文稿；❷ 单击“插入”按钮。

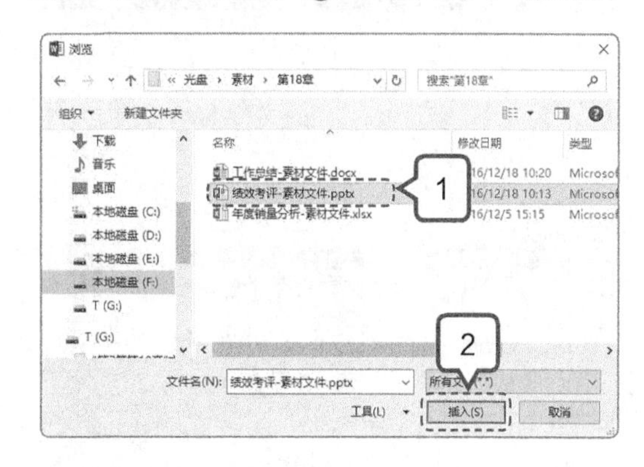

第 4 步 插入演示文稿

返回“对象”窗口，单击“确定”按钮，在 Word 文档中即可查看到插入的演示文稿。该演示文稿只显示了第一页，双击可直接开始放映演示文稿。

2. 插入单张幻灯片

用户还可根据需要，将指定的幻灯片插入 Word 文档中，具体操作步骤如下。

第 1 步 复制幻灯片

❶ 打开“绩效考评 - 素材文件 .pptx”演示文稿，选择要插入的幻灯片；❷ 在该幻灯片上单击鼠标右键，在弹出的快捷菜单中选择“复制”命令。

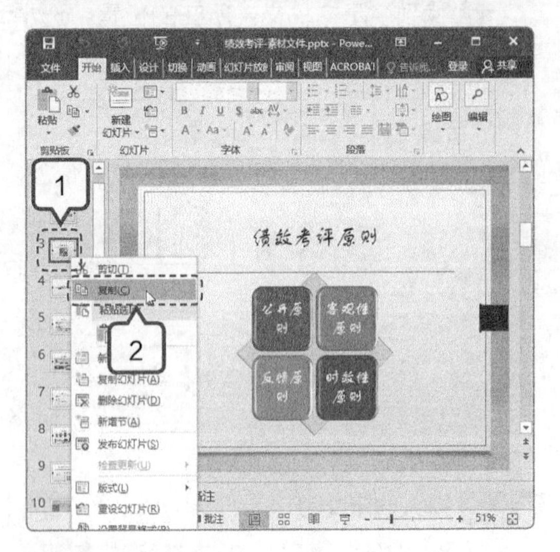

第 2 步 选择性粘贴

❶ 返回 Word 文档中，将光标定位到需要插入幻灯片的位置；❷ 在“开始→粘贴”组中选择“选择性粘贴”命令。

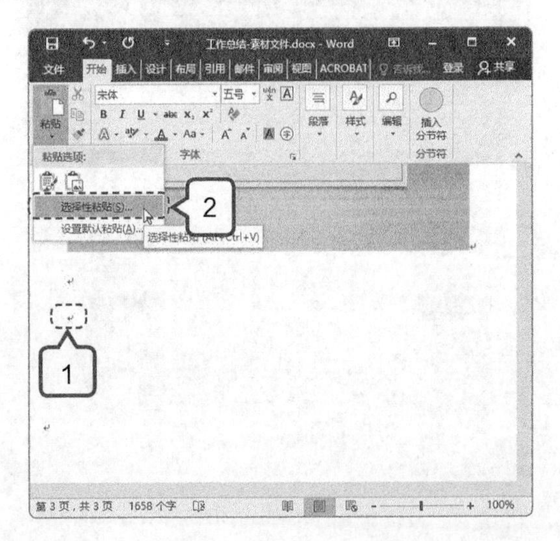

第 3 步 选择粘贴形式

❶ 打开“选择性粘贴”对话框，在“形式”列表框中选择“Microsoft PowerPoint 幻灯片 对象”选项；❷ 单击“确定”按钮。

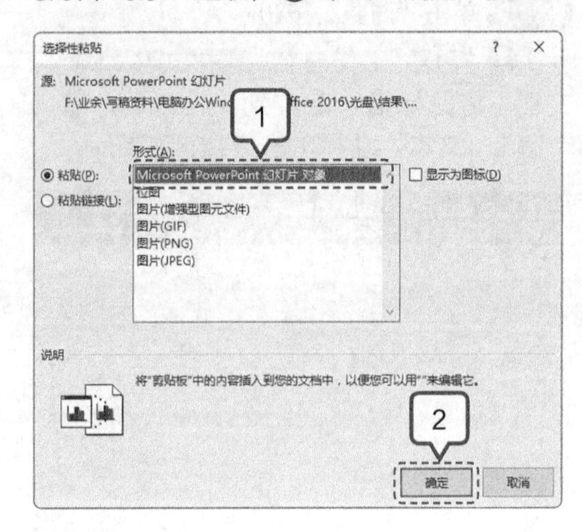

第 4 步 粘贴幻灯片

此时将在光标定位的位置插入复制的幻灯片，双击该幻灯片将进入编辑界面，在其中可对幻灯片内容进行编辑。

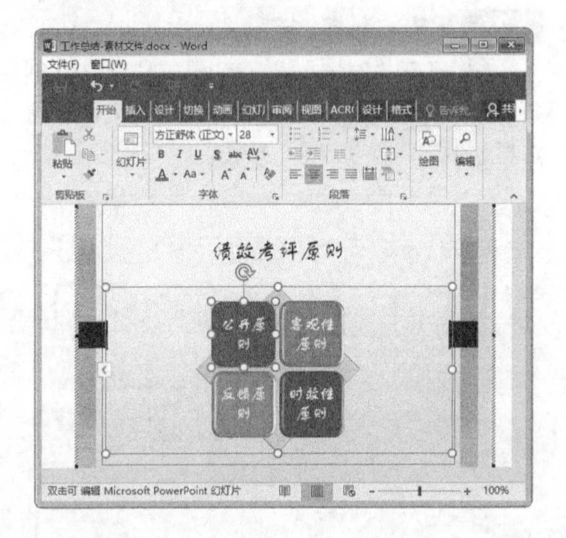

18.1.2 使用 PowerPoint 与 Excel 进行协作

在演讲的过程中，经常需要借助具体表格进行说明。用户可在 PowerPoint 中调用 Excel 表格或其中的图表，提高演讲质量和效率。

1. 调用 Excel 工作表

在 PowerPoint 中调用 Excel 工作表，可在放映时直观地查看工作表，具体操作步骤如下。

第 1 步 单击“对象”按钮

❶ 打开“绩效考评 - 素材文件 .pptx”演示文稿，选择第 10 张幻灯片；❷ 在“插入→文本”组中单击“对象”按钮。

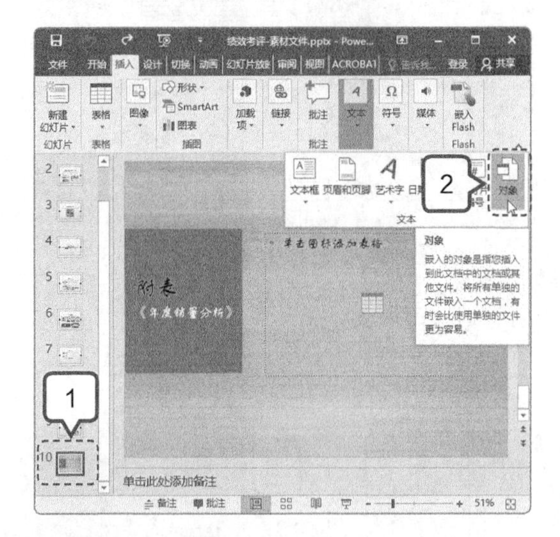

第 2 步 单击“浏览”按钮

❶ 打开“插入对象”对话框，单击“由文件创建”单选项；❷ 单击“浏览”按钮。

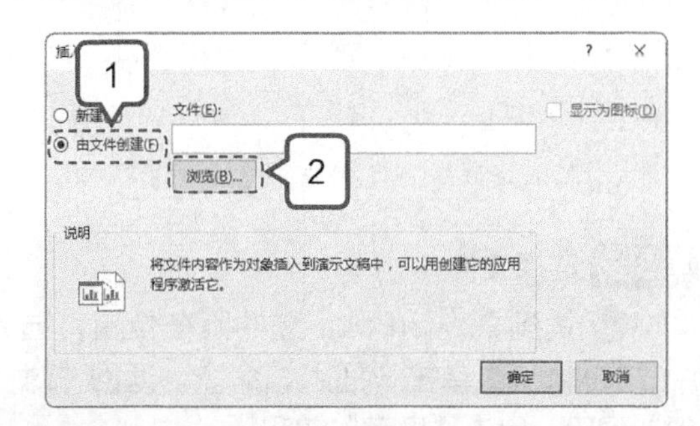

第 3 步 选择要插入的文件

❶ 找到文件所在位置，选择要插入的文件；❷ 单击“确定”按钮。

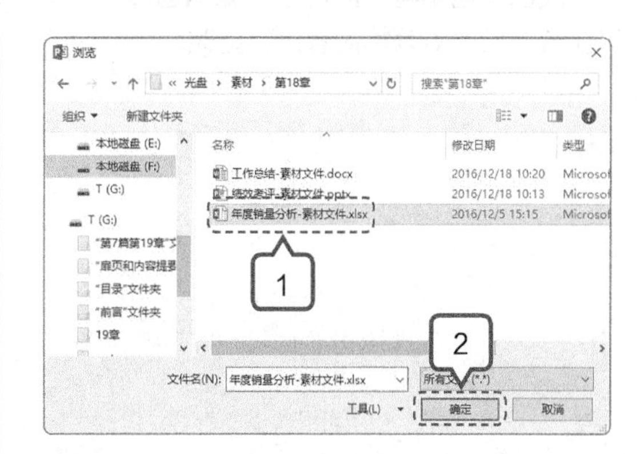

第 4 步 显示为图标

❶ 返回“插入对象”对话框，在其中单击选中“显示为图标”复选框；❷ 单击“确定”按钮。

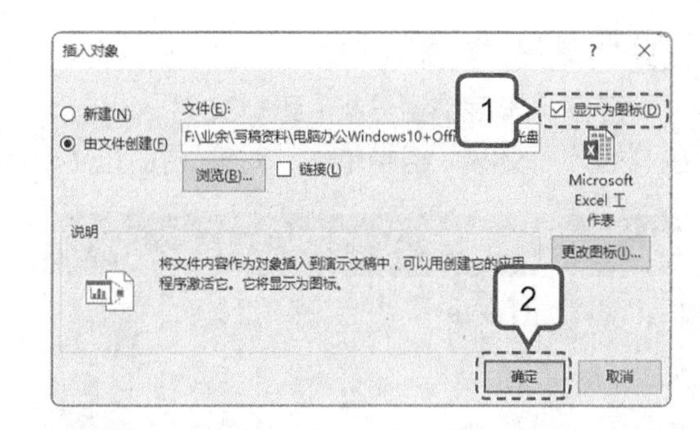

第 5 步 插入表格

此时将在选中的幻灯片中插入表格中的内容。

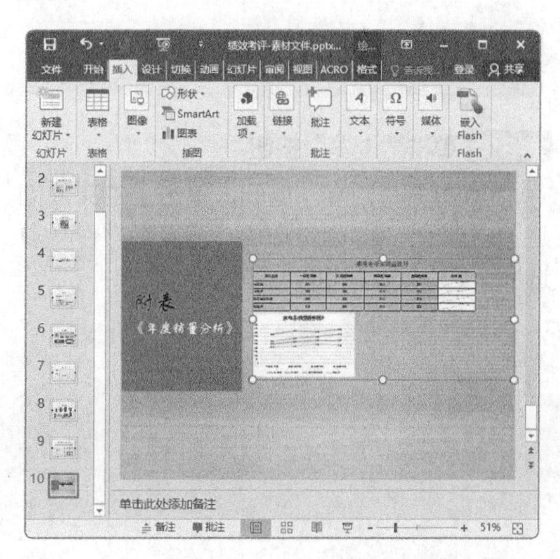

第 6 步 编辑表格

双击表格内容，即可进入编辑窗口，此时可在该窗口中对表格内容进行更改。

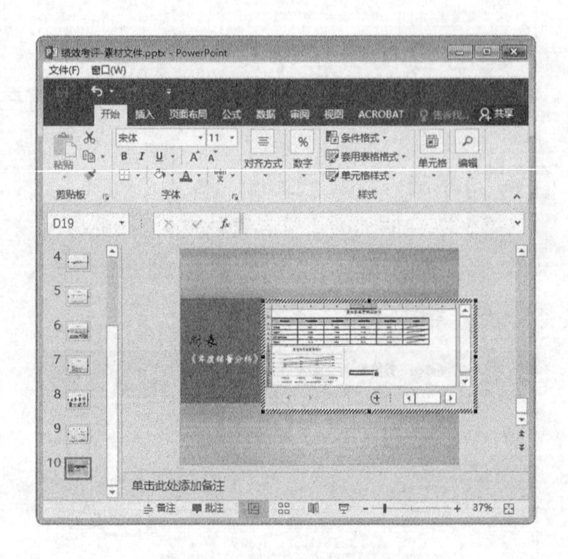

2. 在 Excel 中调用 PowerPoint 幻灯片

在 Excel 中同样可以调用 PowerPoint 中的幻灯片，具体操作步骤如下。

第 1 步 选择“对象”命令

打开“年度销量分析 - 素材文件 .xlsx”，在“插入→文本”组中单击“对象”按钮。

第 2 步 单击“浏览”按钮

❶ 打开“对象”窗口，单击“由文件创建”选项卡；❷ 单击选中“链接到文件”复选框；❸ 单击“浏览”按钮。

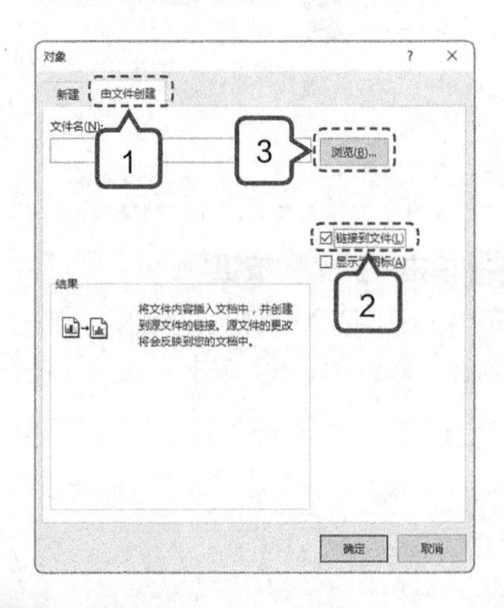

第 3 步 选择文件

❶ 找到 PowerPoint 文件所在位置，选中该文件；❷ 单击“插入”命令。返回“对象”窗口，单击“确定”按钮。

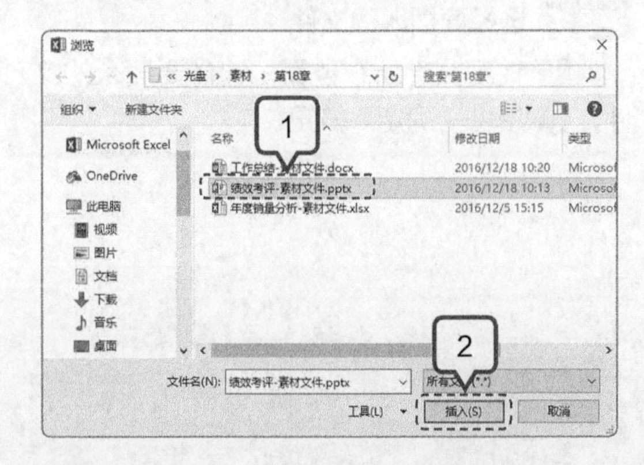

第 4 步 插入演示文稿

此时在 Excel 中即可插入选中的演示文稿，双击该演示文稿即可立刻放映幻灯片。

> **提示** 在Excel中同样可插入单张幻灯片，其操作方法与在 Word 中插入单张幻灯片的操作方法相同，这里不再赘述。

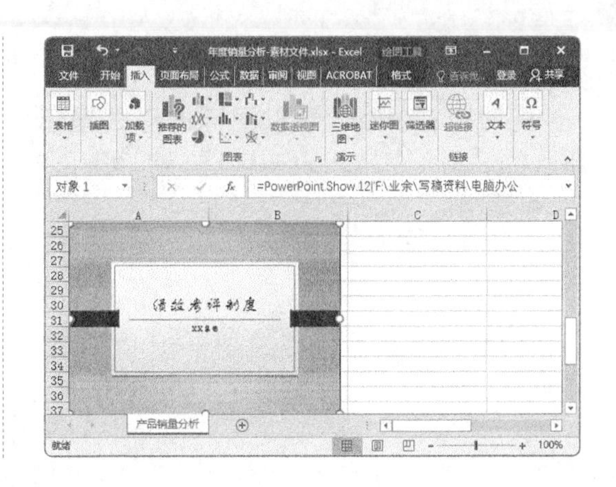

18.1.3 使用 Excel 与 Word 进行协作

Excel 与 Word 之间的协作应用比较常用，经常是在 Word 中插入 Excel 中的表格或图表。在 Word 中插入 Excel 工作表的具体操作步骤如下。

第 1 步 选择命令

❶ 将鼠标指针定位到要插入 Excel 工作表的位置；❷ 在“插入→文本”组中单击“对象”按钮。

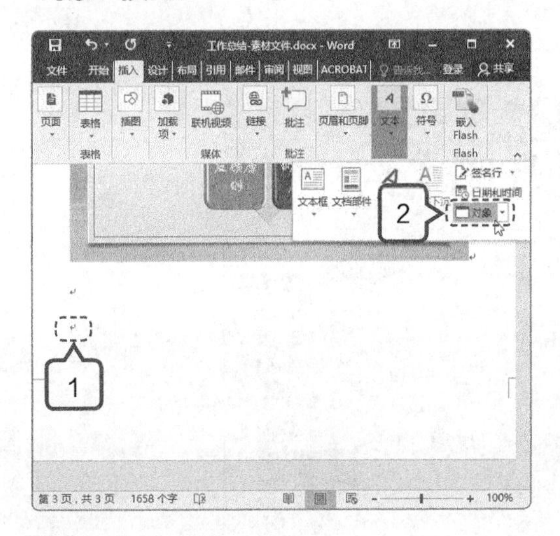

第 2 步 显示为图标

❶ 打开“对象”窗口，单击“由文件创建”选项卡；❷ 单击选中“显示为图标”复选框；❸ 单击“浏览”按钮。

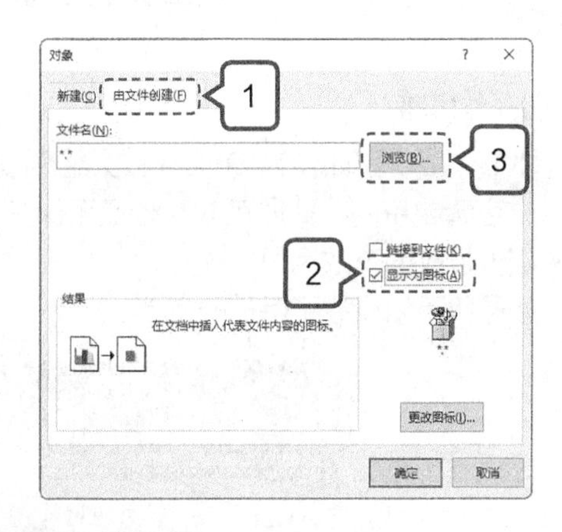

第 3 步 选择文件

❶ 打开“浏览”对话框，找到文件所在位置，选择文件；❷ 单击“插入”按钮，返回“对象”窗口，单击“确定”按钮。

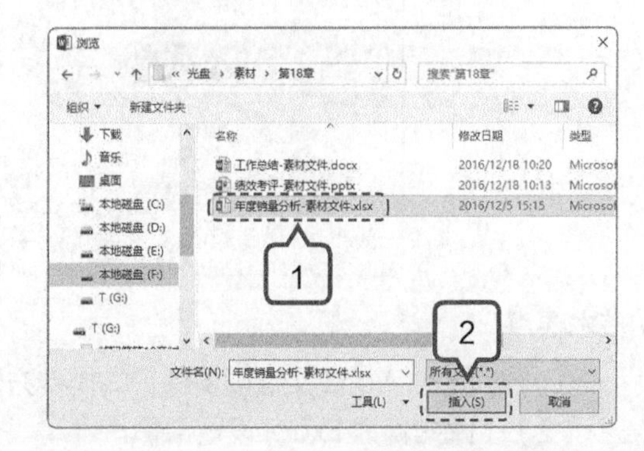

第 4 步 插入表格

此时将在 Word 中以图标的形式显示插入的 Excel 表格，双击该图标即可打开 Excel 表格。

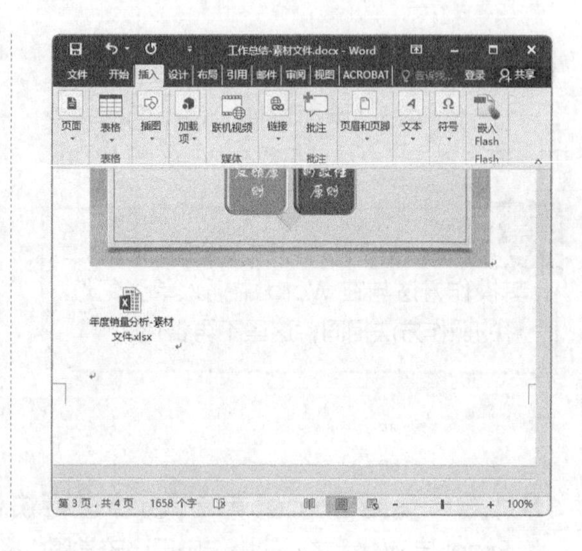

18.2 案例——设置文档的安全保护

本节视频教学时间 / 5 分钟

/ 案例操作思路

本节主要讲解如何为 Office 三大组件设置保护。文档制作完成后，经常需要传递给其他人员进一步查看或审阅。此时可为文档设置保护，避免因操作不当造成的更改。设置文档保护也是避免文档被篡改的有效手段。

如图所示为设置了保护的文档。

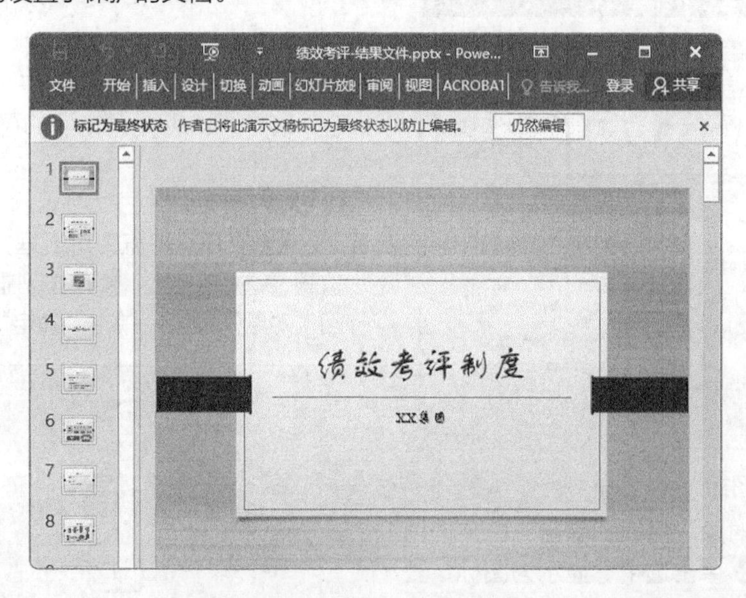

/ 技术要点

（1）掌握为 Word 文档设置保护的操作方法。

（2）了解如何为 Excel 设置保护。

（3）熟练运用设置 PowerPoint 保护的操作。

/ 操作流程

18.2.1 设置 Word 文档的保护

设置 Word 文档保护的操作比较简单，具体操作步骤如下。

第 1 步 单击“限制编辑”

在 Word 文档的“审阅→保护”组中单击“限制编辑”按钮。

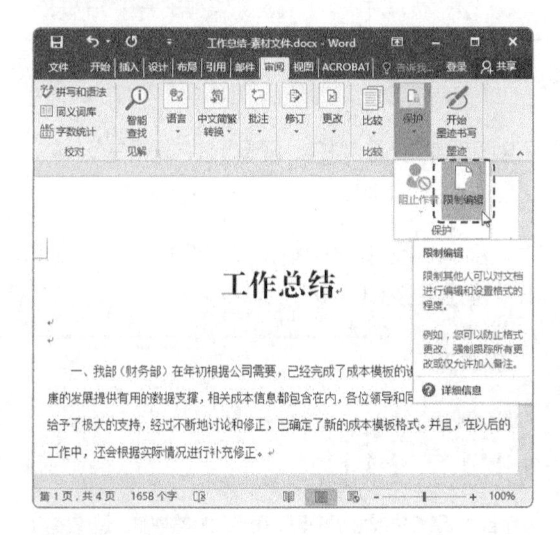

第 2 步 设置权限

❶ 打开“限制编辑”窗格，单击选中“限制对选定的样式设置格式”复选框；❷ 单击选中“仅允许在文档中进行此类型的编辑”复选框；❸ 在其下的下拉列表中选择“批注”选项。

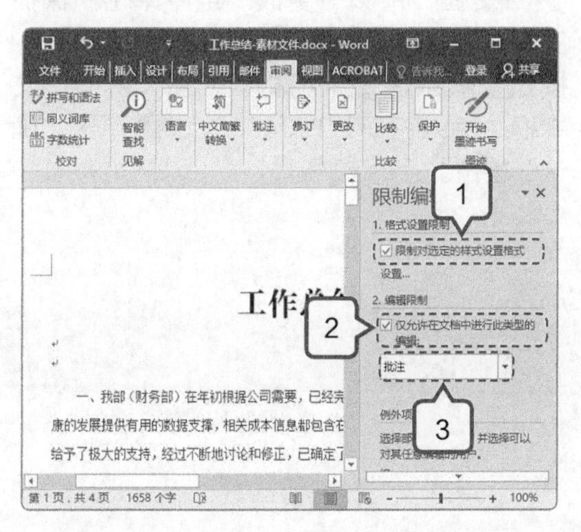

第 3 步 启动保护

❶ 在“例外项”栏中单击选中“每个人”前的复选框；❷ 单击“是，启动强制保护”按钮。

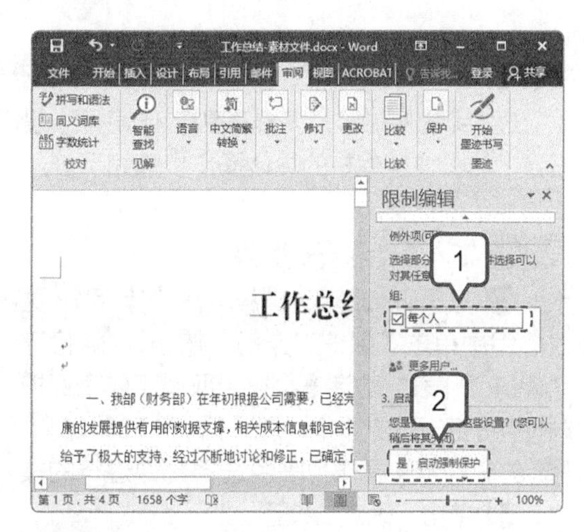

第 4 步 设置保护密码

❶ 打开“启动强制保护”对话框，在“保护方法”栏中单击选中“密码”单选项；❷ 输入保护的密码“123456”，并确认密码；❸ 单击“确定”按钮。

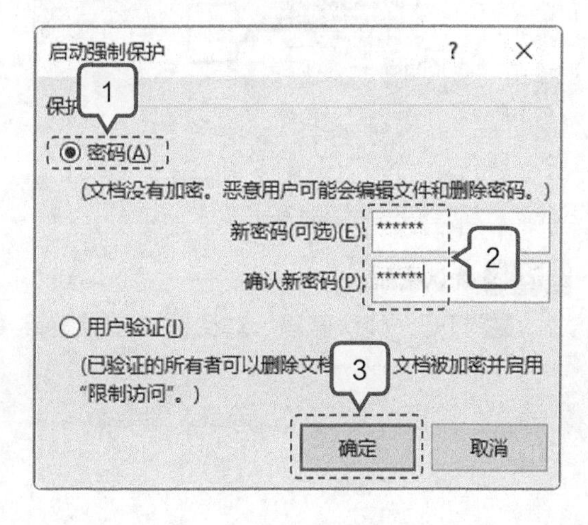

第 5 步 完成保护

返回 Word 文档界面，此时“限制编辑”窗格中会显示已设置的保护。用户可通过查找可编辑的区域来编辑文档。若要取消保护，可单击“停止保护”按钮，并在打开的对话框中输入设置的密码。

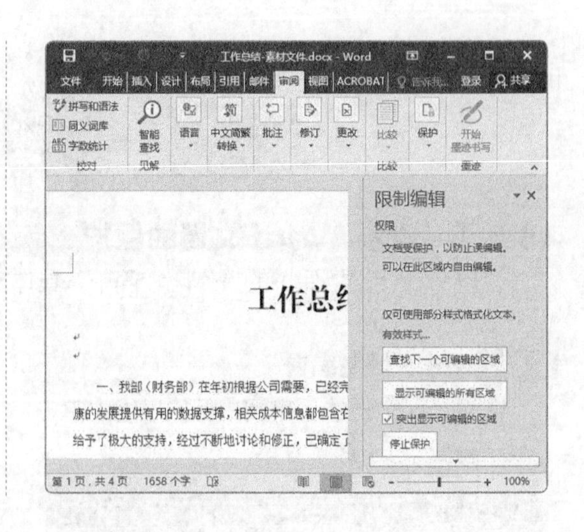

18.2.2　设置 Excel 文档的安全防护

Excel 的保护涉及工作表和工作簿，一般需要为这两项都设置保护，设置允许编辑的区域。设置 Excel 文档保护的具体操作步骤如下。

第 1 步 输入工作表保护密码

❶ 打开 Excel 工作表，在“审阅→更改”组中单击“保护工作簿”按钮；❷ 打开“保护工作表”对话框，在“取消工作表保护时使用的密码”文本框中输入密码“123456”；❸ 在下方允许操作列表中选择允许进行的操作；❹ 单击“确定”按钮。

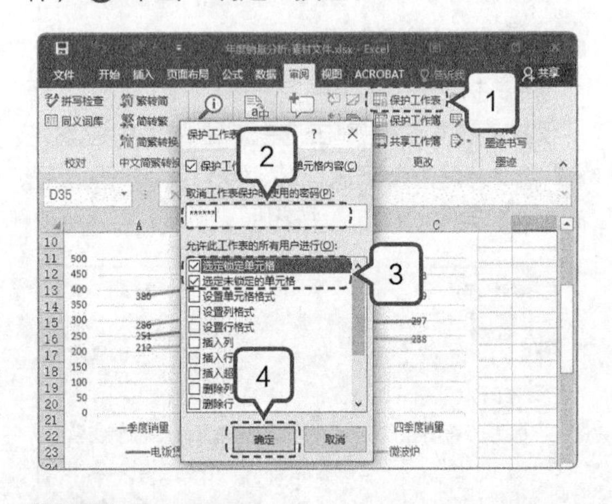

第 2 步 确认密码

❶ 打开“确认密码”对话框，在“重新输入密码”文本框中输入“123456”；❷ 单击“确定”按钮。

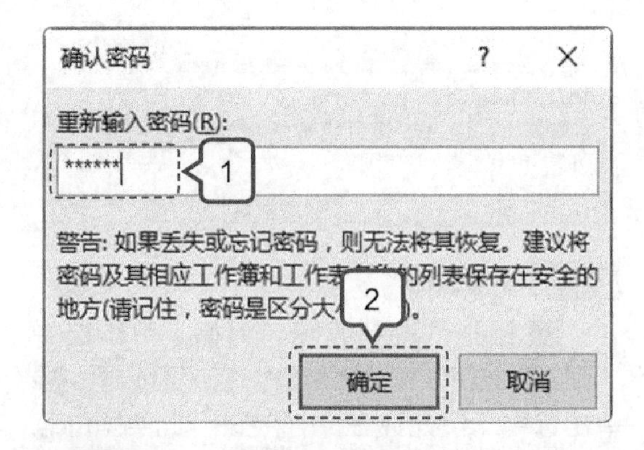

第 3 步 输入工作簿保护密码

❶ 在“审阅→更改”组中单击“保护工作簿”按钮；❷ 打开“保护结构和窗口”按钮，默认保护“结构”，在“密码”文本框中输入密码“123456”；❸ 单击“确认”按钮。

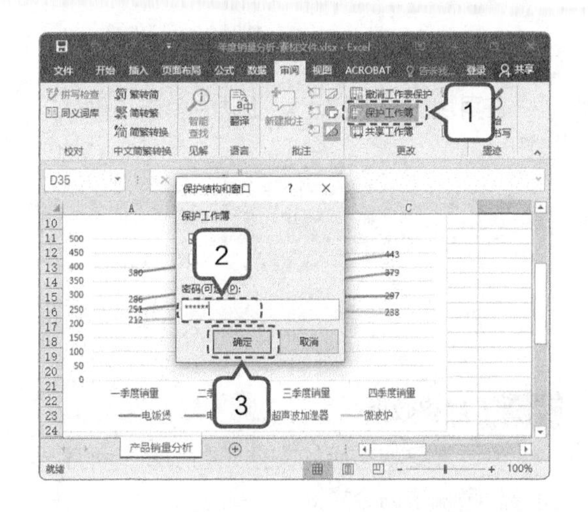

第 4 步 输入密码

❶ 打开“确认密码”对话框，在文本框中再次输入密码“123456”；❷ 单击“确定”按钮即可。

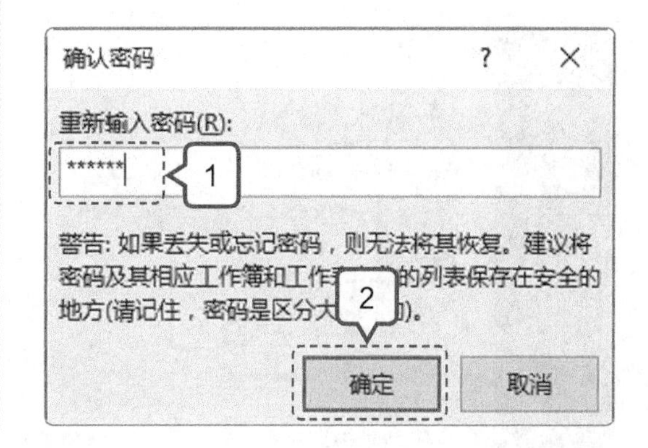

18.2.3 设置 PowerPoint 文档不被修改

设置 PowerPoint 保护有两种方式：一种是设置打开时的密码，用户需要该密码才能打开演示文稿；另一种是设置 PowerPoint 为最终状态，使其他人无法编辑。具体操作步骤如下。

第 1 步 选择用密码进行加密

❶ 打开 PowerPoint 文档，单击“文件”选项卡，进入“信息”界面；❷ 单击右侧的“保护演示文稿”按钮；❸ 在弹出的列表中选择“用密码进行加密”选项。

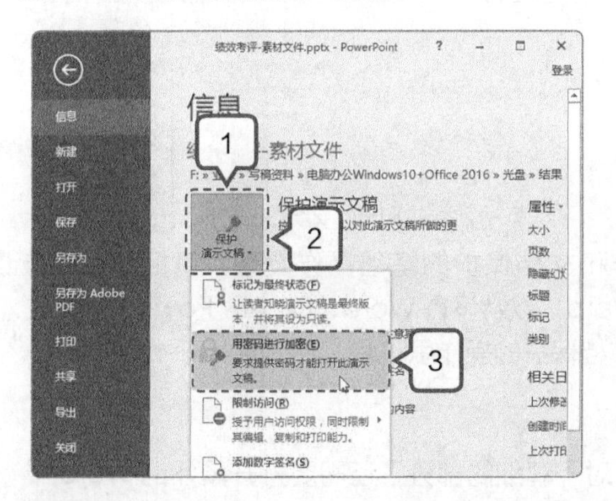

第 2 步 加密文档

❶ 打开“加密文档”对话框，在其中输入密码“123456”；❷ 单击“确定”按钮。

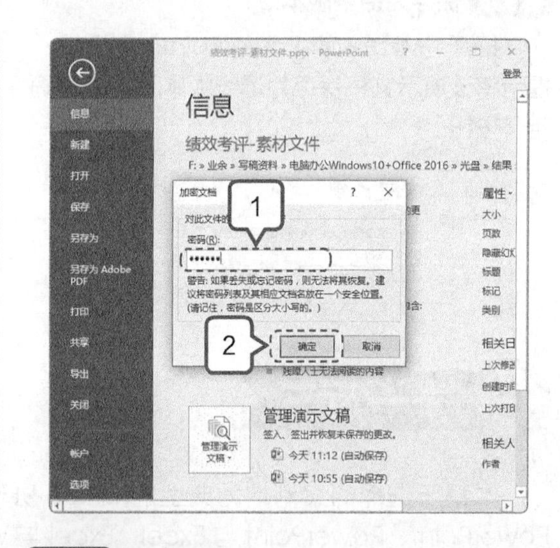

第 3 步 确认密码

❶ 在“确认密码”对话框中再次输入密码；❷ 单击“确定”按钮。

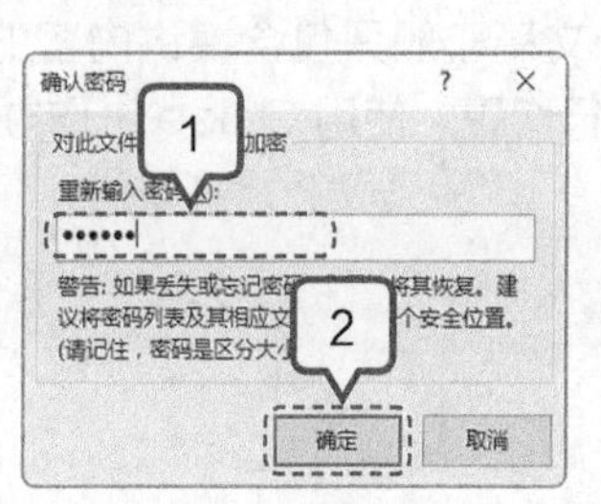

第 4 步 标记为最终状态

❶ 继续单击“保护演示文稿”按钮；❷ 在打开的列表中选择“标记为最终状态”选项。

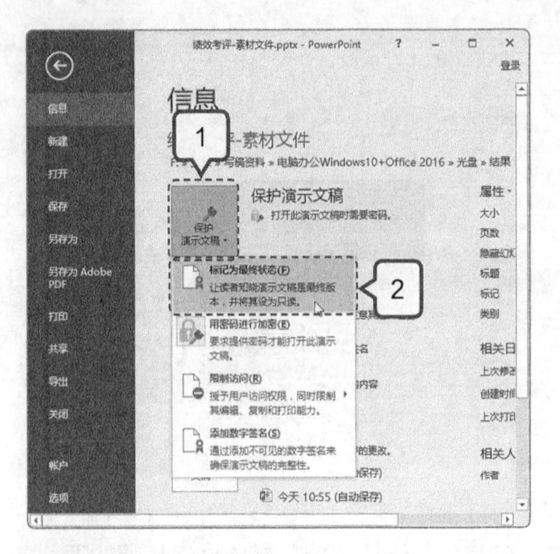

第 5 步 保存为最终版本

打开“Microsoft PowerPoint”对话框，提示将该演示文稿保存为最终版本，单击“确定”按钮。

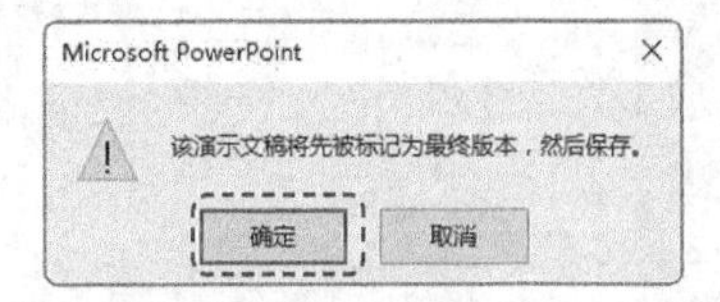

第 6 步 单击按钮

在再次打开的提示对话框中单击“确认”按钮。

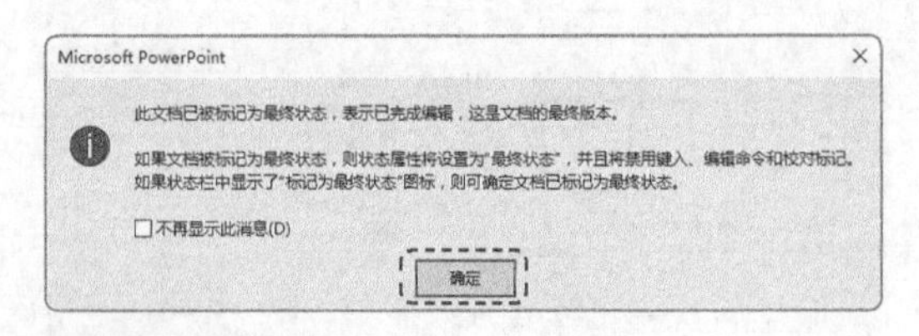

第 7 步 最终效果

设置最终状态后的文档如图所示，程序界面已隐藏编辑命令栏。

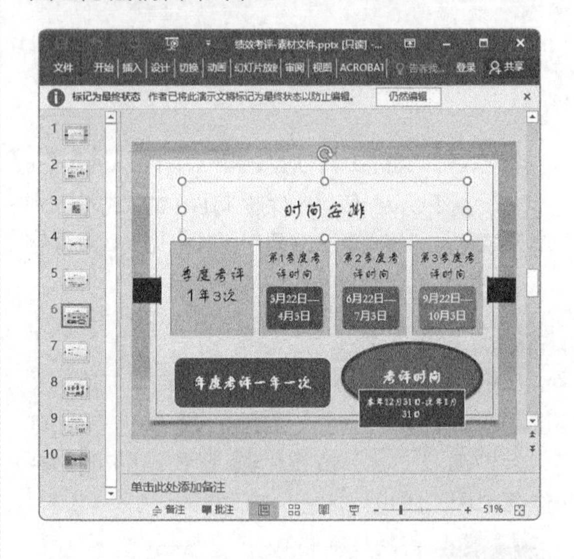

举一反三

本节视频教学时间 / 2 分钟

本章所选择的案例均为典型的 Office 协作和文档保护的基础操作设置，包括 Word 与 PowerPoint、PowerPoint 与 Excel、Excel 与 Word，以及设置 Word、Excel、PowerPoint 文档保护等知识点。以下列举两个典型协同办公和文档保护的操作思路。

1. 使用 Office 协作办公

演示文稿一般只包含演讲内容的精华部分，对于精细的部分，还需要打开具体的 Word 或 Excel 进行查看。使用 Office 协作办公可以按照以下思路进行。

第 1 步 打开文档

打开“扩展模板 \ 第 18 章”中的“市场调查报告 .pptx”；新建第 6 张幻灯片，在其中插入“市场销售报告 .xlsx”。

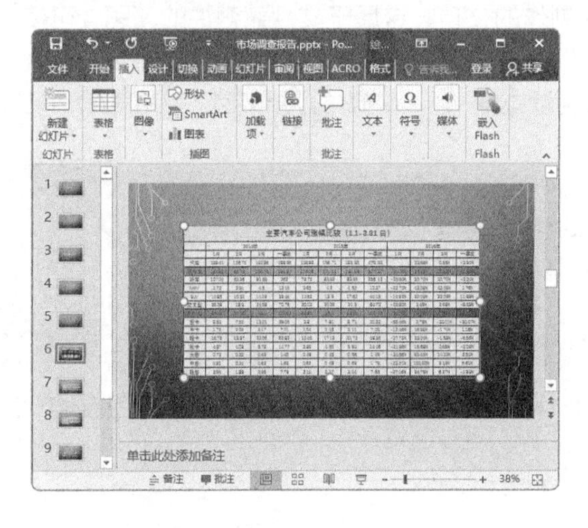

第 2 步 插入文档

选择第 3 张幻灯片，在其中以图标的形式插入“市场调查报告 .docx”文档。

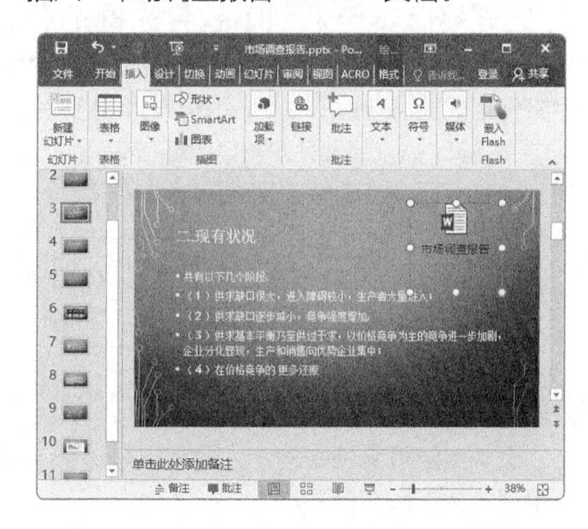

2. 设置文档的安全

为 Word 文档设置安全保护几乎是商业办公必备的技术。为文档添加保护功能，具体可以按照以下思路进行。

第 1 步 选择安全类型

❶ 打开“扩展模板 \ 第 18 章”中的“市场调查报告 .docx”，选择“文件”，在“信息”栏右侧单击“保护文档”按钮；❷ 在弹出的列表中选择“限制编辑”选项。

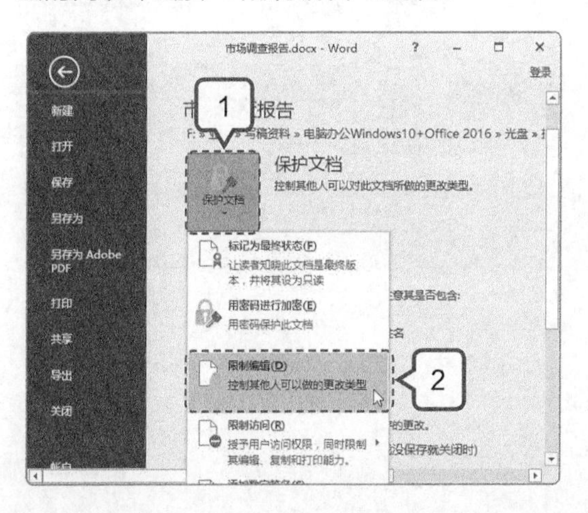

第 2 步 设置安全密码

❶ 在打开的“限制编辑”窗格中设置编辑权限，单击“是，启动强制保护”按钮；❷ 在打开的“启动强制保护”对话框中输入密码并确定。

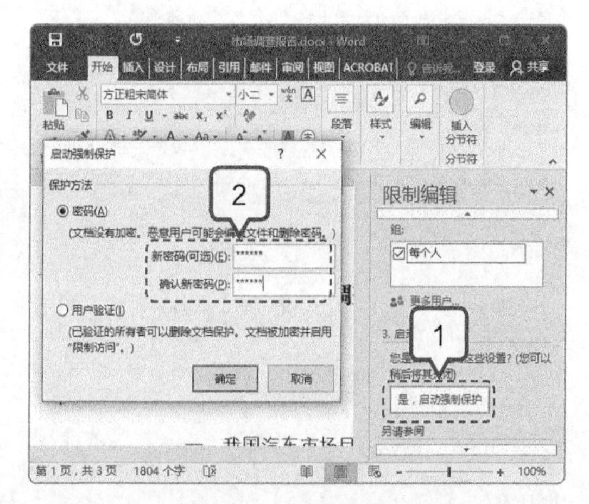

高手支招

1. 处理高版本与低版本软件之间的兼容问题

低版本的 Office 软件无法打开高版本 Office 制作的文档，这属于文件兼容性的问题，可使用文件格式兼容包解决，而不用再去下载安装另一版本的 Office 软件，或去转换文档格式。从网络中下载文件格式兼容包并在电脑上安装后，用任何版本的 Office 软件打开文档，系统都会自动识别，并以适合当前版本软件的格式将其打开。

2. 删除文档中包含的个人信息

删除或隐藏文档中的个人信息，是保护文档的一种方法。下面讲解如何删除文档中包含的个人信息，具体操作如下。

第 1 步 打开信任中心

❶ 选择“文件→选项”命令，打开“Word 选项”对话框；❷ 单击“信任中心”选项卡，在右侧单击“信任中心设置”按钮可打开“信任中心”对话框。

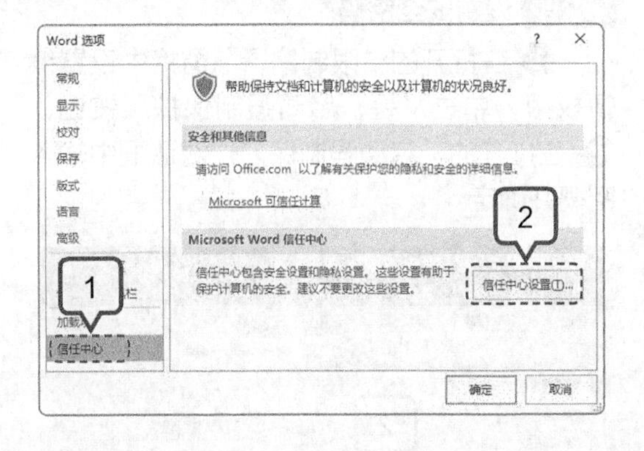

第 2 步 删除个人信息

❶ 在对话框左侧选择“隐私选项”选项卡；❷ 在右侧单击选中“保存时从文件属性中删除个人信息”复选框；❸ 单击“确定”按钮。

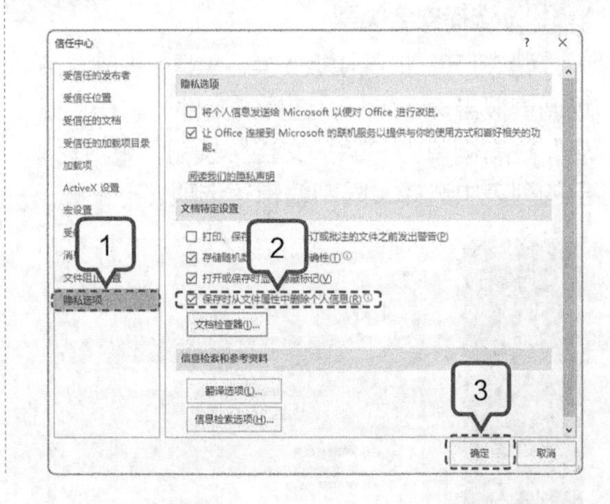

Chapter 19

办公设备的使用技巧

本章视频教学时间 / 13 分钟 

技术分析

办公设备是自动化办公中不可缺少的组成部分。熟练操作常用的办公设备，是一个合格办公人员必备的知识技能。常用的办公设备操作涉及以下几个方面。

- 安装与使用打印机。
- 安装与使用扫描仪。
- 安装与使用投影仪。
- 移动存储器的使用。

思维导图

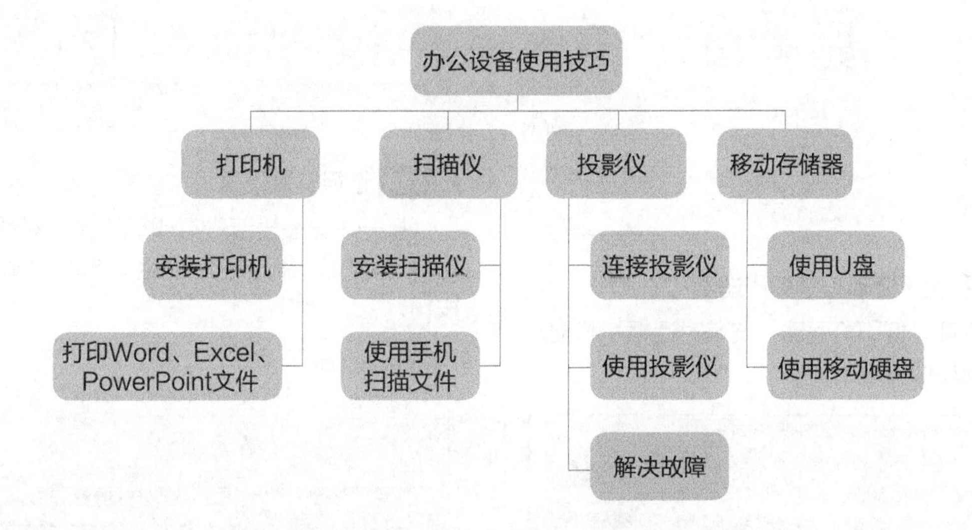

19.1 案例——安装与使用打印机

本节视频教学时间 / 6 分钟

打印机是自动化办公中不可缺少的重要输出设备之一。通过打印机，用户可以将电脑中编辑好的文档、图片等资料打印输出到纸上，以便将资料进行存档、报送或作其他用途。

19.1.1 安装打印机驱动程序

在使用打印机之前，首先需要安装打印机的驱动程序。下面以爱普生打印机为例进行介绍。

第 1 步 选择“打开”

将打印机通过 USB 接口连接至电脑。在“此电脑”窗口中，选择打印机驱动程序，右键单击，打开快捷菜单，选择“打开”。

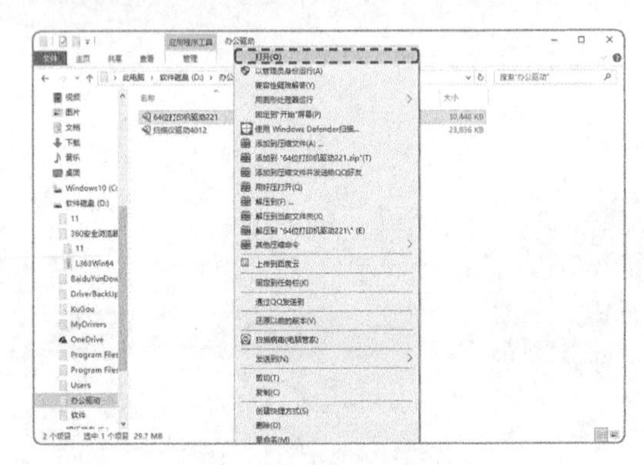

第 2 步 显示驱动程序解压进度

打开“打印机驱动”安装对话框，将显示驱动程序解压进度。

第 3 步 单击“确定”按钮

稍后将打开“安装爱普生打印机工具”对话框，单击“确定”按钮。

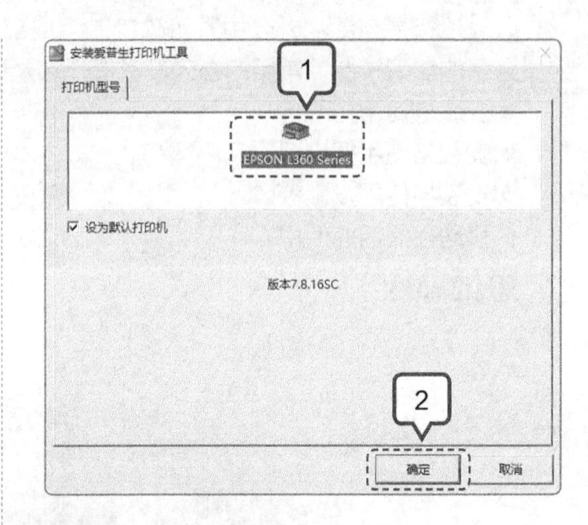

第 4 步 选择安装语言

打开“安装爱普生打印机工具”对话框，选择“中文（简体）”语言，单击“确定”按钮。

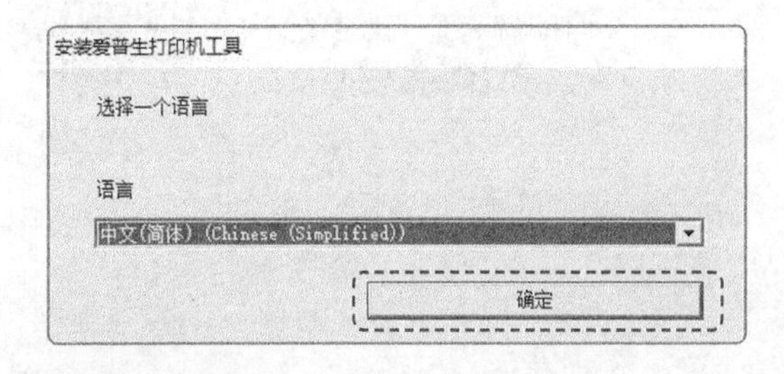

第 5 步 同意许可协议

打开“Epson Eula”对话框，勾选“同意”单选按钮，单击“OK”按钮。

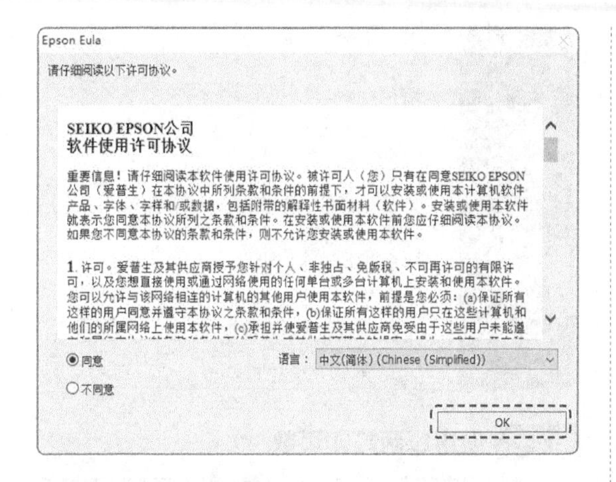

第 6 步 显示安装进度

之后即可开始安装打印机驱动程序，并显示安装进度。

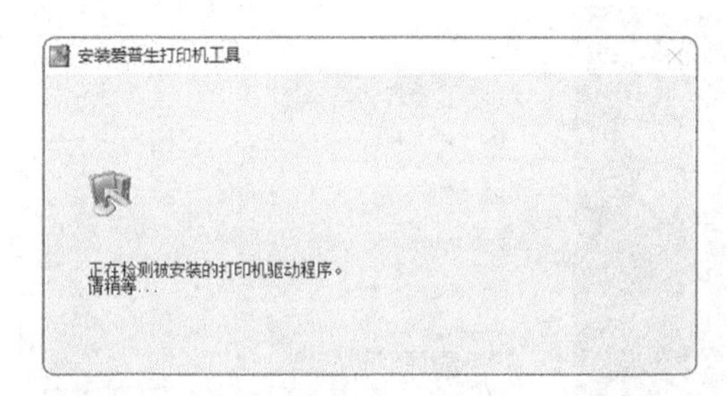

第 7 步 连接打印机

稍等片刻后，将打开相应的对话框，提示用户确认打印机已打开并连接至计算机 USB 端口的信息，单击“手动”按钮。

> **提示** 不同的打印机安装方法可能不太相同，但都需要先安装打印机驱动程序，然后根据提示进行安装。

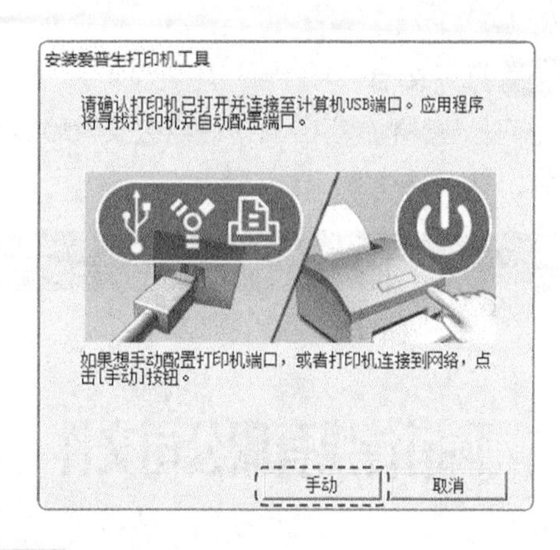

第 8 步 选择端口

进入“选择打印机端口”界面，选择一个端口，单击“确定”按钮。

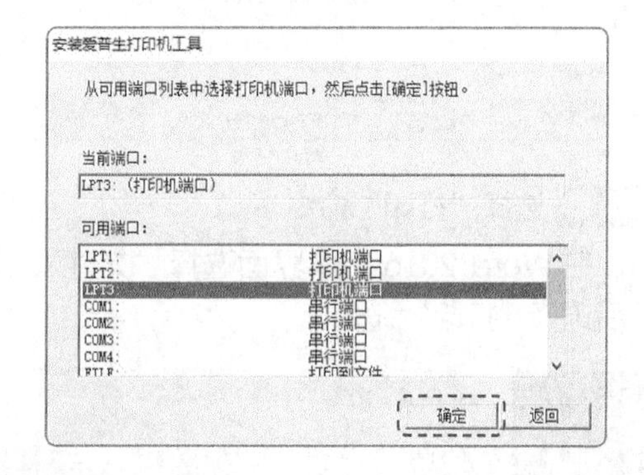

第 9 步 完成安装

继续进行安装，稍后将打开相应的对话框，提示打印机驱动程序安装和配置成功。

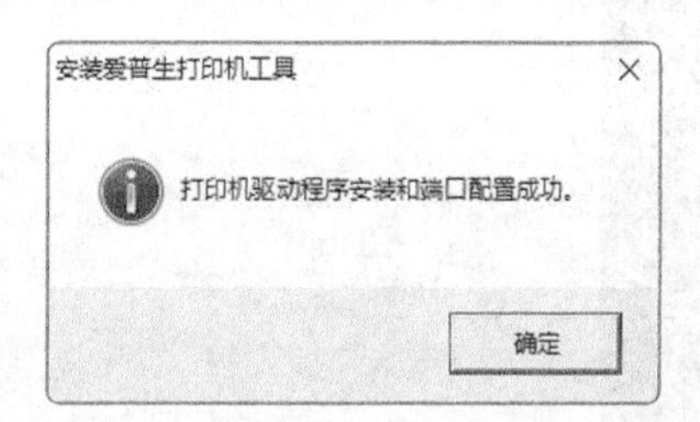

19.1.2 打印 Word 文档

在完成 Word 文档的制作后，有时需要使用“打印”功能将文档打印出来。下面将介绍具体操作方法。

第 1 步 打开文档

打开“素材 / 第 19 章 / 联合公文 .docx”文档。

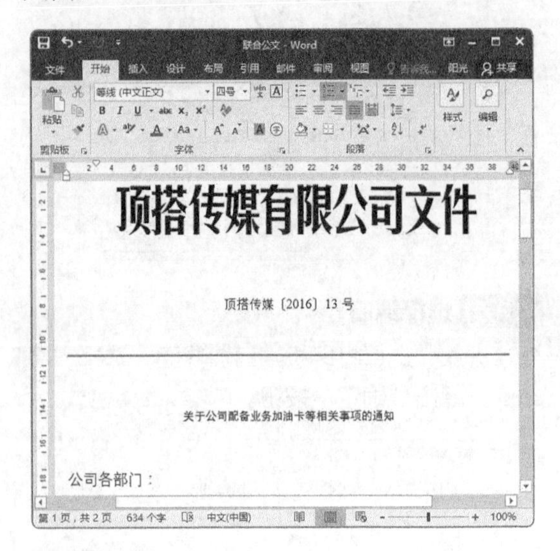

第 2 步 选择“打印”命令

在 Word 2016 工作界面选择“文件”，然后选择“打印”命令。

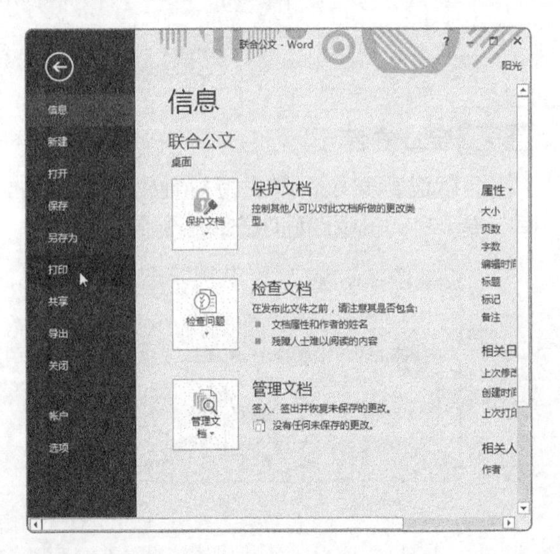

第 3 步 选择打印机

在“打印”界面中，单击“打印机状态”下三角按钮，展开列表框，选择合适的打印机。

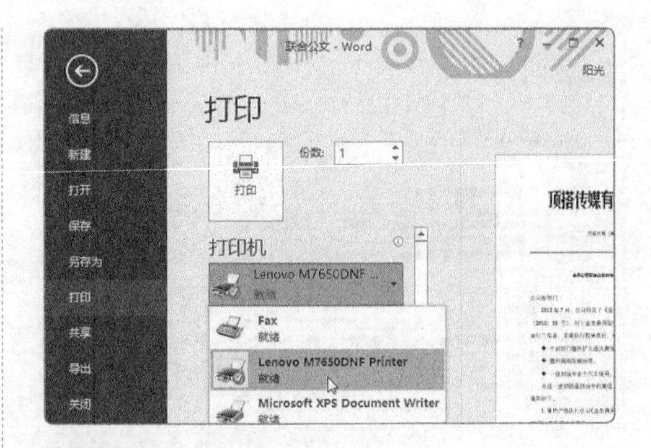

第 4 步 设置每版打印页数

在“打印”界面中，单击“每版打印 1 页”下三角按钮，展开列表框，单击“每版打印 2 页”命令。

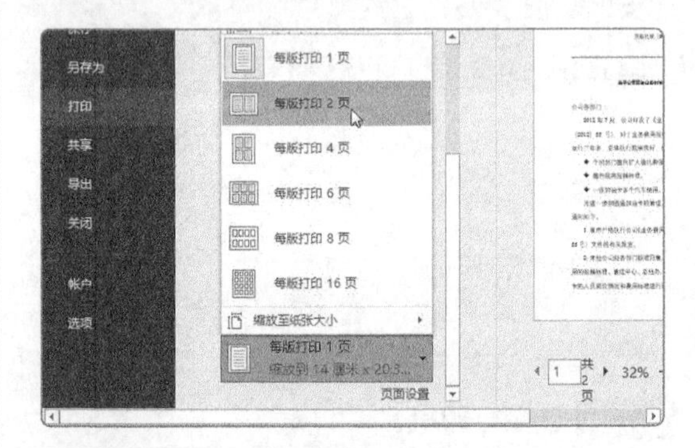

第 5 步 设置打印参数

在“打印方向”列表框中，单击“横向”命令，在“份数”右侧的数值框中输入 2，单击“打印”按钮，即可打印两份文档。

19.1.3 打印 Excel 工作表

随着经济和科技的不断发展，越来越多的企业采用无纸化办公。但是日常办公中，很多时候，还是需要将创建的电子表格打印出来，以便查看和传递。具体操作步骤如下。

第 1 步 打开文档

打开“素材 / 第 19 章 / 护肤品库存表.xlsx”工作簿，单击“页面布局”选项卡，在“页面设置”面板中，单击“页面设置”按钮。

第 2 步 打开“页面设置”对话框

打开“页面设置”对话框，单击“工作表”选项卡，勾选“单色打印”复选框，为“顶端标题行”引用单元格区域，选择第 1 行单元格。

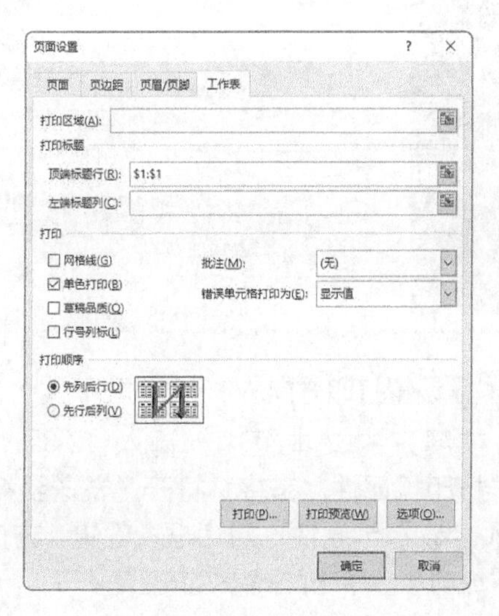

第 3 步 设置对齐方式

单击“页边距”选项卡，在“居中方式”选项区中，单击选中“水平”和“垂直”复选框。

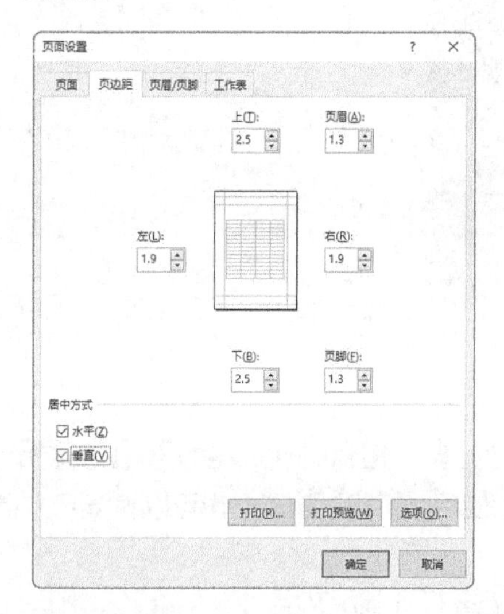

第 4 步 设置缩放比例

单击“页面”选项卡，在“缩放”选项区中，修改“缩放比例”为 80。

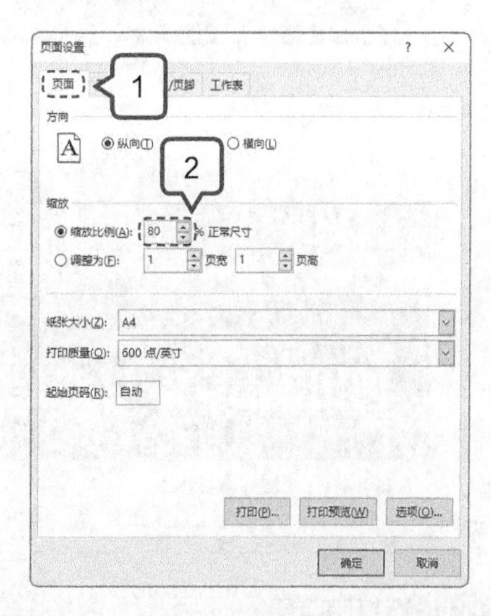

第 5 步 选择“打印”命令

单击“确定”按钮即可，选择“文件”，进入“文件”界面，单击“打印”命令。

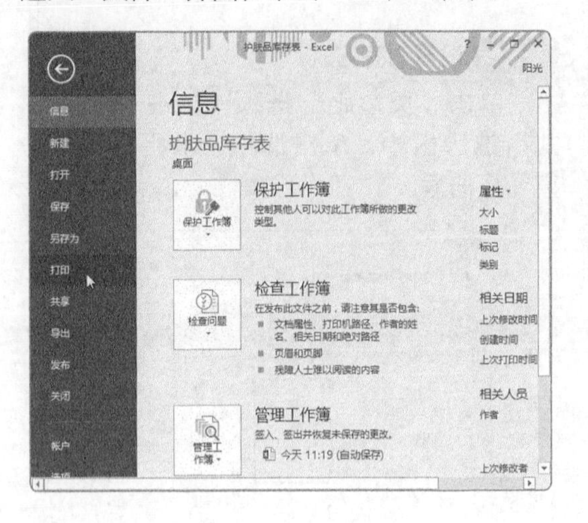

第 6 步 设置打印份数

进入“打印”界面，选择合适的打印机，在“份数”数值框中输入 5，单击“打印”按钮即可。

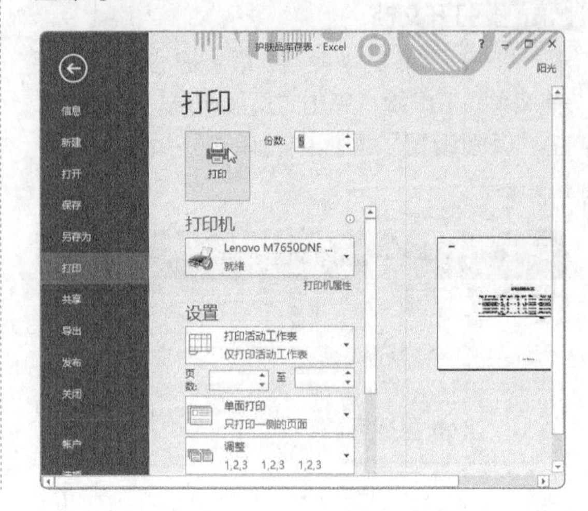

19.1.4 打印 PowerPoint 演示文稿

使用“打印”功能，也可以将演示文稿中的幻灯片打印出来。下面将介绍具体的操作方法。

第 1 步 打开演示文稿

打开“素材 / 第 19 章 / 景点宣传 .pptx”演示文稿。

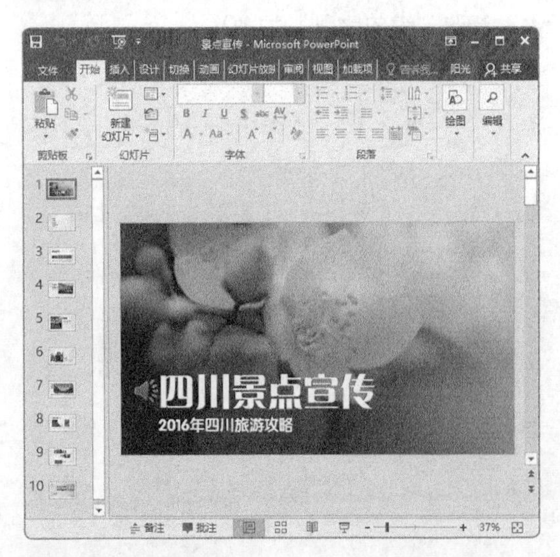

第 2 步 设置打印范围

在 PowerPoint 2016 工作界面选择“文件”，进入“文件”界面，单击“打印”命令，在右侧的“打印”界面中，单击“打印全部幻灯片”下三角按钮，展开列表框，单击“打印所选幻灯片”命令。

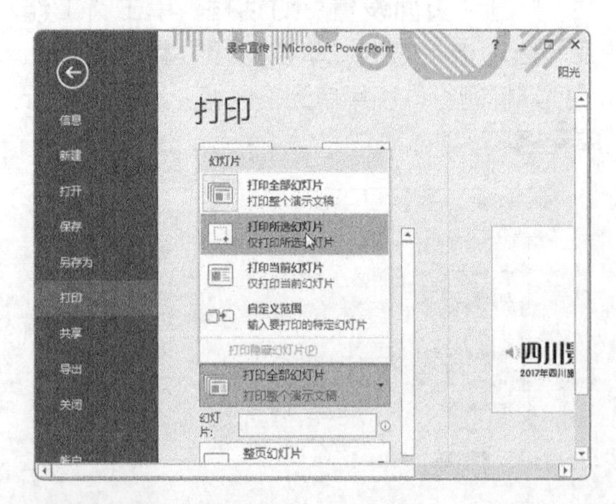

第 3 步 设置打印方向

在展开的文本框中，输入“2-3”，单击“打印机属性”链接，打开“发送至 One Note 16 文档 属性”对话框，设置“方向”为“纵向”，单击“高级”按钮。

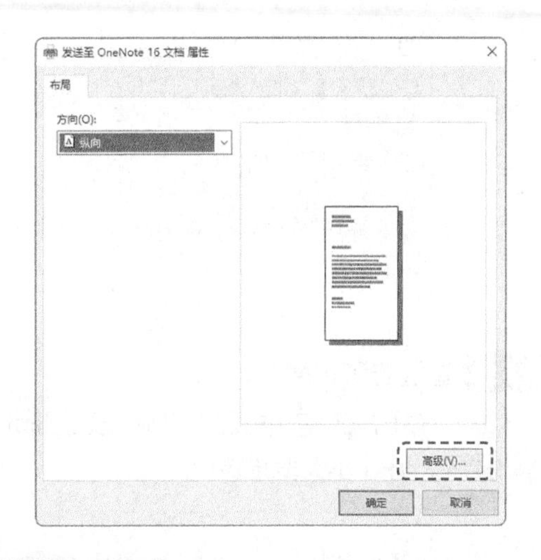

第 4 步 **设置纸张大小**

打开“Send to Microsoft OneNote 16 Driver 高级选项”对话框，在“纸张规格”列表框，选择 A3。

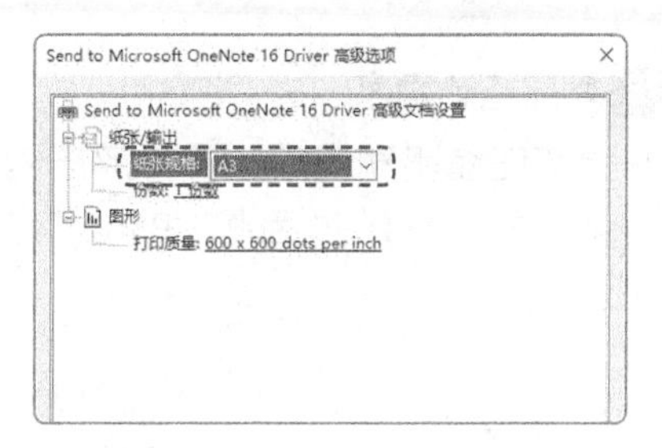

第 5 步 **打印幻灯片**

依次单击“确定”按钮，在“打印”界面中，修改“份数”数值框为“2”，单击“打印”按钮即可。

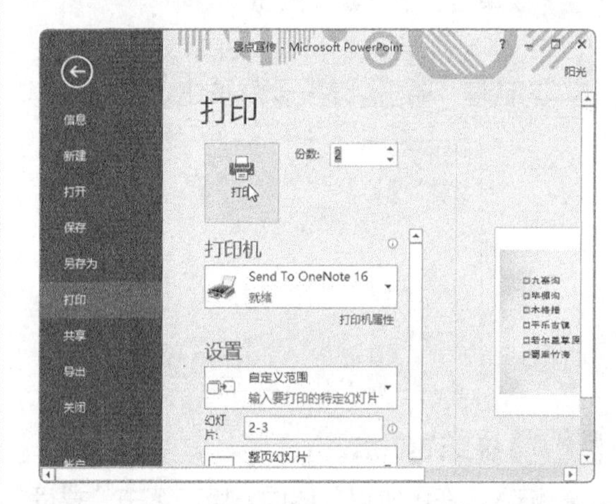

19.2 案例——安装与使用扫描仪

本节视频教学时间 / 4 分钟

在日常办公中，扫描仪是电脑常用的输入设备之一，可以很方便地把纸上的文件扫描至电脑中，从而节省手动输入数据内容到电脑的时间，大大提高办公效率。

19.2.1 安装扫描仪驱动程序

在使用扫描仪扫描文件前，首先要连接扫描仪到电脑，然后再安装扫描仪的驱动程序，具体操作步骤如下。

第 1 步 **选择命令**

将扫描仪通过 USB 接口连接电脑。在“此电脑”窗口中，选择扫描仪的驱动程序，右键单击，打开快捷菜单，选择“打开”命令。

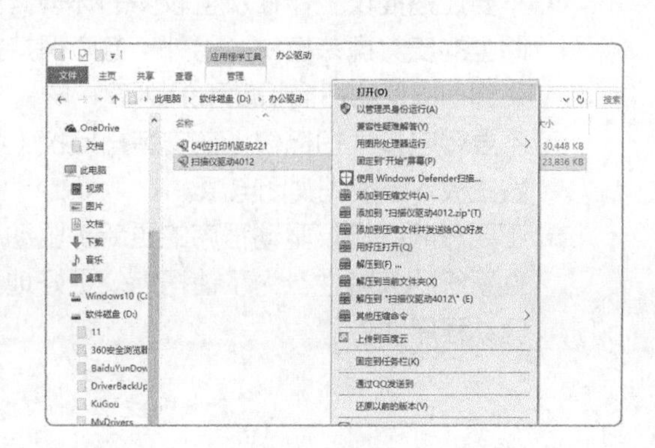

第 2 步 解压驱动程序

开始解压缩驱动程序，并在解压缩的过程中，依次打开提示对话框，单击“是”按钮即可。

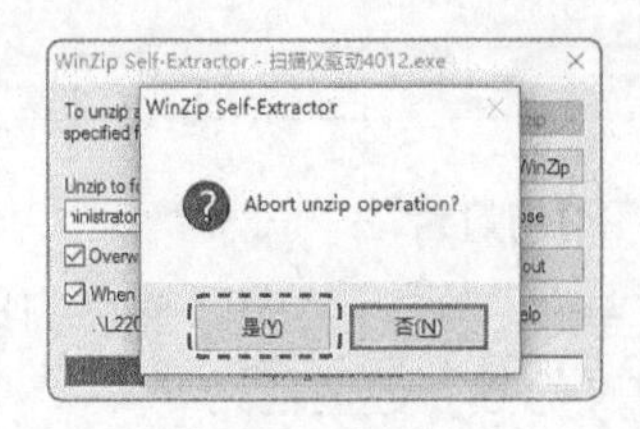

第 3 步 单击“下一步”按钮

稍等片刻后，将打开“EPSON Scan 安装”对话框，单击“下一步”按钮。

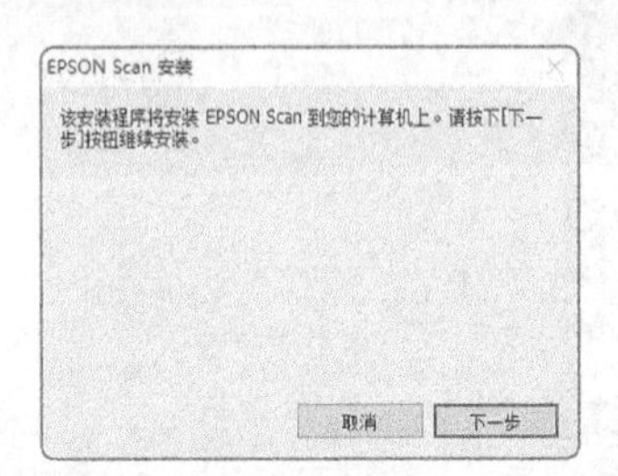

第 4 步 接受许可协议

进入“许可协议”界面，单击选中“我接受协议的各项条款和条件”复选框，单击“下一步”按钮。

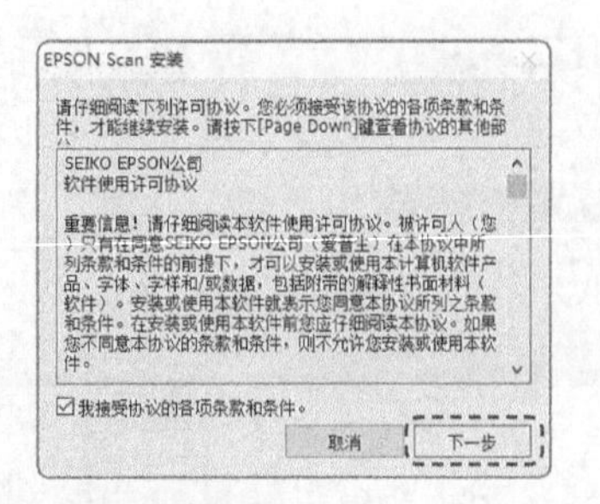

第 5 步 查看安装进度

进入“正在安装”界面，开始安装扫描仪驱动程序，并显示安装进度。

第 6 步 完成安装

稍等完成后，即可进入“安装成功”界面，提示用户扫描仪驱动已安装成功，单击“完成”按钮即可。

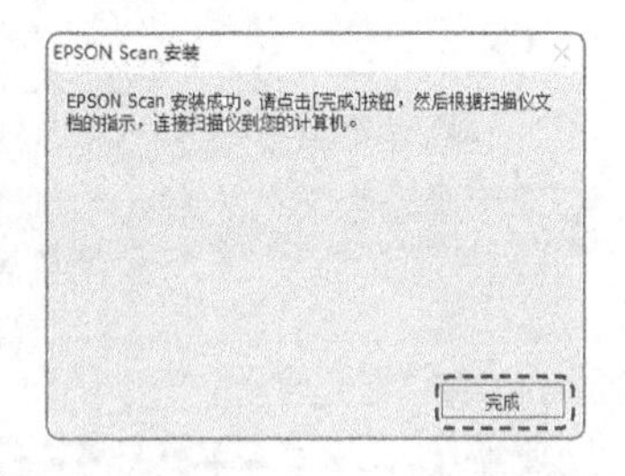

19.2.2 连接扫描仪时需要注意的问题

扫描仪是一种比较精密的设备，用户在使用时，需要注意以下几点。

- 不要忘记锁定扫描仪。为了避免损坏光学组件，扫描仪通常设有专门的锁定 / 解锁结构，因此在移动扫描仪前，应该先锁住光学组件。
- 不要用有机溶剂来清洁扫描仪，以防损坏扫描仪的外壳和光学元件。
- 不要让扫描仪工作在灰尘较多的环境之中。如果上面有灰尘，最好用平常给照相机镜头除尘的皮老虎来擦拭。另外，务必保持扫描仪玻璃表面干净并不受损害，因为它直接关系到扫描仪的扫描精度和识别率。
- 不要带电接插扫描仪。在安装扫描仪（特别是采用 EPP 并口的扫描仪）时，为了防止烧毁主板，必须先关闭电源。
- 不要忽略扫描仪驱动程序的更新。驱动程序直接影响扫描仪的性能，并涉及各种软、硬件系统的兼容性。为了让扫描仪更好地工作，应该经常到其生产厂商的网站下载并更新驱动程序。

19.2.3 使用手机扫描文件

若办公室没有配备扫描仪，或者出差在外时，用户可以使用能够拍照的手机下载一个扫描仪的 App，从而实现扫描文件的功能，具体操作步骤如下。

第 1 步 输入名称进行搜索

在手机桌面上，单击“应用商店”图标，打开“应用商店”窗口，单击定位插入点到搜索栏，在其中输入“全能扫描王”。

第 2 步 选择 App 应用

输入完成后，单击其右侧的“搜索”按钮，显示出搜索结果，选择第一个 App，单击其右侧的“下载”按钮。

第 3 步 查看下载进度

即可开始下载扫描仪的 App 应用程序，并显示下载进度。

第 4 步 单击“安装”按钮

下载完成后，将自动打开“扫描全能王”安装界面，单击“安装”按钮。

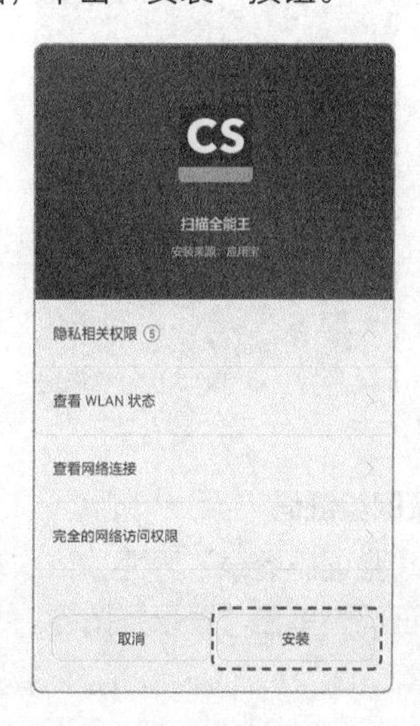

第 5 步 打开全能扫描仪 App

进入“正在安装”界面，开始安装扫描仪 App，并显示安装进度。稍后将进入“应用已安装”界面完成扫描仪 App 的安装，单击“打开”按钮。

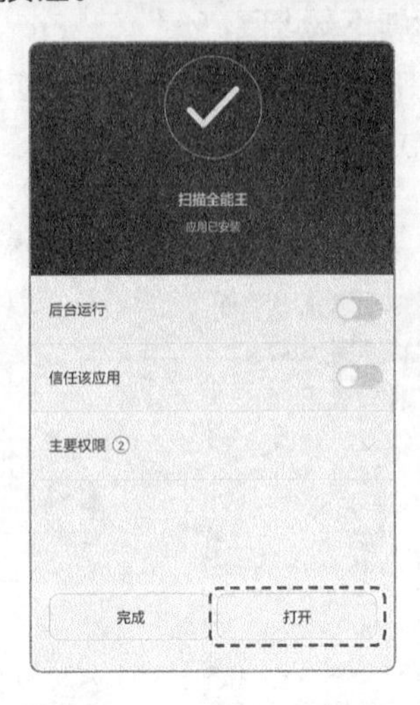

第 6 步 开始使用

打开“扫描全能王”界面，单击“开始使用”按钮。

第 7 步 获取验证码

进入“验证码登录”界面，依次输入手机号码和验证码，单击“登录”按钮。

第 8 步 设置密码

进入“设置密码”界面，输入新密码，单击“完成”按钮。

第 9 步 开始扫描

进入“我的文档”界面，单击“开始扫描”按钮。

第 10 步 单击“拍照”按钮

即可显示文档扫描界面，并显示出扫描区域，单击“拍照”按钮。

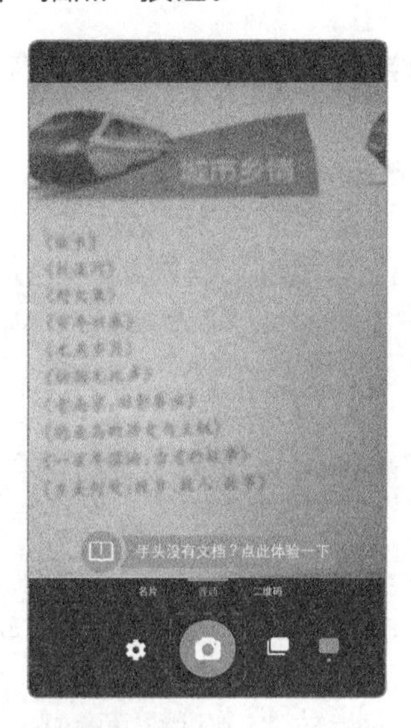

第 11 步 调整扫描区域

进入编辑界面，调整好文档的扫描区域，并单击其右下角的“完成”按钮 。

第 12 步 调整扫描文档亮度和灰度

再次进入编辑界面，调整好扫描文档的亮度、灰度等，并单击右下角的“完成”按钮。

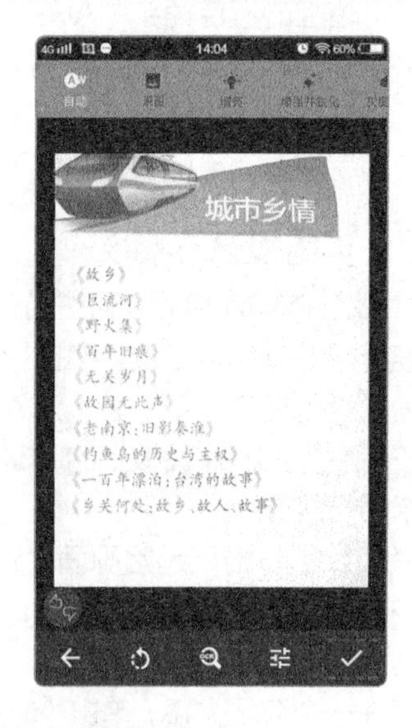

第 13 步 完成扫描

进入“新文档”界面，完成文档的扫描操作，并显示扫描后的文档。

19.3 案例——安装与使用投影仪

投影仪在各种会议中的使用非常广泛。在使用投影仪之前，首先需要将其连接到电脑上。

19.3.1 连接投影仪和电脑

投影仪和电脑可以按照以下步骤进行连接。

- 连接投影仪和电脑前一定要将二者关闭，以防烧坏接口。
- 将机箱上的蓝色插头（APG）插入电脑上对应的 APG 接口上。
- 将所有接口连接好后，打开电源。先开投影仪并将控制板上的按钮拨到“电脑”上。再打开电脑，以便投影仪接收电脑信号。
- 使用完成后，电脑和投影仪可以一起关闭，然后在没有电的情况下将接头拔掉。

19.3.2 使用投影仪演示

将投影仪与电脑连接后即可进行演示，具体操作步骤如下。

- 连接好电脑和投影仪，在投影仪的后面板上，启动主电源开关，此时操作面板上的“ON”指示灯呈橙色显示，表示进入待机模式。
- 按下投影仪操作面板上的“ON/STANDBY”按钮。电源接通后，“ON”“LAMP”“FAN”3个指示灯会变为绿色。
- 稍等片刻，出现起始画面，适当调整镜头的角度，使播放画面投到屏幕的正中央。然后按下电脑上的电源开关，启动 Windows 操作系统，此时电脑显示器上的画面会同时投影到屏幕上。
- 打开一个演示文稿，单击“幻灯片放映”选项卡，在“开始放映幻灯片”面板中，单击“从头开始”按钮，即可开始演示幻灯片。

19.3.3 投影仪常见故障及解决方法

在使用投影仪时，常常会遇到各种各样的故障问题，下面将分别介绍其解决方法。

- 投影仪在接通电源后无任何反应。投影仪在接通电源后，若没有任何反应，说明投影仪的电源供电部分很可能出现了问题，不过是投影仪内部的电源还是外接电源有问题呢？为此，用户应该先检查一下投影仪的外接电源规格是否与投影仪所要求的标准相同。外接电源插座没有接地或者投影仪使用的电源连接线不是投影仪随机配备的，这都有可能造成投影仪电源输入不正常。一旦确定外接电源正常的话，就可以断定投影仪内部供电电路发生损坏，此时用户只有更换新的投影仪内部供电电源了。
- 投影仪在工作中突然关机。投影仪在工作过程中突然关机，主要有两种原因。一是用户在操作时不小心切断了投影仪的电源，因此应该先检查一下是不是人为因素导致投影仪关闭。在排除这种情况后，就说明投影仪本身有问题，而且很有可能是热保护引起的。现在有许多高档投影仪为了延长寿命，常采用一种热保护功能，如果投影仪内部有太大热量产生时，就会自动转换到这种保护状态下，将投影仪关闭掉。在这个状态下，投影仪对任何外界的输入控制是不作任何应答的。因此，出现这种情况时，用户不要担心投影仪故障，只要在投影仪自动关机大约半个小时后，再按照正常的开机顺序打开投影仪，就能让其恢复正常工作了。

- 投影仪产生变形失真现象。投影仪投影出来的内容变形失真，很有可能是投影仪与屏幕之间的位置没有摆正。要想消除这种变形失真现象，可以调整投影仪的升降脚座，或者调整投影屏幕的位置高度，确保投影在屏幕上的图像呈矩形。

19.4 案例——使用移动存储器

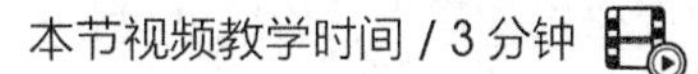

本节视频教学时间 / 3 分钟

移动存储器是便携式的数据存储装置，带有存储介质且自身具有读写介质的功能，不需要或很少需要其他装置的协助。现代的移动存储器主要有移动硬盘、U 盘和各种记忆卡等。下面具体介绍。

19.4.1 使用 U 盘传输数据

U 盘的全称为“USB 闪存盘”。将 U 盘与电脑进行连接，可以方便地与电脑进行数据交换。使用 U 盘传输数据的具体操作如下。

第 1 步 查看可移动磁盘

将 U 盘连接到电脑的 USB 接口中，系统将自动识别新的硬件设备，打开“此电脑”窗口，即可查看新增加的可移动磁盘。

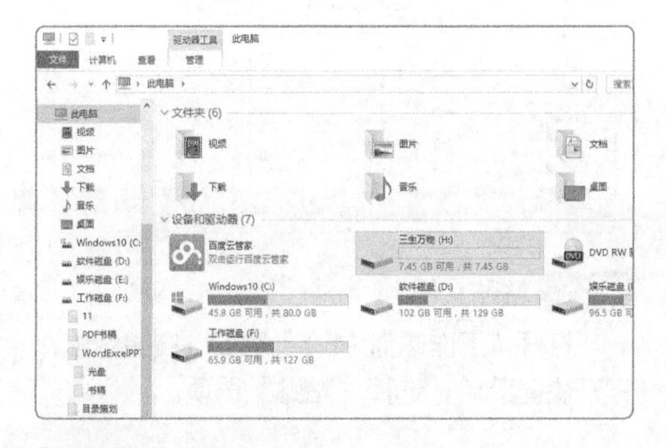

第 2 步 选择可移动磁盘

打开“此电脑”窗口中相应的文件夹窗口，选择合适的文件为传输对象，右键单击，打开快捷菜单，选择“发送到”→“三生万物（H）”命令。

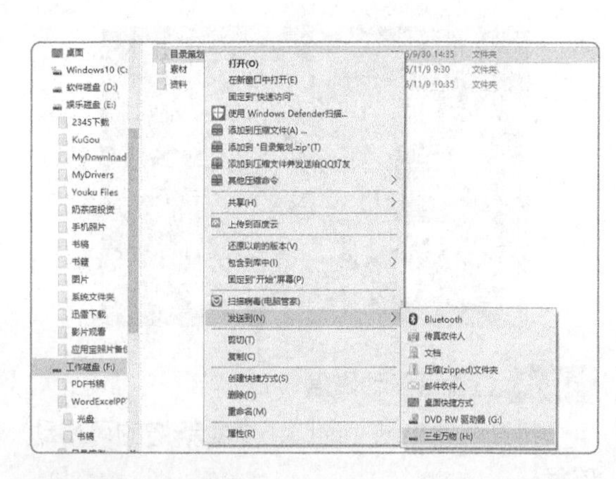

第 3 步 查看进度

打开“已完成”对话框，即可开始复制文件，并显示复制进度。

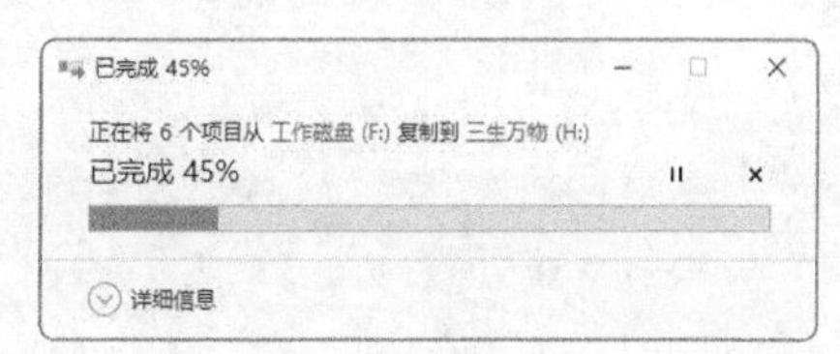

第 4 步 查看文件

稍等片刻后，即可完成文件的传输，在可移动磁盘 H 盘的盘符上，双击鼠标左键，打开相应的窗口，即可查看传输后的文件对象。

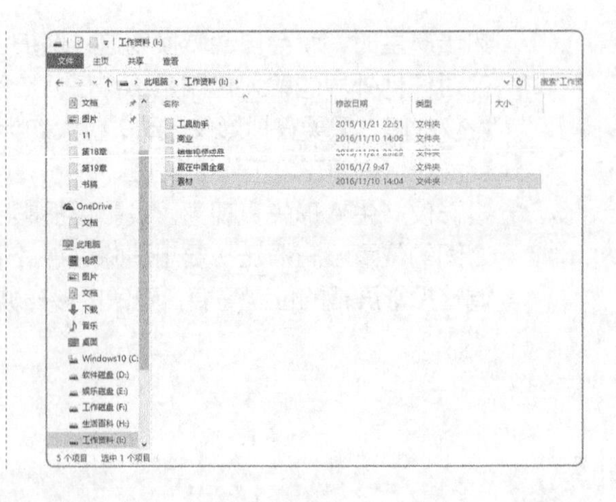

19.4.2　使用移动硬盘复制文件

移动硬盘凭借其容量大、传输速度快以及便于携带等优势，成为广大用户进行数据资料互换的重要设备。使用移动硬盘复制文件的具体操作如下。

第 1 步 连接电脑和移动硬盘

将移动硬盘的 USB 连接线插到电脑的 USB 接口中，系统将打开“正在扫描”对话框，开始扫描移动硬盘，并显示扫描进度。

第 2 步 查看可移动磁盘

打开“此电脑”窗口，查看新增的可移动磁盘。

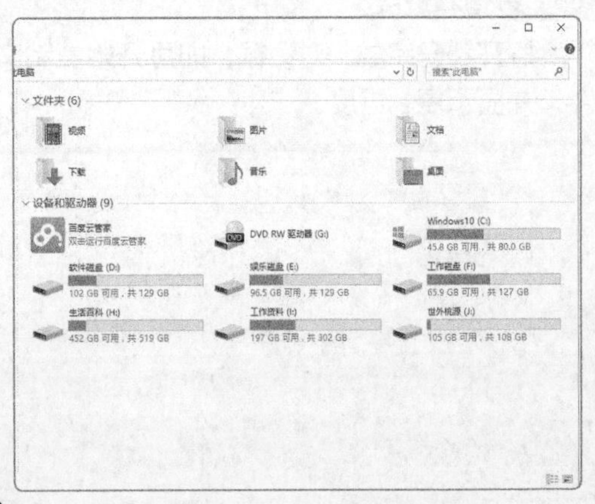

第 3 步 复制文件

双击“世外桃源（J）”可移动磁盘，打开该磁盘窗口，选择需要复制的文件夹，右键单击，打开快捷菜单，选择“复制”选项。

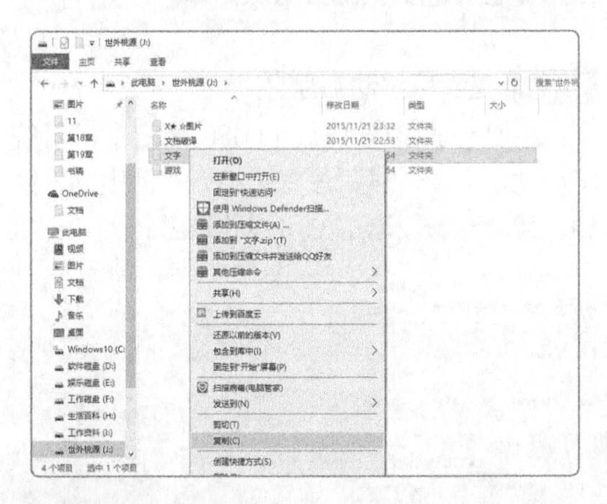

第 4 步 粘贴文件

打开“工作磁盘（F）”窗口，右键单击，打开快捷菜单，选择“粘贴”选项。

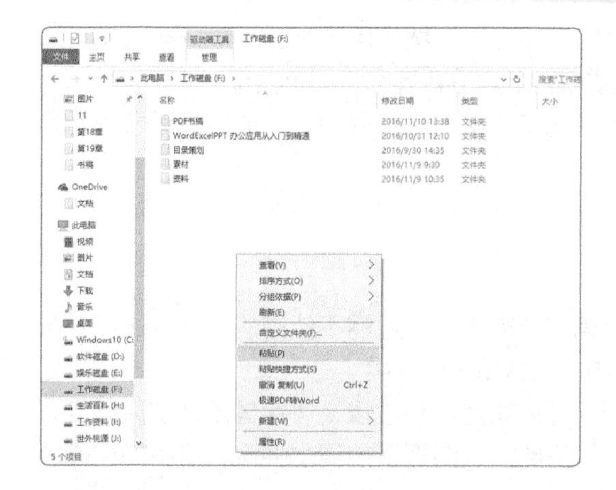

第5步 查看粘贴的文件

即可将移动硬盘中的文件复制粘贴到电脑中，并查看复制粘贴后的文件。

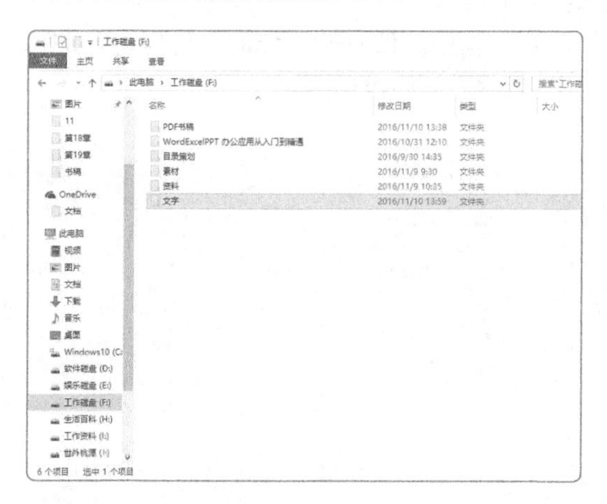

第6步 退出可移动磁盘

完成文件的传输后，在通知栏中，右键单击“移动硬盘”的USB接口图标，打开快捷菜单，选择弹出命令，即可退出可移动磁盘。

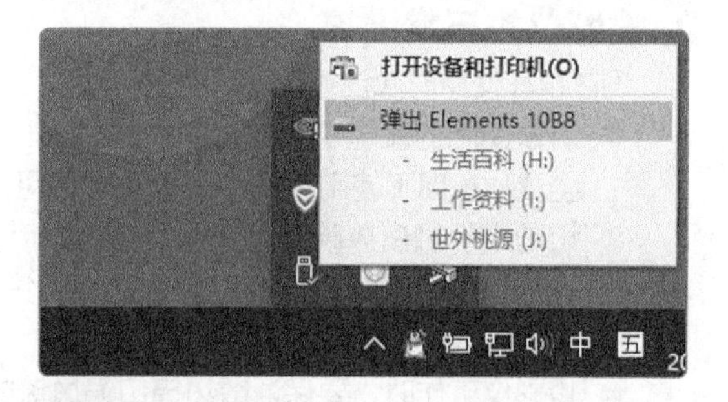

> **提示**
> 需要注意的是，U盘和移动硬盘的名称可以根据需要进行更改。因此，在实际使用移动存储设备的过程中，可能在操作时，有的选项有所不同，但操作方法都相同。

高手支招

1. 打印机的日常维护

打印机的日常维护包括更换打印耗材、清洁打印机、清除卡纸等多个方面。下面以激光打印机为例，简单介绍打印机的维护方法。

- 打开前盖，取出硒鼓单元和墨粉盒组件，按下蓝色锁杆并将墨粉盒从硒鼓单元中取出。
- 左手拿起硒鼓，右手用斜口钳把鼓芯有齿轮一头的定位销拔出，然后抓住鼓芯的塑料齿轮拔出鼓芯。
- 用一字螺丝刀向上挑出充电辊的一头，将其抽出，再用斜口钳把顶出来的铁销拔出。
- 用十字螺丝刀拧开硒鼓另一头的螺丝，并把显影仓和废粉仓分开。
- 取出显影仓上的磁辊，为防止所加碳粉和原碳粉不兼容，先用布擦掉磁辊上原有的碳粉。
- 用一张废纸叠成槽口形状，便于向粉仓中加粉。
- 加完碳粉后，安装磁辊并合上齿轮盖，注意齿轮不要丢失或者反装。
- 合上清洁过的废粉仓和加好碳粉后的显影仓，然后将各元件重新组装即可完成加粉。

- 关闭打印机并拔下电源插头，将纸盒从打印机中拉出，然后用干燥的无绒抹布擦拭打印机外部、纸盒内部等位置以清除污垢，完成后将纸盒重新装回打印机内部。
- 按下前盖释放按钮打开前盖，用干燥的无绒抹布擦拭激光器窗口，完成后将硒鼓单元和墨粉盒组件重新装入打印机，合上前盖。

2. 投影仪的日常维护

投影仪在使用时应注意以下几点。

- 对未使用的投影仪，应将其反射镜盖上，遮住放映镜头。短期不使用的投影仪应加盖防尘罩；长期不使用的投影仪应放入专用箱内，以尽量减少灰尘。
- 切勿用手触摸放映镜和正面反射镜。若光学元件有污秽和尘埃，可用橡皮球吹风除尘，或用镜头纸和脱脂棉擦拭。螺纹透镜集垢较多时，只能拆下用清水冲洗，不得使用酒精等有机溶剂。
- 投影仪工作时，要保证散热窗口通风流畅，散热风扇不转时投影仪绝对不能使用。
- 连续放映时间不宜过长（应不超过1小时），否则箱体内的温度过高会烤裂新月和螺纹透镜。另外，不可长时间待机，投影仪不用时应及时关闭电源。
- 溴钨灯的投影仪灯丝受热后若受到震动容易损毁，当投影仪开始工作时，应尽可能地减少搬运，勿剧烈震动。若要搬动则应先关机，待灯丝冷却后再搬运。